KB130622

가천대 약술형 논술의 모든 것

가천대 약술형 논술이 궁금해?!

국어+수학

영역별 유형 완전 정복

목차

가천대 논술의 모든 것

* 가천대 약술형 논술의 모든 것

※ 본 내용은 2024. 5. 31에 입학처에 발표한 2025학년도 수시 모집 요강을 참고하였습니다. 그러나 세부 사항은 추후 변동될 수 있으니, 원서 접수 전 최종 확정되는 모집요강을 "가천대 입학처 홈페이지"에서 꼭 확인하시기 바랍니다.

【2025학년도 가천대 약술형 논술위주 전형 안내】

1. 변경사항

	2025학년도	2024학년도	2023학년도
전형방법	**논술 100%**	논술 80% + 교과 20%	논술 60% + 교과 40%
모집인원	**1,007명**	964명	929명

2025학년도에는 전년도까지의 해오던 교과 반영을 폐지함으로써, 수험생들에게 교과 대신 오직 약술형 논술고사를 통해 가천대에 입학할 기회를 주는 방향으로 변화가 있습니다. 이렇게 논술 점수 반영 비율이 더 커졌다면, 고교 생활에서 여러 가지 이유로 내신 성적을 4~9등급 정도 받았던 학생들에게 가천대 입학의 기회가 열린 셈입니다. 내신 3등급 대에서는 그래도 가천대 학생부 종합전형 전형 지원의 가능성이 어느 정도는 있기 때문입니다. 이처럼 가천대에서는 최근 3년간 지원자의 과거 내신 성적보다 현재의 논술 성적을 더 중요하게 여긴다는 신호를 강하게 보여주고 있음이 확인됩니다.

2. 전형 일정

원서접수	2024. 9. 9 (월) ~ 9. 13 (금) 18:00	
고사장 확인	2024. 11. 12 (화)	
전형일	의예과	2024. 11. 24 (일)
	인문계열, 컴퓨터공학과, 간호학과, 클라우드공학과, 바이오로직스학과	2024. 11. 25 (월)
	자연계열	2024. 11. 26 (화)
합격자 발표	2024. 12. 13 (금)	
최초합격 등록	2024. 12. 16 (월) ~ 12. 18 (수)	
충원합격 발표	2024. 12. 19 (목) ~ 12. 27 (금)	
최종등록	2024. 2. 10 (월) ~ 2. 12 (수)	

세부 일정은 대학에서 지원자에게 개별 통지를 하지 않으니, 지원자 본인이 가천대 입학처 홈페이지에서 고사 일정 등을 반드시 확인하여야 합니다. 뿐만 아니라 대학 측에서는 고사일은 원서 접수 마감 후 지원자 수에 의해 변경될 수 있다고 공지하고 있습니다. 반드시 고사장 확인 후 응시 장소를 숙지하기 바랍니다.

3. 논술고사 가이드

*** 특징**

가천대학교 논술고사는 본교에 지원한 수험생들이 고등학교 교육과정을 통하여, 대학 교육에 필요한 수학능력을 갖추었는지 평가합니다. 그러므로 평소 학교 교육과 대학수학능력시험을 성실하게 공부한 학생이라면 별도의 준비가 없어도 가천대학교 논술 전형에 대비할 수 있습니다.

*** 출제 방향**

학생들의 수험 준비 부담 완화를 위하여 EBS 수능 연계 교재를 중심으로 고등학교 정기고사 서술·논술형 문항의 난이도로 출제할 예정입니다.

*** 준비 방법**

사교육의 도움을 받기보다는 학교 수업과 정기고사의 서술·논술형을 충실하게 준비하는 것이 좋으며, EBS 연계 교재를 꼼꼼하게 공부한다면 좋은 성과를 얻을 수 있을 것입니다. 답안지는 **노트 형식**이고, 주어진 범위 안에 작성해야 합니다. 지정된 답안지 영역 내에서 답안을 작성하는 연습을 하고, **검은색 볼펜**을 사용하여 답안을 작성해야 하니 필기구 사용에 대해서도 역시 연습이 필요합니다.

*** 논술고사 개요**

계열	문항수		고사시간	기타
	국어	수학		
인문	9	6	**80분**	각 문항 10점
자연	6	9		각 문항 10점
의예과	-	8		문항별 배점 상이

*** 출제범위 및 평가기준**

구분	출제범위	평가기준
국어	1학년 국어 문학, 독서, 화법, 작문, 문법 영역	• 문항에서 요구하는 조건에 충실한 답안 • 제시문의 핵심 내용을 정확하게 표현한 답안
수학	수학 I 수학 II (의예과는 미적분까지 포함)	• 문제에 필요한 개념과 원리에 대한 정확한 서술 • 정확한 용어, 기호를 사용한 표현

*** 지원 자격**

고교졸업(예정)자 또는 법령에 따라 이와 같은 수준 이상의 학력이 있다고 인정되는 사람

※ 계열 및 모집인원

계열	모집단위		모집인원
인문	경영학부		50
	회계세무학과		16
	미디어커뮤니케이션학과		12
	관광경영학과		11
	경제학과		15
	의료산업경영학과		12
	응용통계학과		11
	사회복지학과		12
	유아교육학과		15
	심리학과		10
	패션산업학과		7
	AI인문대학	한국어문학과	71
		영미영문학과	
		중국어문학과	
		일본어문학과	
		유럽어문학과	
	법과대학	법학과	44
		경찰행정학과	
		행정학과	
자연	금융·빅데이터학부		26
	도시계획·조경학부		21
	건축학부		33
	화공생명배터리공학부		58
	기계공학부		51
	스마트팩토리전공		16
	토목환경공학과		13
	신소재공학과		13
	바이오나노학과		13
	식품생명공학과		13
	식품영양학과		13
	생명과학과		13
	반도체물리학과		12
	화학과		12
	반도체대학	전자공학과	61
		반도체공학과	
	시스템반도체학과		16
	클라우드공학과		7
	인공지능학과		40
	컴퓨터공학과		40
	스마트보안학과		17
	전기공학과		20
	스마트시티학과		13
	의공학과		13
	간호학과		83
	치위생학과		9
	응급구조학과		6
	물리치료학과		8
	방사선학과		8
	운동재활학과		10
	바이오로직스학과		28
	의예과		40
합계			1,012

* 수능최저학력기준

모집단위	최저학력기준
인문,자연	국어,수학,영어,사/과탐(1과목) 중 **1개 영역 3등급 이내**
바이오로직스학과	국어,수학,영어,사/과탐(1과목) 중 **2개 영역 합 5등급 이내**
클라우드공학과	국어,수학(기하,미적분),영어,과탐(2과목) 중 **2개 영역 합 4등급 이내** (과탐 2과목 평균 시 소수점 절사)
의예과	국어, 수학(기하,미적분), 영어, 과탐(2과목) 중 **3개 영역 각 1등급**(과탐 2과목 평균 시 소수점 절사)

수능최저학력기준을 충족한 자 가운데, 논술고사 총점 순으로 선발합니다. 단, 동점자가 발생했을 때는 다음과 같은 기준에 따라 선발합니다.

1. 논술 성적 우수자
   ① 인문: 국어 성적 우수자/자연: 수학 성적 우수자
   ② 논술 문항별 만점이 많은 자
   ③ 논술 문항별 0점이 적은 자
2. 수능 영역별 등급 합 우수자

【2024학년도 수시 기출 유형 및 주제 분석과 당부의 말】

■ 국어 영역 ■

가천대 2024학년도 수시 약술형 논술고사에서는 전년도 대비 높아진 경쟁률에 대응하여, 대학에서는 고사 일정 이틀 동안 총 7세트의 문제를 출제하여 시험을 치렀습니다. 참고로 인문계열 2세트(A, B)와 자연계열 5세트(C, D, E, F, G)가 출제되었습니다. 그러므로 국어 영역의 경우 문과 9문항, 이과 6문항씩 출제되므로, 2024학년도 수시 기출 문제는 총 48문항이 있습니다.

대학에서는 출제하기로 했던 영역에서 골고루 문제를 출제했고, 항시 공지한 대로 EBS 연계율도 높았습니다. "1학년 국어, 화법, 작문, 문법, 독서, 문학"까지가 출제 범위이므로, 사실상 수능, 내신, 약술형 논술 이렇게 세 가지 시험을 동시에 준비할 필요가 있습니다. 특히 가천대 약술형 논술고사는 '교과형 논술'이라는 특징이 있고, 고등학교 교육과정을 반영하여 출제되기 때문에 수능과 학교의 서술형 지필고사 준비에 충실하게 임했던 학생이라면 큰 어려움 없이 도전해 볼 수 있는 형식으로 출제됩니다. 특히 수험생들의 부담 완화를 위해 EBS 수능 연계 교재와의 연계성이 꽤 높습니다. 수능과 연계성이 높은 만큼 대학별고사를 준비하는 추가 부담 없이 수험생들이 가천대 약술형 논술에 응시할 수 있으리라 봅니다.

2024학년도 기출문제는 다음과 같았습니다. 다양한 영역에서 균형있게 출제되었다는 점을 숙지하고, 전 영역을 준비하세요.

인문	[문제 1]	국어, 화법, 작문	1문항
	[문제 2]~[문제 5]	독서	4문항
	[문제 6]	언어와 매체(문법)	1문항
	[문제 7]~[문제 9]	문학	3문항
자연	[문제 1]	국어, 화법, 작문	1문항
	[문제 2]~[문제 4]	독서	3문항
	[문제 5]~[문제 6]	문학	2문항

***출제 영역 및 문항 수(2024학년도 7세트 총합)**

구분	화법	작문	문법	*문법은 인문만 출제
문항수	3	4	2	

구분	독서			
	인문	사회	예술	과학
문항수	4	9	1	9

구분	문학					
	현대시	고전 시가	수필/극	현대 소설	고전 소설	복합
문항수	7	1	3	1	2	2

각 영역별로 어떻게 대응하면 좋을지는 각 영역의 문제풀이를 시작하는 페이지에 상세하게 적어두었습니다. 하지만 다시 한번 강조하자면, 가장 중요한 것은 EBS 수능특강과 EBS 수능완성을 끝까지 잘 풀어보는 것이고, 그 다음으로는 수능 준비와 내신 준비를 게을리하지 않는 것입니다. 어차피 국어와 수학 두 영역 모두 일정 점수를 받아야 합격권에 들어가기 때문입니다.

교재는 기출 문제를 앞쪽에 배치하고, 실전 연습 문제와 예상 문제를 뒤쪽에 배치하는 방식으로 구성했습니다. 유사한 유형의 문제들을 반복 학습할 수 있도록 배치했으니 잘 풀어보시기 바랍니다.

■ 수학 영역 ■

수학 문항은 인문계 A형, B형 2세트 6문항씩 출제되었으며, 자연계 C형, D형, E형, F형 4세트 9문항씩 출제되었습니다.

전체 48문항을 기준으로 보면 수학1, 수학2의 각 단원별 문제가 고르게 분포되었다고 볼 수도 있지만, 세트별로 살펴보면 각 세트마다 단원이 고르게 분포되었다고 보기는 어렵습니다. 이는 어떤 학생이 약한 단원이 있는데, 시험 때 받은 00형 문제에는 유독 그 약한 단원 문제가 많이 분포되어 있을 수도 있고, 반대로 운 좋게 어떤 학생은 개인적으로 잘 푸는 단원의 문제가 많이 분포되어 있는 00형을 받아서 풀 수도 있다는 의미입니다. 따라서 이에 따른 리스크를 최소화시키기 위해서는 모든 단원의 학습 및 연습을 골고루 할 수 있도록 해야 합니다.

인문계 유형과 자연계 유형의 난이도 차이는 당연히 존재하며, 자연계 유형이 더 어렵습니다. 또한, 각 문제별 난이도 차이도 존재합니다. 각 세트마다 1~2문제씩 꼭 나오는 네모칸 넣기 문제는 유일하게 서술형이 아닌 단답형 문제로 제일 쉬운 문제이며, 매우 익숙하지 않은 증명 문제가 있기도 합니다. 여기서 가장 중요한 포인트는 난이도 차이가 아니라, 난이도 차이가 존재함에도 난이도별 배점 차이가 존재하지는 않는다는 점입니다. 쉬운 문제도 10점, 가장 어려운 문제도 10점(20점이 아닌)이기 때문에 쉬운 문제에서 얼마나 감점 없이 점수를 확보할 수 있느냐가 중요합니다. 어려운 문제를 풀어내면 더 좋지만, 일단 쉬운 문제에 대한 확실한 연습이 중요합니다. 공식 및 기본 문제 유형을 다시 한번 점검하고 시작하면 좋겠습니다.

마지막으로 약술형 논술(수학) 준비를 위해 무엇부터 어떻게 시작하면 좋을지 고민이라면, 수능특강을 추천합니다. 레벨3를 제외한 유제, 레벨1, 레벨2의 모든 문제를 서술형 쓰듯이 여러 번 연습하면, 약술형 논술은 물론 수능 준비까지 하는 효과를 볼 수 있습니다.

지금 보고 계신 교재, 본 교재를 통한 연습 및 숙달은 말씀드리지 않아도 기본이라는 건 다 아시죠? 그래서 기본편입니다ㅎㅎ 본 교재는 기본편이라 난이도가 어렵지 않은 문제 위주로 편성했습니다.

만약 인문계 수험생 중 본 교재의 문제를 거의 다 맞혔다면, 지원 학과에 따라 다소 다르겠지만 안정권(수학만을 기준으로 봤을 때)이라 예상할 수 있습니다. 가천대 파이널 특강을 통해 조금 더 어려운 문제를 정리 및 숙달하고 국어도 같은 수준의 문제해결력을 갖춘다면, 12월에 선생님에게 합격 소식을 전하는 제자 중에 한 사람이 될 거라 생각됩니다.

그렇지만 만약 자연계 수험생의 경우에는 본 교재의 문제를 거의 다 맞고 심지어 문제가 쉽게 느껴진다고 하더라도 자만하면 안 됩니다. 앞서 얘기했듯이 본 교재는 기출문제 중 어렵지 않은 난이도 위주로 편성했고 여기서 다루지 않은 어려운 난이도의 문제는 모두 자연계 문제입니다. 따라서, 본 교재를 통해 가천대 약술형 논술 스타일에 익숙해진 후, 보다 어려운 문제까지 완벽하게 숙달시켜야 합니다. 가천대 파이널 특강을 듣기 전까지 수능특강 레벨1, 레벨2 및 수능완성 문제의 풀이 과정까지 손에 익히는 훈련을 한다면, 수능 수학 점수도 올리고 가천대 합격 가능성까지 훨씬 높아질 것입니다.

본 교재가 가천대 약술형 논술 준비는 물론 수능 준비에도 도움이 되길 바랍니다. 그럼, 파이널 때 만나요~~~^^

국어 영역

기출 및 예상 문제

1. 국어, 화법과 작문 영역

[약술형 논술 완벽 학습 TIP]

화법과 작문 영역은 EBS 수능특강 및 수능완성에 연계율이 99.9% 수준입니다. 학교 현장에서도 1학기에는 보통 지필고사 시험 범위가 수능특강에 해당하는 경우가 많습니다. 이미 학습을 한 번 했겠지만, 가천대 약술형 논술고사 준비를 조금 더 철저하게 한다는 마음가짐으로 수능특강 복습을 한 번 더 하세요. 그리고 수능완성 역시 수능 준비를 한다는 마음가짐으로 꼼꼼하게 문제를 풀어보기 바랍니다.

그 후에는 약술형 기출문제들을 각각 꼼꼼하게 분석하며 풀어보세요. 그리고 기출문제와 쌍둥이 문제를 풀면서 유형에 익숙해지기 바랍니다. 특히 화법과 작문 문제는 보통 '첫 어절'과 '마지막 어절'을 '찾아서 순서대로 제시'하는 문제가 출제되므로, 지문에 있는 어휘를 실수 없이 정확하게 찾아 옮겨적을 수 있어야 합니다. 손으로 답을 직접 써보지 않고 눈으로만 문제를 풀다가 예상못한 실수를 하는 학생들이 종종 있었으니, 꼭 고사장으로 가기 전까지 각 어절을 찾아 적어보는 연습을 해보세요. 문제를 풀면서 지문의 해당 어절에 동그라미를 치거나 밑줄을 긋는 등 수험생이 답안을 적기 위해 시각적으로 알아보기 좋도록 나름대로 표시를 꼭 해보기 바랍니다. 고사장에서 해야 할 일을 그 전에 반복학습하며 익혀두는 것이 실전 감각 향상에 큰 도움이 됩니다.

각 문항을 푸는 시간은 수험생마다 약간 다르긴 하지만, 선생님이 만난 우수한 합격생 다수는 화법과 작문 영역의 문제를 매우 신속하게 푸는 편이었습니다. 통상적으로 화법과 작문 문제들은 각각 1~2분 내외로 신속하게 해결하고, 초반에 확보한 시간을 독서나 수학 문제를 풀 때 쓰는 편이었습니다. 보통 화법과 작문 영역은 [문제 1]에서 출제되고 있으니, 빠르고 정확하게 문제를 풀어보는 연습이 필수적이라는 것을 수험생들도 잘 알고 있으리라 생각합니다.

우리 교재는 단원 및 출제 범위별로 유사한 문제를 풀어본 후에 바로 실전에 적용해보도록 편집 구성했습니다. 연습 과정에서는 문제를 풀고 본인의 답을 확인한 후, 왜 정답인지와 더불어 왜 오답인지를 확실하게 찾는 학습을 해보기 바랍니다.

※ 다음은 면접의 일부이다. 물음에 답하시오. (2023 수시(A))

면접관: 마을 청소년 기자단에 지원한 것을 환영합니다. 지원 동기는 무엇인가요?

지원자: 저는 기자의 꿈을 가지고 있기 때문에 학교에서 교지반 활동에 참여하고 있습니다. 교지에 실을 기사를 작성하기 위해 학교 주변을 취재하고 주민들을 인터뷰하면서 남들에게 알려지지 않은 우리 마을만의 매력이 참 많다는 것을 느꼈습니다. 기자단 활동을 통해 기사를 작성하여 우리 마을의 매력을 보다 많은 사람에게 알리는 역할을 하고 싶습니다. 그리고 저는 기자가 현실의 문제에 관심을 가지고 기사를 통해 독자들의 소통을 이끌어 내야 한다고 생각합니다. 요즘 마을 이웃들 간에 소통의 문을 닫고 지내는 일이 일상이 되었고, 이로 인한 문제가 늘고 있습니다. 이러한 때에 제가 작성한 기사가 마을 사람들이 서로 소통할 수 있는 창구가 되었으면 좋겠다는 생각에 마을 청소년 기자단에 지원하였습니다.

면접관: 그럼 마을 청소년 기자단의 구체적인 활동 내용과 혜택을 알고 있나요?

지원자: 활동 혜택에 대해서는 잘 모릅니다만, 활동 내용에 대해서는 잘 알고 있습니다. 청소년 기자단은 매월 마을 어르신들을 인터뷰하며 마을 신문의 '청소년 마당'에 기사를 작성하는 것으로 알고 있습니다. 또 마을의 소식들을 취재하여 블로그에 소개하는 글과 영상을 올리는 것으로 알고 있습니다.

면접관: 그럼 기자단의 두 활동 중 어떤 활동이 더 중요하다고 생각합니까?

지원자: 앞서 말씀드렸다시피 저는 기사를 작성하여 마을 사람들이 소통할 수 있는 창구를 제공하는 역할을 하고 싶습니다. 이를 위해서는 기자단 활동 중 마을 어르신들을 인터뷰하여 기사를 작성하는 일이 가장 중요하다고 생각합니다. 특히 저는 마을 어르신들과 좋은 관계를 유지하고 있어 어르신들의 지혜가 담긴 이야기와 마을과 관련된 재미있는 이야기들을 인터뷰하여 기사로 작성할 계획입니다.

면접관: 좋습니다. 그렇다면 지원자는 마을 청소년 기자에게 필요한 자질이 무엇이라고 생각하나요?

지원자: 저는 경청하는 태도라고 생각합니다. 취재, 인터뷰 등 기사를 작성하기 위한 활동을 수행하려면 큰 소리이든 작은 소리이든 사람들의 말에 귀를 기울이는 태도가 뒷받침되어야 합니다.

[문제 1] **<보기>는 면접 전에 지원자가 세운 답변 계획이다. <보기>의 ①, ②가 반영된 문장을 제시문에서 찾아 각각의 첫 어절과 마지막 어절을 순서대로 쓰시오.**

<보기>

① 내가 겪은 구체적인 경험을 언급하면서 나의 생각을 전달해야겠어.

② 내가 지닌 장점과 관련지어 지원 영역의 활동에 대한 포부를 밝혀야겠어.

① 첫 어절: ____________, 마지막 어절: ____________

② 첫 어절: ____________, 마지막 어절: ____________

※ 다음은 학생들의 대화이다. 물음에 답하시오. (2023 수시(C))

희경: 사회 시간에 조별 발표할 보고서를 네가 써 오기로 했잖아. 가지고 왔니?
광기: (보고서를 보여 주며) 각종 통계, 논문, 전문 잡지 등을 활용해서 주제에 대한 근거를 확실하고도 풍부하게 제시했어.
범수: 그런데 각종 자료를 사용하면서 인용 표시를 하거나 원문의 출처를 밝히지 않았네. 네가 한 행위는 저작권 위반에 해당돼.
광기: 난 별생각 없이 자료를 가져온 건데. 저작권을 위반하는 사례가 많다는 말은 들어 봤지만 정작 내가 한 행동이 저작권을 위반하는 것인지는 생각지 못했네.
희경: 참, 다음번 과제가 민주 시민으로서 준법정신을 고취하기 위한 영상물을 만드는 것이잖아. 우리 저작권을 소개로 영상물을 만들면 어떨까?
광기: 그래. 나처럼 저작권에 대해 잘 인식하지 못하는 사람들도 많을 거야. 영상물로 홍보하면 많은 사람이 저작권에 대해 좀 더 확실히 인식하게 될 수 있을 거야.
범수: 저작권의 개념, 종류, 보호 기간, 위반 사례 등 전반적인 것을 담자.
희경: 저작권에 관한 것을 다 전달하면 정보의 과잉으로 수용자들이 힘들어할 수도 있어. 수용자들이 관심을 가질 만한 것을 중심으로 영상물을 제작하면 어떨까?
범수: 좋아. 그리고 영상물을 볼 사람들이 저작권에 대해 어느 정도 알고 있는지 설문 조사를 해 보자.
희경: 그러려면 먼저 어떤 사람에게 이 영상물을 보여 줄 것인지 정해야 해. 그래야 우리가 거기에 맞춰 영상물을 만들 수 있을 거야.
광기: 영상물을 볼 사람은 우리 학교 학생으로 정하자.
희경: 찬성이야. 그렇게 하면 영상물의 내용을 좀 더 구체적으로 할 수 있을 거야.
범수: 그래. 이것을 시발점으로 저작권에 대한 관심을 불러일으키다 보면 저작권 문제를 해결할 수 있는 실마리를 마련할 수도 있을 거라고 생각해.

[문제 2] <보기>는 위 대화를 분석한 내용이다. <보기>의 ①, ②를 확인할 수 있는 문장을 제시문에서 찾아 각각의 첫 어절과 마지막 어절을 순서대로 쓰시오.

<보기>

학생들은 ①저작권 침해에 해당하는 구체적 행위에 대한 문제 제기를 통해 이와 관련한 영상물을 제작하려 한다. 이를 통해 저작권에 대한 사회적 관심을 불러일으켜 저작권 침해라는 사회적 문제를 해결하려는 데 도움을 주고자 한다. 그 과정에서 학생들은 ②영상물 예상 수용자를 설정하고, 영상물 수용자의 관심 분야, 영상물 제작의 기대 효과 등을 고려하고 있다.

① 첫 어절: ____________, 마지막 어절: ____________

② 첫 어절: ____________, 마지막 어절: ____________

※ 다음은 작문 상황에 따라 학생이 작성한 초고이다. 물음에 답하시오. (2024 수시(A))

[작문 상황] 생활 체육관 건립에 큰 관심이 없는 주변 학생들에게 생활 체육관 건립을 위한 서명 운동에 참여하기를 독려하는 글을 쓰고자 한다.

[학생의 초고]

지난주부터 우리 학교 근처 ○○ 사거리에서 ○○동 주민들이 생활 체육관 건립을 위한 서명 운동을 하고 있다. 대부분 우리 학교 학생들은 ○○동이나 바로 옆 ◇◇동에 살고 있다. 학교 학생들을 대상으로 한 설문 조사 결과, 생활 체육관과 같은 공공 체육 시설을 이용하고 있는 학생은 전체의 28.7%에 불과했다. 학교에서 가장 가까운 생활 체육관인 △△ 체육관조차 학교에서 4km나 떨어져 있기 때문일 것이다.

우리 시의 인구는 100만여 명으로 시내에 생활 체육관은 8곳이 있다. 우리 시와 인구수가 비슷한 인근의 □□시, ☆☆시에는 각각 7곳, 10곳의 생활 체육관이 있다. 우리 시의 생활 체육관 수가 다른 시에 비해 특별히 적지는 않다. 하지만 ○○동의 경우, 생활 체육관의 이용에 사각지대가 있음을 보여준다. 개선 방안이나 계획은 없는지 시청에 문의해 보니, 문화·체육 담당 부서에서는 ○○동에 새로운 공공 체육 시설이 필요하다는 것을 수년 전부터 인지하고 있었다는 답변을 들을 수 있었다.

운동의 습관화는 복잡한 머리와 마음을 비울 수 있는 효과적인 방법이지만 우리 학교는 운동장의 크기도 작고 운동 기구도 넉넉하지 못한 실정이다. 학교 근처에 생활 체육관이 생긴다는 것은 우리 학교 학생들이 학교 운동장 외에 수시로 체육 활동을 할 수 있는 장소가 새로 마련됨을 뜻한다.

우리 학교에는 생활 체육관 건립에 큰 관심이 없는 학생들이 많은 것 같다. 하지만 생활 체육관은 체력 증진을 위한 공간이라는 의미를 넘어 지역 사회에 기여하는 바가 큰 시설이다. 각종 스포츠 활동의 장을 제공함으로써 주민들은 사회적 교류를 할 수 있고, 실내 놀이터를 설치함으로써 아동과 양육자는 외부 환경의 제약 없이 체육 활동을 할 수 있다. 우리 동네 모든 주민들이 편하게 이용할 수 있는 생활 체육관이 지어지기를 바라는 마음을 담아 서명 운동에 참여하도록 하자.

[문제 3] <보기>는 초고 작성을 위해 작성한 글쓰기 계획의 일부이다. <보기>의 ①, ②가 반영된 문장을 제시문에서 찾아 각각의 첫 어절과 마지막 어절을 순서대로 쓰시오.

<보기>

① 서명 운동을 통한 생활 체육관 건립의 실현 가능성을 강조하기 위해 시청의 관련 부서에서도 생활 체육 시설의 필요성을 인지하고 있다는 사실을 언급한다.
② 생활 체육관 건립의 필요성을 강조하기 위해 생활 체육관이 지역 사회에 주는 효용을 구체적으로 언급한다.

① 첫 어절: ____________, 마지막 어절: ____________

② 첫 어절: ____________, 마지막 어절: ____________

※ 다음은 작문 상황에 따라 학생이 작성한 초고이다. 물음에 답하시오. (2024 수시(B))

[작문 상황]: ‘○○시 청소년 정책 제안 제도’에 참여하여 지역의 문제를 해결할 수 있는 정책을 제안하는 글을 작성하고자 함.

[학생의 초고]

○○ 시민들의 편안한 일상을 위해 노력해 주시는 ○○시에 진심으로 감사의 말씀을 드립니다. 이번 ○○시 청소년 정책 제안과 관련하여 ○○시 일부 지역에 ‘수요 응답형 대중교통’을 도입해 주실 것을 제안합니다. 수요 응답형 대중교통은 대중교통의 노선을 미리 정하지 않고 승객의 요청에 따라 운행 구간을 설정하고, 승객은 자신이 지정한 정류장에서 선택한 시간에 대중 교통을 이용하는 제도입니다.

우리 ○○시는 도시와 농촌이 공존하는 도농 복합시입니다. 농촌 지역의 경우 버스의 일 운행 횟수가 4회 이내인 곳이 많아 한번 버스를 놓치면 오랜 시간 기다려야 하고 당장 필요할 때 버스를 이용하기 어렵습니다. 더구나 출퇴근 시간이 아니면 버스 이용 고객이 많지 않아 운임료만으로는 버스 운행 비용을 충당하기 어려워 버스 회사에 ○○시가 매년 상당한 지원금을 제공하고 있습니다. 이러한 점을 개선하기 위해서는 농촌 지역의 현재 대중교통 체제를 전환해야 합니다.

대중교통 체제의 전환 과정에서 대중교통 사업자들과 갈등이 유발될 수도 있지만 ○○ 시청과 ○○시 농촌 지역 시민들의 이익을 위해서라도 ○○시의 농촌 지역에 수요 응답형 대중교통을 빠르게 도입해야 한다고 생각합니다. 수요 응답형 대중교통을 도입하면 필요한 시간에 필요한 곳에서 대중교통을 이용할 수 있으니 대중교통에 대한 시민들의 만족도가 높아질 것이며, ○○시는 대중교통 사업자의 적자를 보전하는 데 드는 비용을 줄일 수 있을 것입니다.

농촌 지역의 주민들에게는 더욱 편리한 대중교통 서비스를 제공할 수 있으면서도, ○○시 예산 지출도 줄일 수 있는 수요 응답형 대중교통은 현재 우리 ○○시가 실시할 수 있는 최고의 정책이 될 것입니다. 제 제안이 주민들이 더 행복한 ○○시가 되는 데에 도움이 되었으면 좋겠습니다.

[문제 4] <보기>는 초고 작성을 위해 작성한 글쓰기 계획의 일부이다. <보기>의 ①, ②가 반영된 문장을 제시문에서 찾아 각각의 첫 어절과 마지막 어절을 순서대로 쓰시오.

<보기>

① 제안하려는 정책의 구체적인 내용을 설명하기 위해 개념을 구체적으로 정의한다.
② 새로운 정책을 제안할 때 더 유용하다는 점을 강조하기 위하여 현재 시행되고 있는 제도의 문제 지적한다.

① 첫 어절: ___________, 마지막 어절: ___________

② 첫 어절: ___________, 마지막 어절: ___________

※ 다음은 MBTI 성격 검사 열풍을 비판하는 연설문의 초고이다. 물음에 답하시오. (2024 수시(C))

최근 ‘MBTI 유형별 공부법’, ‘MBTI로 보는 연봉 순위’, ‘MBTI 소개팅 앱’이 등장할 정도로 우리 사회에는 지금 MBTI(Myers-Briggs Type Indicator) 열풍이 불고 있습니다. 문제는 단순한 성격 유형 검사인 MBTI에 과몰입하여 유형에 끼워 맞추어 자신과 다른 사람을 판단하고 이를 맹신한다는 것입니다. 여러분은 MBTI를 신뢰하시나요?

MBTI는 인간의 성격을 외향(E)-내향(I), 감각(S)-직관(N), 사고(T)-감정(F), 판단(J)-인식(P)의 8가지 지표로 나누어 각 대극에 놓인 두 성격 유형 중 더 가까운 쪽에 해당하는 알파벳 4개의 조합으로 결과를 보여주는 검사입니다. MBTI 검사에는 검사를 통해 개인이 자기 자신에게 관심을 가지고 스스로 생각해 보게 한다는 순기능도 분명히 있습니다. 그러나 자기 이해나 타인과의 소통이라는 목적을 넘어선 지나친 의존과 맹신은 경계해야 합니다.

MBTI의 16개 유형 중 하나로 사람의 성격을 규정할 수는 없습니다. 분석 심리학자 융은 인간의 성격을 씨앗으로 보고 성격은 생애 발달 주기, 환경 등과 상호 작용하며 변화해 가는 과정이지 처음부터 완전체가 아니라고 하였습니다. 인간의 성격 유형은 인간의 수만큼 다양하며 변화의 과정에 있음에도 불구하고 이분법적으로 단정 지은 검사 결과만으로 사람을 판단하는 것은 잘못입니다.

또한 MBTI는 검사의 방법에도 약점이 있습니다. 사람들이 많이 접하는 10분 내외의 인터넷 간이 검사는 정식 검사 문항과는 크게 달라 타당도가 낮습니다. 또 자신의 성향을 직접 평가하는 자기 보고식 검사로 피검사자의 솔직함에 기대어 검사가 진행될 수밖에 없어 신뢰하기 어렵습니다. 따라서 MBTI 검사 결과를 중요한 진단이나 결정을 내릴 때 활용하는 것은 바람직하지 않습니다.

MBTI를 자신을 이해하고 타인을 탐색하는 데에 활용하는 정도는 나쁘다고 말할 수 없지만 MBTI에 대한 지나친 의존과 맹신은 금물입니다. MBTI가 당신의 명함이 될 수 없다는 것을 명심하고 스스로 자신을 탐색하고 성장시켜 나가야 합니다.

[문제 5] <보기>는 제시문을 작성하기 전에 수립한 글쓰기 계획의 일부이다. <보기>의 ①, ②가 반영된 문장을 제시문에서 찾아 각각의 첫 어절과 마지막 어절을 순서대로 쓰시오.

<보기>

① MBTI 검사가 활용되는 구체적인 사례들을 제시하며 청중의 관심을 유도한다.
② MBTI 검사 항목만으로 사람의 성격을 규정하기 어려움을 강조하기 위해 관련 분야 권위자의 견해를 인용한다.

① 첫 어절: ___________, 마지막 어절: ___________

② 첫 어절: ___________, 마지막 어절: ___________

※ 다음은 학생들의 대화이다. 물음에 답하시오. (2024 수시(D))

유준: 국어 수업 조별 과제 '정보를 전달하는 글쓰기'를 위해 지난번에는 전통 음식 문화를 소재로 정했었는데, 오늘은 글의 주제를 정했으면 해.
현우: 반 친구들이 예상 독자이니 친구들의 선호도를 고려했으면 좋겠어. 친구들이 호기심을 가질 만한 특이한 음식들을 소개해 보자.
지민: 특이한 음식은 친구들의 호기심을 끌 수 있는 좋은 소재라고 생각하지만, 호기심을 느끼는 구체적인 대상은 개인마다 달라서 음식을 선정하기가 어려울 것 같아. 대신 현재 즐겨 먹는 음식과 전통 음식의 관계를 주제로 정하면 어떨까?
유준: 현재 즐겨 먹는 음식과 전통 음식의 관계가 어떤 내용을 말하는 건지 조금 더 설명해 줄 수 있니?
지민: 현재에도 즐겨 먹는 전통 음식들의 기원과 발전 과정을 다뤄 보면 흥미로울 것 같아.
현우: 음식의 기원과 발전 과정을 알아보는 것은 찾아야 할 자료가 많아서 우리가 하기 어려울 것 같은데, 최근에는 K-푸드가 각광받고 있으니 그 내용은 어떠니?
유준: 외국인들에게 인기가 많은 음식은 이전에도 많이 다뤄진 거 아냐?
지민: 차라리 친구들이 잘못 알고 있을 법한 전통 음식 문화를 다뤄 보는 것도 좋을 것 같은데. 그런 내용은 우리가 찾아서 글로 쓰기도 편할 것 같아.
현우: 전통 음식에 대한 잘못된 통념은 많지만 그런 음식들은 친구들에게 친숙하지 않거나 관심을 가지기 어려운 음식일 수도 있어서 좋지 않다고 생각해.
유준: 만약 친숙한 음식인데 그 음식에 대한 잘못된 인식이 존재하는 거라면 어때?
현우: 좋은 생각이네. 혹시 생각해 본 주제가 있니?
지민: 예전에 읽은 책에서 우리가 아는 것과는 달리 조선 사람들은 신분을 막론하고 소고기를 많이 먹었다고 하던데.
유준: 그래. 소고기는 친구들도 잘 아는 음식이니까 좋을 것 같아.

[문제 6] <보기>는 제시문에 나타난 말하기 방식에 대한 설명의 일부이다. <보기>의 ①, ②에 해당하는 학생의 발언을 제시문에서 찾아 첫 어절과 마지막 어절을 쓰시오.

<보기>

① 대화 참여자의 앞선 발언 중 추가 설명이 필요하다고 생각한 부분을 언급하고, 그 의미가 무엇인지 질문하고 있다.
② 대화 참여자 사이의 의견 차이가 있는 부분에 대해 둘의 의견을 모두 수렴한 새로운 대안을 제안하고 있다.

① 첫 어절: ____________, 마지막 어절: ____________

② 첫 어절: ____________, 마지막 어절: ____________

※ 다음 글을 읽고 물음에 답하시오. (2024 수시(E))

[학생의 작문 계획]

• 글을 쓰게 된 동기: 한국은 혁신 기술 연구 개발에 세계 최고 수준의 투자를 하고 있지만, 정부 출연 기관들의 성과는 기대 이하라는 보도를 접함. 이에 혁신 기술의 실태를 알아보고 관련 문제의 해결 방안에 대해 글을 쓰기로 함.
• 예상 독자: 우리 학교 학생들
• 작문 목적: 혁신 기술과 관련된 정보를 공유하고, 문제 해결 방안을 모색.

• 글의 개요

처음	1. '혁신 기술'이라는 화제 제시 2. 혁신 기술의 개념과 특성
중간	1. 혁신 기술 개발과 관련된 투자 현황 및 실태 (1) 우리나라의 혁신 기술 개발에 대한 투자 현황 (2) 우리나라가 개발한 혁신 기술의 활용 실태 ㉮ 정부 출연 기관이 개발한 특허 기술의 활용률이 저조함. ㉯ 매년 혁신 기술 수출액이 혁신 기술 도입액보다 적음. 2. 혁신 기술의 육성 방안 (1) 정부 출연 기관의 특허 활용과 관련된 장애 해소 (2) 혁신 기술의 무역 수지 개선을 위한 정책 마련
끝	우리나라 혁신 기술의 발전을 위해서는 관련 규제 개혁 및 관련 기업 지원 정책 마련 등 혁신 기술 육성을 위한 노력이 필요함.

[문제 7] <보기>의 ㉠~㉢은 제시문의 개요에 따라 글을 쓰기 위해 자료를 수집한 후 작성한 자료 활용 계획의 일부이다. <보기>의 ①, ②에 들어갈 적절한 내용을 ㉠의 밑줄 친 부분과 같은 형식으로 쓰시오.

<보기>

㉠ 최근 정부 출연 기관이 개발한 특허 기술이 활용되는 비율이 이전보다 낮음을 보여주는 자료는 '중간-1-(2)-㉮'에서 정부 출연 기관이 개발한 혁신 기술의 활용도가 낮음을 강조하기 위한 자료로 활용한다.
㉡ 한국의 GDP 대비 혁신 기술 연구 개발 투자 비율이 세계 1, 2위를 다투는 수준임을 보여주는 자료는 '(①)'에서 한국이 혁신 기술 개발을 위해 큰 힘을 쏟고 있음을 강조하기 위한 자료로 활용한다.
㉢ 연도별 한국의 혁신 기술 수입액과 수출액을 보여주는 자료는 '(②)'에서 매년 혁신 기술 수출액이 혁신 기술 도입액보다 적음을 뒷받침하는 자료로 활용한다.

①: ____________________, ②: ____________________

※ 다음은 장애인 고용 의무 제도에 대한 글이다. 물음에 답하시오. (2024 수시(F))

장애인 고용 의무 제도는, 직업 생활을 통한 생존권 보장이라는 헌법의 기본 이념을 구현하기 위해 장애인에게 다른 사회 구성원과 동등한 노동권을 부여하기 위한 제도이다. 1991년에 처음 시행되었으며 현재는 국가·지방 자치 단체 및 50명 이상 공공 기관과 민간 기업을 대상으로, 근로자 총수의 5/100 범위 안에서 대통령령으로 정하는 비율 이상의 장애인 근로자를 의무적으로 고용할 것을 규정하고 있다. 그리고 장애인 채용을 장려하기 위해서 의무 고용률 이상 고용한 사업주에 대해서는 규모와 상관없이 초과 인원에 대해 장려금을 지급하고 있다. 이는 장애인으로 하여금 주체적인 삶을 살아가게 하기 위한 경제적 자립의 기반을 마련해 주기 위한 것이다.

하지만 한국 장애인 고용 공단의 조사 결과를 보면, 2022년 국가 및 지방 자치 단체, 공공 기관의 장애인 고용률은 3.6%, 민간 기업의 장애인 고용률은 3.1% 수준인 것으로 나타났는데, 이는 법에서 정한 장애인 의무 고용률을 겨우 충족한 수준이다. 이처럼 장애인 고용 의무 제도의 대상이 되는 기관들이 장애인 채용에 적극적으로 나서지 않는 것은 문제가 아닐 수 없다.

기업은 장애인의 고용에 소극적인 태도를 가져서는 안 될 것이다. 그리고 장애인이 일하기 불편하지 않은 직무 환경을 조성하고 장애가 걸림돌이 되지 않는 직무를 개발하여 장애인이 자신의 능력을 발휘할 수 있도록 해야 한다. 또한 정부는 기업들이 장애인 고용에 소극적인 이유를 찾아 그것을 보완할 수 있는 정책을 제시하고, 현행 장애인 고용 의무 제도의 문제를 개선해야 한다. 아울러 고용주를 비롯한 비장애인들이 장애인에 대해 갖고 있는 부정적인 인식을 개선하도록 노력해야 하며, 장애인 직업 교육을 확대하여 장애인의 직무능력을 높이도록 해야 할 것이다.

[문제 8] <보기>는 제시문을 작성하기 전에 수립한 글쓰기 계획의 일부이다. <보기>의 ①, ②가 반영된 문장을 제시문에서 찾아 각각의 첫 어절과 마지막 어절을 순서대로 쓰시오.

<보기>

① 장애인 고용 의무 제도의 도입 시기와 장애인 의무 고용의 내용을 제시하여 제도에 대한 독자의 이해를 돕는다.
② 현재의 장애인 고용 현황을 구체적인 수치로 제시하여 독자가 현재의 장애인 고용에 대한 문제의식을 가질 수 있도록 유도한다.

① 첫 어절: __________, 마지막 어절: __________

② 첫 어절: __________, 마지막 어절: __________

※ 다음은 수업 시간에 이루어진 토론의 일부이다. 물음에 답하시오. (2024 수시(G))

사회자: 이번 시간에는 '국가는 공소 시효가 적용되지 않는 범위를 현재보다 확대해야 한다.'라는 논제로 토론을 진행하겠습니다. 찬성 측이 먼저 입론해 주십시오.

찬성: 저희는 공소 시효가 적용되지 않는 범위를 현재보다 확대해야 한다고 주장합니다. 우리나라는 살인죄, 중대한 성폭력 범죄, 헌정 질서 파괴 범죄 등 일부 범죄를 제외한 대다수의 범죄에 대해서는 공소 시효를 두고 있습니다. 이로 인해 중대한 범죄를 저지른 범죄자가 공소 시효가 지났다는 이유만으로 법적 처벌을 받지 않게 될 수 있습니다. 이는 범죄 피해자의 고통을 가중하는 처사이고, 국민 대다수의 의식에도 위배되는 일입니다. 더욱이 공소 시효만 지나면 처벌을 피할 수 있다는 점을 악용한 자들의 범죄를 양산할 수 있습니다.

사회자: 이번에는 반대 측에서 입론해 주십시오.

반대: 저희는 국가가 공소 시효가 적용되지 않는 범위를 현재보다 확대할 필요가 없다고 주장합니다. 공소 시효가 적용되지 않는다고 하더라도 증거가 끝내 발견되지 않을 경우에는 범죄자가 처벌을 피할 수 있다는 문제가 여전히 있습니다. 더욱이 공소 시효가 적용되지 않아 계속 수사를 해야 하는 사건이 늘어나면 새로운 사건에 투입될 인력이 줄어드는 만큼 사회적 비용이 증대되는 부작용이 더 클 것입니다.

찬성: 물론 공소 시효가 적용되지 않는 범위를 확대하면 사회적 이득보다 부작용이 더 클 수 있습니다. 그러나 범죄의 공소 시효가 없어질 경우 해당 범죄의 발생을 억제할 수 있다는 사회적 이득의 크기는 충분히 고려하신 건가요?

반대: 저희는 공소 시효를 적용하지 않는 것이 해당 범죄의 발생을 억제할 수 있다는 주장을 뒷받침하는 과학적 근거가 있는지를 찾아보았으나 끝내 관련 자료를 확인하지 못했습니다. 따라서 그러한 주장은 자의적 판단에 의해 이루어진 것이라고 생각합니다.

[문제 9] <보기>는 제시문의 '반대' 측 주장의 내용을 정리한 것의 일부이다. <보기>의 ①, ②에 해당하는 문장을 제시문에서 찾아 각각의 첫 어절과 마지막 어절을 쓰시오.

<보기>

① 찬성 측이 제시한 해결 방안을 채택해도 문제를 해결할 수 없는 경우가 있다.
② 찬성 측이 제시한 질문에 내포된 전제가 객관적 근거에 의해 뒷받침되지 않으므로 타당하지 않다.

① 첫 어절: __________, 마지막 어절: __________

② 첫 어절: __________, 마지막 어절: __________

※ 다음은 학생과 음악 교사의 면담 내용이다. 물음에 답하시오.

학생: 안녕하세요. 선생님. 교지 편집부의 ○○○입니다. 최근 국악을 활용한 관광 홍보 영상이 인기를 끌어서, 교지에 '국악 감상 방법'에 대한 특집 기사를 준비 중이라 선생님의 도움이 필요해서 면담을 요청했습니다. 잘 부탁드립니다.
음악 교사: 반갑습니다. 우선 음반, 방송으로 만나는 것도 좋지만, 국악의 진짜 멋을 알려면 공연장을 직접 찾아가 소리를 느끼고 연주자와 함께 호흡해 보기를 추천합니다.
학생: 국악 공연장은 한 번도 가 본 적이 없는데, 공연장에 가면 제일 먼저 무엇을 해야 하나요?
음악 교사: 공연 시작 전에 여유있게 도착해서 분위기를 익혀보세요. 공연장으로는 국립 국악원을 추천하고 싶어요.
학생: 아니요. 국립 국악원은 처음 들어 봅니다.
음악 교사: 국립 국악원을 찾아가면, 근처에 있는 국악 박물관부터 가세요. 국악기 소리를 직접 들으면서 체계적으로 정리된 여러 가지 국악 자료를 살펴볼 수 있습니다.
학생: 그렇군요. 선생님 말씀처럼 국악 자료를 먼저 보면 국악을 감상하는 데 많은 도움이 될 것 같습니다.
음악 교사: 이제 공연을 본격적으로 즐겨야겠지요? 이때 주의할 점은 음악을 귀로만 듣는다고 생각하지 않아야 한다는 것입니다.
학생: 네? 음악은 귀로만 듣는 게 아닌가요?
음악 교사: 음악을 귀로 듣는 것이 기본이지만, 연주자들의 의상과 곡에 따라 악기 편성이 달라지는 것도 찾아보며 감상해야죠. 혹시 국악 장단의 종류를 알고 있나요?
학생: 세마치, 굿거리, 자진모리장단 등을 알고 있습니다.
음악 교사: 국악 특유의 역동성과 흥을 만들어 내는 핵심이기 때문에 장단의 구조를 파악하고 음의 움직임에 주목하는 것도 좋은 국악 감상법입니다. 혹시 음악 수업 시간에 감상했던 영화 「서편제」의 장면이 기억나나요?
학생: 네, 기억납니다.
음악 교사: 국악은 움직이는 음들의 생동감으로 가득한 음악입니다. 영화 「서편제」에서 같이 들었던 꺾는음과 떠는음, 격렬하게 누르거나 흔들어서 내는 음 등을 느끼면서 감상하면 국악의 매력을 아주 잘 느낄 수 있을 거예요.
학생: 선생님 말씀대로 하면 국악 감상을 잘할 수 있을 것 같습니다. 귀한 시간 내주셔서 감사합니다. 이만, 면담을 마치도록 하겠습니다.

[문제 10] <보기>는 정보 전달 목적의 효율적 의사소통 전략이다. <보기>의 ①, ②와 같은 전략이 실현된 선생님의 발언을 제시문에서 찾아 첫 어절과 마지막 어절을 순서대로 쓰시오.

<보기>

① 일상적으로 알고 있던 고정관념에서 벗어날 수 있도록 질문을 하거나 한 번 더 생각할 수 있도록 발상의 전환을 도모한다.
② 청자의 경험을 환기함으로써 상대방이 의사소통 과정에서 배경지식을 활성화하거나 대화 주제에 좀 더 공감할 수 있도록 한다.

① 첫 어절: __________, 마지막 어절: __________

② 첫 어절: __________, 마지막 어절: __________

※ 다음은 학급 임원 회의의 일부이다. 물음에 답하시오.

학생 1: 오늘은 학급 커뮤니티에 올라온 건의 사항 중 가장 많은 '좋아요'를 받은 사물함 문제에 대해 논의해보자.
학생 2: 내가 올린 '사물함 활용'에 대한 거 말이지?
학생 1: 맞아. 어떤 내용과 의도로 올린 글인지 여기 모인 우리에게 좀 더 구체적으로 말해 줄래?
학생 2: 우리 교실에 사물함이 30개 있는데, 학생 수는 22명이니까 사물함이 8개가 남잖아. 따로 주인이 없다 보니까 먼저 차지한 사람이 그것을 계속 자기 것으로 사용하고 있어. 관리도 잘 안 되다보니 지난주에는 오래된 우유의 악취로 조금 불쾌했었어. 그래서 남는 사물함에 대한 관리 방안을 마련하자는 건의 사항을 올린 거야.
학생 1: 그러니까 주인 없는 사물함도 관리자를 지정하자는 말인 거지? 나도 관리자가 필요하다고 생각해.
학생 2: 맞아. 그런데 남는 사물함 용도 먼저 정했으면 해.
학생 3: 나도 같은 생각이야. 사물함 크기가 작아서 넣어 둘 수 있는 게 별로 없어. 책이랑 체육복을 넣으면 꽉 찰 정도야. 어쩌다 수업 준비물을 더 챙겨 와야 할 때는 둘 곳이 없어 난감하기도 해. 그래서 나는 남는 사물함을 임시 수업 준비물 보관소로 활용했으면 좋겠어.
학생 4: 그래. 특별히 보관할 게 많은 날을 대비해서 5개 정도는 예비용으로 쓸 수 있으면 좋겠어. 나머지 3개에는 학급 공용품이나 청소도구를 수납하는 것이 어떨까?
학생 2: 내 생각도 같아. 반 아이들에게 오늘 회의 결과를 알리고, 일주일 정도 시간을 주고 거기에 있는 개인 사물들을 치워 달라고 요청하자.
학생 1: 좋아. 학급 카페에 내가 글을 써서 올릴게.
학생 3: 아까도 말했지만 지금 사물함은 크기가 너무 작아서 옷이나 신발 등을 수납하기가 힘들어. 차라리 사물함 개수를 줄이고 더 큰 사물함으로 교체해주면 좋겠는데.
학생 4: 사물함이 커지면 더 좋긴 하겠다!
학생 3: 맞아. 현재 상태에서 사물함 내부와 주변 정리가 제대로 안 되어 있어서 더 지저분해 보이는 것 같아.
학생 2: 그럼 매주 금요일 방과 후에 각자 사물함을 정리 정돈하도록 '사물함 정리의 날'을 정하는 건 어떨까?
학생 3, 4: 그것도 좋겠어.
학생 1: 오늘 회의 주제에서는 벗어난 의견이긴 한데, 나도 같은 생각이야. 사물함 청소 관련 내용도 카페에 함께 올릴게. 그리고 사물함 교체는 우리 반뿐만 아니라 다른 반 친구들도 얘기했었으니, 교장 선생님께 건의문을 써볼게.
학생 2: 혼자 다하면 힘드니까 건의문 초안은 내가 쓸게.

[문제 11] <보기>는 학생들이 대화를 할 때 지켜야 할 원리에 대해 정리한 것이다. ①, ②에 해당하는 문장을 찾아 각각의 첫 어절과 마지막 어절을 쓰시오.

<보기>

① 대화 상황에서는 상대방과 함께 소통하고자 하는 주제가 무엇인지를 확인하는 발화가 필수적이다.
② 대화 과정에서는 상대방의 의도를 자신이 제대로 파악했는지 확인하는 것이 필요하다.

① 첫 어절: __________, 마지막 어절: __________

② 첫 어절: __________, 마지막 어절: __________

※ 다음은 학생이 교지에 실을 글을 쓰기 위해 수행한 면담이다. 물음에 답하시오.

학생: 선생님, 안녕하세요? 수능 고등학교 교지 편집부 기자 ○○○입니다.
교사: 안녕하세요? 한국 대학교 한국어 교육 센터 교사 △△△입니다.
학생: 미리 이메일로 말씀드렸던 것처럼 저희 교지에는 다양한 직업의 인물을 소개하는 글을 싣고 있는데, 이번에는 한국어 교사이신 선생님을 소개하는 글을 쓰기 위해 이렇게 면담을 하게 됐습니다.
교사: 그래요. 이 기회를 통해서 능수고 학생들에게 한국어 교사에 대한 정보가 잘 알려졌으면 좋겠네요.
학생: 사실 학생들이 국어 시간에 배우는 언어가 한국어잖아요. 그래서 국어 교사와 한국어 교사가 결국 같은 직업이라고 잘못 알고 있는 경우도 있는데요, 두 직업의 차이를 설명해 주시겠어요?
교사: 일반적으로 국어 교사는 초·중등 학생들에게 국어 교과를 가르치는 선생님을 뜻합니다. 이에 비해 한국어 교사는 외국어로서 한국어를 배우려는 외국인 또는 다문화 가정 구성원처럼 아직 한국어에 능숙하지 못한 사람들을 대상으로 한국어를 가르치는 선생님을 뜻합니다.
학생: 설명을 듣고 나니 이해가 확실하게 되네요. 그럼 한국어 교사가 되려면 어떻게 해야 하나요?
교사: 한국어 교육 기관에서는 국가에서 관리하는 한국어 교원 자격증 소지자를 교사로 임용하는 경우가 대부분입니다. 대학이나 대학원에서 외국어로서의 한국어 교육을 전공해서 학위를 받으면 이 자격증을 받을 수 있습니다. 또 외국어로서의 한국어 교육을 전공하지 않더라도 법령으로 정해진 요건을 충족하는 한국어 교원 양성 과정에서 120시간 이상의 수업을 받은 뒤에 한국어 교육 능력 검정 시험에 합격하는 경우에도 이 자격증을 받을 수 있습니다.
학생: 저는 국어 교육과나 국어 국문학과를 나와도 한국어 교원 자격증을 받을 수 있는 줄 알았는데, 그건 아니네요?
교사: 예, 한국어 교원 자격증을 신청할 수 있는 자격은 엄격히 제한되어 있습니다. 이는 한국어 교육이 특수한 직업적 전문성을 요구하는 분야라는 인식이 반영된 결과이지요.
학생: 그럼 한국어 교사라는 직업의 전망은 어떤가요?
교사: 우리나라의 위상이 세계적으로 점점 높아지고 있어서 한국어 교사에 대한 수요는 계속 늘어나고 있습니다. 유학생 등 한국에 체류 중인 외국인이나 다문화 가정 구성원도 계속 늘어나고 있지만, 해외에서 한국어를 배우려는 사람들도 크게 증가하고 있습니다. 해외 한국어 교육 기관에서는 한국어 교원 자격증을 소지한 현지 교민이나 외국인을 교사로 뽑기도 하지만 한국에서 파견하는 교사를 받기도 합니다. 또 한국의 대중음악이나 드라마 등 문화 콘텐츠가 세계적인 인기를 얻고 있어서 한국어 교육에 대한 수요는 더욱 늘어날 것으로 기대됩니다.
학생: 그렇군요. 선생님께서 말씀해 주신 내용을 능수 고등학교 학생들은 교지에서 읽게 될 텐데요, 학생들에게 마지막으로 어떤 말씀을 남기고 싶으신가요?
교사: 무엇보다 한국어 교사는 한국어뿐만 아니라 한국 문화를 세계에 알리는 일을 수행할 수 있는 중요한 직업이라는 걸 알아주시면 좋겠어요. 국내에서 활동할 수도 있지만 해외에서도 전문성을 발휘하며 보람 있는 삶을 살 수 있는 기회가 있다는 점에서 매력적인 직업이니 많은 관심을 가져 주시기를 바랍니다.
학생: 예, 그럼 오늘 면담은 이것으로 마무리하겠습니다. 바쁘신 중에도 시간을 할애해 주셔서 정말 고맙습니다. 나중에 교지 나오면 보내 드릴게요.

[문제 12] <보기>는 면담에 앞서 학생이 면담 중 물어봐야 할 사항에 대해 생각하고 정리한 내용이다. <보기>의 ①, ②에 해당하는 문장을 찾아 각각의 첫 어절과 마지막 어절을 쓰시오.

<보기>

면담 시간이 충분하지는 않을 테니, 면담을 하기 전에 어떤 질문을 해야 좋을지 잘 정리를 해봐야겠어. 우선, 한국어 교사로 임용되려면, 어떤 자격증이 필요할까? 국어 교사는 국어 교과의 교원 자격증이 필요한데. 한국어 교사와 국어 교사는 명칭이 다르니까 하는 일이 다를 것 같기는 한데, 한국어랑 국어랑 다른 건가? 두 분야가 어떤 면이 어떻게 다른지를 물어봐야겠다. 그리고 **<u>①혹시 '한국어 교사'에 대해 우리가 잘 모르고 있는 부분이 있지는 않을까</u>**? 한국어 교사의 앞으로의 전망은 어떨까? 국어 교사에 비해 한국어 교사도 인기가 있는 직업이 될 수 있을까? 그리고 한국어 교사인 선생님께서는 **<u>②본인의 직업이 사회적으로 어떤 가치를 가지고 있다고 생각하시는지도 궁금하네</u>**. 막상 생각하다보니 질문할 게 아주 많았구나. 미리 정리해보지 않았으면, 짧은 시간 동안 다양한 질문을 하지 못할 뻔했어. 다음에도 이런 기회가 있다면 꼭 말하기 계획을 세워봐야지.

① 첫 어절: ____________, 마지막 어절: ____________

② 첫 어절: ____________, 마지막 어절: ____________

※ 다음은 학생이 작문 과제를 수행하기 위해 초고를 작성한 것이다. 물음에 답하시오.

(1) 친구들과 대화할 때 특정한 표현을 듣고 기분이 좋지 않았던 경험이 있나요? 가끔 친구들과 장난을 치거나 농담을 할 때 우리는 어디선가 들은 말을 하기도 하는데, 그 과정에서 욕설을 할 때도 있습니다. 또 그 의미는 명확하게 알 수 없지만 비하의 의미를 담은 말을 사용할 때도 있습니다. 'OO충'으로 대표되는 표현들이 그것인데요, 이를 '혐오 표현'이라고 합니다.
(2) 혐오 표현은 특정 정체성을 갖고 있는 대상에게 나타내는 차별적이거나 모욕적인 의미나 의도를 담은 표현을 뜻합니다. 이 정체성에는 국적, 연령, 성별뿐만 아니라, 인종, 민족, 종교, 지역, 장애 등 다양한 범주가 포함됩니다. 이러한 혐오 표현의 주된 목적은 '특정 집단을 비하하거나 능멸하거나 협박하기 위한' 것입니다. 예를 들어 어떤 사람이 나에게 '너는 나쁜 사람이야.'라고 말한다고 해서 혐오 표현을 한 것은 아닙니다. 상대방이 특정 집단이 아닌 '나'에게 느낀 감정을 드러낸 표현이기 때문입니다. 하지만 '너는 △△ 지역 출신이라 나쁜 사람이야.'라는 표현은 혐오 표현이 됩니다. △△ 지역 출신이라는 특정 집단을 비하하려는 목적이 있기 때문입니다.
(3) 우리가 살고 있는 사회뿐만 아니라 작은 공동체인 학교에서조차 혐오 표현이 곳곳에 존재합니다. 우리는 알게 모르게 이러한 말을 듣고 사용합니다. 혐오 표현을 사용하는 것이 별것 아니라고 생각할 수도 있습니다. 그러나 혐오 표현은 특정 집단에 대한 부정적인 인식을 담고 있어 그 대상이 되는 집단에 대한 편견을 공고하게 만들고 그 편견은 곧 차별로 이어질 수 있다는 점에서 문제가 있습니다. 누군가를 공격하는 혐오 표현을 사용하는 것은 곧 그 집단보다 우위에 있다고 생각하는 것과 다름없습니다. 이러한 문제점이 있는 혐오 표현을 우리 스스로 사용하지 않고, 다른 사람들 역시 사용하지 않도록 하려면 어떻게 해야 할까요?
(4) 첫째, 혐오 표현이 어떤 뜻을 담고 있으며 그 말이 왜 사람들에게 상처를 주는지를 알아야 합니다. 어떤 말이 좋은 말인지, 혹은 나쁜 말인지 알기 위한 방법은, 그 말의 뜻이 무엇이고 어떤 맥락에서 어떻게 사용되었는지 확인하는 것에서 출발합니다. 그 말의 뜻을 이해한 후 그 말을 내가 듣는다면 어떤 기분일지, 그 말을 다른 사람, 특히 내 가족과 나와 친한 친구들에게 쓸 수 있는 말인지를 한번 판단해 봅시다. 그렇다면 그 표현이 혐오 표현인지 아닌지를 구분하는 것이 어렵지 않을 것입니다. 그리고 그 말의 뜻을 알게 된 후에는 쉽사리 혐오 표현을 사용하지 못할 것입니다.
(5) 둘째, 혐오 표현을 사용하는 상대방에게 확실한 거부 의사를 밝히는 것이 필요합니다. 혐오 표현을 사용하는 사람이 있다면, 먼저 그 사람에게 그 표현이 어떤 의미인지 아는지를 확인해야 할 것입니다. 만약 그 사람이 의미를 모르고 사용하고 있다면, 정확한 의미를 가르쳐 주면 됩니다. 만약 의미를 알고 사용하는 사람이라면, 해당 표현을 듣기 싫다고 거부하는 것이 중요합니다. 혐오 표현을 사용하는 것은 그 대상에게는 불쾌감이나 부정적 영향을 미치기 위해서이며, 주변 사람들에게는 혐오 표현에 동조하도록 선동하기 위해서입니다. 왜냐하면 혐오 표현을 사용하는 사람들은 그 말을 사용하여 다른 사람에게 영향을 미칠 수 있다고 생각하기 때문입니다.
(6) 셋째, 혐오 표현에 대항하는 표현을 사용하는 것도 필요합니다. 누군가가 혐오 표현을 사용한다면 침묵하지 않고 그러한 표현 대신 사용할 수 있는 말을 새롭게 제시하는 것입니다. 객관적인 사실을 강조하는 표현, 규범과 가치관이 담겨 있는 표현으로 혐오 표현을 바꾸어 보는 것입니다. 예컨대 누군가가 어떤 사람을 가리켜 'OO충'이라고 표현했다면 "너는 저 사람에게 그렇게 말할 권리가 없다."라고 맞받아치면서 그 말을 대신할 표현을 제시하는 것입니다. 이는 혐오 표현이 담고 있는 가치관을 거부함으로써 혐오 표현으로 인해 피해를 받는 사람들에 대한 지지를 선언하는 것과 같습니다. 혐오 표현에 대항하는 표현을 사용하는 것은 보다 적극적인 방식으로 혐오 표현을 해소하는 노력이라고 할 수 있습니다.

[문제 13] 초고 작성 후 학생은 <보기>의 자료를 수집하여 이를 바탕으로 자신의 주장을 강화하고자 한다. <보기>의 자료가 어떤 문단에서 보충 자료로 쓰일 수 있는지 해당되는 문단을 찾아 제시하고, 특히 <보기>의 내용이 어떤 문장을 뒷받침할 수 있는지 찾아서 첫 어절과 마지막 어절을 쓰시오.

<보기>

OO 교육청이 관내 고등학생 1,000명을 대상으로 '학교 내 혐오 표현 실태 조사'를 진행한 결과에 따르면, 87.5%가 혐오 표현을 보거나 들었다고 응답했으며, 66.8%는 혐오 표현을 타인에게 사용한 경험이 있다고 답했다. 혐오 표현 경험 빈도를 살펴보면 일주일에 2~3회 정도 경험한다는 비율이 가장 높았고, 혐오 표현을 타인에게 사용한 빈도는 26.3%가 일주일에 2~3회 정도라고 응답했다.

① 문단: ____________

② 첫 어절: ____________, 마지막 어절: ____________

※ **다음은 학생이 작문 계획을 세우고 작성한 글이다. 물음에 답하시오.**

할머니, 할아버지께서 들려주시는 이야기로 시간 가는 줄 몰랐던 어린 시절의 기억이 떠오르는가? 할머니, 할아버지의 이야기 속에는 삶의 지혜가 가득했다. 격대 교육이란 할아버지와 할머니가 손주를 맡아 함께 생활하면서 부모 대신 교육시키는 것을 말한다. 대가족이 흔했던 농경 시대에는 부모는 더 어린 갓난아기를 돌보고 그보다 조금 큰 아이들은 조부모가 돌보는 방식의 격대 교육이 흔히 이루어졌다. 이미 어린아이를 키워 본 경험이 있는 조부모는 그 과정에서 얻게 된 지혜를 바탕으로 손주를 양육했다. 그런 까닭에 격대 교육은 인내심 있게 기다려 주고 감싸 주는 사랑의 교육으로 이루어졌다.

격대 교육은 젖을 떼기 시작하는 아주 어린 시절부터 이루어진다. 안채에서 할머니와 함께 생활하면서 옷 입기, 밥 먹기 등 일상적인 생활 습관을 배우는 것이다. 예닐곱 살이 되면 남자아이들은 사랑채에서 할아버지에게, 여자아이들은 안채에서 할머니에게 그 나이에 걸맞은 예의범절이나 공부 등을 배우기도 했다.

조선 시대에 손주를 키우는 할아버지가 쓴 육아 일기인 『양아록』, 퇴계 이황 선생이 손자에게 보낸 백여 통의 편지에는 손주를 사랑하는 마음이 그대로 담겨 있다. 격대 교육은 오늘날에도 남아 있다. 할머니에게 업혀서 어린 시절을 보냈던 경험, 할아버지의 손을 잡고 유치원에 갔던 경험은 모두 격대 교육이라 할 수 있다. 이렇듯 격대 교육은 조부모의 한없는 사랑을 전달할 수 있는 방법이라는 점에서 이 시대에도 의미를 갖는다.

[문제 14] <보기>는 글을 쓰기 전 학생이 작문 계획을 세운 것이다. <보기>의 작문 계획 가운데 ①, ②와 같은 전략이 반영된 문장을 제시문에서 찾아 각각의 첫 어절과 마지막 어절을 순서대로 쓰시오.

<보기>

[작문 계획]
- 글의 처음에는 독자의 흥미 유발을 위해 격대 교육에 대한 각자의 경험을 떠올리게 하는 질문을 해야겠다.

①격대 교육이 생겨난 사회적 배경을 소개해야지.
- 격대 교육의 구체적인 예시들을 나열해도 좋겠어.
- 격대 교육을 확인할 수 있는 옛 문헌도 소개해야지.

②격대 교육의 현대적 의의도 밝혀야겠다.

① 첫 어절: ___________, 마지막 어절: ___________

② 첫 어절: ___________, 마지막 어절: ___________

※ **다음은 토론의 한 장면이다. 글을 읽고 <보기>의 빈칸에 들어갈 알맞은 말을 서술하시오.**

반대측 제1 토론자: 의무 투표제는 많은 국민이 왜 투표권을 행사하지 않는지에 대한 심층적인 분석 없이 투표율이라는 양적인 측면에만 주목하여 선거의 질적인 측면을 간과한 방안이라는 점에서 반대합니다. 우리나라의 대의 민주주의의 위기는 단순히 투표율이 낮다는 점에서만 접근해서는 안 됩니다. 이는 국민이 정치에 무관심하게 된 책임을 모두 국민에게 떠넘기기 때문입니다. 총선을 앞두고 중앙 선거 관리 위원회가 의뢰하여 유권자 1500명을 대상으로 진행한 설문 조사 결과에 따르면 투표를 하지 않는 이유로 '투표를 해도 바뀌는 것이 없어서, 후보자들에 대해 잘 몰라서, 정치에 관심이 없어서' 등이 꼽혔습니다. 투표율이 저조한 게 문제가 아니라 오히려 정치에 무관심을 조장하는 현실이 더 문제라고 생각합니다. 이러한 근본적인 원인을 내버려 둔 채 투표를 강제하면, 대의 민주주의가 올바로 기능할 수 있을까요? 의무 투표제는 투표율만 높이는 임시방편에 불과합니다.

사회자: 양측의 1차 입론 잘 들었습니다. 이번에는 2차 입론을 시작하겠습니다. 2차 입론은 상대방의 입론이 지닌 문제점을 지적하고 첫 번째 입론을 보강하는 단계입니다. 먼저 찬성 측 제2 토론자가 입론해 주십시오.

찬성측 제2 토론자: 반대 측에서는 대의 민주주의의 위기가 단순히 저조한 투표율 때문이 아니라고 하였으나 기본적으로 투표율이 높아야 대표성이 높아지는 것이 사실입니다. 그러므로 의무 투표제는 투표율을 높여 대의 민주주의를 회복할 수 있는 가장 효율적인 방법입니다. 현재 호주, 벨기에 등 30개 국가에서 의무 투표제를 시행하여 투표에 불참하는 사람들에게는 벌금을 주거나 불이익을 줌으로써 투표율을 높이고 있습니다. 실제로 호주는 2000년부터 2009년까지 10년 동안의 평균 투표율이 94.8%였습니다. 이는 우리나라의 투표율과 비교할 때 매우 큰 차이가 있습니다. 이처럼 의무 투표제를 도입하면 누구나 투표권을 행사하게 되어 자연스럽게 선출된 대표자의 대표성도 높아지고, 투표가 의무가 되면 유권자들이 선거에 관심을 가질 수밖에 없으니 후보자들의 정책 대결을 유도하게 되리라 생각합니다. 이 과정에서 투표에 참여하는 것은 국민의 의무라고 할 수 있습니다. 따라서 의무 투표제를 도입해야 한다고 생각합니다.

[문제 15] <보기>는 토론 전략에 대한 설명 중 일부이다. <보기>의 빈칸 ①, ②에 들어갈 알맞은 내용을 각각 2어절로 서술하시오.

<보기>

이 토론에서 찬성 측은 의무 투표제의 도입이 투표율을 높이고, 대표들의 대표성을 높여 결국 대의 민주주의의 기능을 실현하게 할 것이라고 주장한다. 그러나 반대 측은 단순히 투표율을 높이는 것만으로 대의 민주주의의 기능이 실현된다고 보기 어렵다고 주장한다. 결국 이 토론의 쟁점은 **'(①)이/가 (②)을/를 제대로 기능하게 하는가?'**라고 볼 수 있다.

① ______________, ② ______________

※ **다음은 학생의 발표이다. 물음에 답하시오.**

안녕하세요? 저는 이번 독서 활동으로 알게 된 소비자 심리의 특성에 대해 발표하고자 합니다. 저는 장차 소비자 재무 설계사가 되려고 하기 때문에 자연스럽게 이번 주제를 정하게 됐습니다. 여러분도 앞으로 합리적인 소비자가 되기를 원할 것이므로 오늘 제가 발표할 내용이 많은 도움이 될 것으로 생각합니다. 잘 들어 주세요.

소비자 심리를 연구하는 분야를 소비 심리학이라고 합니다. 자료에 보시는 것처럼, 소비 심리학은 심리학, 경제학, 인류학 등을 기반으로, 소비자의 상품 선택 요인, 소비자의 태도 변화 등을 연구합니다. 소비 심리학에서 소비자의 행동을 어떤 식으로 설명하는지 살펴볼까요? 소비자는 자신에게 꼭 필요한 상품을 최소의 비용으로 소비하려 한다는 것이 일반적인 통념이지만, 소비 심리학은 소비자의 행동이 꼭 그렇게 이루어지는 것만은 아니라고 설명합니다. 사례를 살펴볼게요.

한 카페에서 일회용 컵의 사용을 줄이기 위해 텀블러를 가져온 손님들에게 300원을 할인해주다가, 나중에는 할인 방침을 없애고 일회용 컵으로 음료를 주문하면 300원을 추가 부담하게 했습니다. 소비자의 행동은 어땠을까요? 금액을 할인해 줄 때보다 추가 금액을 부과할 때, 텀블러를 가져오는 손님이 훨씬 더 많았습니다. 최소의 비용으로 소비할 수 있는 길을 택하지 않은 사람이 상당수 있었다는 것이죠. 소비 심리학에서는, 인간이 이익보다 손실에 더 민감하게 반응하기 때문에 이런 현상이 발생한다고 설명합니다. 이러한 심리적 특성을 손실 회피 성향이라고 합니다.

사례를 하나 더 보겠습니다. A씨는 매달 요금이 자동 결제되는 방식으로 동영상 콘텐츠 서비스를 구독하면 요금을 할인해주는 방식으로 구독 신청을 했는데요. 최근에 너무 바빠서 몇 달간 아예 서비스 이용을 못했어요. 그런데 해지 절차가 귀찮기도 하고 언젠가는 이용하겠지 싶어서 해지하지 않았습니다. 그러나 실제로 A씨가 구독 신청 후 1년간 할인받은 총액과 1년 중 서비스를 이용하지 않은 달에 지불한 금액을 비교하면 손해본 금액이 꽤 큽니다. 이렇게 합리적 이유 없이 현 상태를 변화 없이 유지하려는 심리적 특성을 현상 유지 성향이라고 합니다.

기업은 판매 전략을 세울 때 이와 같은 소비자의 심리적 특성을 적극적으로 고려합니다. 그러므로 소비자는 손실 회피 성향이나 현상 유지 성향과 같은 심리적 특성으로 인해 비합리적인 소비를 하고 있지는 않은지 늘 되돌아보아야 하겠죠. 그럼 이상으로 발표를 마치겠습니다.

[문제 16] <보기>는 발표를 수행한 학생의 말하기 목적을 정리한 것이다. <보기>의 ①, ②에 해당하는 문장을 찾아 각각의 첫 어절과 마지막 어절을 쓰시오.

<보기>

① 청중의 경청을 유도하기 위해 발표 내용이 청중에게 유용한 이유를 언급해야겠다.
② 청중에게 발표 내용이 실제로 유용한 이유를 구체적으로 밝혀야겠다.

① 첫 어절: ___________, 마지막 어절: ___________

② 첫 어절: ___________, 마지막 어절: ___________

※ **다음은 건의문의 초고이다. 물음에 답하시오.**

안녕하세요, 교장선생님. 저는 학생 자치회장 ○○○입니다. 학교 발전을 위해 힘써주시니 항상 감사합니다. 제가 이렇게 펜을 든 이유는, '내게는 너무 멀고 높은 세계'라는 휠체어를 타는 장애 학생의 기고문을 보고 안타까움을 느껴서입니다. 장애학생이 고등학교 진학 전, 지역 내 고등학교의 승강기 설치 여부를 일일이 확인하고 있다는 내용이었는데요. 휠체어를 탄다는 이유로 원하는 고등학교에 다닐 수 없다는 것은 부당하다고 생각됩니다.

우리 학교도 건물 입구에 경사로는 설치되어 있지만 승강기가 없습니다. 따라서 이동이 불편한 장애 학생들이 우리 학교를 선택하기는 현실적으로 매우 어려운 실정입니다. 학교에 승강기가 없다는 것이 우리에겐 그저 조금 불편한 일에 불과할지 모르지만 누군가에게는 눈물이 나는 일일 수도 있습니다. 이런 점으로 볼 때 우리 학교에 승강기가 없다는 것을 그저 편의 시설의 미비 문제로 볼 것이 아니라 이동 약자에 대한 우리의 배려 부족 문제로 보아야 하지 않을까요?

최근 저희 학생 자치회가 학생 및 교직원 800명을 대상으로 승강기 설치 찬반에 대한 설문 조사를 시행한 결과 무려 87.5%가 승강기 설치를 원한다고 답했습니다. 학교 구성원 대다수가 원하는 승강기 설치 사업을 안 할 이유가 없다고 생각합니다.

전임 학생 자치회장과 이야기해 본 결과, 이전에도 교내 승강기 설치 건의문을 학교 측에 제출한 적이 있었지만 설치 공간 부족이나 공사 중 안전 사고의 우려와 더불어 비용의 문제 때문에 반려되었다고 들었습니다. 다른 문제는 또렷한 해결 방안을 제안드리기 어렵지만, 최근에 신문 기사를 하나 보고 교육청 누리집에서 관련 공문을 확인했습니다. 교육청에서는 승강기 미설치 학교를 대상으로 승강기 설치 비용을 지원하기로 했는데, 이 조건에는 우리 학교도 해당됩니다. 그러므로 학교에서 비용적인 부분의 문제만큼은 어렵지 않게 해결할 수 있지 않을까 생각합니다. 그리고 제 생각에 우리 학교가 승강기를 설치하지 않음으로써 얻을 수 있는 이점이 승강기를 설치함으로써 얻을 수 있는 이점보다 더 크지는 않을 것입니다. 더불어 교내 승강기 설치는 교장 선생님께서 항상 강조하시던 배려하는 삶의 실천인 동시에 장애 학생들에 대한 관심을 제고하는 일이라 생각합니다. 그러므로 존경하는 교장 선생님께 다시 한번 간곡히 부탁드립니다. 올해는 승강기를 꼭 설치해 주시면 좋겠습니다. 감사합니다.

[문제 17] <보기>는 효과적으로 건의하는 글을 쓰기 위한 전략이다. <보기>의 ①, ②에 해당하는 전략이 실현된 문장을 제시문에서 찾아 각각의 첫 어절과 마지막 어절을 순서대로 쓰시오.

<보기>

① 구체적인 해결 방안을 제시하며 어떻게 그 문제를 해결할 수 있을지 밝힌다면 더욱 효과적일 것이다.
② 문제를 해결했을 때 예상되는 가치와 효과를 충분히 언급해야겠다.

① 첫 어절: ___________, 마지막 어절: ___________

② 첫 어절: ___________, 마지막 어절: ___________

※ 다음은 학생회 대표가 작성한 건의문의 초고이다. 물음에 답하시오.

교장 선생님, 안녕하세요? 학생 자치회장 ○○○입니다. 항상 저희의 진학 문제에 많은 관심을 가지고 애써 주셔서 감사합니다. 특히 졸업한 선배들을 멘토로 초청하여 강연회를 개최한 것은 저희에게 큰 도움이 되었습니다. 앞으로도 많은 관심을 부탁드리며, 건의드릴 게 하나 있습니다.

이번 교과 설명회를 마치고 학생들이 조금 아쉬워하는 점이 있었는데요. 진로 선택에 큰 영향을 주는 이 행사에서 질의응답 시간이 부족했다는 의견이 많았습니다. 한 예로 '세계사'에 관심이 많은 학 학생은 자신이 궁금한 것을 하나도 질문하지 못했다면서 많이 아쉬워했습니다. 물론 일과 중에 진행하는 행사이다 보니 시간을 무한정 늘릴 수는 없으며, 선생님들도 이를 고려하여 질의응답 시간을 정하셨을 것입니다. 하지만 저희는 좀 더 많은 시간 동안 질의응답을 진행하면 좋겠다고 생각합니다. 그래서 2학기에 실시되는 교과 설명회를 방과 후에 온라인으로 진행해 주실 것을 건의드립니다.

교과 설명회를 방과 후에 온라인으로 진행하면 여러 가지 이점이 있습니다. 첫째, 시간의 제약을 어느 정도 벗어날 수 있습니다. 방과 후 하루에 한 과목씩 교과 설명회를 진행한다면 일과 시간에 진행하는 것보다는 시간의 제약을 덜 받을 것입니다. 둘째, 질의응답이 보다 자유롭게 이루어질 것입니다. 여러 사람 앞에서 말로 질문하는 것을 어려워하는 친구들이 있는데, 온라인에서 채팅을 통해 질문을 하면 이 친구들도 쉽게 질문할 수 있을 것입니다. 셋째, 온라인으로 진행한 교과 설명회를 학교 누리집에 탑재하면 언제든 다시 내용을 확인할 수 있습니다. 넷째, 낮에 직장을 다니시는 학부모님들도 교과 설명회에 참석하여 설명을 들을 수 있고 직접 질의응답에도 참여할 수 있습니다. 저희가 진로를 결정할 때 함께 고민하는 분이 학부모님이므로 교과 설명회를 같이 듣는다면 분명 큰 도움이 될 것입니다.

학생 자치회는 건의문을 작성하기에 앞서 학생들의 의견을 수렴하기 위해 전교생을 대상으로 설문 조사도 실시했습니다. 전체 872명 중에서 812명이 참여하고 그중 790명이 찬성의 의사를 밝혔으며, 전교생의 약 93% 학생이 참여하고 이 중 약 97%가 찬성의 의견을 나타냈으니 꽤 높은 지지를 얻었다고 생각합니다. 물론 교장 선생님께서도 당장 저희 의견을 수용하시기 어려울 것입니다. 그러나 저희의 진로에 직결되는 문제인 만큼 앞으로 학생들을 위해 이 문제를 꼭 살펴봐 주시기를 다시 한번 부탁드립니다.

[문제 18] <보기>는 건의문의 글쓰기 전략이다. <보기>의 ①, ②에 해당하는 문장을 찾아 각각의 첫 어절과 마지막 어절을 쓰시오.

<보기>

① 구체적인 사례를 제시하여 문제 상황의 심각성을 부각한다.
② 설문조사 결과와 결과를 해석하는 수치를 제시하여 객관적인 근거를 밝힌다.

① 첫 어절: ___________, 마지막 어절: ___________

② 첫 어절: ___________, 마지막 어절: ___________

2. 독서 영역

【약술형 논술 완벽 학습 TIP】

독서 영역도 다른 영역처럼 EBS 수능특강 및 수능완성에 연계율이 80% 이상은 되는 수준입니다. 체감은 거의 100%에 이르는 것 같습니다. 그리고 여러분들도 이미 학교에서 내신을 열심히 준비했을 텐데, 학교 현장에서도 1학기에는 보통 지필고사 시험 범위가 수능특강에 해당하는 경우가 많습니다. 이미 학습을 한 번 했겠지만, 가천대 약술형 논술고사 준비를 조금 더 철저하게 한다는 마음가짐으로 수능특강 복습을 한 번 더 하세요. 그리고 수능완성 역시 수능 준비를 한다는 마음가짐으로 꼼꼼하게 문제를 풀어보기 바랍니다.

그 후에는 약술형 기출문제들을 각각 꼼꼼하게 분석하며 풀어보세요. 그리고 기출문제와 쌍둥이 문제를 풀면서 유형에 익숙해지기 바랍니다. 특히 독서 영역은 분야별로 익숙한 주제냐 그렇지 않으냐에 따라 독해 시간이 많이 걸리거나, 생소한 개념이 나왔을 때 읽은 부분을 다시 읽으며 시간을 낭비하는 경우가 종종 있습니다. 그러므로 문제를 풀면서 지문의 중요한 내용에 밑줄을 긋는 등 수험생이 <보기>에 해당하는 사항을 찾기 위해 시각적으로 알아보기 좋도록 나름대로 표시를 꼭 해보기 바랍니다. 고사장에서 해야 할 일을 그 전에 반복학습하며 익혀두는 것이 실전 감각 향상에 큰 도움이 됩니다.

각 문항을 푸는 시간은 수험생마다 약간 다르긴 하지만, 선생님이 만난 우수한 합격생 다수는 독서 영역의 문제를 평균적으로 3~5분 사이에 풀어냈습니다. 예를 들어 평이한 문항은 2~3분 이내, 어려운 문항은 5~7분 내외 정도로 풀었기 때문에 학생들마다 시간 차이가 많이 나는 편이었어요. 즉, 독서 영역이나 문학 영역에서 시간을 아껴 수학 영역에서 활용할 수 있다면 좀 더 안정적으로 점수를 가져갈 수 있을 테니 시간 압박을 이겨내는 연습을 반복해야겠습니다. 특히 독서 영역에서는 지문에 노출된 정도, 배경지식의 유무 등이 문제 풀이 시간에 아주 큰 영향요인이 되곤 합니다. 그러므로 EBS 연계율이 높은 부분은 우리가 약술형 논술고사 준비를 하는 데 큰 도움이 될 수 있으리라 생각합니다.

우리 교재는 단원 및 출제 범위별로 유사한 문제를 풀어본 후에 바로 실전에 적용해보도록 편집 구성했습니다. 연습 과정에서는 문제를 풀고 본인의 답을 확인한 후, 왜 정답인지와 더불어 왜 오답인지를 확실하게 찾는 학습을 해보기 바랍니다.

※ 다음 글을 읽고 물음에 답하시오. (2024 수시(B))

우리가 일상에서 흔히 사용하는 저울은 어떤 원리로 물건의 무게를 측정할까? 양팔저울과 대저울은 지레의 원리를 응용한다. 양팔저울은 지렛대의 중앙을 받침점으로 하고, 양쪽의 똑같은 위치에 접시를 매달거나 올려놓은 것이다. 한쪽 접시에는 측정하고자 하는 물체를 놓고, 다른 한쪽 접시에는 추를 놓아 지렛대가 수평을 이루었을 때 추의 무게가 바로 물체의 무게가 된다. 그러나 양팔저울은 지나치게 무겁거나 부피가 큰 물체의 무게를 측정하기 어렵다. 이를 보완한 것이 대저울이다. 대저울은 받침점에 가까운 곳에 측정하고자 하는 물체를 걸고 반대쪽에는 작은 추를 걸어 움직여서 지렛대가 평형을 이루는 지점을 찾는 방법으로 물체의 무게를 측정한다. '물체의 무게'×'받침점과 물체 사이의 거리' = '추의 무게'×'받침점과 추 사이의 거리'이므로 받침점으로부터 평형을 이루는 지점을 알면 물체의 무게를 계산할 수 있다.

전자저울은 스트레인을 감지하는 장치인 스트레인 게이지가 부착된 무게 측정 소자를 작동 원리로 한다. 무게 측정 소자는 금속 탄성체로 되어 있는데, 전자저울에 물체를 올려놓으면 이 금속 탄성체에는 스트레스에 따라 스트레인이 발생한다. 여기서 스트레스란 단위 면적에 작용하는 힘을 가리키는 것으로 압력과 동일하며, 스트레인이란 스트레스에 의한 길이의 변화량을 가리키는 것으로 길이의 변화량을 변화가 일어나기 전의 길이로 나눈 값이다. 스트레스에 따라 금속 탄성체는 인장 변형이 일어나고 스트레인 게이지에서는 스트레인에 따른 저항 변화가 일어난다. 스트레인은 스트레스의 크기에 비례하고 전기 저항은 그 스트레인에 비례하기 때문이다. 통상적으로 스트레인 게이지에서의 저항 변화는 매우 작기 때문에 증폭 회로를 통해 약 100~200배를 증폭시키고 전기 신호로 전환한 다음, 디지털 신호로 바꾸면 전자저울의 지시계에 물체의 무게가 나타나게 된다. 전자저울에서 금속 탄성체는 가해진 스트레스에 대해 일정한 스트레인을 발생시켜야 하는 매우 중요한 부품으로, 시간에 따라 특성이 변하지 않아야 하고 탄성의 한계점이 높아야 한다.

[문제 1] <보기1>은 실험 결과이고, <보기2>는 제시문을 바탕으로 <보기1>에 대한 탐구 활동을 실시한 것이다. <보기2>의 ①, ②에 들어갈 적절한 숫자를 쓰시오.

<보기1>

• 대저울의 받침점에서 왼쪽으로 30㎝ 떨어진 위치에 10㎏의 추를 걸어 두고, 받침점에서 오른쪽으로 20㎝ 떨어진 위치에 물체 ㉮를 걸었을 때, 대저울의 지렛대가 평형을 이루었다.

• 아무런 물체도 올려놓지 않은 전자저울 A의 금속 탄성체의 길이는 10㎝이다. 전자저울 A에 10㎏의 상자를 올렸을 때, 금속 탄성체의 길이는 2㎝가 늘어났다.

<보기2>

<보기1>에서 물체 ㉮의 무게는 (①)㎏이고, 물체 ㉮를 <보기1>의 전자저울 A에 올려 놓으면 전자저울 A의 금속 탄성체의 전체 길이는 (②)㎝가 될 것이다.

①: ________________, ②: ________________

※ **다음 글을 읽고 물음에 답하시오. (2~3) (2023 수시(A))**

세력 균형 이론에 따르면 국제 체제는 완전한 무정부 상태와 같아서, 어떤 국가가 지나치게 힘의 우위를 점하려는 시도가 일어날 수 있고 그 결과 다른 국가들의 안보가 위협받을 수 있다고 본다. 이러한 압도적인 국력과 군사력을 가진 국가를 패권국이라고 한다. 세력 균형 이론에서는 적대 세력과 우호 세력의 분포가 균형을 이루면 전쟁의 가능성이 낮아지지만, 반대로 불균형을 이루면 전쟁의 가능성이 높아진다고 본다. 그래서 패권국이 아닌 국가들은 패권국에 맞서기 위해 다른 국가들과 동맹을 형성해서 우호 세력을 키우는 방법을 사용하여, 특정 국가의 패권 추구를 좌절시키고 자국의 존립을 유지해 왔다. 그런데 세력 균형 이론의 설명과 배치되는 양상들이 국제 사회에 나타나면서, 이 이론이 가진 한계로 지적되어 왔다.

오르간스키는 세력 균형 이론이 산업화 이전에 일어난 전쟁의 원인을 설명하는 데는 충분한 이론이라고 보았다. 하지만 산업 혁명 이후부터는 국력의 변동에 가장 많은 영향을 주는 것은 바로 경제력이라고 보고, 이를 근거로 세력 전이 이론을 주장했다. 산업화 이전에는 대부분의 국가들이 기후나 국토의 영향이 큰 농업 경제를 바탕으로 성장했기 때문에, 국가 간 국력의 순위는 거의 변동이 일어나지 않았다. 하지만 산업화 이후부터는 국가별로 경제적 성장의 결과가 매년 누적되었고, 몇 해가 지나면서 국력의 순위도 산업화 이전과는 달라졌다. 이 과정에서 산업화 이전 시기에 국제 체제를 주도해 왔던 세력은 힘이 쇠퇴하고, 도전 세력의 힘이 강해질 때 세력 전이가 발생할 수 있다고 오르간스키는 주장했다. 또한 그는 경제적인 바탕이 있어야 지속적 투자를 통한 군사력 증강이 가능하다고 보았고, 산업화로 인해 국가 간 무역이 중요해짐에 따라 경제적 이익에 근거한 동맹 관계가 강조된다고 설명했다. 오르간스키는 국제 체제가 무정부 상태는 아니며, 국제 체제의 정점에 오른 지배국은 자신의 이념이나 성향이 담긴 위계질서를 설계하게 되고 다른 국가들은 이를 수용한다고 주장했다. 그는 위계질서를 피라미드 구조로 설명했는데 가장 위에서부터 지배국, 강대국, 공급국, 약소국, 종속국으로 구성된다. 피라미드의 폭과 국가의 수는 비례하지만, 지배국의 국력은 아래의 모든 국가들의 국력을 합친 것보다 강하다. 지배국은 자국이 만든 국제 질서를 제공하고 자국과 일부 소수 강대국의 이익을 부합시켜 국제 질서를 유지한다. 이렇게 국제 질서를 유지하려면 지배국이 강대국의 지지를 많이 확보하는 것이 중요하다. 국제 질서에 대해 지배국이 아닌 나라들은 불만족이 발생하는데, 피라미드 아래로 갈수록 현재 국제 질서에 불만족하는 국가의 비율은 증가한다.

강대국이 현 질서에 만족하는 것은 상대적으로 지배국의 혜택을 많이 받기 때문이다. 반면 다른 국가들에 비해 약소국과 종속국이 대부분 불만족의 상태인 것은 지배국이 주는 혜택을 받기 위해 자국의 이익을 희생해야 하기 때문이다. 그래서 이들은 강대국 중 어느 한 국가가 지배국에 도전하게 되면 그 강대국을 지지하게 된다. 만약 강대국이 지배국 주도의 국제 질서에 만족하지 못하면서 동시에 도전할 수 있는 국력을 충분히 가지는 경우 세력 전이를 목적으로 전쟁이 발생한다.

강대국의 국력은 산업화를 통한 경제 성장을 통해 길러지는데 오르간스키는 한 국가의 국력이 성장하는 과정을 다음의 세 단계로 구분했다. 첫 번째는 잠재적 국력의 단계로 산업화 이전에 국력이 낮은 국가로 평가받는 시기이다. 이러한 나라들 중에 인구가 많거나 영토가 큰 나라의 경우, 앞으로 산업화 추진을 통해 거대한 국력을 보유할 수 있는 국가가 될 수 있다. 두 번째는 국력의 전환적 성장 단계로 한 국가가 산업화 이전 단계에서 산업화 단계로 전환하는 시기이다. 이때는 한 국가의 국민 총생산이 상당한 폭으로 증가하게 되고 대외 영향력도 높아지면서, 해당 국가는 세력 전이를 일으킬 수 있는 만큼의 국력을 보유하게 된다. 마지막 단계는 힘의 성숙 단계이다. 이 단계는 한 국가의 산업화가 완성되는 단계로서 국민 총생산의 증가율은 이전 단계보다 감소하는 모습을 보인다. 힘의 성숙 단계에 있는 국가는 국력의 전환적 성장 단계에 있는 국가보다 더 강한 국력을 가지고는 있지만, 경제 성장의 속도 면에서는 후자가 전자보다 월등히 앞서기 때문에 두 국가 간 국력의 차이는 점차 줄어든다. 그래서 오르간스키는 [㉠] 단계를 통해 급격한 국력 증대를 이루어 낸 [㉡]이/가 [㉢] 단계의 [㉣]에 대해 불만을 가진 상태라면, 세력 전이가 발생할 수 있으며 이로 인하여 국제 체제가 불안해질 수 있다고 설명했다.

[문제 2] ㉠~㉣에 들어갈 적절한 말을 제시문에서 찾아 쓰시오.

㉠: ____________

㉡: ____________

㉢: ____________

㉣: ____________

[문제 3] <보기>는 제시문의 내용을 정리한 것이다. <보기>의 ①, ②에 들어갈 적절한 기호를 'A~E' 중에서 골라 쓰시오. ('A~E'는 국가를 의미한다.)

<보기>

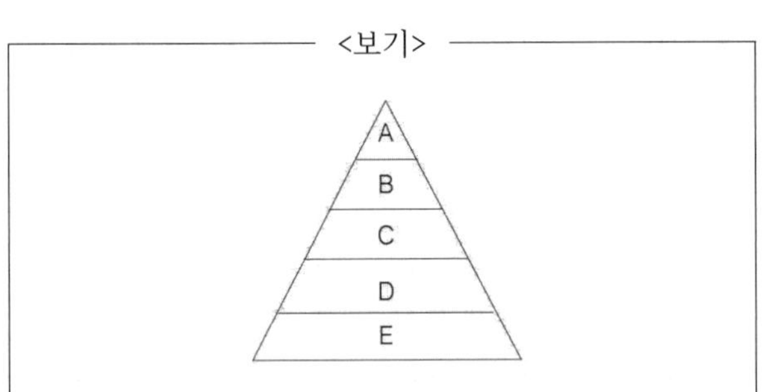

오르간스키의 피라미드 구조에서 현재 국제 질서에 만족하는 국가의 비율은 A에서 E로 갈수록 감소한다. 이 구조에서 B는 (①)의 혜택을 가장 많이 받으며 현재의 질서에 만족하게 된다. 반면 D와 E는 자국의 이익을 포기해야 하기 때문에 비교적 불만족스러운 상태에 놓인다. 이때 B의 국가 중 한 국가가 A에 도전하게 되면 E는 자국의 이익을 위해 (②)와/과 협력하는 경향이 있다.

①: ____________

②: ____________

※ **다음 글을 읽고 물음에 답하시오. (4~5) (2023 수시(A))**

손해 보험은 보험자와 보험 계약자가 우연한 사고(보험 사고)로 인해 목적물에 발생할 피보험자의 재산상 손해에 대해 보험자가 보상할 것을 약정함으로써 효력이 발생하는 보험이다. 손해 보험은 보험 사고로 인한 손해를 보상하기 위한 것이지 이익을 얻는 수단은 아니다. 따라서 피보험자가 보상을 받을 때에는 실제 손해 이상을 받을 수 없다는 '이득 금지의 원칙'이 적용된다. 그런데 보험자가 보험 금액을 지불하였음에도 불구하고 피보험자가 별개의 권리를 가지게 되는 경우에는 피보험자가 이득을 취할 수도 있다. 이를 방지하기 위해 상법에서는 일정 요건이 갖추어지면 보험자가 피보험자를 대신하여 권리를 취득할 수 있도록 하고 있는데, 이를 '보험자대위*'라고 한다. 보험자 대위가 성립되면 피보험자가 가진 권리의 일부 또는 전부가 보험자에게 이전된다. 보험자 대위가 성립되는 요건에 대해서는 상법 제681조와 제682조에 규정되어 있는데, '잔존물 대위'와 '청구권 대위'로 나누어 볼 수 있다.

잔존물 대위에 대해 상법 제681조에서는 '보험의 목적의 전부가 멸실한 경우에 보험 금액의 전부를 지급한 보험자는 그 목적에 대한 피보험자의 권리를 취득한다.'라고 규정하고 있다. 목적의 전부가 멸실되었다는 것은 계약 체결 당시의 목적물이 지닌 형태나 기능이 없어져 회복이 불가능할 경우를 말한다. 보험 금액의 전부를 지급했다는 것은 계약한 금액을 전부 지급했다는 것이다. 예를 들어 보험 가액* 2천만 원인 자동차가 화재로 전소되어 보험자가 2천만 원의 보험 금액을 지급했다면, 잔존물 전체에 대한 권리는 보험자에게 이전된다. 계약 시 보험 금액을 지급했다면, 잔존물 전체에 대한 권리는 보험자에게 이전된다. 계약 시 보험 가액의 일부만 보험에 붙인 경우라면 보험자는 보험 가액에 대한 보험에 붙인 금액의 비율, 즉 부보 비율만큼의 권리를 얻게 된다.

청구권 대위에 대해 상법 제682조에서는 '손해가 제3자의 행위로 인하여 발생한 경우에 보험금을 지급한 보험자는 그 지급한 금액의 한도에서 그 제3자에 대한 보험 계약자 또는 피보험자의 권리를 취득한다.'라고 규정하고 있다. 제3자로 인해 보험 사고가 발생한 경우 피보험자는 제3자에게 손해 배상 청구권을 행사할 수 있을 뿐만 아니라 보험 계약을 근거로 보험 금액을 청구할 수도 있다. 제3자에 대한 손해 배상 청구권과 보험 금액 청구권은 별개의 것이므로 두 가지 청구권을 모두 행사할 경우 피보험자는 이득을 취할 수 있다. 이를 방지하기 위해 보험자가 피보험자에게 지급한 금액의 한도에서 제3자에 대한 권리를 가지도록 한 것이 청구권 대위이다. 청구권 대위는 보험자가 지급한 금액의 한도 내에서 청구권을 가지는 것이므로 목적물의 전부가 멸실되는 경우뿐만 아니라 부분적으로 손해를 입는 경우에도 적용이 된다. 청구권 대위의 요건이 되는 '제3자'의 범위는 일반적으로 보험자, 보험 계약자, 피보험자를 제외한 사람이 되나, 피보험자와 생계를 같이하는 가족도 고의로 사고를 낸 경우가 아니라면 제3자의 범위에서 제외한다.

보험자가 청구권 대위를 통해 제3자에 대한 손해 배상 청구권은 얻었으나 제3자가 손해를 완전히 배상할 능력이 없는 경우가 발생할 수 있다. 예를 들어 보험 가액 1억 원의 건물에 5천만 원만 보험에 붙였는데 제3자의 과실로 건물이 전소되었다고 하자. 보험자는 5천만 원을 피보험자에게 지급하고 제3자에 대한 손해 배상 청구권을 얻게 된다. 만약 제3자의 배상 능력이 6천만 원밖에 되지 않는다면, 4천만 원의 손해는 메워지지 않는다. 이 경우 보험자가 제3자에게 청구할 수 있는 금액 및 피보험자와의 분배에 대해서는 세 가지 학설이 대립된다.

'절대설'은 보험자가 상법의 조항을 문자 그대로 해석한 것으로, 보험자는 지급 금액의 한도 내에서 우선적으로 배정을 받고, 나머지가 있을 때에만 피보험자에게 주어야 한다는 견해이다. 위의 예에 적용해 보면 보험자는 제3자로부터 우선적으로 (㉠)원을 받고, 나머지 천만 원은 피보험자가 받게 된다. '상대설'은 제3자의 배상액을 부보 비율에 따라 분배해야 한다는 견해이다. 위의 예에 상대설을 적용하면 부보 비율이 $\frac{1}{2}$이므로 보험자와 피보험자는 각각 (㉡)원을 나누어 가지게 된다. '차액설'은 피보험자가 (㉢)원을 받을 수 있고, 보험자는 제3자에게 남은 돈 천만 원에 대해 대위를 통해 청구를 할 수 있다. 세 학설 중 차액설이 통설로 인정받고 있는데, 보험의 목적상 이득 금지의 원칙에 위반되지 않는다면 피보험자의 손해 보전이 우선적으로 이루어져야 한다고 보기 때문이다.

*대위: 다른 사람의 법률적 지위를 대신하여 그가 가진 권리를 얻거나 행사하는 일.
*보험 가액: 손해 보험에서 보험에 붙일 수 있는 재산의 평가액.

[문제 4] 문맥상 제시문의 ㉠~㉢에 들어갈 적절한 금액을 쓰시오.

㉠: ________________

㉡: ________________

㉢: ________________

[문제 5] <보기2>는 제시문을 바탕으로 <보기1>의 사례에 대한 탐구 활동을 실시한 것이다. ①, ②에 들어갈 적절한 말을 제시문에서 찾아 쓰시오.

<보기1>

-갑은 보험 가액 2천만 원인 자동차에 대해 A 보험 회사와 2천만 원의 손해 보험 계약을 체결함.
-을의 과실 100%로 사고가 발생하여 갑은 자동차 수리비 천만 원의 손해를 입음.
-수리 후 차량의 가치는 변동이 없음.
-A 보험 회사는 갑에게 천만 원을 지급함.

<보기2>

이 사례는 제3자인 을의 행위로 인해 발생한 보험 사고이다. 이 보험 사고에서는 자동차의 전부가 멸실한 것이 아니므로 (①) 대위가 인정된다. 따라서 A 보험 회사는 을에게 (②) 청구권을/를 행사할 수 있다.

①: ________________

②: ________________

※ **다음 글을 읽고 물음에 답하시오.** (2023 수시(C))

자유주의는 사적 자율성을 중시하는 경제적 자유주의와 공적 자율성을 추구하는 정치적 자유주의 사이의 긴장을 내포한다. 이는 근대 사회가 산업 혁명과 시민 혁명이라는 이중 혁명을 거치면서 형성되었다는 사실에 기인한다. 생산과 분배의 효율성 및 소유권을 중시하는 시장은 산업 혁명에 의해 발전되어 경제적 자유주의의 기초로 확립되었다. 또한 시민 혁명은 보편적 이상으로서 자유·평등·박애의 실현을 추구하는 정치적 자유주의를 출현시켰다.

침해되거나 간섭받지 않을 개인의 권리로서 자유를 파악하는 경제적 자유주의의 관점은, 제2차 세계 대전 이후 서구에서 강조되었던 재분배적 평등주의에 대한 비판적 입장으로 이어졌다. 개인의 소득과 재산을 자유롭게 처분할 권리를 국가가 복지라는 목적으로 침해하는 것이 정당화될 수 없다는 것이다. 특히 밀턴 프리드먼의 경우, 경제적 자유는 그 자체가 궁극적인 목적이며 정치적 자유를 성취하기 위한 필수 불가결한 수단이라고 보았다. 그는 경제적 자유가 보장되면 정치권력이 개인을 부당하게 간섭하는 것이 차단되어 권력이 분산된다고 보았으며, 정치적 자유의 실현은 경제적 자유의 토대 위에서만 가능하다고 생각했다. 경제적 자유에 대한 훼손이 정치적 자유의 제한으로 이어진다고 본 것이다. 또한 그는 경제적 자유의 보장이 개인들 간의 상호 자발적인 거래와 이를 통한 상호 이득을 가능하게 한다고 주장했다. 1970년대 이후 신자유주의를 사상적 배경으로 등장한 영국의 대처 내각과 미국의 레이건 행정부는 노동 시장에서의 각종 규제를 제거하고, 고용 여부와 고용 시간을 자유롭게 결정하는 노동 시장의 유연화를 유도했다. 이러한 신자유주의적 정책은 경제적 자유주의와 상통한다.

반면 자유와 자치를 연결해 이해하는 정치적 자유주의의 관점은 경제적 자유의 확대가 정치적 부자유로 이어질 수 있다고 비판했다. 이러한 관점은 자유를 자발적으로 정치에 참여하여 자신에게 적용될 법과 제도를 스스로 결정하는 적극적인 과정으로 이해한다. 간섭의 부재가 아닌 타인에 의한 자의적 지배의 가능성에서 벗어난 상태를 자유가 실현된 상태로 본 것이다. 특히 마이클 샌델은 개인의 선택과 권리의 우선성을 주장하는 경제적 자유주의가 정치적 자유의 실현을 방해하고 나아가 사회의 공공선을 침식하는 방향으로 흐르는 것을 비판했다. 개인의 권리를 보호한다는 명분 아래 자본가와 노동자 사이의 불평등이 정당화될 수 있으며, 이러한 불평등이 시민들로 하여금 눈앞의 생계와 자기 이익에 집중하게 만듦으로써 스스로 자신의 삶을 지배하는 시민적 역량을 약화시킨다고 본 것이다. 그는 시장 거래가 무엇이든 자유롭게 사고팔 수 있다는 생각을 부추길 때 돈으로 사거나 팔아서는 안 되는 것을 고민함으로써 인간적 가치가 상실되는 것을 경계해야 한다고 주장했다. 이러한 관점에서는 신자유주의 정책이 추구한 노동 시장의 탈규제화와 유연화가 노동자의 권리를 보장하는 각종 규제들을 제거함으로써 노동자의 생계를 위협하고 이로 인해 그들의 정치적 자유와 시민적 역량이 훼손되었다고 볼 수 있다.

[문제 6] <보기>는 제시문을 읽고 내용을 정리한 것인데, <보기>의 ⓐ, ⓑ는 제시문의 내용과 일치하지 않는다. ⓐ, ⓑ를 올바르게 수정하려고 할 때 적절한 단어를 제시문에서 찾아 쓰시오.

<보기>

경제적 자유주의는 자발적 교환 영역인 시장을 토대로 발전했다. 경제적 자유주의의 입장에서는 경제적 부자유가 정치적 ⓐ자유로 이어진다고 보았다. 한편 정치적 자유주의는 자유·평등·박애의 실현을 추구하는 ⓑ산업 혁명에 의해 출현하였다. 정치적 자유주의의 입장에서는 경제적 자유가 정치적 자유를 위협할 수 있다고 보았다. 즉 이글은 경제적 자유와 정치적 자유의 관계에 대한 입장에서 차이를 보인다고 할 수 있다.

① **ⓐ를 올바르게 수정한 것:** ____________________

② **ⓑ를 올바르게 수정한 것:** ____________________

※ **다음 글을 읽고 물음에 답하시오. (7~8) (2023 수시(C))**

전류가 흐른다는 것은 전하가 이동한다는 것을 의미한다. 전하란 전기적 성질의 근원이 되는 물리량으로, 원자핵의 양성자는 양(+)의 전하를, 원자핵 주변의 전자는 음(-)의 전하를 갖고 있다. 고체의 경우 좁은 영역 안에 존재하는 수많은 원자들의 상호 작용에 의해 전자가 가질 수 있는 에너지가 거의 연속적으로 분포하는 영역이 생기게 되는데, 이러한 에너지 영역을 에너지띠라고 한다. 에너지띠는 원자가띠와 전도띠로 구분할 수 있는데, 원자가띠에 있는 전자는 에너지를 흡수하면 에너지 상태가 더 높은 전도띠로 이동하여 자유 전자가 된다. 자유 전자는 특정한 원자핵에 붙들려 있지 않아 원자핵 사이를 자유롭게 돌아다닐 수 있다. 이때 원자가띠에서 전자들이 빠져나간 자리에 양전하를 띤 정공이라는 구멍이 생기게 된다. 정공 자체는 입자는 아니지만 주변 전자들의 위치가 바뀌면 정공도 이리저리 위치가 바뀐다. 따라서 정공 또한 자유 전자와 같이 전하를 운반하며 전류를 흐르게 할 수 있다.

금속 같은 도체는 원자가띠와 전도띠가 겹쳐 있어 약간의 에너지만 흡수해도 원자가띠의 전자들이 쉽게 전도띠로 올라가 자유 전자가 될 수 있다. 따라서 도체에 전압을 걸어 주면 전자들이 한 방향으로 움직이면서 전류가 흐르게 된다. 부도체는 원자가띠와 전도띠의 간격, 즉 띠 간격이 비교적 커서 원자가띠의 전자들이 전도띠로 쉽게 올라갈 수 없으므로 전류가 거의 흐르지 않는다. 한편 띠 간격이 작은 반도체의 경우, 원자핵 주변의 전자들이 원자가띠를 가득 채우고 있어 전류가 흐르지 못하지만, 어떤 조작을 통하여 전도띠에 전자가 존재하도록 하거나 원자가띠의 전자를 일부 부족하게 하면 전류가 흐르게 할 수 있다.

순도가 높은 반도체인 진성 반도체에 소량의 불순물을 첨가한 반도체를 외인성 반도체라고 한다. 외인성 반도체는 첨가된 불순물의 종류에 따라 n형 반도체와 p형 반도체로 구분된다. n형 반도체의 경우 일부 전자가 진도띠에 존재하기 때문에 음전하를 띤 자유 전자가 전하를 옮길 수 있게 되는데, 이렇게 반도체에 전자를 추가 공급하는 불순물을 공여체라고 한다. 반면 p형 반도체에 첨가되는 불순물을 수용체라고 한다. 진성 반도체에 수용체를 첨가하면 원자가띠의 전자가 일부 부족하게 된다. 그 결과 p형 반도체의 원자가띠에는 정공이 생기게 되어 양전하를 옮길 수 있게 된다.

트랜지스터는 3개의 반도체가 접합된 전자 부품으로 반도체의 접합 순서에 따라 n형-p형-n형 순서로 접합된 npn형 트랜지스터와 p형-n형-p형 순서로 접합된 pnp형 트랜지스터로 나뉜다. npn형 트랜지스터의 경우, 가운데 p형 반도체는 양쪽에 접합된 n형 반도체에 비해 폭이 좁다. 그리고 트랜지스터의 세 전극은 각각 2개의 n형과 1개의 p형 반도체에 접속되어 있다. 이때 가운데 p형 반도체를 베이스(B), 양쪽의 n형 반도체를 각각 이미터(E), 콜렉터(C)라고 한다.

n	p	n
이미터(E)	베이스(B)	콜렉터(C)

<그림>

<그림>은 npn형 트랜지스터를 나타낸 것이다. npn형 트랜지스터를 동작시키기 위해 먼저 B와 C사이에 역방향의 전압, 즉 역전압을 걸어 준다. 역전압이란 전류가 거의 흐르지 않도록 가해진 전압을 말하는데, C에 양극, B에 음극을 연결하면 C의 전자들은 양극으로 물리고, B의 정공들은 음극으로 몰려 B-C 사이에 전류가 거의 흐르지 않는다. 이 상황에서 B에 양극, E에 음극을 연결하여 B-E 사이에 작은 크기의 순방향 전압을 걸어준다. 이렇게 순전압이 걸리면 E의 전자들은 B에 접속된 양극으로 움직이고, B의 정공들은 E에 접속된 음극으로 움직여서 전류가 흐른다. 그런데 B의 폭이 좁기 때문에 E에서 B로 움직이던 전자들은 손쉽게 B를 지나 C로 건너간다. B-C 사이에는 이미 역전압이 걸려 있기 때문이다. 따라서 E-C 사이에 전자가 이동하게 되어 전자의 이동 방향과 반대 방향인 C에서 E로 전류가 흐르게 된다.

또한 E와 B 사이에 적은 양의 전자가 이동하더라도 E의 많은 전자가 B를 건너 C로 지나가게 되고, 이로 인해 B-E 사이의 전류보다 더 많은 양의 전류가 C-E 사이에 흐르게 된다. 이때 B-E 사이에 흐르는 약한 전류로 C-E 사이에 흐르는 전류의 양을 조절할 수 있는데, 이것이 ㉠<u>트랜지스터 증폭 효과</u>이다.

[문제 7] <보기>는 제시문을 읽고 내용을 정리한 것이다. <보기>의 ①, ②에 들어갈 적절한 말을 제시문에서 찾아 쓰시오.

<보기>

-외인성 반도체에 첨가되는 불순물 중 (①)의 양이 늘어나게 되면 반도체 내의 정공도 늘어나게 된다.
-도체, 부도체, 반도체 중 원자가띠와 전도띠의 간격이 가장 큰 것은 (②)이다.

①: ____________, ②: ____________

[문제 8] <보기>는 제시문을 읽고 ㉠을 정리한 것이다. <보기>의 ①~③에 들어갈 적절한 말을 제시문에서 찾아 쓰시오.

<보기>

(①)형 트랜지스터의 C에 양극, B에 음극을 연결하여 역전압을 걸어준 상태에서 B에 양극, E에 음극을 연결하여 순전압을 걸어주면, E에서 B로 움직이던 전자들이 쉽게 (②)(으)로 건너가게 된다. 이러한 일이 일어날 수 있는 이유는 (①)형 트랜지스터에서 p형 반도체의 (③)이/가 양쪽에 접합된 n형 반도체보다 좁기 때문이다.

①: ____________

②: ____________

③: ____________

※ **다음 글을 읽고 물음에 답하시오.** (9~10) (2024 수시(A))

프랑스의 정신 분석학자 ㉠ 라캉은 인간의 인식과 관련하여 세계를 상상계, 상징계, 실재계의 세 범주로 분류하고 이를 중심으로 불안의 원인과 인간의 욕망에 관한 이론을 전개하였다. 라캉에 따르면 생후 6~18개월 정도의 아이는 감각이 통합되어 있지 않아 몸이 파편화되어 있다고 인식한다. 하지만 거울에 비친 모습은 전체로 나타나기 때문에, 아이는 그 이미지를 완전한 것으로 느끼고 이에 끌리어 거울 이미지와의 동일시를 추구하게 된다. 그러나 아이가 느끼는 불완전한 신체와 완벽한 이미지의 괴리 속에서 아이는 불안을 느끼는데, 이러한 과정 속에서 아이는 자아를 형성한다. 라캉은 자아를 인간이 거울에 자신을 투영함으로써 만들어 낸 거짓된 이미지에 불과한 것으로 보았다. 그리고 인간의 불안감은 자아가 자신의 것이면서 동시에 자신의 것이 아니라는 인식에서 비롯된다고 보았다. 상상계는 바로 이러한 거울 단계의 아이가 가지는 이미지의 세계이다.

이후 아이는 언어와 규범이 지배하고 있는 현실 세계인 상징계로 들어간다. 라캉은 언어로 인해 인간에게 소외와 결핍이 발생한다고 보았다. 그는 인간의 욕구와 요구를 구분하였는데, 욕구는 갈증, 식욕 등 생물학적이고 본능적인 필요성이고, 요구는 이러한 욕구를 언어로 표현하는 것이다. 표면적으로 요구는 필요를 충족시켜 줄 것으로 간주되는 대상을 겨냥하지만 요구의 진정한 목적은 보호자의 무조건적인 사랑이다. 하지만 이러한 요구는 현실에서 실현될 수 없다. 라캉은 욕구가 충족된 뒤에도 여전히 요구에 남아 있는 부분이 욕망이고, 이러한 욕망은 근본적으로 무조건적 사랑을 주는 존재의 결여에서 기인하므로 완전히 채워질 수 없는 것이라고 주장하였다.

라캉은 자아가 타인과 관계를 맺도록 하는 상징적 질서를 대타자라고 불렀는데, 아이가 의식하는 현실은 아이가 태어나기 전부터 대타자가 지배하고 있다. 라캉은 "인간의 욕망은 대타자의 욕망이다."라고 말하였는데, 그 이유는 대표적인 대타자인 언어와 욕망의 관계를 통해 찾을 수 있다. 언어는 아이가 태어나기 전부터 있고, 아이는 언어를 새롭게 창안하거나 수정할 수 없으며 언어의 질서에 복종해야 한다. 인간은 언어가 지배하는 현실 속에서 언어를 통해 욕망을 추구할 수밖에 없다. 인간이 무언가를 욕망할 때, 그 과정에서 언어 공동체 내에 형성된 무의식이 작용한다.

실재계는 현실 세계의 질서를 초월하는 세계로서 상징계의 질서로는 포착하거나 표현할 수 없다. 라캉은 주체가 상징계의 원칙을 넘어서서 실재계에 속하는 존재를 겨냥하는 것이 욕망의 올바른 방향이라고 말하였다. 그는 이를 설명하기 위해 현실의 쾌락 원칙을 초월한 또 다른 차원의 쾌락을 뜻하는 주이상스라는 개념을 제시했다. 주이상스를 추구하는 것은 현실 세계의 법칙을 넘어서야 해서 고통이 수반되므로 라캉은 주이상스를 고통스러운 쾌락이라고 설명하였다. 라캉은 주체가 이러한 쾌락을 만들어 내는 고유한 증상을 갖는다고 보고, 이를 생톰이라고 명명하였는데, 생톰은 주이상스를 추구하는 행위로 이어진다. 라캉은 예술가가 기존의 방식을 거부하고 새로운 방식으로 예술품을 만들어 내는 것처럼 주체가 생톰을 통해 상징계의 법칙 대신 자기 고유의 법칙을 생산하고 새로운 세상을 창조할 수 있다고 보았다.

[문제 9] <보기>는 제시문을 바탕으로 ㉠의 생각을 정리한 것이다. <보기>의 ①, ②에 들어갈 적절한 말을 제시문에서 찾아 쓰시오.

<보기>

㉠에 의하면 인간은 자유롭고 이성적인 존재가 아니라 분열되고 소외된 존재이다. 상상계에서 아이는 (①)에 투영된 이미지를 통해 자신의 자아를 형성한다. 하지만 아이는 이렇게 형성된 자아에 대한 불안감에서 벗어나지 못한다. ㉠이 말한 인간의 인식과 관련한 세 가지 세계의 범주 중, (②)에서 인간은 개인이 새롭게 만들거나 수정할 수 없는 언어를 통해 욕망을 추구하기 때문에 인간의 욕망은 언어에 종속된다.

①: ________________, ②: ________________

[문제 10] <보기1>은 제시문을 읽고 조사한 자료이고, <보기2>는 제시문을 바탕으로 <보기1>을 이해한 내용이다. <보기2>의 ①, ②에 들어갈 적절한 말을 제시문에서 찾아 쓰시오.

<보기1>

작가 제임스 조이스는 언어 파괴, 동음이의어 사용 등의 다양한 실험적 방법을 사용하여 글을 썼는데, 이는 기존의 글쓰기 규칙을 따른 것이 아니다. 그의 언어는 '애매 폭력적 언어'라고 불리는데 이는 일상적인 언어에 폭력을 가해 기존의 단어를 파격적으로 변환한다는 의미이다. 제임스 조이스는 기존의 언어에 갇히기보다는 새로운 언어를 창조하여 새로운 규칙들을 만들어 냄으로써 자신의 독특성을 표현하였다.

<보기2>

제시임스 조이스가 기존의 글쓰기 규칙을 따르지 않고, 새로운 언어를 창조하려고 한 시도는 라캉의 입장에서 현실의 쾌락 원칙을 넘어서는 다른 차원의 쾌락을 의미하는 (①)에 대한 추구로 해석될 수 있다. 그리고 제임스 조이스가 애매 폭력적 언어를 사용한 것은 (②)을/를 통해 자기 고유의 법칙을 생산한 행위라고 볼 수 있다.

①: ________________, ②: ________________

※ **다음 글을 읽고 물음에 답하시오.** (2024 수시(A))

채권은 정부, 지방 자치 단체, 특수 법인 또는 주식회사와 같은 발행자가 투자자를 대상으로 자금을 조달하기 위해 미래에 일정한 이자와 원금의 지급을 약속하고 발행하는 채무 증서를 말하고, 채권 시장은 이러한 채권이 거래되는 시장을 의미한다. 소비를 목적으로 하는 일반적인 상품들은 하나의 상품 시장에서 수요와 공급의 원리에 따라 가격과 거래량이 결정되는 데 반해, 투자 자산을 거래하는 채권 시장은 신규로 발행되는 채권이 최초로 거래되는 발행 시장과 이미 발행된 채권을 대상으로 투자자들 간 매매가 이루어지는 유통 시장으로 구분된다. 채권이 최초로 발행되어 투자자에게 판매되는 발행 시장에서의 채권 물량과 가격이 결정되는 방식은 유통 시장에서의 그것과는 상이하게 이루어진다. 채권의 발행 시장과 유통 시장은 가끔 도매 시장과 소매 시장에 빗대어 설명되기도 한다. 이처럼 채권 시장을 발행 시장과 유통 시장으로 구분하는 것은 소수의 대형 투자자들이 발행 시장에 참가하여 물량을 확보한 뒤 이를 유통 시장에서 일반 투자자를 대상으로 거래하는 것이 더 효율적이라는 경험에 따른 것이다.

채권 발행 시장에서의 거래 방식은 매수인의 특성 및 자금의 규모에 따라 사모 발행과 공모 발행으로 구분된다. 사모 발행은 발행자가 ⓐ특정 투자자와의 사적인 교섭을 통해 채권을 매각하는 것으로, 주로 소규모의 단기 자금을 조달하는 경우에 활용된다. 반면 공모 발행은 불특정 다수의 투자자를 대상으로 거액의 자금을 조달하기 위해 채권을 발행하는 것으로, 발행자가 당초 의도한 발행 규모에 비해 시장에서 소화되어 매출되는 규모가 적어 자금 조달이 원활히 이루어지지 않을 위험이 존재한다. 따라서 공모 발행은 사모 발행에 비해서 보다 전문적인 지식과 경험이 요구된다.

한편 공모 발행은 발행 위험의 귀속 여부에 따라 직접 발행과 간접 발행으로 분류되기도 한다. 직접 발행은 채권 공모와 관련한 발행 위험을 발행자가 전적으로 부담하는 방식이고, 간접 발행은 중개 회사가 채권을 인수함으로써 발행 위험의 일부 또는 전부를 부담하는 방식이다. 간접 발행은 중개 회사가 발행 위험을 부담하는 정도에 따라 총액 인수와 잔액 인수 방식으로 다시 구분된다. 총액 인수는 중개 회사가 발행자와 약정한 가액으로 채권 발행 총액을 인수한 후 일반 투자자를 대상으로 이를 판매하는 것으로, 중개 회사의 인수 가격과 일반 투자자의 판매 가격 간의 차이는 중개 회사가 전액 부담하는 방식이다. 이에 비해 잔액 인수는 발행자와 약정한 가액으로 일차적으로 발행자의 명의로 일반 투자자에게 판매한 다음 판매되지 못한 잔여분에 한해 중개 회사가 인수하여 처리하는 방식이다. 총액 인수의 경우 중개 회사는 채권 발행 전액을 자기 명의로 구입해야 하므로 많은 자금이 필요할 뿐만 아니라 투자자들에게 판매하기까지 채권을 보유하여야 하므로 상대적으로 높은 시장 위험을 부담하는 대신 발행자로부터 잔액 인수의 경우에 비해 높은 수수료를 ⓑ받는다. 간접 발행의 경우 중개 회사에 대한 수수료를 지급해야 함에도 불구하고 채권 발행자는 직접 발행보다는 간접 발행을 더 선호하는데, 이는 발행 위험을 분담하는 것과 더불어 중개 회사가 가지고 있는 조직적인 판매망과 전문적인 지식을 통해 채권 판매를 촉진시킬 수 있기 때문이다. 민간이 발행하는 채권에는 채무 불이행과 같은 신용 위험이 존재한다. 따라서 채권 발행자에 대한 정보가 부족한 경우, 투자자는 발행자보다는 신용 있는 중개 회사를 더 신뢰하고 투자를 결정하기 때문에 채권 발행자는 비록 중개 수수료를 ⓒ지급하더라도 간접 발행을 선택하게 된다.

[문제 11] <보기>는 제시문의 내용을 정리한 것이다. <보기>의 ①~③에 들어갈 적절한 말을 제시문에서 찾아 쓰시오.

<보기>

• 매수인의 특성 및 자금의 규모에 따른 채권 발행 시장의 거래 방식 중, 채권 발행자의 입장에서 채권 발행 당시 의도한 발행 규모에 비해 과소 판매가 발생할 위험이 상대적으로 더 큰 것은 (①)이다.

• 채권 발행 위험을 부담하는 정도에 따른 채권 중개 회사의 채권 인수 방식 중, 채권 중개 회사의 입장에서 상대적으로 더 큰 시장 위험을 부담하는 방식은 (②) 방식이다. 따라서 채권 중개 회사는 (②) 방식으로 채권을 인수할 때에 더 높은 (③)을/를 받는다.

①: ____________, ②: ____________, ③: ____________

※ **다음 글을 읽고 물음에 답하시오. (12~13) (2024 수시(B))**

최근 컴퓨팅 환경은 인터넷과 결합한 가상화 기반의 클라우드 컴퓨팅 플랫폼이 일반화되고 있다. ㉠클라우드 컴퓨팅은 이용자가 언제 어디서나 필요한 만큼의 IT 시스템 자원을 필요한 시간만큼 이용할 수 있도록 인터넷을 통해 제공하는 기술을 뜻한다. 클라우드 컴퓨팅의 기반을 이루는 기술로는 가상화, 클러스터 관리, 분산 시스템 등이 있지만 가장 핵심적인 기술로는 가상화를 꼽을 수 있다. 가상화는 소프트웨어를 활용해 컴퓨터 시스템의 물리적 자원인 CPU, 메모리, 디스크 등을 논리적으로 추상화해 물리적 한계에 종속되지 않고 원하는 형태로 분리, 통합하는 기술을 통칭해서 일컫는다. 가상화를 통해 하나의 장치로 여러 동작을 하게 하거나 반대로 여러 개의 장치를 묶어 하나의 장치인 것처럼 사용자에게 제공할 수 있다. 이를 통해 컴퓨터 시스템의 물리적 자원의 효용성을 극대화할 수 있다.

하지만 하나의 장치를 논리적으로 분리한 상황에서 이를 통제하거나 관리하려면 단일 장치를 관리할 때보다 복잡하다는 문제가 있다. 이를 위해 가상화는 접근 방법 및 자원 관리를 위한 추상화된 계층의 소프트웨어를 추가하였으며, 이를 하이퍼바이저라고 부른다. 하이퍼바이저는 CPU나 메모리 같은 물리적 컴퓨팅 자원에 서로 다른 각종 운영 체제의 접근 방법을 통제하고, 다수의 운영 체제를 하나의 컴퓨터 시스템에서 가동할 수 있게 하는 소프트웨어이다. 하이퍼바이저는 하드웨어와 운영 체제 사이를 매개하는 역할을 한다. 이러한 하이퍼바이저로 인해 클라우드 컴퓨팅 사용자는 실제 하드웨어 대신 하이퍼바이저가 구축한 가상 머신을 접하게 된다. 가상 머신은 실제 기반 컴퓨터 하드웨어의 단지 일부에서만 실행됨에도 불구하고, 각각의 가상 머신은 자체 운영 체제를 실행하며 독립적인 컴퓨터인 것처럼 작동한다. 이를 통해 컴퓨터 시스템의 물리적 자원인 하드웨어의 효율적인 활용이 가능하게 된다.

이러한 ㉡클라우드 컴퓨팅이 제공하는 서비스 모델에는 세 가지가 있다. 먼저 사용자에게 컴퓨터 시스템의 물리적인 자원을 직접 제공해주는 IaaS 모델이 있다. 사용자는 저장 장치, CPU, 메모리 등 원하는 컴퓨터 시스템 자원을 요청하고, 네트워크를 통해 이를 사용하게 되는 형태이다. 사용자가 직접 컴퓨터 시스템 자원을 구성하고 관리를 해야 하는 번거로움이 있지만, 사용자에 따라 다른 방법과 목적으로 사용될 수 있다는 장점이 있다. 다음은 사용자가 곧바로 소프트웨어를 개발할 수 있는 환경을 제공해 주는 PaaS 모델이 있다. PaaS 제공자는 사용자가 소프트웨어를 개발하거나 실행하는 데 기반이 되는 컴퓨터 시스템의 물리적 자원을 제공하고 관리한다. PaaS 모델을 사용하지 않는다면 사용자별로 많은 시간을 투자하여 소프트웨어 개발에 필요한 프로그램 설치, 개발 환경의 설정을 진행해야 하는 어려움이 있다. 하지만 PaaS 모델은 소프트웨어 개발에 필요한 모든 구성이 완료된 환경을 사용자에게 제공한다. 끝으로 애플리케이션을 서비스하는 SaaS 모델이 있다. 이는 클라우드 컴퓨팅 서비스 사업자가 네트워크를 통해 별도의 설치 없이 곧바로 사용할 수 있는 소프트웨어를 제공해 주거나, 사용자가 원격으로 소프트웨어를 활용할 수 있는 모델이다. 사용자는 간단한 절차만으로 서비스를 이용할 수 있으며 모든 관리 권한은 클라우드 컴퓨팅 서비스 사업자에게 있다.

[문제 12] <보기1>은 제시문의 ㉠에 대한 발표를 준비하는 과정에서 작성한 그림이고, <보기2>는 <보기1>을 활용하여 ㉠을 설명하기 위해 정리한 내용이다. <보기2>의 ①, ②에 들어갈 적절한 말을 <보기1>에서 찾아 보시오.

<보기1>

가상 머신 1	가상 머신 2		가상 머신 N
운영 체제 (Operating System)	운영 체제 (Operating System)	…	운영 체제 (Operating System)
하이퍼바이저(Hypervisor)			
하드웨어(Hardware)			

<보기2>

가상 머신은 실제 기반 컴퓨터 하드웨어의 일부에서 실행된다. 가상 머신은 물리적 하드웨어의 일부를 활용함에도 불구하고 각각의 가상 머신은 자체 (①)에 의해 독립적으로 작동된다. 그 결과 각각의 가상 머신은 물리적 하드웨어의 일부를 활용하지만 독립적인 컴퓨터처럼 작동하게 된다. 이러한 일을 가능하게 하는 역할을 하는 것이 바로 (②)이다.

①: ________________, ②: ________________

[문제 13] <보기>는 제시문을 읽고 ㉡을 정리한 것이다. <보기>의 ①~③에 들어갈 적절한 말을 제시문에서 찾아 쓰시오.

<보기>

클라우드 컴퓨팅 서비스 모델 중 (①) 모델은 다른 두 모델과 달리 사용자가 소프트웨어 개발을 위해 컴퓨터 시스템 자원을 직접 구성하고 관리해야 한다. 한편, (②) 모델은 사용자가 자신이 필요한 소프트웨어를 별도의 설치 없이 서비스 제공자로부터 직접 제공 받아 사용할 수 있다. (②) 모델과 달리, (③) 모델은 서비스 제공자가 컴퓨터 시스템 자원을 제공하고 관리해 주기 때문에 사용자는 소프트웨어 개발에 필요한 모든 구성이 완료된 환경에서 자신이 소프트웨어를 직접 개발할 수 있다

①: ___________, ②: ___________, ③: ___________

※ **다음 글을 읽고 물음에 답하시오. (2024 수시(B))**

고전 논리에서는 어떤 진술도 참 또는 거짓이라는 두 개의 진리치만 갖는다. 참과 거짓은 모순 관계이므로 어떤 진술이 참이라면 그 진술을 부정할 경우 진리치는 거짓이 된다. 그래서 모든 진술은 참이거나 거짓이라는 배중률과, 하나의 진술이 참이면서 동시에 거짓일 수 없다는 모순율은 고전 논리에서 반드시 지켜져야 했다. 그런데 ㉠'이 문장은 거짓이다.'(L)처럼 자신이 거짓이라고 말하는 거짓말쟁이 진술은, 고전 논리에 따를 경우에는 진리치를 단정할 수 없다. 왜 그럴까?

배중률에 의해서 L은 참이거나 거짓이어야 한다. 우선 L이 참이라고 가정해 보자. 그러면 '이 문장은 거짓이다'가 참이 되어 L은 거짓이 된다. 즉 L은 참이라고 가정하는 동시에 결론은 거짓이라는 의미가 되어 모순율을 위반한다. 따라서 L이 참이라는 가정은 버려야 한다. 이번에는 반대로 L이 거짓이라고 가정해 보자. 그러면 '이 문장은 거짓이다'가 거짓이 되어 L은 참이 된다. 이 또한 모순율을 위반하므로 L이 거짓이라는 가정도 버려야 한다. 하나의 진술에서 상호 모순되는 두 개의 진술이 도출되는 것을 논리적으로 역설이라고 한다. 거짓말쟁이 진술에서는 '참이라고 가정하면 거짓'과 '거짓이라고 가정하면 참'이 도출되는데 이를 거짓말쟁이 역설이라고 한다.

자기 자신을 말하는 문장 구조가 사용된 진술을 자기 지시성이 있는 진술이라 한다. '한국의 수도는 서울이다.'는 한국의 수도가 어디인지 말할 뿐 자기 지시성은 없다. 하지만 '이 문장은 한국어 문장이다.'는 자기 자신을 가리키며 그것이 어떤 언어로 이루어져 있는지 말하고 있으므로 자기 지시성이 있다. 20세기 초 타르스키는 거짓말쟁이 진술에 사용된 자기 지시성 때문에 역설이 생긴다고 보았다. 그는 진술의 진리치에 대한 고전 논리의 가정을 고수하는 관점에서 거짓말쟁이 역설을 해결하기 위해 '언어 위계론'을 제시했다.

언어 위계론에서 '이 문장이 있다.'는 어떤 사실에 대해 말하는 진술인 대상 언어라 한다. 반면 '이 문장이 있다.'에 '거짓이다'가 덧붙여진 L은 메타언어라 한다. 메타언어란 대상 언어에 대한 참 또는 거짓을 말하는 진술로 대상 언어에 '참이다' 또는 '거짓이다'라는 진리 술어를 덧붙여 만든다. 이때 메타언어는 대상 언어보다 위계가 더 높다. 만약 메타언어 뒤에 진리 술어를 하나 덧붙여 새로운 진술을 만들면, 기존의 진술은 대상 언어가 되고 새로운 진술은 메타언어가 된다. 이러한 이론을 전제로 삼아, 그는 메타언어에 포함된 진리 술어는 자신보다 낮은 위계인 언어만 언급할 수 있다고 규정했다. 그 결과 자신에 대해서 참이나 거짓이라고 말하는 진술은 있을 수 없기에 거짓말쟁이 역설은 해소된다고 결론을 내렸다.

타르스키가 언어 위계론을 제안하자 일부 학자들은 고전 논리에 없던 또 다른 규칙을 추가한 것을 지적하면서, 이 때문에 고전 논리의 가정 안에서 역설이 해소된 것으로 보기 어렵다며 이론의 한계를 주장했다. 또한 어떤 학자들은 자기 지시성이 역설의 원인이 아니라는 반론을 제기했다. 또 다른 학자들은 자기 지시성이 없어도 역설이 발생하는 경우가 있다고 주장했다.

20세기 후반에는, 진술의 진리치에 대한 고전 논리의 가정을 포기하는 관점에서 거짓말쟁이 진술을 이해하려는 시도가 있었다. 크립키는 참도 아니고 거짓도 아닌 진리치를 가진 진술이 존재할 수 있다고 주장하며, 거짓말쟁이 진술이 그러한 사례에 해당한다고 보았다. 프리스트는 참과 거짓인 진술 이외에 '참인 동시에 거짓'인 진술이 존재할 수 있다고 주장하며, 거짓말쟁이 진술이 그러한 사례에 해당한다고 보았다.

[문제 14] <보기>는 제시문의 ㉠을 이해한 내용이다. <보기>의 ①~③에 들어갈 적절한 말을 제시문에서 찾아 쓰시오.

<보기>

고전 논리에 따를 경우 ㉠은 진리치를 단정할 수 없는 역설에 해당한다. 타르스키는 고전 논리의 관점을 고수하면서도 이 역설을 해소할 수 있는 방법으로 언어 위계론을 제안했다. 타르스키에 의하면 ㉠의 진리치가 역설로 나타나는 이유는 ㉠이 '이 문장은 한국어 문장이다.'와 같은 (①)을/를 갖기 때문이다. 타르스키의 언어 위계론에서 ㉠은 '거짓이다'와 같은 진리 술어를 포함한 메타언어이며, 메타언어는 그보다 낮은 위계의 언어인 (②)을/를 언급하는 문장일 뿐 자기 자신을 언급하는 문장은 아니다. 타르스키는 이와 같은 설명을 통해 ㉠이 일으키는 역설을 해소한다. 한편 20세기 후반의 크립키는 참도 아니고 거짓도 아닌 진리치를 가진 진술이 존재할 수 있다고 주장하며, ㉠과 같은 거짓말쟁이 진술이 그러한 예가 될 수 있다고 했다. 크립키의 주장은 고전 논리에서 반드시 지켜져야 한다고 생각했던 논리 규칙 중 (③)을/를 포기한 셈이라 할 수 있다.

①: __________, ②: __________, ③: __________

※ 다음 글을 읽고 물음에 답하시오. (15~16) (2024 수시(C))

현대 사회에서는 위험 상황과 관련한 정보가 주로 미디어를 중심으로 개인과 집단, 사회와 같은 다양한 위험 정보 수용 주체들에게 전달된다. 위험 정보를 수용하는 주체들은 위험 상황에 대한 정보에 반응하는 정보 처리 시스템 역할을 하는데, 이를 통해 위험 상황에 대한 정보가 사회적으로 확산된다. 위험 상황에 대한 정보가 사회적으로 퍼져나가는 '위험 정보 확산 과정'은 크게 '위험 상황에 대한 정보의 전달 단계'와 '전달된 정보에 대한 해석 및 반응 단계'로 구분할 수 있다.

위험 상황에 대한 정보의 전달 단계에서 전달되는 정보에는 미디어가 직접 생산해 전달하는 정보와 이를 사람들이 2차적으로 전달하는 정보가 있다. 전달되는 정보의 특성은 위험 상황에 대한 인식을 증폭할 수 있다. 이러한 정보의 특성에는 정보량, 논쟁의 정도, 선정적 표현의 정도 등이 포함된다. 즉 특정 위험에 대한 정보가 반복적이고 집중적으로 전달될수록, 지속적으로 전달될수록, 위험 상황에 대한 정보와 관련된 논쟁이 많을수록, 위험 상황에 대한 정보가 선정적으로 표현될수록 정보 수용 주체들의 위험 상황에 대한 인식은 커지게 된다.

한편 전달된 정보에 대한 해석 및 반응 단계에서는 위험 상황에 대한 정보를 수용하는 다양한 주체들이 위험 상황에 대한 정보를 수집하고 재가공하여 전달하게 된다. 위험 상황에 대한 정보를 수용하는 개인이나 집단의 구성원들은 자신이 속한 조직의 가치 및 사회 문화적 맥락 등의 영향을 받으면서 위험 상황에 대한 정보를 해석하고 재구성하게 된다. 이때 위험 상황과 관련된 정보에 대한 대중의 반응은 위험 상황에 대한 정보의 확산에 중요한 영향을 미치게 된다. 그런데 대중은 특정 정보를 특정한 방향으로 단순화해 인식함으로써 편향이나 왜곡된 반응을 보이는 특성이 있다. 사람들은 불확실한 정보에 직면했을 때, 이를 합리적으로 처리하기보다는 어림짐작에 의해 직관적으로 처리하는 경향이 있기 때문이다. 이 과정에서 정보의 해석적 오류나 편견이 발생한다. 즉 사람들은 이해하기 힘들거나 익숙하지 않거나, 불확실한 정보에 대해서는 즉흥적으로 받아들이거나 선입견을 갖고 잘못된 해석을 하는 등의 반응을 보인다. 결국 위험 상황에 대한 정보의 특성이 불확실할 때 대중이 체계적인 정보 처리 단계에 이르지 못함으로써 위험 상황에 대한 인식이 증폭되어 사회적으로 확산하게 된다.

미디어는 대중이 위기에 적절한 대응을 할 수 있도록 돕는 긍정적 역할을 한다. 가령 전염병이 전국적으로 유행하는 질병 재난이 발생한 상황에서 감염의 위험성을 경고하면서 감염 예방 수칙을 전달해 위험 상황을 극복하게 만드는 데 기여한다. 하지만 문제는 미디어가 이러한 사회적 기능을 수행하는 과정에서 사람들의 심리에 부정적 영향을 미치기도 한다는 점이다. 미디어는 사회적으로 위험하고 중요한 사안일수록 관련 정보를 과잉 생산하고 유포하는 속성이 있다. 위험에 대한 사람들의 태도나 행동은 일차적으로 위험 상황에 대한 인식과 관계가 있지만, 이 위험 상황에 대한 인식은 정보를 제공하는 미디어의 속성에 지대한 영향을 받는다. 따라서 위험 상황과 관련된 정보에 대한 미디어의 정보 구성과 표현 양상을 체계적으로 살펴보는 것은 위험 상황에 대한 정확한 인식과 대응을 가능하게 한다는 점에서 중요하다.

[문제 15] <보기2>는 제시문을 바탕으로 <보기1>의 사례를 이해한 것이다. <보기2>의 ①~③에 들어갈 적절한 말을 제시문에서 찾아 쓰시오.

<보기1>

20△△년 ○월 주택가 도로의 아스팔트에서 기준치 이상의 방사선이 검출되었다는 사실이 뉴스를 통해 보도되었다. 이틀 뒤 한국 원자력 안전 위원회는 주택가 도로의 방사선량을 다시 측정하였고, 최초 사건의 보도 5일 후에 정부는 조사 결과를 바탕으로 주택가 도로의 방사선 검출량은 주민 안전에 이상이 없는 수준이라고 발표했다. ㉠<u>하지만 이후 주택가 지역 주민들과 환경 운동 단체, 방사선 전문가 집단은 정부의 평가 결과에 이의를 제기하였고, 이를 둘러싼 논쟁이 지속적으로 전개되었다.</u>

㉡<u>사건이 최초 보도된 이후 사흘 동안 4,000여 건에 해당하는 보도가 집중되었으며, 안전에 이상이 없다는 정부의 발표 이후 이를 둘러싼 논쟁에 대해 5,000여 건의 추가 보도가 지속되었다.</u> ㉢<u>사건 및 정부 평가 결과에 대한 보도 내용에는 암이나 백혈병과 같은 중대 질병과 연관된 표현이 매우 많았다.</u> 그리고 이러한 보도 내용은 사람들이 인터넷이나 소셜 미디어를 통해 다시 전달함으로써 더욱 확산되었다

<보기2>

<보기1>의 사례는 위험 상황과 관련된 정보의 전달 과정을 보여준다. 제시문에 의하면 위험 상황에 대해 전달되는 정보의 특성에 따라 사람들의 위험 상황에 대한 인식이 증폭될 수 있다. 이를 <보기1>의 사례에 적용하면 전달되는 정보의 특성 중, ㉠은 (①)에 해당하고, ㉡은 (②)에 해당하고, ㉢은 (③)에 해당하므로 ㉠~㉢의 보도를 통해 위험 상황에 대한 사람들의 인식이 증폭될 수 있을 것이다.

①: ____________, ②: ____________, ③: ____________

[문제 16] <보기>는 제시문을 읽고 내용을 정리한 것이다. <보기>의 ①, ②에 들어갈 적절한 말을 제시문에서 찾아 쓰시오.

<보기>

위험 상황과 관련한 정보가 확산되는 과정에서 개인, 집단, 사회와 같은 주체는 일차적으로 주로 미디어가 직접 생산한 정보를 받아들이는 '정보 (①) 주체'로서의 역할을 하고, 이차적으로 정보를 전달하는 '정보 전달 주체'로서의 역할을 하기도 한다. 개인, 집단, 사회와 같은 주체가 '정보 (①) 주체'로부터 '정보 전달 주체'가 되는 과정에는 위험 정보 확산 과정의 두 단계 중, (②) 단계가 개재(介在)한다. 이 단계에서 정보 주체는 정보를 수집하고 재가공하는데, 그때 해석적 오류나 편견이 발생할 수도 있다. 이는 대중은 이해하기 힘든 불확실한 정보에 대해서 합리적으로 처리하기보다는 단순화하여 직관적으로 처리하는 경향이 있기 때문이다.

①: ________________, ②: ________________

※ 다음 글을 읽고 물음에 답하시오. (2024 수시(C))

원자력 발전은 핵분열 연쇄 반응을 유도하여 에너지를 얻는다. 원자력 발전의 연료로는 주로 우라늄이 사용되는데 천연 우라늄을 구성하는 물질의 99% 이상은 핵분열이 일어나지 않는 우라늄-238이고 핵분열이 가능한 우라늄-235는 천연 우라늄 속에 0.7% 정도만 포함되어 있다. 이 상태로는 우라늄-235의 비율이 낮아 핵분열을 유도할 수 없기 때문에 우라늄-235의 비율을 3% 이상으로 높여야 하고, 이 과정을 우라늄 농축이라고 한다. 우라늄-235의 비율을 3~5%로 높여 원기둥 모양의 연료봉으로 만든 후 이를 다발로 묶어서 핵연료를 만든다. 이렇게 만들어진 핵연료를 원자로에 넣고 중성자를 충돌시켜 핵분열을 유도하는 것이다. 원자로에 넣은 핵연료의 우라늄-235의 비율이 낮아져서 반응력이 떨어지면 원자로에서 꺼내는데, 이를 사용 후 핵연료라고 한다. 사용 후 핵연료에는 핵분열이 일어나지 않은 우라늄-235가 남아 있고, 우라늄-238, 우라늄-238이 중성자와 반응하여 만들어진 물질인 플루토늄-239, 그리고 이 외에도 핵분열 과정에서 생성된 핵물질들이 포함되어 있다. 이 중 우라늄-235와 플루토늄-239는 핵분열을 일으킬 수 있는 물질이므로 사용 후 핵연료에서 추출한 후 원자력 발전의 연료로 재사용할 수 있는데, 이 분리 공정을 핵 재처리라고 한다.

현재 사용하고 있는 대표적인 핵 재처리 방식으로 사용 후 핵연료를 액체 상태로 만든 뒤에 우라늄-235와 플루토늄-239를 추출하는 ㉠퓨렉스 공법이 있다. 퓨렉스 공법은 먼저 사용 후 핵연료를 해체한 후 연료봉을 작게 절단한다. 다음으로는 절단한 연료봉을 90℃ 정도의 질산 용액에 담가 녹인다. 이후 질산에 녹인 핵연료를 유기 용매인 TBP 용액과 접촉시키면 우라늄-235와 플루토늄-239는 TBP 용액에 달라붙고 나머지 핵물질들은 질산 용액에 남는다. 이후 산화 및 환원 반응을 통해 우라늄-235와 플루토늄-239를 상호 분리하게 된다. 퓨렉스 공법은 공정을 반복할 때마다 더 많은 양과 높은 순도의 우라늄-235와 플루토늄-239를 얻을 수 있다. 우라늄-235는 기존의 원자로에 넣어서 원자력 발전이 가능하지만 플루토늄-239는 고속 증식로*에서만 사용이 가능한데, 고속 증식로는 안정성이 부족하여 폭발의 위험성이 크기 때문에 아직 실용화되지 못하고 있다. 그리고 플루토늄-239는 핵무기의 원료로 사용되기 때문에 국제적으로도 민감한 문제가 될 수 있다.

이러한 문제를 해결하기 위해 개발 중인 핵 재처리 방식으로 ㉡파이로프로세싱이 있다. 파이로프로세싱은 핵분열 물질을 추출하기 위해 용액이 아닌 전기를 활용한다. 먼저 사용 후 핵연료를 해체하고 연료봉을 절단한 후, 절단한 연료봉을 600℃ 이상의 고온에서 산화 우라늄 형태의 분말로 만든다. 이를 전기 분해하여 산소를 없애면 금속 물질로 변환되는데, 여기에는 우라늄-235와 플루토늄-239, 기타 다양한 핵물질이 포함되어 있다. 이 금속 물질을 용융염에 넣고 온도를 500℃까지 올려 용해시킨다. 여기에 전극을 연결하고 일정 전압 이하의 전기를 흘려 주는데, 우라늄-235는 다른 물질에 비해 낮은 전압에서도 쉽게 음극으로 움직이므로 음극에는 우라늄-235만 달라붙는다. 여기에서 우라늄-235를 일부 회수할 수 있다. 이후 전압을 올리면 남아 있는 우라늄-235와 플루토늄-239, 다른 핵물질이 음극으로 와서 달라붙게 된다. 파이로프로세싱은 플루토늄-239가 다른 핵물질들과 섞인 채로 추출되기 때문에 퓨렉스 공법에서 발생할 수 있는 문제를 해결할 수 있다.

*고속 증식로: 고속 중성자에 의한 핵분열의 연쇄 반응을 이용하여, 소비한 연료 이상의 핵분열 물질과 에너지를 만드는 원자로.

[문제 17] <보기>는 제시문을 바탕으로 ㉠과 ㉡을 이해한 내용이다. <보기>의 ①, ②에 들어갈 적절한 말을 제시문에서 찾아 쓰시오.

<보기>

㉠과 ㉡은 둘 다 사용 후 핵연료에서 우라늄-235와 플루토늄-239를 추출해 내는 (①) 공정이라는 점에서 공통적이지만 추출의 방식에서 차이를 보인다. ㉠은 추출 과정에서 용액을 활용하는 방식을 사용하고, ㉡은 전기를 활용하는 방식을 사용한다. 이러한 추출 방식의 차이로 인해 ㉠에서 추출된 플루토늄-239와 ㉡에서 추출된 플루토늄-239의 (②)이/가 달라진다. 특히 ㉡의 경우, 추출된 플루토늄-239의 (②)이/가 낮기 때문에 ㉠이 갖는 문제점을 해결할 수 있다.

①: ________________, ②: ________________

※ 다음 글을 읽고 물음에 답하시오. (18~19) (2024 수시(D))

명목 화폐란 화폐의 겉면인 액면에 표시되어 있는 가격 단위로 거래되는 화폐를 말하며, 표시되어 있는 가격을 명목 가치라 한다. 조선은 명목 화폐를 발행했는데, 화폐의 액면 가격에 제조 비용을 뺀 만큼의 이익인 주조 차익을 남기면 재정 수입의 증가를 꾀할 수 있었기 때문이다.

세종 당시 민간에는 미포(米布), 즉 쌀과 베라는 물품 화폐가 두루 쓰이고 있었다. 세종은 주화* 제도가 안정적으로 정착된 중국을 보고 구리로 만든 주화를 도입했다. 주화는 위조가 어렵고 구리의 양에 따른 실질 가치도 있기 때문이었다. 사섬서의 관장 아래 1425년에 조선통보를 발행하면서 주화 1문*의 명목 가치는 쌀 1되* 또는 저화 1/2장으로 정했다. 그런데 화폐 정책의 잦은 변경으로 백성들은 주화를 신뢰하지 않았고 물품 화폐를 더 선호했다. 그 결과 주화의 실질 가치가 명목 가치보다 낮아져 주화로 표시한 물건 가격은 계속 상승했다. 발행 다섯 달 후 시장에서는 주화 3문이 쌀 1되로 거래되고 주화로 표시한 포 가격 역시 상승했다. 또한 주화가 제작되면서 구리의 수요가 늘어 구리의 가격도 상승했기 때문에 주화의 명목 가치와 재료의 실질 가치의 차이를 이용해 주화를 녹여 구리 상태로 팔아 차익을 얻으려는 이들도 있었다. 주화로 표시한 물건 가격을 낮추기 위해서는 주화의 실질 가치를 높여야 했으므로, 세종은 관청이 가지고 있는 쌀인 국고미를 시장에 팔아 주화를 환수했다. 하지만 물품 화폐가 더 선호되는 상황에서는 주화를 환수해도 실질 가치는 높아지지 않았다. 그리고 시중에 쌀이 늘어난 만큼 주화로 표시한 쌀 가격만 하락하고 포나 구리의 가격은 하락하지 않았다. 그 결과 쌀 대신 포를 화폐로 삼는 백성들만 늘었고 결국 주화를 정착시키는 데는 실패하였다.

17세기부터는 상업의 확대로 인해 백성들은 고액 거래나 가치의 저장이 쉬운 화폐가 필요했다. 또한 당시 조선은 재정의 어려움도 해결해야 했으므로 숙종은 1678년부터 ㉠<u>상평통보</u>를 발행했다. 이때의 상평통보를 '초주단자전'이라 하고 명목 가치는 은 1냥*당 주화 400문으로 정했다. 그리고 상평통보에 대한 신뢰를 높이기 위해 명목 가치에 따라 언제든지 관청에서 주화와 은을 교환할 수 있도록 하였다. 한편 구리는 국내 생산 및 일본으로부터 수입을 통해 공급받고 있었으나 늘어나는 주화의 수요에 비해 공급량은 부족했다. 그래서 초주단자전 발행 이듬해에 '대형전'을 발행했는데, 이는 초주단자전보다 구리의 양은 두 배 늘리고 은 1냥을 주화 100문과 교환할 수 있도록 정했다.

일부 부유한 상인들은 자산 축적의 목적으로 주화를 집 안에 쌓아 두기 시작했다. 하지만 구리의 공급량은 여전히 부족했기 때문에 화폐의 수요에 비하여 공급은 부족한 현상인 전황(錢荒)이 발생하여 주화의 실질 가치가 높아지게 되었다.

그래서 화폐량을 늘리기 위해 1752년 영조 때 초주단자전에 비해 구리의 양을 줄인 '중형전'이 발행됐다. 발행 당시 은 1냥당 주화 100문으로 정했으므로 중형전의 발행은 국가 재정에도 도움이 되었다. 이후 100년 넘게 더 이어진 상평통보의 사용으로 거래의 수단으로는 물품이 아닌 돈이 자리 잡게 되었다.

*주화: 쇠붙이를 녹여 화폐를 만듦, 또는 그 화폐.
*문: 조선 시대에 화폐를 세던 단위.
*되: 곡식의 부피를 재는 단위로, 한 되는 한 말의 1/10임.
*냥: 귀금속의 무게를 잴 때 쓰는 무게의 단위.

[문제 18] <보기>는 제시문을 읽고 제시문의 ㉠을 이해한 내용이다. <보기>의 ①, ②에 들어갈 적절한 말을 제시문에서 찾아 쓰시오.

<보기>

• 1679년에 발행된 상평통보는 1678년에 발행된 상평통보에 비해 (①) 가치가 상승했다.
• 발행 당시 명목 가치는 중형전과 대형전이 다르지 않았지만 주화를 만드는 데 필요한 구리의 양은 중형전과 대형전 중 (②)이/가 더 많았다.

①: ________________, ②: ________________

[문제 19] <보기>는 제시문을 바탕으로 '세종' 때 주화 정착이 실패한 현상을 구체적 상황을 가정하여 단계별로 설명한 것이다. <보기>의 ①, ②에 들어갈 적절한 말을 쓰시오.

<보기>

미포와 주화가 화폐로 사용되며 주화 1문에 구리 1g이 들어 있다고 하자.

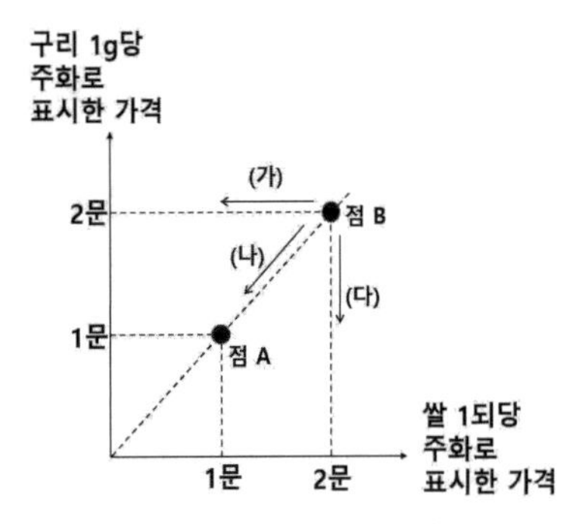

1. 점 A 상황에서 구리 1g 또는 쌀 1되는 주화 1문의 가격을 갖는다.
2. 이후 점 B 상황에서 주화 2문을 주어야 구리 1g 또는 쌀 1되를 살 수 있게 되었다. 이때 주화의 명목 가치는 주화에 들어 있는 구리의 실질 가치보다 작기 때문에 주화를 구리로 녹여서 팔려는 자들도 생겨났다.
3. 이를 막기 위해 세종은 국고미를 팔아 주화를 환수해 주화의 실질 가치를 높이고자 했다. 이는 그래프의 점 B 상황을 (가)~(다) 방향 중 (①) 방향으로 이동시키고자 한 것이라 할 수 있다. 그런데 세종이 국고미를 팔아 주화를 환수했지만, 물품 화폐가 더 선호되는 상황에서 쌀의 가격만 하락하고 구리의 가격은 하락하지 않았다. 이는 그래프에서 점 B 상황이 (가)~(다) 중 (②) 방향으로 이동했다는 것을 의미한다. 그 결과 화폐로 쌀 대신 포를 사용하려는 사람들만 늘어나게 되었다.
4. 결국 세종이 의도한 주화의 정착은 실패하고 말았다.

①: ________________, ②: ________________

※ **다음 글을 읽고 물음에 답하시오. (2024 수시(D))**

공공재란 공원이나 경찰 등과 같이 공동으로 이용할 수 있는 재화나 서비스를 의미한다. 공공재는 주로 국가에서 공급하는데, 해당 국가의 국민이 아니거나 국민의 의무를 다하지 않는 사람들도 혜택을 누릴 수 있는 문제점이 있다.

경제학적으로 공공재의 특성에 대해 잘 이해하려면 배제성과 경합성의 의미를 알아야 한다. 배제성이란 재화와 서비스의 이용 대가를 공급자에게 지불하지 않은 사람이 해당 재화나 서비스를 소비하지 못하도록 배제할 수 있는 성질을 의미한다. 일반적으로 우리가 사용하는 재화와 서비스는 대부분 대가를 지불하지 않고서는 이용할 수 없지만, 국가가 제공하는 치안 서비스 같은 경우는 대가를 지불하지 않은 사람도 이용할 수 있다. 한편 경합성이란 어떤 사람이 재화나 서비스를 이용하거나 소비할 때 다른 사람이 그 재화나 서비스를 소비할 수 있는 기회가 감소하는 성질을 의미한다. 예를 들어 빵을 사고 싶은 사람은 두 명인데 빵이 한 개라면 한 사람은 빵을 구매할 수 없으므로 빵은 경합성이 있는 재화이며, 공중파 방송은 누군가 시청하고 있어도 다른 사람이 시청할 수 있으므로 경합성이 없는 서비스이다.

재화나 서비스는 배제성과 경합성을 기준으로 사적 재화, 클럽재, 공유 자원, 공공재로 구분할 수 있다. 첫째로 사적 재화는 배제성과 경합성을 모두 가지고 있는 것으로 음식, 자동차 등 생활에 필요한 대부분의 재화나 서비스가 여기에 포함된다. 둘째로 클럽재는 배제성은 있으나 경합성이 없는 것으로 상수도 서비스가 예가 될 수 있다. 셋째로 공유 자원은 경합성은 있으나 배제성이 없는 것으로서 강에 사는 물고기와 같은 자연 자원이 예가 될 수 있다. 마지막으로 공공재는 배제성과 경합성이 모두 없는 것을 의미한다. 즉 대가를 지불하지 않은 사람도 이용할 수 있으며, 다른 사람과 동시에 이용할 수 있다.

동일한 재화나 서비스가 상황에 따라 배제성과 경합성의 존재 여부가 달라지는 경우가 있는데, 고속 도로와 일반 도로가 바로 그 예가 될 수 있다. 고속 도로는 통행 요금을 받지만 길이 막히지 않기 때문에 목적지까지 빠르게 갈 수 있는 수단이다. 그런데 가끔 특정한 이유로 고속 도로가 꽉 막히는 경우가 있는데, 그때는 어떤 사람의 고속 도로 이용에 의해 다른 사람이 제대로 고속 도로를 사용할 수 없게 되는 것이다. 그리고 일반 도로는 사용료를 내지 않아도 되지만 길이 좁고 출퇴근 시간에는 사용하는 사람이 많아 도로를 원활하게 이용하기가 어렵다. 그러나 심야에는 일반 도로도 이용자가 극히 적기 때문에 여러 사람이 도로를 함께 사용하는 데 아무런 지장이 없다. 이때 '한산한 고속 도로'는 (㉠) 의 성격을 가지는 것으로 볼 수 있고, '꽉 막힌 고속도로'는 (㉡)의 성격을 가지는 것으로 볼 수 있다. 그리고 '출퇴근 시간의 일반 도로'는 (㉢)의 성격을 가지는 것으로 볼 수 있고, '심야의 일반 도로'는 (㉣)의 성격을 가지는 것으로 볼 수 있다.

공공재가 배제성과 경합성이 없다고 해서 공공재 생산에 비용이 발생하지 않는 것은 아니다. 누군가는 경제적인 이득이 없어도 비용을 들여 사회에 필요한 공공재를 생산해야 하는데, 그렇게 생산된 공공재는 대가를 지불하지 않아도 이용이 가능하다. 배제성이 없는 재화나 서비스에 대가를 지불하지 않고 이용하려는 현상을 무임승차 문제라고 한다. 공공재의 생산을 시장에 자율적으로 맡겨 놓을 경우, 무임승차 문제 때문에 사회가 필요로 하는 양만큼 공공재가 생산되지 않고 적게 생산될 가능성이 높다. 다시 말해 사회적으로 꼭 필요한 곳에 자원이 효율적으로 배분되고 있지 않는 것이며, 이런 의미에서 시장 실패가 나타난다고 할 수 있다. 이런 이유로 인해 공공재는 대부분 국가에서 생산 및 공급하게 된다.

[문제 20] 문맥상 제시문의 ㉠~㉣에 들어갈 적절한 말을 <보기>에서 찾아 쓰시오.

<보기>

사적 재화, 클럽재, 공유 자원, 공공재

㉠: ________________, ㉡: ________________

㉢: ________________, ㉣: ________________

※ 다음 글을 읽고 물음에 답하시오. (21~22) (2024 수시(E))

과학 지식은 다른 문화나 지식과 달리 사회적 맥락에 구속되지 않는 예외적 지식으로 간주되어 왔다. 그러나 모든 지식은 어떤 방식으로든 그것이 생산된 사회적 여건에 영향을 받으며, 따라서 과학 지식도 단순히 자연이라는 실재의 객관적 반영이 아니라 다양한 사회적 요인에 영향을 받는 사람들이 구성하는 유동적 결과물이라는 주장이 최근 힘을 얻고 있다. 라투르가 제시한 행위자-연결망 이론은 과학 지식의 형성 과정에 대해 구성주의의 입장을 취하면서도 모든 지식의 가치가 동등하다고 보는 극단적 상대주의에 빠지지 않기 위한 노력의 일환이라 할 수 있다.

행위자-연결망 이론에서는 지식이나 조직, 사물이나 현상, 기술 등 우리가 경험하는 모든 대상을, 행위자들 사이에 형성되는 다양하고 복잡한 연합체로서의 연결망이라고 본다. 여기서 행위자란 '어떤 행위를 실행할 수 있는 행위 능력을 지닌 실체'로서, 인간뿐 아니라 물질과 기계, 미생물과 세균, 가설 및 기술과 같은 비인간을 포함한다. 어떤 대상을 행위자들 간의 연결망으로 파악한다는 것은 그 고정된 본질을 상정하고 이를 탐색하는 대신, 이를 둘러싼 연결망이 구성되는 과정에 주목한다는 것을 의미한다. 연결망은 늘 이동하고 움직이며, 생성과 소멸 및 강약의 단계를 오가는 역동적 성격을 지닌다. 연결망을 구성한 행위자의 수가 많고 그 성격이 이질적일수록 그 연결망은 강화된다.

라투르는 이질적인 행위자들을 연결하여 연결망을 구축하는 과정을 번역이라고 칭하여 이를 행위자-연결망 이론의 핵심에 두었다. 번역이란 서로 다른 이해관계를 가진 이질적인 행위자들이 서로의 목표를 조율함으로써 공동의 목표를 지닌 하나의 '연결망'으로 포섭되는 과정이다. 번역의 주체가 되는 행위자는 반드시 인간으로만 한정되지 않는다. 그는 번역의 주체와 연결망의 새로운 인식을 통해 주체와 객체, 인간과 사물을 분리하여 각각의 본질을 가정하는 기존의 시각, 입장과는 다른 분명한 차이를 보여주고 있다. 다시 말해 연결망을 통해 '만들어지고 있는 과학'을 추적하는 것이라고도 볼 수 있는 것이다.

이러한 입장에서 본다면 과학 지식은 과학자, 실험 장비, 교과서, 논문과 저서, 기술, 실험실 등과 같은 다양한 행위자로 이루어진 연결망을 기반으로 형성된다. 특정 현상에 대한 과학자 개인의 주장은 그 자체로서는 설득력이 빈약하지만, 이 주장이 하나의 행위자로서 다양한 행위자와 이어져 연결망을 이루면서 견고한 보편적 진리로 인정할 가능성을 시험하게 된다. 라투르는 보편적 진리로 인정될 수 있는 이 과정이 주장 자체의 내재적 장단점이나 한계와는 무관하게 일어난다고 보았다. 그리고 보편적 진리성은 이를 도출해 낸 특정 연결망 속에서 보장되며, 그 연결망의 맥락을 벗어난 진공 속에서도 보편적 진리로 보장되는 것은 아니라고도 하였다.

행위자-연결망 이론에서는 과학 지식의 성격을 규명하기 위해 기성의 과학이 아닌, '만들어지고 있는 과학'을 추적한다. 이 과정에서 과학 지식의 구성에 참여하는 능동적 행위자를 인간으로 한정한 기존의 구성주의적 입장과는 달리, 행위자-연결망 이론은 이들 행위자에 인간 및 비인간 실체를 모두 포함시켰다는 점에서 이질적 구성주의라 불린다. 이러한 행위자-연결망 이론의 입장은 인간 대 비인간, 자연 대 사회의 이분법에 기반한 근대주의에 반대하는 것이자 그 대안으로서 인간과 비인간 모두에 대등한 가치를 부여하는 비근대주의를 표방하는 것이기도 하다.

[문제 21] <보기>는 제시문을 읽고 실시한 탐구 활동이다. <보기>의 ①~③에 들어갈 적절한 말을 제시문 또는 <보기>에서 찾아 쓰시오.

<보기>

과학 지식에 대한 구성주의의 입장은 인간 대 비인간이라는 근대주의의 이분법적 사고에 근거한다. 라투르의 관점에서 구성주의는 과학 지식의 형성 과정에 참여하는 번역의 주체를 (①)(으)로 한정한 것이다. 반면 이질적 구성주의는 근대주의를 벗어나 행위자에 인간 및 비인간 실체를 모두 포함시키고 있다. 이런 점에서 라투르의 관점은 이질적 구성주의와 일맥상통하는 바가 있다. 유명한 파스퇴르의 사례를 통해 생각해 보기로 하자. 파스퇴르는 발효를 촉진하는 미생물 발효균을 발견하여 '젖산 발효 효모'라 명명하고 발효의 과정을 과학적으로 규명한 바 있다. 이 과정에서 파스퇴르는 미생물 발효균이 그 기질과 존재를 드러내는 것을 돕고, 발효균은 파스퇴르가 명성을 획득하는 것을 도운 셈으로 볼 수 있다. 따라서 라투르의 관점에서 파스퇴르의 사례를 살펴보면, 이 사례에서 번역의 주체에 해당하는 것은 (②)와/과 (③)이다.

①: ___________, ②: ___________, ③: ___________

[문제 22] <보기2>는 제시문을 바탕으로 <보기1>의 사례를 이해한 내용이다. <보기2>의 ①, ②에 들어갈 적절한 말을 제시문에서 찾아 쓰시오.

<보기1>

미국에서는 총기 사고가 날 때마다 총이 원인임을 강조하는 기술 결정론과 총을 든 범인이 사고의 원인이라는 사회 문화 결정론이 대립하여왔다. 전자는 총이 사고의 주범이므로 총기를 규제하여야 한다는 주장으로 연결된다. 그리고 후자는 범인이 주범이므로 범인을 처벌해야지 총기를 규제할 필요는 없다는 주장으로 연결된다.

<보기2>

행위자-연결망 이론에서 <보기1>의 '총'과 '범인'은 모두 행위 능력을 지닌 행위자로서 이들은 (①)의 과정을 통해 '총기 사고'라는 하나의 (②)(으)로 포섭된다. (①)의 과정은 행위자가 서로의 목표를 조율함으로써, 즉 상대방에 맞추어 자신을 변화시킴으로써 이루어지는 것이다. '총기 사고'에 대한 기술 결정론의 입장과 사회 문화 결정론의 입장 모두 행위자-연결망 이론의 입장에서는 범인과 총이 서로에게 변화를 일으킨다는 점을 간과하고 있다는 문제가 있다.

①: _______________, ②: _______________

※ 다음 글을 읽고 물음에 답하시오. (2024 수시(E))

현행 민사 소송법에는 소송 절차가 공정하며 신속하고 경제적으로 진행되도록 노력하여야 한다고 되어 있다. 이는 민사 소송이 재판 과정에서 공정성과 함께 신속성과 경제성이라는 이상을 추구함을 의미한다. 재판이 공정해야 함은 말할 것도 없지만, 공정함만 추구하다 보면 재판의 진행이 더디게 되어 재판을 통해 이루고자 한 소송의 목적을 충분히 달성할 수 없는 경우가 발생할 수 있다. 그래서 재판이 신속하고 경제적으로 진행되는 것도 중요하다. 소송 당사자 중 한쪽이 출석하지 않았을 때, 신속한 재판 진행을 위해 그 사람이 제출한 소장, 답변서, 준비 서면 등을 진술 내용으로 갈음한다. 소송 당사자가 변론 기일에 출석하지 않고 진술을 대체할 서류도 제출하지 않은 경우에는 변론할 의사가 없는 것으로 간주하고 재판을 진행한다. 그리고 시효라는 제도를 두어서 소송 사건에 대해 소를 제기할 수 있는 제소 기간을 정해 두고 있다. 시효는 일정한 사실 상태가 오래 계속된 경우에 그 상태가 진실한 권리관계*와 합치하느냐 여부를 묻지 않고 사실 상태를 그대로 존중하여 그 권리관계로 인정하는 제도이다. 사건 발생 이후 해당 제소 기간이 지나면 옳고 그름을 불문하고 누구도 해당 사건에 대해 더 이상 소를 제기할 수 없도록 한 것이다. 이는 분쟁이 발생한 이후 소송을 제기할 수 있는 기간에 제한을 두지 않을 경우 소송 진행의 효율성이 떨어지고 소송 당사자들의 권리관계가 장기간 불안정해지는 문제가 있기 때문이다.

조선 시대에도 ㉠취송 기한, ㉡정소 기한이라는 제도가 있었다. '취송 기한(就訟 期限)'은 소를 제기한 후 소송의 당사자가 불출석한 경우, 일정 기간 동안 출석하지 않는 당사자는 패소시키고 성실히 출석해 대기한 당사자에게 사리의 옳고 그름을 더 이상 따지지 않고 승소하게 해 주는 제도이다. 취송 기한은 '친착 결절법(親着決折法)'이라고도 불렀다. 이는 소송 진행 과정에서 의도적으로 소송을 지연시키는 폐단을 방지하기 위하여 마련된 장치로, 조선의 건국 초기에는 송정*으로부터 소송 당사자의 거주지까지 거리에 따라 취송 기한을 정했고 이후 소송 당사자가 송정에 출석해 서명하는 것까지 규정하게 되었다. 소송의 양 당사자 중 누구라도 출석하였을 때는 자기 성명을 직접 쓰도록 했는데 이를 '친착'이라고 불렀고, 판결하는 것을 '결절' 이라고 했다. 친착 결절법은 여러 차례의 변화를 거쳐 1746년에 편찬된 속대전(續大典) 「형전(刑典)」 청리조(聽理條)에 따르면, 소송이 개시되어 50일이 되도록 이유 없이 만 30일이 넘게 불출석하면 송정에 나와 서명한 자에게 승소 판결을 내리도록 했다. 이 50일의 기간은 관청이 개정한 날만 헤아렸다. 이때 계속 출석한 자의 출석 일수는 고려하지 않는다.

'정소 기한(呈訴期限)'은 사적인 권리를 침해당하였을 때 소장(訴狀)을 제출할 수 있는 법정 기한을 말한다. 경국대전(經國大典) 「호전(戶典)」 전택조(田宅條)에 따르면, 소송 대상 중 가장 분쟁이 빈번했던 재산인 토지, 주택, 노비 등에 관한 소송은 분쟁 발생 시기부터 5년 내에 소를 제기해야만 하며 5년을 넘길 시에는 재판의 기초가 되는 사실 관계 등을 심사하는 사건 심리는 물론 소장 접수조차 불가능했다.

*권리관계: 권리와 의무 사이의 법률관계.
*송정: 예전에, 송사(訟事)를 처리하던 곳.

[문제 23] <보기>는 제시문을 읽고 ㉠, ㉡에 대한 탐구 활동을 실시한 것이다. <보기>의 ①~③에 들어갈 적절한 말을 제시문에서 찾아 쓰시오.

<보기>

㉠과 ㉡은 과거 조선 시대에도 현행 민사 소송이 추구하는 이상 중 (①)와/과 (②)을/를 실현하고자 했음을 보여 준다. 그리고 ㉡은 오늘날의 민사 소송법 중 (③) 제도와 유사한 성격을 가지는 것으로 볼 수 있다.

①: ____________, ②: ____________, ③: ____________

※ 다음 글을 읽고 물음에 답하시오. (24~25) (2024 수시(F))

사용자가 컴퓨터로 음악을 듣는 프로그램의 실행 버튼을 누른다고 해서 그 프로그램이 곧바로 실행되는 것은 아니다. 운영 체제는 대기 목록인 '대기열'에 실행된 순서대로 프로그램을 등록했다가, 이 중 하나를 골라 중앙 처리 장치인 CPU를 할당하고 동시에 대기열에서는 삭제한다. 즉 프로그램이 실행 중이라는 것은 프로그램에 CPU를 할당한 상태를 의미한다. 만약 10초 길이의 음악이 재생 후 종료되었다면 음악 재생 프로그램에 CPU를 할당한 10초를 음악 재생 프로그램의 '실행 시간'이라 한다. 한 개의 CPU에는 한 번에 한 개의 프로그램만 할당할 수 있어서 대기열에 등록된 것 중 어느 것을 할당할지는 운영 체제의 일부인 CPU 스케줄링이 결정한다.

스케줄링의 성능은 '시스템 입장'과 '사용자 입장'으로 구분하여 평가한다. 시스템 입장에서는 CPU가 쉬지 않고 최대한 많이 일을 할수록 고성능으로 본다. 그래서 단위 시간당 CPU가 일을 한 시간의 비율인 CPU 이용률이 높거나, 단위 시간당 프로그램을 처리한 개수인 작업 처리량이 많을수록 고성능이다. 사용자 입장에서는 사용자가 실행한 프로그램이 가급적 빨리 CPU를 할당받아야 고성능으로 본다. 그래서 같은 개수의 프로그램을 처리할 때, 프로그램 각각의 대기 시간의 합인 '총 대기 시간'이 적을수록 고성능이다. 대기열에 등록된 프로그램 P1, P2, P3를 순서대로 처리하는 스케줄링의 경우 각각의 대기 시간을 구하는 방식은, P1은 즉시 실행되므로 대기 시간은 0이 되며, P2의 대기 시간은 P1의 실행 시간과 같으며, P3의 대기 시간은 P1과 P2의 실행 시간의 합과 같다.

2000년대 이전의 대다수의 개인용 컴퓨터는 CPU가 한 개뿐이었다. 이 컴퓨터에 실행 시간이 서로 다른 다수의 프로그램들이 대기열에 등록되어 있다고 하자. 우리는 이들을 하나씩 처리해 나가거나, 조금씩 번갈아 가며 처리하는 것을 생각해 볼 수 있으므로 다음과 같은 스케줄링이 고안되었다.

FCFS(First-Come First-Served) 방식은 대기열에 등록된 프로그램 순서대로 CPU를 할당하며, 할당된 프로그램이 작업을 완료하면 다음 프로그램에 CPU를 할당한다. 한편 ㉠<u>RR(Round-Robin) 방식</u>은 등록된 순서대로 CPU를 할당하지만 프로그램마다 균일하게 '최대 할당 시간'을 부여한다. 그래서 실행 중인 프로그램에 최대 할당 시간만큼만 CPU를 할당하고 시간 내에 작업을 완료하면 프로그램은 종료된다. 반면에 그 시간 내에 작업을 완료하지 못하면 해당 프로그램은 종료되지 않은 상태로 대기열의 마지막 순서에 재등록되며, 동시에 대기열의 다음 순서인 프로그램에 CPU를 할당한다. 또한 SJF(Shortest Job First) 방식이 있는데, 이는 대기열에 있는 프로그램 각각의 실행 시간을 계산해 이 값이 가장 짧은 프로그램에 CPU를 우선 할당한다. 그리고 할당된 프로그램이 작업을 완료해야 다음 프로그램이 실행된다.

2000년대 이후에는 두 개 이상의 CPU를 사용한 개인용 컴퓨터가 대중화되었다. 이때부터는 일부 CPU만 일하고 다른 CPU는 쉬는 상태를 방지하는 기술인 '이주'가 스케줄링에 추가되었다. 가령 두 개의 CPU(CPU1과 CPU2)가 가진 각각의 대기열에 프로그램이 두 개씩 등록되었다고 가정하자. 얼마 후 CPU1 측에는 모든 프로그램이 종료되었고 CPU2 측에는 종료된 것이 없다면, 운영 체제는 CPU2의 대기열에 있는 프로그램을 CPU1의 대기열로 옮겨 주는데 이를 이주라고 한다.

[문제 24] <보기1>은 제시문을 읽고 조사한 자료이고, <보기2>는 제시문과 <보기1>을 바탕으로 제시문의 ㉠에 대한 탐구 활동을 실시한 것이다. <보기2>의 ①~③에 들어갈 적절한 말을 쓰시오.

<보기1>

스케줄링은 선점 방식과 비선점 방식으로 나누어진다. 현재 CPU에 할당된 프로그램을 잠시 멈추고 다른 프로그램으로 바꿀 수 있다면 선점 방식이라고 하고, 그렇지 않다면 비선점 방식으로 분류된다.

- 『컴퓨터 개론』, ○○출판사

<보기2>

㉠은 선점 방식과 비선점 방식 중, (①) 방식의 스케줄링에 해당한다. 최대 할당 시간이 5초이며 ㉠의 스케줄링 방식을 사용하는 CPU가 한 개뿐인 컴퓨터가 있고, 이 컴퓨터의 대기열에는 실행 시간이 각각 10초, 5초, 8초인 프로그램 X, Y, Z가 순서대로 등록되어 있다고 가정해 보자. 이 컴퓨터에서 처음 X가 실행된 후 CPU의 작동 시간에 따른 CPU의 작업 내용은 아래와 같이 정리할 수 있다.

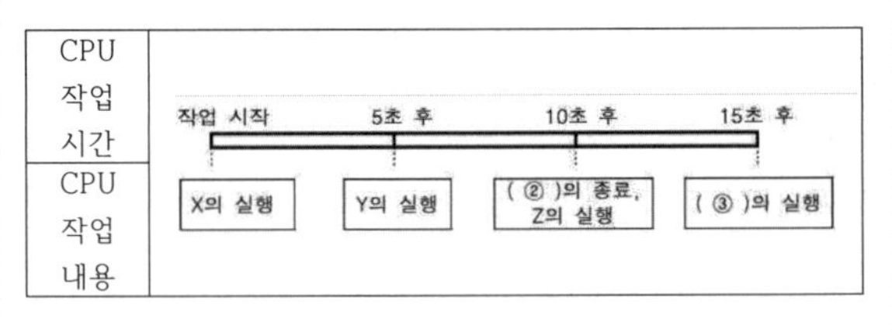

①: __________, ②: __________, ③: __________

[문제 25] <보기2>는 제시문을 바탕으로 <보기1>의 상황에 대한 탐구 활동을 실시한 것이다. <보기2>의 ①~③에 들어갈 적절한 숫자를 쓰시오

<보기1>

프로그램 A, B, C, D의 실행 시간은 각각 10초, 15초, 30초, 40초이다.

[상황1]: CPU가 한 개뿐인 컴퓨터의 대기열에 D, C, B, A의 순서로 프로그램이 등록되어 있다.

[상황2]: 이주 기술이 사용되는 운영 체제에서 두 개의 CPU(CPU1과 CPU2)를 사용하는 컴퓨터가 있는데, 두 개의 CPU는 각각의 대기열을 가진다. CPU1에는 A, B의 순서로, CPU2에는 C, D의 순서로 프로그램이 등록되어 있다.

<보기2>

- [상황1]에서 FCFS 방식을 이용할 경우 B의 대기 시간은 (①)초가 되고, SJF 방식을 이용할 경우 B의 대기 시간은 (②)초가 된다.
- [상황2]에서 CPU1과 CPU2에 모두 SJF 방식을 이용할 경우, 프로그램 실행 시작 (③)초 후에 CPU2의 대기열에 있던 D가 CPU1의 대기열로 옮겨지는 이주가 일어난다.

①: __________, ②: __________, ③: __________

※ **다음 글을 읽고 물음에 답하시오. (2024 수시(F))**

지금껏 알려져 있는 지식과 관념에 의해서는 설명되지 않는 특이한 현상이 관찰되면, 사람들은 납득할 만한 원인을 제시할 수 있는 타당한 설명을 모색하게 된다. 가추법(假推法)은 관찰된 사실이 왜 일어나는가를 설명하기 위해 현재 상황과는 다른 상황에서 이미 통용되는 전제를 출발점으로 하여 그 전제 속에는 포함되어 있지 않은 결론을 도출하는 개연적 추론이다. 가추법을 정립한 철학자 퍼스는 다음의 논증을 사례로 들어 가추법의 원리를 설명하였다. 책상 위에 한 움큼의 하얀 콩이 놓여 있다고 가정해 보자. 이를 특이하다고 생각하여 그 이유를 찾고자 하는 사람이 그 콩 옆에 놓인 자루를 보고 '이 콩들은 이 자루에서 나왔다.'라는 결론을 도출하는 과정은 다음과 같다.

(결과) 이 콩들은 하얗다.
(규칙) 이 자루에 들어 있는 콩은 모두 하얗다.
(사례) 이 콩들은 이 자루에서 나왔다.

위 추론의 출발점인 '결과'는 관찰된 사실로서, 일반적 규칙에 해당하는 가설이 제시되고 이것이 참임이 전제될 때 수긍할 수 있는 사실이다. 관찰된 사실은 참임이 전제된 규칙과 결합됨으로써 규칙의 한 사례로 귀결된다. 책상 위에 놓인 콩을 보고 이상하게 여긴 사람이 그 이유를 찾는 과정에서 콩 옆의 자루를 보고 자루 안의 콩이 모두 하얀 것이라는 가설을 세우게 되며, 이것이 참임이 전제될 때 책상 위의 하얀 콩은 이 자루에 든 콩의 일부임을 알게 된다는 것이다.

퍼스는 연역법 및 귀납법과의 비교를 통해 가추법의 특징을 구체화했다. 연역법은 규칙을 특정한 사례에 적용하여 결과를 도출하는 분석 추리이자 추론의 결과가 규칙의 해설이 되는 해설적 추론으로, 이는 새로운 지식의 형성으로 이어지지는 않는다. 귀납법은 특정한 사례와 결과로부터 규칙을 도출하는 종합 추리이자 부분에서 전체, 특수 사례에서 일반으로 향하는 확장적 추론으로, 연역법과 달리 결과의 오류 가능성을 포함한다. 퍼스에 의하면 가추법은 한 유형의 사실들로부터 도약하여 전혀 새로운 유형의 사실들을 도출하는 추론 방식이라는 점에서 귀납법과 마찬가지로 확장적 추론에 해당하지만, 귀납법은 주어진 사실들의 집합으로부터 유사한 사실들의 집합을 추론해 낼 뿐임에 반해 가추법이야말로 오류 가능성에도 불구하고 지식의 진정한 확장에 기여하는 추론이라고 하였다.

가추법에서 가설의 형태로 제시되는 규칙은 추론의 과정에서 설정되는 것으로, 보편적이고 일반적 진리로서 주어지는 연역법의 규칙과는 성격을 달리한다. 퍼스는 '자연법칙', '일반적인 진리'와 함께 '경험' 등을 규칙의 자리에 둘 수 있다고 하여 가추법의 '규칙' 범주에는 경험적 근거, 직관, 특수한 상황에서만 인정될 수 있는 진리 등이 포함될 수 있음을 시사하였다. 그는 또한 관찰된 사실과 설정된 가설의 결합은 이 둘에서 다루는 대상들의 동일성이나 유사성에 기인하며 이는 논증이 다루는 대상들이 또 다른 측면에서도 강도 높은 유사성을 가지고 있을 것이라 추리하게 하는 근거가 된다고 하였다. 이로 인해 연역법이나 귀납법과 달리 가추법은 전제로부터 필연적으로 귀결되는 결과 이상의 것을 제안할 수 있으며, '실제로 그러함을 기술할 수 있는지'가 아니라 '어째서 그러한지를 설명할 수 있는지'에 의해 추론의 목적 달성 여부가 판단된다는 것이다.

이상의 비교를 바탕으로 퍼스는 탐구를 '의심의 자극에 의해 야기된 것이자 믿음의 상태를 획득하려는 투쟁 과정'으로 규정하고 가추법은 이 과정을 관통하는 논리라고 하였다. 가추법은 위대한 과학적 발견으로부터 탐정의 추리에까지 널리 활용되는 추론 방식으로, 이는 그간 직관이나 심리적 판단에 의존하는 것으로 간주되어 왔던 추측의 과정에 논리성을 부여하였다는 평가를 받는다.

[문제 26] <보기1>은 제시문에 언급된 추론 방식들을 도식화한 것이고, <보기2>는 제시문을 바탕으로 <보기1>을 설명한 것이다. <보기2>의 ①~③에 들어갈 적절한 알파벳 기호를 쓰시오.

<보기1>

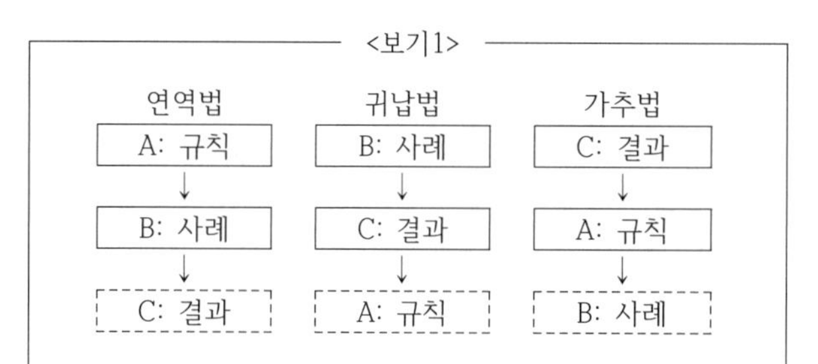

*실선 박스는 이미 증명된 명제를, 점선 박스는 추론 과정에서 만들어지는 명제를 의미함.

<보기2>

연역법의 C는 A에서 추론되지만 C는 이미 A 안에 포함되어 있다는 점에서 연역법은 지식을 확장하지 못하는 추론의 방식이다. 연역법과는 달리, 가추법에서 도출되는 (①)은/는 C 안에 포함되지 않은 새로운 사실들이라는 점에서 가추법은 지식을 확장하는 추론 방식이다. 귀납법도 확장적인 추론 방식이긴 하지만 귀납법의 A는 B, C와 유사한 사실들의 집합일 뿐이라는 점에서 진정한 의미의 지식의 확장은 아니다. 반면에 가추법의 (②)은/는 가설로 설정된 (③)을/를 매개로 추론된 것이기 때문에 가추법에서는 지식의 진정한 확장이 일어난다.

①: __________, ②: __________, ③: __________

※ **다음 글을 읽고 물음에 답하시오. (2024 수시(G))**

같은 원소로 이루어져 있지만 물리 및 화학적 성질이 다른 물질을 동소체라고 한다. 물질을 구성하는 원자의 종류는 같지만 동소체의 특성이 각각 다른 이유는 원자의 결합 방식이나 배열된 형태가 다르기 때문이다. 원자의 결합 방식 중 두 개 이상의 원자가 서로 전자를 공유하여 전자쌍으로 형성되는 화학 결합을 공유 결합이라고 한다. 공유 결합은 공유하는 전자쌍의 수에 따라 단일 결합, 이중 결합, 삼중 결합 등으로 분류할 수 있다.

단일 결합은 한 쌍의 전자를 공유하는 형식의 결합이다. 전자의 정확한 위치를 측정할 수 없고, 원자핵 주위에서 전자가 발견될 확률을 나타내는 공간 영역, 즉 전자가 어떤 공간을 차지하고 있는지를 나타내는 확률 궤도 함수인 오비탈로 규정되는 영역 내에 존재한다. 단일 결합은 일반적으로 시그마 결합이며, 이는 결합에 참여하는 두 원자의 오비탈 영역의 일부분이 두 원자를 연결하는 일직선 축에서 서로 겹쳐지며 형성된 결합으로 가장 단단한 결합이다. 단일 결합에 참여한 전자들은 결합 궤도의 영역에 존재하게 되며 두 원자는 그 전자들을 공유한다.

이중 결합은 두 개의 원자가 두 쌍의 전자, 즉 전자 4개를 공유하여 형성된 결합이다. 이중 결합은 시그마 결합과 파이 결합, 두 가지 종류의 결합으로 이루어진다. 파이 결합은 시그마 결합과 달리 두 원자의 오비탈 영역이 90도 각도로 측면으로 겹치며 전자를 공유하는 형식의 결합이기에 결합력이 약하다. 또한 파이 결합에 참여하는 전자는 자유 전자처럼 이동이 가능하므로 여러 개의 파이 결합을 가진 분자는 전기 전도성을 갖게 된다. 이중 결합에 참여한 전자쌍도 단일 결합과 마찬가지로 결합 궤도 함수로 표시되는 영역 내에 존재하며, 이때 결합 궤도 함수의 종류는 2개가 된다. 이렇게 동일한 원자라도 결합 형식의 종류가 다를 수 있고, 그것에 따라 형성된 분자 혹은 물질의 성질이 다르게 나타난다.

가장 흔하게 볼 수 있는 동소체로는 탄소(C) 동소체가 있다. 탄소 동소체인 ㉠다이아몬드와 ㉡흑연은 결합 방식의 차이로 특징이 달라진다. 다이아몬드는 하나의 탄소 원자에 있는 4개 전자가 이웃에 위치한 탄소 원자 4개의 전자를 공유하여 결합을 형성하고 있어서 그 모양은 마치 정사면체와 같다. 이때 형성된 4개의 공유 결합은 모두 단일 결합이며, 모든 탄소 원자들이 시그마 결합으로 결합되어 있기 때문에 다이아몬드는 강도가 높다. 이와 달리 흑연에서 각 탄소들은 이웃에 위치한 탄소 3개와 시그마 결합으로 연결되어 있고, 그중 한 개의 결합은 파이 결합을 동시에 포함한다. 시그마 결합과 파이 결합이 교대로 이어져 있는 흑연은 그런 이유로 전기 전도성을 갖는다. 결국 흑연과 다이아몬드의 특성 차이는 결합 형식에서 비롯된다.

흑연은 탄소 원자들이 6각형의 모양을 이루고 있는데 이것이 연속되어 있으므로 마치 벌집의 형태와 유사하다. 흑연은 벌집 모양의 평면이 여러 겹으로 쌓여 수많은 층을 이루고 있는 형태이다. 하나의 층에서 탄소 원자들은 공유 결합을 하고 있어서 결합력이 매우 강하다. 그러나 층과 층 사이는 공유 결합이 아닌 분자 간의 인력이기 때문에 그것의 결합력은 매우 약하다. 따라서 다이아몬드와 달리 각 층이 분리되는 것이 어렵지 않다. 이때 한 개로 분리된 층은 층이 여러 개 쌓여 있을 때와는 다른 특성을 가진다. 흑연에서 분리된 한 층을 그래핀이라고 하며, 그래핀이 원통 형태로 둥글게 말려 있는 모양의 물질을 탄소 나노 튜브라고 한다. 그래핀과 탄소 나노 튜브는 흑연처럼 전기 전도성을 가지면서도 높은 열전도율이나 강한 강도를 가지는 등 흑연과는 다른 특성을 보이며 신소재로 각광받고 있다.

[문제 27] <보기>는 제시문을 읽고 ㉠과 ㉡을 이해한 것이다. <보기>의 ①, ②에 들어갈 적절한 말을 제시문에서 찾아 쓰시오.

<보기>

㉠과 ㉡은 모두 탄소 원자 간의 공유 결합에 의해 형성된다는 점에서 공통적이다. 하지만 ㉡은 ㉠에 비해 강도가 낮은데, 그 이유 중 하나는 ㉠과 ㉡이 가지고 있는 공유 결합 방식이 다르기 때문이다. ㉠은 공유하는 전자쌍의 수에 따른 공유 결합의 종류 중, (①) 결합만으로 이루어져 있는 것에 반해, ㉡은 (①) 결합뿐만 아니라 (②) 결합도 포함하고 있기 때문이다.

①: ________________, ②: ________________

※ 다음 글을 읽고 물음에 답하시오. (2024 수시(G))

공간은 사물이 존재하는 장소라는 의미만 있는 것으로, 그 자체로는 무력하고 텅 빈 곳으로 인식되었다. 그러나 회화와 조각, 소설과 연극, 철학과 심리학 이론들이 공간이 지닌 구성적인 기능에 주목하면서 지금까지는 무의미하게 여겨졌던 공간이 충만하고 능동적이며 창조성을 지닌 유의미한 공간으로 재인식되었다. 기존 견해를 따르는 미술 비평가들은 공간과 관련하여 회화의 제재를 긍정적 공간, 배경을 부정적 공간이라 불렀다. 그런데 재인식된 공간은 배경 그 자체가 다른 요소들과 마찬가지의 중요성을 지닌 것으로 긍정적이고 적극적인 기능이 있음을 의미한다는 점에서 '긍정적 부정 공간'이라고 부를 수 있다.

회화에서 공간은 입체파에 이르러 하나의 구성적 요소로서 완전히 자리 잡았다. ㉠브라크는 공간에 대상과 동일한 색, 질감, 실질성을 부여하고, 공간과 대상을 거의 구별할 수 없게 뒤섞어 버렸다. 브라크는 입체파의 매력에 대해 자신이 감각한 새로운 공간을 구현하는 것이라고 언급하였다. 자연 안에서 '감촉할 수 있는 공간'을 발견한 그는 대상 주변에서 느껴지는 움직임, 지형에 대한 느낌, 사물들 사이의 거리를 표현하고자 했다.

회화에서 대상과 공간의 관계는 음악에서 소리와 침묵의 관계로 치환해 볼 수 있다. 음악에서 침묵은 소리와 리듬을 인식하기 위한 요소이다. 음악사 전반에 걸쳐서 침묵이 중요한 의미를 지녀 온 것은 사실이지만, 기존의 음악에서 침묵은 일반적으로 악장의 끝부분에 놓여 다만 악장과 악장을 구별 지었을 뿐이다. 그런데 침묵의 기능을 강조한 새로운 음악에서는 악절 중간에 갑자기 휴지가 등장함으로써 침묵이 음악 구성에서 더욱 강력한 역할을 수행하게 만들었다.

현대 음악의 작곡가들은 사상 유례가 없을 정도로 의식적으로, 그리고 두드러지게 침묵을 사용하기 시작했다. 로저 셰턱은 스트라빈스키의 1910년 작품 <불새>의 피날레에는 음악 작품에서 찾아보기 힘든 몇 번의 침묵이 들어 있다고 지적했다. 침묵은 긍정적인 부정적 시간이다. 안톤 폰 베베른은 이러한 침묵의 창조성을 적극적으로 활용한 음악가이다. 그의 작품들은 매우 간결해서 어느 악장도 1분을 넘지 않았다. 그토록 간결한 악장의 연주들이 침묵의 시간과 서로 어울리면서 침묵들로 자주, 그리고 아름답게 장식된다. 어떤 음악 평론가는 베베른의 음악에서 휴지는 정지가 아니라, 리듬을 구성하는 중요한 요소임을 언급하기도 했다.

공간과 시간에 대한 이러한 재평가는 공간·시간 경험을 주요한 것과 부차적인 것으로 양분하는 뚜렷한 구분 선을 지웠다. 이는 물리학 분야에서는 충만한 물체와 텅 빈 공간 사이에, 회화에서는 제재와 배경 사이에, 음악에서는 소리와 침묵 사이에, 지각에서는 형상과 배경 사이에 그어졌던 절대적 구분 선의 붕괴로 간주될 수 있다. 이처럼 텅 빈 것으로 간주되어 온 것들이 구성 요소의 하나로 기능한다는 인식에는 19세기 후반부터 20세기 초 서구에서 이루어진 정치적 민주주의의 진전, 귀족적 특권의 붕괴, 생활의 세속화 등과 '위계의 평준화'라는 점에서 공통되는 특징이 있었다.

[문제 28] <보기>는 제시문을 읽고 탐구 활동으로 제시문의 ㉠의 작품을 찾아 감상한 것이다. <보기>의 ①, ②에 들어갈 적절한 말을 제시문에서 찾아 쓰시오.

<보기>

이 그림은 ㉠의 <바이올린과 물병이 있는 정물>이다. 이 그림의 주요 제재는 바이올린이고 석고, 유리, 나무, 종이, 공간 등은 바이올린의 주변을 둘러 싼 배경을 이루고 있다. 그런데 이 그림에서 특징적인 것은 바이올린의 목 부분은 나름대로 윤곽이 남아 있지만 몸통은 여러 부분들로 조각나 대상만큼이나 강조되고 있는 공간과 섞여 있다는 점이다. 이 그림에서 석고, 유리, 나무 종이, 공간은 모두 유사한 형태의 흐름 속에 표현되어 있기 때문에 대상인 바이올린과 공간을 확실히 구별하기가 어렵다. 브라크는 "파편화시킴으로써 저는 공간과 공간 안의 움직임을 확실히 표현할 수 있었으며 공간을 창조해 내고서야 비로소 대상들도 화폭 안으로 끌어들여 표현해 낼 수 있었습니다."라고 이야기했는데, 브라크는 바이올린의 일부, 석고, 유리, 나무 등을 파편화시킴으로써 새로운 공간을 창조해 낸 것이라 할 수 있다. 음악에 대한 전통적 관점에서 이 그림의 바이올린은 음악의 (①)(으)로, 석고, 유리, 나무, 종이, 공간 등은 음악의 (②)(으)로 치환되어 이해될 수 있다. ㉠이 이 그림에서 새로운 공간을 창조해 낸 것처럼, 현대 음악에서는 안톤 폰 베베른의 사례에서 볼 수 있는 것과 같이 (②)을/를 창조적으로 사용하여 새로운 아름다움을 표현해 내기도 한다.

①: ________________, ②: ________________

※ 다음 글을 읽고 물음에 답하시오. (2024 수시(G))

조세 제도를 활용하여 소득 격차를 줄이는 다른 방법으로 ㉠부(負)의 소득세 제도가 있다. 부의 소득세 제도는 소득이 일정 수준 이하인 경우 정부가 세금을 거두는 것이 아니라 오히려 보조금을 지급하는 제도로, 누진세 제도의 논리적 연장이라고 볼 수 있다. 누진세는 소득이 높아질수록 세율이 더 높아지는데, 이를 반대로 생각해 보면 소득이 낮아질 때는 세율도 함께 낮아지므로 나중에는 음(-)의 값을 가질 수도 있다는 말이 된다. 이는 정부가 소득이 낮은 사람들에게 세금을 걷는 것이 아니라 오히려 돈을 건네주어야 한다는 것을 뜻한다. 예를 들어 정부가 가난한 사람에게 보장하는 최소한의 한 달 소득이 30만 원이면 한 달 소득이 0원인 사람에게는 한 달에 30만원의 보조금이 지급된다. 그리고 소득이 늘어 갈수록 보조금은 일정한 비율로 줄어든다. 소득이 1만 원 증가할 때마다 보조금을 5천 원씩 줄여 간다고 하면 소득이 10만 원인 사람은 정부로부터 25만 원의 보조금을 받게 되는 것이다. 따라서 이 사람이 소비할 수 있는 총금액인 처분 가능 소득은 한 달에 35만 원이 된다. 이런 추세가 계속 이어져서 이 사람의 한 달 소득이 60만 원에 이르면 정부는 더 이상 보조금을 지급하지 않는다. 즉 스스로 번 소득이 한 달에 60만 원 이하인 경우에만 정부의 보조금을 받을 수 있는 것이다. 부의 소득세 제도는 정부의 보조금을 받는 사람이 떳떳하게 이를 받을 수 있다는 장점이 있다. 누진세 제도에서 소득이 높을수록 더 많은 세금을 내는 것처럼, 부의 소득세 제도에서는 소득이 낮을수록 더 많은 보조금을 받을 권리가 생긴다고 말할 수 있기 때문이다. 하지만 부의 소득세 제도를 시행하기 위해서는 높은 사회적 비용이 들고, 빈곤의 원인을 근본적으로 치유하는 것이 아니라 단지 빈곤의 증상을 완화해 주는 데 그친다는 한계도 있다.

[문제 29] <보기1>은 제시문의 ㉠의 한 사례를 그래프로 나타낸 것이고, <보기2>는 제시문을 바탕으로 <보기1>에 대한 탐구 활동을 실시한 것이다. <보기2>의 ①~③에 들어갈 적절한 숫자를 쓰시오.

<보기1>

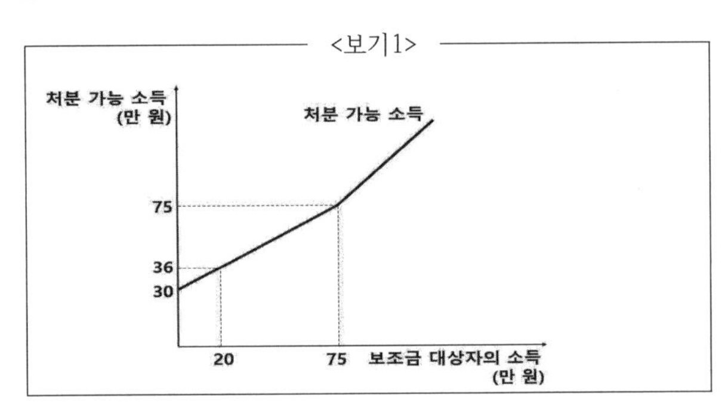

<보기2>

<보기1> 상황에서 소득이 0원인 보조금 대상자 A의 처분 가능 소득은 (①)만 원이다. 만약 A의 소득이 20만 원이 되면 처분 가능 소득은 36만 원이 되므로, 이때 A가 받는 보조금은 (②)만 원임을 알 수 있다. A의 소득이 0원에서 20만 원으로 올라갈 때, A가 지급 받는 보조금은 (③)만 원이 줄어들게 된다.

①: __________, ②: __________, ③: __________

※ 다음 글을 읽고 물음에 답하시오. (2024 수시(A))

선거 방송 보도의 유형과 특징을 분석하는 것은 중요하다. 그 이유는 선거 방송 보도가 불특정한 대중에게 정치적 메시지를 대량으로 전달하는 매체라는 점에서 선거 운동의 중요한 도구가 되기 때문이다. 선거 방송 보도가 선거 운동에서 중요한 위치를 차지하게 된 것은 대중에게 쉽게 선거 운동에 대한 정보를 제공할 수 있으며, 대중의 정치의식 수준이 높거나 낮은 것에 영향을 덜 받으면서 강한 영향력을 행사할 수 있기 때문이다. 가령 후보자나 정당이 선거 운동의 의제를 만드는 것이 아니라 선거 방송 보도에 따라 의제가 만들어지는 것이 있다. 이러한 선거 방송 보도에는 선거 운동 중에 특정 정치인에 대해 보도하는 것, 부정식 뉴스 보도의 증가, 본질적 이슈 보도 대신에 선거 운동에 대한 보도 증가와 같은 현상들이 나타난다. 이러한 선거 방송 보도 유형으로는 부정식 보도, 경마식 보도, 개인화 보도가 있다.

부정식 보도는 특정 정치인이나 정당, 정부 등을 부정적으로 보도하는 것이다. 이러한 보도에서는 불법 부정 선거, 흑색선전, 후보자나 정당의 비리 등을 보도하거나 폭로·비방 · 갈등 관계와 같은 부정적인 측면을 보도한다. 부정식 보도는 해석적 저널리즘과 결합한 형태로 나타나기도 한다. 해석적 저널리즘은 특정 사안에 대한 사실을 예시로 활용하면서 언론이 그 사안에 대해 분석하고 해석하는 것이다.

방송사의 이익을 위한 보도로 경마식 보도가 있다. 경마식 보도란 정치적 쟁점이나 후보자의 자질·능력·도덕성 등 선거에서 중요한 본질적 내용보다는 득표율 예측, 후보자들의 지지율 변화, 선거 운동 전략, 유권자들의 반응, 후보자 간의 연대·통합·갈등 등 흥미적인 요소를 집중적으로 보도하는 방식이다. 경마식 보도는 부정식 보도와 마찬가지로 해석적 저널리즘과 결합한 형태로 잘 나타난다.

개인화 보도는 정치인의 공적 영역뿐 아니라 사적 영역에 대해서도 보도하는 것을 말하는데, 이 보도에서는 정치인 개인에 대한 것은 강조하는 반면에 정당, 조직, 제도에 대한 초점은 감소한다. 개인화 보도에서는 지도적인 위치에 있는 정치인이나 정당 지도자들에 대해 초점을 둔다.

[문제 30] <보기>는 제시문을 바탕으로 선거 보도의 유형과 선거 방송 보도 예시를 정리한 것이다. <보기>의 ①~③에 들어갈 적절한 말을 제시문에서 찾아 쓰시오.

<보기>

보도 유형	선거 방송 보도 예시
(①)	후보들의 지지율 양상, 선거 토론회 방송에서 표출된 후보자 간의 갈등과 함께 이에 대한 언론인 또는 뉴스 패널의 해석을 보도한다.
(②)	후보자와 후보자가 속한 정당의 정책 및 제도보다는 후보자의 사적 영역을 취재하여 이를 더 비중 있게 보도한다.
(③)	특정 후보의 비리에 대한 경쟁 후보자 또는 상대측 정당의 입장을 보도하면서 비리 내용을 분석하는 내용을 추가하여 보도한다.

①: __________, ②: __________, ③: __________

※ **다음 글을 읽고 물음에 답하시오. (31~32)**

(가) 상황에 맞는 언어적 표현을 하려면 상황에 맞는 적절한 어휘를 선정하여 이를 어법에 맞게 표현해야 한다. 예를 들어 공식적 말하기의 상황에서는 표현하고자 하는 내용에 맞게 격식있는 어휘를 선정하여, 이를 어법에 맞게 표현해야 한다. 한편 내용을 구성할 때에도 말하기 상황을 고려하면 의사소통의 목적을 달성할 수 있다. 예를 들어 발표나 연설을 하는 상황이라면 도입부에는 청자의 이해를 돕기 위해 전체 내용을 개관하고, 전개부에는 중간중간 요점을 정리해 주면서 이어질 내용을 소개하는 연결 표현을 넣고, 결론부에는 전체 내용을 정리해 주고 인상적으로 마무리하는 것이 효과적이다.

준언어란 언어적 요소에 덧붙여 의미를 전달하는 것으로 음조, 강세, 말의 빠르기, 목소리 크기, 억양 등이 그 예이다. 같은 언어적 표현이라도 음조, 강세, 말의 빠르기, 목소리 크기, 억양 등이 어떻게 표현되는가에 따라 의미가 다르게 전달될 수 있다. 비언어적 표현은 언어적·준언어적 표현 이외의 방식으로 의미를 표현하는 방법이다. 말하는 이가 나타내는 시선, 얼굴 표정, 동작, 자세, 신체 접촉 등의 비언어적 표현도 의미 전달에 큰 영향을 미친다. 비언어적 표현은 언어적 표현으로 드러내는 의미를 보완하고 강화하는 기능을 가지고 있으므로 상황에 맞는 비언어적 표현을 전략적으로 사용할 수 있어야 한다. 말을 직접적으로 하지 않더라도 비언어적 표현만으로도 의미를 전달할 수 있다.

(나) 컴퓨터를 사용하여 음성 언어를 문자 언어로 대체하는 데에는 한계가 있다. 0과 1로 신호를 처리하는 디지털 기반의 컴퓨터는 제한된 수의 글자가 할당된 자판을 이용하여 정보를 입력하고, 한 번에 볼 수 있는 정보의 양이 상대적으로 적은 모니터를 출력 도구로 사용함으로써 입력과 출력 면에서 자유롭게 의사소통을 하는 데 제약이 있다. 또한 기존의 글쓰기가 대체로 한 방향으로 이루어졌던 것에 반해 쌍방향 의사소통이 이루어지는 컴퓨터 통신 공간에서 속도의 한계를 극복하는 일은 더욱 절실하였다. 컴퓨터를 매개로 하는 사이버 공간에서는 '화자'와 '청자'의 관계가 불투명하고 기존에 존재하지 않았던 '시간'과 '공간'에서 의사소통이 이루어진다. 이러한 의사소통 맥락은 새로운 화법과 문자 사용 방식을 요구하게 되었으며 이에 자연스럽게 등장한 것이 바로 컴퓨터 통신 언어이다.

의사소통 방식에 영향을 미친 다른 온라인 매체로 이동통신의 문자 메시지를 들 수 있다. 문자 메시지 서비스는 최근 다양한 스마트폰의 문자 응용 프로그램이 등장하기 전까지는 단문을 주고받는 데 유용한 수단으로 독점적 지위를 누렸다. 특히 통신비에 부담을 느끼는 청소년이 상대적으로 저렴한 비용으로 다른 사람의 방해를 받지 않고 실시간 의사소통을 할 수 있다는 점에서 좋은 대안이 되었다. 하지만 숫자판을 전용하여 문자를 입력하는 데 시간도 걸리고 불편함도 많았다. 이러한 단점은 자연스럽게 또 다른 언어 표현 방식을 찾게 하였다. 문자 메시지를 사용할 때는 가능한 한 띄어쓰기를 하지 않으며, 입력 글자 수를 줄이기 위해 겹받침의 사용을 자제하고 줄임말을 자주 사용한다. 웬만한 오타는 그냥 넘어가는 것이 일상이다. 문자 메시지는 대개 쌍방향으로 의사소통이 이루어져 대화에 가깝다. 하지만 일상 대화에서 중요한 소통 정보인 억양이나 표정 등의 맥락 정보를 확인할 수 없어 소통에 장해가 생길 수 있다. 이러한 제약 때문에 의사소통에서 중요한 메시지인 '긍정', '부정'의 정보가 잘못 전달될 여지가 있다. 이에 **<u>문자 메시지에서는 긍정적인 의미를 표시하기 위해 내용 뒤에 '^^'을(를), 부정적인 의미를 표시하기 위해 'ㅠㅠ'을(를) 덧붙이곤 한다</u>**. 또한 그림말을 사용하는 것은 친근감을 표시하는 수단이 되기도 한다.

[문제 31] <보기>의 빈칸에 알맞은 말을 찾아 쓰시오.

<보기>

(나)의 밑줄 친 부분에서 사용된 그림말과 유사한 표현 방식을 (가)에서는 (①)(이)라고 한다. 이는 (②)(으)로 드러나는 의미를 (③)하거나 강화하여 의미 전달을 더 용이하게 하는 효과가 있다.

①: ___________, ②: ___________, ③: ___________

[문제 32] <보기>의 ㉠, ㉡에 들어갈 적절한 내용을 (나)에서 찾아 쓰시오.

<보기>

최근 전자 기술의 발달에 따라 새로운 의사소통의 수단이 등장하였는데 이것을 온라인 매체 또는 뉴 미디어라고 부른다. 온라인 신문, 블로그, 누리 소통망(SNS) 등이 여기에 포함된다. 온라인 매체에서는 기존의 독립적 매체들이 새로운 기술과 결합하여 서로 연결된다. 그러면서 정보 전달의 방식 역시 새롭게 변화하였다. 개방된 형태의 누리 소통망을 떠올려 보자. 최초의 게시글이 올라오자마자 익명의 참가자들이 자유롭게 자신의 의사를 표명할 수 있고 그 의견에 대해 최초 게시자가 답변을 할 수 있다.

이처럼 온라인 매체는 (①)와(과) (②)을(를) 가능하게 한다는 점에서 전통적 매체의 시공간적 제약을 벗어났다고 볼 수 있다.

①: _______________, ②: _______________

※ 다음 글을 읽고 물음에 답하시오.

과학자의 연구가 사회적으로 부정적인 결과를 낳았다 하더라도 그것은 이용한 사람들의 잘못이지 과학자는 책임질 이유가 없다고 주장하는 사람들이 있다. 윤리적 가치는 그 기술의 사용자에게만 한정되는 문제라는 것이다. 제2차 세계 대전 중 원자 폭탄 제조의 책임을 맡았던 오펜하이머는 과학자는 진리를 공표할 책임만을 가질 뿐이고 과학의 이용과 그에 대한 가치 판단의 문제는 과학자의 영역이 아니라고 말했다. 이 말에는 과학이 객관적이며 가치중립적이라는 생각이 담겨있다. 과학이 객관적이라는 것은 과학적 사실이나 법칙이 시대나 적용 대상이 달라지더라도 변함없이 참이라는 것을 의미한다. 한편 과학이 가치중립적이라는 것은 과학적 사실이나 법칙이 선하다거나 옳다는 등의 가치 판단과 무관한 것임을 의미한다.

그러나 책임 윤리를 강조하는 한스 요나스는 현대 과학 기술이 윤리적 성찰의 대상이 되어야 하는 이유를 다음과 같이 제시한다. 첫째, 결과의 모호성 때문이다. 처음에는 좋은 의도로 행했지만, 전체적으로 보면 나쁜 결과를 낳을 수도 있다는 점이다. 비록 과학 기술이 선한 목적을 위해 사용되었다고 할지라도, 장기적이고 지속적으로 위험한 요소를 갖고 있다면, 이는 윤리적 성찰이 필요하다는 뜻이다. 둘째, 적용의 강제성 때문이다. 언어 능력처럼 일단 그 능력이 사용되면 새로운 가능성이 열려 그 능력의 활용 요구는 지속적으로 커지게 된다. 그러므로 하나의 힘으로서 과학 기술은 윤리적 중립성, 가치중립성을 주장할 수 없게 된다. 셋째, 시공간적 광역성 때문이다. 현재 세대인 우리를 위해서 저지른 근시안적 이익 추구 행위가 미래에 살게 될 세대의 삶에 악영향을 주어서는 안 된다. 넷째, 인간중심주의 윤리가 무너졌기 때문이다. 지금까지 인간은 오직 인간에 대해서만 의무를 지닌다는 생각으로 생태계의 모든 생명체를 부당하게 침해해 왔다. 그러나 이제 인간이 아닌 다른 존재자의 생명을 인간의 선 안으로 편입시켜, 효용 지향적인 인간중심적 관점을 뛰어넘어야 한다. 마지막으로 인류의 생존이라는 근본적인 이유 때문이다. 인류의 생존이 우리가 따라야 할 도덕 명령이라면, 자기 파괴적 과학 기술은 처음부터 배제되어야 한다. 눈앞의 이익과 현재 세대의 현실적인 필요가 우리의 판단을 더 이상 흐리게 하지 않도록 적정량의 도덕을 첨가한 약이 필요하다.

[문제 33] <보기>는 제시문을 읽고 탐구 활동으로 필자의 견해를 요약 정리한 것이다. <보기>에 알맞은 말을 찾아 쓰시오.

<보기>

과학의 오용에 대해서는 과학자가 책임질 이유가 없다고 생각하는 견해가 있다. 왜냐하면 과학자의 연구는 (㉠)(이)거나 (㉡)(이)라고 생각하기 때문이다. 그러나 과학자가 과학이 오용된 결과를 책임질 필요가 없다는 견해는 과학이 (㉡)(이)라고 생각함으로써 과학기술이 과도하게 (㉢)(으)로 이용되어 생태계를 파괴할 우려가 있기 때문에 바람직하지 못하다.

㉠: ____________, ㉡: ____________, ㉢: ____________

※ 다음 글을 읽고 물음에 답하시오.

우리가 일상에서 '진리'나 '참'을 판단하는 대표적인 이론에는 대응설, 정합설, 실용설이 있다. 대응설은 어떤 판단이 사실과 일치할 때 그 판단을 진리라고 본다. 감각으로 확인했을 때 그 말이 사실과 일치하면 참이고, 그렇지 않으면 거짓이라는 것이다. 대응설은 일상생활에서 참과 거짓을 구분할 때 흔히 취하는 관점으로 우리가 판단과 사실의 일치 여부를 알 수 있다고 여긴다. 예를 들어 네모 모양 책상을 보고 지각된 객관적 성질을 그대로 반영하여 '그 책상은 네모이다'라는 판단이 지각과 일치하면 그 판단은 참이 된다. 이러한 대응설은 새로운 주장의 진위를 판별할 때 관찰이나 경험을 통한 사실의 확인을 중시한다.

정합설은 어떤 판단이 기존의 지식 체계에 부합할 때 그 판단을 진리라고 본다. 진리로 간주하는 지식 체계가 이미 존재하며, 그것에 판단이나 주장이 들어맞으면 참이고 그렇지 않으면 거짓이라는 것이다. 예를 들어 어떤 사람이 '물체의 운동에 관한 그 주장은 뉴턴의 역학의 법칙에 어긋나니까 거짓이다'라고 말했다면, 그 사람은 뉴턴의 역학의 법칙을 진리로 받아들여 그것을 기준으로 삼아 진위를 판별한 것이다. 이러한 정합설은 새로운 주장의 진위를 판별할 때 기존의 이론 체계와의 정합성을 중시한다.

실용설은 어떤 판단이 유용한 결과를 낳을 때 그 판단을 진리라고 본다. 어떤 판단을 실제 행동으로 옮겨 보고 그 결과가 만족스럽거나 유용하다면 그 판단은 참이고 그렇지 않다면 거짓이라는 것이다. 예를 들어 어떤 사람이 '자기주도적 학습 방법은 창의력을 기른다'라고 판단하여 그러한 학습 방법을 실제로 적용해 보았다고 하자. 만약 그러한 학습 방법이 실제로 창의력을 기르는 등 만족스러운 결과를 낳았다면 그 판단은 참이 되고, 그렇지 않다면 거짓이 된다. 이러한 실용설은 새로운 주장의 진위를 판별할 때 결과의 유용성을 중시한다.

[문제 34] <보기>는 제시문을 읽고 실시한 학습 활동의 일부이다. <보기>의 ①, ②에 들어갈 적절한 말을 쓰시오.

<보기>

- 선생님: 진리에 대한 대표적인 이론들을 바탕으로, 어떤 지식이 우리 주변에서 진리나 진리가 아닌 것으로 여겨지는지 그 근거들을 설명해보도록 합시다.
- 학생 1: 17세기에 스테노는 관찰을 통해 상어의 이빨과 설석(舌石)이라는 화석이 구조적으로 매우 유사하다는 점을 확인했습니다. 이 사실을 근거로 그는 화석이 유기체에서 기원했다고 보는 것이 옳다는 판단을 내렸습니다. 이러한 주장은 (①)에 따라 진리로 받아들여졌다고 생각합니다.
- 학생 2: 20세기 초에 기상학자인 베게너는 지질학적 조사 결과를 근거로 아프리카와 남아메리카가 과거에 한 대륙이었다가 나중에 분리되었다는 대륙이동설을 주장했습니다. 하지만 당시의 지질학자들은 무거운 대륙이 움직이는 것은 불가능하다는 생각을 하고 있었다고 해요. 그래서 대륙은 이동하지 않는다는 통설을 근거로 그의 주장이 틀렸다는 판단을 내렸습니다. 이러한 주장은 후대에는 정설로 인정받았지만, 적어도 당대에는 (②)에 따라 진리로 여겨지지 못했던 것이라 생각합니다.

①: ______________, ②: ______________

※ 다음 글을 읽고 물음에 답하시오.

(가) '질서정연한 사회'에 살고 있는 만민은 불리한 여건으로 '고통받는 사회'에 대해 원조를 해야 할 의무가 있다. '질서정연한 사회'에는 '자유주의적 사회'와 '적정 수준의 사회'가 포함되는데 그러한 사회는 인권을 보장하고 민주적으로 의사 결정을 하며 다른 국가를 공격하지도 않는다. 적정 수준의 사회는 자유주의적 사회에 미치지는 못하지만 적정 수준의 협의 체계를 갖추고 있어서 상당히 민주적으로 의사 결정을 한다. '고통받는 사회'는 역사적, 정치적, 사회적 조건이 불리하여 인권을 보장하지 못하고 민주적 방식으로 의사 결정을 하지 못하는 사회인데 다른 국가에 대해 공격적이지는 않다. 이런 사회는 원조의 대상이 된다. 이에 비해 '무법 국가'는 인권을 보장하지 않고 민주적으로 의사 결정도 하지 않으며 다른 국가에 대해 공격적인 사회이다. 이런 사회는 원조의 대상이 아니다.

원조의 목적은 고통받는 사회가 자유롭고 평등한 체제를 확립하여 질서정연한 사회가 되도록 하는 것이다. 따라서 원조의 의무는 고통받는 사회를 질서정연한 사회로 만들 때까지만 부과된다. 만약 원조를 통해 고통받는 사회의 정치, 사회 제도가 개선된다면 더 이상 그 사회에 원조를 해야 할 의무는 없게 된다. 원조의 의무에는 일정한 차단점이 있는 것이다. 기근의 문제는 대체로 물질적 자원의 부족 때문이 아니라 정치적, 사회적 제도의 결함 때문에 발생한다. 가난한 국가라도 기본적인 정치적, 사회적 권리가 보장된다면 빈곤으로 인한 고통은 점차 감소한다. 그리고 고유한 문화나 역사에 따라 각 사회에서 요구되는 부의 수준이 다르기 때문에 그것을 평준화할 필요도 없다. 풍족하지 않더라도 일을 적게 하고 여유롭게 사는 삶을 선호하는 사회도 있고, 힘들지만 일도 많이 하고 저축도 많이 해서 풍요롭게 사는 삶을 선호하는 사회도 있다. 따라서 이러한 삶의 방식의 차이를 굳이 조정할 필요까지는 없다. 해외 원조는 고통받는 가난한 사회를 질서정연한 사회 체제로 만들려고 하는 것이지 지구상에 있는 모든 가난한 사람들의 복지 수준을 향상시키려는 것은 아니다.

(나) 도덕적으로 옳은 행위란 좋은 결과를 낳는 행위이며 이때 좋은 결과란 이익을 증진하는 것이다. 사람들에게 더 많은 이익을 가져오는 행위가 더 좋은 행위가 되는 것이다. 따라서 우리는 사람들의 고통을 감소시키고 이익을 증진시키기 위해 노력해야 한다. 이러한 공리의 원칙에 의거하면 부유한 사람들은 빈곤으로 고통을 겪고 있는 사람들을 도와야 할 도덕적 의무가 있다. 빈곤으로 인해 기아와 질병에 시달리고 있는 사람들은 심각한 고통을 겪고 있다. 따라서 부유한 사람들이 그들을 돕는다면 그들의 고통을 크게 줄일 수 있다. 부유한 사람들이 자신의 재산의 일부를 가난한 사람들에게 기부를 할 경우에 그들이 입는 손실은 별로 크지 않지만 가난한 사람들이 얻는 이익은 매우 크다. 기부금은 부자에게 작은 돈이지만 가난한 사람에게는 커다란 돈이 되는 것이다.

그런데 누구에게 이익이 되는지를 계산할 때 그 범위에는 자기 나라의 사람들뿐만 아니라 고통과 쾌락을 느낄 수 있는 지구상의 모든 사람들을 포함시켜야 한다. 도덕적 고려의 대상을 자국민을 넘어 인류 전체로 확대해야 하는 것이다. 세계적 차원에서 쾌락의 총량은 증가시키고 고통의 총량은 감소시키는 것이 중요한 도덕적 의무가 된다. 이러한 관점에서 보면 가난한 나라의 사람들을 돕지 않고 그대로 내버려두는 것은 도덕적으로 나쁜 일이 된다. 기아로 시달리는 사람들을 돕지 않음으로써 그들을 '죽도록 방치하는 것'과 그들을 폭력을 사용하여 적극적으로 '죽이는 것'은 큰 차이가 없다. 왜냐하면 동기나 의도에서는 차이가 있다고 할지라도 두 가지 모두 죽음이라는 비참한 결과를 낳음으로써 고통을 증가시키기 때문이다. 그리고 나와 친한 사람이라고 해서 그 사람의 이익을 더 많이 고려하거나 나와 인종, 국적이 다른 사람이라고 해서 그 사람의 이익을 적게 고려해서는 안 된다. 그것은 공리의 원칙에 어긋나는 차별이다. '이익 평등 고려의 원칙'을 적용하여 지구상에 있는 모든 사람들의 이익을 평등하게 고려해야 한다. 원조에서 국가의 경계선은 중요하지 않으며 인류 전체의 행복을 증진하고 고통을 감소시키는 것이 중요하다. 따라서 국경을 넘어 지구상에 있는 모든 가난한 사람들의 복지 향상을 위해 적극적으로 원조에 나서야 한다.

[문제 35] 해외 원조에 대한 제시문 (가), (나) 입장의 공통점과 차이점을 정리하여 <보기>의 빈칸에 알맞은 말을 찾아 서술하시오.

<보기>

제시문 (가)와 (나)의 필자는 공통적으로 해외 원조의 의무를 지녀야 할 필요성이 있음을 주장한다. 하지만 원조의 목적과 (①)에 대한 견해는 서로 다르다. (가)에서는 고통받는 사회의 정치적, 사회적 제도를 개선하기 위하여 가난한 국가에 지원을 해야 한다고 주장하지만, (나)에서는 인류 전체의 (②)는 것을 중요한 목표로 삼고 있기 때문에 지구의 모든 가난한 사람들에게 지원을 해야 한다고 주장한다.

①: ________________, ②: ________________

※ 다음 글을 읽고 물음에 답하시오. (36~37)

르네상스 이후 수백 년 동안 서양 미술에서는 회화를 자연을 비추는 거울에 비유하며 사실적 재현을 회화의 근본으로 간주하였다. 그러나 19세기 들어 카메라가 등장하고 사진의 재현 능력이 회화를 압도하게 되면서 회화의 목적도 모사, 재현을 넘어서 인간의 시각적 경험을 표현하는 것으로 재설정되었다. 인간의 시각적 경험을 통한 주관성의 표현이 강조되면서 물체의 형태 재현을 중시하는 구상 회화가 퇴색하고 추상 회화가 등장할 수 있었던 것이다. 모더니즘 예술로 분류되는 1920~1930년대의 초현실주의, 1950년대의 팝 아트 역시 실물과 똑같게 그리는 정교한 기법의 구상 회화를 극복해 낸 실천적 미술 운동으로 평가되며 각광을 받았다. 그러나 이러한 변화의 추세에도 정작 회화를 감상하는 대중은 이해하기 어려운 추상 회화나 모더니즘 예술보다 정교하게 대상을 묘사해 내는 ㉠구상 회화를 선호하는 경향이 강하였다. 일부 작가들도 추상 회화는 작가들의 사유 놀이에 불과하다며 구상 회화로 회귀하는 경향을 보였다. 1960년대 후반에 등장한 ㉡포토리얼리즘은 사진을 바탕으로 대상을 사실적으로 표현해 내고자 하는 예술 경향으로, 구상 회화에 대한 지향을 보여 준다.

포토리얼리즘은 그 이름에서 알 수 있듯이 사진과 밀접한 관련을 가진다. 인상주의자 모네가 "나는 눈일 뿐이다."라고 말했던 것처럼 많은 예술가들이 인간의 눈에 의존하여 작품을 완성한 데 반해, 포토 리얼리스트들은 카메라의 눈에 의존하여 작품을 완성하였다. 실재를 보면서 그림을 그리는 것이 아니라 사진을 보면서 그림을 그리거나 프로젝터로 이미지를 캔버스에 직접 투사하여 그 위에 그림을 그리는 것이다. 포토 리얼리스트들은 클로즈업이라는 사진 기법을 적극적으로 활용하기도 하였는데, 이를 통해 일상에서 주목하지 않았던 물체의 특성을 탐구하도록 하고 일상적이고 평범한 소재에 특별한 의미를 부여할 수 있게 하였다. 자동차, 껌 판매기, 구두와 같은 물건뿐만 아니라 사람의 얼굴이나 특정 신체 부위의 물성에 대해 분석적으로 인식할 수 있게 한 것이다. 그는 사람의 얼굴을 클로즈업하여 그린 그림을 초상화가 아니라 '머리(head)'라고 부르고, 사진은 한 편의 시처럼 신비로움을 자극한다고 말했다.

포토 리얼리스트들은 사진을 이용해 그리는 그림이 과연 예술 작품이냐는 반문에 대해, 리얼리즘의 완성은 인간의 몫이라는 답을 내놓았다. 화가가 사진을 참조한다고 할지라도 회화의 선, 공간, 움직임 등에 대한 분석과 표현은 화가의 경험에서 나오는 것이며 화가의 창조적 능력에 좌우된다는 것이다. 실제로 포토리얼리스트인 블랙웰은 "나는 사진기가 아니다."라고 말하였고, 에스테스는 "그림을 그릴 때, 가 보지 않은 장소를 찍은 사진은 결코 이용하지 않는다."라고 말하기도 하였다. 실제로 포토 리얼리스트들은 현실을 있는 그대로 모사하지 않고 변형을 가하여 현실을 재구성한 작품을 완성하였다. 에스테스는 전통 회화의 리얼리즘에서 추구하였던 원근법을 활용하지만 각도를 달리해 찍은 여러 장의 사진을 동시에 참조하여 다시점적인 요소를 가미함으로써 회화에 비현실적인 세상을 표현해 냈다. 인간의 시야로 한눈에 파악할 수 없는 장면까지 한 화폭에 담아내어 평범한 일상을 새롭고 특별한 장면으로 인식할 수 있게 한 것이다.

포토 리얼리스트들은 카메라나 프로젝터와 같은 기술 장비를 회화에 도입하였지만 그들이 과학 기술 문명이나 현대 산업 사회를 찬미하려고 했던 것은 아니다. 그들은 포토리얼리즘 작품을 통해 도시의 모습을 조명하면서 문명화된 사회 속을 살아가는 평범한 인간의 모습을 표현하고자 하였다. 포토 리얼리스트들은 도시와 사람들의 모습을 정치적·사회적 차원에서 접근하지 않고, 사회와 사람들의 일상적 모습에만 관심을 두었다. 대중이란 이름으로 살아가는 평범한 사람들의 일상에 주목하여 그들을 주인공으로 삼은 것인데, 포토리얼리즘에 의해 일상적인 순간과 장면들이 기념비적인 성격을 지니게 된다고 평가하는 것은 이 때문이다. 즉 포토리얼리즘은 사실적이면서도 비현실적인 방식으로, 일상을 정지된 시간 속에서 영원히 현존하게 함으로써 평범한 삶이 지니는 가치를 인식하게 한다고 볼 수 있다.

[문제 36] <보기2>는 제시문과 <보기1>을 참고하여 ㉠과 ㉡의 특성을 정리한 내용이다. <보기2>의 ①~②에 들어갈 적절한 말을 쓰시오.

<보기1>

보드리야르는 『시뮬라크르와 시뮬라시옹』에서 실재와 똑같이 그려진 회화는 원본의 복제물인 '시뮬라크르'라고 하였다. 시뮬라크르는 '파생 실재'라고도 불리는데, 실재와 구별되지 않을 정도의 사실성, 즉 '하이퍼리얼리티'를 가진다. 이때 실재가 파생 실재로 전환되는 작업을 '시뮬라시옹'이라고 한다. '시뮬라크르'의 개념을 처음 제시한 사람은 플라톤인데, '시뮬라크르'를 실재하지 않는 것, 가상의 것으로 보았다. 플라톤은 현실은 세계의 원형인 이데아의 복제물이고 회화는 그 현실을 다시 복제한 것에 불과하기 때문에 의미가 없다고 하였다. 이러한 플라톤의 시각과 달리 보드리야르는 현대에는 시뮬라크르가 독립된 정체성을 갖춘 개체, 즉 또 다른 실재이자 원본이 되었다고 하였다.

<보기2>

㉠과 ㉡은 모두 현실에 존재하는 실물을 똑같이 정교하게 묘사해내려는 속성을 지녔다. 다만 플라톤의 시각에서는 실재와 똑같이 그렸다 하더라도 ㉠의 기법은 실재하지 않는 가상의 것을 (①)한 것에 불과한 것이므로 큰 의미가 없다. 그러나 보드리야르에 의하면 ㉡의 기법을 활용하여 대상을 사실적으로 재현한 작품은 (②)(으)로서 하이퍼리얼리티를 가지는 의미가 있다.

①: ________________, ②: ________________

[문제 37] <보기>의 ⓐ, ⓑ에 들어갈 적절한 말을 제시문에서 찾아 쓰시오.

<보기>

포토 리얼리스트들은 문명화된 도시에서 살아가는 평범한 사람들의 일상을 정치적 목적이나 사회적 목적을 배제하고 표현하고자 했다. 이로써 대중이라 불리는 보통의 평범한 일반인들의 일상적인 삶을 사실적이지만 비현실적인 방법으로 보존하게 함으로써 가치를 인식하게 한다. 이러한 일상성의 의도를 구현하기 위해 포토 리얼리스트들은 (①)(이)나 (②)와/과 같은 도구를 주로 사용하였다.

①: ________________, ②: ________________

※ 다음 글을 읽고 물음에 답하시오. (38~39)

채권은 사업에 필요한 자금을 조달하기 위해 발행하는 유가증권으로, 국채나 회사채 등 발행 주체에 따라 그 종류가 다양하다. 채권의 액면 금액, 액면 이자율, 만기일 등의 지급 조건은 채권 발행 시 정해지며, 채권 소유자는 매입 후에 정기적으로 이자액을 받고, 만기일에는 마지막 이자액과 액면 금액을 지급받는다. 이때 이자액은 액면 이자율을 액면 금액에 곱한 것으로 대개 연 단위로 지급된다. 채권은 만기일 전에 거래되기도 하는데, 이때 채권 가격은 현재 가치, 만기, 지급 불능 위험 등 여러 요인에 따라 결정된다.

채권 투자자는 정기적으로 받게 될 이자액과 액면 금액을 각각 현재 시점에서 평가한 값들의 합계인 채권의 현재 가치에서 채권의 매입 가격을 뺀 순수익의 크기를 따진다. 채권 보유로 미래에 받을 수 있는 금액을 현재 가치로 환산하여 평가할 때는 금리를 반영한다. 가령 금리가 연 10%이고, 내년에 지급받게 될 금액이 110원이라면, 110원의 현재 가치는 100원이다. 즉 금리는 현재 가치에 반대 방향으로 영향을 준다. 따라서 금리가 상승하면 채권의 현재 가치가 하락하게 되고 이에 따라 채권의 가격도 하락하게 되는 결과로 이어진다. 이처럼 수시로 변동되는 시중 금리는 현재 가치의 평가 구조상 채권 가격의 변동에 영향을 주는 요인이 된다. 채권의 매입 시점부터 만기일까지의 기간인 만기도 채권의 가격에 영향을 준다. 일반적으로 다른 지급 조건이 동일하다면 만기가 긴 채권일수록 가격은 금리 변화에 더 민감하므로 가격 변동의 위험이 크다. 채권은 발행된 이후에는 만기가 점점 짧아지므로 ㉠만기일이 다가올수록 채권 가격은 금리 변화에 덜 민감해진다. 따라서 투자자들은 만기가 긴 채권일수록 높은 순수익을 기대하므로 액면 이자율이 더 높은 채권을 선호한다. 또 액면 금액과 이자액을 약정된 일자에 지급할 수 없는 지급 불능 위험도 채권 가격에 영향을 준다. 예를 들어 채권을 발행한 기업의 경영 환경이 악화될 경우, 그 기업은 지급 능력이 떨어질 수 있다. 이런 채권에 투자하는 사람들은 위험을 감수해야 하므로 이에 대한 보상을 요구하게 되고, 이에 따라 채권 가격은 상대적으로 낮게 형성된다.

한편 채권은 서로 대체가 가능한 금융 자산의 하나이기 때문에, 다른 자산 시장의 상황에 따라 가격에 영향을 받기도 한다. 가령 주식 시장이 호황이어서 ㉡주식 투자를 통한 수익이 커지면 상대적으로 채권에 대한 수요가 줄어 채권 가격이 하락할 수도 있다.

[문제 38] 제시문에서 확인할 수 있는 정보를 바탕으로, 투자자 A와 투자자 B가 각각 어떤 판단을 했을지 <보기>의 ⓐ, ⓑ에 들어갈 알맞은 말을 찾아 쓰시오.

<보기>

채권의 가격을 결정하는 영향 요인에는 여러 가지가 있기 때문에 채권 투자를 할 때는 다양한 요인을 고려하여 투자를 결정해야 한다. 특히 채권의 지급 불능 위험과 채권 가격은 서로 긴밀한 관계가 있으니 가장 중요하게 고려해야 하고, 금리와 채권 가격 사이의 인과성을 따져 투자를 판단해야 한다. 이런 요인들을 고려하여, 투자자 A는 지급 불능 위험이 큰 채권을 매입하여 채권 가격을 낮게 책정함으로써 (ⓐ)을/를 기대하고, 투자자 B는 만기가 긴 채권을 매입하여 (ⓑ)을/를 기대한다.

①: ________________, ②: ________________

[문제 39] <보기>의 A 그래프는 어떤 채권의 가격과 금리 간의 관계를 나타낸 것이다. ㉠과 ㉡의 설명을 토대로 A 그래프가 어떤 방향으로 변화할 것인지 바르게 예측한 그래프를 골라 쓰시오.

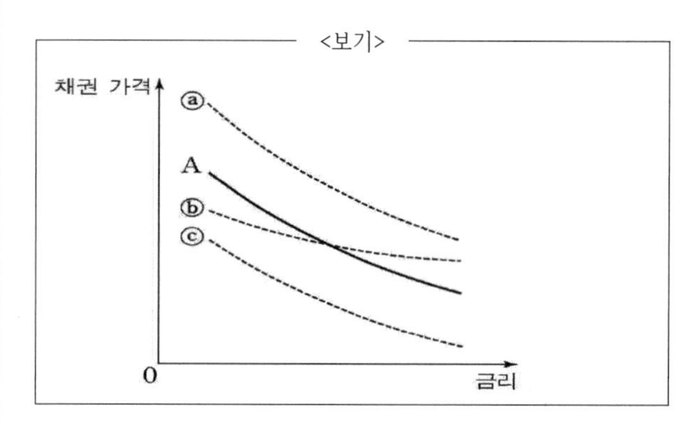

㉠: ________________, ㉡: ________________

※ **다음 글을 읽고 물음에 답하시오. (40~41)**

레이철 카슨은 1962년에 『침묵의 봄』을 출간하여 살충제의 폐해를 지적했다. 그녀는 무분별하게 살포되는 살충제가 생태계를 파괴하며 축산업뿐만 아니라 보건상의 피해까지 유발한다는 것을 고발했다. 카슨은 살충제가 유발하는 피해에 대한 대중적 인식이 희박하고 미국 정부도 살충제 살포로 해충의 피해를 줄이고 화학 산업을 육성하는 효과에만 관심이 쏠려 있는 것을 비판했다. 철저하게 데이터에 근거한 카슨의 고발을 통해 미국에서는 환경 운동의 서막이 올랐고 환경 정책이 본격적으로 입안되기 시작하였다.

카슨이 ㉠<u>화학적 방제</u>의 큰 피해 사례로 보고한 것 중 하나는 1958년과 1959년에 걸쳐 미국에서 이루어진 불개미 항공 방제이다. 불개미는 제1차 세계 대전이 끝나고 얼마 지나지 않아 남아메리카로부터 앨라배마주 모빌 항구를 경유해 미국으로 들어왔다. 1928년경 불개미는 모빌 교외 지역으로 퍼져 나갔고 그 후에는 미국 남부 대부분으로 퍼졌다. 불개미는 미국에 들어온 지 40년이 지나도록 미국인들의 관심의 대상이 아니었다. 그러다가 치명적 위력을 지닌 살충제가 개발되면서 갑자기 불개미가 방제 당국의 주목을 받기 시작했다.

미국 농무부는 정부 간행물이나 영화에서 불개미를 농업의 파괴자요, 동물과 인간에게 위협적인 존재로 묘사하였다. 그러나 연구자들은 불개미가 바구미 유충과 같은 해충을 잡아먹을 뿐만 아니라, 불개미가 만드는 흙무더기가 토양에 공기를 통하게 하고 배수를 원활하게 하는 이점이 있음을 보고하였다. 불개미에 물려 사람이 죽을 수 있다는 농무부의 선전과 달리, 미국에서 1959년에 말벌이나 벌에 쏘여 사망한 사람은 33명이었지만 정작 불개미에게 물려 죽은 사람은 한 명도 없었다. 그럼에도 불구하고 9개 주 정부와 연방 정부가 협력하여 8만 ㎢에 살충제를 뿌리는 계획이 수립되었다. 덕분에 미국의 살충제 제조업체들은 노다지를 캔 것과 같았다. 불개미 방제에 사용하기로 한 디엘드린과 헵타클로르는 DDT보다 독성이 몇 배나 강했기에 대규모 살포에 따라 조류, 어류, 포유류뿐만 아니라, 사람이 입을 피해는 불을 보듯 분명했다. 많은 곤충학자가 농무부 장관에게 항의 서한을 보냈지만 무시당했고 마침내 1958년에 살충제가 4천 ㎢에 살포되었다. 살충제가 뿌려진 지역에서 몇몇 야생 동물은 완전히 사라졌고 조류, 가축, 애완동물도 죽었다. 또한 지역에 남아 있던 너구리 몸에서 화학적 잔류물이 발견되었다. 추가적으로 1959년에 이루어진 살충제 살포로 해당 지역에 서식하는 새의 절반이 죽었다. 지역에 서식하는 어류, 조류, 포유류를 검사한 결과, 90% 이상에서 38ppm의 디엘드린과 헵타클로르 잔류물이 발견되었다. 농가에서는 죽은 송아지와 가금류 때문에 소동이 일어났고, 돼지는 죽은 채로 태어나거나 태어나자마자 죽었다.

[문제 40] <보기>를 참고하여, 레이철 카슨이 출간한 책의 제목이 『침묵의 봄』인 이유를 추론하게 하는 근거가 포함된 문장을 찾아쓰시오.

<보기>

레이첼 카슨은 자연에는 존재하는 생명 중 홀로 존재하는 것은 아무 것도 없다는 사실을 상기하며, 문명의 이기가 의도하지 않은 부작용을 낼 수 있다는 인식을 확산시키고자 했다. 그리하여 생명이 시작되는 시절에도 생명력이 움트지 않는 현실을 자각하게 하려는 목적으로 책의 제목을 『침묵의 봄』으로 하였다.

[문제 41] ㉠의 '화학적 방제'와 비교했을 때, ㉡'생물학적 방제'의 가치를 드러내는 가장 적절한 단어를 <보기>에서 찾아 쓰시오.

<보기>

살충제에 의한 생태계 파괴 및 각종 피해의 심각성을 고려할 때, 생물학적 해결 방안의 모색이 효과적이다. ㉡<u>생물학적 방제</u>는 특정한 해충에게만 작용하고 다른 종에는 무해하게 설계할 수 있기 때문에 환경 파괴를 최소화할 수 있다. 효과적인 생물학적 방제의 방법에는 SIT(Sterile Insect Technique, 불임 곤충 기법)가 있다. 이 방법은 짝짓기 능력은 왕성하나 생식 능력은 없는 수컷 곤충을 살포하여 해당 곤충의 수정이 제대로 이루어지지 못하게 함으로써 해충의 수를 줄이는 것을 골자로 한다.

SIT 방제는 1950년대에 검정파리를 방제하기 위하여 처음 개발되었다. 검정파리 성충은 온혈 동물의 피부 상처에 알을 낳고, 알에서 깨어난 유충은 숙주의 살을 파먹는다. 이 기생 곤충에 감염되면 황소도 열흘 만에 죽게 되어 그 피해의 경제적 손실을 따졌을 때, 해마다 미국에서만 4,000만 달러에 달했다.

미국 농무부의 곤충학 연구팀의 니플링은 미국 남부 지방의 가축에게 심각한 피해를 일으키는 검정파리를 환경에 피해를 끼치는 살충제의 대량 살포 없이 방제하기 위하여 곤충 불임 연구를 시작했다. 엑스선을 곤충에게 쪼이면 불임을 유발할 수 있다는 사실은 1916년에 이미 알려졌고 1950년대에는 엑스선이나 감마선을 이용해 10여 종의 곤충에게 불임 처리가 이루어졌다. 니플링의 연구팀은 성공적인 실험을 근거로 검정파리 SIT 방제에 나섰다. 니플링의 연구 팀은 특수하게 건설한 파리 공장에서 검정파리 수컷 유충을 대량으로 부화시켰고 이들에게 불임 처리를 했다. 이 유충을 비행기 20대에 태우고 매일 5, 6시간씩 공중에 살포했다. 모두 35억 마리의 불임 처리된 수컷 파리를 플로리다주 전역과 조지아주, 앨라배마주 일부 지역에 방사하였다. 자연적 수컷보다 짝짓기 능력이 뛰어난 불임 수컷이 자연적 수컷보다 현저하게 많아지도록 살포한 것이다. 17개월에 걸쳐 세대 주기에 맞추어 반복하여 이루어진 불임 수컷 살포로 자연적 수컷에 의한 재생산이 저해되어 해당 곤충의 개체 수가 점차 줄어들었다. 미국에서 검정파리 유충에 감염된 동물이 마지막으로 보고된 것이 1959년 2월이었다. 니플링 연구 팀은 해당 지역에서 검정파리 박멸이 생태계의 다른 생물들을 죽이는 일 없이 성공적으로 이루어질 수 있었다고 보고했다. SIT는 다른 해충에게도 적용되어 환경친화적으로 해충을 방제하는 데 널리 활용되고 있다.

※ 다음 글을 읽고 물음에 답하시오. (42~43)

상표법에 따르면, 상표란 자기의 업무에 관련된 상품을 타인의 상품과 식별되도록 하기 위해 사용하는 기호나 문자, 도형 등의 표장(標章)을 말한다. 어떤 표장이 상표로 등록받아 배타적 독점권을 보호받기 위해서는 우선 그 표장이 자기의 상품과 타인의 상품을 구별해 주는 식별력이 있다고 인정받아야 한다.

상표법 제6조 '상표 등록의 요건'에 따르면, 상품의 보통명칭만으로 된 상표나 그 상품에 대하여 관용하는 상표는 기본적으로 식별력이 인정되지 않는다. 보통명칭이란 사과, 소금 등 통상 그 상품을 지칭하는 것으로 사용되는 명칭을 말한다. 그러나 보통명칭이라 하더라도 문자의 의미를 직감할 수 없을 정도로 도안화된 경우, 또는 다른 식별력 있는 문자나 도형 등과 결합되어 전체적으로 식별력이 인정되는 경우에는 상표로 등록받을 수 있다. 관용하는 상표란 특정인의 상표였던 것이지만 상표권자가 상표 관리를 허술히 하여 동업자들이 자유롭고 관용적으로 사용하게 된 것이다. 이러한 관용 표장도 다른 식별력이 있는 표장과 결합될 경우에는 상표로 등록받을 수 있다.

상품의 산지, 품질, 효능, 생산 방법 등을 나타내는 기술적(記述的) 표장만으로 된 상표 역시 등록을 받을 수 없다. 이러한 표장만으로는 그 상품의 출처가 식별될 수 없으며, 경쟁 업자도 자기 상품의 특성을 나타내기 위해 이러한 표장을 자유로이 사용할 수 있어야 하기 때문이다.

이 밖에 국가명, 대도시명 등 현저한 지리적 명칭만으로 된 상표, '박, 이'와 같이 흔히 있는 성(姓) 또는 법인명 등 흔히 있는 명칭만으로 된 상표, 그리고 간단하고 흔히 있는 표장만으로 된 상표 등도 식별력이 인정되지 않는다. 그러나 현저한 지리적 명칭과 기술적 표장에 해당하는 상품의 산지는, 그 지리적 표시를 사용할 수 있는 상품을 생산, 제조, 가공하는 자만으로 구성된 법인이 직접 사용할 경우 단체 표장으로 상표 등록을 받을 수 있다.

식별력이 인정되지 않는 표장이라 하더라도, 그러한 표장들을 결합하여 새로운 관념을 형성하는 경우에는 상표 등록을 받을 수 있다. 또한 보통명칭 표장이나 관용 표장이 아니라면, '사용에 의한 식별력'이 인정될 경우 상표 등록을 받을 수 있다. 상표 등록을 출원*하기 전부터 그 상표를 사용한 결과 수요자 간에 특정인의 상품을 표시하는 것으로 식별할 수 있게 된 경우, 그것은 이미 상표로서 기능하고 있을 뿐만 아니라 더 이상 경쟁 업자들의 자유 사용을 보장할 필요가 없기 때문이다. 이러한 상표의 등록을 허용함으로써 부정 경쟁을 목적으로 한 제3자의 상표 사용을 막아 상표권자의 신용을 보호하고, 수요자들이 상품의 출처를 혼동하지 않게 하는 것이 상표법의 본래 목적에 부합한다고 보는 것이다.

식별력이 인정되는 상표라도 등록받을 수 없는 상표들은 상표법 제7조에 제시되어 있다. 국가나 국제기관의 명칭과 같은 공공 표장은 특정인의 전유물이 될 수 없으므로 상표 등록을 받을 수 없다. 이 밖에 먼저 출원된 타인의 등록 상표와 동일하거나 유사하여 수요자에게 누구의 상품인지에 대한 혼동을 일으킬 수 있는 상표도 등록을 받을 수 없다.

* 출원 : 청원이나 원서를 냄.

[문제 42] <보기>에 제시된 질문 가운데, 윗글을 통해 답할 수 없는 질문을 모두 고르시오.

<보기>

① 상표법에서는 상표를 어떻게 규정하고 있는가?
② 보통명칭 표장과 관용 표장의 차이는 무엇인가?
③ 어떻게 하면 보통명칭을 상표로 등록받을 수 있는가?
④ 출원한 상표의 식별력은 어떤 절차를 거쳐 인정받는가?
⑤ 기술적 표장만으로 된 상표는 왜 등록을 받을 수 없는가?
⑥ 공공 표장을 상표 등록하기 위해 어떤 절차를 거쳐야 하는가?

[문제 43] 제시문에 근거했을 때, 출원하려는 상표의 등록 가능성을 가장 적절하게 판단하고 있는 사람은 누구인지 답하시오.

<보기>

㉠ 보미: A는 식별력이 인정되는 표장을 사용하고 있으므로, 국제기관의 명칭과 같더라도 상표로 등록받을 수 있을 거야.
㉡ 경진: B는 현저한 지리적 명칭을 사용하고 있지만, 해당 상품을 생산하는 자만으로 법인을 구성하여 출원한다면 상표로 등록받을 가능성이 있겠군.
㉢ 소미: C는 동업자들이 관용적으로 사용하고 있지만, 우리가 예전부터 사용해 왔다는 것을 많은 사람들이 알고 있으니 상표로 등록받을 가능성이 있겠군.
㉣ 유진: D는 식별력이 인정되지 않는 표장이므로, 식별력이 인정되지 않는 다른 표장과 결합하여 새로운 관념을 형성하더라도 상표로 등록받을 수 없을 거야.
㉤ 혜미: E는 상표법 제7조에 제시되어 있는 간단하고 흔히 있는 표장에 해당하므로 상표로 등록받을 수 있을 거야.

※ 다음 글을 읽고 물음에 답하시오.

(a) 자금의 소유와 사용에 따른 대가인 이자의 정당성에 대해서 많은 논쟁이 있었다. 고전학파 이전의 경제사상에서는 이자에 대해서 적극적으로 설명하는 체계는 별로 없었다. 고대와 중세의 경제사상에서는 '화폐는 자손을 낳지 못한다.'라는 화폐의 불임성을 강조하면서 단순히 돈을 빌려준 것에 대해서 이자를 수취하는 것은 도덕적인 정당성이 없다고 생각했다. 이와 같은 이자 수취의 금지에 대한 생각은 수만 년에 이르는 인류의 경제생활이 기본적으로 자급자족의 경제 운영 방식을 통해 이루어짐에 따라 자금을 통한 수익 창출의 기회가 거의 없었기 때문에 나타난 것이다. 이러한 상태에서 이자 수취는 일종의 영합 게임(zero-sum game) 상황에서 돈을 빌린 사람의 소득 일부를 돈을 빌려준 사람이 편취하는 것으로 이해될 수밖에 없었다.

(b) 하지만 산업 혁명으로 인해 경제 성장의 속도가 매우 빨라지면서 상황이 변화했다. 고전학파 경제학자인 애덤 스미스는 생산 작업 과정의 분업이 생산성의 향상을 유발하고 이에 따라 자금의 축적이 발생하게 되었다고 보았다. 그리고 자금이 축적됨에 따라 경제 규모가 커지고 시장이 확대되면서 충분한 시장 수요에 맞추어 또다시 분업을 통한 대량 생산이 가능해지는 '성장의 선순환'이 작동된다고 생각했다. 이러한 성장 메커니즘을 바탕으로 자금이 크게 축적되면서 잉여 자금이 발생했고 이를 통해 이자라는 가치를 창출하는 것이 가능하다는 인식이 당시 사회에 자리 잡게 되었다. 자금의 축적으로 발생한 잉여 자금을 타인에게 대부하여 수익을 만들 기회를 제공하고, 대부한 자금을 사용하여 얻을 수 있는 수익에 대한 대가로 지급되어야 하는 것을 이자로 보았다. 급격히 성장하는 경제 규모에 따라 발생하는 잉여 자금을 통해 창출되는 이자가 경제 활동 참여자 모두에게 이익이 될 수 있다는 가능성을 인식하기 시작한 것이다.

(c) 그래서 오늘날 우리는 금융 거래를 통해 가계의 생활 자금이나 기업의 운영 자금의 부족을 해소한다. 자금의 수요자에게 자금을 빌린 대가로 지불해야 하는 비용인 이자가 발생하며, 빌린 자금의 원금에 대한 이자의 비율을 이자율 또는 금리라고 한다. 금리는 자금이 거래되는 금융 시장에서 수요와 공급에 큰 영향을 끼친다. 일반적으로 금리가 높으면 자금의 수요자 입장에서는 자금을 빌리는 데 많은 비용을 지급해야 하기 때문에 수요를 줄이게 된다. 반면에 공급자 입장에서는 높은 수익을 기대할 수 있기 때문에 공급을 늘리게 되는데, 이때 금리도 시장에서 거래되는 재화의 가격처럼 수요와 공급의 균형점에서 결정된다.

(d) 자본주의 경제에서 금리는 금융 시장에서의 수요와 공급에 의하여 정해지는 것이 원칙이지만, 경제 상황에 따라 자금에 대한 지속적인 수요로 인해 금리가 지나치게 높아지는 경우에는 최고 금리를 법으로 규정하여 이를 제한할 필요가 있다. 지나치게 높은 금리는 경제 사정이 좋지 않은 채무자의 금융 및 경제생활에 악영향을 미치고, 결국 그 사회의 경제적 안정성까지 위협할 수 있기 때문이다.

(e) 금융 시장에서 상품의 가격이라 할 수 있는 금리를 제한하는 것은 결국 금융 상품에 대한 가격 통제의 결과를 일으킨다. 가격 통제는 정부가 직접적으로 상품의 가격 형성에 개입하는 것을 의미하는데, 시장에서 결정되는 재화나 서비스의 가격이 소비자 혹은 생산자에게 공평하지 못하다고 판단될 때 시행된다. 가격 통제의 한 유형으로서 최고 가격제가 있다. 최고 가격제는 시장에 상품의 공급량이 절대적으로 부족하여 물가가 치솟을 때 물가를 안정시키고 수요자를 보호할 목적으로 정부가 가격의 상한선을 설정하고 그 상한선 이상에서의 거래를 법으로 금지하는 제도를 말한다. 최고 가격의 경우 현재 시장에서 결정되는 가격보다 낮은 수준에서 설정될 때 그 영향력이 발휘된다. 즉 현재의 시장 가격이 매우 높게 형성되어 있고 정부가 이를 낮추고자 한다면 그 시장 가격보다 낮은 수준의 최고 가격을 설정하여 이를 초과하는 가격으로는 거래가 이루어지지 않도록 강제하는 것이다.

(f) 정부는 금융 시장에서 자금 공급량이 부족하여 금리가 치솟을 때 어떤 타당성을 가지고 법정 최고 금리를 규정하여 시행한다. 정부는 법정 최고 금리를 통해 시장에서 도출된 금리보다 낮은 수준에서 금리를 규정하여 인위적으로 금리를 낮추고자 한다. 이로 보아 법정 최고 금리는 최고 가격제의 일종이라고 볼 수 있다. 자금 수요자들은 법정 최고 금리를 통해 시장의 균형점보다 낮은 금리로 자금을 빌릴 수 있게 된다. 하지만 시장에서 결정된 금리보다 낮은 금리로 돈을 빌릴 수 있게 됨에 따라 수요량이 공급량을 초과한 초과 수요가 발생하여 공급량이 부족하게 되는 현상이 발생하기도 한다. 공급량 부족 현상은 일부 자금 수요자들이 여전히 자금을 조달할 수 없도록 만든다. 자금을 조달하지 못한 일부 자금 수요자들은 최고 금리보다 높은 금리를 치르고서라도 부족한 자금을 충당하고자 하기 때문에, 정부의 최고 가격제를 따르지 않는 자금 공급자들에 의해 불법적인 금융 시장이 형성되기도 한다. 자금 수요자를 보호할 목적으로 법정 최고 금리를 실시하지만 부족한 자금을 구하기 위한 수요자들의 기회비용이 커지므로 법정 최고 금리가 자금 수요자의 후생을 반드시 증진시킨다고 말하기는 어렵다.

[문제 44] 위글을 읽고, 각 문단별로 핵심을 정리하고자 한다. <보기>의 빈칸에 알맞은 말을 찾아 쓰시오.

<보기>

(a) 이자의 정당성에 대해 비판적이었던 고대와 중세의 경제사상
(b) 이자의 정당성을 인식한 애덤 스미스의 견해
(c) 금리의 개념과 결정 방식
(d) ㉠: ________________ 제한하는 이유
(e) 가격 통제 시행 이유와 ㉡: ________________의 의미
(f) 법정 최고 금리가 시장에 미치는 영향

㉠: ________________, ㉡: ________________

※ 다음 글을 읽고 물음에 답하시오.

'아는 것이 힘이다'라는 말이 있다. 반면에 '아는 것이 병이다'라는 말도 있다. 이것은 같은 대상이 이익도 되고 손해도 되는 모순된 상황을 이야기하는 것은 아니다. '아는 것'에는 바르게 아는 것(바른 지식)도 있지만, 부분적으로 아는 것(부분 지식), 잘못 아는 것(오류 지식)도 있으며, 자신의 지식이 불완전하다는 것을 아는 것(비판 지식)도 있다. 그런 점을 생각하면 힘이 되는 '아는 것'과 병이 되는 '아는 것'은 다른 종류의 지식이라고 할 수 있다.

인간이 수천 년 동안 지식을 쌓아 올려 행성의 운동을 설명할 수 있었던 것은 바른 지식을 얻는 과정을 보여 준다. 인간은 무지에서 시작하여 사고와 탐구를 통해 부분 지식을 쌓는다. 지식을 쌓는 과정에서 논리적 결함이 있거나 부분 지식을 전체로 단정할 때 오류 지식에 빠질 수도 있지만, 비판 지식을 통해 오류들을 제거해 나가면서 바른 지식을 향해 나아갈 수 있다. 따라서 바른 지식으로 나아가기 위해서는 먼저 내가 어디쯤 있는가를 아는 것이 중요한데, 이때 결정적인 역할을 하는 것이 독서이다. 독서를 통해 우리는 앞선 사람들이 이루어 놓은 지식을 얻는 동시에 자신이 무지한 상태이거나 부분 지식, 오류 지식을 지니고 있다는 것을 깨달을 수 있기 때문이다. 그렇다면 바른 지식을 향해 가는 독서는 어떻게 해야 하는 것일까?

'코끼리 일화'를 통해 올바른 독서의 방법을 생각해보자. 옛날 인도의 어떤 왕이 앞을 보지 못하는 사람들을 불러 손으로 코끼리를 만져 보고 각자 코끼리에 대해 말해 보도록 했다. 배를 만진 이는 장독, 등을 만진 이는 평상, 다리를 만진 이는 절구와 같다고 제각기 다른 말을 했다. 이들의 말이 틀린 것은 아니었지만 이들이 서로 자기가 코끼리를 만져 알게 된 것만이 옳다고 싸우자 왕은 "보아라. 코끼리는 하나이거늘 제각기 자기가 알고 있는 것만을 코끼리로 알고 있구나. 진리를 아는 것도 또한 이와 같은 것이니라."라고 했다.

[문제 45] 위글을 읽은 후 '코끼리 일화'에 내포된 의미를 설명하고자 할 때, <보기>의 ㉠~㉣에 알맞은 말을 (가)에서 찾아 서술하시오.

<보기>

사람들이 코끼리를 만지기 전까지 코끼리가 어떻게 생겼는지 모르는 상태를 (㉠)(이)라고 볼 수 있으며, 앞을 보지 못하는 사람들이 코끼리를 만진 후 제각기 다른 말을 한 것은 (㉡)을/를 가졌기 때문일 것이고, 서로 자신이 옳다고 싸우는 것은 (㉢)에 빠졌기 때문일 것이다. 그러므로 왕은 앞을 보지 못하는 이들의 행동을 통해, (㉡)에만 빠지면 (㉣)에 이르지 못할 수 있음을 경계하고 있다.

㉠: ______________, ㉡: ______________

㉢: ______________, ㉣: ______________

※ 다음 글을 읽고 물음에 답하시오.

융은 인간의 마음을 의식과 무의식의 영역으로 구분하고, 감각하거나 인식하는 모든 정신 작용, 곧 의식은 개인이 유일하게 직접적으로 그 존재를 알 수 있는 부분이며 태어날 때부터 죽을 때까지 지속적으로 성장한다고 보았다. 그는 무의식의 내용을 의식으로 가져옴으로써 의식의 성장을 이룰 수 있으며, 이런 과정을 통해 개인은 타인과 구별되는 고유한 존재로 성장해 간다고 주장하고, 이 과정을 개성화라고 지칭했다. 즉, 의식이 증가하면 개성화도 증대되는 것이다. 그리고 그는 의식의 중심에 자아가 존재하는데, 이 자아가 무의식적인 내용을 의식으로 가져올지 여부를 판단하는 문지기 역할을 한다고 여겼다. 이처럼 융은 의식의 중심에 있는 자아가 무의식의 의식화를 허용하는 한계 내에서 개성화를 이룰 수 있다고 주장했다. 나아가 융은 의식에 영향을 주는 무의식을 개인 무의식과 집단 무의식으로 세분화했다. 개인 무의식은 자아에게 인정받지 못한 경험, 사고, 감정, 지각, 기억을 의미한다. 개인 무의식에 저장된 내용들은 중요하지 않거나 현재의 삶과 무관하다고 여겨지는 것일 수 있다. 또 개인적인 심리적 갈등, 미해결된 도덕적 문제, 정서적 불쾌감을 주는 생각들과 같이 여러 가지 이유로 억압된 것일 수 있다. 이러한 개인 무의식은 꿈을 만들어 내는 데 중요한 역할을 한다. 반면에 집단 무의식은 개인 무의식과 달리 특정한 개인의 경험과 인식 내용을 담고 있지 않다. 이때 집단이라 함은 그 내용들이 모든 인간에게 공통적인 것이라는 의미로, 집단 무의식은 인간에게 전해 내려온 보편적인 경향성이라 할 수 있다.

융의 분석 심리학은 프로이트의 정신 분석 이론과 마찬가지로 무의식을 의식화하는 과정이 인간의 성숙과 깊은 연관이 있다고 보았다. 그러나 프로이트가 무의식의 실체를 성욕과 같이 미숙하고 비합리적인 것으로 본 반면, 융은 무의식을 개인에게 삶의 방향을 제시해 주는 지혜로운 것으로 보았다. 따라서 프로이트가 환자의 증상을 과거에 경험한 상처의 결과로 본 반면에, 융은 그것을 미래에 나아갈 방향을 보여주는 신호로 보았다. 이처럼 융은 인간을 과거 경험에 의해 수동적으로 밀려가는 존재가 아니라, 미래를 향하여 능동적으로 나아가는 존재로 파악했다. 인간을 성욕과 같은 본능적 욕구에 의해 전전긍긍하며 떠밀려 가는 존재로 파악한 프로이트와 달리 무의식의 의식화를 향해 나아가는 존재로 파악했던 것이다.

[문제 46] 제시문을 읽고, <보기>의 빈칸에 들어갈 내용을 찾아 서술하시오.

<보기>

융의 분석 심리학은 주로 (①)에 집중했던 프로이트의 정신 분석 이론과 달리, 인간이 과거의 경험에 의해 밀려가는 수동적인 존재가 아니라 오히려 (②)을/를 통해 미래로 나아가는 능동적인 존재로 파악했다는 점에서 무의식을 개인의 삶의 방향을 제시하는 지혜로운 것으로 보았다는 특성이 있다.

①: ______________, ②: ______________

※ **다음 글을 읽고 물음에 답하시오.**

ⓐ<u>플라톤</u>은 초월 세계인 이데아계와 감각 세계인 현상계를 구분했다. 영원불변의 이데아계는 현상계에 나타난 모든 사물의 근본이 되는 보편자, 즉 형상(form)이 존재하는 곳으로 이성으로만 인식될 수 있는 관념의 세계이다. 반면 현상계는 이데아계의 형상을 바탕으로 만들어진 세계로 끊임없이 변화하는 사물이 감각에 의해 지각된다. 플라톤에 따르면 현상계의 모든 사물은 형상을 본뜬 그림자에 불과하다.

이러한 관점에서 플라톤은 예술을 감각 가능한 현상의 모방이라고 보았다. 예를 들어 목수는 이성을 통해 침대의 형상을 인식하고 그것을 모방하여 침대를 만든다. 그리고 화가는 감각을 통해 이 침대를 보고 그림을 그린다. 결국 침대 그림은 보편자에서 두 단계 떨어져 있는 열등한 것이며, 형상에 대한 참된 인식을 방해하는 허구의 허구에 불과하다. 이데아계의 형상을 모방하여 생겨난 것이 현상인데, 예술은 현상을 다시 모방한 것이기 때문이다.

플라톤은 시가 회화와 다르다고 보았다. 고대 그리스에서 음유시인은 허구의 허구인 서사시나 비극을 창작하고, 이를 작품 속 등장인물의 성격에 어울리는 말투, 몸짓 같은 감각 가능한 현상으로 연기함으로써 다시 허구를 만들어 냈다. 이 과정에서 음유시인의 연기는 인물의 성격을 드러내는데, 이는 감각 가능한 외적 특성을 모방해 감각으로 파악될 수 없는 내적 특성을 드러내는 것이다.

플라톤은 음유시인이 용기나 절제 같은 덕성을 갖춘 인간이 아닌 저급한 인간의 면모를 모방할 수밖에 없다고 주장했다. 가령 화를 잘 내는 인물은 목소리가 거칠어지고 안색이 붉어지는 등 다양한 감각 가능한 현상들을 모방함으로써 쉽게 표현할 수 있지만, 용기나 절제력이 있는 인물에 수반되는 감각 가능한 현상은 표현하기 어렵기 때문이다. 따라서 플라톤은 음유시인의 연기를 보는 관객들이 이성이 아닌 감정이나 욕구와 같은 비이성적인 것들에 지배되어 타락하게 된다고 보았다.

ⓑ<u>아리스토텔레스</u>는 이데아계가 존재한다고 보지 않았다. 예컨대 사람은 나이가 들며 늙는데, 만약 이데아계의 변하지 않는 어린아이의 형상과 성인의 형상을 바탕으로 각각 현상계의 어린아이와 성인이 생겨났다면, 현상계에서 어린아이가 성인으로 성장하는 것을 설명할 수 없기 때문이다.

아리스토텔레스는 형상이 항상 사물의 생성과 변화의 바탕이 되는 질료에 내재한다고 보고, 이를 가능태와 현실태라는 개념을 통해 설명하였다. 가능태란 형상을 실현시킬 수 있는 가능적 힘이자 질료를 의미하며, 현실태란 가능태에 형상이 실현된 어떤 상태이다. 가령 도토리는 떡갈나무가 되기 위한 가능태라면, 도토리가 떡갈나무가 된 상태가 현실태이다. 이처럼 생성·변화하는 모든 것은 목적을 향해 움직이므로 가능태에 있는 것은 형상이 완전히 실현된 상태인 '완전 현실태'를 향해 나아가는데, 이 이행 과정이 운동이다. 즉 운동의 원인은 외부가 아닌 가능태 자체에 내재한다.

아리스토텔레스에게 있어 예술의 목적은 개개의 사물에 내재하고 있는 보편자, 즉 형상을 표현해 내는 것이다. 이런 점에서 그는 시가 역사보다 우월하다고 주장했다. 역사는 개별적 사건들의 기록일 뿐이지만 시는 개별적 사건에 깃들어 있는 보편자를 표현한 것이기 때문이다.

아리스토텔레스는 인간이 예술을 통해 쾌감을 느낄 수 있다고 보았다. 특히 비극시는 파멸하는 주인공을 통해 인간의 근본적 한계를 다루기 때문에, 시를 창작하면 인간 존재의 본질을 인식하는 앎의 쾌감을 느낄 수 있다고 하였다. 비극시 속 이야기는 음유시인이 경험 세계의 개별자들 속에서 보편자를 인식해 내어, 그것을 다시 허구의 개별자로 표현한 결과물인 것이다. 또한 관객은 음유시인의 연기를 통해 앎의 쾌감을 느낄 수 있을 뿐 아니라 그와 다른 종류의 쾌감도 경험할 수 있다. 관객은 고통을 받는 인물의 이야기를 통해 그에 대한 연민과 함께, 자신도 유사한 고통을 겪을 수 있다는 공포를 느낀다. 이러한 과정에서 감정이 고조됐다가 해소되면서 얻게 되는 쾌감, 즉 카타르시스를 경험한다.

[문제 47] <보기>는 (가)의 플라톤과 (나)의 아리스토텔레스의 견해를 비교한 내용의 일부이다. 빈칸 ①~④에 적절한 내용을 서술하시오.

<보기>

플라톤과 아리스토텔레스는 예술에 대하여 서로 다른 견해를 가지고 있었다. 감정을 고조시키며 카타르시스를 경험하게 하는 예술은 (①)보다 (②)에게 더 큰 가치가 있는 것으로 여겨질 것이다. 특히 플라톤에게 있어 현상계의 사물을 모방한 예술은 형상보다 (③) 것으로 해석된다. 그러므로 감각을 배제한 이성을 바탕으로 인식을 행하는 것이 바람직하다. 그러나 아리스토텔레스의 경우 형상과 질료는 분리될 수 없으며, 형상이 질료에 완전히 실현된 상태에 이르는 완전 현실태를 지향한다고 보았다. 예술은 사물에 내재해 있는 형상을 표현하는 것이 목적이므로 시가 역사보다 우월하다고 보았다.

①: ____________, ②: ____________, ③: ____________

※ 다음 글을 읽고 물음에 답하시오.

포드주의는 테일러주의라는 노동 재편 양식의 완성으로서 20세기에 도입된 기술적 패러다임이다. '과학적 관리'로 일컬어진 테일러주의는 노동 활동을 구상과 실행으로 분리함으로써, 노동 과정에서 노동자 집단의 숙련을 박탈하고자 했다. 그 결과 숙련공과 비숙련공의 구분은 구상을 담당하는 기술자와 실행에 종사하는 단순 기능공의 구분으로 전환되었다. 이에 더해 포드주의는 기술자와 단순 기능공을 자동 기계 시스템에 통합시킨 일관 생산 체제를 구성함으로써 테일러주의를 완성했다. 노동의 전 과정을 컨베이어 밸트와 기계에 통합되어 노동자 배치는 기계의 성격에 의해 결정되었다. 이로 인해 생산성이 급격하게 향상됐다.

그러나 포드주의적 생산 방식에서는 기계 시스템의 획일적 작동이 전체 집단의 작업 리듬을 결정하기 때문에, 노동자의 작업에 대한 직무 자율성을 박탈하고 통제권을 상실시켰다. 결과적으로 노동자들은 작업장 밖에서 연대해야만 했다. 게다가 생산 방식의 변화에 따른 생산성 상승으로 공급은 팽창시켰지만 수요는 상대적으로 정체되어 있어, 과잉생산의 문제를 낳았다. 이러한 공급과 수요 간의 과도한 간극은 세계 대공황, 제2차 세계 대전의 원인이 되었다.

하지만 제2차 세계 대전 종전 이후 선진 자본주의 국가들은 1970년대 중반까지 포드주의적 생산 방식에 힘입어 괄목할 만한 경제 성장을 누릴 수 있었는데, 이 시기를 자본주의 황금시대라고 일컫는다. 또한 이 시기는 자본주의 대 공산주의 진영 간의 냉전이라는 국제 질서에 의해 뒷받침되었다.

그렇다면 포드주의적 생산 방식이 전쟁 이전과 달리 어떻게 자본주의 황금시대의 원동력으로 작용할 수 있었을까? 문제의 해답은 파국의 원인에 대한 반성에서 나왔다. 반(反)파시즘과 평화라는 광범위한 사회적 합의가 형성되는 과정에서 반(反)자본주의적 요소들이 자본주의에 삽입된 복지 국가 모델이 등장한 것이다. 요컨대 자유주의적 시장 논리에 의존해서는 공급과 수요의 격차를 해결할 수 없었기 때문에, 국가가 자본의 이윤을 제한하고 시장에 개입해야 한다는 생각이 종전 이후 받아들여졌다. 이러한 국가의 시장 개입은 자본가와 노동자 사이의 계급 타협에 기초했다. 고용주는 생산성 상승에 상응한 실질 임금 상승에 동의했고, 노동자 조직들은 자본 투자를 유인할 정도의 이윤 확보에 합의한 것이다. 이에 따라 국가는 실질 임금 상승률이 하락하는 것을 막기 위한 다양한 노동권적 규제와 사회 보장 체계를 도입하고, 전국 단위로 조직된 노동조합의 강력한 협상력을 인정했다.

[문제 48] 제시문을 읽고, <보기>와 같은 결론을 내렸다. <보기>의 ①, ②에 가장 알맞은 말을 제시문에서 찾아 서술하시오.

<보기>

포드주의적 생산 방식은 과학적 관리법을 기반으로 결국 자본주의의 번영을 불러왔다는 점에서 그 가치가 인정된다. (중략) 물론 제2차 세계 대전 종전 이후 포드주의적 생산 방식이 야기한 대량 생산의 문제를 해결하기 위하여, 국가가 자본의 이윤을 제한하고 (①)에 (②)을/를 함으로써 시장에서 발생한 문제의 해결을 도모하게 하였다.

①: ______________, ②: ______________

※ 다음 글을 읽고 물음에 답하시오.

전자 제품에 들어가는 트랜지스터에서 전자의 움직임을 제어하는 일은 매우 중요하다. 그러나 전자의 질량이 매우 작아 중력은 전자의 운동에 거의 영향을 미치지 못한다. 그래서 과학자들은 전자를 제어하기 위한 수단으로 자기장에 관심을 갖고 관련 연구를 수행해 왔다. 에드윈 홀은 1879년 '홀 효과'를 통해 자기장이 전자의 운동에 미치는 영향을 실험으로 증명했다. 홀은 도체인 금속판에 +y축 방향으로 전류를 흐르게 하고 수직인 +z축 방향으로 자기장을 걸어주었을 때, y축과 z축에 모두 수직인 +x축 방향으로 전자가 쏠리는 것을 전압계로 확인했다. 즉, 전자나 정공이 이동하던 중 자기장의 영향을 받으면 로런츠 힘*에 의해 힘이 작용하는 방향 쪽에 전자나 정공이 증가하게 되고 반대편 쪽에는 전자나 정공이 상대적으로 적어지기 때문에 전위가 발생한다.

그런데 1980년에 클리칭은 종래의 지식으로는 설명하기 어려운 새로운 연구 결과를 얻었다. 절대 온도 1K 이하의 극저온 상태에서 이차원 전자계인 반도체 양자 우물 구조*의 홀 저항을 측정하던 클리칭은 홀 저항이 자기장의 세기에 따라 어떤 특정한 값들만을 나타낸다는 '정수 양자 홀 효과'를 발견했다. 클리칭이 측정한 홀 저항값(RH)은 처음에는 자기장에 비례해 그 값이 계속 변화하다, 자기장의 세기를 계속 강하게 하자 특정 구간에서는 일정한 값을 유지했다. 이에 클리칭은 자연의 기본 상수들인 전자들의 전하량(e)과 플랑크 상수(h)로 25,812란 수의 의미를 알고자 했다. 그가 h/e^2로 계산해 보니 그 값은 정확히 25,812였다. 이는 홀 저항값의 역수인 홀 전도율이 자연의 기본 상수들의 조합과 정수의 곱으로 표현되거나 특정 조건에서는 물질에 무관하게 일정한 값을 가짐을 의미한다.

1980년대 초까지 물리학자들은 불순물이 포함된 이차원 소재에서는 전자의 운동이 불순물에 의해 구속되어 절대 영도*에서 결국 부도체가 만들어진다고 믿어 왔다. 그러나 로플린은 강한 자기장이 가해지면 전자는 특정한 전도띠들을 형성하기 때문에 전기 전도를 할 수 있으며, 이를 통하여 홀 저항의 양자화를 설명해냈다.

*로런츠 힘: 전자기장 안에서 전하가 받는 힘
*양자 우물 구조: 퍼텐셜 에너지가 주변보다 작은 영역이 존재하는 양자 역학적 구조
*절대 영도: 열역학적으로 생각할 수 있는 최저의 온도. 0k로 나타내며, 섭씨온도 눈금에서 -273.15℃에 해당함

[문제 49] 제시문의 내용 전개 방식을 바탕으로 <보기>와 같이 정리하였을 때, ①, ②에 알맞은 말을 각각 찾아 서술하시오.

<보기>

중력은 전자의 운동에 영향을 거의 미치지 못한다. 그래서 과학자들은 전자를 제어하는 수단으로서 (①)에 관심을 가지고 연구를 수행했다. 구체적으로 1879년 에드윈 홀, 1980년 클리칭, 이후 로플린 등의 연구를 통해 더욱 정교한 실험이 행해지며 전자의 (②)에 관해 다양한 과학적 사실들이 발견되었다.

①: ______________, ②: ______________

※ 다음 글을 읽고 물음에 답하시오.

수많은 웹 페이지 가운데 사용자가 원하는 검색어를 입력하여 검색했을 때 필요한 정보가 검색되도록 한 프로그램을 검색 엔진이라 한다. 웹 페이지를 찾아내는 매칭 알고리즘, 찾아낸 웹 페이지에 순위를 매기는 랭킹 알고리즘이 순서대로 작동하여 웹 페이지를 찾아낸다. 그러나 보통 사용자는 적은 수의 정확한 결과를 보고 싶어 한다. 매칭 알고리즘은 웹상의 데이터를 수집하여 데이터가 있는 위치를 기록한 인덱스라는 자료 구조를 이용한다. 검색이 요청될 때마다 검색어에 맞는 웹 페이지를 모든 웹 페이지에서 찾는다면 상당한 시간이 걸리겠지만, 매칭 알고리즘은 인덱스의 기록에서 찾기 때문에 소요 시간을 줄일 수 있다. 또한 웹 페이지의 내용은 수시로 바뀌기 때문에, 인덱스를 자주 갱신해 사용자의 만족도를 높이고자 한다.

인덱스는 웹 페이지에 있는 단어를 알파벳순으로 정리하여 각 단어와 등장하는 웹 페이지를 함께 기록하는 것이다. 웹상에 <표>의 세 개의 웹 페이지만 있고 각각 1, 2, 3이라는 번호를 할당받았다고 하자. 웹 페이지 첫 줄은 제목이며 그 아래는 본문이라는 서식이 사용된 문장이다. 해당 방식의 인덱스는 단어에 (웹 페이지 번호)를 붙여 기록하므로, car는 (1, 2, 3)이고, ran은 (1, 3)이 된다. car를 검색하면 매칭 알고리즘은 인덱스를 통해 [웹 페이지 1, 2, 3]을 찾아낸다. 만약 검색어로 car ran이라는 복수의 단어를 입력하면 어떻게 될까? 이는 car와 ran이라는 단어가 모두 포함된 웹 페이지를 찾으라는 뜻이므로 공통된 [웹 페이지 1, 3]을 찾아낸다.

<표>

my vehicle story the car ran behind a truck	my truck my car stood on the road	street story the car stood while a truck ran
[웹 페이지 1]	[웹 페이지 2]	[웹 페이지 3]

이번에는 검색어에 큰따옴표를 붙여 "car ran"을 입력하면 어떻게 될까? car ran과 "car ran"은 의미가 다르다. 전자는 car와 ran의 순서에 상관없이 두 단어가 모두 포함된 웹 페이지를 찾는 것이지만, 후자는 car 다음 ran이 바로 이어진 웹 페이지를 찾으라는 뜻이다. 하지만 단어에 웹 페이지 번호만 붙인 인덱스로는 이런 웹 페이지를 찾을 수 없다. 그래서 인덱스에 웹 페이지 번호와 단어 위치를 함께 기록하는 단어 위치 방식 인덱스가 개발되었다. 이때 각 단어는 (웹 페이지 번호-위칫값)으로 기록된다. 위칫값은 웹 페이지 안에서 단어가 나열된 순서를 뜻하므로, car는 (1-5), (2-4), (3-4), ran은 (1-6), (3-9)이다. "car ran"이 입력되면 검색 엔진은 해당 인덱스를 참고하여 웹 페이지 번호는 같고 위칫값이 연속된 [웹 페이지 1]을 찾아낸다.

[문제 50] <표>를 참고하여, 웹상에서 "truck ran"을 입력하면 검색 엔진이 어떤 페이지를 찾아낼지 답하고, 단어 위치 방식 인덱스를 참고하여 'truck'이 어떻게 기록되는지 '(웹 페이지 번호-위칫값)'의 형식으로 표현하시오.

① 찾아내는 페이지: ________________

② 'truck'의 기록: ________________

※ 다음 글을 읽고 물음에 답하시오. (51~52)

중세부터 르네상스 시대에 이르기까지 생리학 분야의 절대적 권위는 2세기 경 그리스 의학을 집대성한 갈레노스에게 있었다. 갈레노스에 따르면, 정맥피는 간에서 생성되어 정맥을 타고 온몸으로 영양분을 전달하면서 소모된다. 정맥피 중 일부는 심실 벽인 격막의 구멍을 통과하여 우심실에서 좌심실로 이동한 후, 거기에서 공기의 통로인 폐정맥을 통해 폐에서 유입된 공기와 만나 동맥피가 된다. 그 다음에 동맥피는 동맥을 타고 온몸으로 퍼져 생기를 전해 주면서 소모된다. 이 이론은 피의 전달 경로에 대한 근본적인 오류를 포함하고 있었으나, 갈레노스의 포괄적인 생리학 체계의 일부로서 권위 있게 받아들여졌다. 중세를 거치면서 인체 해부가 가능했지만, 그러한 오류들은 고대의 권위를 추종하는 학문 풍토 때문에 시정되지 않았다.

16세기에 이르러 베살리우스는 해부를 통해 격막에 구멍이 없으며, 폐정맥이 공기가 아닌 피의 통로라는 사실을 발견했다. 그 후 심장에서 나간 피가 폐를 통과한 후 다시 심장으로 돌아오는 폐순환이 발견되자 갈레노스의 피의 소모 이론은 도전에 직면했다. 그러나 당시의 의학자들은 갈레노스의 이론에 얽매여 있었으므로 격막 구멍이 없다는 사실로 인해 생긴 문제, 즉 우심실에서 좌심실로 피가 옮겨 갈 수 없는 문제를 폐순환으로 설명할 수 있다고 생각하였다.

이러한 판도를 바꾼 사람은 하비였다. 그는 생리학에 근대적인 정량적 방법을 도입했다. 그는 심장의 용적을 측정하여 심장이 밀어내는 피의 양을 추정했다. 그 결과, 심장에서 나가는 동맥피의 양은 섭취되는 음식물의 양보다 훨씬 많았다. 먹은 음식물보다 더 많은 양의 피가 만들어질 수 없으므로 하비는 피가 순환되어야 한다고 생각했다. 그는 이 가설을 검증하기 위해 실험을 했다. 하비는 끈으로 자신의 팔을 묶어 동맥과 정맥을 함께 압박하였다. 피의 흐름이 멈추자 피가 통하지 않는 손은 차가워졌다. 동맥을 차단했던 끈을 약간 늦추어 동맥피만 흐르게 해 주자 손은 이내 생기를 회복했고, 잠시 후 여전히 끈에 압박되어 있던 정맥의 말단 쪽 혈관이 부풀어 올랐다. 끈을 마저 풀어 주자 부풀어 올랐던 정맥은 이내 가라앉았다. 이로써 동맥으로 나갔던 피가 손을 돌아 정맥으로 돌아온다는 것이 확실해졌다.

이 실험을 근거로 하비는 1628년에 '좌심실→대동맥→각 기관→대정맥→우심방→우심실→폐동맥→폐→폐정맥→좌심방→좌심실'로 이어지는 피의 순환 경로를 제시했다. ㉠반대자들은 해부를 통해 동맥과 정맥의 말단을 연결하는 통로를 찾을 수 없음을 지적하였다. 얼마 후, 말피기가 새로 발명된 현미경으로 모세혈관을 발견하면서 '피의 순환 이론'은 널리 받아들여졌다. 그리고 폐와 그 밖의 기관들을 피가 따로 순환해야 하는 이유를 포함하여 다양한 인체 기능을 설명하는 새로운 생리학의 구축이 시작되었다.

[문제 51] <보기2>는 제시문과 <보기1>을 참고하여 '갈레노스'와 '하비'의 이론을 비교한 것이다. <보기2>의 ①~③에 들어갈 적절한 내용을 서술하시오.

<보기1>

성공적인 과학 이론은 '패러다임'이 되어 후속하는 과학 활동에 지대한 영향을 미친다. 과학자들은 패러다임에서 연

구의 방법, 연구 주제 등을 발견한다. 이러한 '정상 과학' 활동에서 때때로 기존의 패러다임과 조화를 이룰 수 없는 과학적 발견인 '변칙 사례'들이 나타나기도 한다. 이러한 변칙 사례들이 패러다임을 당장에 '무효화'하지는 않는다. 하지만 변칙 사례가 누적되면서 위기가 도래한다. 이때 새로운 과학 이론이 등장하여 기존의 패러다임과 경쟁을 벌인다. 그러다가 어떤 이유로 새로운 이론이 과학자들에게 받아들여지면서 새로운 패러다임이 되는데, 이것이 '과학혁명'이다. 이를 바탕으로 '하비'의 '피의 순환 이론'은 기존에 '패러다임'으로 수용되던 갈레노스의 '피의 소모 이론'을 무효화할 '변칙 사례'를 찾아냈고, 이를 통해 새롭게 수용된 '과학 혁명'이 되었다.

<보기2>

갈레노스는 간에서 생성된 정맥피의 일부가 우심실에서 좌심실로 이동한 후, 폐정맥에서 유입된 (①)와/과 만나 동맥피가 되어 몸의 각 기관을 지나는데, 이때 동맥피는 (②)된다고 보았다. 그러나 하비는 좌심실에서 나와 각 기관을 (③)한 피가 우심방, 우심실을 거쳐 폐를 지나 좌심방에서 다시 좌심실로 (③)된다는 것을 증명했다.

①: ____________, ②: ____________, ③: ____________

[문제 52] ㉠의 지적이 있었음에도 불구하고 하비의 이론이 정립될 수 있었던 이유를 제시문에서 찾아 한 문장으로 정리하였다. <보기>의 빈칸에 들어갈 알맞은 말을 찾아 쓰시오.

<보기>

하비의 의견에 반대하는 사람들은 동맥과 정맥의 말단이 직접 연결되어 있지 않으므로 피가 순환한다는 근거를 뒷받침하기 어렵다고 주장했으나, 말피기가 (①)을/를 발명하여, (②)을/를 발견했기 때문에 하비의 의견이 널리 받아들여지기 시작했다.

①: ______________, ②: ______________

※ 다음 글을 읽고 물음에 답하시오.

(가) 우리는 거의 매년 봄 일본발 역사교과서 홍역을 치러야 한다. 지금껏 몇 차례인가 되새겨 보니 세기가 바뀌던 무렵부터 거의 연례행사 격이다. 이미 여러 번 그 처방을 강구해 보았건만 증세는 악화일로이다. 역사를 왜곡하는 바이러스는 날로 진화하고 있다. 늘 그랬던 것처럼 이번에도 위안부 문제나 독도 문제 등이 또다시 쟁점화될 것이다. 이에 이러한 현안들에 어떻게 대응하고 해결해 나갈지에 관심을 두고 철저하게 준비해야 한다. 그러나 정작 우리의 대응에 있어서 가장 중요한 부분은, 이러한 개별적 현안들보다 그 배후에 더 근본적인 차원에서 작용하는 일본 정치인들의 역사인식이 더욱 중요한 문제점이라는 것을 깨닫는 데에 있다.

일본의 총리인 아베 신조와 집권 자민당의 여러 의원들은 '소위 종군위안부의 강제동원은 없었다.'라는 기본입장을 거듭 강조해 왔고, 이러한 해석이 역사교과서 수정에 반영되지 않았다며 문부과학성 관계자들을 강하게 질타한 바 있다. 또한 일본 역시 핵무기가 사용된 전쟁의 피해자라며 과거의 전범행위를 공공연히 부인하는 것도 이젠 흔한 일이 되었다. 최근에는 군사력의 방어적 사용을 명시한 평화헌법을 수정하겠다며 군국주의적인 야욕까지 드러내고 있다. 이렇게 상식마저 실종된 채로 정치논리의 괴물만이 배회하고 있는 것이다. 이런 역사인식이 계속해서 판을 친다면 역사학은 이미 죽은 것이나 마찬가지이다. 역사의 진실에서 가해자는 가면 뒤로 숨고, 그렇게 남겨진 선량한 피해자들만이 매번 깊은 상처를 입는다.

일본 사회 주류의 이러한 역사인식이 지속되는 한, 제국주의 침략과 식민통치에 대한 철저한 반성은 요원할 것이다. 위안부 문제에 대한 진심어린 사죄와 보상도 이루어지지 않을 것이고, 독도에 대한 집요한 시비가 멈추는 날도 기대할 수 없다. 한국과 일본 양국이 동북아 시대의 평화로운 동반자로 공존할 수 있기를 바라고 있다. 하지만, 그렇게 되기 위해서는, 우선 일본 사회의 주류가 먼저 솔직한 자기성찰을 통해 왜곡된 역사인식에서 벗어나야 한다. 그리고 일본 스스로가 가해자와 피해자 사이의 입장 차이를 진지하게 받아들이지 못한다면, 우리는 이제 '나쁜 일본 두들기기'에 서 한걸음 더 나아가 '일본의 나쁜 행위'가 인류사회의 '공공의 적'임을 자각하고 이를 알려나가는 데 힘써야 한다. 그리고 우리의 분노의 날을 어떻게 하면 더욱 날카롭게 세울 수 있는가를 고민해야 한다.

(나) 일본 식민주의의 팽창 과정에서 우리 한국인들이 겪은 경험은 매우 가슴 아프고 잊기 어려운 일이다. 그에 대한 진심어린 성찰을 통해 평화와 신뢰가 정착된다면 이보다 더 좋은 일은 없을 것이다. 그러나 분노한 목소리를 높여 반성을 촉구하는 방법으로는 이러한 결과를 이끌어내기 어렵다. 설령 한국이 일본으로 하여금 식민통치 문제와 위안부 문제와 독도 문제 등에 대해 그 "잘못"을 인정하고 반성하도록 관철시킨다고 하여도, 과연 한국과 일본이 같은 동아시아 공동체의 일원으로 서로의 공통점과 차이점에 대한 이해와 신뢰를 바탕으로 평화롭게 공존할 수 있을 것인가의 문제는 여전히 미지수로 남는다. 왜냐하면, 한일 간 역사적 경험에 대한 시각의 차이는, 역설적으로 한일 양국이 가지고 있는 공통점, 다시 말해 한일 양국이 공유하고

있는 자국/자민족 중심주의적인 역사관에서 기인하는 것이기 때문이다.

이러한 역사관 하에서는 자기 민족/국가의 장구한 역사와 자랑스러운 전통만을 내세우면서 이웃 민족/국가에 대해서는 타자화하고 무시하는 등 적대적인 시각으로 일관하게 된다. 사실 정도의 차이가 있을지언정 일본뿐만이 아니라 한국도 중국도, 이러한 역사관을 부지불식간에 내면화해왔다. 근대 이전의 역사에 있어, 한국의 국사교과서 역시 일본에 대한 한국의 우월한 문화적 영향력을 강조하는 경향이 있는데, 이에 대해 일본이 "왜곡"이라고 항의한다면 어떻게 할 것인가? 결국 자국/자민족만을 중심으로 역사를 해석하는 시각과 여기에 기반한 역사연구 및 역사교육이 지속되는 한, 한국과 일본 사이의 진정한 화해 및 미래지향적인 관계설정은 요원하다. 서로를 선한 피해자와 악한 가해자의 이분법적 구도 속에서만 바라본다면, 설령 일본이 몇몇 사안에 대해 사과를 하고 한국이 이를 받아들인다고 해도 여전히 두 국가 사이의 적대적 관계는 변하지 않을 것이며, 언제든지 두 국가 간의 갈등은 반복될 것이다.

결국 우리에게 보다 중요한 것은 "악한 가해자 일본"과 "선한 피해자 한국"의 차이점을 드러내는 일이 아니다. 오히려 혹시나 우리도, 일본이 자신들의 과거행위를 정당화해온 것처럼, 우리가 우리의 이웃들과 맺어 왔던 관계를 일방적으로 정당화하고 있지는 않은가를 살필 필요가 있다. 왜냐하면 이러한 성찰적 관점이라면 일본의 자국중심적인 시각을 자극하지 않을 것이고, 그렇게 되면 일본의 자국중심적인 역사인식을 비판하는 일본 내의 양심적 움직임과 신뢰를 공유하며 협력할 수 있고, 그래야만 항구적인 '화해'와 '공존'을 바탕으로 한일 양 국가 간의 진정한 동반자적인 관계가 비로소 가능해지기 때문이다.

[문제 53] (가)와 (나)의 글쓴이가 역사에 대해 어떠한 시각을 지니고 있는지 <보기>에서 찾아 쓰시오.

<보기>

㉠ 단일민족주의: 공동운명체 의식에 기반을 두고, 공동 운명체로 살아가는 민족에 대한 결합 의식
㉡ 탈민족주의: 언어·문화·혈통 등 민족 구성의 객관적 측면을 강조하는 언어적·종족적 민족주의에서 벗어나야 한다는 시각
㉢ 열린 민족주의: 21세기에는 혈통에 근거한 전통적 민족 개념이 아니라 시민적 관점 아래 새로운 민족을 건설해야 한다는 이념에 기반을 두고, 개방적, 시민적 민족주의를 창조하자는 논리

① (가)의 시각: ______________

② (나)의 시각: ______________

※ 다음 글을 읽고 물음에 답하시오.

사람들은 타인을 특정 집단의 성원으로 여기는 사회 범주화를 하게 되면 그 사람에 대한 판단을 할 때 그 집단에 대한 고정 관념이나 도식, 정서 등을 적용하고, 자신을 특정 집단의 성원으로 범주화하게 되면 그 집단의 특성을 자기에게 적용한다. 어떤 식으로든 편이 갈리면 사람들은 어느 편이냐에 따라 차별적인 태도를 보인다. 사회 심리학자 타지펠은 이러한 차별 현상에 대해 연구하여 '사회 정체감 이론'을 정립하였다.

타지펠은 사회적 행위를 '대인 행위'와 '대집단 행위'로 설명했다. 대인 행위는 개인이 자신의 개인적 속성인 이름, 성격, 태도, 지능 등을 바탕으로 다른 개인과 교류할 때 보이는 행위이고, 대집단 행위는 개인이 자신이 속한 사회 집단의 특성인 인종, 성, 학력, 출신지, 직업 등을 바탕으로 개인이나 집단과 교류할 때 보이는 행위를 의미한다. 모든 사회적 행위는 이러한 대인 행위와 대집단 행위의 연속선상에 놓여 있다. 어떤 행위가 어느 쪽으로 기운 것인지는 여러 변인에 의해서 결정된다. 첫째는 집단이라는 범주가 얼마나 명확하게 부각되는가이다. 둘째는 집단 내에서 성원들의 태도, 행위, 의견 등이 얼마나 통일되어 있으며 집단 간 차이가 얼마나 뚜렷한가이다. 셋째는 자신이 소속되어 있지 않으며 자신을 그 집단의 구성원으로 동일시하지 않는 집단인 외집단의 성원에 대하여 지닌 고정 관념의 강도가 어느 정도인가이다. 이와 같은 변인들은 내집단과 외집단의 구분이 행위에 미치는 영향이 크다는 것을 나타낸다.

내집단은 자기 자신이 소속해 있으면서 그 집단의 구성원과 자신을 동일시하는 집단이다. 이러한 내집단을 외집단과 구분하는 것은 내집단에 대한 차별적 편애 현상을 초래한다. 이는 타지펠의 최소 집단 상황 실험을 통해 확인할 수 있다. 실험에서는 피실험자들을 점의 숫자를 많이 추정한 사람과 적게 추정한 사람으로 구분한다고 하고 자막에 찍힌 점의 숫자를 세는 과제를 주었다. 그런데 실제로는 과제 수행 결과와 무관하게 임의로 피실험자들을 집단에 배정했다. 같은 집단에 속한 사람들은 서로 만난 적이 없고, 만날 기대도 하지 않는 관계이다. 이른바 '최소 집단 상황'이라고 불리는 이 상황에서 피실험자들로 하여금 자기 집단의 성원 한 명과 상대 집단 성원 한 명에게 돈으로 환산되는 점수를 부여하도록 했다. 이 결과 피설험자들 중 84%가 자기 집단 성원에게 상대 집단 성원보다 많은 점수를 부여했다. 이에 대해 내집단 성원과는 교류 가능성이 높고 우호적인 행위가 관계의 증진에 도움이 될 것이기 때문에 내집단 선호 경향이 나타난다는 설명이 있을 수 있는데, 이와 같은 설명은 최소 집단 상황에는 적용하기가 곤란하다.

타지펠은 사람들이 지신의 개인적 모습에 자긍심을 갖고 싶어 하는 것과 마찬가지로 자신의 사회적 모습에서도 자긍심을 얻고자 하기 때문에 교류 가능성이 없는 최소 집단 상황에서도 내집단에 대한 차별적 편애 현상이 일어난다고 설명한다. 이와 같은 사회 정체감 이론의 설명은 두 가지를 전제로 삼고 있다. 첫째, 인간은 누구나 긍정적인 자기 정체감을 지니고자 하는 욕구가 있다는 것이다. 둘째, 자신이 속한 사회적 집단이 정체감의 중요한 부분을 제공하며 내집단이 다른 집단에 비해서 상대적으로 우월하다는 인식에서 자기 정체감에 대한 자긍심을 느낀다는 것이다. 그런데 내집단에 대한 차별적 편애 현상이 늘 나타나는 것은 아니

다. 개인이 집단을 대할 때 개인 정체를 취하는 상황에서는 나타나지 않고 사회 정체를 취하는 경우에 나타난다. 왜냐하면 사회 정체를 취할 때 그 집단의 규범에 맞추는 행위가 나타나기 때문이다. 이와 관련하여 몇몇 연구에서는 최소 집단 상황에서 내집단에 대한 차별적 편애의 기회를 가진 성원들이 그러한 기회를 갖지 못한 성원들보다 상대적으로 자존심이 고양된 결과를 제시하고 있다.

[문제 54] '타지펠'의 관점에서 <보기>와 같은 현상이 발생하는 이유를 설명할 수 있는 문장을 제시문에서 찾아 첫 어절과 마지막 어절을 서술하시오.

<보기>

영국의 비행기 제조 회사에서 근무하는 두 부서의 근로자들을 비교 집단으로 삼아 아래와 같이 주당 임금을 대비하는 표를 제시하였다. 이에 대부분의 근로자들이 상대 부서의 근로자들보다 상대적으로 많은 임금을 받는 것을 선택했는데, 작업실 종사원은 거의 모두가 표의 맨 우측에 있는 임금을 가장 선호했다.

(단위: 파운드)

작업실 종사원	69.30	68.80	68.30	67.80	67.30
연구개발실 종사원	70.30	69.30	68.30	67.30	66.30

① **첫 어절:** ______________

② **마지막 어절:** ______________

※ 다음 글을 읽고 물음에 답하시오.

인간은 특정 시공간 속에서 살아가기 때문에, 시간과 공간은 인간의 삶이나 사회 현상을 규정하는 중요한 요소가 된다. 근대 이후 서구에서는 인간 존재와 사회 현상을 시간에 초점을 두고 이해하려는 경향이 지배적이었다. 서구의 많은 사상가는 시간적 연속성을 바탕으로 한 인과 관계와 역사의 선형적 흐름에 주목한 반면, 공간적인 요소는 부차적이거나 우연적인 것으로 보았다. 하지만 이와 같은 시간중심주의적 인식은 사회 현실을 일률적인 체계로 파악하여 현실에서 발생하는 복잡하고 다양한 문제 상황들을 제대로 설명할 수 없다는 한계에 봉착하게 되었다. 이러한 한계를 극복하기 위해 푸코는 사회현실의 다양성과 차별성, 불확실성, 모순성에 대한 인식과 더불어 공간의 개념을 중요시해야 한다고 주장했다.

푸코는 사회 현실이 복합성, 병렬성, 분산성에 의해 구성되어 있다고 보았으며, 시간을 가로질러 전개되는 거대한 삶보다는 공간들이 연결되고 그물망처럼 엮여 나타나는 관계의 집합에 주목하였다. 그는 공간을 사회적 산물이자 사회생활을 구성하는 원동력으로 인식하며 공간을 관계에 따른 '배치'로 파악하고자 하였다. 즉 배치를 개별 공간의 특별성이 아닌, 주변 공간과 맺는 관계로서의 공간으로 간주하였다. 이를테면 카페, 극장이 모여 휴양지라는 배치가 되고 거리, 도로, 기차역이 모여 정류장이라는 배치가 되는 것이다. 이처럼 푸코는 각 공간들이 형성하는 관계망이 배치를 규정하게 된다고 생각하였다. 이들 배치 가운데 푸코가 관심을 가진 것은 유토피아와 헤테로토피아였는데, 이들은 다른 모든 배치들과 연결되어 있으면서 동시에 다른 모든 배치들과는 어긋나 있는 것이었다.

푸코는 유토피아를 실제 공간이 없는 배치로서, 근본적이고 비현실적인 공간으로 보았다. 반면 헤테로토피아는 모든 문화에 존재하는 공간이며 실제적 배치라고 설명하였다. 어디에도 없음을 뜻하는 유토피아와는 달리 헤테로토피아는 어디든 존재한다. 그런데 푸코는 유토피아와 헤테로토피아가 공간과의 관계가 없고 있음의 반대 개념이 아니라 서로에게 투사되고 영향을 미치는 관계라는 점에 주목할 것을 강조하였다.

푸코는 이들의 관계를 거울을 통해 설명하고 있다. 내가 거울을 바라볼 때 거울은 내가 없는 곳에서 나를 보게 한다. 거울 속에 내가 있지만 그것은 내가 아니라 일종의 그림자에 불과하다. 즉 거울은 나 자신에게 가시성을 제공하고 나를 주시하게끔 해 주지만, 그 공간에 나는 부재한다. 이것이 거울을 유토피아가 되게 하는 이유이다. 그렇지만 거울은 또한 헤테로토피아가 된다. 나는 거울에서 나를 보며 거울에는 실재하는 '나'가 없다는 것을 발견한다. 내가 존재하는 공간에서 나의 부재를 발견한 나는 다시 나 자신에게로 회귀하여 내가 실재하는 곳에서 나를 지각한다. 이 때 실재로서의 거울과 내가 없는 거울 속의 나를 바라보며 사라진 실재를 되찾고자 하는 나는 실재하게 된다. 즉 거울 속의 비실재적 공간과의 관계 속에서 나의 실재가 배치된다는 점에서 거울은 헤테로토피아가 되는 것이다. 이처럼 푸코는 거울을 바라보고 있는 실재적 존재인 나와 거울에 비친 나를 통해 헤테로토피아와 유토피아를 설명하고자 하였다. 결국 헤테로토피아가 반영된 곳이 유토피아이고 유토피아가 실재화한 곳이 헤테로토피아가 된다.

또한 푸코는 유토피아를 완전히 질서 잡힌 사회 자체이거나 현실 사회에 완전히 대립하는 공간이라고 생각하며 유토피아가 이상적 사회에 대한 동경과 현실에 대한 비판을 함께 담고 있다고 봤다. 하지만 헤테로토피아는 지금의 구성된 현실에 어울리지 않는, 정상성을 벗어난 이질적 공간으로 규정하였다. 이런 의미에서 헤테로토피아는 일종의 반(反)-배치라고 할 수 있다. 반-배치로서의 헤테로토피아는 공간과 관련된 한 사회의 정상적 기능에 균열을 내는 이의 제기의 공간으로 규율과 질서에 대한 저항성을 내포하고 있다. 이러한 헤테로토피아의 이의 제기는 두 가지 양상으로 실현된다. 첫째, 현실의 환상성을 고발하는 새로운 환상을 보여 주는 공간을 만들어 냄으로써 지금의 현실이 환상에 불과함을 폭로하는 것이다. 둘째, 현실의 무질서함을 보여 주는 완벽하고 주도면밀하게 정돈된 공간을 만들어 일상의 공간에 이의를 제기하고 우리가 살아가는 현실에 대해 성찰하도록 하는 것이다. 푸코는 이러한 헤테로토피아의 두 가지 양상이 모두 실현된 대표적인 예로 정원(庭園)을 제시하였다. 정원의 경우에는 자연성이라는 환상을 창출하고, 다른 공간과는 반대되는 자연의 완전한 세계의 상징으로서, 이의 제기의 두 가지 양상이다 이루어지고 있기 때문이다.

푸코는 공간에 대한 새로운 인식 전환을 제안하며 사회 현상에 대한 분석을 촉구하였다. 특히 그가 주목하며 강조한 헤테로토피아는 비현실적 공간인 유토피아를 실천의 공간 안으로 확장하였을 때 드러나는 이의 제기의 공간이다. 헤테로토피아가 만들어 내는 비일상적 균열은 우리가 살아가는 사회 현실을 다시 바라보게 하고 그에 대한 통찰을 제시한다. 이런 점에서 푸코의 헤테로토피아는 문학, 예술, 건축, 도시 공학 등 다양한 분야에서 개념의 경계를 확장해 가고 있다.

[문제 55] <보기>는 제시문의 요약문을 작성하기 위해 정리한 것이다. ㉠~㉥ 중 적절하지 않은 것 3개를 찾아 기호를 쓰시오.

<보기>

㉠ 푸코는 시간 중심주의적인 인식의 한계를 극복하기 위해 공간 개념을 강조했다.
㉡ 푸코가 주목한 배치의 두 가지 형태는 유토피아와 헤테로토피아였다.
㉢ 푸코는 사회 현실이 지닌 다양성과 불확실성, 모순성에 대해 주목할 것을 강조하였다.
㉣ 유토피아적 공간은 사회의 일상성에 균열을 내어 우리가 살아가는 현실을 통찰하도록 하는 기능을 수행한다.
㉤ 반(反)-배치의 공간으로서 헤테로토피아는 현실의 무질서함이 반영되어 있으므로, 이상적 유토피아적 공간과는 반대되는 반(反)이상향적 공간이다.
㉥ 푸코가 제안한 공간에 대한 인식 전환은 근대 이후 서구의 많은 사상가들이 시간적 연속성을 바탕으로 한 인과 관계를 불확실하거나 우연적인 것으로 인식하게 하는 데 영향을 주었다.

①: ____________, ②: ____________, ③: ____________

※ 다음 글을 읽고 물음에 답하시오.

(가) 기생 생물과 숙주는 날을 세운 창과 무쇠를 덧댄 방패와 같다. 한쪽은 끊임없이 양분을 빼앗으려 하고, 한쪽은 어떻게든 방어하려 한다. 이때 문제가 발생한다. 기생 생물은 가능한 한 숙주로부터 많은 것을 빼앗는 것이 유리하지만 숙주가 죽게 되면 기생 생물에게도 오히려 해가 된다. 기생 생물에게 숙주는 양분을 공급해 주는 먹잇감인 동시에 살아가는 서식처이기 때문이다. 따라서 기생 생물은 최적의 생활 조건을 유지하기 위해 '중용의 도'를 깨달아야 하는 상황에 놓인다. 이때쯤 되면 기생 생물은 자신의 종족이 장기적으로 번성하려면 많은 양분을 한꺼번에 빼앗아 숙주를 죽이는 것이 아니라 견딜 수 있을 만큼만 빼앗아 숙주를 살려 둔 상태로 장기간 수탈하는 것이 더 낫다고 판단한 것처럼 행동한다.

이처럼 미생물과 인간은 서로가 서로를 공격할 뿐 아니라 서로가 상대에게 영향을 주며 공생하기도 한다. 공생 관계로 진전되지 못하고 여전히 적대 관계에 놓여 있더라도 미생물과 숙주 사이에 발생하는 미묘한 균형점이 오히려 생물의 진화를 촉진했다는 견해도 있다. 맷 리들리는 "붉은 여왕"에서 기생충과 숙주의 경쟁 관계를 '붉은 여왕 이론'으로 설명한다. 붉은 여왕 이론이란 루이스 캐럴이 쓴 소설 "거울 나라 앨리스"에 등장하는 '붉은 여왕'의 나라가 지닌 특징에 착안해 붙인 이름이다. 붉은 여왕의 나라에서는 땅이 끊임없이 뒤로 움직이고 있기 때문에 제자리에 있고 싶으면 항상 뛰어야 한다. 만약 조금이라도 지체했다가는 가차 없이 뒤쪽으로 밀리게 되므로 조금이라도 앞으로 나아가려면 죽을힘을 다해 뛰어야만 한다. 맷 리들리는 붉은 여왕의 나라가 지닌 특성에 빗대어 기생충과 숙주는 제자리에 있기 위해서, 즉 생존하기 위해서 끊임없이 서로를 공격하고 방어해야 하는 관계로 설명하면서 경쟁을 통한 이러한 변화 과정을 진화의 원동력이라고 주장한다.

(나) '니치'란 환경에서 생물이 차지하고 있는 역할이나 지위를 뜻하는 말로, 원래 경쟁을 설명하기 위해 만들어진 것이다. 생태계 구성 이론으로 볼 때 동일한 또는 너무 비슷한 '니치'를 지닌 두 생물은 절대로 공존할 수 없다. 이른바 '경쟁적 배제 원리'에 따르면 두 생물이 환경에서 추구하는 바가 너무 지나치게 겹치면 함께 살 수 없고 반드시 한 종이 다른 종을 밀어내게 된다. 그래서 지구의 생물들은 그 오랜 진화의 역사를 통해 서로 간의 유사성을 줄여 공존할 수 있도록 변화해 왔다. 그 결과가 오늘날 우리 앞에 파노라마처럼 펼쳐져 있는 이 엄청난 생물 다양성이다.

자연은 꼭 남을 해쳐야만 살아갈 수 있는 곳은 아니게끔 진화했다. 생물들이 서로 도움으로써 훨씬 더 잘 살게 된 경우들이 허다하다. 상리 공생 관계를 맺고 있는 생물의 예는 개미와 진딧물, 벌과 꽃, 과일과 과일을 먹고 먼 곳에 가서 배설해 주는 동물 등 참으로 다양하다. 이러한 사실을 몰랐을 당시의 생태학자들은 늘 경쟁이 자연을 지배하는 법칙인 줄로 알았지만, 이제는 자연도 사랑, 희생, 화해, 평화 등을 품고 있다는 사실을 인식한다. 모두가 팽팽하게 경쟁만 하면서 서로 손해를 보며 사는 사회에서 서로 도우며 함께 잘 사는 방법을 터득한 생물들도 뜻밖에 많다는 것을 발견하게 된 것이다.

우리는 우리 자신을 '호모 사피엔스'라고 추켜세운다. '현명한 인류'라고 말이다. 나는 우리가 두뇌 회전이 빠른, 대단히 똑똑한 동물이라는 점에는 동의하지만 현명하다는 데에는 결코 동의할 수 없다. 우리가 진정 현명한 인류라면 스스로 자기 집을 불태우는 우는 범하지 말았어야 한다. 우리가 이 지구에 더 오래 살아남고 싶다면 나는 이제 우리가 호모 심비우스, 즉 공생인(共生人)으로 겸허하게 거듭나야 한다고 생각한다. '호모 심비우스'는 동료 인간들은 물론 다른 생물 종들과도 밀접한 관계를 유지한다. '호모 심비우스'의 개념은 환경적이기도 하지만 사회적이기도 하다. '호모 심비우스'는 다른 생물들과 공존하기를 열망하는 한편 지구촌 모든 사람들과 함께 평화롭게 살기를 원한다. 과학이 설령 개인들 간의 차이, 그리고 인종 간의 차이를 드러내고 그 차이에 기반한 경쟁이 당연한 귀결이라고 하더라도 인간에게 주어진 조건은 경쟁을 넘어선 협력을 강조한다. '호모 심비우스'적인 삶 속에서 이기적인 인간은 설 곳이 없다. 아니 협력하는 인간만이 살아남을 것이다. 생존 조건이 다시 윤리를 규정하고 그 윤리가 인간의 생존 전략이 된다. 이런 의미에서 공생하는 인간, 호모 심비우스는 크게 한 바퀴를 돌아 현명한 인간, 호모 사피엔스를 만난다.

[문제 56] <보기>의 ⓐ와 ⓑ를 설명할 수 있는 개념을 제시문 (가)와 (나)에서 각각 찾아 쓰되, '관계'라는 개념에 초점을 맞추어 서술하시오.

<보기>

경제학자 토마스 맬서스가 「인구론」(1789년)에서 밝힌 것처럼 생존 과정에서 개체 간의 다툼은 불가피하다. 찰스 다윈 역시 ⓐ자원이 한정되어 있는 상황에서는 서로 다른 개체 사이의 힘겨룸이 불가피한 것임을 분명하게 인식했다. 그러나 다윈에 따르면 무한경쟁에서 이기는 방법이 무조건적 약육강식만은 아니라고 설명했다. 지구 생태계에서 가장 많은 개체수를 차지하고 있는 생물인 곤충과 꽃을 피우는 식물은 ⓑ서로 도우며 더불어 사는 데 성공했다. 이와 같이 대립과 전쟁을 넘어서 생명에 대한 존중과 협동이 현생 인류에게 중요한 가치가 되어야 한다.

①: ______________, ②: ______________

3. 문학 영역

【약술형 논술 완벽 학습 TIP】

문학 영역도 다른 영역처럼 국어, 문학, EBS 수능특강 및 수능완성에 연계율이 99.9% 수준입니다. 수능에서는 50% 수준이지만, 가천대는 특히 EBS 수능특강, 수능완성이 거의 100% 가까이 연계되기 때문에 항상 내신 준비와 수능 준비, 그리고 약술형 논술고사 준비를 병행한다고 생각하라고 조언을 하는데요. 또 같은 조언이지만 특히 문학 영역은 수능 특강과 수능 완성에 나와 있는 작품의 직접 연계 가능성을 농후하게 보고 준비하면 좋겠습니다. 학교 현장에서도 1학기에는 보통 지필고사 시험 범위가 수능특강에 해당했을 거예요. 이미 학습을 한 번 했겠지만, 가천대 약술형 논술고사 준비를 조금 더 철저하게 한다는 마음가짐으로 수능특강 복습을 한 번 더 하세요. 그리고 수능완성 역시 수능 준비를 한다는 마음가짐으로 꼼꼼하게 문제를 풀어보기 바랍니다.

그 후에는 약술형 기출문제들을 각각 꼼꼼하게 분석하며 풀어보세요. 그리고 기출문제와 쌍둥이 문제를 풀면서 유형에 익숙해지기 바랍니다. 특히 문학은 수능에서는 간접 연계 가능성도 있는데, 약술형 논술에서는 보통 직접 연계하여 변형 문제를 출제하는 경향이 크다는 것도 고려하고 시험 준비를 해야겠습니다.

시작은 EBS 교재의 작품에 대한 대략적인 이해, 출제된 부분의 지문에 대한 분석 및 정리에서 학습의 포인트를 찾아보아야겠습니다. 물론 출제 가능성이 큰 작품과 작은 작품들이 있겠지만 무엇이 출제될지 수험생이 예상하는 것은 거의 어렵잖아요. 출제진 마음이니까. 그러니까 꼭 모든 학습 과정에서 꼼꼼함과 최선을 다하는 마음 가짐으로 전 범위 학습을 하기 바랍니다.

문학 작품은 주제 의식을 파악하고, 작가의 창작 배경이나 시대적 배경, 그리고 문학 해석의 방법이나 표현방법 등 개념 학습에도 어느 정도는 시간과 노력을 투자해야 합니다. 아는 만큼 신속하게 문제 풀이가 가능하기 때문입니다. 일반적으로 소설보다는 시를, 시 가운데에서도 현대시보다는 고전시가를 수험생들이 조금은 버거워하는 경우가 많았습니다. 그러니까 출제 가능한 작품을 예습한다는 생각으로 EBS 연계 교재의 작품을 쭉 정리해보는 게 좋겠습니다. 각 문항을 푸는 시간은 수험생마다 약간 다르긴 하지만, 선생님이 만난 우수한 합격생 다수는 문학 영역의 문제는 주어진 작품을 전반적으로 신속하게 읽고 푸는 편이었습니다. 통상적으로 주어진 지문의 길이에 따라 평균 3~5분 내외에서 문제를 해결했으니 참고하기 바랍니다. 또한 최근에는 부분점수가 5, 5점에서 4, 6점으로 변경된 문제가 늘었고, 부분 답안 출제 패턴의 문항이 많아졌습니다. 점수를 분배하는 방식이 변한 건 대량의 동점자를 방지하기 위한 대책이 아닐까 생각이 됩니다.

우리 교재는 단원 및 출제 범위별로 유사한 문제를 풀어본 후에 바로 실전에 적용해보도록 편집 구성했습니다. 연습 과정에서는 문제를 풀고 본인의 답을 확인한 후, 왜 정답인지와 더불어 왜 오답인지를 확실하게 찾는 학습을 해보기 바랍니다.

※ 다음 글을 읽고 물음에 답하시오. (2022 수시(B))

> 고향에 돌아온 날 밤에
> 내 백골이 따라와 한방에 누웠다.
>
> 어둔 방은 우주로 통하고
> 하늘에선가 소리처럼 바람이 불어온다.
>
> 어둠 속에 곱게 풍화작용하는
> 백골을 들여다보며
> 눈물짓는 것이 내가 우는 것이냐
> 백골이 우는 것이냐
> 아름다운 혼이 우는 것이냐
>
> 지조 높은 개는
> 밤을 새워 어둠을 짖는다.
>
> 어둠을 짖는 개는
> 나를 쫓는 것일 게다.
>
> 가자 가자
> 쫓기우는 사람처럼 가자
> 백골 몰래
> 아름다운 또 다른 고향에 가자.
>
> - 윤동주, 「또 다른 고향」

[문제 1] 제시문에는 암울한 현실에 대한 인식과 함께 그로 인한 자아의 분열과 혼란이 드러나 있다. 제시문에서 ①자아의 분열을 드러내는 연과 ②분열된 자아를 표상하는 두 개의 시어를 찾아 쓰시오.

①: ________________

②: ________________, ________________

※ **다음 글을 읽고 물음에 답하시오.** (2023 수시(C))

현기증 나는 활주로의
최후의 절정에서 흰나비는
돌진의 방향을 잊어버리고
피 묻은 육체의 편들을 굽어본다

기계처럼 작열한 심장을 축일
한 모금 샘물도 없는 허망한 광장에서
어린 나비의 안막을 차단하는 건
투명한 광선의 바다뿐이었기에—

진공의 해안에서처럼 과묵한 묘지 사이사이
숨가쁜 Z기의 백선과 이동하는 계절 속—
불길처럼 일어나는 인광(燐光)의 조수에 밀려
이제 흰나비는 말없이 이즈러진 날개를 파닥거린다

하얀 미래의 어느 지점에
아름다운 영토는 기다리고 있는 것인가
푸르른 활주로의 어느 지표에
화려한 희망은 피고 있는 것일까

신도 기적도 이미
승천하여버린 지 오랜 유역—
그 어느 마지막 종점을 향하여 흰나비는
또 한 번 스스로의 신화와 더불어 대결하여본다

-김규동, 「나비와 광장」

[문제 2] <보기>는 제시문에 대한 설명의 일부이다. <보기>의 ㉠에 해당하는 시행을 제시문에서 찾아 첫 어절과 마지막 어절을 순서대로 쓰시오.

<보기>

김규동의 「나비와 광장」은 모더니즘시의 성격을 가지는 것으로 볼 수 있다. 모더니즘시는 과거의 전통적인 형식과 차별을 두며 새로움을 추구하는 예술적 경향에 영향을 받아 창작된 작품들이다. 모더니즘시는 현실을 객관화하는 경향성이 있는데, 객관화된 현실의 의미를 알기 위해서는 현실에 대한 태도와 현실을 형상화하는 방법, 그 안에 전제된 가치 인식에 주안점을 두어 감상할 필요가 있다. 모더니즘시는 의도적으로 현실과 거리를 두며 객관적인 시각으로 현실을 형상화하려는 태도를 보인다. 그리고 그 태도 안에는 대체로 현대 문명에 대한 비판이 전제되어 있기에, 이를 파악하면 시에 담긴 의미들을 탐색해 갈 수 있다. 예를 들어 모더니즘시에 드러나는 거리 두기와 같은 형상화 방법은 인간이 아닌 특정 대상을 활용하여 현실을 우회적으로 표현한다. 즉 시적 화자가 특정 대상이 처한 현실과 거리를 두고 그 대상을 관찰함으로써 특정 대상이 처한 상황을 객관적으로 전달하며, 시적 화자가 대상과 상황을 관찰하면서 전달하는 내용들을 통해 우리가 처한 현실을 우회적으로 드러낸다는 것이다. 그리고 이러한 현실들을 공간적 이미지를 담은 시어로 표현함으로써 공간이 주는 이미지와 그 공간에서 특정 대상들이 보이는 태도를 통해 현대 문명의 부정적인 면모를 드러냄과 동시에 현대 문명 속에서 살아가는 사람들의 정서, 그리고 벗어나고 싶은 현실과 대조되는 이상적 상황 등을 표현한다.

한편 거리 두기를 위해 제시된 특정 대상들은 ㉠<u>현실을 극복하고자 하는 적극적인 태도</u>를 통해 현실 극복 의지를 드러내기도 한다. 하지만, 오히려 소극적인 태도로 현실을 무기력하게 수용하기도 하는데, 이러한 소극적 태도는 반어적으로 현대 문명의 폭압성과 이에서 벗어나야 하는 당위성을 강조하는 효과를 가져오기도 한다.

① 첫 어절: ____________

② 마지막 어절: ____________

※ 다음 글을 읽고 물음에 답하시오. (2023 수시(C))

저 제비의 거동을 보소. 양우광풍(揚羽狂風)*에 몸을 날려 백운을 비웃으며 주야로 날아 강남에 이르니, 제비 황제가 보고 묻기를, / "너는 어이 저느냐?"

제비 여쭙기를,

"소신의 부모가 조선에 나가 흥부의 집에다가 집을 짓고 소신 등 형제를 낳았삽더니, 뜻밖에 구렁이의 변을 만나 소신의 형제는 다 죽고, 소신이 홀로 죽지 않으려고 하여 바르작거리다가 뚝 떨어져 두 발목이 지끈 부러져, 피를 흘리고 발발 떠온즉, 흥부가 여차저차하여 다리 부러진 것이 의구하여 이제 돌아왔사오니, 그 은혜를 십분지일이라도 갚기를 바라나이다."

제비 황제가 하교(下敎)하기를,

"그런 은공을 몰라서는 행세치 못할 금수라. 네 박씨를 갖다주어 은혜를 갚으라."

하니, 제비가 사은(謝恩)하고 박씨를 물고, 삼월 삼일이 다다르니,

제비는 건공에 떠서 여러 날 만에 흥부 집에 이르러 넘놀 적에, 북해 흑룡이 여의주를 물고 채운 간에 넘노는 듯, 단산채봉(丹山彩鳳)*이 죽실(竹實)을 물고 오동(梧桐)나무에 넘노는 듯, 춘풍에 꾀꼬리가 나비를 물고 시냇가에 넘노는 듯 이리 갸웃 저리 갸웃 넘노는 것 흥부 아내가 잠깐 보고 눈물 흘리며 하는 말이,

"여봅소, 지난해 갔던 제비가 무엇을 입에 물고 와서 넘노네요."

이렇게 말할 때, 제비가 박씨를 흥부 앞에 떨어뜨리니, 흥부가 집어 보니 한가운데 보은표(報恩瓢)라 금자로 새겼기에, 흥부가 하는 말이,

"수안(隋岸)의 뱀이 구슬을 물어다가 살린 은혜를 갚았으니, 저도 또한 생각하고 나를 갖다주니 이것이 또한 보배로다."

[중략 부분의 줄거리] 제비가 가져다준 박씨를 심어 수확한 박에서 금은보화가 나와 흥부는 부자가 된다. 이러한 소식을 들은 놀부는 흥부에게서 화초장을 빼앗고 자신도 제비로부터 박씨를 받기 위해 욕심을 부린다.

그달 저 달 다 지내고 삼월 삼일 다다르니, 강남서 나온 제비가 옛집을 찾으려 하고 오락가락 넘놀 때에, 놀부가 사면에 제비 집을 지어 놓고 제비를 들이모니, 그중 팔자 사나운 제비 하나가 놀부 집에 흙을 물어 집을 짓고 알을 낳아 안으려 할 때, 놀부 놈이 주야로 제비 집 앞에 대령하여 가끔가끔 만져 보니, 알이 다 곯고 다만 하나가 깨었다. 날기 공부를 힘쓸 때, 구렁이가 오지 않으니, 놀부는 민망 답답하여 제 손으로 제비 새끼를 잡아 내려 두 발목을 자끈 부러뜨리고, 제가 깜짝 놀라 이르는 말이,

"가련하다, 이 제비야."

하고 조기 껍질을 얻어 찬찬 동여 뱃놈의 닻줄 감듯 삼층 얼레 연줄 감듯 하여 제집에 얹어 두었더니, 십여 일 뒤에 그 제비가 구월 구일을 당하여 두 날개를 펼쳐 강남으로 들어가니, 강남 황제 각처 제비를 점고(點考)*할 때, 이 제비가 다리를 절고 들어와 엎드렸더니, 황제가 제신으로 하여금,

"그 연고를 사실하여 아뢰라."

하시니, 제비가 아뢰되,

"작년에 웬 박씨를 내어보내어 흥부가 부자 되었다 하여 그 형 놀부 놈이 나를 여차여차하여 절뚝발이가 되게 하였사오니, 이 원수를 어찌하여 갚고자 하나이다."

황제가 이 말을 들으시고 대경하여 말하기를,

"이놈 이제 전답 재물이 유여(有餘)하되 동기를 모르고 오륜에 벗어난 놈을 그저 두지 못할 것이요, 또한 네 원수를 갚아 주리라."

하고, 박씨 하나를 보수표(報讐瓢)라 금자로 새겨 주니, 제비가 받아 가지고 명년 삼월을 기다려 청천을 무릅쓰고 백운을 박차 날개를 부쳐 높이 떠 높은 봉 낮은 뫼를 넘으며, 깊은 바다 너른 시내며, 작은 도랑 잔 돌바위를 훨훨 넘어 놀부 집을 바라보고 너훌너훌 넘놀거늘, 놀부 놈이 제비를 보고 반겨할 때, 제비가 물었던 박씨를 툭 떨어뜨리니, 놀부 놈이 집어 보고 기뻐하며 뒤 담장 처마 밑에 거름 놓고 심었더니, 사오일 후에 순이 나서 넝쿨이 뻗어 마디마디 잎이요, 줄기줄기 꽃이 피어 박 십여통이 열렸으니, 놀부 놈이 하는 말이,

"흥부는 세 통을 가지고 부자 되었으니, 나는 장자 되리로다. 석숭(石崇)*을 행랑에 살리고, 예황제를 부러워할 개아들 없다."

- 작자 미상, 「흥부전」

*양우광풍: 깃털이 휘날릴 정도의 거센 바람.
*단산 채봉: 단혈지산에 머문다는 봉황새.
*점고: 명부에 일일이 점을 찍어 가며 사람의 수를 조사함.
*석숭: 중국 서진(西晉)의 부자이자 문장가.

[문제 3] <보기>는 제시문에 대한 설명의 일부이다. <보기>의 ⓐ에 해당하는 단어 두 개를 제시문에서 찾아 쓰시오.

<보기>

「흥부전」에서 인간 세계에 존재하는 흥부와 놀부의 삶은 우화적 공간에 있는 존재들로부터 영향을 받는다. 우화적 공간에 있는 존재가 보낸 '박씨'는 인간 세계에 있는 존재들의 삶에 영향을 끼친다. 이 과정에서 인간 세계와 우화적 공간을 직접 오고 가는 전달자도 등장하는데, 이러한 과정을 도식화하면 아래와 같다.

우화적 공간	— 박씨 →	인간 세계

설화의 모방담 구조를 갖고 있는 「흥부전」에서 이 도식의 과정은 반복된다. 놀부는 흥부의 행동을 의도적으로 따라 하고 박씨를 받는다. 「흥부전」에서는 ⓐ두 사람의 행동이 서로 다른 결과를 가져올 것이라는 사실이 박씨와 관련하여 암시되고 있다.

①: ________________, ②: ________________

※ **다음 글을 읽고 물음에 답하시오. (2023 수시(A))**

성북동(城北洞)으로 이사 나와서 한 대엿새 되었을까, 그 날 밤 나는 보던 신문을 머리맡에 밀어 던지고 누워 새삼스럽게,

"여기도 정말 시골이로군!" / 하였다.

무어 바깥이 컴컴한 걸 처음 보고 시냇물 소리와 쏴－하는 솔바람 소리를 처음 들어서가 아니라 황수건이라는 사람을 이날 저녁에 처음 보았기 때문이다.

그는 말 몇 마디 사귀지 않아서 곧 못난이란 것이 드러났다. 이 못난이는 성북동의 산들보다 물들보다, 조그만 지름길들보다 더 나에게 성북동이 시골이란 느낌을 풍겨 주었다.

서울이라고 못난이가 없을 리야 없겠지만 대처에서는 못난이들이 거리에 나와 행세를 하지 못하고, 시골에선 아무리 못난이라도 마음 놓고 나와 다니는 때문인지, 못난이는 시골에만 있는 것처럼 흔히 시골에서 잘 눈에 뜨인다. 그리고 또 흔히 그는 태고 때 사람처럼 그 우둔하면서도 천진스런 눈을 가지고, 자기 동리에 처음 들어서는 손에게 가장 순박한 시골의 정취를 돋워 주는 것이다.

그런데 그날 밤 황수건이는 열시나 되어서 우리집을 찾아왔다.

그는 어두운 마당에서 꽥 지르는 소리로,

"아, 이 댁이 문안서……."

하면서 들어섰다. 잡담 제하고 큰일이나 난 사람처럼 건넌방 문 앞으로 달려들더니,

"저, 저 문안 서대문 거리라나요, 어디선가 나오신 댁입쇼?" / 한다.

보니 합비는 안 입었으되 신문을 들고 온 것이 신문 배달부다. (중략)

그런데 요 며칠 전이었다. 밤인데 달포 만에 수건이가 우리 집을 찾아왔다. 웬 포도를 큰 것으로 대여섯 송이를 종이에 싸지도 않고 맨손에 들고 들어왔다. 그는 벙긋거리며

"선생님 잡수라고 사왔습죠."

하는 때였다. 웬 사람 하나가 날쌔게 그의 뒤를 따라 들어오더니 다짜고짜로 수건이의 멱살을 움켜쥐고 끌고 나갔다. 수건이는 그 우둔한 얼굴이 새하얗게 질리며 꼼짝 못하고 끌려 나갔다.

나는 수건이가 포도원에서 포도를 훔쳐 온 것을 직각하였다. 쫓아나가 매를 말리고 포돗값을 물어 주었다. 포돗값을 물어 주고 보니 수건이는 어느 틈에 사라지고 보이지 않았다.

나는 그 다섯 송이의 포도를 탁자 위에 얹어 놓고 오래 바라보며 아껴 먹었다. 그의 은근한 순정의 열매를 먹듯 한 알을 가지고도 오래 입 안에 굴려 보며 먹었다.

어제다. 문안에 들어갔다 늦어서 나오는데 불빛 없는 성북동 길 위에는 밝은 달빛이 깁을 깐 듯하였다.

그런데 포도원께를 올라오노라니까 누가 맑지도 못한 목청으로,

"사…… 케…… 와 나…… 미다카 다메이…… 키…… 카……."

를 부르며 큰길이 좁다는 듯이 휘적거리며 내려왔다. 보니까 수건이 같았다. 나는,

"수건인가?"

하고 아는 체하려다 그가 나를 보면 무안해할 일이 있는 것을 생각하고 획 길 아래로 내려서 나무 그늘에 몸을 감추었다.

그는 길은 보지도 않고 달만 쳐다보며, 노래는 그 이상은 외우지도 못하는 듯 첫 줄 한 줄만 되풀이하면서 전에는 본 적이 없었는데 담배를 다 퍽퍽 빨면서 지나갔다.

달밤은 그에게도 유감한 듯하였다.

-이태준, 「달밤」

*합비: 일본말로 '등이나 깃에 상호가 찍힌 겉옷'을 이르는 말.
*깁: 명주실로 바탕을 조금 거칠게 짠 비단.
*사케와 나미다카 다메이키카: 일본 가요의 가사로, 우리말로는 '술은 눈물인가, 한숨인가'

[문제 4] <보기>는 이태준의 「달밤」에 대한 설명의 일부이다. <보기>의 ①, ②에 들어갈 적절한 말을 위 소설에서 찾아 쓰시오.

<보기>

이태준의 「달밤」에서 배경묘사는 작품의 주제를 구현하는 데 중요한 기여를 한다. 예를 들어 시간적 배경을 나타내는 (①)은/는 보조관념 (②)(으)로 비유되어 글의 서정적인 분위기를 조성한다. 이러한 배경묘사는 그곳에서 살아가는 순박한 인물의 거듭된 실패에 대한 '나'의 연민을 드러내고, 독자들에게 여운을 주는 역할을 한다.

①: ________________, ②: ________________

※ 다음 글을 읽고 물음에 답하시오. (5~6) (2023 수시(A))

(가)
나는 구부러진 길이 좋다.
구부러진 길을 가면
나비의 밥그릇 같은 민들레를 만날 수 있고
감자를 심는 사람을 만날 수 있다.
날이 저물면 울타리 너머로 밥 먹으라고 부르는 어머니의 목소리도 들을 수 있다.
구부러진 하천에 물고기가 많이 모여 살 듯이
들꽃도 많이 피고 별도 많이 뜨는 구부러진 길.
구부러진 길은 산을 품고 마을을 품고
구불구불 간다.
그 구부러진 길처럼 살아온 사람이 나는 또한 좋다.
반듯한 길 쉽게 살아온 사람보다
흙투성이 감자처럼 울퉁불퉁 살아온 사람의 구불구불 구부러진 삶이 좋다.
구부러진 주름살에 가족을 품고 이웃을 품고 가는
구부러진 길 같은 사람이 좋다.

-이준관, 「구부러진 길」

(나)
[앞부분 줄거리] '나'는 바슐라르가 사용했던 '존재의 테이블'의 의의를 소개한다. 바슐라르는 어려운 생활 속에서도 작은 테이블 앞에서 즐거운 독서와 몽상의 시간을 가진다. '나'는 그 시간이 바슐라르에게 자기 존재와 세계에 대해 충일한 행복을 안겨 주었을 것이라고 생각한다.

내가 감히 존재의 테이블을 갖겠다고 생각한 것은 바슐라르를 흉내 내려는 치기에서가 아니다. 아마도 그가 이룬 업적이나 성공보다는 한 인간으로서 고통과 외로움을 이겨내는 방식에 대해 더 깊이 공감했기 때문일 것이다. 그리고 내게도 그런 자리가 필요하다면 이렇게 자그마하고 나지막한 테이블일 거라고 생각하면서 나는 그것을 샀다. 다리는 접었다 폈다 조립이 가능하고, 둥근 판 위에는 작은 꽃문양을 새겨 넣은 테이블이었다.

그 테이블을 사는 순간 어찌나 행복했던지 그것만으로도 인도에 온 보람이 있다고 생각할 정도였다. 그러나 행복감은 차차 후회로 변해갔다. 여행 초기에 커다란 짐 하나가 생긴 셈이니 여행 내내 나는 그것을 끌고 다니느라 여간 고생을 한 게 아니었으니까. 존재의 자리를 낙타의 혹처럼 자기 등 뒤에 짊어지고 다니는 내 모습이라니! 그처럼 우매한 충동과 집착이 또 어디 있을까 싶었다.

그 테이블을 사지 않고도, 이미 집에 있는 테이블로도 충분히 만들 수 있는 존재의 자리를 나는 왜 그 테이블이 아니면 안될 것처럼 생각했던 것일까. 그것은 아마도 오랫동안 자기 존재의 자리를 잃어버린 채 생활에 휘둘려 살아가고 있다는 위기감 때문이었을 것이다. 그리고 아무리 큰 집을 가졌다 해도 그 속에 정작 존재의 자리를 갖지 못한 사람보다는 덜 우매해지려는 욕심에서였을 것이다.

이런 씁쓸한 자부심이 그 테이블에는 깃들여 있다. 그런데 문제는 '존재의 테이블'을 인도에서 한국 땅까지 끌고 와서 집안에 들여 놓은 후에도 그 앞에 앉을 시간을 그리 많이 갖지 못했다는 것이다. 아주 오래도록 거기에 앉지 못할 때도 있었다. 그럴 때는 바로 곁에 있는 그 테이블이 아주 멀리, 그것이 만들어진 인도보다도 멀리 있는 것처럼 느껴진다. 새겨진 꽃문양 사이사이로 먼지가 끼어가는 걸 보면서 내 마음이 그 모습 같거니 생각할 때도 많았다. 그토록 애착을 느꼈으면서도 어느 순간 잡동사니 속에 함부로 굴러다니며 삐걱거리게 된 그 테이블을 볼 때마다 나는 새삼 씁쓸해지고는 한다.

매일 학교에 갔다가 부랴부랴 돌아와 밥하고 청소하고 빨래하고 아이들 챙겨서 재우고 나면 자정이 넘어버리는 일상 속에서 그 앞에 앉기란 사실 쉬운 일은 아니다. 행복하면 그 짧은 행복을 즐기느라, 고통스러우면 그 지루한 고통에 진절머리를 치느라 그 앞에 가 앉지 못했다. '존재의 테이블'을 장만한 뒤에도 존재의 자리는 쉬이 생기지 않았다.

그러다가도 그 삐걱거리는 테이블을 잘 만져서 바로잡고 아주 공들여서 먼지를 닦는 날이 있다. 그러면 나는 내가 닦고 있는 것이 테이블이 아니라 실은 하나의 거울이라는 것을 알게 된다. 내가 지금 어디에 어떻게 앉아 있는가를 가장 잘 비추어주는 거울. 그리고 힘든 일이 닥칠수록 그 테이블만큼 더 작아지고 고요해지는 것이 필요하다고 넌지시 일러주는 거울.

-나희덕, 「존재의 테이블」

[문제 5] <보기>는 (가)와 (나)에 대한 해설의 일부이다. <보기>의 ①, ②에 들어갈 적절한 말을 제시문에서 찾아 쓰시오.

<보기>

(가)의 '구부러진 길'과 (나)의 '존재의 테이블'은 둘 다 삶의 의미나 가치를 발견하게 하는 역할을 한다. (가)의 화자는 '구부러진 길'을 통해 타인들을 만나고 공동체를 중심으로 하여 그 의미를 찾으려는 데에 집중한다. 예를 들어 시행 (①)에는 자연 생태계 속에서 찾은 제재를 활용하여 식사를 챙겨 주듯이 다른 이를 돌보며 함께 살아가는 이미지가 나타난다. (나)의 글쓴이는 구체적 일상과 소재를 활용하여 삶의 의미를 탐구해 나간다. 가령 단어 (②)은/는 '존재의 테이블'의 구체적 외양을 설명해 주는 동시에 귀국 이후 바쁜 일상 때문에 자신을 돌아볼 시간을 가지지 못했음을 드러내는 표현과 연결된다.

①: ________________, ②: ________________

[문제 6] <보기>는 (나)에 대한 해설의 일부이다. <보기>의 ⓐ에 들어갈 적절한 문장을 제시문에서 찾아 첫 어절과 마지막 어절을 순서대로 쓰시오.

<보기>

(나)의 '나'는 인도 여행에서 얻은 '존재의 테이블'을 통해 자신의 삶을 돌아볼 수 있는 여유를 찾고자 했다. 하지만 학교 일, 집안일, 육아 등에 밀려 '존재의 테이블'은 그 기능을 온전히 수행하기 어려웠다. (나)의 문장 (ⓐ)은/는 '존재의 자리'를 마련하려는 정성스러운 '나'의 마음가짐이 구체적인 행위로 잘 드러나는 부분이다.

① 첫 어절: ___________, ② 마지막 어절: ___________

※ 다음 글을 읽고 물음에 답하시오. (7~8) (2024 수시(A))

(가)
나는 희망이 없는 희망을 거절한다
희망에는 희망이 없다
희망은 기쁨보다 분노에 가깝다
나는 절망을 통하여 희망을 가졌을 뿐
희망을 통하여 희망을 가져 본 적이 없다

나는 절망이 없는 희망을 거절한다
희망은 절망이 있기 때문에 희망이다
희망만 있는 희망은 희망이 없다
희망은 희망의 손을 먼저 잡는 것보다
절망의 손을 먼저 잡는 것이 중요하다

희망에는 절망이 있다
나는 희망의 절망을 먼저 원한다
희망의 절망이 절망이 될 때보다
희망의 절망이 희망이 될 때
당신을 사랑한다

- 정호승, 「나는 희망을 거절한다」

(나)

자기가 하고 싶지는 않으나 부득이 해야 하는 것은 그만둘 수 없는 일이요, 자기는 하고 싶으나 남이 알지 못하게 하기 위해 하지 않는 것은 그만둘 수 있는 일이다. 그만둘 수 없는 일은 항상 그 일을 하고는 있지만, 자기가 하고 싶지 않기 때문에 때로는 그만둔다. 하고 싶은 일은 언제나 할 수 있으나, 남이 알지 못하게 하려고 하기 때문에 또한 때로는 그만둔다. 진실로 이와 같이 된다면 천하에 도무지 일이 없을 것이다.

나의 병은 내가 잘 안다. 나는 용감하지만 지모가 없고 선(善)을 좋아하지만 가릴 줄을 모르며, 맘 내키는 대로 즉시 행하여 의심할 줄을 모르고 두려워할 줄을 모른다. 그만둘 수도 있는 일이지만 마음에 기쁘게 느껴지기만 하면 그만두지 못하고, 하고 싶지 않은 일이지만 마음이 꺼림칙하여 불쾌하게 되면 그만둘 수 없다. 그래서 어려서부터 세속 밖에 멋대로 돌아다니면서도 의심이 없었고, 이미 장성하여서는 과거 공부에 빠져 돌아설 줄 몰랐고, 나이 삼십이 되어서는 지난 일의 과오를 깊이 뉘우치면서도 두려워하지 않았다. 이 때문에 선을 끝없이 좋아하였으나, 비방은 홀로 많이 받고 있다. 아, 이것이 또한 운명이란 말인가. 이것은 나의 본성 때문이니, 내가 또 어찌 감히 운명을 말하겠는가.

내가 노자의 말을 보건대, "겨울에 시내를 건너는 것처럼 신중하게 하고(與), 사방에서 나를 엿보는 것을 두려워하듯 경계하라(猶)."라고 하였으니, 아, 이 두 마디 말은 내 병을 고치는 약이 아닌가. 대체로 겨울에 시내를 건너는 사람은 차가움이 뼈를 에듯 하므로 매우 부득이한 일이 아니면 건너지 않으며, 사방의 이웃이 엿보는 것을 두려워하는 사람은 다른 사람의 시선이 자기 몸에 이를까 염려한 때문에 매우 부득이한 경우라도 하지 않는다.

편지를 남에게 보내어 경례(經禮)의 이동(異同)*을 논하고자 하다가 이윽고 생각하니, 그렇게 하지 않더라도 해로울 것이 없었다. 하지 않더라도 해로울 것이 없는 것은 부득이한 것이 아니므로, 부득이한 것이 아닌 것은 또 그만둔다. 남을 논박하는 소(疏)를 봉(封)해 올려서 조신(朝臣)의 시비(是非)*를 말하고자 하다가 이윽고 생각하니, 이것은 남이 알지 못하게 하려는 것이었다. 남이 알지 못하게 하려는 것은 마음에 크게 두려움이 있어서이므로, 마음에 크게 두려움이 있는 것은 또 그만둔다. 진귀한 옛 기물을 널리 모으려고 하였지만 이것 또한 그만둔다. 관직에 있으면서 공금을 농간하여 그 남은 것을 훔치겠는가. 이것 또한 그만둔다. 모든 마음에서 일어나고 뜻에서 싹트는 것은 매우 부득이한 것이 아니면 그만두며, 매우 부득이한 것일지라도 남이 알지 못하게 하려는 것은 그만둔다. 진실로 이와 같이 된다면, 천하에 무슨 일이 있겠는가.

내가 이 뜻을 얻은 지 6~7년이 되는데, 이것*을 당(堂)에 편액으로 달려고 했다가, 이윽고 생각해 보고는 그만두었다. 초천(苕川)에 돌아와서야 문미(門楣)*에 써서 붙이고, 아울러 이름 붙인 까닭을 적어서 어린아이들에게 보인다.

- 정약용, 「여유당기」

*경례의 이동: 경전이나 예법 해석의 같고 다름.
*조신의 시비: 신하들이 낸 의견의 옳고 그름.
*이것: 앞에서 언급한 '여유(與猶)'라는 노자의 말을 이름.
*문미: 문 위에 가로 댄 나무

[문제 7] <보기2>는 <보기1>을 바탕으로 (가)와 (나)를 이해한 내용이다. <보기2>의 ①, ②에 들어갈 적절한 말을 <보기1>에서 찾아 쓰시오.

<보기1>

의미가 서로 정반대가 되는 두 단어(또는 구)의 의미 관계를 반의 관계라고 한다. 반의 관계는 그 성격에 따라 몇 가지 유형으로 나눌 수 있는데, '죽다'와 '살다'의 관계처럼 한 영역 안에서 중간 항이 없이 상호배타적 관계에 있는 반의 관계를 상보 반의 관계라고 한다. 상보 반의 관계에 있는 두 단어는 동시에 긍정하거나 부정하는 것이 논리적으로 불가능하다. 이때 동시 긍정이나 동시 부정이 불가능한 반의어 쌍을 묶어서 함께 사용하면 역설이 발생하고, 이와 같은 역설은 문학 작품에서 새로운 깨달음을 전달하는 표현 방식으로 사용되기도 한다.

<보기2>

(가)에는 '희망이 없는 희망'과 '절망이 없는 희망'이라는 표현이 있는데, 논리적으로 '절망이 없는 희망'은 성립이 가능하지만, 희망을 하는 동시에 희망이 없을 수는 없으므로 '희망이 없는 희망'은 성립이 불가능하다. 하지만 (가)는 '희망이 없는 희망'을 통해 '절망'과 연계되어 생겨난 '희망'이 진정한 희망이 될 수 있다는 깨달음을 전달하고 있다. 이런 점에서 (가)의 '희망이 없는 희망'은 <보기1>의 (①)에 해당하는 것으로 볼 수 있다. (나)에서는 '자기는 하고 싶'은 일과 '자기가 하고 싶지 않'은 일을 해야 하는지 그만두어야 하는지에 대한 화자의 고민이 드러난다. 이때 (나)의 화자에게 "'하다'를 선택하는 것"과 "'그만두다'를 선택하는 것"의 관계는 <보기1>의 (②) 관계에 해당하는 것으로 볼 수 있다.

①: ____________, ②: ____________

[문제 8] <보기>는 (나)에 대한 설명의 일부이다. <보기>의 ㉠과 ㉡에 해당하는 문장을 제시문에서 찾아 각각의 첫 어절과 끝 어절을 순서대로 쓰시오.

<보기>

(나)는 정약용이 지은 기(記)의 하나이다. 기는 대상을 관찰하고 기록하여 영구히 기억하고자 하는 것을 목적으로 하는 한문 양식이다. 기가 다루는 대상은 특정 인물, 사건, 물품이나 풍경 등 매우 잡다하다. (나)에서 정약용은 과거에 했던 행동들을 나열하며 그것이 부득이한 일이었는지 그렇지 않은지를 따진다. 그 과정에서 우리는 정약용의 다양한 삶의 경험을 엿볼 수 있는데, 그중에는 관직자로 생활했던 정약용의 경험도 확인할 수 있다. ㉠정약용은 관직자로서 경계해야 할 그릇된 행동을 구체적으로 언급하며, 관직자가 가져야 할 마땅한 삶의 자세를 의문형 문장으로 전달하기도 한다. 또한 ㉡초천에 돌아와 살게 된 정약용은 자신이 얻은 깨달음을 잊지 않기 위해 집의 이름을 짓고 이 글을 썼음을 분명하게 드러내고 있다.

① ㉠에 해당하는 문장

첫 어절: ________, 마지막 어절: ________

② ㉡에 해당하는 문장

첫 어절: ________, 마지막 어절: ________

***다음 글을 읽고 물음에 답하시오. (2023 수시(D))**

엊그제 겨울 지나 새봄이 돌아오니
도화행화(桃花杏花)는 석양리(夕陽裏)에 피어 있고
녹양방초(綠楊芳草)는 세우 중(細雨中)에 푸르도다
칼로 말아 낸가 붓으로 그려 낸가
조화신공*이 물물마다 헌사롭다*
수풀에 우는 새는 춘기(春氣)를 못내 겨워
소리마다 교태(嬌態)로다
물아일체(物我一體)어니 흥(興)이에 다를쏘냐
시비(柴扉)에 걸어 보고 정자(亭子)에 앉아 보니
소요음영(逍遙吟詠)하야 산일(山日)이 적적(寂寂)한데
한중진미(閑中眞味)를 알 이 없이 혼자로다
이바 이웃들아 산수(山水) 구경 가자스라
답청(踏靑)일랑 오늘 하고 욕기(浴沂)일랑 내일 하세
아침에 채산(採山)하고 저녁에 조수(釣水)하세
갓 괴어 익은 술을 갈건(葛巾)으로 걸러 놓고
꽃나무 가지 꺾어 수(數) 놓고 먹으리라
화풍(和風)이 건 듯 불어 녹수(綠水)를 건너오니
청향(淸香)은 잔에 지고 낙홍(落紅)은 옷에 진다
준중(樽中)이 비었거든 날다려 아뢰어라
소동(小童) 아해더러 주가(酒家)에 술을 물어
어른은 막대 짚고 아해는 술을 메고
미음완보(微吟緩步)하야 시냇가에 혼자 앉아
명사(明沙) 맑은 물에 잔 씻어 부어 들고
청류(淸流)를 굽어보니 떠오나니 도화(桃花)로다
무릉(武陵)이 가깝도다 저 산이 거기인고

-정극인, 「상춘곡」

*조화신공(造化神功): 각기의 사물에 불어넣은 조물주의 신령스러운 공덕.
*헌사롭다: 야단스럽다.

[문제 9] <보기>는 제시문에 대한 설명의 일부이다. <보기>의 ①, ②에 들어갈 적절한 말을 제시문에서 찾아 각각 두 개씩 쓰시오.

<보기>

유사하거나 대등한 위상을 갖는 단어나 구절을 유사한 문장 구조로 엮어서 나란히 배열하는 병렬은 가사 작품에서 풍경이나 행위, 정서 등을 표현하면서 시상을 전개하는 방법 중 하나이다. 병렬은 시간이나 공간 등을 기준으로 하여 행동이나 사물 등을 순차적으로 배열하는 계기적(繼起的) 병렬과 특정한 기준에 따른 순서와 무관하게 배열하는 계열적(系列的) 병렬로 나눌 수 있다. 「상춘곡」에서는 대등한 위상을 가진 ①(　　)와/과 (　　), 그리고 ②(　　)와/과 (　　)이/가 각각 한 시행 안에서 시간을 기준으로 한 계기적 병렬을 이뤄 분주하게 봄날을 즐기는 화자의 일상이 표현되고 있다.

①: ____________, ②: ____________

※ **다음 글을 읽고 물음에 답하시오. (2024 수시(A))**

(가)

인제 모든 것은 끝나는 것이다. 얼음장처럼 밑이 차다. 전신의 근육이 감각을 잃은 채 이따금 경련을 일으킨다. 발자국 소리가 난다. 말소리도. 시간이 되었나 보다. 문이 삐거덕거리며 열리고 급기야 어둠을 헤치고 흘러 들어오는 광선을 타고 사닥다리가 내려올 것이다. 숨죽인 채 기다린다. 일순간이 지났다. 조용하다. 아무런 동정도 없다. 어쩐 일일까……? 몽롱한 의식의 착오 탓인가. 확실히 구둣발 소리다. 점점 가까워 오는……정확한……그는 몸을 일으키려 애썼다. 고개를 들었다. 맑은 광선이 눈부시게 흘러 들어온다. 사닥다리다.

"뭐 하고 있어! 빨리 나와!"

착각이 아니었다. 그들은 벌써부터 빨리 나오라고 고함을 지르며 독촉하고 있었다. 한 단 한 단 정신을 가다듬고 감각을 잃은 무릎을 힘껏 고여 짚으며 기어올랐다. 입구에 다다르자 억센 손아귀가 뒷덜미를 움켜쥐고 끌어당겼다. 몸이 밖으로 나가는 순간 눈 속에 그대로 머리를 박고 쓰러졌다. 찬 눈이 얼굴 위에 스치자 정신이 돌아왔다. 일어서야만 한다. 그리고 정확히 걸음을 옮겨야 한다. 모든 것은 인제 끝나는 것이다. 끝나는 그 순간까지 정확히 나를 끝맺어야 한다.

그는 눈을 다섯 손가락으로 꽉 움켜 짚고 떨리는 다리를 바로잡아 가며 일어섰다. 그리고 한 걸음 한 걸음 정확히 걸음을 옮겼다. 눈은 의지적인 신념으로 차가이 빛나고 있었다.

본부에서 몇 마디 주고받은 다음, 준비 완료 보고와 집행 명령이 뒤이어 떨어졌다. 눈이 함빡 쌓인 흰 둑길이다. 오! 이 둑길…… 몇 사람이나 이 둑길을 걸었을 거냐. 훤칠히 트인 벌판 너머로 마주 선 언덕, 흰 눈이다. 가슴이 탁 트이는 것 같다. 똑바로 걸어가시오. 남쪽으로 내닫는 길이오. 그처럼 가고 싶어 하던 길이니 유감없을 거요. 걸음마다 흰 눈 위에 발자국이 따른다. 한 걸음 두 걸음 정확히 걸어야 한다. 사수(射手) 준비! 총탄 재는 소리가 바람처럼 차갑다. 눈 앞엔 흰 눈뿐, 아무것도 없다. 인제 모든 것은 끝난다. 끝나는 그 순간까지 정확히 끝을 맺어야 한다. 끝나는 일 초, 일각까지 나를, 자기를 잊어서는 안 된다.

걸음걸이는 그의 의지처럼 또한 정확했다. 아무리 한 걸음, 한 걸음 다가가는 걸음걸이가 죽음에 접근하여 가는 마지막 길일지라도 결코 허튼, 불안한, 절망적인 것일 수는 없었다. 흰 눈, 그 속을 걷고 있다. 훤칠히 트인 벌판 너머로, 마주 선 언덕, 흰 눈이다. 연발하는 총성. 마치 외부 세계의 잡음만 같다. 아니 아무것도 아닌 것이다. 그는 흰 속을 그대로 한 걸음, 한 걸음 정확히 걸어가고 있었다. 눈 속에 부서지는 발자국 소리가 어렴풋이 들려온다. 두런두런 이야기 소리가 난다. 누가 뒤통수를 잡아 일으키는 것 같다. 뒤허리에 충격을 느꼈다. 아니, 아무것도 아니다. 아무것도 아닌 것이다.

- 오상원, 「유예」

(나)

판잣집 유리딱지에
아이들 얼굴이
불타는 해바라기마냥 걸려 있다.

내려쪼이던 햇발이 눈부시어 돌아선다.
나도 돌아선다.
울상이 된 그림자 나의 뒤를 따른다.

어느 접어든 골목에서 걸음을 멈춘다.
잿더미가 소복한 울타리에
개나리가 망울졌다.

저기 언덕을 내려 달리는
소녀의 미소엔 앞니가 빠져
죄 하나도 없다.

나는 술 취한 듯 흥그러워진다.
그림자 웃으며 앞장을 선다.

- 구상, 「초토의 시 1」

[문제 10] <보기>는 (가)와 (나)에 대한 해설의 일부이다. <보기>의 ①, ②에 들어갈 적절한 단어를 각각 제시문의 (가)와 (나)에서 찾아 쓰시오.

<보기>

(가)와 (나)는 공통적으로 6 . 25 전쟁을 배경으로 한 문학 작품이다. 그러므로 이 두 작품은 주제적인 측면에서 전쟁과 무관할 수 없다. (가)와 (나)에는 전쟁이라는 극한 상황에 대한 서로 다른 인식이 작품 속 주요 소재를 통해 드러난다. 가령 (가)에서 '(①)'은/는 작품 안에서 시각적 이미지나 촉각적 이미지를 나타내는 표현과 결합하여 겨울이라는 계절적 배경을 나타낼 뿐만 아니라, 비극적이고 냉혹한 전쟁의 속성을 강조하는 데에 사용된다. 한편 (나)에서 '(②)'은/는 폐허가 된 삶의 터전과 대비를 이루면서 전쟁으로 인한 부정적 상황에서 화자의 의식이 긍정적인 방향으로 전환되게 하는 소재로서 기능을 하고 있다.

①: ________________, ②: ________________

※ 다음 글을 읽고 물음에 답하시오. (11~12) (2024 수시(B))

(가)

고산 구곡담(高山九曲潭)을 사ᄅᆞᆷ이 모로더니
주모 복거(誅茅卜居)*ᄒᆞ니 벗님ᄂᆡ 다 오신다
어즈버 무이(武夷)를 상상ᄒᆞ고 학주자(學朱子)를 ᄒᆞ리라

<제1수>

이곡(二曲)은 어ᄃᆡᄆᆡ고 화암(花巖)의 춘만(春滿)커다
벽파(碧波)의 곳츨 띄워 야외로 보ᄂᆡ로라
사ᄅᆞᆷ이 승지(勝地)를 모로니 알긔 ᄒᆞᆫ들 엇더ᄒᆞ리

<제3수>

오곡(五曲)은 어ᄃᆡᄆᆡ고 은병(隱屛)이 보기 조ᄒᆡ
수변 정사(水邊精舍)ᄂᆞᆫ 소쇄ᄒᆞᆷ*도 가이업다
이 중에 강학(講學)도 ᄒᆞ려니와 영월음풍(詠月吟風) ᄒᆞ리라

<제6수>

육곡(六曲)은 어ᄃᆡᄆᆡ고 조협(釣峽)에 물이 넙다
나와 고기와 뉘야 더옥 즐기ᄂᆞᆫ고
황혼의 낙ᄃᆡ를 메고 대월귀(帶月歸) ᄒᆞ노라

<제7수>

구곡(九曲)은 어ᄃᆡᄆᆡ고 문산(文山)의 세모(歲暮)커다
기암괴석(奇巖怪石)이 눈 속의 뭇쳐셰라
유인(遊人)은 오지 아니ᄒᆞ고 볼 것 업다 ᄒᆞ더라

<제10수>

- 이이, 「고산구곡가」

*주모 복거: 살 만한 터를 가려 정하고 풀을 베어 집을 짓고 살아감
*소쇄ᄒᆞᆷ: 기운이 맑고 깨끗함.

(나)

저 산 저 새 돌아와 우네
어둡고 캄캄한 저 빈 산에
저 새 돌아와 우네
가세
우리 그리움
저 산에 갇혔네
저 어두운 들을 지나
저 어두운 강 건너
저 남산 꽃산에
우우우 꽃 피러 가세
산아 산아 산아
저 어둠 태우며
타오를 산아
저 꽃산에 눈부시게 깃쳐 오를 새하얀 새여
아아, 지금은 저 어두운 빈 산에 갇혀
저 새 밤새워 울고
우리 어둠 속에
꽃같이 아픈 눈 뜨고 있네.

- 김용택, 「저 새」

[문제 11] <보기2>는 <보기1>의 자료를 바탕으로 (가)와 (나)를 이해한 것이다. <보기2>의 ①, ②에 들어갈 적절한 말을 제시문에서 찾아 쓰시오.

<보기1>

시적 대상이란 시인이 주제를 형상화하기 위해 제시하는 모든 소재를 지칭한다. 이러한 시적 대상에는 특정한 인물이나 자연물, 사물과 같이 구체적 형태를 지닌 것도 있지만, 특정한 관념이나 상황, 정서와 같은 무형의 것도 있다.

<보기2>

(가)에서 대상을 의인화한 시어 (①)은/는 자연을 즐기는 시적 화자의 감정이 이입된 시적 대상이다. 그리고 (나)에서 색채 이미지가 활용된 시어 (②)은/는 캄캄한 어둠과 대비되어 새로운 세상이 열리기를 바라는 시적 화자의 소망을 형상화한 시적 대상이다.

①: ________________, ②: ________________

[문제 12] <보기>는 (가)와 (나)에 대한 해설의 일부이다. <보기>의 ①, ②에 들어갈 적절한 말을 제시문의 (가)와 (나)에서 찾아 쓰시오.

<보기>

(가)에는 학문을 깨우치는 즐거움과 자연을 즐기는 자세가 형상화되어 있는데, (가)의 '제(①)수'에서는 세상 사람들에게 강학을 하고자 하는 태도 외에도 자연에서 유유자적하고자 하는 삶의 태도가 나타나고 있다. (나)에는 암울한 시대적 상황에도 불구하고 부정적인 현실을 극복하고자 하는 의지가 형상화되어 있다. (나)의 초반부에는 부정적인 현실이 묘사되고 있으나, 시행 '(②)'에서 동경하는 세계를 형상화하는 비유적인 시어가 처음으로 등장하면서 부정적인 현실을 개선하고자 하는 화자의 바람이 나타난다.

①: ________________, ②: ________________

※ **다음 글을 읽고 물음에 답하시오. (2024 수시(B))**

나무는 이 세상에 나올 때부터 그 본성이 곧게 마련이다. 따라서 어떻게 막을 수도 없이 생기(生氣)가 충만한 가운데 직립(直立)해서 위로 올라가는 속성으로 말하면, 어떤 나무이든 간에 모두가 그렇다고 해야 할 것이다. 그러나 하늘 높이 우뚝 솟아 고고한 자태를 과시하면서 결코 굴하지 않는 모습을 보여주는 것으로 오직 송백(松柏)을 첫손가락에 꼽아야만 할 것이다. 그렇기 때문에 많은 나무들 중에서도 송백이 유독 옛날부터 회자(膾炙)되면서 인간에 비견(比肩)되어 왔던 것이다.

어느 해이던가 내가 한양(漢陽)에 있을 적에 거처하던 집 한쪽에 소나무가 네다섯 그루가 서 있었다. 그런데 그 몸통의 높이가 대략 몇 자 정도밖에 되지 않는 상태에서, 모두가 작달막하게 뒤틀린 채 탐스러운 모습을 갖추고만 있을 뿐 더 이상 자라지 못하고 있었다. 그리고 그 나뭇가지들도 한결같이 거꾸로 드리워진 채, 긴 것은 땅에 끌리고 있었으며 짧은 것은 몸통을 가려주고 있었다. 그리하여 이리저리 구부러지고 휘감겨 서린 모습이 뱀들이 뒤엉켜서 싸우고 있는 것과도 같고 수레 위의 둥근 덮개와 일산(日傘)이 활짝 펴진 것처럼 보이기도 하였는데, 마치 여러 가닥의 수실이 엉겨 붙은 듯 들쭉날쭉하면서 아래로 늘어뜨려져 있었다.

내가 이것을 보고 깜짝 놀라 어떤 사람에게 말하기를,

"타고난 속성이 이처럼 다를 수가 있단 말인가. 어찌하여 생긴 모양이 그만 이렇게 되었단 말인가." 하니 그 사람이 대답하기를,

"이것은 그 나무의 본성이 그러해서가 아니다. 이 나무가 처음 나왔을 때에는 다른 산에 심어진 것과 비교해 보아도 다를 것이 없었다. 그런데 조금 자라났을 적에 사람이 조작(造作)할 수 없을 정도로 견고한 것들은 골라서 베어 버리고, 여려서 유연(柔軟)한 가지들만을 끌어와 결박해서 휘어지게 만들었다. 그리하여 높은 것은 끌어당겨 낮아지게 하고 위로 치솟는 것은 끈으로 묶어 아래를 향하게 하면서, 그 올곧은 속성을 동요시켜 상하로 뻗으려는 기운을 좌우로 방향을 바꾸게 하였다. 그러고는 오랜 세월 동안 그러한 상태를 지속하게 하면서 바람과 서리의 고초(苦楚)를 실컷 맛보게 한 뒤에야, 그 줄기와 가지들이 완전히 변화해 굳어져서 저토록 괴이한 모습을 보이게 된 것이다. 하지만 가지 끝에서 새로 싹이 터서 돋아나는 것들은 그래도 위로 향하려는 마음을 잊지 않고서 무성하게 곧추서곤 하는데, 그럴 때면 또 돋아나는 대로 아까 말했던 것처럼 베고 자르면서 부드럽게 휘어지게 만들곤 한다. 이렇게 해서 사람들이 보기에 참으로 아름답고 기이한 소나무가 된 것일 뿐이니, 이것이 어찌 그 나무의 본성이라고 하겠는가."

하였다. 내가 이 말을 듣고는 크게 탄식하면서 다음과 같이 말하였다.

"아, 어쩌면 그 물건이 우리 사람의 경우와 그렇게도 흡사한 점이 있단 말인가. 세상에서 일찍부터 길을 잃고 헤매는 자들을 보면, 그 용모를 예쁘게 단장하고 그 몸뚱이를 약삭빠르게 놀리면서, 세상에 보기 드문 괴팍한 행동을 하여 세상 사람들을 놀라게 하고, 아첨하는 말을 늘어놓아 세상 사람들이 칭찬해 주기를 바라고 있다.

그리하여 남의 비위를 맞추려고 애쓰면서 이를 고상하게 여기기만 할 뿐, 자신을 잃어버리는 것이 부끄러운 일인 줄은 잊고 있으니, 평이(平易)하고 정직(正直)한 그 본성에 비추어 보면 과연 어떠하다 할 것이며, 지극히 크고 지극히 강한 호기(浩氣)에 비추어 보면 또 어떠하다 할 것인가. 비겟덩어리나 무두질한 가죽처럼 아첨을 하여 요행히 이득이나 얻으려고 하면서, 그저 구차하게 외물(外物)을 따르며 남을 위하려고 하는 자들을 저 왜송(矮松)과 비교해 본다면 또 무슨 차이가 있다고 하겠는가. (중략)

내가 일찍이 산속에서 자라나는 송백을 본 일이 있었는데, 그 나무들은 하늘을 뚫고 곧장 위로 치솟으면서 뇌우(雷雨)에도 끄떡없이 우뚝 서 있었다. 이쯤 되고 보면 사람들이 그 나무를 쳐다볼 때에도 자연히 우러러보고 엄숙하게 공경심이 우러나는 느낌만을 지니게 될 뿐, 손으로 어루만지거나 노리갯감으로 삼아야겠다는 마음은 별로 들지 않을 것이니, 이를 통해서도 사람들의 호오(好惡)에 대한 일반적인 생각을 엿볼 수 있다 하겠다.

그것은 그렇다 하더라도, 사랑이라고 하는 것은 장차 그 대상을 천하게 여기면서 모멸을 가할 수 있는 가능성이 그 속에 있는 반면에, 공경이라고 하는 것은 그 자체 내에 덕을 존경한다는 뜻이 들어 있는 개념이라 하겠다. 대저 그 본성을 해친 나머지 남에게 모멸을 받게 되는 것이야말로 남에게 잘 보이려고 한 행동의 결과라고 해야 할 것이요, 자기 본성대로 따른 결과 존경을 받게 되는 것은 바로 위기지학(爲己之學)의 효과라고 해야 할 것이다. 따라서 군자라면 이런 사례를 통해서 자기 자신을 돌이켜 보기만 하면 될 것이니, 저 왜송을 탓할 것이 또 뭐가 있다고 하겠는가."

청사(青蛇, 을사년) 납월(臘月)* 대한(大寒)에 쓰다.

- 이식, 「왜송설(矮松說)」

*납월: 음력 섣달을 달리 이르는 말.

[문제 13] <보기>는 제시문에 대한 해설의 일부이다. <보기>의 ①, ②에 들어갈 적절한 2음절 단어를 제시문에서 찾아 쓰시오.

<보기>

설(說)은 독자의 태도 변화를 목적으로 하는 설득적인 성격의 글이다. 설에서 글쓴이는 주변 사물을 관찰하거나 직접 체험한 일상적 경험을 바탕으로 얻게 된 깨달음을 서술하며 현실을 비판하고 독자에게 교훈을 준다. 제시문의 글쓴이도 '소나무 네다섯 그루'에 대해 글쓴이가 '어떤 사람'과 나눈 대화를 바탕으로 얻은 깨달음을 전하고 있다. 이 글에서 글쓴이는 곧게 자라는 본성을 잃어버린 '(①)'을/를 자신의 본모습을 잃고 아첨과 이익을 일삼는 사람들과 연관 짓고, 곧게 자라는 '(②)'을/를 본성을 지키며 호연지기(浩然之氣)를 지닌 사람들에 빗대어 곡학아세(曲學阿世)하는 세태를 비판하고 본성을 지키는 일의 중요성을 강조한다.

①: ________________, ②: ________________

※ 다음 글을 읽고 물음에 답하시오. (2024 수시(C))

(가)

옛날 신라 시대 때, 세달사(世達寺)의 장원이 명주 날리군에 있었다. 본사(本寺)에서는 승려 조신(調信)을 보내 장원을 맡아 관리하게 했다.

조신은 장원에 이르러 태수 김흔(金昕)의 딸을 깊이 연모하게 되었다. 여러 번 낙산사의 관음보살 앞에 나아가 남몰래 인연을 맺게 해 달라고 빌었으나 몇 년 뒤 그 여자에게 배필이 생겼다. 조신은 다시 관음 앞에 나아가 관음보살이 자기의 뜻을 이루어 주지 않았다고 원망하며 날이 저물도록 슬피 울었다. 그렇게 그리워하다 지쳐 얼마 뒤 선잠이 들었다. 꿈에 갑자기 김 씨의 딸이 기쁜 모습으로 문으로 들어오더니, 활짝 웃으면서 말했다.

"저는 일찍이 스님의 얼굴을 본 뒤로 사모하게 되어 한 순간도 잊은 적이 없었습니다. 부모의 명을 어기지 못해 억지로 다른 사람의 아내가 되었지만, 이제 같은 무덤에 묻힐 벗이 되고 싶어서 왔습니다."

조신은 기뻐서 어쩔 줄을 모르며 함께 고향으로 돌아가 사십여 년을 살면서 자식 다섯을 두었다. 그러나 집이라곤 네 벽뿐이요, 콩잎이나 명아줏국 같은 변변한 끼니도 댈 수 없어 마침내 실의에 찬 나머지 가족들을 이끌고 사방으로 다니면서 입에 풀칠을 하게 되었다. 이렇게 10년 동안 초야를 떠돌아다니다 보니 옷은 메추라기가 매달린 것처럼 너덜너덜해지고 백 번이나 기워 입어 몸도 가리지 못할 정도였다. 강릉 해현령(蟹縣嶺)을 지날 때 열다섯 살 된 큰아들이 굶주려 그만 죽고 말았다. 조신은 통곡하며 길가에다 묻고, 남은 네 자식을 데리고 우곡현(羽曲縣)—지금의 우현(羽縣)—에 도착하여 길가에 띠풀로 엮은 집을 짓고 살았다. 부부가 늙고 병들고 굶주려 일어날 수 없게 되자, 열 살 난 딸아이가 돌아다니며 구걸을 했다. (중략)

"당신이나 나나 어째서 이 지경이 되었는지요. 여러 마리의 새가 함께 굶주리는 것보다는 짝 잃은 난새가 거울을 보면서 짝을 그리워하는 것이 낫지 않겠습니까? 힘들면 버리고 편안하면 친해지는 것은 인정상 차마 할 수 없는 일입니다만 가고 멈추는 것 역시 사람의 마음대로 되는 것이 아니고, 헤어지고 만나는 데도 운명이 있는 것입니다. 이 말에 따라 이만 헤어지기로 합시다."

조신이 이 말을 듣고 기뻐하여 각기 아이를 둘씩 나누어 데리고 떠나려는데 아내가 말했다.

"저는 고향으로 향할 것이니 당신은 남쪽으로 가십시오."

그리하여 조신은 이별을 하고 길을 가다가 꿈에서 깨어났는데 희미한 등불이 어른거리고 밤이 깊어만 가고 있었다.

아침이 되자 수염과 머리카락이 모두 하얗게 세어 있었다. 조신은 망연자실하여 세상일에 전혀 뜻이 없어졌다. 고달프게 사는 것도 이미 싫어졌고 마치 백 년 동안의 괴로움을 맛본 것 같아 세속을 탐하는 마음도 얼음 녹듯 사라졌다. 그는 부끄러운 마음으로 부처님의 얼굴을 바라보며 깊이 참회하는 마음이 끝이 없었다. 돌아오는 길에 해현으로 가서 아이를 묻었던 곳을 파 보았더니 돌미륵이 나왔다. 물로 깨끗이 씻어서 가까운 절에 모시고 서울로 돌아와 장원을 관리하는 직책을 사임하고 개인 재산을 털어 정토사(淨土寺)를 짓고서 수행했다. 그 후에 아무도 조신의 종적을 알지 못했다.

- 작자 미상, 「조신의 꿈」

(나)

산비탈엔 들국화가 환—하고 누이동생의 무덤 옆엔 밤나무 하나가 오뚝 서서 바람이 올 때마다 아득—한 공중을 향하야 여윈 가지를 내어저었다. 갈길을 못 찾는 영혼 같애 절로 눈이 감긴다. 무덤 옆엔 작은 시내가 은실을 긋고 등뒤에 서걱이는 떡갈나무 수풀 앞에 차단—한 비석이 하나 노을에 젖어 있었다. 흰나비처럼 여윈 모습 아울러 어느 무형(無形)한 공중에 그 체온이 꺼져 버린 후 밤낮으로 찾아주는 건 비인 묘지의 물소리와 바람 소리뿐. 동생의 가슴우엔 비가 내리고 눈이 쌓이고 적막한 황혼이면 별들은 이마 우에서 무엇을 속삭였는지. 한줌 흙을 헤치고 나즉—이 부르면 함박꽃처럼 눈 뜰 것만 같아 서러운 생각이 옷소매에 스몄다.

- 김광균, 「수철리(水鐵里)」

[문제 14] <보기>는 (가)와 (나)에 대한 설명의 일부이다. <보기>의 ①, ②에 들어갈 적절한 말을 제시문에서 찾아 쓰시오.

<보기>

문학 작품에서 사용되는 시간 또는 공간과 관련된 소재는 작품의 주제를 형상화하는 데 중요한 역할을 하는 구성 요소이다. (가)에서 '해현'은 주인공이 인생무상이라는 깨달음을 얻게 되는 공간이다. (가)에서 주인공은 '해현'에서 발견된 '(①)'을/를 통해 꿈과 현실이 연결되어 있음을 확인하고, 비현실적 공간에서의 경험을 현실적 공간으로 확장하게 된다. (나)에는 죽은 '누이동생'에 대한 그리움과 슬픔이 다양한 소재를 통해 형상화되고 있다. 이러한 소재에는 시간 및 공간과 관련된 것도 있는데, '묘지', '무덤' 등은 화자가 누이에 대한 그리움을 심화시키는 공간적 배경으로 기능한다. 뿐만 아니라 (나)에는 시간을 나타내는 시어도 등장하는데, 그중에서도 화자의 감정이 투영된 수식어와 결합한 시어 '(②)'은/는 화자의 그리움과 슬픔을 효과적으로 전달하는 기능을 한다.

①: ________________, ②: ________________

※ 다음 글을 읽고 물음에 답하시오. (2024 수시(C))

> 여승(女僧)은 합장(合掌)하고 절을 했다
> 가지취*의 내음새가 났다
> 쓸쓸한 낯이 옛날같이 늙었다
> 나는 불경(佛經)처럼 서러워졌다
>
> 평안도의 어느 산 깊은 금점판*
> 나는 파리한 여인에게서 옥수수를 샀다
> 여인은 나어린 딸아이를 때리며 가을밤같이 차게 울었다
>
> 섶벌*같이 나아간 지아비 기다려 십 년이 갔다
> 지아비는 돌아오지 않고
> 어린 딸은 도라지꽃이 좋아 돌무덤으로 갔다
>
> 산(山)꿩도 섧게 울은 슬픈 날이 있었다
> 산(山)절의 마당귀에 여인의 머리오리*가 눈물방울과 같이 떨어진 날이 있었다
>
> \- 백석, 「여승」
>
> *가지취: 산지의 밝은 숲속에서 자라는 참취나물.
> *금점(金店)판: 예전에, 주로 수공업적 방식으로 작업하던 금광의 일터.
> *섶벌: 나무 섶에 집을 틀고 항상 나가서 다니는 벌.
> *머리오리: 낱낱의 머리털.

[문제 15] <보기>는 제시문에 대한 설명의 일부이다. <보기>의 ㉠, ㉡에 들어갈 적절한 시행을 제시문에서 찾아 각각의 첫 어절과 마지막 어절을 순서대로 쓰시오.

<보기>

> 백석 시 「여승」의 시행 '(㉠)'은/는 청각적 이미지를 촉각적 이미지로 전이한 표현을 통해 '여인'의 마음 속에 가득했을 서러움을 감각적으로 드러내고 있다. 그리고 시행 '(㉡)'은/는 출가(出家)의 과정에서 '여인'이 느꼈을 심리적 고통을 다른 대상에 이입하여 드러내고 있다. 이처럼 시적 대상의 다양한 형상화 방법을 이해하는 것은 시적 화자의 정서와 언어적 표현과의 관계를 파악하는 데 중요하다.

① ㉠에 해당하는 문장

첫 어절: __________, 마지막 어절: __________

② ㉡에 해당하는 문장

첫 어절: __________, 마지막 어절: __________

※ 다음 글을 읽고 물음에 답하시오. (2024 수시(D))

> 파란 녹이 낀 구리 거울 속에
> 내 얼굴이 남아 있는 것은
> 어느 왕조의 유물이기에
> 이다지도 욕될까.
>
> 나는 나의 참회의 글을 한 줄에 줄이자.
> ― 만 이십사 년 일 개월을
> 무슨 기쁨을 바라 살아왔던가.
>
> 내일이나 모레나 그 어느 즐거운 날에
> 나는 또 한 줄의 참회록을 써야 한다.
> ― 그때 그 젊은 나이에
> 왜 그런 부끄런 고백을 했던가.
>
> 밤이면 밤마다 나의 거울을
> 손바닥으로 발바닥으로 닦아 보자.
>
> 그러면 어느 운석(隕石) 밑으로 홀로 걸어가는
> 슬픈 사람의 뒷모양이
> 거울 속에 나타나 온다.
>
> \- 윤동주, 「참회록」

[문제 16] <보기2>는 <보기1>의 자료를 바탕으로 제시문을 이해한 것이다. 제시문에서 <보기2>의 ㉠, ㉡이 나타나는 연을 찾아 각 연의 첫 어절과 마지막 어절을 쓰시오.

<보기1>

> 성찰이란 타자화된 시선, 즉 타인이 자신을 바라보듯 스스로의 내면을 바라보는 것이다. 자기 내부로 침잠하여 현실적인 자아와 이상적인 자아를 교차시키면서 부끄러운 순간들을 마주하게 된다. 이러한 자기 대면을 통해 자기 변화를 도모하거나 부정적이고 부조리한 현실에 대응할 수 있는 의지를 마련할 수 있게 된다. 이러한 성찰들은 문학 작품을 통해 공동체 사회에 전달됨으로써 우리가 이어 가야 할 가치를 전승한다는 점에서 의의를 지닌다

<보기2>

> 이 시의 화자는 거울 속에 비친 자기의 모습을 들여다보는 행위를 통해 자기 성찰의 순간을, 거울을 닦는 행위를 통해 성찰의 의지를 다지는 모습을 보여준다. 화자의 성찰은 이중적인 양상으로 제시되는데, 자아가 놓인 치욕스러운 현실과 과거에 대한 성찰이 하나라면 ㉠<u>현재의 부끄러운 고백을 다시 부끄럽게 떠올릴 미래에 대한 성찰</u>이 또 다른 하나이다. 이 두 성찰을 제시한 후 화자는 끊임없이 거울을 닦으며 성찰에의 의지를 다진다. 하지만 화자에게 현실은 여전히 극복하기 어려운 냉혹하고 고통스러운 것이다. 그럼에도 불구하고 ㉡<u>화자는 고통스러운 현실을 회피하지 않고 담담하게 고독과 비애를 끌어 안고 걸어나가겠다는 삶의 태도</u>를 드러낸다.

① ㉠이 나타난 연

첫 어절: __________, 마지막 어절: __________

② ㉡이 나타난 연

첫 어절: __________, 마지막 어절: __________

※ **다음 글을 읽고 물음에 답하시오. (2024 수시(D))**

[앞부분 줄거리] 갱구가 무너진 현장에서 광부 김창호가 국민들과 언론의 뜨거운 관심을 받으며 16일 만에 구출된다. 유명 인사가 된 김창호는 각종 방송 프로그램에 출연하면서 많은 돈을 벌게 된다. 이후 김창호는 가족을 등진 채 유흥에 빠져 지내다 돈을 모두 탕진하게 된다.

김창호: 동진 광업소 동 5 갱에 묻혀 있던 광부 김창호.

홍 기자: 아? 김창호 씨?

김창호: (반갑다) 역시 절 알아보시는군요. 그럴 줄 알았습니다. 모두 참 고마웠지요. 전 정말 잊지 않고 있습니다.

홍 기자: 그런데 뭐 볼일 있수? 나 지금 바쁜데…….

김창호: 절 좀 도와주십시오. 가족을 잃었습니다. 차비도 떨어지고…….

홍 기자: (돌아서서 5천 원짜리 주며) 이거 가지구 가시우, 그리고 아래층 광고부에 가면 거기서 사람 찾는 광고 취급합니다. 나 바빠서……. (김창호를 무시하고 다시 논문을 본다.)

김창호: 여보시오, 아무리 그래도 날 이렇게 대할 수 있소? 내가 한때는 그래도 영부인한테 초청을 받은 사람이오, 서울시장도 나한테…….

(김창호 멍하니 말을 잃는다. 홍 기자가 논문의 마지막 부분을 읽는 동안 천천히 퇴장한다.)

홍 기자: 결론, 따라서 매스컴이 없으면 하루도 살 수 없는 것이 현대인이다. 매스컴은 20세기적인 종교가 되었고 종래의 어떤 종교나 예술보다 긴요한 현실적 가치로 받아들여지고 있다. 그러나 우리는 그 무한한 기능으로 인해 인간 부재의 매스컴에 이르지 않는가를 부단히 경계하고 자각해야 할 것이다. 매스 커뮤니케이션! 매스컴! 이 얼마나 위대한 단어냐? (중략)

(카메라가 가운데 설치되고 있다. 구경꾼들 호기심에 카메라 앞에 몰려 있고 경찰은 정리에 바쁘고, 홍 기자 마이크 잡고 방송 준비. 카메라에 라이트 비친다.)

홍 기자: 여기는 강원도 정선군 동민 광업소 사고 현장입니다. 메탄가스 폭발로 인한 사고로 채탄 작업 중이던 광부 34명이 매장됐습니다. 그러나 전원 사망한 것으로 추정된 광부 중 폭발한 갱구 아래 쪽 대피소에 있던 배관공 22세 이호준 씨가 아직 살아 있음이 지상과 연결된 배기 파이프를 통해 확인됐습니다. 지금 보시는 부분이 사고 난 갱구 입구입니다.

(이때 이불 보따리를 멘 김창호 일가 등장한다. 홍 기자, 김창호를 발견한다. 홍 기자 달려온다.)

홍 기자: 김창호 씨, 잠깐만!

(이불 보따리를 벗겨 카메라 앞에 세운다.)

홍 기자: 시청자 여러분! 여러분 기억에도 새로운 매몰 광부 김창호 씨가 이 자리에 나오셨습니다. 지난해 10월 갱구 매몰로 16일간 굴속에 갇혀 있다 무쇠 같은 의지와 강인한 육체로 살아남은 김창호 씨!

(구경꾼들 일제히 김창호 씨에게 시선 주며 박수친다. 김창호 처음에는 머뭇거린다. 웃으며 손을 들어 답례한다.)

홍 기자: 김창호 씨, 어떻게 생각하십니까? 지금 지하 1천 2백 미터 갱내 대피소에 인부들이 갇혀 있습니다. 그 사람이 구출될 때까지 갱내에서 주의할 점은 무엇입니까?

김창호: 예, 먼저 체온을 유지해야 합니다. (신이 났다.) 제 경험으로 봐서 배고픈 건 움직이지 않음 참을 수 있는데 추운 건 견디기 힘듭니다. 전구라도 있으면 안고 있어야 합니다. 배기펌프로 공기도 계속 넣어 줘야 되구요.

(그사이 기자 한 사람 뛰어나와서 홍 기자에게 귀엣말한다. 홍 기자 마이크 뺏어 자기 말을 한다.)

홍 기자: 방금 인부들이 구출되었다고 합니다. 포클레인으로 무너진 흙더미의 한 부분을 들어내어 매몰된 인부들이 모두 그 틈으로 기어 나왔다고 합니다. 이상 지금까지 사고 현장에서 홍성기 기자가 말씀드렸습니다. 참! 싱겁게 끝나는군. 이런 걸 특종이라구 취재하다니, 자, 갑시다.

- 윤대성, 「출세기」

[문제 17] <보기>는 제시문에 대한 설명의 일부이다. <보기>의 ①에 들어갈 적절한 말, 그리고 ②에 들어갈 적절한 문장의 첫 어절과 마지막 어절을 제시문에서 찾아 쓰시오.

<보기>

「출세기」는 언론에 의해 작중 인물 '(①)'이/가 파멸되는 과정을 보여준다. 작중 인물 '(①)'에 대한 언론의 태도 변화는 언론의 습성을 잘 보여주는데, 이를 도식화하면 다음과 같다.

무너진 갱구에서 16일만에 구출	→	기사 소재가 됨	→	관심, 인터뷰
금전적 도움 요청	→	기사 소재 안 됨	→	무관심
광부 매장 사건 발생	→	기사 소재가 됨	→	관심, 인터뷰
광부 구출	→	기사 소재 안 됨	→	무관심

①: ________________

② 첫 어절: __________, **마지막 어절:** __________

※ 다음 글을 읽고 물음에 답하시오. (2024 수시(E))

[앞부분 줄거리] 성균관 진사이자 풍류랑인 김생은 어느 날 왕자 화산군의 궁녀인 영영을 목격한 뒤 그녀를 깊이 연모하게 된다. 하인 막동의 도움을 받아 영영이 종종 출입하는 이모네 집에서 만나 연정을 고백한 뒤 후일 화산군 댁에서 다시 만나 깊은 인연을 맺는다. 하지만 사랑이 금지된 궁녀의 신분으로서 출입이 자유롭지 못해 김생과 영영은 헤어지게 된다. 이후 김생은 몇 년간 공부를 하여 마침내 과거에 장원으로 급제한다.

3일 동안의 유가(遊街)에서 김생은 머리에 계수나무꽃을 꽂고 손에는 상아로 된 홀을 잡았다. 앞에서는 두 개의 일산(日傘)이 인도하고 뒤에서는 동자들이 옹위하였으며, 좌우에서는 비단옷을 입은 광대들이 재주를 부리고 악공들은 온갖 소리를 함께 연주하니, 길거리를 가득 메운 구경꾼들이 김생을 마치 천상의 신선인 양 바라보았다.

김생은 얼큰하게 취한지라 의기가 호탕해져 채찍을 잡고 말 위에 걸터앉아 수많은 집들을 한번 둘러보았다. 갑자기 길가의 한 집이 눈에 띄었는데 높고 긴 담장이 백 걸음 정도 빙빙 둘러 있었으며, 푸른 기와와 붉은 난간이 사면에서 빛났다. 섬돌과 뜰은 온갖 꽃과 초목들로 향기로운 숲을 이루고 나비는 희롱하듯 벌들은 미친 듯 그 사이를 어지러이 날아다녔다. 김생이 누구의 집이냐고 물으니, 곧 화산군 댁이라고 하였다. 김생은 문득 옛날 일이 생각나 마음속으로 은근히 기뻐하며 짐짓 취한 듯 말에서 떨어져 땅에 눕고는 일어나지 않았다. 궁인들이 무슨 일인가 하고 몰려나오자 구경꾼들이 저자처럼 모여들었다.

이때 화산군은 죽은 지 이미 3년이나 되었으며, 궁인들은 이제 막 상복을 벗은 상태였다. 그동안 부인은 마음 붙일 곳 없이 홀로 적적하게 살아온 터라 광대들의 재주가 보고 싶었다. 그래서 시녀들에게 명하여 김생을 부축해서 서쪽 가옥으로 모시고, 비단으로 짠 자리에 죽부인을 베개로 삼아 누이게 하였다. 김생은 여전히 눈이 어질어질하여 깨어나지 못한 듯이 누워 있었다.

이윽고 광대와 악공들이 뜰 가운데 나열하여 일제히 풍악을 울리며 온갖 놀이를 다 펼쳐 보였다. 궁녀들은 고운 얼굴에 분을 바르고 푸른 귀밑털에 구름 같은 머리채를 한 채 주렴을 걷고 지켜보았는데, 가히 수십 명이나 되었다. 그러나 영영이라는 이는 그 가운데 없었다. 김생은 이상하다는 생각이 들었으나 그 생사조차 알 수가 없었다. 그런데 자세히 살펴보니 한 낭자가 나오다가 김생을 보고는 다시 들어가서 눈물을 훔치고 안팎을 들락거리며 어찌할 줄을 모르고 있었다. 이는 바로 영영이 김생을 보고서 흐르는 눈물을 참지 못하고 차마 남이 알아챌까 봐 두려워한 것이었다.

이러한 영영을 바라보고 있는 김생의 마음은 처량하기 그지없었다. 그러나 날은 이미 어두워지려고 하였다. 김생은 이곳에 더 이상 오래 머물러 있을 수 없다는 것을 알고 기지개를 켜면서 일어나 주위를 돌아보고는 놀라는 척 말했다.

"이곳이 어디입니까?" / 궁중의 늙은 노비인 장획이라는 자가 달려와 아뢰었다.

"화산군 댁입니다." / 김생은 더욱 놀라는 척하며 말했다.

"내가 어떻게 해서 이곳에 왔습니까?"

장획이 사실대로 대답하자, 김생은 곧 자리에서 일어나서 나가려고 하였다. 이때 부인이 술로 인한 김생의 갈증을 염려하여 영영에게 차를 가져오라고 명하였다. 이로 인해 두 사람은 서로 가까이하게 되었으나, 말 한마디도 못 하고 단지 눈길만 주고받을 뿐이었다. 영영은 차를 다 올리고 일어나 안으로 들어가면서 품속에서 편지 한 통을 떨어뜨렸다. 이에 김생은 얼른 편지를 주워서 소매 속에 숨기고 나왔다.

- 작자 미상, 「상사동기(相思洞記)」

[문제 18] <보기>는 제시문 속 '김생'의 성격에 대한 설명이다. <보기>의 ㉠이 나타나는 문장 한 개와 ㉡이 나타나는 문장 두 개를 제시문에서 찾아 각각의 첫 어절과 마지막 어절을 쓰시오.

<보기>

김생은 자신의 목적인 사랑을 이루기 위해서 상황을 설정하고 상황에 맞추어 연기를 하듯이 말과 행동을 하는 인물이다. 예를 들어 ㉠김생은 옛 연인이 있을 것으로 추측되는 집으로 들어가기 위해 의도적으로 꾸며낸 행동을 하여 상황을 조성하기도 하고, ㉡계획된 상황 속에서 일부러 시치미를 떼고 질문을 하기도 한다. 이러한 장면을 통해 김생은 주도면밀한 성격의 인물로 묘사된다. 이처럼 소설에서 인물의 말과 행동에는 그 인물이 가진 인간관이나 처세관 등이 담겨 있으며 그러한 인물의 성격 제시를 통해서 소설의 주제는 더욱 날카롭게 부각된다. 이 소설은 조선 후기의 애정 소설로서 당시의 시대 상황으로서는 이루어지기 힘든 신분의 차이를 극복한 남녀 간의 사랑을 보여주는데, 그 과정에 김생의 이와 같은 성격화가 중요한 역할을 한다.

① ㉠에 해당하는 문장

첫 어절: __________, 마지막 어절: __________

② ㉡에 해당하는 문장

첫 어절: __________, 마지막 어절: __________

③ ㉡에 해당하는 문장

첫 어절: __________, 마지막 어절: __________

※ 다음 글을 읽고 물음에 답하시오. (2024 수시(E))

> 인쇄한 박수근 화백 그림을 하나 사다가 걸어놓고는 물끄러미 그걸 치어다보면서 나는 그 그림의 제목을 여러 가지로 바꾸어보곤 하는데 원래 제목인 '강변'도 좋지마는 '할머니'라든가 '손주'라는 제목을 붙여보아도 가슴이 알알한 것이 여간 좋은 게 아닙니다. 그러다가는 나도 모르게 한 가지 장면이 떠오릅니다. 그가 술을 드시러 저녁 무렵 외출할 때에는 마당에 널린 빨래를 걷어다 개어놓곤 했다는 것입니다. 그 빨래를 개는 손이 참 커다랬다는 이야기는 참으로 장엄하기까지 한 것이어서 성자의 그것처럼 느껴지기도 합니다. 그는 멋쟁이이긴 멋쟁이였던 모양입니다.
> 그러나 또한 참으로 궁금한 것은 그 커다란 손등 위에서 같이 꼼지락거렸을 햇빛들이며는 그가 죽은 후에 그를 쫓아갔는가 아니면 이승에 아직 남아서 어느 그러한, 장엄한 손길 위에 다시 떠 있는가 하는 것입니다. 그가 마른 빨래를 개며 들었을지 모르는 뻐꾹새 소리 같은 것들은 다 어떻게 되었을까. 내가 궁금한 일들은 그러한 궁금한 일들입니다. 그가 가지고 갔을 가난이며 그리움 같은 것은 다 무엇이 되어 오는지…… 저녁이 되어 오는지…… 가을이 되어 오는지…… 궁금한 일들은 다 슬픈 일들입니다.
>
> - 장석남, 「궁금한 일-박수근의 그림에서」

[문제 19] <보기>는 제시문에 대한 해설의 일부이다. <보기>의 ①, ②에 들어갈 적절한 말을 제시문에서 찾아 쓰시오.

<보기>

> 이 작품은 박수근 화백의 그림을 감상하다가 떠오르는 상념들을 차분하게 들려주는 형식의 시이다. 시의 전반부에서는 화가 박수근의 작품과 함께 그의 삶의 에피소드를 환기하면서 소박하면서도 진실한 그의 삶과 예술 세계를 예찬하고, 후반부에서는 삶과 예술에 대해 화자가 가지는 근원적인 애상감을 질문의 형식으로 풀어나간다. 외출하기 전에 빨래를 개어놓고 나갔다는 에피소드를 통해 화가로서 박수근의 삶은 생활인의 모습과 겹쳐지는데, 이를 (①)(이)라는 신체 이미지를 나타내는 시어로 압축한다. 화자는 가난한 삶을 살면서도 꿋꿋이 예술 활동을 이어나간 화백을 '성자', '멋쟁이' 등의 말로 예찬하기도 한다. 두 번째 행부터는 시상이 전환되는데, 화자는 박수근의 작품과 삶의 에피소드로부터 한발 물러나서 화가의 죽음과 함께 사라진 것들을 헤아려 본다. 화가가 그림의 주제로 삼았던 '그리움'이나 '가난'과 함께 그의 삶 속에 존재했을 '햇빛'이나 '뻐꾹새 소리' 등이 다 어떻게 되었고 무엇이 되어 오는지 궁금해한다. 그런데 이러한 질문들은 화자에게 화가의 죽음과 사라짐을 떠올리게 하여 애상감을 갖게 한다. 죽음과 관련한 존재의 유한성은 비단 박수근만의 것은 아니기에 화자는 인간과 예술에 대한 근원적인 문제들을 질문의 형식으로 풀어나간다. 그리고 이 과정에서 느낀 존재의 유한성에 대한 애상감을 (②)(이)라는 시어를 통해 드러내고 있다.

①: ________________, ②: ________________

※ 다음 글을 읽고 물음에 답하시오. (2024 수시(G))

> 세월은 또 한 고비 넘고
> 잠이 오지 않는다
> 꿈결에도 식은땀이 등을 적신다
> 몸부림치다 와 닿는
> 둘째 놈 애린 손끝이 천 근으로 아프다
> 세상 그만 내리고만 싶은 나를 애비라 믿어
> 이렇게 잠이 평화로운가
> 바로 뉘고 이불을 다독여 준다
> 이 나이토록 배운 것이라곤 원고지 메꿔 밥 비는 재주
> 쫓기듯 붙잡는 원고지 칸이
> 마침내 못 건널 운명의 강처럼 넓기만 한데
> 달아오른 불덩어리
> 초라한 몸 가릴 방 한 칸이
> 망망천지에 없단 말이냐
> 웅크리고 잠든 아내의 등에 얼굴을 대본다
> 밖에는 바람 소리 사정없고
> 며칠 후면 남이 누울 방바닥
> 잠이 오지 않는다
>
> - 김사인, 「지상의 방 한 칸-박영한 님의 제(題)를 빌려」

[문제 20] <보기>는 제시문에 대한 해설의 일부이다. <보기>의 ㉠이 시적 화자의 구체적인 행동으로 나타난 시행 두 개를 제시문에서 찾아 각각의 첫 어절과 마지막 어절을 쓰시오.

<보기>

> 이 시는 글 쓰는 일만으로 가족의 생계를 부담해야 하는 가난한 가장인 화자의 비애감을 읊은 작품이다. 화자는 며칠 후면 비워 줘야 하는 방에서 깊은 시름으로 잠을 이루지 못한다. 화자의 이러한 비애감은 비유와 설의적 표현 등을 통해 드러나고 있다. 이 시에는 화자가 느끼는 비애감뿐만 아니라, ㉠잠든 가족을 바라보며 화자가 느끼는 가족에 대한 연민과 애정도 표현되어 있다. 이러한 가족에 대한 연민과 애정의 감정은 '가난으로 인한 고통으로 잠 못 드는 가장의 비애'라는 이 시의 주제를 더욱 부각시키는 효과를 가져온다.

① 첫 어절: __________, 마지막 어절: __________

② 첫 어절: __________, 마지막 어절: __________

※ **다음 글을 읽고 물음에 답하시오. (2024 수시(F))**

(가)
어느 집에나 문이 있다
우리 집의 문 또한 그렇지만
어느 집의 문이나
문이 크다고 해서 반드시
잘 열리고 닫힌다는 보장이 없듯

문은 열려 있다고 해서
언제나 열려 있지 않고
닫혀 있다고 해서
언제나 닫혀 있지 않다

어느 집에나 문이 있다
어느 집의 문이나 그러나
문이라고 해서 모두 닫히고 열리리라는
확증이 없듯
문이라고 해서 반드시
열리기도 하고 또 닫히기도 하지 않고
또 두드린다고 해서 열리지 않는다

어느 집에나 문이 있다
어느 집이나 문은
담이나 벽을 뚫고 들어가
담이나 벽과는 다른 모양으로
자리 잡는다

담이나 벽을 뚫고 들어가
담이나 벽과 다른 모양으로
자리 잡기는 잡았지만
담이나 벽이 되지 말라는 법이나
담이나 벽보다 더 든든한
문이 되지 말라는 법은 없다

- 오규원, 「문」

(나)
시에 담긴 의미를 이해하기 위해서는 표현 기법의 특징을 이해하는 것이 중요하다. 시에서 사용되는 다양한 표현 기법 중 아이러니는 알레고리와 함께 입체적인 의미를 담아내는 기법으로 주로 사용된다. 아이러니는 시인이 표현하고자 하는 현실을 이해하는 준거의 틀로 작동한다. 흔히 아이러니를 말하는 내용과 반대되는 의미를 전달하고자 할 때 사용하는 표현 정도로 이해하고 있는 경우가 많다. 하지만 아이러니는 문학 작품의 내적 또는 외적 요소에서 드러나는 대립과 긴장을 통해 상투적인 세계에 대한 작가의 새로운 인식을 담아내는 방법으로 사용된다. 아이러니는 대립과 긴장이 발생하는 지점에 따라 '상황 기반 아이러니'와 '모순 형용 아이러니'로 나누어 생각해 볼 수 있다. 상황 기반 아이러니는 작품에 나타난 진술이 그 진술의 배경이 되는 상황과의 관계에서 대립과 긴장이 발생하는 것을 말한다. 그리고 '모순 형용 아이러니'는 작품에 나타나는 진술 자체에서 대립과 긴장이 발생하는 것을 말한다. 가령 삶과 죽음처럼 서로 대조되는 속성을 가진 두 항목이 작품에서 의미적으로 결합하는 과정을 통해 두 항목 간의 의미적 모순성이 드러나게 되는 것을 말한다. 작가는 현실 세계에 존재하는 대립과 긴장, 즉 현실 세계의 모순을 아이러니를 통해 통합시킴으로써 현실에 대한 새로운 시각을 보여 주는 것이다.

[문제 21] <보기>는 (나)를 바탕으로 (가)를 이해한 내용이다. <보기>의 ①, ②에 들어갈 적절한 말을 (나)에서 찾아 쓰시오.

<보기>

(가)는 일상에서 수없이 접하는 '문'에 대한 인식을 새로운 시각으로 제시하고 있다. (가)에서는 '문'에 대한 새로운 인식을 전하는 표현 기법으로 (나)에서 설명하고 있는 두 종류의 아이러니가 활용됨을 확인할 수 있다. 먼저 (가)의 4연과 5연에서 '문'과 '담, 벽'이 의미적으로 연결될 때, 열림과 닫힘 또는 연결과 단절이라는 이항 대립에 의해 발생하는 (①) 아이러니를 확인할 수 있다. 그리고 2연에서는 '문' 이 '열려 있다고 해서 / 언제나 열려 있지 않'에서는 '문'이 지닌 일반적인 속성과 어긋나는 상황을 제시한 것에서 (②) 아이러니가 나타나는 것으로 볼 수 있다. (가)에서는 이와 같은 두 종류의 아이러니를 통해 '문'에 대한 새로운 시각을 보여 준다.

①: ______________, ②: ______________

※ 다음 글을 읽고 물음에 답하시오. (2024 수시(F))

[앞부분 줄거리] '나'는 창신동의 빈민가에 살다가 양옥집으로 하숙집을 옮긴다. 집주인 할아버지는 규칙을 강조하고 양옥집의 일상을 통제한다.

가풍. 내게는 낯설기 짝이 없는 단어였지만 며칠 동안에 나는 그 말의 개념이 아니라 바로 그의 실체를 온몸에 느끼게 되었다. '규칙적인 생활 제일주의'가 맨 먼저 나를 휘감은 이 집의 가풍이었다.

아침 여섯시에 기상. (그러나 나의 경우는 자발적인 기상이 아니라 할아버지가 차를 끓여 가지고 손수 들고 와서 나를 깨우고 그 차를 마시게 하고 내가 무안함에 가슴을 두근거리며 황급히 옷을 주워 입으면 아침 산보를 시키는 것이었다. 그래서 나는 수면 부족으로 좀 자유로운 낮에 늘 낮잠이었다. 그러나 그 집 식구들은 심지어 세 살 난 어린 애마저도 그 규칙을 지키고 있는 모양이었다.) 아침 식사. 출근 혹은 등교. 할아버지도 어느 회사에 중역으로 나가고 있었으므로 집에 남는 건 할머니와 며느리, 어린애와 식모, 그리고 노곤한 몸을 주체하지 못하는 나뿐이었다. 그 동안 나는 오전 열시경에 며느리와 할머니가 놀리는 미싱 소리를 쭉 듣게 되고, 열두 시경에 라디오에서 나오는 음악을 듣고, 오후 네 시엔 「엘리제를 위하여」를 듣게 된다. 오후 여섯 시 반까지는 모든 식구가 집에 와 있어야 하고 저녁 식사. 식사가 끝나면 십여 분 동안 잡담. 그게 끝나면 모두 자기 방으로 가서 공부 그리고 식모가 보리차가 든 주전자와 컵을 준비해서 대청마루 가운데 있는 탁자 위에 놓는 달그락 소리가 나면 그때 시간은 열 시 오륙 분 전. 그 소리가 그치면 여러 방의 문이 열리고 식구들이 모두 나와서 물 한 컵씩을 마시고 '안녕히 주무십시오.'를 한 차례 돌리고 잠자리로 들어간다. 세상에 이런 생활도 있었나 하고 나는 놀라지 않을 수 없었다. 식구 중 누구 한 사람 얼굴에 그늘이 있는 사람은 없었다. 나로서는 상상도 하지 못하던 세계에 온 것이었다. 동대문이 가까운 창신동 그 빈민가의 내가 들어 있었던 집의 식구들을 생각하지 않을 수 없는 이 정식(正式)의 생활. (중략)

이윽고 서 씨의 몸은 성벽의 저 너머로 사라져 버렸다. 그리고 잠시 후에 나는 더욱 놀라운 광경을 보게 되었다. 서 씨가 성벽 위에 몸을 나타내고 그리고 성벽을 이루고 있는 커다란 금고만 한 돌덩이를 그의 한 손에 하나씩 집어서 번쩍 자기의 머리 위로 치켜올린 것이었다. 지렛대나 도르래를 사용하지 않고서는 혹은 여러 사람이 달라붙지 않고서는 들어 올릴 수 없는 무게를 가진 돌을 그는 맨손으로 들어 올린 것이었다. 그는 나에게 보라는 듯이 자기가 들고 서 있는 돌을 여러 차례 흔들어 보이고 나서 방금 그 돌들이 있던 자리를 서로 바꾸어서 그 돌들을 곱게 내려놓았다.

나는 꿈속에 있는 기분이었다. 고담(古談) 같은 데서 등장하는 역사(力士)만은 나도 인정하고 있는 셈이지만 이 한밤중에 바로 내 앞에서 푸르게 빛나는 조명을 온몸에 받으며 성벽을 디디고 우뚝 솟아 있는 저 사내를 나는 무엇이라고 이름 붙여야 할지 몰랐다.

역사, 서 씨는 역사다, 하고 내가 별수 없이 인정하며 감탄이라기보다는 차라리 그 귀기(鬼氣)에 찬 광경을 본 무서움에 떨고 있는 동안에 그는 어느새 돌아왔는지 유령처럼 내 앞에서 자랑스러운 웃음을 소리 없이 웃고 있었다.

서 씨는 역사였다. 그날 밤 나는 집으로 돌아와서 이제까지 아무에게도 들려주지 않았다는 서 씨의 얘기를 들었다.

그는 중국인의 남자와 한국인의 여자 사이에서 난 혼혈아였다. 그의 선조들은 대대로 중국에서 이름있는 역사들이었다. 족보를 보면 헤아릴 수 없이 많은 장수(將帥)가 있다고 했다. 그네들이 가졌던 힘, 그것이 그들의 존재 이유였고 유일한 유물이었던 모양이었다. 그 무형의 재산은 가보(家寶)로서 후손에게 전해졌다. 그것으로써 그들은 세상을 평안하게 할 수 있었고 자신들의 영광도 차지할 수 있었다. 그러나 이 서 씨에 와서도 그 힘이 재산이 될 수는 없었다. 이제 와서 그 힘은 서 씨로 하여금 공사장에서 남보다 약간 더 많은 보수를 받게 하는 기능밖에 가질 수가 없게 된 것이다. 결국 서 씨는 그 약간 더 많은 보수를 거절하기로 했다. 남만큼만 벽돌을 날랐고 남만큼만 땅을 팠다. 선조의 영광은 그렇게 하여 보존될 수밖에 없었다. 그리고 서 씨는 아무도 나다니지 않는 한밤중을 택하고 동대문의 성벽에서 그 힘이 유지되고 있음을 명부(冥府)의 선조들에게 알리고 있다는 것이었다.

- 김승옥, 「역사」

[문제 22] <보기>는 제시문에 대한 해설의 일부이다. 제시문에서 <보기>의 ㉠과 ㉡이 나타나는 문단을 찾아 각각의 첫 어절과 마지막 어절을 순서대로 쓰시오.

<보기>

「역사」에는 '서 씨'와 '주인 할아버지' 두 인물을 중심으로 현실을 살아가는 다른 삶의 방식이 나타난다. 먼저 '주인 할아버지'는 자신이 정한 규칙으로 타인의 자유를 억압한다. ㉠<u>'나'는 자유를 박탈 당한 식구들의 모습을 바라보며 '주인 할아버지' 가족들의 생활에 대한 비판적인 시각을 드러낸다</u>. 그리고 '서 씨'에게 과거는 복원되어야 할 가치를 지닌 시간으로 인식되는데, '서 씨'는 현대적 삶에 맞서 쇠락해 가는 가치를 자기 나름의 방식으로 보존하며 살아간다. ㉡<u>'서 씨'는 '서 씨'의 행동에 전율을 느끼는 '나' 앞에서 자기 삶의 방식에 대한 자긍심을 드러낸다</u>.

① **㉠에 해당하는 문장**

첫 어절: ＿＿＿＿＿, 마지막 어절: ＿＿＿＿＿

② **㉡에 해당하는 문장**

첫 어절: ＿＿＿＿＿, 마지막 어절: ＿＿＿＿＿

※ **다음 글을 읽고 물음에 답하시오. (2024 수시(G))**

[앞부분 줄거리] 유백로는 소상 죽림에서 조은하를 만나 인연을 맺는다. 유백로가 장성하자 병부 상서가 유백로를 사위로 맞으려 하지만 거절당하고, 최국양도 조은하를 며느리로 삼으려 하지만 거절당한다. 조은하를 찾는 데 실패한 유백로는 병이 들어 벼슬에서 물러났다가, 오랑캐 가달이 처들어오자 원수가 되어 출전한다. 전장에 나간 유백로는 최국양의 모함으로 가달에게 붙잡히는데, 이때 조은하가 가달을 물리치고 유백로를 구출하기 위해 대원수로 출전한다.

대원수가 말에서 내려 하늘에 절하고 주문을 외워 백학선을 사면으로 부치니 천지 아득하고 뇌성벽력이 진동하며, 무수한 신장(神將)이 내려와 돕는지라. 저 가달이 아무리 용맹한들 어찌 당하리오? 두려워하여 일시에 말에서 내려 항복하니 대원수가 가달과 마대영을 당하(堂下)에 꿇리고 크게 꾸짖어,

"네가 유 원수를 지금 모셔 와야 목숨을 용서하려니와, 그렇지 않은즉 군법을 시행하리라."

하니, 가달이 급히 마대영에게 명하여 유 원수를 모셔 오라 하거늘 마대영이 급히 달려 유 원수의 곳에 나아가 고하기를,

"원수는 소장(小將)이 구함이 아니런들 벌써 위태하셨을 터이오니, 소장의 공을 어찌 모르소서."

하고 수레에 싣고 몰아가거늘, 유 원수가 아무것도 모르고 당하에 다다르니, 일위 소
년 대장이 맞아 이르기를,

"장군이 대대 명가 자손으로 이렇듯 곤함이 모두 운명이라, 안심하여 개의치 마소서."

하거늘 유 원수가 눈을 들어 본즉 이는 평생에 전혀 알지 못하는 사람이라. 손을 들어 칭찬하며 이르기를,

"뉘신지는 모르거니와 뜻밖에 죽어 가는 사람을 살려, 본국의 귀신이 되게 하시니 백골난망(白骨難忘)이오나, 이제 전쟁에서 패배한 장수가 되어 군부(軍府)를 욕되게 하오니, 무슨 면목으로 군부를 뵈오리오. 차라리 이곳에서 죽어 죄를 갚을까 하나이다."

대원수가 재삼 위로하기를,

"장수 되어 일승일패(一勝一敗)는 병가상사(兵家常事)이오니, 과히 번뇌치 마소서."

유 원수가 예를 갖추어 인사하더라.

가달과 마대영을 수레에 싣고 회군(回軍)할새, 먼저 승전한 첩서(捷書)를 올리고 승전고(勝戰鼓)를 울리며 행할새, 유 원수가 부끄러워하는 기색이 가득한 것을 보고 대원수가 묻기를

"장군이 이제 사지(死地)를 벗어나 고국으로 돌아오시니, 만행(萬幸)이거늘 어찌 이렇듯 수척하시뇨?"

유 원수가 차탄(嗟歎)하여 이르기를,

"소장이 불충불효한 죄를 짓고 돌아오니 무엇이 즐거우리이까? 원수가 이렇듯 유념하시니 황공(惶恐) 불안하여이다."

대원수가 짐짓 묻기를,

"듣자온즉 원수가 일개 여자를 위하여 자원 출전하셨다 하오니, 이 말이 옳으니잇가?"

유 원수가 부끄러워하며 대답이 없거늘, 대원수가 또 가로되,

"장군이 이미 노중에서 일개 여자를 만나, 백학선에 글을 써 주었던 그 여자가 장성하매 백년을 기약하나, 임자를 만나지 못하매, 사면으로 찾아 서주에 이르러 장군의 비문을 보고 기절하여 죽었다 하니, 어찌 애석하지 않으리오?"

유 원수가 듣고 비참하여 탄식하기를,

"소장이 군부에게 욕을 끼치고, 또 여자에게 원한을 쌓게 하였으니, 차라리 죽어 모르고자 하나이다."

대원수가 미소하고 백학선을 내어 부치거늘, 유 원수가 이윽히 보다가 묻기를,

"원수가 그 부채를 어디서 얻었나이까?"

대원수가 가로되

"소장의 조부께서 상강 현령으로 계실 때에 용왕을 현몽(現夢)하고 얻으신 것이니이다."

유 원수가 다시 묻지 아니하고 내심 헤아리기를 '세상에 같은 부채도 있도다.'하고 재삼 보거늘 대원수가 이를 보고 참지 못하여,

"장군이 정신이 가물거려 친히 쓴 글씨를 몰라보시는도다."

- 작자 미상, 「백학선전」

[문제 23] <보기>는 제시문에 대한 해설의 일부이다. 제시문에서 <보기>의 ㉠에 해당하는 적절한 단어를 찾아 쓰고, ㉡에 해당하는 적절한 문장을 찾아 첫 어절과 마지막 어절을 쓰시오.

<보기>

고전 소설에서는 남녀 간의 결연의 증거로 ㉠'징표(徵標)'를 주고받는 경우가 많다. 징표는 다양한 서사적 기능을 하는데, 하늘의 권위나 사대부 가문의 위상을 상징함으로써 징표를 주고받는 사람들이 그것을 소중하게 간직하도록 하는 경우가 많다. 이러한 징표는 인물들의 만남이 일회성에 그치지 않고 지속적인 인연이 되는 것을 매개하는 경우가 있는데, 서로가 떨어져 있는 상황에서도 절개를 지키며 서로 간의 약속을 잊지 않게 하거나 서로의 정체를 확인하게 하는 기능을 한다. 한편 ㉡징표가 신이한 능력을 지니고 있어 관련 인물이 위기에 처했을 때 시련을 극복할 수 있게 도움을 주는 경우도 있다

① **㉠에 해당하는 단어:** ________________

② **㉡에 해당하는 문장**

첫 어절: __________, **마지막 어절:** __________

※ **다음 글을 읽고 물음에 답하시오.**

뎨 가ᄂᆞᆫ 뎌 각시 본 듯도 ᄒᆞᆫ뎌이고
텬샹(天上)ᄇᆡᆨ옥경(白玉京)을 엇디ᄒᆞ야 니별(離別)ᄒᆞ고
ᄒᆡ 다 뎌 져믄 날의 눌을 보라 가시ᄂᆞᆫ고
어와 네여이고 이내 ᄉᆞ셜 드러 보오
내 얼굴 이 거동이 님 괴얌즉 ᄒᆞᆫ가마ᄂᆞᆫ
엇딘디 날 보시고 네로다 녀기실ᄉᆡ
나도 님을 미더 군ᄠᅳ디 젼혀 업서
이ᄅᆡ야 교ᄐᆡ야 어ᄌᆞ러이 ᄒᆞ돗쎤디
반기시ᄂᆞᆫ ᄂᆞᆺ비치 녜와 엇디 다ᄅᆞ신고
누어 ᄉᆡᆼ각ᄒᆞ고 니러 안자 혜여ᄒᆞ니
내 몸의 지은 죄 뫼ᄀᆞ티 ᄡᅡ혀시니
하ᄂᆞᆯ히라 원망ᄒᆞ며 사ᄅᆞᆷ이라 허믈ᄒᆞ랴
셜워 플텨혜니 조믈(造物)의 타시로다
글란 ᄉᆡᆼ각 마오 ᄆᆡ친 일이 이셔이다
님을 뫼셔 이셔 님의 일을 내 알거니
믈 ᄀᆞᄐᆞᆫ 얼굴이 편ᄒᆞ실 적 몃 날일고
츈한고열(春寒苦熱)은 엇디ᄒᆞ야 디내시며
츄일동텬(秋日冬天)은 뉘라셔 뫼셧ᄂᆞᆫ고
쥭조반(粥早飯) 죠셕(朝夕) 뫼 녜와 ᄀᆞᆺ티 셰시ᄂᆞᆫ가
기나긴 밤의 ᄌᆞᆷ은 엇디 자시ᄂᆞᆫ고
님 다히 쇼식(消息)을 아므려나 아쟈 ᄒᆞ니
오ᄂᆞᆯ도 거의로다 ᄂᆡ일이나 사ᄅᆞᆷ 올가
내 ᄆᆞ음 둘 ᄃᆡ 업다 어드러로 가쟛 말고
잡거니 밀거니 놉픈 뫼ᄒᆡ 올라가니
구롬은 ᄏᆞ니와 안개ᄂᆞᆫ ᄆᆞᄉᆞ 일고
산쳔(山川)이 어둡거니 일월(日月)을 엇디 보며
지쳑(咫尺)을 모ᄅᆞ거든 쳔 리(千里)ᄅᆞᆯ ᄇᆞ라보랴
ᄎᆞᆯ하리 믈ᄀᆞ의 가 ᄇᆡ길히나 보랴 ᄒᆞ니
ᄇᆞ람이야 믈결이야 어둥졍 된뎌이고
샤공은 어ᄃᆡ 가고 븬 ᄇᆡ만 걸렷ᄂᆞᆫ고
강텬(江天)의 혼자 셔셔 디ᄂᆞᆫ ᄒᆡᄅᆞᆯ 구버보니
님 다히 쇼식(消息)이 더옥 아득ᄒᆞᆫ뎌이고
모쳠(茅簷) ᄎᆞᆫ 자리의 밤듕만 도라오니
반벽쳥등(半壁靑燈)은 눌 위ᄒᆞ야 ᄇᆞᆯ갓ᄂᆞᆫ고
오ᄅᆞ며 ᄂᆞ리며 헤ᄠᅳ며 바자니니
져근덧 녁진(力盡)ᄒᆞ야 픗ᄌᆞᆷ을 잠간 드니
졍셩(精誠)이 지극ᄒᆞ야 ᄭᅮᆷ의 님을 보니
옥(玉) ᄀᆞᄐᆞᆫ 얼구리 반(半)이 나마 늘거셰라
ᄆᆞ음의 머근 말ᄉᆞᆷ 슬ᄏᆞ장 ᄉᆞᆲ쟈 ᄒᆞ니
눈믈이 바라나니 말ᄉᆞᆷ인들 어이 ᄒᆞ며
졍(情)을 못다 ᄒᆞ야 목이조차 메여 ᄒᆞ니
오뎐된 계셩(鷄聲)의 ᄌᆞᆷ은 엇디 ᄭᆡ돗던고
어와 허ᄉᆞ(虛事)로다 이 님이 어ᄃᆡ 간고
잠결의 니러 안자 창(窓)을 열고 ᄇᆞ라보니
어엿븐 그림재 날 조ᄎᆞᆯ ᄲᅮᆫ이로다
ᄎᆞᆯ하리 싀여디여 낙월(落月)이나 되야이셔
님 겨신 창(窓) 안히 번드시 비최리라
각시님 ᄃᆞᆯ이야 ᄏᆞ니와 구ᄌᆞᆫ비나 되쇼셔

- 정철 <속미인곡>

[문제 24] <보기>는 제시문에 대한 해설의 일부이다. <보기>를 읽고, ㉠~㉢에 알맞은 말을 본문에서 찾아 쓰시오. ㉠, ㉡에 해당하는 적절한 구절을 찾아 쓰고, ㉢에 해당하는 적절한 단어를 원문 그대로 찾아 쓰시오.

<보기>

이 작품의 작자가 임금을 모시던 관리라는 점을 고려하여, 이 작품을 창작할 당시 작가의 처지를 추론해 볼 수 있다. 작자가 한양에서 임금을 모시다 벼슬에서 물러난 처지라는 것을 알 수 있게 하는 소재로는 '텬샹(天上) 빅옥경(白玉京)'이 있고, 천상의 옥황상제들이 지내는 궁궐이라는 장소의 상징성이 임금을 모시던 사람임을 짐작하게 한다. 그러나 천상 백옥경을 이별하였다 하였으니, 작자는 임금을 모시다 천상에서 이별하여 지상으로 떨어진 처지라는 상징성을 이해하는 것이 중요하다.

이 작품에서는 고전시가의 특성 상 다양한 비유와 상징이 쓰였는데, 특히 표면적으로는 임이 계신 곳을 바라보고자 하는 화자의 시야를 가로막는 장애물을 의미하며, 이면적으로는 당시 조정을 어지럽히던 간신들을 상징하는 소재를 포함한 부분을 찾아볼 수 있다. 예를 들어, (㉠)와/과 (㉡)(이)라는 구절이 그러하다. 한편 화자는 현실에서는 임을 만날 수 없기 때문에, 현실을 초월하여 간절하게 임을 만날 수 있는 계기를 찾고 있다. 그러므로 작품 속 소재 가운데 (㉢)은/는 임과 화자의 만남을 가능하게 하는 매개체로서의 기능을 한다.

㉠: ____________, ㉡: ____________, ㉢: ____________

※ 다음 글을 읽고 물음에 답하시오.

포도나무 뿌리를 실은 그의 왜건을 타고 영동을 벗어나 한밤의 경부 고속도로를 달리면서, 그녀가 세상을 떠나고도 시간이 한참 흘러서야 고모할머니가 일본군 '위안부'였다는 사실을 알게 된 것과 미처 못한 이야기를 그에게 해주었다.

왜건 뒷자리에 실린 포도나무 뿌리가 나는 그 어떤 뿌리보다 더 고모할머니의 손 같았다. 일 년여를 한방에서 지내는 동안 밤마다 이불 속을 더듬어 오던, 잠들려 하는 내 손을 슬그머니 움켜쥐던 고모할머니의 손이 시공을 초월해 그의 왜건 뒷자리에 실려 있는 것 같았다. 밤마다 내 손을 움켜쥐던 그녀의 손은 쪼그라들어, 겨우 아홉 살이던 내 손보다 작아 보였다.

대형 화물 트럭들이 무섭게 내달리는 경부 고속도로를 서둘러 벗어나고 싶은지, 그는 왜건 속도를 백삼십 킬로미터까지 높였다. 왜건이 속도에 못이겨 흔들리자 포도나무 뿌리가 차창을 긁으면서, 뿌리에 묻어 있던 흙이 부스스 떨어져 날렸다. 뿌리는 운전석과 조수석까지 뻗어 있었다. 그와 나 사이로 금처럼 뻗은 뿌리가 가늘게 떨고 있었다.

남귀덕……. 중얼거리는 소리에 그가 고개를 돌렸다.

"고모할머니 이름이 남귀덕이었어."

한 번도 불러 본 적 없는 이름을, 부를 일 없을 것 같던 이름을 나는 그렇게 부르고 있었다.

영동 황간면 포도밭에 다녀온 뒤로 나는 고모할머니의 손이 내 손을 슬그머니 그러잡는 착각에 사로잡히고는 했다. 며칠 전 나는 우연히 위안부 피해자에 대한 기사를 읽었다. 정부에 등록한 위안부 피해자 237명 중 182명이 사망하고 55명밖에 남지 않았다고 했다. 그 55명도 평균 나이가 88세가 넘어 머지않아 하나둘 세상을 뜰 것이라고 했다. 고모할머니가 죽은 뒤에도 가족들은 그녀가 위안부였다는 사실을 쉬쉬하는 듯했다. 할아버지를 비롯해 그녀의 일곱 형제들이 차례로 세상을 뜬 뒤로 친척들은 아무도 그녀를 애써 기억해 내려 하지 않았다.

영동에서 구해 온 포도나무 뿌리, 그 뿌리를 며칠 전 경복궁 근처 한옥을 개조해 만든 갤러리에서 다시 보았다. 정희 선배가 찻집 겸 갤러리를 내면서 후배 몇에게 전시할 기회를 제공해준 것이다. 부엌을 개조해 만든 전시실, 공중곡예를 하듯 허공에 위태롭게 매달려 있는 그 뿌리가 영동에서 구해 온 뿌리라는 것을, 나는 단박에 알아차렸다. 말리고, 방부제 처리를 하고, 접착제를 바르고, 촛농을 입히는 동안 형태가 달라졌음에도 불구하고. 두 평 남짓한 전시실 입구 옆 명조체로 '남귀덕'이라고 적힌 작품명을 보았던 것이다. 나는 선뜻 전시실 안으로 발을 내딛지 못했다. 포도나무 뿌리가 드리우는 흰색으로 넘쳐나는 전시실 천장과 벽과 바닥에 포도나무 그림자가 드리워져 있었기 때문이었다. 귀기가 감도는 그 그림자 속으로 들어서면서 나는 깨달았다. 고모할머니가 이불 속을 더듬어 찾던 것은 단순히 내 손이 아니었다는 걸…… 그녀가 그토록 찾던 것은 흙이었다는 걸. 태어나고 자란 자리에서 파헤쳐져 내팽개쳐진 뿌리와도 같은 자신의 존재…… 잎 한 장, 꽃 한 송이, 열매 한 알 맺지 못하고 철사처럼 메말라 가던 자신의 존재를 받아 줄 흙이었다고…… 뿌리 뽑혀 떠돌던 그녀의 존재를 그나마 내치지 않고 품어 줄 한 줌의 흙.

포도나무 뿌리를 구해 오고 두 주쯤 지났을까. 불쑥 작업실에 들른 나는 그가 촛농을 떨어뜨리는 모습을 마침 구경할 수 있었다. 포도나무 뿌리로 촛농이 떨어져 굳는 순간은 극적인 데가 있었다. 그 순간이 특별한 순간이었다는 것을 한옥을 개조해 만든 화랑에 다녀오고 나서야 알았다.

그 순간은, 고모할머니와 그가 만나는 순간이기도 했던 것이다. 액체로 흐르던 촛농이 포도나무 뿌리 위로 떨어져 고체로 굳는 순간은. 아무 데도 둘 곳 없던 고모할머니의 손과 태어나자마자 버려져 자신의 생일조차 모르는 그, 생전 만날 일 없던 두 존재가 만나는 기적같은 순간이었던 것이다. 마분지 같은 커튼으로 새벽빛이 스며든다. 빛 한 점 떠돌지 않던 작업실에 푸르스름한 새벽빛이 번지면서 뿌리의 전체적인 윤곽이 서서히 드러난다. 뿌리가 한 가닥 지평선처럼 떠오른다. 팔 굵기의, 원뿌리는 아니고 곁뿌리다. 취광이 감도는 그 뿌리 너머로 또 다른 뿌리가 떠오른다. 그 너머로 또 다른 뿌리가…….

"당신에게 미처 말하지 못한 것이 있어……."

뿌리들 너머 그에게 들리도록 나는 또박또박 힘을 주어 말한다. 내 목소리가 일으킨 파장에 실뿌리들이 아지랑이처럼 일어나는 것이 고스란히 느껴진다.

"죽는 순간에 고모할머니가 손에 그러잡고 있던 게 뭐였는지 알아? 가제 손수건도, 보청기도 아니었어. 내 손…… 내 손이었어. 내가 그렇게 고백할 때마다 어머니는 질색을 하면서 내가 잘못 기억하고 있는 것이라고 나무라지만, 내 손이 기억하고 있는 걸…… 고모할머니가 돌아가신 게 우리 집을 떠난 지 이태도 더 지나서였지만, 그녀가 돌아가신 곳이 양로원이지만, 내 손이 분명히 그렇게 기억하고 있는 걸…… 일흔두 살의 나이로 숨을 거두던 날 밤, 그녀의 손이 이불을 들추고 더듬어 오는 걸 다 느끼고 있었어. 잠든 척 시치미를 뚝 뗀 채 다 느끼고 있었어. 그녀의 손이 내 손을 찾아 더듬더듬…… 더듬어 오는 것을."

[문제 25] 다음 제시문을 읽고 <보기>의 빈 칸에 알맞은 말을 찾아 쓰시오.

<보기>

이 작품은 인간을 (㉠)에 비유하여 우리 사회의 아픈 상처를 보여주고 있다. 특히 '나'는 전시실에서 작품 <남귀덕>을 본 후, 고모할머니가 이불 속을 더듬어 찾던 것이 단순히 내 손이 아니라, (㉡)임을 깨달았다. 특히, 전시실에서 허공에 매달려 있는 뿌리 작품은 자신의 삶을 송두리째 뿌리 뽑히고 평생을 친척집을 떠돌다 돌아가신 고모할머니의 모습을 상징적으로 드러낸다. 그리고 이러한 고모할머니의 처지는 (㉢)(이)었기 때문에 가족들에게 외면당하여 삶의 터전을 상실했던 것으로 볼 수 있으며, '그'는 태어난 날조차 모르고 버려지고 입양아로 자란 환경이 고모할머니와 유사하기 때문에 그녀에게 공감하였을 것이다. 즉, 돌아가신 고모할머니와 '그'는 뿌리박지 못하고 떠도는 것처럼 살았던 삶의 유사성 때문에 둘은 뿌리를 매개로 이어진다고 볼 수 있다. 작품에서 가장 중요한 소재인 뿌리는 본래 과학적으로는 식물의 맨 아랫부분으로 보통 땅속에 묻히거나 다른 물체에 박혀 수분과 양분을 빨아올리고 줄기를 지탱하는 작용을 하는 기관이다. 그러나 이 작품에서는 상징적으로 지역적, 혈연적, 혹은 정신적 근본이며, 이를 통해 삶을 지탱할 수 있게 하는 것을 의미한다.

㉠: ____________, ㉡: ____________, ㉢: ____________

※ **다음 글을 읽고 물음에 답하시오.**

(가) 그러던 두 분 사이에 얼추 금이 가기 시작한 것은 저 사건 – 내가 낯모르는 사람의 꼬임에 빠져 과자를 얻어먹은 일로 할머니의 분노를 사면서부터였다. 할머니의 말을 옮기자면, 나는 짐승만도 못한, 과자 한 조각에 제 삼촌을 팔아먹은, 천하에 무지막지한 사람 백정이었다. 외할머니가 유일한 내 편이 되어 궁지에 몰린 외손자를 감싸고 역성드는 바람에 할머니는 그때 단단히 비위가 상했던 것이다.

- 윤흥길, 「장마」

(나)

S#88. 나무 아래

형사: (맥고모자 호주머니를 뒤져서 은박지에 싼 초콜릿을 꺼내며,) 삼촌한테 꼭 전할 말이 있어서 그래. 삼촌이 어디 있는지 얘기해 주면 내 이걸 주지.

(눈이 커지는 동만의 얼굴)

형사: 너 이런 거 먹어 본 적 있어?

(은박지를 까서 윤기 흐르는 흑갈색의 초콜릿을 코앞에 보인다. 향긋한 냄새.)

형사: 초콜릿이야. 네가 대답만 허면 이걸 다 줄 테다. 뭐 조금도 부끄러워할 것 없다. 착한 아이는 상을 받는 것이니까.

동만: ……. (꿀꺽 침이 넘어가는 동만. / 뚫어지게 초콜릿만 노려본다.)

형사: 싫어? 그렇다면 이거 버려야겠구나. 아저씨는 이거 먹기 싫구…….

(한 조각 뚝 떼서 땅에 버리고 구둣발로 문지른다. / 더욱 눈이 뚱그레지는 동만.)

형사: 난 네가 굉장히 똑똑한 앤 줄 알았는데 안됐구나.

(또 한 조각 떼어서 짓뭉개 버린다. / 불불 떨리는 동만. / 왠지 눈물이 나는 동만.)

형사: 녀석, 우는구나? 인제라도 늦지 않어. 잘 생각해 봐. 삼촌이 집에 왔었지? 그게 언제지?

동만: (더 이상 견딜 수 없는 동만. / 와락 초콜릿을 잡으며,) 아저씨, 진짜지유? 진짜 우리 삼촌 친구지라?

형사: (웃으며) 그럼 긴히 상의할 일이 있어서 그런다니까.

동만: 삼촌 왔다 갔으라우. 그저께 밤에 왔다 갔으라우.

(벌써 초콜릿은 주머니 속에 들어간다.)

형사: 그래서? 자세히 얘기해 봐.

(날카로운 눈길 뜨며 귀담아듣는 맥고모자. / 무어라 얘기하는 동만의 모습.)

S#89. 동만의 집 앞

(옥이랑 나란히 어딘가 다녀오는 동만, 손에는 푸득거리는 까치 새끼 세 마리를 들고 있다. 동네 사람들이 동만네 집 앞에 여러 겹으로 싸여 있다. 이상해서 까치 새끼를 옥이에게 건네주고 다가오는 동만.

사람들이 물결처럼 흩어지며 안에서 결박 지운 아버지를 끌고 나오는 맥고모자의 사내.)

동만: 어.

(눈이 화등잔만 하게 찢어지며 그 자리에 꼿꼿하게 서는 동만. / 고개를 숙이고 끌려가는 아버지.

뒤에서 맥고모자의 사내가 동만을 흘낏 보고 지나간다.

너무도 큰 충격에 발이 떨어지지 않는 동만.

동리 사람들이 흩어져 가면서 동만을 의미심장한 눈초리로 보면서 무어라 저희들끼리 수군대고 간다.

그래도 얼이 빠진 듯 그 자리에 서 있는 동만. / 이어서 집 안에서 찢는 듯한 여인들의 통곡 소리.)

옥이: 너 엄니 울어. 어서 들어가 봐.

(쭈뼛쭈뼛 안으로 들어가는 동만.)

S#90. 동만네 집 안

(친할머니, 어머니, 고모가 한데 엉켜 울어 대고 있다가 들어서는 동만을 보고,)

친할머니: 이놈이 천하에 벼락 맞을 놈.

(벼락같이 소릴 지르며 내달려 온다. / 겁결에 뒤로 피하는 동만.)

친할머니: 이런 짐승만도 못한 놈, 과자 한 조각에 삼촌까지 팔아먹는 무지막지한 사람 백정놈, 이놈 썩 나 가라 이 주리를 틀 놈.

(부지깽이를 들고 와 사정없이 동만의 등줄기를 후려친다. / 금세 죽어 가듯 비명을 질러 대는 동만.

죽일 듯이 두들겨 패는 친할머니. / 그때 외할머니 나와서 안타깝게 바라보며,)

외할머니: 고만 혀 두시오……. 어린것이 뭘 안다고.

친할머니: 오냐. 이젠 너그들끼리 한통속이 되야서 이 집안에 씨를 말릴 작정이구나……. 하나는 악담을 허고 하나는 밀고를 허고…….

외할머니: 아이가 알고서야 그랬겠소?

(동만을 싸안고 사랑채로 간다.)

친할머니: 어이구! 어이구! 이 일을 어쩐디야 집안이 망혀두 곱게 망혀야제. 이 이 일을 어쩐디야.

(바닥에 주저앉아 땅을 치며 통곡한다.)

- 윤흥길 원작, 윤삼육 각색, 「장마」

[문제 26] (가)의 소설을 (나)로 각색했을 때, 두 제시문의 갈래적 특성을 고려하여 빈 칸에 들어갈 알맞은 말을 찾아 서술하시오.

<보기>

(가)에서 '나'의 시선으로 서술된 사건은 (나)의 S#88이나 S#90에서 각각의 등장인물들이 자신의 대사나 행동으로 연기하도록 하여, 시·청각적으로 좀 더 생생하게 전달하고 있다. 특히 (가)에서 (①)(으)로 표현된 등장인물을 S#88에서는 '형사'라는 구체적인 직업의 배역으로 설정하여 등장인물의 정체를 파악하기 쉽게 하였다. 특히 '나'가 옮긴 할머니의 말은 S#90에서 감정적인 대사와 더불어 '(②)'은/는 행동을 하도록 지시하여 친할머니의 분노를 좀 더 사실적으로 표현하고 있다. 그리고 궁지에 몰린 외손자를 감싸는 외할머니의 역성을 S#90에서는 '외할머니'가 '친할머니'를 향해 대사를 하며 동만을 싸안고 사랑채로 가는 행동으로 연기하도록 하여, (가)에서 외할머니가 '내 편이 되어' 역성을 들었기 때문에 할머니의 '비위가 상했다'는 말을 좀 더 구체적으로 보여준다.

①: ________________, ②: ________________

※ 다음 글을 읽고 물음에 답하시오.

봄이면 둑방 길에 벚꽃이 아름답게 피어났다. 그 둑방 길을 수아와 내가 걸어가면 젊은 여자가 귀한 이 고장의 젊은 남자들이 눈부시게 우리를 바라볼 것이다. 바람이 불면 수아와 내가 짝 맞춰 입고 나온 하늘색 원피스와 녹색 플레어 치마가 우리들 다리에 부드럽게 휘감길 것이다. 그리고 그뿐이다. 우리는 각자 고요한 귀갓길을 서두를 것이다. 그렇지 않으면 수아와 나의 동창이자 선배이자 후배인 이 고장의 젊은 남자들이 우리를 가만두지 않을지도 모른다. 더군다나 이즈음에 부쩍 눈에 많이 띄기 시작한 외국인 노동자들이라니.

퇴근길에 농공 단지 안 플라스틱 공장 사장 만배가 커피 좀 마시고 가라 해서 들어가 본 만배의 일터에서 나는 처음으로 실제로 노동하고 있는 외국인들을 보았다. 언제부턴가 야산과 밭과 논 위에 가구 공장, 의료 기기 공장, 플라스틱 공장들이 지어지더니 그곳이 공식적인 농공 단지로 지정되었다. 농공 단지 옆에서 만배는 돼지를 한 이백 두쯤 기르다가 불법 하수 처리 건으로 경찰서에 불려 가네 어쩌네 곤욕을 치른 뒤에 돼지막을 플라스틱 사출 공장으로 변신시켰다. 그리고 또 언제부턴가 농공 단지 주변에 외국인 노동자들이 들어오기 시작했다. 공장 안은 사출기 돌아가는 소리, 플라스틱 찍어 내는 소리에 라디오 소리가 진동했다. 기계 소리와 라디오 소리는 제각각 악을 쓰며 공장 천장 위로 치솟았다가 공장 바닥으로 곤두박질쳐 대고 있었다. 라디오에서 나오는 트로트를 따라 부르며 일을 하던 외국인 노동자 남자가 나를 흘끗거리자 만배가 침을 뱉듯이 거칠게 쏘아붙였다.

"얌마, 함부로 입맛 다시지 말고 빨리빨리 일해, 일."

그랬더니 얼굴이 검고 목이 검고 손이 검고 몸피가 가늘고 눈이 가는 외국인 노동자 남자가 씨익 웃으며 대꾸하는 것이었다.

"얌마, 하부로 이마싸지 말고 빨리빨리." / 나는 커피고 뭐고 만정이 떨어졌다.

농공 단지에서 일하는 남자들은 사장이고 사원이고 간에 너무 무식하고 너무 거칠고 너무 교양이 없고 하여간 저질이라고 수아는 질색을 했다. 수아도 나와 똑같은 경험을 한 모양이었다. 나도 수아의 말에 동의했다.

[중략 부분 줄거리] 사랑한다고 믿었던 연인에게 실연을 당한 '나'는 집으로 돌아오는 길에 두 외국인 노동자들의 이야기를 엿듣게 된다.

"깐쭈, 넌 너희 나라 가면 뭐 할 거야?"

"모르겠어. 가면, 엄마 아버지 누나 여동생 사촌들 만나고 산에 올라 달을 볼 거야. 내가 뭘 할 건지, 달한테 물어볼 거야. 싸부딘은?"

"여동생이 한국 사람과 결혼했어. 시골이야. 동생이 남편한테 맞았어. 동생 많이 슬퍼. 형이 한국 여자랑 결혼했어. 형 여자 도망갔어. 조카 있어. 형이랑 조카 많이 슬퍼. 부모님 돌아가셨어. 우리나라, 방글라데시 가도 나는 아무도 없어. 한국에 다 있어. 난 갈 수 없어. 형 다쳤어. 손가락 잘렸어. 조카 살려야 해."

"싸부딘, 난 한국에서 슬플 때 노래했어. 한국 발라드야. 사장이 막 욕해. 나 여기, 심장 막 뛰어. 손가락 막 떨려. 눈물 막 흘러. 그럼 노래했어. 사랑 못 했어. 억울했어. 그러면 또 노래했어. 그러면 잠이 왔어. 그러면 꿈속에서 달을 봤어. 크고 아름다운 네팔 달이야."

깐쭈가 다시 노래한다.

가을 우체국 앞에서 그대를 기다리다 노오란 은행잎들이 바람에 날려 가고 지나는 사람들같이 저 멀리 가는 걸 보네……

나는 어둠 속에 몸을 숨긴 채 또다시 따라 했다.

세상에 아름다운 것이 얼마나 오래 남을까 한여름 소나기 쏟아져도 굳세게 버틴 꽃들과 지난 겨울 눈보라에도 우뚝 서 있는 나무들같이 하늘 아래 모든 것이 저 홀로 설 수 있을까……

싸부딘도 노래했다.

어머나 어머나 이러지 마세요. 더 이상 내게 이러시면 안 돼요……

노랫소리는 빗소리에 섞여 쌀겨 냄새 가득한 방앗간 안으로 스며들었다.

"싸부딘, 여기 상추도 있고 고추도 있어. 집에 고추장 있어. 소주는 사야 해. 삼겹살은 없어. 삼겹살도 사야 해. 우리 소주 마시자." / "좋아."

두 사람이 빗속으로, 어둠 속으로 사라졌다. 명랑하게 사라졌다. 싸부딘과 깐쭈가 사라진 길 너머로 내가 지나온 길이 보였다. 그 길 너머 그 남자네 집이 보였다. 겨우 가라앉았던 심장이 다시 격렬하게 요동쳐 오기 시작했다. 나는 노래를 불렀다.

사랑했나 봐 잊을 수 없나 봐 자꾸 생각나 견딜 수가 없어 후회하나 봐 널 기다리나 봐……

나는 방앗간을 나섰다. 나는 빗속에서 악을 썼다. 눈에서는 눈물이 쏟아졌다. 그러나 나는 노래 불렀다. 저기, 네팔의 설산에 떠오른 달이 보인다. 나는 달을 향해 나아갔다. 비를 맞으며 천천히, 뚜벅뚜벅, 명랑하게.

- 공선옥, 「명랑한 밤길」

[문제 27] <보기>는 이 작품에 대한 수업 내용의 일부이다. <보기>를 바탕으로 ①<u>'나'가 '외국인 이주 노동자들'에 대해 지니고 있던 태도를 변화시킨 소재</u>와 ②<u>삶의 희망을 회복하게 한 소재</u>를 찾아 쓰시오.

<보기>

1990년대 이후 우리나라에는 필요에 의해 외국인 이주 노동자가 급격히 유입되었다. 이들은 우리 공동체 문화에 적응하고 있지만 여전히 주류 집단의 편견에 의한 소외가 발생하고 있다. 그러므로 우리에게는 편견에 근거한 행동을 지양하고, 인간에 대한 존중과 타자에 대한 이해를 바탕으로 소수자들을 존중하는 태도가 필요하다. 이러한 관점에서 '나'는 처음에는 외국인 이주 노동자들의 언행에 대해 불쾌감을 느끼기도 했지만, 깐쭈와 싸부딘의 대화를 우연히 들은 후 그들의 처지나 자신의 처지가 비슷하다는 데 연민을 느끼고 서로의 처지에 공감하게 되었다. 이러한 과정에서 상호 간의 공존 가능성을 높일 수 있을 것이다. 아울러 그들의 희망을 품은 삶의 태도에서 삶의 의지를 회복하는 계기를 찾기도 한다.

①: ________________, ②: ________________

※ **다음 글을 읽고 물음에 답하시오. (28~29)**

내 골방의 커-튼을 걷고
정성된 마음으로 황혼(黃昏)을 맞아들이노니
바다의 흰 갈매기들같이도
인간(人間)은 얼마나 외로운 것이냐

황혼아 네 부드러운 손을 힘껏 내밀라
내 뜨거운 입술을 맘대로 맞추어 보련다
그리고 네 품 안에 안긴 모든 것에
나의 입술을 보내게 해 다오

저-십이성좌(十二星座)의 반짝이는 별들에게도
종(鐘)소리 저문 삼림(森林) 속 그윽한 수녀(修女)들에게도
시멘트 장판 위 그 많은 수인(囚人)들에게도
의지가지없는 그들의 심장(心腸)이 얼마나 떨고 있는가

고비 사막(沙漠)을 걸어가는 낙타(駱駝) 탄 행상대(行商隊)
에게나
아프리카 녹음(綠陰) 속 활 쏘는 토인(土人)들에게라도
황혼아 네 부드러운 품 안에 안기는 동안이라도
지구(地球)의 반(半)쪽만을 나의 타는 입술에 맡겨 다오

내 오월(五月)의 골방이 아늑도 하니
황혼아 내일(來日)도 또 저-푸른 커-튼을 걷게 하겠지
암암(暗暗)히* 사라지긴 시냇물 소리 같아서
한번 식어지면 다시는 돌아올 줄 모르나 보다

- 이육사, 「황혼」

*암암히: 기억에 남은 것이 눈앞에 아른거리는 듯하게, 또는 깊숙하고 고요하게. (처음 이 시가 발표된 잡지에는 '정정(精精)히'로 되어 있으나, 이를 오식으로 보고 '암암히'로 교정한 초판본 시집의 표기에 따르는 것이 더 타당하다는 견해가 우세함. 상기는 『육사시집(1946)』 초판본에 따라 표기한 것임)

[문제 28] <보기>는 제시문에 대한 해설의 일부이다. <보기>의 ㉠에 해당하는 대상을 제시문에서 모두 찾아 쓰시오.

<보기>

이육사의 「황혼」은 인간의 외로움을 인식한 화자가 소외된 존재에게 애정을 베풀고 싶은 마음을 노래한 시이다. 시인은 ㉠의지할 곳 없어 연민의 대상이 되는 이들을 나열함으로써, 그들에 대한 위로를 행하고자 한다.

[문제 29] 위 작품을 감상한 <보기 1>의 ㉠을 참고하여, <보기 2>에서 이와 유사한 이미지가 포함된 구절이 몇 연인지 쓰고, 그 연에서의 핵심 소재를 서술하시오.

<보기1>

이육사는 방(房)의 이미지를 통해 현실이나 자기 내면에 대한 의식을 드러낸 것으로 보인다. 초반에는 ㉠좁은 '골방' 안에 있던 화자가, 커튼을 걷은 후, 자신에게서 점차 외부 세계로 관심을 넓혀 가며 타자 지향적인 삶을 추구하는 모습이 묘사된다. 즉, 이육사가 그려낸 방은 고립되고 협소한 의미의 공간이 아니라, 개방성과 확장성을 지닌 공간으로서의 이미지가 부여되어 있는 것이다.

<보기2>

창밖에 밤비가 속살거려
육 첩 방은 남의 나라,

시인이란 슬픈 천명인 줄 알면서도
한 줄 시를 적어 볼까,

땀내와 사랑 내 포근히 품긴
보내 주신 학비 봉투를 받아

대학 노-트 끼고
늙은 교수의 강의 들으러 간다.

생각해 보면 어린 때 동무들
하나, 둘, 죄다 잃어버리고

나는 무얼 바라
나는 다만, 홀로 침전하는 것일까?

인생은 살기 어렵다는데
시가 이렇게 쉽게 씌어지는 것은
부끄러운 일이다.

육 첩 방은 남의 나라,
창밖에 밤비가 속살거리는데,

등불을 밝혀 어둠을 조금 내몰고,
시대처럼 올 아침을 기다리는 최후의 나,

나는 나에게 작은 손을 내밀어
눈물과 위안으로 잡는 최초의 악수.

- 윤동주, 「쉽게 씌어진 시」

① 유사한 이미지가 포함된 연: ______________

② 핵심 소재: ______________

※ 다음 글을 읽고 물음에 답하시오. (30~31)

(가)
…… 활자는 반짝거리면서 하늘 아래에서
간간이
자유를 말하는데
나의 영(靈)은 죽어 있는 것이 아니냐

㉠벗이여
그대의 말을 고개 숙이고 듣는 것이
그대는 마음에 들지 않겠지
마음에 들지 않아라

모두 다 마음에 들지 않아라
이 황혼도 저 돌벽 아래 잡초도
담장의 푸른 페인트 빛도
저 고요함도 이 고요함도

그대의 정의도 우리들의 섬세도
행동이 죽음에서 나오는
이 욕된 교외에서는
어제도 오늘도 내일도 마음에 들지 않아라

그대는 반짝거리면서 하늘 아래에서
간간이
자유를 말하는데
우스워라 나의 영은 죽어 있는 것이 아니냐

- 김수영, 「사령(死靈)」

(나) 나는 왜 아침 출근길에
구두에 질펀하게 오줌을 싸 놓은
㉡강아지도 한 마리 용서하지 못하는가
윤동주 시집이 든 가방을 들고 구두를 신는 순간
새로 갈아 신은 양말에 축축하게
강아지의 오줌이 스며들 때
나는 왜 강아지를 향해
이 개새끼라고 소리치지 않고는 견디지 못하는가
개나 사람이나 풀잎이나
생명의 무게는 다 똑같은 것이라고
산에 개를 데려왔다고 시비를 거는 사내와
멱살잡이까지 했던 내가
왜 강아지를 향해 구두를 내던지지 않고는 견디지 못하는가
세상에서 가장 어려운 일은
사람의 마음을 얻는 일이라는데
나는 한 마리 강아지의 마음도 얻지 못하고
어떻게 사람의 마음을 얻을 수 있을까
진실로 사랑하기를 원한다면
용서하는 법을 배워야 한다고
윤동주 시인은 늘 내게 말씀하시는데
나는 밥만 많이 먹고 강아지도 용서하지 못하면서
어떻게 인생의 순례자가 될 수 있을까
강아지는 이미 의자 밑으로 들어가 보이지 않는다
오늘도 강아지가 먼저 나를 용서할까 봐 두려워라

- 정호승, 「윤동주 시집이 든 가방을 들고」

[문제 30] <보기>는 두 작품의 공통점에 대해 설명한 글이다. (가)와 (나)에서 각각 <보기>의 특징이 드러난 구절을 찾아 서술하시오.

<보기>

김수영의 「사령(死靈)」과 정호승, 「윤동주 시집이 든 가방을 들고」라는 두 작품에서는 의문형의 반복을 통해 '자아 성찰적 태도'를 드러낸다. 자신의 행위에 대해 자조적이면서도 한편 스스로 가치없이 살고 있는 것은 아닌가를 치열하게 반성하고 있다. 특히 (가)에서는 (①)(이)라는 구절에서 살아있음에도 그렇지 않은 것처럼 살아가는 자신의 삶의 태도를 반성하고 있고, (나)에서는 '강아지도 한 마리 용서하지 못하는가' 혹은 '왜 강아지를 향해 구두를 내던지지 않고는 견디지 못하는가' 등을 통해 작은 것에는 분노하고 용서하지 못하면서 살아가는 소시민적인 자신의 삶을 반성한다. '어떻게 사람의 마음을 얻을 수 있을까'에서는 다른 사람에 대한 용서와 이해가 필요하다는 깨달음을 선사하며, 그리하여 궁극적으로 (②)(이)라는 구절을 통해 지니고 살아야 할 올바른 삶의 태도를 성찰해내는 데까지 도달하고 있다.

①: ________________, ②: ________________

[문제 31] (가)의 ㉠과 (나)의 ㉡에 대한 설명이다. <보기>의 ①, ②에 적절한 표현을 찾아 서술하시오. ②에는 시에서의 구절을 찾아 첫 어절과 서술하시오.

<보기>

(가) ㉠의 '벗'은 '나의 영은 죽어 있는 것'이 아닌가 묻고, 자신을 성찰하게 하면서 양심에 가책을 느끼게 하여 자신의 삶이 떳떳하지 못한 모습임을 느끼게 하고, (나) ㉡의 '강아지'는 화자 자신이 타인을 (①)하지 못하는 옹졸한 사람임을 자각하게 하고, 그러한 모습을 지닌 스스로를 못마땅하게 느끼게 하는 계기를 제공한다. 이때 강아지로 인해 화자가 자신의 옹졸한 모습을 자각하고 자신의 행동을 반성하는 구절은 (②)이다.

①: ________________

② 첫 어절: ______________, **마지막 어절:** ______________

※ 다음 글을 읽고 물음에 답하시오.

구보는 다시 밖으로 나오며, 자기는 어디 가 행복을 찾을까 생각한다. 발 가는 대로, 그는 어느 틈엔가 안전지대에 가 서서, 자기의 두 손을 내려다보았다. 한 손의 단장과 또 한 손의 공책과-물론 구보는 거기에서 행복을 찾을 수는 없다. 안전지대 위에, 사람들은 서서 전차를 기다린다. 그들에게, 행복은 알 수 없다. 그러나 그들은 분명히, 갈 곳만은 가지고 있었다. 전차가 오자 사람들은 내리고 탔다. 다들 차에 오르는데, 구보는 저 혼자 그곳에 남는 것에 외로움과 애달픔을 맛보고 움직이는 전차에 뛰어올랐다.

전차 안에서 구보는, 우선, 제 자리를 찾지 못한다. 하나 남았던 좌석은 그보다 바로 한 걸음 먼저 차에 오른 젊은 여인에게 점령당했다. 구보는, 차장대(車掌臺) 가까운 한구석에 가 서서, 자기는 대체, 이 동대문행 차를 어디까지 타고 가야 할 것인가를, 대체 어느 곳에 행복은 자기를 기다리고 있을 것인가를 생각해 본다.

이제 이 차는 동대문을 돌아 경성운동장 앞으로 해서…… 구보는, 차장대, 운전대로 향한, 안으로 파아란 융을 받쳐 댄 창을 본다. 전차과(電車課)에서는 그곳에 뉴스를 게시한다. 그러나 사람들은, 요사이 축구도 야구도 하지 않는 모양이었다. 장충단으로, 청량리로, 혹은 성북동으로…… 그러나 요사이 구보는 교외를 즐기지 않는다. 그곳에는, 하여튼 자연이 있었고, 한적이 있었다. 그리고 고독조차 그곳에는, 준비되어 있었다. 요사이, 구보는 고독을 두려워한다.

일찍이 그는 고독을 사랑한 일이 있었다. 그러나 고독을 사랑한다는 것은 그의 심경의 바른 표현이 못 될 게다. 그는 결코 고독을 사랑하지 않았는지도 모른다. 아니 도리어 그는 그것을 그지없이 무서워하였는지도 모른다. 그러나 그는 고독과 힘을 겨루어, 결코 그것을 이겨 내지 못하였다. 그런 때, 구보는 차라리 고독에게 몸을 떠맡기어 버리고, 그리고, 스스로 자기는 고독을 사랑하고 있는 것이라고 꾸며 왔는지도 모를 일이다…….

표, 찍읍쇼 표, 찍읍쇼 그가 그 속에서 다섯 닢의 동전을 골라내었을 때, 차는 종묘 앞에 서고, 그리고 차장은 제자리로 돌아갔다. 구보는 눈을 떨어뜨려, 손바닥 위의 다섯 닢 동전을 본다. 그것들은 공교롭게도 모두가 뒤집혀 있었다. 대정 12년. 11년. 11년. 8년. 12년. 대정 54년-구보는 그 숫자에서 어떤 한 개의 의미를 찾아내려 들었다. 그러나 그것은 부질없는 일이었고, 그리고 또 설혹 그것이 무슨 의미를 가지고 있었다 하더라도, 그것은 적어도 '행복'은 아니었을 게다. (중략)

조그만 한 개의 기쁨을 찾아, 구보는 남대문을 안에서 밖으로 나가 보기로 한다. 그러나 그곳에는 불어드는 바람도 없이, 양옆에 웅숭그리고 앉아 있는 서너 명의 지게꾼들의 그 모양이 맥없다. 구보는 고독을 느끼고, 사람들 있는 곳으로, 약동하는 무리들이 있는 곳으로, 가고 싶다 생각한다. 그는 눈앞의 경성역을 본다. 그곳에는 마땅히 인생이 있을 게다. 이 낡은 서울의 호흡과 또 감정이 있을 게다. 도회의 소설가는 모름지기 이 도회의 항구(港口)와 친하여야 한다. 그러나 물론 그러한 직업의식은 어떻든 좋았다. 다만 구보는 고독을 삼등 대합실 군중 속에 피할 수 있으면 그만이다. 그러나 오히려 고독은 그곳에 있었다. 구보가 한옆에 끼어 앉을 수도 없게시리 사람들은 그곳에 빽빽하게 모여 있어도, 그들의 누구에게서도 인간 본래의 온정을 찾을 수는 없었다. 그네들은 거의 옆의 사람에게 한 마디 말을 건네는 일도 없이, 오직 자기네들 사무에 바빴고, 그리고 간혹 말을 건네도, 그것은 자기네가 타고 갈 열차의 시각이나 그러한 것에 지나지 않았다. 그네들의 동료가 아닌 사람에게 그네들은 변소에 다녀 올 동안의 그네들 짐을 부탁하는 일조차 없었다.

구보는 한구석에 가 서서, 그의 앞에 앉아 있는 노파를 본다. 그는 뉘 집에 드난을 살다가 이제 늙고 또 쇠잔한 몸을 이끌어, 결코 넉넉하지 못한 어느 시골, 딸네 집이라도 찾아가는지 모른다. 이미 굳어 버린 그의 안면 근육은 어떠한 다행한 일에도 펴질 턱없고, 그리고 그의 몽롱한 두 눈은 비록 그의 딸의 그지없는 효양(孝養)을 가지고도 감동시킬 수 없을지 모른다. 노파 옆에 앉은 중년의 시골 신사는 그의 시골서 조그만 백화점을 경영하고 있을 게다. 구보는 그 시골 신사가 노파와 사이에 되도록 간격을 가지려고 노력하는 것을 발견하고, 그리고 그를 업신여겼다. 만약 그에게 얕은 지혜와 또 약간의 용기를 주면 그는 삼등 승차권을 주머니 속에 간수하고 일, 이등 대합실에 오만하게 자리 잡고 앉을 게다.

문득 구보는 그의 얼굴에서 부종(浮腫)을 발견하고 그의 앞을 떠났다. 신장염. 그뿐 아니라, 구보는 자기 자신의 만성 위 확장(胃擴張)을 새삼스러이 생각해 내지 않으면 안 되었다. 그러나 구보가 매점 옆에까지 갔었을 때, 그는 그곳에서도 역시 병자를 보지 않으면 안 되었다. 40여 세의 노동자. 전경부(前頸部)의 광범한 팽륭(澎隆). 돌출한 안구. 또 손의 경미한 진동. 분명한 바세도씨병. 그것은 누구에게든 결코 깨끗한 느낌을 주지는 못한다. 그의 좌우에는 좌석이 비어 있어도 사람들은 그곳에 앉으려 들지 않는다. 뿐만 아니라, 그에게서 두 칸통 떨어진 곳에 있던 아이 업은 젊은 아낙네가 그의 바스켓 속에서 꺼내다 잘못하여 시멘트 바닥에 떨어뜨린 한 개의 복숭아가 굴러 병자의 발 앞에까지 왔을 때, 여인은 그것을 쫓아와 집기를 단념하기조차 하였다. 구보는 이 조그만 사건에 문득, 흥미를 느끼고, 그리고 그의 '대학 노트'를 펴 들었다.

- 박태원, 「소설가 구보 씨의 일일」

[문제 32] <보기>의 밑줄 친 부분은 서사 작품의 서술상의 특징에 대한 설명이다. 제시문의 서술상의 특징에 해당되는 요소를 모두 찾으시오.

<보기>

서사 작품에서 서술상의 특징을 살펴보면 다음과 같다. 작품 전체에서 하나의 서술자가 모든 장면을 일관되게 묘사하기도 하지만, 장면에 따라 다른 서술자를 내세워서 사건을 다각도로 전달하기도 한다. 서술자는 시간의 변화에 따라 인물의 내면을 드러내기도 하고, 공간의 이동에 따라 인물의 내면을 묘사하기도 한다. 그리고 이야기 외부의 서술자가 전지적 시점에서 인물의 내적 심리를 구체적으로 전달하여 독자와의 공감대를 형성하기도 하지만, 주인공의 행동을 단지 관찰하고 묘사하는 데 그침으로서 작중 인물의 내면을 독자가 추리하게 여지를 남기기도 한다.

※ 다음 글을 읽고 물음에 답하시오.

(말뚝이와 양반 일행이 과거를 보러 가던 중 양주 땅에서 해가 넘어가는 줄도 모르고 산대 탈놀이를 구경하다가, 객지에서 거처할 곳을 구하지 못하였다.)

말뚝이: 얘, 그러나저러나 내게 좀 곤란한 일이 생겼다.
쇠뚝이: 무슨 곤란한 일이 생겼단 말이냐?
말뚝이: 다름이 아니라 내가 우리 댁의 샌님, 서방님, 도령님을 데리고 과거를 보러 가는 도중에 산대놀이 구경을 하다가 하루해가 저물었는데, 하룻밤 묵을 의막을 정하지 못하였다. 나는 여기 아는 친척도 없고, 아는 친구도 없어 곤란하던 차에 너를 만나서 다행이다. 얘, 나를 봐서 우리 댁 양반들이 임시로 거처할 의막을 정해 다오.
쇠뚝이: 옳지, 구경을 하다가 의막을 정하지 못하였구나. 그래라, 의막을 하나 정해 주마. (놀이판을 여러 번 돌고 나서 말뚝이 앞으로 가서) 얘, 말뚝아, 양반들이 임시로 거처할 의막을 지었다. 보아 하니 거기 담배도 먹을 듯하여, 방 하나 가지고 쓸 수 없어 안팎 사랑이 있는 집을 지었다. 바깥사랑에는 동그랗게 말뚝을 돼지우리같이 박고, 안은 동그랗게 담을 쌓고, 문은 하늘로 냈다. 이만하면 되겠지.
말뚝이: 그럼. 고래담 같은 기와집이로구나. 그 방에 들어가자면 물구나무를 서야겠구나.
쇠뚝이: 암, 그렇고말고.
말뚝이: 양반들을 우리 어서 안으로 모시자.
쇠뚝이: (쇠뚝이는 앞에 서고 말뚝이는 뒤에 서서, 양반을 의막 안으로 모는 소리를 한다.) 고이 고이 고이.
말뚝이: (쇠뚝이 뒤에서 채찍을 들고 돼지를 쫓듯이 소리를 친다.) 두우 두우 두우. (중략)
쇠뚝이: 쳐라.(악사들이 타령 장단을 연주하면, 쇠뚝이가 춤을 추면서 양반 일행 앞뒤를 돈다. 연주를 중지하면, 말뚝이 앞으로 와서) 얘, 내가 가서 양반들을 자세히 보니 그놈들은 양반의 자식들이 아니더라. 샌님을 보니 도포는 입었으나 전대띠를 두르고, '두부 보자기'를 쓰고 꽃 그림이 그려진 부채를 들었는데, 그게 무슨 양반의 자식이냐? 한량의 자식이지. 또 서방님이란 자를 보니 관은 썼으나 그놈도 꽃 그림이 그려진 부채를 들고 있으니, 그게 무슨 양반의 자식이냐? 잡종이더라. 또 도령님이란 놈은 전복에 전대띠를 매고 '사당 보자기'를 썼으니, 그놈도 양반 자식이 아니더라.
말뚝이: 아니다, 그 댁이 무척 가난하여 세물전에서 빌려 입고 와서, 구색을 맞추어 의관을 입지 않아서 그렇다.
쇠뚝이: 옳거니, 세물전에서 빌려 입고 와서 구색이 맞지 않아서 그렇다고.

[문제 33] <보기>의 ①, ②에 해당하는 표현을 찾아 쓰시오.

<보기>

풍자는 표현하려는 현실의 부정적인 측면을 드러내는 특성이 있다. 그래서 풍자의 주체가 풍자의 대상에 대하여 직설적으로 설명하기보다는 은근히 희화화하거나 우회적으로 비판하는 경우가 많다. 이러한 풍자의 방법으로 작가는 역설, ①반어, 과장, ②해학, 언어유희 등의 기법을 자주 활용한다. 이러한 표현을 통해 작품을 감상하는 독자들의 비판적 인식을 끌어낼 수 있기 때문이다.

①: ________________, ②: ________________

※ 다음 글을 읽고 물음에 답하시오.

생시런가 꿈이런가 천상에 올라가니
옥황은 반기시나 뭇 신선이 꺼리는구나.
두어라 아름다운 자연에서 한가롭게 지내는 것이 나의 분수에 옳도다.

풋잠에 꿈을 꾸어 천상 십이루에 들어가니
옥황은 웃으시되 뭇 신선이 꾸짖는구나.
어즈버 백만 억 창생의 일을 어느 사이에 물어보리.

하늘이 이지러졌을 때 무슨 기술로 기워 냈는고?
백옥루 중수할 때 어떤 목수가 이루어 냈는고?
㉠옥황께 여쭤보자 하였더니 다 못하여 왔도다.

- 윤선도 <몽천요(夢天謠)>

[문제 34] <보기>에 서술된 위 작품의 창작 배경을 참고하여 옥황과 신선이 의미하는 바를 서술하고, 밑줄 친 ㉠에 내포된 화자의 감정을 1단어로 서술하시오.

<보기>

이 작품은 작가인 윤선도가 효종의 아우인 인평 대군에게 보낸 전체 3수의 연시조로, 임금에 대한 변함없는 사랑과 우국(憂國)의 정을 노래하고 있다. 윤선도는 효종과 인평 대군의 사부(師傅)를 지낸 적이 있는데, 1652년 효종은 스승에 대한 예우 차원에서 66세인 윤선도를 정사품 벼슬에 임명한 지 두 달 만에 정삼품의 벼슬에 임명하였다. 그러자 이러한 인사가 불공정한 것이라며 많은 신하들이 탄핵 상소를 올리게 되고 결국 윤선도는 면직되는데, 이 작품은 그가 면직되고 난 뒤에 지은 것으로 추정된다. 그러므로 '옥황'은 (①)을 의미하고, '신선'은 (②)을 의미하는 것으로 해석할 수 있다. 이때 '옥황께 여쭤보자 하였더니 다 못하여 왔도다.'라는 구절에는 작가인 윤선도가 당시 느꼈을 (③)와/과 같은 감정이 잘 드러난다.

①: ____________, ②: ____________, ③: ____________

※ **다음 글을 읽고 물음에 답하시오.**

(가) 금붕어는 어항 밖 대기(大氣)를 오를래야 오를 수 없는 하늘이라 생각한다.
금붕어는 어느새 금빛 비늘을 입었다 빨간 꽃 잎파리 같은 꼬랑지를 폈다. 눈이 가락지처럼 삐여저 나왔다.
인젠 금붕어의 엄마도 화장한 따님을 몰라 볼게다.

금붕어는 아침마다 말숙한 찬물을 뒤집어 쓴다 떡가루를 힌손을 천사(天使)의 날개라 생각한다. 금붕어의 행복은 어항 속에 있으리라는 전설(傳說)과 같은 소문도 있다.

금붕어는 유리벽에 부대처 머리를 부시는 일이 없다.
얌전한 수염은 어느새 국경(國境)임을 느끼고는 아담하게 꼬리를 젓고 돌아선다. 지느러미는 칼날의 흉내를 내서도 항아리를 끊는 일이 없다.

아침에 책상우에 옴겨 놓으면 창문으로 비스듬이 햇볕을 녹이는
붉은 바다를 흘겨본다. 꿈이라 가르켜진
그 바다는 넓기도 하다고 생각한다.

금붕어는 아롱진 거리를 지나 어항 밖 대기(大氣)를 건너서 지나해(支那海)의
한류(寒流)를 끊고 헤염처 가고 싶다. 쓴 매개를 와락와락 삼키고 싶다. 옥도(沃度)빛 해초(海草)의 산림속을 검푸른 비눌을 입고
상어(鱌魚)에게 쪼겨댕겨 보고도 싶다

금붕어는 그러나 작은 입으로 하늘보다도 더 큰 꿈을 오므려
죽여버려야 한다. 배설물(排泄物)의 침전(沈澱)처럼 어항 밑에는
금붕어의 연령(年齡)만 쌓여간다.
금붕어는 오를래야 오를 수 없는 하늘보다도 더 먼 바다를 자꾸만 돌아가야만 할 고향(故鄕)이라 생각한다.

\- 김기림, 「금붕어」

*지나해: 일본에서 말레이반도 남단에 이르는 태평양 해역.

(나) 현기증 나는 활주로의
최후의 절정에서 흰나비는
돌진의 방향을 잊어버리고
피 묻은 육체의 파편들을 굽어본다

기계처럼 작열한 심장을 축일
한 모금 샘물도 없는 허망한 광장에서
어린 나비의 안막을 차단하는 건
투명한 광선의 바다뿐이었기에—

진공의 해안에서처럼 과묵한 묘지 사이사이
숨가쁜 제트기의 백선과 이동하는 계절 속 —
불길처럼 일어나는 인광(燐光)의 조수에 밀려
흰나비는 말없이 이즈러진 날개를 파닥거린다

하얀 미래의 어느 지점에
아름다운 영토는 기다리고 있는 것인가
푸르른 활주로의 어느 지표에
화려한 희망은 피고 있는 것일까

신도 기적도 이미
승천하여버린 지 오랜 유역 —
그 어느 마지막 종점을 향하여 흰나비는
또 한번 스스로의 신화와 더불어 대결하여본다

\- 김규동, 「나비와 광장」

[문제 35] <보기>를 읽고, ㉠에 해당하는 시구는 (나)에서 찾아 쓰고, ㉡에 해당하는 시구는 (가)에서 찾아 쓰시오.

<보기>

모더니즘시는 과거의 전통적인 형식과 차별을 두며 새로움을 추구하는 예술적 경향 에 영향을 받아 창작된 작품들이다. 모더니즘시는 현실을 객관화하는 경향성이 있는데, 객관화된 현실의 의미를 알기 위해서는 현실에 대한 태도와 현실을 형상화하는 방법, 그 안에 전제된 가치 인식에 주안점을 두어 감상할 필요가 있다.

모더니즘시는 의도적으로 현실과 거리를 두며 객관적인 시각으로 현실을 형상화하려는 태도를 보인다. 그리고 그 태도 안에는 대체로 현대 문명에 대한 비판이 전제되어 있기에, 이를 파악하면 시에 담긴 의미들을 탐색해 갈 수 있다. 예를 들어 모더니즘시에 드러나는 거리 두기와 같은 형상화 방법은 인간이 아닌 특정 대상을 활용하여 현실을 우회적으로 표현한다. 즉 시적 화자가 특정 대상이 처한 현실과 거리를 두고 그 대상을 관찰함으로써 특정 대상이 처한 상황을 객관적으로 전달하며, 시적 화자가 대상과 상황을 관찰하면서 전달하는 내용들을 통해 우리가 처한 현실을 우회적으로 드러낸다는 것이다. 그리고 이러한 현실들을 공간적 이미지를 담은 시어로 표현함으로써 공간이 주는 이미지와 그 공간에서 특정 대상들이 보이는 태도를 통해 현대 문명의 부정적인 면모를 드러냄과 동시에 현대 문명 속에서 살아가는 사람들의 정서, 그리고 벗어나고 싶은 현실과 대조되는 이상적 상황 등을 표현한다.

한편 거리 두기를 위해 제시된 특정 대상들은 ㉠현실을 극복하고자 하는 적극적인 태도를 통해 현실 극복 의지를 드러내기도 하지만, 오히려 ㉡소극적인 태도로 현실을 무기력하게 수용하기도 하는데, 이러한 소극적 태도는 반어적으로 현대 문명의 폭압성과 이에서 벗어나야 하는 당위성을 강조하는 효과를 가져오기도 한다.

㉠: ________________, ㉡: ________________

※ 다음 글을 읽고 물음에 답하시오. (36~37)

강남서 나온 제비는 왔노라 나타날 때, 오대양에 앉았다가 이리저리로 날며 넘놀면서, 흥부를 보고 반겨라고 좋을 호자 지저귀니, 흥부가 제비를 보고 경계하는 말이,

"고대광실(高臺廣室) 많건마는 수숫대 집에 와서 네 집을 지었다가 오뉴월 장마에 털썩 무너지면 그 낭패가 아니겠냐?"

제비가 듣지 않고 흙을 물어 집을 짓고, 알을 안아 깨인 후에 날기 공부를 힘쓸 때에, 뜻밖에 구렁이가 들어와서 제비 새끼를 몰수이 먹으니, 흥부 깜짝 놀라 하는 말이,

"흉악한 저 짐승아. 기름지고 맛있는 음식도 많건마는 무죄한 저 새끼를 몰식(沒食)하니 악착스럽다. 제비 새끼가 은나라 대성 황제를 낳았고, 곡식을 먹지 않고 살아나니 인간에 해가 없고, 옛 주인을 찾아오니 제 뜻이 유정하되, 제 새끼를 이제 다 죽임을 당했으니 어찌 불쌍하지 않으리. 저 짐승아, 패공의 용천검(龍泉劍)이 붉은 피가 솟아오를 때, 백제(白帝)의 영혼인가 신장도 장할시고. 영주 광야(永州廣野) 너른 뜰에 숙 낭자에 해를 입히던 풍사망의 구렁이인가. 머리도 흉악하다."

이렇게 경계할 때, 이에 제비 새끼 하나가 공중에서 뚝 떨어져, 대발 틈에 발이 빠져 두 발목이 자끈 부러져 피를 흘리고 발발 떨었다. 흥부가 보고 펄쩍 뛰어 달려들어 제비 새끼를 손에 들고 불쌍히 여기며 하는 말이,

"불쌍하다 이 제비야. 은나라 대성 황제의 은혜가 넓고 커서 금수를 사랑하여 다 길러 내었는데, 이 지경이 되었으니 어찌 가련하지 않으리. 여봅소, 아기 어미 무슨 당사(唐絲)실 있습나?"

"아이고, 굶기를 부자의 밥 먹듯 하며 무슨 당사실이 있단 말이요?"

하고, 천만뜻밖의 실 한 닢 얻어 주거늘, 흥부가 칠산(七山) 조기 껍질을 벗겨 제비 다리를 싸고, 실로 찬찬 동여 찬 이슬에 얹어 두니, 십여 일이 지난 뒤에 다리가 완구하여 제 곳으로 가려 하고 하직할 때,

흥부가 비감(悲憾)하여 하는 말이,

"먼 길에 잘들 가고, 명년 삼월에 다시 보자."

하니, 저 제비의 거동을 보소. 양우광풍(揚羽狂風)에 몸을 날려 백운을 비웃으며 주야로 날아 강남에 이르니, 제비 황제가 보고 묻기를, / "너는 어이 저느냐?"

제비 여쭙기를,

"소신의 부모가 조선에 나가 흥부의 집에다가 집을 짓고 소신 등 형제를 낳았삽더니, 뜻밖에 구렁이의 변을 만나 소신의 형제는 다 죽고, 소신이 홀로 죽지 않으려고 하여 바르작거리다가 뚝 떨어져 두 발목이 자끈 부러져, 피를 흘리고 발발 떠온즉, 흥부가 여차여차하여 다리 부러진 것이 의구하여 이제 돌아왔사오니, 그 은혜를 십분지일이라도 갚기를 바라나이다."

제비 황제가 하교(下敎)하기를,

"그런 은공을 몰라서는 행세치 못할 금수라. 네 박씨를 갖다주어 은혜를 갚으라."

하니, 제비가 사은(謝恩)하고 박씨를 물고, 삼월 삼일이 다다르니,

제비는 건공에 떠서 여러 날 만에 흥부 집에 이르러 넘놀 적에, 북해 흑룡이 여의주를 물고 채운 간에 넘노는 듯, 단산 채봉(丹山彩鳳)이 죽실(竹實)을 물고 오동(梧桐)나무에 넘노는 듯, 춘풍에 꾀꼬리가 나비를 물고 시냇가에 넘노는 듯 이리 갸웃 저리 갸웃 넘노는 것 흥부 아내가 잠깐 보고 눈물 흘리며 하는 말이,

"여봅소, 지난해 갔던 제비가 무엇을 입에 물고 와서 넘노네요."

이렇게 말할 때, 제비가 박씨를 흥부 앞에 떨어뜨리니, 흥부가 집어 보니 한가운데 보은표(報恩瓢)라 금자로 새겼기에, 흥부가 하는 말이,

"수안(隋岸)의 뱀이 구슬을 물어다가 살린 은혜를 갚았으니, 저도 또한 생각하고 나를 갖다주니 이것이 또한 보배로다."

[중략 부분의 줄거리] 제비가 가져다준 박씨를 심어 수확한 박에서 금은보화가 나와 흥부는 부자가 된다. 이러한 소식을 들은 놀부는 흥부에게서 화초장을 빼앗고 자신도 제비로부터 박씨를 받기 위해 욕심을 부린다.

그달 저 달 다 지내고 삼월 삼일 다다르니, 강남서 나온 제비가 옛집을 찾으려 하고 오락가락 넘놀 때에, 놀부가 사면에 제비 집을 지어 놓고 제비를 들이모니, 그중 팔자 사나운 제비 하나가 놀부 집에 흙을 물어 집을 짓고 알을 낳아 안으려 할 때, 놀부 놈이 주야로 제비 집 앞에 대령하여 가끔가끔 만져 보니, 알이 다 곯고 다만 하나가 깨였다. 날기 공부를 힘쓸 때, 구렁이가 오지 않으니, 놀부는 민망 답답하여 제 손으로 제비 새끼를 잡아 내려 두 발목을 자끈 부러뜨리고, 제가 깜짝 놀라 이르는 말이,

"가련하다, 이 제비야."

하고 조기 껍질을 얻어 찬찬 동여 뱃놈의 닻줄 감듯 삼층 얼레 연줄 감듯 하여 제집에 얹어 두었더니, 십여 일 뒤에 그 제비가 구월 구일을 당하여 두 날개를 펼쳐 강남으로 들어가니, 강남 황제 각처 제비를 점고(點考)할 때, 이 제비가 다리를 절고 들어와 엎드렸더니, 황제가 제신으로 하여금,

"그 연고를 사실하여 아뢰라."

하시니, 제비가 아뢰되,

"작년에 웬 박씨를 내어보내어 흥부가 부자 되었다 하여 그 형 놀부 놈이 나를 여차여차하여 절뚝발이가 되게 하였사오니, 이 원수를 어찌하여 갚고자 하나이다."

황제가 이 말을 들으시고 대경하여 말하기를,

"이놈 이제 전답 재물이 유여(有餘)하되 동기를 모르고 오륜에 벗어난 놈을 그저 두지 못할 것이요. 또한 네 원수를 갚아 주리라."

하고, 박씨 하나를 보수표(報讐瓢)라 금자로 새겨 주니, 제비가 받아 가지고 명년 삼월을 기다려 청천을 무릅쓰고 백운을 박차 날개를 부쳐 높이 떠 높은 봉 낮은 뫼를 넘으며, 깊은 바다 너른 시내며, 작은 도랑 잔 돌바위를 훨훨 넘어 놀부 집을 바라보고 너훌너훌 넘놀거늘, 놀부 놈이 제비를 보고 반겨할 때, 제비가 물었던 박씨를 툭 떨어뜨리니, 놀부 놈이 집어 보고 기뻐하며 뒤 담장 처마 밑에 거름 놓고 심었더니, 사오일 후에 순이 나서 넝쿨이 뻗어 마디마디 잎이요, 줄기줄기 꽃이 피어 박 십여통이 열렸으니, 놀부 놈이 하는 말이,

"흥부는 세 통을 가지고 부자 되었으니, 나는 장자 되리로다. 석숭(石崇)을 행랑에 살리고, 예황제를 부러워할 개아

들 없다."

하고, 손을 꼽아 가며 팔구월을 기다린다. 때를 당하여 박을 켜라 하고 김 지위 이 지위 동리 머슴 이웃 총각 건넛집 쌍언청이를 다 청하여 삯을 주고 박을 켤 때, 째보 놈이 한 통의 삯을 정하고 켜자 하니, 놀부 마음에 흐뭇하여 매 통에 열 냥씩 정하고 박을 켠다.

"슬근슬근 톱질이야."

힘써 켜고 보니 한 떼 가얏고쟁이가 나오며 하는 말이,

"우리 놀부 인심이 좋고 풍류를 좋아한다 하기에 놀고 가옵네."

'둥덩둥덩 둥덩둥덩' 하기에, 놀부가 이것을 보고 째보를 원망하는 말이,

"톱도 잘 못 당기고, 네 콧소리에 보화가 변하였는가 싶으니 소리를 모두 하지 말라."

하니, 째보 삯 받아야겠기에 한 말도 못 하고 그리하라 하니, 놀부 일변 돈 백 냥을 주어 보내더라.

- 작자 미상, 「흥부전」

[문제 36] <보기>의 빈칸에 알맞은 말을 제시문에서 찾아 쓰시오.

<보기>

판소리계 소설은 판소리 사설의 영향을 받았기 때문에 일반적인 산문으로 이루어진 다른 소설들과는 다르게 율문의 성격을 지니고 있다. 판소리계 소설의 다양한 특성들 가운데 하나는 등장인물인 서술자가 과거 사건을 요약적으로 제시하여 사건 전개의 속도를 빠르게 한다는 점이다. 「흥부전」에서 이에 해당하는 구절을 찾으면, 예를 들어 (①)이/가 있다. 또 다른 특징으로는 판소리계 소설에서는 음성상징어가 많이 쓰인다는 점이 있다. 「흥부전」에서 이에 해당하는 표현을 찾으면 '(②), (③), 훨훨, 너훌너훌' 등이 있다.

①: ____________, ②: ____________, ③: ____________

[문제 37] 「흥부전」을 읽고, 한 학생이 <보기>와 같이 도식화하여 흥부와 놀부가 처한 상황을 비교하였다. ㉠, ㉡에 알맞은 말을 제시문에서 찾아 쓰시오.

<보기>

	흥부	놀부
박씨에 내포된 의미	㉠	㉡
제비 황제가 박씨를 내어주며 제비에게 한 말	"그런 은공을 몰라서는 행세치 못할 금수라. 네 박씨를 갖다주어 은혜를 갚으라."	"이놈 이제 전답 재물이 유여(有餘)하되 동기를 모르고 오륜에 벗어난 놈을 그저 두지 못할 것이요, 또한 네 원수를 갚아 주리라."

㉠: ______________, ㉡: ______________

※ **다음 글을 읽고 물음에 답하시오.**

(가) 길을 걷고 있었다.... 노쇠한 거지가 나를 멈춰세웠다. 눈물 어린 충혈된 눈, 파리한 입술, 헤진 누더기 옷, 더러운 상처.... 아, 가난은 어쩌면 이다지도 처참히 이 불행한 인간을 갉아먹었던 것일까! 그는 빨갛게 부푼 더러운 손을 나에게 내밀었다.... 그는 신음하듯 중얼거리듯 적선을 부탁한다. 나는 호주머니란 호주머니를 모조리 뒤지기 시작했다.... 지갑도 없다, 시계도 없다, 손수건마저 없다.... 나는 아무것도 가지고 나오지 않았다. 그러나 거지는 기다리고 있었다.... 나에게 내민 그 손은 힘없이 흔들리며 떨리고 있었다. 당황한 나머지 어쩔 줄을 몰라, 나는 힘없이 떨고 있는 그 더러운 손을 ㉠덥석 움켜잡았다....

"용서하시오, 형제여. 아무것도 가진 것이 없구려."

거지는 충혈된 눈으로 나를 바라보았다. 그의 파리한 입술에 가느다란 미소가 스쳤다. 그리고 그는 자기대로 나의 싸늘한 손가락을 꼭 잡아주었다.

"괜찮습니다, 형제여." 하고 중얼거리듯 말했다.

"이것만으로도 고맙습니다. 이 역시 적선이니까요."

나는 깨달았다. 나도 이 형제로부터 적선받았다는 것을.

- 투르게네프, <거지>

(나) 나는 고갯길을 넘고 있었다…… 그때 세 소년 거지가 나를 지나쳤다. 첫째 아이는 잔등에 바구니를 둘러메고, 바구니 속에는 사이다병, 간즈매통(통조림통), 쇳조각, 헌 양말짝 등 폐물이 가득하였다. 둘째 아이도 그러하였다. 셋째 아이도 그러하였다. 텁수룩한 머리털, 시커먼 얼굴에 눈물 고인 충혈된 눈, 색잃어 푸르스럼한 입술, 너들너들한 남루, 찢겨진 맨발. 아- 얼마나 무서운 가난이 이 어린 소년들을 삼키었느냐! 나는 측은한 마음이 움직이었다. 나는 호주머니를 뒤지었다. 두툼한 지갑, 시계, 손수건, 있을 것은 죄다 있었다. 그러나 무턱대고 이것들을 내줄 용기는 없었다. 손으로 만지작만지작거릴 뿐이었다. 다정스레 이야기나 하리라 하고 "얘들아" 불러 보았다. 첫째 아이가 충혈된 눈으로 흘끔 돌아다볼 뿐이었다. 둘째 아이도 그러할 뿐이었다. 셋째 아이도 그러할 뿐이었다. 그리고는 너는 상관없다는 듯이 자기네끼리 소곤소곤 이야기하며 고개로 넘어갔다. 언덕 위에는 아무도 없었다. 짙어가는 황혼이 밀려들 뿐.

- 윤동주, <투르게네프의 언덕>

[문제 38] 두 작품의 관계에 대한 설명의 일부인 <보기>를 읽고, 빈 칸에 들어갈 알맞은 말을 서술하시오.

<보기>

(가)는 투르게네프의 <거지>라는 산문시이고, (나)는 윤동주의 <투르게네프의 언덕>이라는 글이다. 어떤 작품을 읽고 다른 작품이 생각났다면, 아마 '패러디'한 작품일 가능성이 크다. 윤동주는 가난한 이웃을 보는 자신의 아픈 마음을 독백처럼 풀어내고 있다. (중략) (가)에서의 ㉠은 거지에게 줄 수 있는 물질적인 것이 없어 거지가 내민 더럽고 볼품없는 손을 덥석 움켜잡은 화자의 행위를 묘사한다. 그리고 이는 화자의 연민 가득한 내면 을 드러낸다. 한편 (나)의 화자는 대조적으로 (①)와/과 같은 행위를 하고, 여기에 담겨 있는 화자의 내면 상태는 (②)의 감정이다.

①: ______________, ②: ______________

※ 다음 글을 읽고 물음에 답하시오.

(가) 아래 작품은 조선 후기에 등장한 사설시조 중 기다림을 노래한 작품 중 하나이다. 당시 사설시조들에서는 부재하는 임에 대한 간절한 기다림의 자세를 드러내면서도 과장이나 희화화를 통해 그리움과 웃음을 동시에 표현하는 경향이 드러난다. 이런 기다림의 노래는 대체로 임에 대한 간절한 그리움을 표현하다가 분위기를 반전시켜 웃음을 유발하거나, 간절한 그리움을 과장해서 표현함으로써 희화화하고 있다. 위의 작품에서도 임이 돌아오리라는 기대가 어긋난 후의 심리적 고통을 남의 비웃음을 피했다는 유치한 안도감으로 전환하고 있는데, 이 작품은 임의 부재로 인한 화자의 부정적인 정서를 착각 모티프를 통해 유발된 웃음으로 이완시키고 있다. 물론 이러한 이완은 온전히 평온한 상태로 돌아가는 것이 아니라, 그리움에 웃음을 더해서 잠시나마 심적 고통을 누그러뜨리고 있는 것으로 볼 수 있다. 대표적으로 아래와 같은 작품이 있다.

벽사창(碧紗窓)이 어른어른커ᄂᆞᆯ 님만 너겨 나가 보니
님은 아니 오고 명월(明月)이 만정(滿庭)ᄒᆞᆫ듸 벽오동(碧梧桐) 져즌 닙헤 봉황(鳳凰)이 ᄂᆞ려와 짓 다듬ᄂᆞᆫ 그림재로다
모쳐라 밤일싀 만정 ᄂᆞᆷ 우일 번 ᄒᆞ괘라

[문제 39] 제시문 (가)의 내용을 바탕으로 <보기>의 시조를 보면, 두 작품에서는 공통적으로 시적 화자의 간절한 기다림과 심적 고통을 드러내기 위하여 '착각 모티프'를 활용하고 있다. <보기>의 시조에서 ①'착각 모티프'가 드러난 구절을 찾아 쓰고, 그 구절에 쓰인 ②'표현법'이 무엇인지 서술하시오.

<보기>

님이 오마 ᄒᆞ거ᄂᆞᆯ 저녁밥을 일 지어 먹고
중문(中門) 나셔 대문(大門) 나가 지방(地方) 우희 치ᄃᆞ라 안자 이수(以手)로 가액(加額)ᄒᆞ고 오ᄂᆞᆫ가 가ᄂᆞᆫ가 건넌산(山) ᄇᆞ라보니 거머흿들 셔 잇거ᄂᆞᆯ 져야 님이로다 보션 버서 품에 품고 신 버서 손에 쥐고 곰븨님븨 님븨곰븨 쳔방지방 지방쳔방 즌 듸 ᄆᆞ른 듸 ᄀᆞᆯ희지 말고 워렁충창 건너가셔 정(情)엣 말 ᄒᆞ려 ᄒᆞ고 겻눈을 흘긧 보니 상년(上年) 칠월(七月) 열사ᄒᆞᆫ날 ᄀᆞᆯ가 벅긴 주추리 삼대 ᄉᆞᆯ드리도 날 소겨다
모쳐라 밤일싀 만정 힝여 낫이런들 ᄂᆞᆷ 우일 번 ᄒᆞ괘라

①: ________________, ②: ________________

※ 다음 글을 읽고 물음에 답하시오.

(가) 오늘도 해 다 저물도록 / 그리운 그 사람 보이지 않네
언제부턴가 우리 가슴속 깊이
뜨건 눈물로 숨은 그 사람 / 오늘도 보이지 않네
모낸 논 가득 개구리들 울어
저기 저 산만 어둡게 일어나
돌아앉아 어깨 들먹이며 울고
보릿대 들불은 들을 뚫고 치솟아
들을 밝히지만 / 그 불길 속에서도 그 사람 보이지 않네
언젠가, 아 언젠가는 / 이 칙칙한 어둠을 찢으며
눈물 속에 꽃처럼 피어날 / 저 남산 꽃 같은 사람
어느 어둠에 덮여 있는지 / 하루, 이 하루를 다 찾아다니다
짐승들도 집 찾아드는
저문 들길에서도
그리운 그 사람 보이지 않네

- 김용택, 「그리운 그 사람」

(나) 내 그대를 생각함은 항상 그대가 앉아 있는 배경에서 해가 지고 바람이 부는 일처럼 사소한 일일 것이나 언젠가 그대가 한없이 괴로움 속을 헤매일 때에 오랫동안 전해 오던 그 사소함으로 그대를 불러 보리라.

진실로 진실로 내가 그대를 사랑하는 까닭은 내 나의 사랑을 한없이 잇닿은 그 기다림으로 바꾸어 버린 데 있었다. 밤이 들면서 골짜기엔 눈이 퍼붓기 시작했다. 내 사랑도 어디쯤에선 반드시 그칠 것을 믿는다. 다만 그때 내 기다림의 자세를 생각하는 것뿐이다. 그 동안에 눈이 그치고 꽃이 피어나고 낙엽이 떨어지고 또 눈이 퍼붓고 할 것을 믿는다.

- 황동규, 「즐거운 편지」

[문제 40] <보기>의 ①과 ②에 들어갈 적절한 구절을 (가)와 (나)에서 찾아 쓰시오.

<보기>

(가)와 (나)에서는 모두 화자의 사랑에 대한 정서를 드러내는 데 자연물을 활용하고 있다. 그러나 (가)에서는 '그 사람'에 대한 간절한 그리움에도 불구하고 그를 찾을 수 없는 상황을 의인화하여 (①)(이)라고 그려냈지만, (나)에서는 '그대'에 대한 사랑도 변화무쌍하니 언젠가는 끝날 수 있지만 자연의 순환처럼 영원할 것이라 믿기 때문에 (②)(이)라는 표현을 통해 사랑의 모든 것을 감싸 안고 변함없이 기다리겠다며 영원한 사랑을 다짐하고 있다.

①: ________________, ②: ________________

※ 다음 글을 읽고 물음에 답하시오.

[앞부분 줄거리] 생계를 책임지고 있던 엄마의 만두 가게가 아버지의 빚보증으로 망하고 난 후, '나'는 언니가 사는 서울 변두리 반지하 셋방으로 어린 시절부터 쳐 온 피아노를 옮겨 와 살게 된다. '나'는 타자 아르바이트를, 언니는 편입 준비와 아르바이트를 병행하며 하루하루를 고되게 살아간다.

나는 어서 학교에 가고 싶었다. 얼추 한 학기 등록금을 모았고, 무엇보다도 사람들과 관계 맺으며 '피로'나 '긴장'을 느끼고 싶었다. 나는 누군가에게 좋은 사람일 수도 있고 나쁜 사람일 수도 있지만, 사실 아무것도 될 수 없었다. 첫 월급을 탔을 때 누구를 만나, 어떻게 돈을 써야 할지 몰라 당황했었다. 이대로 아무도 모르게, 아무도 모르는 일만 하다 죽을 수는 없다고, 매일 어깨에 의자를 이고 등교하는 아이처럼 평생 아르바이트만 하고 살 순 없다고 생각했다. 가끔은 손가락이 나뭇가지처럼 기다랗게 자라나는 꿈을 꾸기도 했다. 나는 손가락만 진화한 인간 타자수가 되어 '다음 중 맞는 답을 고르시오.'라는 문장을 끊임없이 치고 있었다. 그리고 산더미만 한 문제지를 들고 인쇄소에 찾아가면, 그걸 전부 나더러 풀라는 것이었다. 도 다음엔 레가 오는 것처럼 여름이 끝난 후 반드시 가을이 올 것 같았지만, 계절은 느릿느릿 지나가고, 우리의 청춘은 너무 환해서 창백해져 있었다.

방 안은 눅눅했다. 자판을 치다 주위를 둘러보면, 습기 때문에 자글자글 운 공기가 미역처럼 나풀대며 날아다니는 것 같았다. 벽지 위론 하나둘 곰팡이 꽃이 피었다. 피아노 뒤에 벽은 상태가 더 심했다. 나는 피아노가 썩을까 봐 걱정이었다. 몇 번 마른걸레로 닦아 봤지만 소용없었다. 우선 달력 몇 장을 찢어 피아노 뒷면에 덧대 놓는 수밖에 없었다. 그러다 곧 피아노 건반을 확인해 보고 싶은 마음이 들었다. 시골에서부터 이고 온 것인데, 이대로 망가지면 억울할 것 같았다. 마음을 먹고 피아노 의자 위에 앉았다. 그런 뒤 두 손으로 건반 뚜껑을 들어 올렸다. 손안에 익숙한 무게감이 전해져 왔다. 곧 88개의 깨끗한 건반이 눈에 들어왔다. 악기는 악기답게 고요했다. 나는 건반 위에 손가락을 얹어 보았다. 손목에 힘을 푼 채 뭔가 부드럽게 감아쥐는 모양을 하고. 서늘하고 매끄러운 감촉이 전해졌다. 조금만 힘을 주면 원하는 소리가 날 터였다. 밖에선 공사 음이 들려왔다. 며칠 전부터 주인집을 보수하는 소리였다. 문득 피아노를 치고 싶은 마음이 들었다. 이사 후 처음 있는 일이었다. 그리고 일단 그런 마음이 들자, 주체할 수 없는 감정이 솟구쳤다. 한 음 정도는 괜찮지 않을까. 소리는 금방 사라져 아무도 모를 것이다. 나는 용기 내어 손가락에 힘을 주었다. / "도-"

도는 방 안에 갇힌 나방처럼 긴 선을 그리며 오래오래 날아다녔다. 나는 그 소리가 아름답다고 생각했다. 가슴속 어떤 것이 옅게 출렁여 사그라지는 기분이었다. 도는 생각보다 오래 도- 하고 울었다. 나는 한 음이 완전하게 사라지는 느낌을 즐기려 눈을 감았다. 밖에서 문 두드리는 소리가 났다. 쿵쿵쿵쿵. 주먹으로 네 번이었다. 나는 얼른 피아노 뚜껑을 덮었다. 다시 쿵쿵 소리가 들렸다. 현관문을 열어 보니 주인집 식구들이었다. 체육복을 입은 남자와 그의 아내, 두 아이가 나란히 서 있었다. 외식이라도 갔다 오는지 그들 모두 입에 이쑤시개를 물고 있었다. 남자가 말했다.

"학생, 혹시 좀 전에 피아노 쳤어?" / 나는 천진하게 말했다. "아닌데요." / 주인 남자는 고개를 갸웃거리며 물었다. "친 거 같은데……?"

나는 다시 아니라고 했다. 주인 남자는 의심스러운 표정을 짓다가, 내가 곰팡이 얘길 꺼내자 "지하는 원래 그렇다."라고 말한 뒤, 서둘러 2층으로 올라갔다. 나는 방으로 돌아와 피아노 옆에 기대어 앉았다. 그런 뒤 무심코 휴대 전화 폴더를 열었다. 휴대 전화는 번호마다 고유한 음이 있어 단순한 연주가 가능했다. 1번은 도, 2번은 레, 높은 음은 별표나 영을 함께 누르면 되는 식이었다. 더듬더듬 버튼을 눌렀다. 미 솔미 레도 시도 파, 미 솔미 레도시도 레레레 미…… '원래 그렇다'. 왠지 나쁘다는 생각이 들었다.

저녁부터 폭우가 내렸다. 언니는 아르바이트 때문에 늦는다고 했다. 벌써 퇴근했어야 하는 시간인데 정산을 잘못한 모양이었다. 나는 연속극을 보다 배우들의 목소리가 잘 들리지 않아 리모컨을 잡았다. 뭔가 축축하게 만져졌다. 현관에서부터 물이 새고 있었다. 이물질이 잔뜩 섞인 새까만 빗물이었다. 그것은 벽지를 더럽히며 창틀로 흘러내렸다. 벽면은 검은 눈물을 뚝뚝 흘리는 누군가의 얼굴 같았다.

빗물은 어느새 무릎까지 차 있었다. 나는 피아노가 물에 잠겨 가고 있다는 걸 깨달았다. 저대로 두다간 못 쓰게 될 게 분명했다. 순간 '쇼바'를 잔뜩 올린 오토바이 한 대가 부르릉- 가슴을 긁고 가는 기분이 들었다. 오토바이가 일으키는 흙먼지 사이로 수천 개의 만두가 공기 방울처럼 떠올랐다 사라졌다. 나는 피아노 뚜껑을 열었다. 깨끗한 건반이 한눈에 들어왔다. 건반 위에 가만 손가락을 얹어 보았다. 엄지는 도, 검지는 레, 중지와 약지는 미 파. 아무 힘도 주지 않았는데 어떤 음 하나가 긴소리로 우는 느낌이 들었다. 나는 나도 모르게 손가락에 힘을 주었다.

"도"/ 도는 긴 소리를 내며 방 안을 날아다녔다. 나는 레를 짚었다. "레"/ 나는 편안하게 피아노를 연주하기 시작했다. 하나 둘 손끝에서 돋아나는 음표들이 눅눅했다. "솔미 도레 미파솔라솔……." 물에 잠긴 페달에 뭉텅뭉텅 공기 방울이 새어 나왔다. 음은 천천히 날아올라 어우러졌다 사라졌다.

- 김애란, 「도도한 생활」

[문제 41] <보기>는 「도도한 생활」에 대한 설명의 일부이다. <보기>를 참고하여 '나'가 극도로 열악한 상황에서도 사회적 억압에 저항하는 용기를 실천하고 자존감을 지키려 노력하는 행위를 드러낸 2문장을 찾아 쓰시오.

<보기>

이 작품은 2000년대를 살아가는 20대 젊은이의 현실을 형상화한 작품이다. '나'는 살아갈 발판을 마련하기 힘든 젊은 세대를 대변하는 인물로, 지금은 지하방에 머물고 있다. 언니와 함께 아르바이트를 하며 힘겹게 서울 생활을 버티고 있지만, '나'의 피아노는 습기와 곰팡이로 점점 망가져간다. 어느 날 폭우로 반지하방에 물이 차오르게 되는데, '나'는 피아노를 치지 말라는 집 주인의 말을 어기고 피아노를 연주하며 자신의 도도한 생활을 지키려 한다. 제목인 '도도한 생활'은 피아노 음계 '도'의 반복되는 소리와 피아노를 자유롭게 연주하며 살아가는 도도한 생활을 이중적으로 의미한다.

①: ____________, ②: ____________

※ **다음 글을 읽고 물음에 답하시오. (42~43)**

(가)
公無渡河 (공무도하) 임이여 강을 건너지 마오
公竟渡河 (공경도하) 임은 그예 강을 건너시네
墮河而死 (타하이사) 강에 빠져 돌아가시니
當奈公何 (당내공하) 가신 임을 어이할꼬
- 백수광부의 아내, <공무도하가(公無渡河歌)>

(나)
병원. 할아버지, 침대에 실려 가면서 기침을 하고 할머니는 조용히 눈물을 삼키며 바라본다.
겨울 하늘. 할머니, 집으로 돌아온다. 할아버지의 한복들을 곱게 개서 보자기에 싸고, 할아버지의 신발을 그 위에 올려 둔다. 그리고 수의를 빨아서 빨랫줄에 넌다. 그 사이로 할머니의 모습. 물을 하염없이 바라보는 할머니.
다시 병원. 할머니는 할아버지의 옆에 나란히 누워 팔로 할아버지를 안고 눈을 감는다.
할머니: 석 달만 더 살아요. 이렇게 석 달만 더 살면 내가 얼마나 반갑겠소. 나하고 같이 갑시다, 그러면 같이 가재, 내가. 할아버지 나하고 같이 가요, 같이 가요, 그러면 응, 같이 가자고. 그렇게 같이 가면 얼마나 좋겠소. 할아버지와 손을 마주 잡고. 다리 너머 재를 같이 넘어가면 얼마나 좋겠소. 이웃 사람들도 다 손 흔들어 줄 거고. 나도 잘 있으라고 손 흔들어 줄 거고. 이렇게 갔으면 얼마나 좋겠소.
가을, 빨간 한복을 입고 나들이 나온 할머니와 할아버지.
할아버지: 꽃이고 나뭇잎이고 사람과 다 똑같아요. 저 나뭇잎도 봄이 되면 피어서 여름 내내 비 맞고 잘 살다가, 가을에 서리가 내리면 그만 떨어진단 말이야. 사람도 그것과 한가지래요. 처음에 어렸을 때는 꽃송이가 생겨서 핀단 말이에요. 이래 피면 피어서 그대로 있으면 좋은데, 그만 나이가 많으니 오그라져 떨어져요. 떨어지면 헛일이야. 떨어지면 그만이야.
마당의 빈 의자. 많이 노쇠한 할아버지, 의자에 와서 앉아 신발을 다시 챙겨 신는다. 할아버지의 모습과 빈 의자(디졸브), 다시 빈 의자(페이드아웃).
<님아, 그 강을 건너지마오.>

[문제 42] (가)와 (나)는 모두 '죽음'을 소재로 한 작품이다. (가)와 (나)에서 '죽음'을 상징하는 소재를 각각 찾아 쓰시오.

(가): ________________, (나): ________________

[문제 43] <보기>는 (가)와 (나)에 대한 설명이고, 학생들은 (가)와 (나)를 감상한 후 밑줄 친 부분의 근거를 찾는 활동을 하였다. ①과 ②에 알맞은 표현을 서술하시오.

<보기>

(가)의 <공무도하가(公無渡河歌)>는 백수광부(白首狂夫)의 아내가 지었다고 전하는 창작 연대 미상의 고대 가요이다. 창작 후 천 년이 넘게 지난 지금까지도 폭넓게 공감을 얻고 있다.

(나)는 영화 <님아, 그 강을 건너지마오> 시나리오의 일부로, 이 영화는 강원도 횡성에서 실제 부부로 76년을 함께 산 부부를 주인공으로 촬영하여 2014년에 개봉하였고, 480만 명 이상의 관객을 모으며 독립 영화 흥행의 기록을 새로이 썼다. 커플 한복을 곱게 차려 입은 노부부는 '76년째 연인'이라 부를 만큼 다정하다. 그러던 어느 날 할아버지가 귀여워하던 강아지가 무지개다리를 건너 하늘나라로 떠난 후, 98세의 할아버지도 서서히 기력이 떨어지기 시작한다. 그리고 89세의 할머니도 할아버지의 기침소리를 들으며 또 다른 이별이 다가오고 있음을 직감한다. (후략)

-한길: (가)는 고대 가요이고, (나)는 현대의 영화니까 장르가 완전히 다른데도 둘 다 감동이 있었어.
-수연: 맞아. 시대가 다른 창작물이지만, 두 작품 모두 인간이라면 누구나 가지고 있는 보편적 정서인 (①)와/과 이별을 다루고 있기 때문에 다 감동을 느낄 수 있는 게 아닐까?
-지현: 그러게. 남편과 아내라는 부부 사이의 애틋함이 참 슬픈데 아름다워서 감동적이었어. 그러면서도 사랑이란 감정은 시대를 초월하여 누구에게나 보편적인 (②)을/를 얻을 수 있다고 생각해.

①: ________________, ②: ________________

※ **다음 글을 읽고 물음에 답하시오. (44~45)**

우리 장인님은 약이 오르면 이렇게 손버릇이 아주 못됐다. 또 사위에게 이 자식 저 자식 하는 이놈의 장인님은 어디 있느냐. 오죽해야 우리 동리에서 누굴 물론하고 그에게 욕을 안 먹는 사람은 명이 짜르다, 한다. 조고만 아이들까지도 그를 돌라세 놓고 욕필이(본이름이 봉필이니까) 욕필이, 하고 손가락질을 할 만치 두루 인심을 잃었다. 허나 인심을 정말 잃었다면 욕보다 읍의 배 참봉 댁 마름으로 더 잃었다. 번히 마름이란 욕 잘하고 사람 잘 치고 그리고 생김 생기길 호박개 같애야 쓰는 거지만 장인님은 외양이 똑됐다. 작인이 닭 마리나 좀 보내지 않는다든가 애벌논 때 품을 좀 안 준다든가 하면 그해 가을에는 영락없이 땅이 뚝뚝 떨어진다. 그러면 미리부터 돈도 먹이고 술도 먹이고 안달재신으로 돌아치든 놈이 그 땅을 슬쩍 돌라안는다. 이 바람에 장인님 집 빈 외양간에는 눈깔 커다란 황소 한놈이 절로 엉금엉금 기어들고, 동리 사람은 그 욕을 다 먹어 가면서도 그래도 굽신굽신하는 게 아닌가 —

그러나 내겐 장인님이 감히 큰소리할 계제가 못 된다. 뒷생각은 못 하고 뺨 한 개를 딱 때려 놓고는 장인님은 무색해서 덤덤히 쓴침만 삼킨다. 난 그 속을 펵 잘 안다. 조곰 있으면 갈도 꺾어야 하고 모도 내야 하고, 한창 바쁜 때인데 나 일 안 하고 우리 집으로 그냥 가면 고만이니까. 작년 이맘때도 트집을 좀 하니까 늦잠 잔다구 돌멩이를 집어 던져서 자는 놈의 발목을 삐게 해 놨다. 사날씩이나 건승 끙, 끙, 앓았더니 종당에는 거반 울상이 되지 않었는가 —

"얘, 그만 일어나 일 좀 해라. 그래야 올갈에 벼 잘되면 너 장가들지 않니."

그래 귀가 번쩍 띄어서 그날로 일어나서 남이 이틀 품 들일 논을 혼자 삶아 놓으니까 장인님도 눈깔이 커다랗게 놀랐다. 그럼 정말로 가을에 와서 혼인을 시켜 줘야 온 경우가 옳지 않겠나. 볏섬을 척척 들여쌓아도 다른 소리는 없고 물동이를 이고 들어오는 점순이를 담배통으로 가리키며 "이 자식아. 미처 커야지, 조걸 데리구 무슨 혼인을 한다구 그러니 온!"하고 남 낯짝만 붉게 해 주고 고만이다. 골김에 그저 이놈의 장인님, 하고 댓돌에다 메꽂고 우리 고향으로 내뺄까 하다가 꾹꾹 참고 말았다. (중략)

아픈 것을 눈을 꽉 감고 넌 해라 난 재미난 듯이 있었으나 불기짝을 후려갈길 적에는 나도 모르는 결에 벌떡 일어나서 그 수염을 잡아챘다마는 내 골이 난 것이 아니라 정말은 아까부터 부엌 뒤 울타리 구멍으로 점순이가 우리들의 꼴을 몰래 엿보고 있었기 때문이다. 가뜩이나 말 한마디 톡톡히 못한다고 바보라는데 매까지 잠자코 맞는 걸 보면 짜정 바보로 알 게 아닌가. 또 점순이도 미워하는 이까진 놈의 장인님 나곤 아무것도 안 되니까 막 때려도 좋지만 사정 보아서 수염만 채고(제 원대로 했으니까 이때 점순이는 퍽 기뻤겠지) 저기까지 잘 들리도록 "이걸 까셀라 부다!" 하고 소리를 쳤다.

장인님은 더 약이 바짝 올라서 잡은 참 지게막대기로 내 어깨를 그냥 나려갈겼다. 정신이 다 아찔하다. 다시 고개를 들었을 때 그때엔 나도 온몸에 약이 올랐다. 이 녀석의 장인님을, 하고 눈에서 불이 퍽 나서 그 아래 밭 있는 넝 아래로 그대로 떼밀어 굴려 버렸다. 조금 있다가 장인님이 씩, 씩, 하고 한번 해볼려고 기어오르는 걸 얼른 또 떼밀어 굴려 버렸다.

기어오르면 굴리고 굴리면 기어오르고 이러길 한 너덧 번을 하며 그럴 적마다

"부려만 먹구 웨 성례 안 하지유!"

나는 이렇게 호령했다. 허지만 장인님이 선뜻 오냐 낼이라두 성례시켜 주마, 했으면 나도 성가신 걸 그만두었을지 모른다. 나야 이러면 때린 건 아니니까 나종에 장인 쳤다는 누명도 안 들을 터이고 얼마든지 해도 좋다.

한번은 장인님이 헐떡헐떡 기어서 올라오드니 내 바지가랭이를 요렇게 노리고서 담박 움켜잡고 매달렸다. 악, 소리를 치고 나는 그만 세상이 다 팽그르 도는 것이

"빙장님! 빙장님! 빙장님!"

"이 자식! 잡아먹어라 잡아먹어!"

"아! 아! 할아버지! 살려 줍쇼 할아버지!" 하고 두 팔을 허둥지둥 내절 적에는 이마에 진땀이 쭉 내솟고 인젠 참으로 죽나 부다, 했다. 그래두 장인님은 놓질 않드니 내가 기어이 땅바닥에 쓰러져서 거진 까무라치게 되니까 놓는다. 더럽다 더럽다. 이게 장인님인가, 나는 한참을 못 일어나고 쩔쩔맸다. 그렇다 얼굴을 드니(눈에 참 아무것도 보이지 않았다) 사지가 부르르 떨리면서 나도 엉금엉금 기어가 장인님의 바지가랭이를 꽉 움키고 잡아나꿨다.

내가 머리가 터지도록 매를 얻어맞은 것이 이 때문이다. 그러나 여기가 또한 우리 장인님이 유달리 착한 곳이다. 여느 사람이면 사경을 주어서라도 당장 내쫓았지 터진 머리를 불솜으로 손수 지져 주고, 호주머니에 히연 한 봉을 넣어 주고 그리고

"올갈엔 꼭 성례를 시켜 주마. 암말 말구 가서 뒷골의 콩밭이나 얼른 갈아라." 하고 등을 뚜덕여 줄 사람이 누구냐.

나는 장인님이 너무나 고마워서 어느듯 눈물까지 났다. 점순이를 남기고 인젠 내쫓기려니, 하다 뜻밖의 말을 듣고

"빙장님! 인제 다시는 안 그러겠어유 —"

이렇게 맹서를 하며 불야살야 지게를 지고 일터로 갔다.

그러나 이때는 그걸 모르고 장인님을 원수로만 여겨서 잔뜩 잡아다렸다.

"아! 아! 이놈아! 놔라, 놔, 놔 —"

장인님은 헷손질을 하며 솔개미에 챈 닭의 소리를 연해 질렀다. 놓긴 웨, 이왕이면 호되게 혼을 내주리라, 생각하고 짓궂이 더 댕겼다마는 장인님이 땅에 쓰러져서 눈에 눈물이 피잉 도는 것을 알고 좀 겁도 났다.

"할아버지! 놔라, 놔, 놔, 놔놔." 그래도 안 되니까

"얘 점순아! 점순아!"

이 악장에 안에 있었던 장모님과 점순이가 헐레벌떡하고 단숨에 뛰어나왔다.

나의 생각에 장모님은 제 남편이니까 역성을 할는지도 모른다. 그러나 점순이는 내 편을 들어서 속으로 고수해서 하겠지— 대체 이게 웬 속인지(지금까지도 난 영문을 모른다) 아버질 혼내 주기는 제가 내래 놓고 이제 와서는 달겨들며

"에그머니! 이 망할 게 아버지 죽이네!" 하고 내 귀를 뒤로 잡어댕기며 마냥 우는 것이 아니냐. 그만 여기에 기운이 탁 꺾이어 나는 얼빠진 등신이 되고 말었다. 장모님도 덤벼들어 한쪽 귀마저 뒤로 잡아채면서 또 우는 것이다.

이렇게 꼼짝 못 하게 해 놓고 장인님은 지게막대기를 들어서 사뭇 나려조겼다. 그러나 나는 구태여 피할랴지도 않고 암만해도 그 속 알 수 없는 점순이의 얼굴만 멀거니 들

여다보았다.
"이 자식! 장인 입에서 할아버지 소리가 나오도록 해?"
- 김유정, 「봄·봄」

[문제 44] 이 작품에서는 무지하고 어리숙한 인물이 예상했던 바와 다르게 전개되는 상황을 중심으로 사건들이 구성되고 있다. 주어진 지문에서 인물이 현재 시점에서 과거의 행위를 회상함과 동시에, 그 당시에 자신의 경험에 대한 판단을 제대로 하지 못했음을 드러내는 진술을 담고 있는 문장을 찾아, 첫 어절과 마지막 어절을 쓰시오.

① 첫 어절: ________________

② 마지막 어절: ________________

[문제 45] <보기>의 밑줄 친 내용에 해당하는 소재를 찾아 쓰시오.

<보기>

「봄·봄」은 인물의 예상과 다르게 전개되는 상황을 중심으로 사건들을 구성하고 있다. 이러한 상황은 인물의 무지로 인해 발생한다. 무지를 인식하지 못하는 무지는 상황에 대한 오인과 잘못된 예측 그리고 헛된 기대를 유발한다. 인물의 관심은 성례의 문제에 집중되어 있다. 이는 모순된 상황을 벗어나지 못하는 무지한 인물의 현실적 한계를 드러내기도 한다. 그런데 ㉠이러한 인물의 입을 통해 당대의 현실이 은연중에 노출된다는 점에서 이 작품의 주제를 드러내는 서사 전략을 살필 수 있다. 무지한 인물이 자신과 동떨어진 문제라고 언급하는 가운데 당대 농촌의 실상이 누설되고 있기 때문이다. 이는 당대 농촌 현실을 은연중에 드러내려는 서사 전략에 의해 설정된 것으로 파악할 수 있다.

※ 다음 글을 읽고 물음에 답하시오.

인생이 몇 날이며 이내 몸 어이할꼬
주렴(珠簾)을 손수 걷고 옥계(玉階)에 내려가
오색구름 깊은 곳에 임 계신 데 바라보니
안개문 구름창 천리만리 가렸구나
인연이 없지 않아 하늘이 아셨는가
외로운 청란(青鸞)으로 광한궁(廣寒宮) 날아올라
듣고서 못 뵙던 임 첫낯에 잠깐 뵈니
내 임이 이분이라 반갑기를 가늠할까
이렇게 뵙고 다시 뵐 일 생각하니
삼천 명의 미인들 아침저녁으로 모시고
궁궐의 고운 여인 좌우에 벌였는데
수줍은 빛바랜 화장을 어디 가 자랑하며
탐탁지 않은 태도를 누구에서 자랑할까
난간에서 피눈물을 소매로 훔치며
옥경(玉京)을 떠나서 하계(下界)에 내려오니
인생 박명(薄命)이 이처럼 생겼던가
쓸쓸한 십 년 세월 그림자 벗을 삼고
아쉬운 마음에 혼자 하는 말이
임은 내 임이라 날을 어찌 버리시는가
생각하시면 그 아니 불쌍한가
정조를 지키고 귀신께 맹세하여
좋은 때 돌아오면 다시 뵐까 하였더니
과연 내 임이 전혀 아니 버리시어
삼천 리 약수(弱水)*에 청조사(青鳥使)* 건너오니
임의 소식을 반가이 듣겠구나
여러 해 헝클어진 머리 틀어서 집어 꽂고
두 눈의 눈물 자국에 분도 아니 발라
먼 길 멀다 않고 허위허위 들어오니
그리던 얼굴을 본 듯 만 듯 하고 있어
심술궂은 시샘은 어찌하여 한단 말인가
알록달록 무늬 짜서 고운 비단 만들 듯이
옥돌 위 쉬파리가 온갖 허물 지어내니
내 몸에 쌓인 죄는 끝이 없거니와
하늘에 해가 있어 임이 짐작 안 하실가
그것일랑 던져두고 서러운 뜻 말하려니
백 년 인생에 이내 임 만나 보아
산과 바다에 맹세한 사랑의 첫 말씀 믿었더니
그사이 무슨 일로 이 맹세 버려두고
옥 같은 얼굴을 홀로 두고 그리는가
사랑이 싫증 났던가 박복한 탓이런가
말하면 목이 메고 생각하면 가슴 끔찍
(중략)
풍상(風霜)이 섞여 치고 수많은 꽃 떨어지니
여러 떨기 국화는 누구 위해 피었으며
천지가 얼어붙어 삭풍(朔風)이 몹시 부니
하루를 별을 찐들 열흘 추위 어찌할까
은침(銀鍼)을 빼내어 오색(五色)실 꿰어 놓고
임의 터진 옷을 깁고자 하건마는
천문구중(千闈九重)에 갈 길이 아득하니
아녀자 깊은 정을 임이 언제 살피실까
음력 섣달 다 지나니 봄이면 늦으리
동짓날 자정이 지난밤에 돌아오니
집집마다 대문을 차례로 연다 하되

자물쇠를 굳게 잠가 침실을 닫았으니
눈 위의 서리는 얼마나 녹았으며
뜰가의 매화는 몇 봉오리 피었는가
간장(肝腸)이 다 썩어 넋조차 그쳤으니
천 줄기 눈물은 피 되어 솟아나고
반벽청등(半壁靑燈)은 빛조차 어두워라
황금이 많으면 매부(買賦)나 하련마는*
백일이 무정하니
뒤집힌 동이에 비칠쏘냐
평생토록 쌓은 죄는 다 나의 탓이로다
언어에 공교(工巧) 없고 눈치 몰라 다닌 일을
풀어서 헤아리고 다시금 생각하니
조물주의 처분을 누구에게 물으리오
창에 비친 매화 달에 가느다란 한숨 다시 짓고
아쟁을 꺼내어 원망의 노래 슬피 타니
거문고 줄 끊어져 다시 잇기 어려워라
차라리 죽어서 자규(子規)의 넋이 되어
밤마다 이화(梨花)의 피눈물 울어 내어
오경(五更)에 잔월(殘月)을 섞어 임의 잠을 깨우리라

-조우인, 「자도사」

*약수: 신선이 사는 땅에 있다는 강으로, 길이가 삼천 리나 되며 기러기의 깃털도 가라앉을 정도로 물의 부력이 약하여 건널 수 없다고 함
*청조사: 파랑새
*황금이 많으면 매부나 하련마는: 중국 한나라 무제 때 황후 진아교가 당시의 문장가인 사마상여에게 황금을 주고 부를 짓게 하여 자신에게 무심했던 무제의 마음을 돌려 총애를 받게 된 일을 가리킴

[문제 46] <보기>를 참고하여 다음 작품을 감상하고자 한다. ㉠, ㉡에 해당하는 시구를 찾아 쓰시오

<보기>

조우인은 광해군에 의해 유폐된 인목 대비를 안타까워하는 마음을 시에 표출했다. 이는 ㉠조우인의 반대편에 있던 대북파가 조우인이 광해군에게 불경스러운 마음을 품었다고 모함하는 빌미가 된다. 이로 인해 조우인은 3년의 옥고를 치르게 되는데, 「자도사」는 이 시기에 창작되었을 것으로 추정된다. 조우인은 이 작품에서 임금은 천상계의 옥황상제에 비유하고 자신은 지상으로 적강한 선녀에 비유하여 임금에 대한 충정을 드러낸다. 또한 ㉡임금에 대한 마음을 남녀 관계에 빗대어 드러내거나, 자신을 모함한 대북파를 비난하고 있다. 아울러 조우인은 자연물을 통해 임금의 소식을 알게 되는 상황을 설정하여, 자신의 억울한 심정과 자신의 충정을 알아주지 못하는 임금에 대한 원망도 드러내고 있다.

㉠: ______________, ㉡: ______________

4. 언어와 매체(문법) 영역

【약술형 논술 완벽 학습 TIP】

> **문법 영역은 지금까지 인문계 학과 응시를 희망하는 학생들에게는 필수적으로 준비해야 했고, 자연계 학과 응시를 하는 학생들에게는 꼭 반드시 나오는 문제는 아니었습니다. 왜냐하면 인문계 학과는 국어가 9문항이지만, 자연계 학과는 국어가 6문항밖에 출제되지 않으니까요. 그러나 자연계에는 절대 나오지 않으니 몰라도 된다고 생각하고 넘어가기에는 출제 범위가 '국어, 문학, 화법과 작문, 문법' 등 전 영역이니까 문제를 보면 풀 수 있는 정도로 학습은 해두기를 바랍니다. 당연히 인문계 학과 지원자들은 수능 국어 선택과목과 무관하게 반드시 문법 영역 학습을 필수적으로 해 두어야 하겠지요. 한 문제 정도니까 출제 비중은 문학이나 독서에 비하면 매우 작아보입니다. 그러나 가천대 약술형 논술고사는 한 문제가 당락을 가르기도 하고 큰 점수차로 이어질 수 있으니 문법의 기본 개념을 확실히 다지는 학습을 해 두어야 합니다. 수능특강의 언어와 매체에 문법 영역을 중심으로 공부하고, 특히 교과서나 기본서를 통해 개념을 반드시 이해해두는 것이 좋겠습니다. 그리고 실전 문제 풀이를 통해 실전 감각을 향상하는 노력도 필수입니다.**
>
> **기출문제는 보통 음운론에서 많이 나왔었고, 음절 끝소리 규칙, 자음동화, 비음화, 유음화, 된소리되기, 거센소리되기, 구개음화 등 음운변동에서 빈출되었습니다. 교과서를 펼쳐서 기본 학습부터 해보세요. 개념 학습과 더불어 각 현상의 예시를 기억해두거나 눈에 익혀두는 것만으로도 아주 좋은 예습이 될 것입니다. 충분히 어렵지 않게 준비할 수 있을 것입니다. 물론 문제를 풀면서 이론 학습을 병행해도 좋습니다. 아래에 음운변동과 관련하여 꼭 보았으면 좋겠다고 생각한 내용을 아주 간단하게 정리해 두었습니다. 최소한의 암기가 필요해요. 그래서 수업 중에 학생들에게 가장 기본이라 생각해서 알려주는데, 많이들 잊어버리곤 해서 교재에 실어봅니다. 여러분에게도 작은 도움이 되었으면 좋겠습니다.**

■ 문법 빈출 개념

【자음동화】

- 자음 동화는 자음이 다른 자음을 만날 때 한 쪽이 다른 쪽을 닮아 바뀌거나 두 쪽이 모두 다 바뀌는 현상

동화 정도	
완전 동화: □+○->○+○	예) 난로[날로], 밥물[밤물], 설날[설랄], 광한루[광할루]
부분 동화 (불완전 동화)	국물[궁물], 국민[궁민], 종로[종노], 입는[임는]

동화 방향	
순행 동화: 앞->뒤	예) 남루[남누], 종로[종노], 칼날[칼랄]
역행 동화: 뒤->앞	먹는다[멍는다], 긁는[긍는]
상호 동화: 앞-뒤 서로 영향	백로[뱅노], 합리[함니], 섭리[섬니]

【교체】

구분		내용
음절 끝소리 규칙		음절 끝 'ㄱ, ㄴ, ㄷ, ㄹ, ㅁ, ㅂ, ㅇ' 이외 자음이 종성으로 쓰일 때 대표음으로 소리나는 현상 **예) 밖[박], 부엌[부억], 옷[옫], 밭[받], 꽃[꼳], 숲[숩], 앞[압]**
자음 동화	비음화	- 'ㄱ, ㄷ, ㅂ'이 비음 앞에서 각각 비음 'ㅇ, ㄴ, ㅁ'으로 바뀌는 현상 **예) 국물[궁물], 먹는[멍는], 격리[경리], 맏며느리[만며느리], 업무[엄무], 부엌문[부엉문], 밭머리[반머리], 앞날[암날]** - 'ㅁ, ㅇ' 뒤에 'ㄹ'이 올 때, 'ㄹ'이 'ㄴ'으로 바뀌는 현상 **예) 침략[침냑], 종로[종노], 대통령[대통녕], 백로[뱅노], 국립[궁닙]**
	유음화	'ㄴ'이 'ㄹ' 앞이나 뒤에서 유음 'ㄹ'로 바뀌는 현상 **예) 달님[달림], 불놀이[불로리], 변론[별론], 칼날[칼랄], 하늘나라[하늘라라], 앓는[알른], 훑는[훌른], 대관령[대괄령], 산란기[살란기]**
구개음화		'ㄷ, ㅌ'이 'ㅣ'나 반모음 [j]로 시작하는 형식 형태소와 만나 'ㅈ, ㅊ'로 바뀌는 현상 ('ㄷ' 뒤에 접미사 '-하-' 결합 시 [치]로 발음) **예) 같이[가치], 맏이[마지], 밑이[미치], 해돋이[해도지], 갇히다[가치다]** => 모음의 발음 위치가 'ㄷ, ㅌ'보다 'ㅈ, ㅊ'가 소리나는 위치와 가깝기 때문에 일어나는 현상
된소리되기		예사소리가 된소리로 바뀌는 현상 예) 잡고[잡꼬], 국밥[국빱], 발사[발싸], 안다[안따](포옹하다는 의미), 닫고[닫꼬], 목덜미[목떨미], 닭장[닥짱]

- 음운변동은 쉽고 편하게 발음하기 위해 발생하는 현상
(예) 교체, 축약, 탈락, 첨가 등

[문제 1] <보기2>는 <보기1>의 자음 체계표를 바탕으로 표준 발음을 설명한 것이다. ①, ②에 들어갈 적절한 말을 <보기2>의 예에서 모두 찾아 쓰시오. (2023 수시(A))

<보기1>

조음 방법 \ 조음 위치		입술 소리	잇몸 소리	센입 천장 소리	여린 입천 장소 리	목청 소리
파열음	파열음	ㅂ	ㄷ		ㄱ	
	파찰음	ㅃ	ㅌ		ㄲ	
	마찰음	ㅍ	ㄸ		ㅋ	
파찰음	파열음			ㅈ		
	파찰음			ㅉ		
	마찰음			ㅊ		
마찰음	파열음		ㅅ			ㅎ
	파찰음		ㅆ			
	마찰음					
비음		ㅁ	ㄴ		ㅇ	
유음			ㄹ			

<보기2>

아래 예 중, (①)에서는 서로 인접한 두 자음 중 앞 자음이 뒤 자음의 조음 방법과 같아진다. 그리고 (②)에서는 서로 인접한 두 자음 중 뒤 자음이 앞 자음의 조음 방법과 같아진다.

(예) 강릉, 권력, 국물, 입학

①: ________________, ②: ________________

[문제 2] 제시문의 ⓐ~ⓒ에서 각각 관찰되는 음운의 변동을 <보기>에서 모두 찾아 쓰시오. (2022 수시(A))

제4차 산업 혁명의 본격적인 도래와 함께 사회 변화가 가속화됨에 따라 ⓐ<u>복잡하고</u> 다양한 공공 문제를 해결하려는 정부의 노력도 점점 한계에 봉착하고 있다. 이는 정부의 능력 자체가 무능해졌다기보다는 문제의 성격 자체가 정부가 감당하기에는 점점 더 어려워지고 있다는 것을 의미한다. 이에 시민들은 자신들이 ⓑ<u>직면한</u> 문제를 정부에 의존하기보다는 스스로 해결하려는 시도를 더 많이 하고 있다. 이러한 움직임의 하나로 '시빅 테크'가 최근 부상하고 있다. 시빅 테크는 '시민' 혹은 '시민의'라는 뜻을 가진 'Civic'과 '기술'이라는 뜻을 가진 'Tech'가 결합된 말이다. 자발적으로 모인 시민이 정보 통신 기술을 활용하여 공공 문제나 사회 문제의 해결책을 직접 모색하는 시민운동 또는 시민 참여를 의미한다. (중략) 이를 통해 시민들은 시·공간에 구애받지 ⓒ<u>않고</u> 정보에 손쉽게 접근할 수 있다.

<보기>

거센소리되기, 구개음화, 된소리되기, 모음 탈락, 반모음 첨가, 비음화, 유음화

ⓐ: __________, ⓑ: __________, ⓒ: __________

[문제 3] <보기>는 학습 활동의 일부이다. <보기>의 ①~③에 들어갈 적절한 말을 쓰시오. (2022 수시(B))

<보기>

'학교'는 [학꾜]로 발음되는데, 이는 음운 변동 중 된소리되기 현상이 일어난 것이다. 우리의 일상 언어 생활에서 확인할 수 있는 음운 변동에는 된소리되기 외에도 비음화, 유음화, 구개음화, 모음 탈락, 반모음 첨가, 거센소리되기 등이 있다. 이중에서 아래의 단어를 발음할 때 일어나는 음운 변동의 유형을 찾아보자.

단련 옳다 해돋이

① 단련: ________________

② 옳다: ________________

③ 해돋이: ________________

[문제 4] <보기>는 수업 시간의 대화 내용이다. <보기>의 ①~④에 들어갈 적절한 말을 찾아 쓰시오. (2023 수시(B))

<보기>

선생님: 지금까지 이야기한 것처럼 어떤 음운이 환경에 따라 다른 음운으로 바뀌어 발음되는 음운 변동에는 된소리되기, 비음화, 유음화, 구개음화, 모음탈락, 반모음 첨가, 거센소리되기 등이 있어요. 지금부터는 다음 단어들을 발음할 때 일어나는 음운변동이 무엇에 해당하는지 말해 볼까요?

논리 맏형 붙임 국밥

학생1: '논리'를 발음할 때는 (①)이/가 일어나요.
학생2: '맏형'을 발음할 때는 (②)이/가 일어나요.
학생3: '붙임'을 발음할 때는 (③)이/가 일어나요.
학생4: '국밥'을 발음할 때는 (④)이/가 일어나요.

①: ________________, ②: ________________

③: ________________, ④: ________________

※ 다음 글을 읽고 물음에 답하시오. (2024 수시(A))

(전략) 채권 발행 시장에서의 거래 방식은 매수인의 특성 및 자금의 규모에 따라 사모 발행과 공모 발행으로 구분된다. 사모 발행은 발행자가 ⓐ특정 투자자와의 사적인 교섭을 통해 채권을 매각하는 것으로, 주로 소규모의 단기 자금을 조달하는 경우에 활용된다. (중략) 총액 인수의 경우 중개 회사는 채권 발행 전액을 자기 명의로 구입해야 하므로 많은 자금이 필요할 뿐만 아니라 투자자들에게 판매하기까지 채권을 보유하여야 하므로 상대적으로 높은 시장 위험을 부담하는 대신 발행자로부터 잔액 인수의 경우에 비해 높은 수수료를 ⓑ받는다. (중략) 따라서 채권 발행자에 대한 정보가 부족한 경우, 투자자는 발행자보다는 신용 있는 중개 회사를 더 신뢰하고 투자를 결정하기 때문에 채권 발행자는 비록 중개 수수료를 ⓒ지급하더라도 간접 발행을 선택하게 된다.

[문제 5] 제시문의 ⓐ~ⓒ 각각에서 관찰되는 음운의 변동을 <보기>에서 찾아 쓰시오.

<보기>

구개음화, 거센소리되기, 모음 탈락,
반모음 첨가, 비음화, 유음화, 된소리되기

ⓐ: ___________, ⓑ: ___________, ⓒ: ___________

[문제 6] <보기1>은 수업 시간의 대화 내용이다. <보기1>의 ①~③에 들어갈 적절한 말을 <보기2>에서 찾아 쓰시오. (2024 수시(B))

<보기1>

선생님: 지금까지 살펴본 것처럼 어떤 음운이 환경에 따라 다른 음운으로 변하는 음운 변동에는 비음화, 유음화, 된소리되기, 구개음화, 모음 탈락, 반모음 첨가, 거센소리되기 등이 있어요. 이제부터는 이런 음운 변동이 일어난 예를 한 번 같이 찾아볼까요?

학생 1: '(①)'에서 유음화가 일어난 것을 확인할 수 있어요.
학생 2: '(②)'은/는 비음화가 일어난 예에 해당해요. 선생님: 모두 정말 잘 찾았어요. 그런데 두 개 이상의 음운 변동이 일어난 예도 있지 않을까요?
학생 3: 네, 선생님. '(③)'은/는 거센소리되기와 구개음화가 모두 일어난 예로 볼 수 있어요. 선생님: 네 맞아요. 모두 음운 변동이 일어난 예들을 잘 찾았어요.

<보기2>

칼날, 국물, 집합, 닫히다, 밥상, 같이, 독서

①: ___________, ②: ___________, ③: ___________

[문제 7] 제시된 <자료>를 참고하여, <보기>의 빈칸에 알맞은 말을 쓰시오.

<자료1> 국어의 단모음 체계

혀의 최고점 위치 / 입술 모양 / 혀의 높이 (입의 개폐)	전설 모음		후설 모음	
	평순	원순	평순	원순
고모음 (폐모음)	ㅣ	ㅟ	ㅡ	ㅜ
중모음 (반개모음)	ㅔ	ㅚ	ㅓ	ㅗ
저모음 (개모음)	ㅐ		ㅏ	

<자료2> 국어의 자음 체계

조음 위치 / 조음 방법		입술	윗잇몸	센입천장	여린입천장	목청
안울림 소리	파열음	ㅂ ㅃ ㅍ	ㄷ ㄸ ㅌ		ㄱ ㄲ ㅋ	
	파찰음			ㅈ ㅉ ㅊ		
	마찰음		ㅅ ㅆ			ㅎ
울림 소리	비음	ㅁ	ㄴ		ㅇ	
	유음		ㄹ			

<보기>

가천이는 ㉠'게'와 '개'를 정확하게 구분해서 발음하기가 어렵다는 생각이 들었다. 또한 ㉡'국민'을 발음하면 [궁민]이 되는 이유와 '물난리'를 발음할 때는 [물랄리]로 변하는 이유도 궁금해졌다. 그래서 <자료 1>과 <자료 2>를 활용하여 탐구 학습을 수행했다.

그리하여 <자료 1>을 보면, '개'를 발음할 때는 '게'에 비해 입을 더 (㉠) 벌려서 혀의 높이를 (㉡) 한다는 것을 알 수 있게 되었다. 또한 <자료 2>를 통해서, '국민'은 첫 음절의 받침 'ㄱ'의 뒤에 오는 비음 'ㅁ'의 영향을 받아 비음 'ㅇ'으로 바뀌어 [궁민]으로 발음하고, '물난리'는 (㉢) 때문에 [물랄리]로 발음하게 된다는 것을 알 수 있었다.

㉠: ___________, ㉡: ___________, ㉢: ___________

[문제 8] <보기>는 학습 활동의 일부이다. <보기>의 ㉠~㉢에 들어갈 적절한 말을 쓰시오.

<보기>

'학교'는 [학꾜]로 발음되는데, 이는 음운 변동 중 된소리되기 현상이 일어난 것이다. 우리의 일상 언어 생활에서 확인할 수 있는 음운 변동에는 된소리되기 외에도 '비음화, 유음화, 구개음화, 모음 탈락, 반모음 첨가, 거센소리되기' 등이 있다. 이중에서 아래의 단어를 발음할 때 일어나는 음운 변동의 유형을 찾아보자.

대관령　파랗다　미닫이

㉠ 대관령: ____________

㉡ 파랗다: ____________

㉢ 미닫이: ____________

[문제 9] <보기1>의 자료를 참고하여 <보기2>의 활동을 수행한 결과 조건에 부합하는 것을 모두 골라 쓰시오.

<보기1>

'동화음'은 동화를 일으키는 음운, '피동화음'은 동화음의 영향을 받는 음운이다. 동화는 동화의 방향에 따라 순행 동화와 역행 동화로 구분될 수 있다. 순행 동화는 '질녀[질려]'처럼 동화음이 피동화음보다 앞에 있는 것이고, 역행 동화는 '밥만[밤만]'처럼 동화음이 피동화음보다 뒤에 있는 것이다. 한편 동화의 정도에 따라 완전 동화와 부분 동화로 구분될 수도 있다. 완전 동화는 '듣는[든는]'처럼 피동화음이 동화음과 같아지는 것이고, 부분 동화는 '숙명[숭명]'처럼 피동화음이 동화음의 일부 특성만 닮는 것이다.

<보기2>

[문제] 다음 단어 중 조건을 모두 충족하는 것을 고르시오.

달님　국물　설날　잡무　진리　칼날　광한루

조건	예	아니요
순행 동화가 일어나는 단어인가?		○
완전 동화가 일어나는 단어인가?	○	

[문제 10] <보기>에서 제시한 단어들에서 일어난 음운 변동이 '첨가'에 해당하는 것을 모두 고르시오.

<보기>

㉠ 달나라[달라라]　㉡ 넓히다[널피다]
㉢ 피어[피여]　㉣ 한여름[한녀름]
㉤ 해돋이[해도지]　㉥ 부엌[부억]

[문제 11] <보기>의 음운 변동의 공통점을 '조음 위치, 조음 방법, 변동의 유무' 가운데 필요한 개념만 활용하여 설명하시오.

<보기>

㉠ 잡는→[잠는], 믿는→[민는]
㉡ 칼날→[칼랄], 물놀이→[물로리]

→ ㉠과 ㉡은 공통적으로 (①)(하)는 음운 변동 사례이다.

①: ____________

[문제 12] <보기>는 학습 활동의 일부이다. <보기>의 ㉠, ㉡, ㉢에 들어갈 적절한 말을 쓰시오.

<보기>

문장 구조(짜임)를 이해하기 위해서는 제일 먼저 '홑문장, 겹문장'을 구분할 수 있어야 한다. 주어와 서술어의 관계가 한 번 나타나는 문장을 홑문장이라 하고 주어와 서술어의 관계가 두 번 이상 나타나는 문장을 겹문장이라 한다. 그런데 겹문장에는 두 개의 절이 이어진 문장도 있고, 한 절이 다른 절을 문장 성분의 일부로서 안고 있는 문장도 있다. 이처럼 겹문장의 짜임을 이해할 때는 '이어진 문장'과 '안은문장'을 구분할 수 있어야 한다.

다음 문장들은 어떤 문장 구조를 가지고 있는가?

㉠ 인생은 짧지만 예술은 길다.
㉡ 우리는 그가 옳았음을 깨달았다.
㉢ 사람들이 지나가도록 길을 비켜 주자.

㉠: __________, ㉡: __________, ㉢: __________

[문제 13] <보기>를 읽고 ①, ②에 들어갈 알맞은 말을 쓰시오.

<보기>

높임 표현이란 화자가 어떤 대상에 대해 높이거나 낮추는 태도를 언어적으로 나타낸 것이다. 그 높이고 낮추는 대상에 따라 높임 표현은 크게 주어의 지시 대상을 높이는 주체 높임, 목적어나 부사어의 지시 대상을 높이는 객체 높임, 청자, 즉 상대방을 높이거나 낮추는 상대 높임으로 나뉜다. 이는 주로 조사, 어미 등 문법 형태소로 표현되지만 특수 어휘에 의해 표현되기도 한다. 한편 높임의 대상이 주체일 때 그것을 직접 높이는 직접 높임과 달리, 높임 대상의 신체의 일부분이나 소유물, 가족 등을 높임으로써 주체를 간접적으로 높이는 표현이 있는데 이를 간접 높임이라 한다. 그리고 국어에는 상대방에게 공손한 태도를 보이기 위해 자기 자신을 낮추는 표현도 존재한다.

가연: 선생님, 저 궁금한 게 있는데요. 제가 요즘 빵집에서 아르바이트를 하는데, 손님들께 "주문하신 커피 나왔습니다."라고 하면 간혹 기분 나빠하는 분들이 계세요. 점장님께서는 앞으로 "손님, 주문하신 커피 나오셨습니다."라고 얘기하면 된다고 하셨는데, 이 말이 적절한 높임 표현인지 궁금해요.

선생님: 좋은 질문이구나! 결론적으로는 적절한 높임 표현은 아니니까 사용하지 않는 게 좋겠지? 왜냐하면 높임의 대상인 '커피'가 '손님'의 신체 일부분이나 소유물, 가족이 아닌데도 불필요하게 (①)(을)를 사용하였기 때문이란다.

가연: 네, 이해됐어요. 설명해주셔서 감사합니다. 그럼 손님이 주문을 한 행위를 높여 표현하는 (②)와/과 같이 표현하면 자연스럽고 올바르겠지요?

①: ____________, ②: ____________

[문제 14] <보기1>과 <보기2>를 참고하여, <보기>에서 ①, ②의 조건을 충족하는 말을 모두 고르시오.

<보기>

① 자음을 발음할 때에는 공기를 일단 막았다가 일시에 터뜨리면서 내고, 모음을 발음할 때에는 혀의 최고점이 입 뒤쪽에 놓이고 입술이 둥글게 모아진다.

② 자음을 발음할 때는 코로 공기를 내보내고, 모음을 발음할 때는 혀의 최고점이 입 뒤쪽 높은 지점에 위치한다.

개, 제, 파, 구, 코, 나, 스, 흐, 느, 루, 무

<보기1>

혀의 앞뒤 / 입술 모양 / 혀의 높낮이	전설 모음		후설 모음	
	평순	원순	평순	원순
고모음	ㅣ	ㅟ	ㅡ	ㅜ
중모음	ㅔ	ㅚ	ㅓ	ㅗ
저모음	ㅐ		ㅏ	

<보기2>

조음 방법 \ 조음 위치		양순음	치조음	경구개음	연구개음	후음
파열음	예사소리	ㅂ	ㄷ		ㄱ	
	된소리	ㅃ	ㅌ		ㄲ	
	거센소리	ㅍ	ㄸ		ㅋ	
마찰음	예사소리		ㅅ			ㅎ
	된소리		ㅆ			
	거센소리					
파찰음	예사소리			ㅈ		
	된소리			ㅉ		
	거센소리			ㅊ		
비음		ㅁ	ㄴ		ㅇ	
유음			ㄹ			

①: ________________, ②: ________________

수학 영역

기출 및 예상 문제

【약술형 논술 완벽 학습 TIP】

본 교재의 수학파트 구성은 공식, 기출문제, 연습문제, 해설로 나뉘어집니다.

먼저 그동안 배웠던 수학공식을 다시 정리할 수 있도록 각 대단원의 제일 앞 부분에 공식정리가 되어 있습니다. 문제를 풀 때마다 다시 공식을 보면서 풀라는 의도가 아니라, 문제 풀기 전에 공식을 다시 한번 정리하고 혹시 잊었거나 헷갈렸던 공식은 다시 정확히 외운 후 문제를 풀 수 있도록 하기 위함입니다.

기출문제와 연습문제는 페이지마다 한 문제씩 총 두 문제로 구성되어 있는데, 먼저 좌측에 있는 기출문제를 풀고 풀이 과정은 물론 채점 기준까지 정확히 충분히 숙달해야 합니다. 그렇게 숙달했다면, 우측에 있는 기출 유사 연습문제를 통해 본인의 숙달 정도를 확인할 수 있습니다. 만약 우측의 연습문제가 막힘없이 풀리지 않는다면 아직 숙달이 부족하다는 의미이며, 그런 경우 다시 좌측 기출문제부터 좀 더 완벽하게 손에 익힌 후에 연습문제를 풀도록 권유합니다. 만약 첫 번째 문제도 문제만 보고 바로 풀어 보고 싶다면 연습장 등으로 문제를 제외한 문제 풀이 및 채점 기준을 가린 채 풀어 본 후 확인하면 됩니다. 무엇보다 각 문제의 채점 기준을 확실하게 숙지하길 바랍니다.

해설은 기출문제와 같은 수준으로 상세하게 문제 풀이 및 채점 기준을 설명해 놓았을 뿐만 아니라 다시 앞에 있는 연습문제를 찾아서 같이 볼 필요 없이 문제까지 기재해 놓음으로써 해설파트만 보면서도 학습 가능하도록 해 놓았습니다.

본 교재의 수학파트는 실전을 위한 끊임없는 훈련과 반복, 숙달이 목적입니다.

그럼 시작해 볼까요?^^

[고등수학]

[1] 곱셈공식 & 변형

(1) $(a \pm b)^2 = a^2 \pm 2ab + b^2$

(2) $(a+b)^3 = a^3 + 3a^2b + 3ab^2 + b^3$, $(a-b)^3 = a^3 - 3a^2b + 3ab^2 - b^3$

(3) $(a+b)(a^2 - ab + b^2) = a^3 + b^3$, $(a-b)(a^2 + ab + b^2) = a^3 - b^3$

(4) $(a+b+c)^2 = a^2 + b^2 + c^2 + 2(ab + bc + ca)$

(5) $a^2 + b^2 = (a+b)^2 - 2ab = (a-b)^2 + 2ab$

(6) $(a+b)^2 = (a-b)^2 + 4ab$, $(a-b)^2 = (a+b)^2 - 4ab$

(7) $a^3 + b^3 = (a+b)^3 - 3ab(a+b)$, $a^3 - b^3 = (a-b)^3 + 3ab(a-b)$

(8) $a^2 + b^2 + c^2 = (a+b+c)^2 - 2(ab + bc + ca)$

(9) $x^2 + \frac{1}{x^2} = (x + \frac{1}{x})^2 - 2 = (x - \frac{1}{x})^2 + 2$

(10) $x^3 + \frac{1}{x^3} = (x + \frac{1}{x})^3 - 3(x + \frac{1}{x})$, $x^3 - \frac{1}{x^3} = (x - \frac{1}{x})^3 + 3(x - \frac{1}{x})$

[2] 나머지 정리

(1) $f(x)$를 $(x-a)$로 나눌 때 몫을 $Q(x)$, 나머지를 R이라 하면 $f(x) = (x-a)Q(x) + R$

(2) $f(x)$를 $x-a$로 나눈 나머지 $\Rightarrow f(a)$

(3) $f(x)$를 $ax+b$로 나눈 나머지 $\Rightarrow f\left(-\frac{b}{a}\right)$

[3] 인수 정리

(1) $f(x)$를 일차식 $x-a$로 나눈 나머지가 0
$\Rightarrow f(x)$는 $x-a$로 나누어 떨어진다.
$\Rightarrow f(a) = 0 \quad \Rightarrow f(x) = (x-a)Q(x)$

(2) $f(x)$가 $(x-a)(x-b)$로 나누어 떨어지면
$\Rightarrow f(x)$는 $x-a$로 나누어 떨어지고 $x-b$로 나누어 떨어진다.
$\Rightarrow f(a) = 0,\ f(b) = 0 \quad \Rightarrow f(x) = (x-a)(x-b)Q(x)$

(3) $f(x)$가 $(x-a)^2$으로 나누어 떨어지면
$\Rightarrow f(x) = (x-a)^2 Q(x)$에서 $f(a) = 0$
$\Rightarrow f(x) = (x-a)Q'(x)$라 하면 $Q'(a) = 0$

[4] 인수분해 공식

(1) $a^2 \pm 2ab + b^2 = (a \pm b)^2$

(2) $a^2 - b^2 = (a+b)(a-b)$

(3) $a^3 + b^3 = (a+b)(a^2 - ab + b^2)$, $a^3 - b^3 = (a-b)(a^2 + ab + b^2)$

(4) $x^2 + (a+b)x + ab = (x+a)(x+b)$

(5) $a^4 + a^2 + 1 = (a^2 + a + 1)(a^2 - a + 1)$

(6) $a^3 + b^3 + c^3 - 3abc = (a+b+c)(a^2 + b^2 + c^2 - ab - bc - ca)$
$= \frac{1}{2}(a+b+c)\{(a-b)^2 + (b-c)^2 + (c-a)^2\}$

[5] 분모의 실수화

(1) $\frac{1}{a+bi} = \frac{a-bi}{(a+bi)(a-bi)} = \frac{a-bi}{a^2+b^2}$

(2) $\frac{a+bi}{c+di} = \frac{(a-bi)(c-di)}{(c+di)(c-di)} = \frac{(ac-bd)-(ad+bc)i}{c^2+d^2}$

[6] ω

(1) $x^3 = 1$의 한 허근이 ω이면
$\omega^2 + \omega + 1 = 0$, $\omega^3 = 1$, $\omega + \overline{\omega} = -1$, $\omega\overline{\omega} = 1$, $\omega^2 = \overline{\omega}$

(2) $\omega^3 = -1$의 한 허근이 ω이면
$\omega^2 - \omega + 1 = 0$, $\omega^3 = -1$, $\omega + \overline{\omega} = 1$, $\omega\overline{\omega} = 1$, $\omega^2 = -\overline{\omega}$

[7] 근과 계수와의 관계

(1) $ax^2 + bx + c = 0\ (a \neq 0)$의 두 근을 α, β라 하면
$\alpha + \beta = -\frac{b}{a}$, $\alpha\beta = \frac{c}{a}$, $|\alpha - \beta| = \frac{\sqrt{D}}{|a|}$

(2) $ax^3 + bx^2 + cx + d = 0\ (a \neq 0)$의 세 근을 α,β,γ라 하면
$\alpha + \beta + \gamma = -\frac{b}{a}$, $\alpha\beta + \beta\gamma + \gamma\alpha = \frac{c}{a}$, $\alpha\beta\gamma = -\frac{d}{a}$

[8] 근의 공식

$ax^2 + bx + c = 0 \Leftrightarrow x = \frac{-b \pm \sqrt{b^2 - 4ac}}{2a}$

$ax^2 + 2b'x + c = 0 \Leftrightarrow x = \frac{-b' \pm \sqrt{(b')^2 - ac}}{a}$

[9] 이차방정식의 근의 판별식

$ax^2 + bx + c = 0$ (a,b,c는 실수, $a > 0$)에서
판별식 $D = b^2 - 4ac$, $D/4 = (b')^2 - ac$라 하면

(1) 실근을 가질 조건 $\Rightarrow D \geq 0 \Rightarrow \begin{cases} D > 0 : \text{서로 다른 두 실근} \\ D = 0 : \text{중근} \end{cases}$

(2) 허근을 가질 조건 $\Rightarrow D < 0$: 서로 다른 두 허근

[10] $f(x) = ax^2 + bx + c$와 방정식, 부등식

$a > 0$, $D = b^2 - 4ac$, $ax^2 + bx + c = 0$의 두 근을 α,β라 하면

$a > 0$	$D > 0$	$D = 0$	$D < 0$
그래프	α β x	α x	x
$f(x) > 0$의 해	$x < \alpha,\ x > \beta$	$x \neq \alpha$인 실수	모든 실수
$f(x) < 0$의 해	$\alpha < x < \beta$	$\varnothing$	$\varnothing$
$f(x) = 0$	$x = \alpha, \beta$	$x = \alpha$	$\varnothing$

[11] 내분점, 외분점, 무게중심

(1) 두 점 $A(x_1, y_1), B(x_2, y_2)$를 $m:n$으로 내분하는 점의 좌표는
$\left(\frac{mx_2 + nx_1}{m+n}, \frac{my_2 + ny_1}{m+n}\right)$

(2) 두 점 $A(x_1, y_1), B(x_2, y_2)$를 $m:n$으로 외분하는 점의 좌표는
$\left(\frac{mx_2 - nx_1}{m-n}, \frac{my_2 - ny_1}{m-n}\right)$

(3) 두 점 $A(x_1, y_1), B(x_2, y_2)$의 중점의 좌표는
$M = \left(\frac{x_1 + x_2}{2}, \frac{y_1 + y_2}{2}\right)$

(4) $A(x_1, y_1), B(x_2, y_2), C(x_3, y_3)$일 때 $\triangle ABC$의 무게중심 G
$G = \left(\frac{x_1 + x_2 + x_3}{3}, \frac{y_1 + y_2 + y_3}{3}\right)$

[12] 내각의 이등분선의 성질

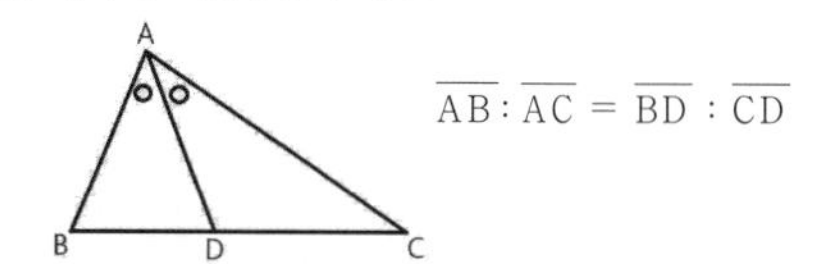

$\overline{AB} : \overline{AC} = \overline{BD} : \overline{CD}$

[13] 점과 직선과의 거리

점 (x_1, y_1)에서 직선 $ax + by + c = 0$에 이르는 거리

$d = \frac{|ax_1 + by_1 + c|}{\sqrt{a^2 + b^2}}$

[14] 기울기

(1) 기울기 $m = \tan\theta$

(2) 기울기의 곱이 -1일 때 수직이다.

[15] 원의 방정식

평면 위의 한 정점에서 일정한 거리에 있는 점들의 집합

(1) 기본형 : $x^2 + y^2 = r^2$ --> 중심 $(0,0)$, 반지름 r

(2) 표준형 : $(x-a)^2 + (y-b)^2 = r^2$ --> 중심 (a,b) , 반지름 r

(3) 일반형 : $x^2 + y^2 + Ax + By + C = 0$

[16] $x^2+y^2=r^2$에서의 접선의 방정식
(1) 접점(x_1, y_1)을 알 때 : $x_1x+y_1y=r^2$
(2) 기울기 m를 알 때 : $y=mx\pm r\sqrt{m^2+1}$

[17] 산술평균≥기하평균
$A>0, B>0 \Rightarrow \frac{A+B}{2}\geq\sqrt{AB}$ (단, 등호는 $A=B$일 때 성립)
$A>0, \frac{1}{A}>0 \Rightarrow A+\frac{1}{A}\geq 2$ (단, 등호는 $A=\frac{1}{A}$일 때 성립)

[18] 부분분수
$\frac{C}{AB}=\frac{C}{B-A}\left(\frac{1}{A}-\frac{1}{B}\right)$, $\frac{1}{작큰}=\frac{1}{큰-작}\left(\frac{1}{작}-\frac{1}{큰}\right)$

[19] 유리함수
(1) $y=\frac{k}{x-m}+n \ (k\neq 0)$
① 점근선 : $x=m,\ y=n$
② 점대칭 : (m,n) ③ 선대칭 : $y=\pm(x-m)+n$
(2) $y=\frac{cx+d}{ax+b}\ (a\neq 0,\ ad-bc\neq 0)$
① 점근선 : $x=-\frac{b}{a}$ ② 점대칭 : $\left(-\frac{b}{a}, \frac{c}{a}\right)$
(3) 역함수
$f(x)=\frac{cx+d}{ax+b} \Leftrightarrow f^{-1}(x)=\frac{-bx+d}{ax-c}=\frac{bx-d}{-ax+c}$

[20] 분모의 유리화
(1) $\frac{c}{\sqrt{a}+\sqrt{b}}=\frac{c\sqrt{a}-\sqrt{b}}{(\sqrt{a}+\sqrt{b})(\sqrt{a}-\sqrt{b})}=\frac{c(\sqrt{a}-\sqrt{b})}{a-b}$
(2) $\frac{c}{\sqrt[3]{a}\pm\sqrt[3]{b}}=\frac{c(\sqrt[3]{a^2}\mp\sqrt[3]{a}\sqrt[3]{b}+\sqrt[3]{b^2})}{a\pm b}$ (복부호동순)

[21] 무리함수
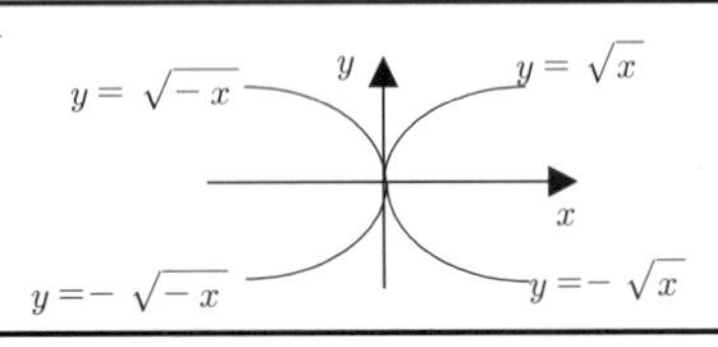

[22] 가우스 기호 [ ]
(1) x를 넘지 않는 최대의 정수
(2) $[x]=n \Rightarrow n\leq x<n+1$
(3) $[x]=x-h$ (단, $0\leq h<1$)
(4) $[x+n]=[x]+n$ (단, n은 정수)

[23] 절대값 | |이 있는 그래프
(1)$y=|f(x)|$
$y=f(x)$의 x축 아래쪽을 접어 올림
(2)$y=f(|x|)$
$y=f(x)$의 $x\geq 0$인 부분만 남긴 후, y축 왼쪽도 대칭으로 그림
y축 대칭
(3) $|y|=f(x)$
$y=f(x)$의 $y\geq 0$인 부분만 남긴 후, x축 아래쪽도 대칭으로 그림
x축 대칭
(4) $|y|=f(|x|)$
$y=f(x)$의 1사분면($x\geq 0, y\geq 0$) 위의 그래프만 남긴 후,
상하(x축), 좌우(y축), 원점 대칭으로 그림

[지수함수/로그함수]

[24] 지수법칙
(1)$a^0=1$
(2) $a^{-n}=\frac{1}{a^n}$
(3) $\sqrt[n]{a^m}=a^{\frac{m}{n}}$
(4)$a^m\times a^n=a^{m+n}$
(5)$a^m\div a^n=a^{m-n}$
(6)$(a^m)^n=a^{mn}=(a^n)^m$
(7)$(ab)^n=a^nb^n$
(8)$\left(\frac{a}{b}\right)^n=\frac{a^n}{b^n}$

[25] 로그의 밑 / 진수 조건
$\log_a b$
밑 $a>0, a\neq 1$ / 진수 $b>0$

[26] 로그의 성질
(1) $\log_a xy=\log_a x+\log_a y$
(2) $\log_a\frac{x}{y}=\log_a x-\log_a y$
(3) $\log_{a^m}x^n=\frac{n}{m}\log_a x$
(4) $\log_a b=\frac{\log_c b}{\log_c a}=\frac{1}{\log_b a}$
(5) $a^{\log_b c}=c^{\log_b a}$
(6) $\log_a 1=0,\ \log_a a=1$

[27] 지수함수 $y=a^x\ (a>0, a\neq 1)$
(1) $0<a<1$ 일 때, 감소함수
(2) $a>1$ 일 때, 증가함수
(3) 점$(0,1)$을 지난다.

[28] 로그함수 $y=\log_a x$
(1) 밑과 진수의 조건
$a>0, a\neq 1, x>0$
(2) $0<a<1$ 일 때, 감소함수
(3) $a>1$ 일 때, 증가함수
(4) 점$(1,0)$을 지난다.

[29] 지수/로그함수의 역함수 관계
$y=a^x \Leftrightarrow x=\log_a y$

[30] 지수함수의 활용
(1) $a^{f(x)}=a^{g(x)} \Leftrightarrow f(x)=g(x)$임을 이용
(2) $a^{f(x)}=b^{g(x)} \Leftrightarrow$ 양변 로그를 취해서 로그로 변형
(3) $a^{f(x)}$ 반복 $\Leftrightarrow a^x=t\,(t>0)$로 치환, 이차방정식 또는 이차부등식으로

[31] 로그함수의 활용
(1) 로그방정식, 로그부등식은 무조건 밑/진수조건 확인
(2) $\log_a f(x)=\log_a g(x) \Leftrightarrow f(x)=g(x)$, $f(x)>0$, $g(x)>0$ 이용
(3) $\log_a f(x)=\log_b g(x) \Leftrightarrow$ 밑 변환 공식을 이용해서 밑 통일
(4) $\log_a f(x)$ 반복 $\Leftrightarrow \log_a x=t$로 치환, 이차방정식 또는 이차부등식으로

기출 01 (22학년도)

1이 아닌 서로 다른 두 양수 a, b에 대하여 두 집합 A, B를 $A=\{1, \log_a b\}$, $B=\left\{\frac{3}{2}, 2, 3\log_2 a-2\log_2 b\right\}$라 하자. $A\subset B$일 때, ab^2의 값을 구하는 과정을 서술하시오.

[답안]

$A\subset B$이므로 $3\log_2 a-2\log_2 b=1$이다.

따라서, $\log_2\frac{a^3}{b^2}=1$, $a^3=2b^2$,

$\log_a b=\frac{3}{2}$ 또는 $\log_a b=2$

$\log_a b=\frac{3}{2}$ => $b=a^{\frac{3}{2}}$ 따라서, $a^3=2b^2$과 연립하면

$a^3=2(a^{\frac{3}{2}})^2=2a^3$ 즉 $a=0$이 되어 조건을 만족하지 않음

$\log_a b=2$ => $b=a^2$, $a^3=2b^2$과 연립하면

$a^3=2(a^2)^2=2a^4$, $a\neq 0$ 이므로 $a=\frac{1}{2}$,

$ab^2=aa^4=a^5=\frac{1}{32}$

*풀이2

$\log_a 2+2\log_a b=3$를 계산하고, $\log_a b=\frac{3}{2}$, 또는 $\log_a b=2$의 경우를 고려해도 됨.

채점기준	
① $\log_2\frac{a^3}{b^2}=1$, 또는 $a^3=2b^2$	2
② $\log_a b=\frac{3}{2}$일 경우는 $a=0$이 되어 조건을 만족하지 않음	3
③ $\log_a b=2$이면 $a=\frac{1}{2}$ 또는 $b=\frac{1}{4}$	3
④ $ab^2=\frac{1}{32}$	2

연습 01

1이 아닌 서로 다른 두 양수 a, b에 대하여 두 집합 A, B를 $A=\{1, \log_a b\}$, $B=\{2, 3, 2\log_3 a-\log_3 b\}$라 하자. $A\subset B$일 때, ab의 값을 구하는 과정을 서술하시오.

기출 02 (22학년도)

닫힌구간 $[-2, 2]$에서 함수 $y=8^x-3\times2^x-1$의 최댓값과 최솟값을 구하는 다음의 풀이 과정을 완성하시오.

> 주어진 식에서 $2^x=t$로 치환하여 $f(t)=t^3-3t-1$로 놓는다. 그러면 함수 $f(t)$는 닫힌구간 [①]에서 감소하고 닫힌구간 [②]에서는 증가한다. 따라서 최댓값은 [③]이고 최솟값은 [④]이다.

[답안]

주어진 식에서 $2^x=t$로 치환하여 $f(t)=t^3-3t-1$로 놓는다.

그렇다면 구하는 값들은 닫힌구간 $[\frac{1}{4}, 4]$에서 함수 $f(t)$의 최댓값과 최솟값이다.

$f'(t)=3(t^2-1)$이므로 주어진 닫힌구간에서 함수 $f(t)$의 증가와 감소를 살피면,

$f(t)$는 닫힌구간 $[\frac{1}{4}, 1]$에서 감소하고 닫힌구간 $[1, 4]$에서는 증가한다.

따라서 최솟값은 극솟값인 $f(1)=-3$이다. 한편 $f(\frac{1}{4})=-\frac{33}{32}$, $f(4)=51$이므로 최댓값은 51이다.

채점기준	
① $[\frac{1}{4}, 1]$ 또는 $\frac{1}{4}\le t\le 1$	2
② $[1, 4]$ 또는 $1\le t\le 4$	2
③ $f(4)=51$	3
④ $f(1)=-3$	3

연습 02

닫힌구간 $[0, 1]$에서 함수 $y=27^x-4\times9^x+4\times3^x+1$의 최댓값과 최솟값을 구하는 다음의 풀이 과정을 완성하시오.

> 주어진 식에서 $3^x=t$로 치환하여 $f(t)=t^3-4t^2+4t+1$로 놓는다. 그러면 함수 $f(t)$는 닫힌구간 [①]에서 감소하고 닫힌구간 [②]에서는 증가한다. 따라서 최댓값은 [③]이고 최솟값은 [④]이다.

기출 03 (22학년도)

함수 $f(x)=2^{x+3}-4$의 그래프가 x축, y축과 만나는 점을 각각 A, B라 하자. 삼각형 AOB의 넓이를 구하는 과정을 서술하시오. (단, O는 원점)

[답안]

$f(x)=2^{x+3}-4$가 x축과 만나는 점은 $\mathrm{A}(-1,0)$이다.

$f(x)=2^{x+3}-4$가 y축과 만나는 점은 $\mathrm{B}(0,4)$이다.

따라서, AOB의 넓이는 $\frac{1}{2}\times|-1|\times 4=2$

채점기준	
① x절편은 -1 또는 $x=-1$ 또는 $\mathrm{A}(-1,0)$	4
② y절편은 4 또는 $y=4$ 또는 $\mathrm{B}(0,4)$	4
③ AOB의 넓이는 2	2

연습 03

함수 $f(x)=5^{x+4}-25$의 그래프가 x축, y축과 만나는 점을 각각 A, B라 하자. 삼각형 AOB의 넓이를 구하는 과정을 서술하시오. (단, O는 원점)

기출 04 (22학년도)

두 함수 $y=\left(\frac{1}{2}\right)^{x-2}-1$, $y=\log_2(x+a)$의 그래프가 제 1사분면에서 만나도록 하는 모든 실수 a의 값의 범위를 구하는 다음의 풀이 과정을 완성하시오.

> $y=\left(\frac{1}{2}\right)^{x-2}-1$은 두 점 (0, ①)과 (② ,0)을 지나는 함수이다. 따라서 $y=\log_2(x+a)$의 그래프가 제 1사분면에서 만나도록 하는 실수 a의 값은 ③ 보다 작아야 하고 , ④ 보다 커야 한다.

[답안]

$y=\left(\frac{1}{2}\right)^{x-2}-1$는 $(0,3)$과 $(2,0)$을 지나는 감소함수 형태이다. 따라서 $y=\log_2(x+a)$의 그래프가 제 1사분면에서 만나도록 하는 a의 값은 $y=\log_2(x+a)$의 그래프가 점 $(0,3)$을 지나도록 하는 a의 값보다 작아야 하고, $y=\log_2(x+a)$의 그래프가 점 $(2,0)$을 지나도록 하는 a의 값보다 커야 한다.

즉, $3=\log_2 a\ \therefore a=8$, $\log_2(2+a)=0\ \therefore a=-1$

a값의 범위는 $-1<a<8$이다.

채점기준

① (0,3) 또는 3	2
② (2,0) 또는 2	2
③ $a=8$	3
④ $a=-1$	3

연습 04

두 함수 $y=2^x+a$, $y=\log_2(x+4)$의 그래프가 제 2사분면에서 만나도록 하는 모든 실수 a의 값의 범위를 구하는 다음의 풀이 과정을 완성하시오.

> $y=\log_2(x+4)$은 두 점 (0, ①)과 (② ,0)을 지나는 함수이다. 따라서 $y=2^x+a$의 그래프가 제 2사분면에서 만나도록 하는 실수 a의 값은 ③ 보다 작아야 하고 , ④ 보다 커야 한다.

기출 05 (22학년도)

1이 아닌 세 양수 a, b, c에 대하여 $a^3 = b^4 = c^5$일 때, $\log_{\frac{1}{a}}\sqrt{b} + \log_b \frac{b}{c} + \log_c a^{\frac{1}{2}} = \frac{q}{p}$이다. $\frac{q}{p}$의 값을 구하는 다음의 풀이 과정을 완성하시오. (단, p와 q는 서로소인 자연수)

> $a^3 = b^4 = c^5 = k$라 하면 , $a = k^{\frac{1}{3}}$, $b = k^{\frac{1}{4}}$, $c = k^{\frac{1}{5}}$
>
> 이므로 $\log_{\frac{1}{a}}\sqrt{b} =$ ①, $\log_b \frac{b}{c} =$ ②,
>
> $\log_c a^{\frac{1}{2}} =$ ③ 이다.
>
> 따라서 $\frac{q}{p}$의 값은 ④ 이다.

[답안]

$a^3 = b^4 = c^5 = k$라 하면 , $a = k^{\frac{1}{3}}$, $b = k^{\frac{1}{4}}$, $c = k^{\frac{1}{5}}$
이므로

$$\log_{\frac{1}{a}}\sqrt{b} = -\frac{1}{2}log_a b = -\frac{1}{2}log_{k^{\frac{1}{3}}} k^{\frac{1}{4}} = -\frac{1}{2} \times \frac{3}{4} = -\frac{3}{8}$$

$$\log_b \frac{b}{c} = 1 - \log_b c = 1 - \log_{k^{\frac{1}{4}}} k^{\frac{1}{5}} = 1 - \frac{4}{5} = \frac{1}{5}$$

$$\log_c a^{\frac{1}{2}} = \frac{1}{2}log_{k^{\frac{1}{5}}} k^{\frac{1}{3}} = \frac{5}{6}$$

$$\log_{\frac{1}{a}}\sqrt{b} + \log_b \frac{b}{c} + \log_c a^{\frac{1}{2}} = \frac{79}{120}$$

채점기준	
① $\log_{\frac{1}{a}}\sqrt{b} = -\frac{3}{8}$	3
② $\log_b \frac{b}{c} = \frac{1}{5}$	3
③ $\log_c a^{\frac{1}{2}} = \frac{5}{6}$	3
④ $\log_{\frac{1}{a}}\sqrt{b} + \log_b \frac{b}{c} + \log_c a^{\frac{1}{2}} = \frac{79}{120}$	1

연습 05

1이 아닌 세 양수 a, b, c에 대하여 $a^2 = b^4 = c^8$일 때, $\log_{\sqrt{a}} bc + \log_b \frac{a^{\frac{1}{2}}}{c} + \log_{c^2}\sqrt{ab^2} = m$ 이다. m의 값을 구하는 다음의 풀이 과정을 완성하시오.

> $a^2 = b^4 = c^8 = k$라 하면, $a = k^{\frac{1}{2}}$, $b = k^{\frac{1}{4}}$, $c = k^{\frac{1}{8}}$
>
> 이므로 $\log_{\sqrt{a}} bc =$ ①, $\log_b \frac{a^{\frac{1}{2}}}{c} =$ ②,
>
> $\log_{c^2}\sqrt{ab^2} =$ ③ 이다.
>
> 따라서 m의 값은 ④ 이다.

기출 06 (23학년도)

두 양수 a, b에 대하여 $\log_3 ab=6$, $\log_3 a=4\log_b 3$일 때, $\log_a b+\log_b a$의 값을 구하는 과정을 서술하시오.

[답안]

주어진 식에서 $\log_3 ab=\log_3 a+\log_3 b=6$이고,

$\log_3 a=4\log_b 3=\dfrac{4\log_3 3}{\log_3 b}$ 이므로 $\log_3 a\log_3 b=4$이다.

$\log_a b+\log_b a=\dfrac{\log_3 b}{\log_3 a}+\dfrac{\log_3 a}{\log_3 b}=\dfrac{(\log_3 a)^2+(\log_3 b)^2}{\log_3 a\log_3 b}$

$\therefore \dfrac{(\log_3 a+\log_3 b)^2-2\log_3 a\log_3 b}{\log_3 a\log_3 b}=\dfrac{6^2-2\times 4}{4}=7$

채점기준	
① $\log_3 ab=\log_3 a+\log_3 b=6$	2
② $\log_3 a\log_3 b=4$	3
③ $\log_a b+\log_b a=\dfrac{\log_3 b}{\log_3 a}+\dfrac{\log_3 a}{\log_3 b}=\dfrac{(\log_3 a)^2+(\log_3 b)^2}{\log_3 a\log_3 b}$	3
④ $\dfrac{(\log_3 a+\log_3 b)^2-2\log_3 a\log_3 b}{\log_3 a\log_3 b}=\dfrac{6^2-2\times 4}{4}=7$	2

연습 06

두 양수 a, b에 대하여 $\log_3 ab=6$, $\log_a b+\log_b a=2$ 일 때, $\log_3 a\times\log_3 b$의 값을 구하는 과정을 서술하시오.

기출 07 (23학년도)

곡선 $y=x^3$과 곡선 $y=\sqrt{2x}$가 만나는 원점이 아닌 점을 A라 할 때, 점 A에서 x축에 내린 수선의 발을 H라 하자. 삼각형 AOH의 넓이가 $2^{-\frac{a}{b}}$일 때, a^2+b^2의 값을 구하는 과정을 서술하시오. (단, O는 원점, a와 b는 서로소인 자연수)

[답안]

$y=x^3$과 $y=\sqrt{2x}$의 교점의 x좌표는 다음을 만족한다.

$x^3=\sqrt{2x}$ 따라서 A점의 x좌표는 $2^{\frac{1}{5}}$이고, y좌표는 $2^{\frac{3}{5}}$이다.

삼각형 AOH의 넓이는

$\frac{1}{2}\times\overline{OH}\times\overline{AH}=\frac{1}{2}\times2^{\frac{1}{5}}\times2^{\frac{3}{5}}=2^{-\frac{1}{5}}$

따라서 $a^2+b^2=1+25=26$

채점기준	
① A점의 x좌표 $2^{\frac{1}{5}}$	3
② A점의 y좌표 $2^{\frac{3}{5}}$	3
③ 삼각형 AOH의 넓이 $2^{-\frac{1}{5}}$	2
④ $a^2+b^2=26$	2

연습 07

곡선 $y=x^4$과 곡선 $y=\sqrt{-2x}$가 만나는 원점이 아닌 점을 A라 할 때, 점 A에서 y축에 내린 수선의 발을 H라 하자. 삼각형 AOH의 넓이가 $2^{-\frac{a}{b}}$일 때, a^2+b^2의 값을 구하는 과정을 서술하시오. (단, O는 원점, a와 b는 서로소인 자연수)

기출 08 (23학년도)

0이 아닌 두 실수 a, b에 대하여 $a^{-3} \times \sqrt{a^4b^{-2}}=3$, $a^{-1}-b^{-1}=-5$일 때, a^2+b^2의 값을 구하는 과정을 서술하시오.

[답안]

$a^{-3} \times \sqrt{a^4b^{-2}}=3$에서 $a^{-3} \times (a^4b^{-2})^{\frac{1}{2}}=3$

$a^{-1}b^{-1}=3$

$\frac{1}{ab}=3$에서 $ab=\frac{1}{3}$

$a^{-1}-b^{-1}=-5$에서 $\frac{1}{a}-\frac{1}{b}=-5$

$\frac{b-a}{ab}=-5$에 $ab=\frac{1}{3}$을 대입하면 $a-b=\frac{5}{3}$

$a^2+b^2=(a-b)^2+2ab=\left(\frac{5}{3}\right)^2+2\times\left(\frac{1}{3}\right)=\frac{31}{9}$

채점기준	
① $ab=\frac{1}{3}$	3
② $a-b=\frac{5}{3}$	3
③ $a^2+b^2=\frac{31}{9}$	4

연습 08

0이 아닌 두 실수 a, b에 대하여 $3\log_3 a-\frac{1}{3}log_3 a^6b^{-3}=-1$, $a^{-1}+b^{-1}=3$일 때, a^3+b^3의 값을 구하는 과정을 서술하시오.

기출 09 (24학년도)

x에 대한 부등식 $x^2-x\log_3(\sqrt[3]{9}n)+\log_3\sqrt[3]{n^2}<0$을 만족시키는 정수 x의 개수가 1이 되도록 하는 자연수 n의 개수를 구하는 과정을 서술하시오.

[답안]

$x^2-x\log_3(\sqrt[3]{9}n)+\log_3\sqrt[3]{n^2}<0$

$x^2-x\left(\frac{2}{3}+\log_3 n\right)+\frac{2}{3}log_3 n<0$

$\left(x-\frac{2}{3}\right)(x-\log_3 n)<0$

i) $\frac{2}{3}<x<\log_3 n$인 경우

정수 x가 1개이려면, $x=1$이므로 $n=4,5,6,7,8,9$

ii) $\log_3 n<x<\frac{2}{3}$인 경우 정수 x가 존재하지 않음

따라서, 이를 만족시키는 $n=4,5,6,7,8,9$이므로 6개

채점기준	
① $\left(x-\frac{2}{3}\right)(x-\log_3 n)<0$ (또는 $x=1$)	5
② $n=4,5,6,7,8,9$ (또는 $3<n\leq 9$)	4
③ 6개	1

연습 09

x에 대한 부등식 $x^2-\frac{\log_n 4+1}{\log_n 2}x+\log_{\sqrt[4]{2}}\sqrt{n}<0$을 만족시키는 정수 x의 개수가 1이 되도록 하는 자연수 n의 개수를 구하는 과정을 서술하시오.

기출 10 (24학년도)

1이 아닌 세 양수 a, b, c에 대하여 $\dfrac{\log_a c}{\log_a b}=\dfrac{6}{7}$일 때, $\log_b c$, $64^{\log_c b}$, $C^{\log_b 128}$의 값을 각각 구하는 과정을 서술하시오.

[답안]

$\dfrac{\log_a c}{\log_a b}=\dfrac{6}{7}$이므로 $\dfrac{\log_a b}{\log_a c}=\log_c b=\dfrac{7}{6}$이다.

따라서 $\log_b c=\dfrac{6}{7}$ 또한 $64^{\log_c b}=128$

$C^{\log_b 128}=k$라고 하면

$\log_c c^{\log_b 128}=\log_b 128=\dfrac{\log_c 2^7}{\log_c b}=\log_c k$이다.

$\log_c b=\dfrac{7}{6}$이므로 이를 대입하여 식을 정리하면

$\log_c 2^7=\dfrac{7}{6}log_c k$

$\log_c k=6\log_c 2=\log_c 2^6=\log_c 64$

따라서 $C^{\log_b 128}=k=64$

채점기준	
① $\log_b c=\dfrac{6}{7}$	2
② $64^{\log_c b}=128$	4
③ $C^{\log_b 128}=64$	4

연습 10

1이 아닌 세 양수 a, b에 대하여 $\log_a b=\dfrac{4}{5}$일 때, $A=\dfrac{\log_8 a}{\log_8 b}$, $B=\dfrac{3}{4\log_b a}$, $C=32^{\frac{\log_9 b}{\log_{\sqrt{3}} a}}$ 값의 크기를 비교하는 과정을 서술하시오.

[삼각함수]

[32] 부채꼴

$l=r\theta,\ S=\frac{1}{2}r^2\theta=\frac{1}{2}rl$

[33] 특수각의 삼각비

함수 \ 각	0°	30°	45°	60°	90°
$\sin\theta$	0	$\frac{1}{2}$	$\frac{1}{\sqrt{2}}$	$\frac{\sqrt{3}}{2}$	1
$\cos\theta$	1	$\frac{\sqrt{3}}{2}$	$\frac{1}{\sqrt{2}}$	$\frac{1}{2}$	0
$\tan\theta$	0	$\frac{1}{\sqrt{3}}$	1	$\sqrt{3}$	없음

[34] 각변환

주어진 각을 $\frac{n}{2}\pi\pm\theta$ 꼴로 고친다.	
n이 홀수	sin→cos / cos→sin / tan→$\frac{1}{\tan}$
n이 짝수	sin→sin / cos→cos / tan→tan
부호 체크	

[35] 삼각함수의 그래프 1

	$y=\sin x$	$y=\cos x$	$y=\tan x$
그래프			
주기	2π	2π	π
최대	1	1	없다
최소	-1	-1	없다
함수	기함수(원점대칭)	우함수(y축대칭)	기함수(원점대칭)
정의역	실수전체	실수전체	점근선 제외

[36] 삼각함수의 그래프 2

함수	$y=r\sin(ax+b)+c$	$y=r\tan(ax+b)+c$
주기	$\frac{2\pi}{\lvert a\rvert}$	$\frac{\pi}{\lvert a\rvert}$
최대	$\lvert r\rvert+c$	없다
최소	$-\lvert r\rvert+c$	없다
변환	$y=r\sin ax$를 x축으로 $-\frac{b}{a}$만큼 y축으로 c만큼 평행이동	$y=r\tan ax$를 x축으로$-\frac{b}{a}$만큼 y축으로 c만큼 평행이동

[37] 삼각함수의 기본 공식

$\tan\theta=\frac{\sin\theta}{\cos\theta},\ \sin^2\theta+\cos^2\theta=1$

[38] 사인법칙

$\frac{a}{\sin A}=\frac{b}{\sin B}=\frac{c}{\sin C}=2R$ (단, R은 외접원의 반지름)

$\sin A=\frac{a}{2R},\ \sin B=\frac{b}{2R},\ \sin C=\frac{c}{2R}$

$\sin A\ :\ \sin B\ :\ \sin C=a\ :\ b\ :\ c$

[39] 코사인법칙

$$\begin{cases}a^2=b^2+c^2-2bc\cos A\\ b^2=c^2+a^2-2ca\cos B\\ c^2=a^2+b^2-2ab\cos C\end{cases}\Leftrightarrow\begin{cases}\cos A=\frac{b^2+c^2-a^2}{2bc}\\ \cos B=\frac{c^2+a^2-b^2}{2ca}\\ \cos C=\frac{a^2+b^2-c^2}{2ab}\end{cases}$$

[40] 삼각형의 넓이

(1) 한 변의 길이가 a인 정삼각형일 때

$S=\frac{\sqrt{3}}{4}a^2$

(2) 두 변의 길이 a,b와 끼인각 θ을 알 때

$S=\frac{1}{2}ab\sin\theta$

(3) 내접원의 반지름 r을 알 때

$S=\frac{1}{2}r(a+b+c)$

(4) 외접원의 반지름 R을 알 때

$S=\frac{abc}{4R}=2R^2\sin A\sin B\sin C$

[41] 사각형의 넓이

(1) 두 변의 길이가 a,b인 평행사변형의 넓이

$S=ab\sin\theta$

(2) 두 대각선의 길이가 $l,\ m$ 이고 대각선이 이루는 각이 θ인 볼록사각형의 넓이 $S=\frac{1}{2}lm\sin\theta$

(3) 다각형의 넓이는 삼각형으로 분할하여 구함

기출 11 (22학년도)

x에 대한 이차방정식 $kx^2-(k+2)x+(k+1)=0$의 두 근이 $\sin\theta$와 $\cos\theta$일 때, θ의 값을 구하는 과정을 서술하시오. (단, k는 상수이고 $0 \le \theta \le \pi$)

[답안]

$(\sin\theta+\cos\theta)^2=1+2\sin\theta\cos\theta$이고 근과 계수와의 관계로부터

$\sin\theta+\cos\theta=\frac{k+2}{k}$, $\sin\theta\cos\theta=\frac{k+1}{k}$ 이므로

$(\frac{k+2}{k})^2=1+2\frac{k+1}{k}$,

정리하여 풀면 $k=2$, $k=-1$.

이 때 $k=2$이면 $\sin\theta\cos\theta=\frac{3}{2}>1$이므로 부적합하다.

따라서 $\sin\theta+\cos\theta=-1$이고 $\sin\theta\cos\theta=0$,

$0 \le \theta \le \pi$에서 이를 만족하는 $\theta=\pi$

채점기준	
① $\sin\theta+\cos\theta=\frac{k+2}{k}$, $\sin\theta\cos\theta=\frac{k+1}{k}$ 또는 $(\frac{k+2}{k})^2=1+2\frac{k+1}{k}$	4
② $k=2$, -1	2
③ $k=2$는 부적합	2
④ $k=-1$이면 $\theta=\pi$	2

연습 11

x에 대한 이차방정식 $2kx^2+(k-1)x-(2k-1)=0$의 두 근이 $\sin\theta$와 $\cos\theta$일 때, θ의 값을 구하는 과정을 서술하시오. (단, k는 상수이고 $0 \le \theta \le \pi$)

기출 12 (22학년도)

두 함수 $f(x)=\cos^2 x-2\sin x+7$,
$g(x)=\log_a x\ (a>1)$가 있다. 합성함수 $(g \circ f)(x)$의 최댓값이 2일 때, 최솟값을 구하는 과정을 서술하시오.

[답안]
$f(x)=\cos^2 x-2\sin x+7=-(\sin x+1)^2+9$이고
$-1 \le \sin x \le 1$이므로 $5 \le f(x) \le 9$이다.
$g(x)=\log_a x\ (a>1)$은 $f(x)=9$에서 최댓값을 갖는다.
따라서 $\log_a 9=2$이다, 즉 $a=3$이다. 최솟값 M은 $\log_3 5$이다.

채점기준	
① $f(x)=-(\sin x+1)^2+9$ 또는 $f(x)=-\sin^2 x-2\sin x+8$	2
② $5 \le f(x) \le 9$ 또는 $f(x)$의 최댓값은 9	3
③ $a=3$	3
④ 최솟값은 $\log_3 5$	2

연습 12

두 함수 $f(x)=\cos^2 x-4\sin x+9$,
$g(x)=\log_a x\ (0<a<1)$가 있다. 합성함수 $(g \circ f)(x)$의 최댓값이 -1일 때, 최솟값을 구하는 과정을 서술하시오.

기출 13 (23학년도)

사각형 ABCD가 반지름이 2인 원에 내접하며 $\overline{AB}=4$이다. $\overline{BC}=\overline{CD}=1$일 때, 사각형 ABCD의 넓이의 값을 구하는 과정을 서술하시오.

[답안]

$\angle ACB$는 지름에 대한 원주각이므로 삼각형 ABC는 직각삼각형이다. 따라서 $\overline{AC}=\sqrt{4^2-1}=\sqrt{15}$.

$\theta=\angle BAC$라 하면 $\sin\theta=\frac{1}{4}$, $\cos\theta=\frac{\sqrt{15}}{4}$이다.

$\overline{BC}=\overline{CD}$이므로, $\overset{\frown}{BC}=\overset{\frown}{CD}$이고

$\angle CAD=\angle BAC=\theta$이다.

$x=\overline{AD}$라 하면

삼각형 ACD에서 코사인법칙에 의하여

$1^2=15+x^2-2\times\sqrt{15}x\times\frac{\sqrt{15}}{4}$,

혹은 $2x^2-15x+28=0$이다.

즉, $x<4$이어야 하므로 $x=\frac{7}{2}$이다.

삼각형 ABC의 넓이는 $\frac{\sqrt{15}}{2}$

삼각형 ACD의 넓이는 $\frac{1}{2}\times\sqrt{15}\times\frac{7}{2}\times\sin\theta=\frac{7\sqrt{15}}{16}$

이므로 사각형의 넓이는 $\frac{15\sqrt{15}}{16}$

채점기준	
① $\theta=\angle BAC$라 하면 $\sin\theta=\frac{1}{4}$, $\cos\theta=\frac{\sqrt{15}}{4}$	3
② $x=\overline{AD}$라 하면 코사인법칙에 의하여 $x=\frac{7}{2}$	3
③ 삼각형 ABC의 넓이는 $\frac{\sqrt{15}}{2}$	2
④ 삼각형 ACD의 넓이는 $\frac{7\sqrt{15}}{16}$ 사각형의 넓이는 $\frac{15\sqrt{15}}{16}$	2

연습 13

사각형 ABCD가 원에 내접하며 $\overline{AB}=\overline{AD}=4$이다. $\overline{BC}=1$, $\angle ADC=60^\circ$일 때, 사각형 ABCD의 넓이의 값을 구하는 과정을 서술하시오.

기출 14 (23학년도)

$\frac{3}{2}\pi < \theta < 2\pi$인 θ에 대하여 $6\cos\theta - \frac{1}{\cos\theta} = 1$일 때, $\sin\theta\cos\theta$의 값을 구하는 과정을 서술하시오.

[답안]

$6\cos\theta - \frac{1}{\cos\theta} = 1$로부터 $6\cos^2\theta - \cos\theta - 1 = 0$

따라서 $\cos\theta = \frac{1}{2}, -\frac{1}{3}$

주어진 범위를 만족하는 것은 $\cos\theta = \frac{1}{2}$이다.

따라서 $\sin\theta = -\frac{\sqrt{3}}{2}$이므로,

$\sin\theta\cos\theta = -\frac{\sqrt{3}}{4}$

채점기준	
① $6\cos^2\theta - \cos\theta - 1 = 0$	3
② 주어진 범위를 만족하는 것 $\cos\theta = \frac{1}{2}$	3
③ $\sin\theta = -\frac{\sqrt{3}}{2}$	2
④ $\sin\theta\cos\theta = -\frac{\sqrt{3}}{4}$	2

연습 14

$\pi < \theta < \frac{3}{2}\pi$인 θ에 대하여 $4\cos\theta - \frac{1}{2\cos\theta} = 1$일 때, $\sin\theta\cos\theta$의 값을 구하는 과정을 서술하시오.

기출 15 (23학년도)

넓이가 6인 사각형 ABCD가 다음 조건을 만족시킨다.

(가) 두 대각선 AC, BD에 대하여 $\overline{AC}+\overline{BD}=11$ (나) 두 대각선 AC, BD가 이루는 예각의 크기는 $30°$이다.

$\overline{AC}<\overline{BD}$일 때 $\dfrac{\overline{BD}}{\overline{AC}}$의 값을 구하는 과정을 서술하시오.

[답안]
$\overline{AC}=x$, $\overline{BD}=y$라 하자.
조건 (가)에서 $x+y=11$,
조건 (나)에서 $\dfrac{1}{2}xy\sin30°=6$으로부터 $xy=24$
따라서 x, y는 방정식 $t^2-11t+24=0$의 두 근이다.
$x<y$이므로 $x=3$, $y=8$
따라서 $\dfrac{y}{x}=\dfrac{8}{3}$

채점기준	
① $\overline{AC}=x$, $\overline{BD}=y$, $x+y=11$	3
② $xy=24$	3
③ $x=3$, $y=8$	3
④ $\dfrac{\overline{BD}}{\overline{AC}}=\dfrac{8}{3}$	1

연습 15

넓이가 72인 사각형 ABCD가 다음 조건을 만족시킨다.

(가) 두 대각선 AC, BD에 대하여 $\overline{AC}+\overline{BD}=27$ (나) 두 대각선 AC, BD가 이루는 각의 크기를 θ라 할 때, $\cos\theta=-\dfrac{3}{5}$이다.

$\overline{AC}<\overline{BD}$일 때 $\dfrac{\overline{BD}}{\overline{AC}}$의 값(기약분수)을 구하는 과정을 서술하시오.

기출 16 (23학년도)

$\sin\theta\tan\theta = -\frac{8}{3}$일 때, $\sin\left(\frac{3\pi}{2}-\theta\right)$의 값을 구하는 과정을 서술하시오.

[답안]

$\sin\theta\tan\theta = \frac{\sin^2\theta}{\cos\theta} = \frac{1}{\cos\theta} - \cos\theta = -\frac{8}{3}$로부터

$3\cos^2\theta - 8\cos\theta - 3 = 0$

$(3\cos\theta+1)(\cos\theta-3) = 0$로부터 $\cos\theta = -\frac{1}{3}$

$\sin\left(\frac{3\pi}{2}-\theta\right) = -\sin\left(\frac{\pi}{2}+\theta\right) = -\cos\theta = \frac{1}{3}$

채점기준	
① $\sin\theta\tan\theta = \frac{1}{\cos\theta} - \cos\theta$	3
② $\cos\theta = -\frac{1}{3}$	3
③ $\sin\left(\frac{3\pi}{2}-\theta\right) = -\cos\theta$	3
④ $\frac{1}{3}$	1

연습 16

$\frac{\cos\theta}{\tan\theta} = -\frac{3}{2}$일 때, $\cos\left(\frac{\pi}{2}-\theta\right) \cdot \sin(3\pi+\theta)$의 값을 구하는 과정을 서술하시오.

기출 17 (24학년도)

자연수 a에 대하여 함수 $f(x)=\frac{1}{3}log_2(x-2)$의 그래프의 점근선과 함수 $g(x)=\tan\frac{\pi x}{a}$의 그래프는 만나지 않는다. 정의역이 $\left\{x \middle| \frac{17}{8} \le x \le 6\right\}$인 합성함수 $(g \circ f)(x)$의 최댓값과 최솟값을 구하는 다음의 풀이 과정을 완성하시오. (단, a는 상수이다.)

> 직선 (①)가 f의 점근선이므로
> $a=$ (②). 따라서 $(g \circ f)(x)$의 최솟값은
> (③) 이고, 최댓값은 (④) 이다.

[답안]

직선 $x=2$가 f의 점근선이므로 $\left(\frac{2n-1}{2}\right)a=2$,

$a=\frac{4}{2n-1}$가 자연수가 되는 경우는 $n=1$일 때인

$a=4$이다. 또한, $f\left(\frac{17}{8}\right)=\frac{1}{3}log_2\left(\frac{17}{8}-2\right)=-1$,

$f(6)=\frac{1}{3}log_2(6-2)=\frac{2}{3}$

$(g \circ f)(x)$가 증가함수이므로 최솟값 m과 최댓값 M은 각각

$m=(g \circ f)\left(\frac{17}{8}\right)=g(-1)=\tan\left(\frac{-\pi}{4}\right)=-1$

$M=(g \circ f)(6)=g\left(\frac{2}{3}\right)=\tan\left(\frac{\pi}{6}\right)=\frac{1}{\sqrt{3}}=\frac{\sqrt{3}}{3}$

채점기준	
① $x=2$	2
② 4	2
③ -1	3
④ $\frac{1}{\sqrt{3}}$ 또는 $\frac{\sqrt{3}}{3}$	3

연습 17

자연수 a에 대하여 함수 $f(x)=\frac{1}{2}log_3(2x-5)$의 그래프의 점근선과 함수 $g(x)=\tan\frac{\pi(2x-1)}{a}$의 그래프는 만나지 않는다. 정의역이 $\{x|4 \le x \le 16\}$인 합성함수 $(g \circ f)(x)$의 최댓값과 최솟값을 구하는 다음의 풀이 과정을 완성하시오. (단, a는 상수이다.)

> 직선 (①)가 f의 점근선이므로
> $a=$ (②). 따라서 $(g \circ f)(x)$의 최솟값은
> (③) 이고, 최댓값은 (④) 이다.

기출 18 (24학년도)

$\cos\left(\frac{\pi}{2}+\theta\right)-\sin(\pi-\theta)=\frac{4}{5}$일 때,
$\frac{\cos(-\theta)}{\sin\theta}-\frac{\sin(-\theta)}{1+\cos\theta}$의 값을 구하는 과정을 서술하시오.

[답안]

$\cos\left(\frac{\pi}{2}+\theta\right)-\sin(\pi-\theta)=-\sin\theta-\sin\theta=-2\sin\theta=\frac{4}{5}$

$\sin\theta=-\frac{2}{5}$

따라서

$\frac{\cos(-\theta)}{\sin\theta}-\frac{\sin(-\theta)}{1+\cos\theta}$

$=\frac{\cos\theta}{\sin\theta}+\frac{\sin\theta}{1+\cos\theta}$

$=\frac{\cos\theta(1+\cos\theta)+\sin^2\theta}{\sin\theta(1+\cos\theta)}=\frac{\cos\theta+\cos^2\theta+\sin^2\theta}{\sin\theta(1+\cos\theta)}$

$=\frac{1+\cos\theta}{\sin\theta(1+\cos\theta)}=\frac{1}{\sin\theta}=-\frac{5}{2}$

채점기준	
① $\cos\left(\frac{\pi}{2}+\theta\right)-\sin(\pi-\theta)=-\sin\theta-\sin\theta=-2\sin\theta$	3
② $\sin\theta=-\frac{2}{5}$	3
③ $-\frac{5}{2}$	4

연습 18

$\sin\left(\frac{3\pi}{2}-\theta\right)+\cos(\pi+\theta)=\frac{8}{5}$일 때,

$\cos\left(\frac{\pi}{2}-\theta\right)\times\tan\left(\frac{\pi}{2}+\theta\right)+\frac{\sin\left(\frac{\pi}{2}+\theta\right)}{1+\sin\theta}+\tan(\pi+\theta)$의 값을 구하는 과정을 서술하시오.

[수열]

[42] 등차수열

(1) 등차수열의 일반항

$a_n = a + (n-1)d = dn + (a-d)$ ⇔ n에 대한 일차식

(2) 등차중항

a, b, c가 등차수열 ⇔ $2b = a + c$, $b = \frac{a+c}{2}$

(3) 등차수열의 합

$S_n = \frac{n(a+l)}{2} = \frac{n\{2a + (n-1)d\}}{2} = \frac{d}{2}n^2 + \frac{2a-d}{2}n$

⇔ 상수항 없는 n에 대한 이차식

[43] 등비수열

(1) 등비수열의 일반항

$a_n = ar^{n-1}$

(2) 등비중항

a, b, c가 등비수열 ⇔ $b^2 = ac$, $b = \pm\sqrt{ac}$

(3) 등비수열의 합

$S_n = \frac{a(1-r^n)}{1-r} = \frac{a(r^n - 1)}{r-1}$ $(r \neq 1)$ (단, $r=1$일 때는 $S_n = an$)

[44] a_n과 S_n의 관계

$a_n = S_n - S_{n-1}(n \geq 2)$, $a_1 = S_1$

(1) $S_n = An^2 + Bn + C(A \neq 0)$ 꼴

$C = 0$ 이면 첫째항부터 등차수열이 된다.

$C \neq 0$ 이면 둘째항부터 등차수열이 된다.

(2) $S_n = A + Br^n$ 꼴

$A + B = 0$이면 첫째항부터 등비수열이 된다.

$A + B \neq 0$ 이면 둘째항부터 등비수열이 된다.

[45] 자연수의 거듭제곱의 합

(1) $\sum_{k=1}^{n} k = 1 + 2 + 3 + \cdots + n = \frac{n(n+1)}{2}$

(2) $\sum_{k=1}^{n} k^2 = 1^2 + 2^2 + \cdots + n^2 = \frac{n(n+1)(2n+1)}{6}$

(3) $\sum_{k=1}^{n} k^3 = 1^3 + 2^3 + 3^3 + \cdots + n^3 = \left\{\frac{n(n+1)}{2}\right\}^2$

[46] 소거되는 수열합

(1) $\sum_{k=1}^{n} \frac{1}{k(k+1)} = \sum_{k=1}^{n} \left(\frac{1}{k} - \frac{1}{k+1}\right)$

(2) $\sum_{k=1}^{n} \left(\frac{1}{\sqrt{k+1} + \sqrt{k}}\right) = \sum_{k=1}^{n} (\sqrt{k+1} - \sqrt{k})$

(3) $\sum_{k=1}^{n} \log\frac{k+1}{k} = \log(\frac{2}{1} \times \frac{3}{2} \times \cdots \times \frac{n+1}{n})$

기출 19 (22학년도)

수열 $\{a_n\}$은 $a_1 > 0$, $a_4 + a_5 = 0$이고, 모든 자연수 n에 대하여 $a_{n+2} = a_{n+1} - a_n$을 만족시킨다. 수열 $\{a_n\}$의 첫째항부터 n항까지의 합을 S_n이라 할 때, $S_n < 0$을 만족시키는 300이하의 자연수 n의 개수를 구하는 과정을 서술하시오.

[답안]

수열 $\{a_n\}$의 $a_4 = \alpha$, $a_5 = -\alpha$라 할 경우

$a_3 = a_4 - a_5 = \alpha - (-\alpha) = 2\alpha$, $a_2 = a_3 - a_4 = 2\alpha - \alpha = \alpha$,

$a_1 = a_2 - a_3 = \alpha - 2\alpha = -\alpha$, $a_6 = a_5 - a_4 = -\alpha - \alpha = -2\alpha$,

$a_7 = a_6 - a_5 = -2\alpha - (-\alpha) = -\alpha$, 결국 $a_n = a_{n+6}$

$\sum_{k=1}^{6} a_k = a_1 + a_2 + a_3 + a_4 + a_5 + a_6 =$

$-\alpha + \alpha + 2\alpha + \alpha - \alpha - 2\alpha = 0$

$S_1 > 0$, $S_2 = 0$, $S_3 < 0$, $S_4 < 0$, $S_5 < 0$, $S_6 = 0$ 이므로

$S_n > 0$을 만족시키는 300이하의 n은 $50 \times 3 = 150$

채점기준	
① $a_n = a_{n+6}$ 또는 $\{-\alpha, \alpha, 2\alpha, \alpha, -\alpha, -2\alpha\}$ 규칙적으로 반복된다.	3
② $S_6 = 0$ 또는 $a_1 + a_2 + a_3 + a_4 + a_5 + a_6 = 0$ 또는 $-\alpha + \alpha + 2\alpha + \alpha - \alpha - 2\alpha = 0$	2
③ $S_1 > 0$, $S_2 = 0$, $S_3 < 0$, $S_4 < 0$, $S_5 < 0$, $S_6 = 0$ 또는 S_3, S_4, S_5 3개가 음수이다.	3
④ 150	2

연습 19

수열 $\{a_n\}$은 $a_1 > 0$, $a_2 + a_3 = 0$이고, 모든 자연수 n에 대하여 $a_n + a_{n+2} = a_{n+1}$을 만족시킨다. 수열 $\{a_n\}$의 첫째항부터 n항까지의 합을 S_n이라 할 때, $S_n = 0$을 만족시키는 400이하의 자연수 n의 개수를 구하는 과정을 서술하시오.

기출 20 (22학년도)

삼차방정식 $x^3-3x^2+x+1=0$의 세 근 중 무리수인 것을 α, β라 할 때,
$(\alpha^2-2)(\beta^2-2)+(\alpha^2-4)(\beta^2-4)+(\alpha^2-6)(\beta^2-6)+\cdots+(\alpha^2-20)(\beta^2-20)$의 값을 구하는 과정을 서술하시오.

[답안]

$x^3-3x^2+x+1=(x-1)(x^2-2x-1)$

$(\alpha^2-2)(\beta^2-2)+(\alpha^2-4)(\beta^2-4)$
$+(\alpha^2-6)(\beta^2-6)+\cdots+(\alpha^2-20)(\beta^2-20)=$
$(\alpha\beta)^2-2(\alpha^2+\beta^2)+2^2+(\alpha\beta)^2-4(\alpha^2+\beta^2)+4^2+$
$\cdots+(\alpha\beta)^2-20(\alpha^2+\beta^2)+20^2$ 에서

$\alpha\beta=-1$, $(\alpha\beta)^2=1$

$\alpha+\beta=2$ 이므로 $(\alpha+\beta)^2-2\alpha\beta=4-2(-1)=6$

$(\alpha\beta)^2-2(\alpha^2+\beta^2)+2^2+(\alpha\beta)^2-4(\alpha^2+\beta^2)+4^2+$
$\cdots+(\alpha\beta)^2-20(\alpha^2+\beta^2)+20^2$

$=10(\alpha\beta)^2-(\alpha^2+\beta^2)\sum_{k=1}^{10}(2k)+\sum_{k=1}^{10}(2k)^2$

$=10-12\sum_{k=1}^{10}k+4\sum_{k=1}^{10}k^2$

$=10-12\frac{10\times11}{2}+4\frac{10\times11\times21}{6}=10-660+1540=890$

채점기준	
① $\alpha+\beta=2$, $\alpha\beta=-1$	2
② $(\alpha^2-2)(\beta^2-2)+(\alpha^2-4)(\beta^2-4)+(\alpha^2-6)(\beta^2-6)+\cdots+(\alpha^2-20)(\beta^2-20)=(\alpha\beta)^2-2(\alpha^2+\beta^2)+2^2+(\alpha\beta)^2-4(\alpha^2+\beta^2)+4^2+\cdots+(\alpha\beta)^2-20(\alpha^2+\beta^2)+20^2$	3
③ $\alpha^2+\beta^2=6$ 또는 $(\alpha+\beta)^2-2\alpha\beta=6$	1
④ 890	4

연습 20

삼차방정식 $x^3-x^2+2=0$의 세 근 중 허근인 것을 α, β라 할 때,
$(\alpha^2-3)(\beta^2-3)+(\alpha^2-6)(\beta^2-6)+(\alpha^2-9)(\beta^2-9)+\cdots+(\alpha^2-30)(\beta^2-30)$의 값을 구하는 과정을 서술하시오.

기출 21 (22학년도)

두 수 $\log_3\frac{1}{4}$ 과 $\log_3 8$ 사이에 9개의 수 $a_1, a_2, a_3, \cdots, a_9$ 를 넣어 만든 11개의 수가 등차수열을 이룰 때, $3^{a_1}+3^{a_2}+3^{a_3}+\cdots+3^{a_9}$ 의 값을 구하는 다음의 풀이 과정을 완성하시오.

> $\log_3\frac{1}{4}+10d=\log_3 8$ 에서 공차 $d=$ ① 이다.
> $3^{a_1}, 3^{a_2}, 3^{a_3} \cdots 3^{a_9}$ 는 첫째항이 ②, 공비가 ③ 인 등비수열이므로 $3^{a_1}+3^{a_2}+3^{a_3}+\cdots+3^{a_9}$의 값은 ④ 이다.

[답안]

$-2\log_3 2+10d=3\log_3 2$ 에서 공차 $d=\frac{1}{2}log_3 2$ 이고,

$a_1=\frac{3}{2}log_3 2$, $a_2=-\log_3 2$, $\cdots$, $a_9=\frac{5}{2}log_3 2$

$3^{a_1}, 3^{a_2}, 3^{a_3} \cdots 3^{a_9}$ 는 첫째항이 $\frac{1}{2}$, 공비가 $\sqrt{2}$인

등비수열이므로 $3^{a_1}+3^{a_2}+3^{a_3}+\cdots+3^{a_9}$ 의 값은

$$\frac{\frac{1}{2}\{(\sqrt{2})^8-1\}}{\sqrt{2}-1}=\frac{15}{2}-\frac{1}{\sqrt{2}-1}=\frac{15}{2}(\sqrt{2}+1)$$ 이다.

채점기준	
① $d=\frac{1}{2}log_3 2$	3
② $\frac{1}{2}$	2
③ $\sqrt{2}$	2
④ $\frac{15}{2}(\sqrt{2}+1)$ 또는 $\frac{15}{2}-\frac{1}{\sqrt{2}-1}$	3

연습 21

두 수 $\frac{1}{4}$ 과 8 사이에 9개의 수 $a_1, a_2, a_3, \cdots, a_9$ 를 넣어 만든 11개의 수가 등비수열을 이룰 때, $\log a_1+\log a_2+\cdots+\log a_7$ 의 값을 구하는 다음의 풀이 과정을 완성하시오.

> $\frac{1}{4}+r^{10}=8$ 에서 공비 $r=$ ① 이다.
> 수열 $\{\log a_n\}$은 첫째항이 ②, 공차가 ③ 인 등차수열이므로 $\log a_1+\log a_2+\cdots+\log a_7$의 값은 ④ 이다.

기출 22 (23학년도)

공비가 1이 아닌 등비수열 $\{a_n\}$의 첫째항부터 제 n항까지의 합을 S_n이라고 하자. $S_3=6$, $S_6=18$일 때, $\log_2\left(1+\frac{S_{15}}{6}\right)$의 값을 구하는 과정을 서술하시오.

[답안]
첫째항이 a이고 공비가 r인 등비수열 a_n의 제 n항까지의 합 $S_n=\frac{a(r^n-1)}{r-1}$이므로,

$\frac{S_6}{S_3}=\frac{a(r^6-1)}{r-1}\times\frac{r-1}{a(r^3-1)}=\frac{(r^3+1)(r^3-1)}{r^3-1}=3$,

따라서 $r^3=2$이고 $S_3=\frac{a(r^3-1)}{r-1}=\frac{a}{r-1}=6$이다.

$S_{15}=\frac{a}{r-1}((r^3)^5-1)=6((r^3)^5-1)$이므로

$\log_2\left(1+\frac{S_{15}}{6}\right)$는 $\log_2(2^5)$이므로 답은 5이다.

채점기준	
① $S_n=\frac{a(r^n-1)}{r-1}$	2
② $\frac{S_6}{S_3}=\frac{a(r^6-1)}{r-1}\times\frac{r-1}{a(r^3-1)}=\frac{(r^3+1)(r^3-1)}{r^3-1}=3$ $r^3=2$	4
③ $\log_2\left(1+\frac{S_{15}}{6}\right)=5$	4

연습 22

공비가 양수인 등비수열 $\{a_n\}$의 첫째항부터 제 n항까지의 합을 S_n이라고 하자. $S_3=3$, $S_9=39$일 때, $\log_3\left(1+\frac{2S_{21}}{3}\right)$의 값을 구하는 과정을 서술하시오.

기출 23 (23학년도)

모든 항이 자연수인 수열 $\{a_n\}$이 모든 자연수 n에 대하여

$$a_{n+1}=\begin{cases}3a_n+1 & (a_n\text{이 홀수인 경우})\\ \dfrac{a_n}{2} & (a_n\text{이 짝수인 경우})\end{cases}$$

를 만족시킨다. $a_7=4$일 때, S_{20}의 최솟값을 구하는 다음의 풀이 과정을 완성하시오. (단, 수열 $\{a_n\}$의 첫째항부터 제 n항까지의 합을 S_n이라 한다.)

> $a_7=4$이므로 a_6이 홀수이면 $a_6=1$이고, 짝수이면 $a_6=8$이다.
>
> $a_6=1$일 때, S_6의 최솟값은 [①] 이다.
>
> $a_6=8$일 때, $a_5+a_6=$ [②] $>$ [①] 이므로, $a_6=1$일 때의 S_6이 최솟값을 갖는다. S_6이 최솟값을 갖는 수열 $\{a_n\}$에서 반복되는 세 수는 [③]
>
> 이다. 따라서 S_{20}의 최솟값은 [④] 이다.

채점기준	
① 14	3
② 24	2
③ 4, 2, 1	3
④ 48	2

[답안]

$a_7=4$이므로 홀짝수에 따라 $a_6=1, 8$이다.

[1] $a_6=1$의 경우, 짝수만 가능하므로 $a_5=2$이다.
$a_5=2$의 경우, $a_4=4$인 짝수 경우만 존재
$a_4=4$는 $a_3=1, 8$ 홀수, 짝수 2가지 경우 존재
1) $a_3=1$일 때, $a_2=2$ 짝수 경우만 존재 $a_1=4$
$4+2+1+4+2+1=14$, $S_6=14$
2) $a_3=8$일 때, $a_2=16$ 짝수 경우만 존재
$a_1=5, 32$는 2가지 중 5가 최소
$5+16+8+4+2+1=36$, $S_6=36$

따라서, S_6의 최솟값은 [① 14] 이다.

[2] $a_6=8$의 경우, $a_5=16$만 존재하고, $a_4=5, 32$이다.

$a_6=8$일 때, $a_5+a_6=$ [② 24] $>$ [① 14] 이므로
$a_6=1$일 때의 S_6이 최솟값을 갖는다.
따라서 S_6이 최솟값을 갖는 수열 $\{a_n\}$은 4, 2, 1, 4, 2, 1 ⋯ 이므로 [③ 4, 2, 1] 이다.
따라서 S_{20}의 최솟값은
$(4+2+1)\times 6+(4+2)=$ [④ 48] 이다.

연습 23

모든 항이 자연수인 수열 $\{a_n\}$이 모든 자연수 n에 대하여

$$a_{n+1}=\begin{cases} 2a_n+2 & (a_n\text{이 홀수인 경우}) \\ \dfrac{a_n}{2} & (a_n\text{이 짝수인 경우}) \end{cases}$$

를 만족시킨다. $a_7=4$일 때, S_{20}의 최솟값을 구하는 다음의 풀이 과정을 완성하시오. (단, 수열 $\{a_n\}$의 첫째항부터 제 n항까지의 합을 S_n이라 한다.)

> $a_7=4$이므로 a_6이 홀수이면 $a_6=1$이고, 짝수이면 $a_6=8$이다.
>
> $a_6=1$일 때, S_6의 최솟값은 [①] 이다.
> $a_6=8$일 때, a_5이 홀수이면 $a_5=3$이고, 짝수이면 $a_5=16$이다.
>
> $a_5=3$이면 $a_4+a_5+a_6=$ [②] $>$ [①] 이고,
>
> $a_5=16$이면 $a_5+a_6=24>$ [①] 이므로,
> $a_6=1$일 때의 S_6이 최솟값을 갖는다. S_6이 최솟값을 갖는 수열 $\{a_n\}$에서 반복되는 세 수는 [③]
>
> 이다. 따라서 S_{20}의 최솟값은 [④] 이다.

기출 24 (23학년도)

등차수열 $\{a_n\}$이 $a_5+a_6+a_7=30$, $a_9+a_{10}=6$을 만족시킨다. 수열 $\{a_n\}$의 첫째항부터 제 20항까지의 합을 구하는 과정을 서술하시오.

[답안]
등차수열 $\{a_n\}$의 첫째항을 a, 공차를 d라 하면
$a_5+a_6+a_7=30$에서
$(a+4d)+(a+5d)+(a+6d)=3a+15d=30$이고.
$a_9+a_{10}=(a+8d)+(a+9d)=2a+17d=6$이다.
위 연립일차방정식을 풀이하면 $a=20$, $d=-2$
따라서 $a_{20}=20+19\times(-2)=-18$이므로

$$S_{20}=\frac{20\times(a_1+a_{20})}{2}=\frac{20\times(20+(-18))}{2}=20$$

채점기준	
① $a=20$	3
② $d=-2$	3
③ $S_{20}=20$	4

연습 24

등차수열 $\{a_n\}$이 $a_{26}+a_{27}+a_{28}=6$, $a_{11}+a_{31}=-20$을 만족시킨다. 수열 $\{a_n\}$의 첫째항부터 제 100항까지의 합을 구하는 과정을 서술하시오.

기출 25 (24학년도)

공차가 0이 아닌 등차수열 $\{a_n\}$에 대하여 $a_2-1=1-a_4$이고 $|a_4+5|=|-5-a_6|$일 때, a_7의 값을 구하는 과정을 서술하시오.

[답안]

첫째항이 a_1이고 공차가 d라고 할 때,

$a_2+a_4=2a_1+4d=2$

$a_1+2d=1$이다.

$|a_4+5|=|-5-a_6|$에서 부호가 같으면

$a_1+4d=-5$이다.

하지만 부호가 다르면 $a_4=a_6$이므로 공차 $d=0$이 되어야 한다.

상기 두 식을 연립하면 $d=-3$이고 $a_1=7$이다.

따라서 $a_7=7-6\times3=-11$

채점기준	
① $a_1=7$ (또는 $a_3=1$)	4
② $d=-3$	4
③ $a_7=-11$	2

연습 25

등차수열 $\{a_n\}$에 대하여 $a_3-2=2-a_5$이고 $|6+a_2|=|6-a_6|$일 때, a_7의 값을 구하는 과정을 서술하시오.

기출 26 (24학년도)

첫째항이 양수인 등비수열 $\{a_n\}$의 첫째항부터 제n항까지의 합을 S_n이라 하자. $\dfrac{S_{10}-S_8}{S_6-S_4}=3$, $(S_3-S_2)^2=75$일 때, $a_2 \times a_8$의 값을 구하는 과정을 서술하시오.

[답안]

$$\frac{S_{10}-S_8}{S_6-S_4}=\frac{\dfrac{a_1(r^{10}-1)}{r-1}-\dfrac{a_1(r^8-1)}{r-1}}{\dfrac{a_1(r^6-1)}{r-1}-\dfrac{a_1(r^4-1)}{r-1}}=\frac{r^{10}-r^8}{r^6-r^4}=r^4=3$$

$(S_3-S_2)^2=a_3^2=(a_1r^2)^2=a_1^2r^4=75$

따라서 $a_1^2=25$, $a_1=5$이다.

$a_2 \times a_8=a_1r \times a_1r^7=a_1^2r^8=5^2 3^2=225$

채점기준	
① $r^4=3$	3
② $(S_3-S_2)^2=a_3^2=(a_1r^2)^2=a_1^2r^4=75$	3
③ 225	4

연습 26

등비수열 $\{a_n\}$의 첫째항부터 제n항까지의 합을 S_n이라 하자. $\dfrac{S_9-S_6}{S_6-S_3}=4$, $a_7+a_4=5$일 때, $a_{10} \times \dfrac{S_{12}}{S_6}=n(n+1)$을 만족하는 자연수 n의 값을 구하는 과정을 서술하시오.

[함수의 극한]

[47] 함수의 극한값 계산

(1) $\frac{\infty}{\infty}$꼴 : 최고차항 차수 및 계수 비교

(2) $\frac{0}{0}$꼴 : x가 a일 때, 분모가 0이면 분자도 $x-a$가 인수

$x-a$로 약분

[48] 구간

(1) 닫힌구간 : $[a,b] \Leftrightarrow a \le x \le b$

(2) 열린구간 : $(a,b) \Leftrightarrow a < x < b$

(3) 반닫힌(열린)구간 : $(a,\ b] \Leftrightarrow a < x \le b$

[49] 함수의 연속

좌극한 = 우극한 = 함수값 (극한값 = 함수값)

[50] 여러 가지 함수의 연속성

(1) 다항함수 : $(-\infty,\infty)$에서 연속

(2) 분수함수 $y=\frac{f(x)}{g(x)}$: $g(x)=0$에서 불연속

(3) 무리함수 $y=\sqrt{f(x)}$: $f(x) \ge 0$인 범위에서 연속

[51] 최대최소의 정리

함수 $f(x)$가 닫힌구간 $[a,\ b]$에서 연속이면

$f(x)$는 이 구간에서 반드시 최댓값과 최솟값 존재

[52] 사잇값 정리

함수 $f(x)$가 닫힌구간 $[a,\ b]$에서 연속이고, $f(a) \ne f(b)$이면

$f(a)$와 $f(b)$사이의 임의의 값 k에 대하여

$f(c)=k$인 c가 열린구간 $(a,\ b)$에 적어도 하나 존재

[53] 사잇값 정리의 활용

함수 $f(x)$가 닫힌구간 $[a,\ b]$에서 연속이고 $f(a)f(b) < 0$이면

방정식 $f(x)=0$은 열린구간 $(a,\ b)$에서 적어도 하나의 실근을 갖음

기출 27 (22학년도)

함수 $f(x)=\begin{cases}\dfrac{\sqrt{x+1}-a}{x-1} & (x>1)\\ \dfrac{x+b}{\sqrt{1+x}-\sqrt{1-x}} & (x\le 1)\end{cases}$ 가 $x=1$에서 연속일 때, 상수 a와 b의 값을 구하는 과정을 서술하시오.

[답안]

$x=1$에서 함수f가 연속이 되기 이해서는

$\lim\limits_{x\to1+}\dfrac{\sqrt{x+1}-a}{x-1}=f(1)=\dfrac{1+b}{\sqrt{2}}$가 성립해야 하고, 극한

$\lim\limits_{x\to1+}\dfrac{\sqrt{x+1}-a}{x-1}$가 존재하므로 $a=\sqrt{2}$이다. 따라서,

$\lim\limits_{x\to1+}\dfrac{\sqrt{x+1}-a}{x-1}=\lim\limits_{x\to1+}\dfrac{\sqrt{x+1}-\sqrt{2}}{x-1}$

$=\lim\limits_{x\to1+}\dfrac{1}{\sqrt{x+1}+\sqrt{2}}=\dfrac{1}{2\sqrt{2}}$ 이므로 $\dfrac{1+b}{\sqrt{2}}=\dfrac{1}{2\sqrt{2}}$,

결국 $b=-\dfrac{1}{2}$

채점기준	
① $a=\sqrt{2}$	2
② $\lim\limits_{x\to1+}\dfrac{\sqrt{x+1}-a}{x-1}=\dfrac{1}{2\sqrt{2}}$	3
③ $\lim\limits_{x\to1-}\dfrac{x+b}{\sqrt{1+x}-\sqrt{1-x}}=\dfrac{1+b}{\sqrt{2}}$ 또는 $f(1)=\dfrac{1+b}{\sqrt{2}}$	3
④ $b=-\dfrac{1}{2}$	2

연습 27

함수 $f(x)=\begin{cases}\dfrac{\sqrt{x+1}-a}{x-2} & (x>2)\\ \dfrac{x+b}{\sqrt{x+1}-\sqrt{x-2}} & (x\le 2)\end{cases}$ 가 $x=2$에서 연속일 때, 상수 a와 b의 값을 구하는 과정을 서술하시오.

기출 28 (22학년도)

$\lim_{x\to\infty}\sqrt{x}(\sqrt{x+1}+\sqrt{x+k}-2\sqrt{x})=\frac{27}{2}$ 일 때, 양수 k의 값을 구하는 과정을 서술하시오.

[답안]

$\lim_{x\to\infty}\sqrt{x}(\sqrt{x+1}+\sqrt{x+k}-2\sqrt{x})$

$=\lim_{x\to\infty}\sqrt{x}(\sqrt{x+1}-\sqrt{x}+\sqrt{x+k}-\sqrt{x})$

$=\lim_{x\to\infty}\sqrt{x}(\sqrt{x+1}-\sqrt{x})+\lim_{x\to\infty}\sqrt{x}(\sqrt{x+k}-\sqrt{x})$

이고 $\lim_{x\to\infty}\sqrt{x}(\sqrt{x+1}-\sqrt{x})=\lim_{x\to\infty}\frac{\sqrt{x}}{\sqrt{x+1}+\sqrt{x}}=\frac{1}{2}$,

$\lim_{x\to\infty}\sqrt{x}(\sqrt{x+k}-\sqrt{x})=\lim_{x\to\infty}\frac{k\sqrt{x}}{\sqrt{x+k}+\sqrt{x}}=\frac{k}{2}$ 이므로

$k=26$

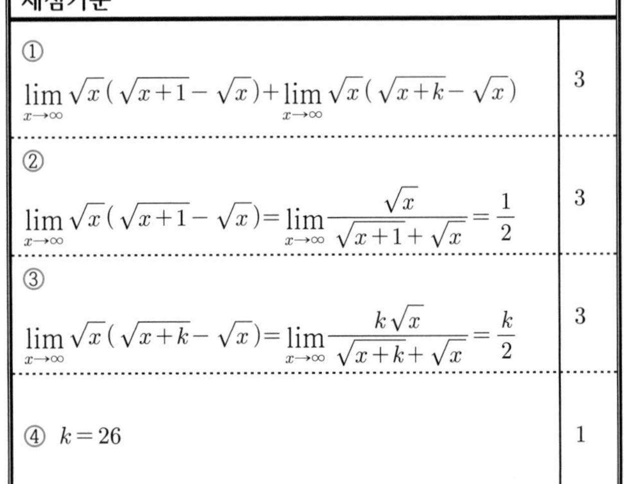

채점기준	
① $\lim_{x\to\infty}\sqrt{x}(\sqrt{x+1}-\sqrt{x})+\lim_{x\to\infty}\sqrt{x}(\sqrt{x+k}-\sqrt{x})$	3
② $\lim_{x\to\infty}\sqrt{x}(\sqrt{x+1}-\sqrt{x})=\lim_{x\to\infty}\frac{\sqrt{x}}{\sqrt{x+1}+\sqrt{x}}=\frac{1}{2}$	3
③ $\lim_{x\to\infty}\sqrt{x}(\sqrt{x+k}-\sqrt{x})=\lim_{x\to\infty}\frac{k\sqrt{x}}{\sqrt{x+k}+\sqrt{x}}=\frac{k}{2}$	3
④ $k=26$	1

연습 28

$\lim_{x\to\infty}\sqrt{x}(\sqrt{2x+k}+\sqrt{2x+2k}-\sqrt{8x})=3\sqrt{2}$ 일 때, 양수 k의 값을 구하는 과정을 서술하시오.

기출 29 (22학년도)

함수 $g(x)$를 x와 1중에서 크지 않은 수로 정의하자.
구간 $(-1,\infty)$에서 정의된
함수 $f(x)=g(x)-\dfrac{x}{1+x}$에 대하여 $\displaystyle\lim_{x\to1-}\frac{f(x)-f(1)}{x-1}$와 $\displaystyle\lim_{x\to1+}\frac{f(x)-f(1)}{x-1}$의 값을 구하는 다음의 풀이 과정을 완성하시오.

> $x<1$일 때 $f(x)=$ [①],
>
> $x>1$일 때 $f(x)=$ [②]
>
> $f(1)=\dfrac{1}{2}$이므로 $\displaystyle\lim_{x\to1-}\frac{f(x)-f(1)}{x-1}=$ [③],
>
> $\displaystyle\lim_{x\to1+}\frac{f(x)-f(1)}{x-1}=$ [④] 이다.

[답안]

$x<1$일 때 $f(x)=x-\dfrac{x}{1+x}=\dfrac{x^2}{1+x}$,

$x>1$일 때 $f(x)=1-\dfrac{x}{1+x}=\dfrac{1}{1+x}$

$f(1)=\dfrac{1}{2}$이므로

$$\lim_{x\to1-}\frac{f(x)-f(1)}{x-1}=\lim_{x\to1-}\frac{\frac{x^2}{1+x}-\frac{1}{2}}{x-1}$$

$$=\lim_{x\to1-}\frac{(2x+1)(x-1)}{2(1+x)(x-1)}=\frac{3}{4}$$

$$\lim_{x\to1+}\frac{f(x)-f(1)}{x-1}=\lim_{x\to1+}\frac{\frac{1}{1+x}-\frac{1}{2}}{x-1}$$

$$=\lim_{x\to1+}\frac{1-x}{2(1+x)(x-1)}=-\frac{1}{4}$$

채점기준	
① $f(x)=\dfrac{x^2}{1+x}$ 또는 $f(x)=x-\dfrac{x}{1+x}$	2
② $f(x)=\dfrac{1}{1+x}$ 또는 $f(x)=1-\dfrac{x}{1+x}$	2
③ $\displaystyle\lim_{x\to1-}\frac{f(x)-f(1)}{x-1}=\frac{3}{4}$	3
④ $\displaystyle\lim_{x\to1+}\frac{f(x)-f(1)}{x-1}=-\frac{1}{4}$	3

연습 29

함수 $g(x)$를 x와 2중에서 작지 않은 수로 정의하자.
구간 $(0,\infty)$에서 정의된
함수 $f(x)=g(x)+\dfrac{x-1}{2x}$에 대하여 $\displaystyle\lim_{x\to2-}\frac{f(x)-f(2)}{x-2}$와 $\displaystyle\lim_{x\to2+}\frac{f(x)-f(2)}{x-2}$의 값을 구하는 다음의 풀이 과정을 완성하시오.

> $x<2$일 때 $f(x)=$ [①],
>
> $x>2$일 때 $f(x)=$ [②]
>
> $f(2)=\dfrac{9}{4}$이므로 $\displaystyle\lim_{x\to2-}\frac{f(x)-f(2)}{x-2}=$ [③],
>
> $\displaystyle\lim_{x\to2+}\frac{f(x)-f(2)}{x-2}=$ [④] 이다.

기출 30 (22학년도)

두 함수 $f(x)$와 $g(x)$가 $\lim_{x\to a} f(x)=\infty$ 와

$\lim_{x\to a}(3f(x)-g(x))=2022$를 만족한다.

$\lim_{x\to a}\frac{kf(x)-2g(x)}{2f(x)-g(x)}=-9$를 만족시키는 상수 k의 값을 구하는 다음의 풀이 과정을 완성하시오.

> $\lim_{x\to a} f(x)=\infty$이고 $\lim_{x\to a}(3f(x)-g(x))=2022$이므로
>
> $\lim_{x\to a} g(x)=$ [①].
>
> 또한 $\lim_{x\to a}\frac{3f(x)-g(x)}{f(x)}=$ [②] 이므로
>
> $\lim_{x\to a}\frac{g(x)}{f(x)}=$ [③] 이다.
>
> 따라서 $\lim_{x\to a}\frac{kf(x)-2g(x)}{2f(x)-g(x)}=-9$이므로
>
> $k=$ [④] 이다.

[답안]

조건에서 $\lim_{x\to a} f(x)=\infty$인데

$\lim_{x\to a}(3f(x)-g(x))=2022$이므로 $\lim_{x\to a} g(x)=\infty$.

또한 $\lim_{x\to a}(3f(x)-g(x))=2022$로부터

$\lim_{x\to a}\frac{3f(x)-g(x)}{f(x)}=\lim_{x\to a}\left(3-\frac{g(x)}{f(x)}\right)=0$가 성립하게

되므로 $\lim_{x\to a}\frac{g(x)}{f(x)}=3$이다.

결국 , $\lim_{x\to a}\frac{kf(x)-2g(x)}{2f(x)-g(x)}=\lim_{x\to a}\frac{k-\frac{2g(x)}{f(x)}}{2-\frac{g(x)}{f(x)}}=\frac{k-6}{-1}=-9$

이므로 $k=15$이다.

채점기준

① $\lim_{x\to a} g(x)=\infty$	2
② $\lim_{x\to a}\frac{3f(x)-g(x)}{f(x)}=0$	2
③ $\lim_{x\to a}\frac{g(x)}{f(x)}=3$	2
④ $k=15$	4

연습 30

두 함수 $f(x)$와 $g(x)$가 $\lim_{x\to a} f(x)=\infty$ 와

$\lim_{x\to a}(5f(x)-6g(x))=2023$를 만족한다.

$\lim_{x\to a}\frac{2f(x)-3g(x)}{7f(x)-kg(x)}=-\frac{1}{4}$를 만족시키는 상수 k의 값을 구하는 다음의 풀이 과정을 완성하시오.

> $\lim_{x\to a} f(x)=\infty$이고 $\lim_{x\to a}(5f(x)-6g(x))=2023$이므로
>
> $\lim_{x\to a} g(x)=$ [①].
>
> 또한 $\lim_{x\to a}\frac{5f(x)-6g(x)}{f(x)}=$ [②] 이므로
>
> $\lim_{x\to a}\frac{g(x)}{f(x)}=$ [③] 이다.
>
> 따라서 $\lim_{x\to a}\frac{2f(x)-3g(x)}{7f(x)-kg(x)}=-\frac{1}{4}$이므로
>
> $k=$ [④] 이다.

기출 31 (23학년도)

두 함수 $f(x)=\begin{cases}x^3+a^2x^2-2x & (x<1)\\ 2x+1 & (x\ge 1)\end{cases}$,

$g(x)=x^2-ax$에 대하여 함수 $f(x)g(x)$가 $x=1$에서 연속이 되도록 하는 상수 a의 값을 모두 구하는 과정을 서술하시오.

[답안]

함수 $f(x)g(x)$가 $x=1$에서 연속이 되려면

$\lim_{x\to 1+}f(x)g(x)=\lim_{x\to 1-}f(x)g(x)=f(1)g(1)$ 이어야 한다.

$\lim_{x\to 1-}f(x)g(x)$

$=\lim_{x\to 1-}(x^3+a^2x^2-2x)(x^2-ax)=(1-a)(a^2-1)$

$\lim_{x\to 1+}f(x)g(x)=\lim_{x\to 1+}(2x+1)(x^2-ax)=3(1-a)$

$f(1)g(1)=3(1-a)$이므로 $(1-a)(a^2-4)=0$

따라서 $a=-2$, $a=1$, $a=2$

채점기준	
① $\lim_{x\to 1-}f(x)g(x)=(1-a)(a^2-1)$	3
② $\lim_{x\to 1+}f(x)g(x)=3(1-a)$ 또는 $f(1)g(1)=3(1-a)$	3
③ $(1-a)(a^2-4)=0$	2
④ $a=-2$, $a=1$, $a=2$	2

연습 31

두 함수 $f(x)=\begin{cases}x^3-3x+a^2 & (x<2)\\ 2x^2+ax+9 & (x\ge 2)\end{cases}$,

$g(x)=x^2+(a+1)x+a$에 대하여 함수 $f(x)g(x)$가 $x=2$에서 연속이 되도록 하는 상수 a의 값을 모두 구하는 과정을 서술하시오.

기출 32 (23학년도)

최고차항의 계수가 1인 삼차함수 $f(x)$에 대하여 $y=f(x)$의 그래프를 x축의 방향으로 5만큼 평행이동한 그래프를 나타내는 함수를 $y=g(x)$라 하자.

$\lim_{x\to-1}\frac{f(x)}{(x+1)g(x)}=-\frac{1}{5}$, $\lim_{x\to4}\frac{f(x)}{(x+1)g(x)}=k$일 때, 상수 k의 값을 구하는 과정을 서술하시오.

채점기준

① $f(-1)=0$ $f(x)=(x+1)(x^2+ax+b)$ $g(x)=(x-4)((x-5)^2+a(x-5)+b)$	3
② $a=7$ 또는 $f(x)=(x+1)(x-4)(x+d)$ $g(x)=(x-4)(x-9)(x-5+d)$	2
③ $b=-44$ 또는 $d=11$	2
④ $k=-\frac{3}{10}$	3

[답안]

극한 $\lim_{x\to-1}\frac{f(x)}{(x+1)g(x)}$가 존재하므로 $f(-1)=0$

최고차항의 계수가 1인 삼차함수 $f(x)$를

$f(x)=(x+1)(x^2+ax+b)$로 놓을 수 있다.

따라서 $g(x)=(x-4)((x-5)^2+a(x-5)+b)$이므로

$\lim_{x\to-1}\frac{(x+1)(x^2+ax+b)}{(x+1)g(x)}=-\frac{1}{5}$이고

이로부터 $\frac{1-a+b}{g(-1)}=\frac{1-a+b}{-5(36-6a+b)}=-\frac{1}{5}$

따라서 $a=7$

극한 $k=\lim_{x\to4}\frac{(x+1)(x^2+7x+b)}{(x+1)(x-4)((x-5)^2+7(x-5)+b)}$가

존재하므로 $16+28+b=0$ 즉, $b=-44$

따라서 $k=\lim_{x\to4}\frac{x+11}{(x-5)^2+7(x-5)-44}=-\frac{3}{10}$

[다른풀이]

극한 $\lim_{x\to-1}\frac{f(x)}{(x+1)g(x)}$가 존재하므로 $f(-1)=0$

최고차항의 계수가 1인 삼차함수 $f(x)$를

$f(x)=(x+1)(x^2+ax+b)$라 놓으면

$g(x)=(x-4)((x-5)^2+a(x-5)+b)$인데,

극한 $\lim_{x\to4}\frac{f(x)}{(x+1)g(x)}$가 존재하므로

$f(x)=(x+1)(x-4)(x+d)$로

$g(x)=(x-4)(x-9)(x-5+d)$로 놓을 수 있다.

$-\frac{1}{5}=\lim_{x\to-1}\frac{(x+1)(x-4)(x+d)}{(x+1)(x-4)(x-9)(x-5+d)}$

$=\frac{-1+d}{-10(-6+d)}$ 로부터 $d=11$

따라서

$k=\lim_{x\to4}\frac{(x+1)(x-4)(x+11)}{(x+1)(x-4)(x-9)(x+6)}=\frac{15}{-50}=-\frac{3}{10}$

연습 32

최고차항의 계수가 1인 삼차함수 $f(x)$에 대하여 $y=f(x)$의 그래프를 x축의 방향으로 -3만큼 평행이동한 그래프를 나타내는 함수를 $y=g(x)$라 하자. $\lim_{x \to 0} \frac{f(x)}{xg(x)}=-\frac{1}{15}$, $\lim_{x \to -2} \frac{f(x)}{xg(x-1)}=k$일 때, 상수 k의 값을 구하는 과정을 서술하시오.

기출 33 (24학년도)

다음 조건을 만족시키는 모든 다항함수 $f(x)$에 대하여 $f\left(\frac{1}{2}\right)$의 최댓값을 구하는 과정을 서술하시오.

(가) 함수 $f(x)$의 모든 항의 계수가 정수이고, $f(0)=0$이다.
(나) $\lim_{x\to\infty}\frac{f(x)-2x^3}{x^2}=\lim_{x\to\frac{1}{2}}f(x)$
(다) $f(x)$가 실수 전체의 집합에서 증가한다.

[답안]

다항함수는 연속이므로 $\lim_{x\to\frac{1}{2}}f(x)=f\left(\frac{1}{2}\right)$. 이때

$f\left(\frac{1}{2}\right)=a$라 하면, (가)와 (나)로부터

$f(x)=2x^3+ax^2+bx$ (단, a, b는 상수)

$a=f\left(\frac{1}{2}\right)=\frac{1}{4}+\frac{a}{4}+\frac{b}{2}$이므로 $3a=2b+1$

(다)로부터 $f'(x)=6x^2+2ax+b\geq 0$이므로 판별식을 구하면 $D/4=a^2-6b=a^2-9a+3\leq 0$

따라서 $9-\sqrt{69}\leq 2a\leq 9+\sqrt{69}$이고 a는 x^2항의 계수이므로 정수이다. 따라서 $0\leq a\leq 8$이므로

$a=f\left(\frac{1}{2}\right)$의 최댓값은 8이다.

채점기준	
① $f(x)=2x^3+ax^2+bx$ (계수 a, b는 다른 문자 가능)	2
② (계수 a, b에 대해) $3a=2b+1$ 또는 $2b=3a-1$ 또는 $a=f\left(\frac{1}{2}\right)$	3
③ $a^2-9a+3\leq 0$	3
④ 최댓값 8	2

연습 33

다음 조건을 만족시키는 모든 다항함수 $f(x)$에 대하여 $f(1)$의 최솟값을 구하는 과정을 서술하시오.

(가) 함수 $f(x)$의 모든 항의 계수가 정수이고, $f(-1)=8$이다.
(나) $\lim_{x\to\infty}\frac{f(x)+4x^3}{2x^2}=\lim_{x\to 1}f(x)$
(다) $f(x)$가 실수 전체의 집합에서 감소한다.

기출 34 (24학년도)

실수 t에 대하여 직선 $y=t$가 $0 \le x < 2\pi$에서 함수 $f(x)=|4\cos x-2|$의 그래프와 만나는 점의 개수를 $g(t)$라 하자. 함수 $g(t)$가 $t=a$에서 불연속인 실수 a의 값을 작은 것부터 순서대로 나열한 것이 a_1, a_2, a_3이다. a_1, a_2, a_3의 값과 $f(x)=a_1$을 만족시키는 x의 값을 각각 구하는 과정을 서술하시오.

[답안]

$$g(t)=\begin{cases} 0\ (t<0) \\ 2\ (t=0) \\ 4\ (0<t<2) \\ 3\ (t=2) \\ 2\ (2<t<6) \\ 1\ (t=6) \\ 0\ (t>6) \end{cases}$$

함수 $g(t)$는 0, 2, 6에서 불연속이므로 $a_1=0$, $a_2=2$, $a_3=6$이다.

따라서 $f(x)=|4\cos x-2|=0$인 x는

$x=\frac{\pi}{3}$ 또는 $x=\frac{5\pi}{3}$

채점기준	
① $a_1=0$	2
② $a_2=2$	2
③ $a_3=6$	2
④ $x=\frac{\pi}{3}$ 또는 $x=\frac{5\pi}{3}$	4

연습 34

실수 t에 대하여 직선 $y=t$가 $0 \le x < 2\pi$에서 함수 $f(x)=|-6\sin x-3|$의 그래프와 만나는 점의 개수를 $g(t)$라 하자. 함수 $g(t)$가 $t=a$에서 불연속인 실수 a의 값을 작은 것부터 순서대로 나열한 것이 a_1, a_2, a_3이다. a_1, a_2, a_3의 값과 $f(x)=a_2$를 만족시키는 x의 값을 각각 구하는 과정을 서술하시오.

[미분]

[54] 미분계수의 정의

(1) $f'(a)=\lim_{h\to 0}\frac{f(a+h)-f(a)}{h}=\lim_{x\to a}\frac{f(x)-f(a)}{x-a}$

(2) $f'(a)$는 점 $(a, f(a))$에서의 접선의 기울기

(3) $f'(a)$는 $x=a$에서의 순간변화율

[55] 미분가능성과 연속성

(1) 미분가능하면 연속이다.

(2) 연속하다고 미분가능한 것은 아니다. (1)번의 역은 성립하지 않는다. (반례 : 꺾인 점)

(3) $x=a$에서 미분가능할 조건

$\lim_{x\to a+}f'(x)=\lim_{x\to a-}f'(x)$

우 미분계수 = 좌 미분계수

[56] 미분법

(1) $\{f(x)\cdot g(x)\}'=f'(x)g(x)+f(x)g'(x)$

(2) $\{(ax+b)^n\}'=n(ax+b)^{n-1}\cdot(ax+b)'=an(ax+b)^{n-1}$

(3) $[\{f(x)\}^n]'=n\{f(x)\}^{n-1}f'(x)$

[57] 평균값 정리

함수 $f(x)$가 닫힌구간 $[a,b]$에서 연속이고 열린구간 (a,b)에서 미분가능할 때,

(1) 롤의 정리

$f(a)=f(b)$이면 $f'(c)=0$인 c가 a와 b사이에 적어도 하나 존재

(2) 평균값 정리

$\frac{f(b)-f(a)}{b-a}=f'(c)$인 c가 a와 b사이에 적어도 하나 존재

[58] 우함수와 기함수

(1) 우함수 : y축 대칭 $f(x)=f(-x)$

차수가 짝수이거나 상수항으로 이루어진 다항식

(2) 기함수 : 원점 대칭 $f(x)=-f(-x)$

차수가 홀수인 항으로 이루어진 다항식

(3) 우×우=우, 기×기=우, 우×기=기

[59] 주기함수와 $x=a$ 대칭 함수

(1) $f(x+p)=f(x)$: 주기가 p인 주기함수

(2) $f(a+x)=f(a-x)$: $x=a$ 에 대칭인 함수

[60] 삼차함수 단조증가, 단조감소

삼차함수 $f(x)=ax^3+bx^2+cx+d$ 가

(1) 모든 구간에서 증가함수이기 위한 조건

$a>0,\ f'(x)=3ax^2+2bx+c\ge 0,\ f'(x)$ 의 $D\le 0$

(2) 모든 구간에서 감소함수이기 위한 조건

$a<0,\ f'(x)=3ax^2+2bx+c\le 0,\ f'(x)$ 의 $D\le 0$

[61] 극대 극소

(1) 극대 (산꼭대기-꺾인 점 포함)

$f'(a)=0$인 점 가운데 $f'(x)$의 부호가 $(+)$에서 $(-)$으로 바뀌는 지점

(2) 극소 (산골짜기-꺾인 점 포함)

$f'(a)=0$인 점 가운데 $f'(x)$의 부호가 $(-)$에서 $(+)$으로 바뀌는 지점

[62] 극값을 갖지 않는 표현

(1) $x_1\ne x_2$ 이면 $f(x_1)\ne f(x_2)$ 또는

$f(x_1)=f(x_2)$ 이면 $x_1=x_2$ 인 함수

(2) 일대일대응 또는 일대일함수 일 때

(3) 역함수를 가질 때

(4) 모든 실수 x에 대하여 증가(감소)함수 일 때

[63] 접선의 방정식

곡선 $y=f(x)$ 위의 점$(a, f(a))$ 에서의 접선의 기울기 $f'(a)=\tan\alpha$

(1) 접선의 방정식 : $y=f'(a)(x-a)+f(a)$

(2) 법선의 방정식 : $y=-\frac{1}{f'(a)}(x-a)+f(a)$

[64] 속도 / 가속도

수직선 위를 움직이는 점 P의 시각 t에서의 좌표를 $x=f(t)$라 하면

(1) 속도 : $v(t)=\frac{dx}{dt}=f'(t)$

(2) 가속도 : $a(t)=\frac{dv}{dt}=\frac{d}{dt}(f'(t))=v'(t)$

기출 35 (22학년도)

수직선 위를 움직이는 두 점 P, Q의 시각 $t(t \geq 0)$에서의 위치 x_1, x_2가 $x_1 = 3t^3 - 3t^2 + 7t$, $x_2 = 2t^3 + 3t^2 - 2t$이다. 두 점 P, Q가 동시에 원점을 출발한 후 처음으로 속도가 같아지는 순간 t_a와 처음으로 만나는 순간 t_b의 값을 구하는 과정을 서술하시오.

[답안]

$x_1 - x_2 = t^3 - 6t^2 + 9t = t(t-3)^2$이므로 $t_b = 3$이다.

한편 두 점의 속도는 각각

$v_1 = \frac{dx_1}{dt} = 9t^2 - 6t + 7$, $v_2 = \frac{dx_2}{dt} = 6t^2 + 6t - 2$이다.

$v_1 - v_2 = 3t^2 - 12t + 9 = 3(t-1)(t-3)$이므로 $t_a = 1$이다.

채점기준	
① $v_1 = x'_1 = 9t^2 - 6t + 7$	2
② $v_2 = x'_2 = 6t^2 + 6t - 2$	2
③ $t_a = 1$	3
④ $t_b = 3$	3

연습 35

수직선 위를 움직이는 두 점 P, Q의 시각 $t(t \geq 0)$에서의 위치 x_1, x_2가 $x_1 = 4t^3 - 5t^2 + 9t$, $x_2 = 3t^3 - 3t^2 + 8t$이다. 두 점 P, Q가 동시에 원점을 출발한 후 처음으로 속도가 같아지는 순간 t_a와 처음으로 만나는 순간 t_b의 값을 구하는 과정을 서술하시오.

기출 36 (22학년도)

곡선 $y=ax^2$위의 원점이 아닌 점(k, ak^2)에서의 접선이 점$(\frac{1}{2a}, 0)$을 지날 때, 이 접선의 기울기를 구하는 과정을 서술하시오. (단, a, k는 상수이고 $a \neq 0$)

[답안]

접선의 기울기를 m이라 하면 점$(\frac{1}{2a}, 0)$을 지나는 접선의 방정식은 $y=m(x-\frac{1}{2a})$이다. 또한 $x=k$에서 접하므로 $m=2ak$이다. 한편 접선이 점(k, ak^2)을 지나므로 $ak^2=2ak(k-\frac{1}{2a})$이다. 따라서 $k=\frac{1}{a}$이다. 결론적으로 접선의 기울기는 $m=2$이다.

채점기준	
① 접선의 방정식은 $y-ak^2=2ak(x-k)$ 또는 $y=2akx-ak^2$ 또는 $ak^2=2ak(k-\frac{1}{2a})$	4
② $ak=1$ 또는 $k=\frac{1}{a}$	4
③ 접선의 기울기는 2	2

연습 36

곡선 $y=ax^2-2ax+a$위의 원점이 아닌 점$(k, ak^2-2ak+a)$에서의 접선이 점$(\frac{a+1}{a}, 0)$을 지날 때, 이 접선의 기울기를 구하는 과정을 서술하시오. (단, a, k는 상수이고 $a \neq 0$)

기출 37 (22학년도)

함수 $f(x)=\begin{cases}(3-a)x+b & (x<1)\\ ax^2+c & (x\geq 1)\end{cases}$가 $x=1$에서
미분가능할 때, $b-c$의 값을 구하는 과정을 서술하시오.
(단, a, b, c 는 상수)

[답안]
함수 $f(x)$가 $x=1$에서 연속이어야 하므로
$\lim_{x\to 1-}f(x)=\lim_{x\to 1+}f(x)$이다.
따라서 $3-a+b=a+c$, $b-c=2a-3$이다.
또한 함수 $f(x)$가 $x=1$에서 미분가능해야 하므로,
$\lim_{x\to 1-}\frac{f(x)-f(1)}{x-1}=\lim_{x\to 1+}\frac{f(x)-f(1)}{x-1}$ 이다.
따라서 $\lim_{x\to 1-}\frac{(3-a)(x-1)}{x-1}=\lim_{x\to 1+}\frac{a(x^2-1)}{x-1}$,
$3-a=2a$, $a=1$이다.
두 결과로부터 $b-c=-1$이다.

채점기준	
① $b-c=2a-3$	4
② $a=1$	4
③ $b-c=-1$	2

연습 37

함수 $f(x)=\begin{cases}ax^2+bx+c & (x<-1)\\ (b-1)x^2+cx+a & (x\geq -1)\end{cases}$가 $x=-1$에서
미분가능할 때, $a-b$의 값을 구하는 과정을 서술하시오.
(단, a, b, c는 상수)

기출 38 (23학년도)

함수 $f(x)=x^2-4x+4$의 그래프 위의 점 $(a, f(a))$에서의 접선이 x축 및 y축과 만나는 점을 각각 P, Q라 할 때, 삼각형 OPQ의 넓이가 최대가 될 때의 a의 값을 구하는 과정을 서술하시오. (단, O는 원점이고, $0<a<2$이다.)

[답안]

$f(x)=x^2-4x+4$에서 $f'(x)=2x-4$.

점$(a, f(a))$에서의 접선의 방정식은

$y-(a^2-4a+4)=(2a-4)(x-a)$

$y=(2a-4)x-a^2+4$

이 때 $\mathrm{P}(\frac{a+2}{2}, 0)$, $\mathrm{Q}(0, -a^2+4)$이므로

삼각형 OPQ의 넓이를 $S(a)$라 하면

$S(a)=\frac{1}{4}(a+2)(4-a^2)=-\frac{1}{4}(a^3+2a^2-4a-8)$

$S'(a)=-\frac{1}{4}(a+2)(3a-2)$

$0<a<2$이므로 $S'(a)=0$에서 $a=\frac{2}{3}$

채점기준	
① $y=(2a-4)x-a^2+4$	2
② $\mathrm{P}(\frac{a+2}{2}, 0)$, $\mathrm{Q}(0, -a^2+4)$	2
③ $S(a)=\frac{1}{4}(a+2)(4-a^2)=-\frac{1}{4}(a^3+2a^2-4a-8)$	3
④ $S'(a)=-\frac{1}{4}(a+2)(3a-2)$ $0<a<2$이므로 $S'(a)=0$에서 $a=\frac{2}{3}$	3

연습 38

함수 $f(x)=x^2-6x+9$의 그래프 위의 점 $(a, f(a))$에서의 접선이 x축 및 y축과 만나는 점을 각각 P, Q라 할 때, 삼각형 OPQ의 넓이가 최대가 될 때의 a의 값을 구하는 과정을 서술하시오. (단, O는 원점이고, $0<a<3$이다.)

기출 39 (23학년도)

두 다항함수 $f(x)$와 $g(x)$에 대하여
$f'(x)=x^3-x+3$, $g'(x)=2x^2+1$
이다. 두 함수 $y=f(x)$와 $y=g(x)$의 그래프가 오직 한 점에서 만날 때, $h(x)=f(x)-g(x)$의 양수인 극댓값과 극솟값을 구하는 다음의 풀이 과정을 완성하시오.

> $h'(x)=0$을 만족하는 x의 값은 모두 [①]이다. 두 함수의 그래프가 오직 한 점에서 만나기 위해서, 교점의 x좌표는 [②]이다. 따라서 $h(x)$의 양수인 극댓값은 [③]이고, 양수인 극솟값은 [④]이다.

[답안]
$h'(x)=x^3-2x^2-x+2=0$을 만족하는 x의 값은 모두
[① -1, 1, 2] 이다.
$h(x)=\frac{1}{4}x^4-\frac{2}{3}x^3-\frac{1}{2}x^2+2x+C$
따라서, $x=-1$, $x=2$에서 극솟값, $x=1$에서 극댓값을 갖는다.
$h(-1)=-\frac{19}{12}+C$, $h(1)=\frac{13}{12}+C$, $h(2)=\frac{2}{3}+C$
즉 $h(-1)<h(2)$이므로, 두 함수의 그래프가 오직 한 점에서 만나기 위해서는 $x=$ [② -1] 에서 $h(x)$의 값이 0이다. 즉, $C=\frac{19}{12}$이다.

따라서 $h(x)$의 극댓값은 [③ $\frac{8}{3}$] 이고, 극솟값은 [④ $\frac{9}{4}$] 이다.

채점기준	
① -1, 1, 2	2
② -1	4
③ $\frac{8}{3}$	2
④ $\frac{9}{4}$	2

연습 39

두 다항함수 $f(x)$와 $g(x)$에 대하여
$f'(x)=x^3+x^2+5$, $g'(x)=5x^3-11x^2-16x+5$
이다. 두 함수 $y=f(x)$와 $y=g(x)$의 그래프가 오직 한 점에서 만날 때, $h(x)=f(x)-g(x)$의 음수인 극댓값과 극솟값을 구하는 다음의 풀이 과정을 완성하시오.

> $h'(x)=0$을 만족하는 x의 값은 모두 [①]이다. 두 함수의 그래프가 오직 한 점에서 만나기 위해서, 교점의 x좌표는 [②]이다. 따라서 $h(x)$의 음수인 극댓값은 [③]이고, 음수인 극솟값은 [④]이다.

기출 40 (23학년도)

수직선 위를 움직이는 두 점 P, Q의 시각 $t(t \geq 0)$에서의 위치 x_1, x_2가 $x_1 = 3t^4 - 24t^2 + 51t + d$, $x_2 = 8t^3 + 6t^2 - 21t$ 이다. 실수 t에 대하여 닫힌구간 $[0,4]$에서 두 점 P, Q 사이 거리의 최솟값이 3일 때, 다음의 풀이 과정을 완성하시오. (단, $d \leq 0$)

> 두 점 P, Q 사이 거리가 최소가 되는 시각은 $t=$ (①) 이다. 한편, 두 점 P, Q 사이 거리는 $t=$ (②) 에서 최댓값 (③) 를 가지며, 이 때 점 Q의 속도는 (④) 이다.

[답안]

$f(t) = x_1 - x_2 = 3t^4 - 8t^3 - 30t^2 + 72t + d$라 하면

$f'(t) = 12t^3 - 24t^2 - 60t + 72 = 12(t-1)(t-3)(t+2)$이므로 $t = -2, 1, 3$에서 극값을 가진다.

$f(0) = d$, $f(1) = 37 + d$, $f(3) = -27 + d$, $f(4) = 64 + d$

$d \leq 0$이고 $|f(t)|$의 최솟값이 0이 아니므로 닫힌구간 $[0,4]$에서 $f(t) < 0$이다.

그러므로 $|f(t)|$은 $t=4$에서 최솟값을 갖고 $t=3$에서 최댓값을 갖는다.

$64 + d = -3$에서 $d = -67$이므로

최댓값은 $|d-27| = |-67-27| = 94$이다.

이때 Q의 속도는 $24t^2 + 12t - 21$이므로

$24 \times 3^2 + 12 \times 3 - 21 = 231$

채점기준

① 4	3
② 3	2
③ 94	3
④ 231	2

연습 40

수직선 위를 움직이는 두 점 P, Q의 시각 t $(t \geq 0)$에서의 위치 x_1, x_2가 $x_1 = 16t^3 - 18t^2 - 3t$, $x_2 = 8t^3 + 6t^2 - 21t - d$ 이다. 실수 t에 대하여 구간 $[\frac{1}{4}, 3]$에서 두 점 P, Q 사이 거리의 최솟값이 6이다. 거리의 최댓값과 이때, 점 Q의 속도를 구하는 다음의 풀이 과정을 완성하시오. (단, $d \leq 0$)

> 두 점 P, Q 사이 거리가 최소가 되는 시각은 $t=$ (①) 이다. 한편, 두 점 P, Q 사이 거리는 $t=$ (②) 에서 최댓값 (③) 를 가지며, 이 때 점 Q의 속도는 (④) 이다.

기출 41 (23학년도)

함수 $f(x)=-x^3+3x^2+9x+k$는 $x=a$에서 극대이고, $x=b$에서 극소이다.
$y=f(x)$의 그래프가 $x=b$에서 x축과 접한다고 할 때, 실수 a, b, k의 값을 구하는 과정을 서술하시오.

[답안]

$f(x)=-x^3+3x^2+9x+k$에서

$f'(x)=-3x^2+6x+9=-3(x+1)(x-3)$

$f'(x)=0$에서 $x=-1$ 또는 $x=3$에서 극값을 갖는다.

함수 $f(x)$의 증가와 감소를 표로 나타내면 다음과 같다.

x	$\cdots$	-1	$\cdots$	3	$\cdots$
$f'(x)$	-	0	+	0	-
$f(x)$	감소	극소	증가	극대	감소

그러므로 $a=3$, $b=-1$이며 $x=-1$일 때 x축과 접하려면 극솟값이 0이어야 하므로

$f(-1)=1+3-9+k=0$에서 $k=5$이다.

채점기준

① $f'(x)=-3(x+1)(x-3)$	1
② $a=3$	3
③ $b=-1$	3
④ $k=5$	3

연습 41

함수 $f(x)=x^4+4x^3-8x^2+k$는 $x=a$, $x=b$ $(a<b)$에서 극소이고, $x=c$에서 극대이다.
$y=f(x)$의 그래프가 최소일 때 x축과 접한다. 실수 a, b, c, k의 값을 구하는 과정을 서술하시오.

기출 42 (23학년도)

함수 $f(x)=-x^3+3x^2+9x+a$가 닫힌구간 $[-1,6]$ 에서 최솟값 -40을 갖는다. 곡선 $y=f(x)$와 직선 $y=k$가 만나는 점의 개수가 2가 되도록 하는 모든 상수 k의 값의 합을 구하는 과정을 서술하시오. (단, a는 상수)

[답안]

$f(x)=-x^3+3x^2+9x+a$에서

$f'(x)=-3x^2+6x+9=-3(x-3)(x+1)$이며,

닫힌 구간 $[-1,6]$에서 최솟값은

$f(-1)=1+3-9+a=-5+a$와

$f(6)=-216+3\times36+54+a=-54+a$ 중에

$f(6)=-54+a=-40$이므로 $a=14$이다.

곡선 $y=f(x)$와 직선 $y=k$가 만나는 점의 개수가 2가 되는 지점은 $f(-1)=-5+a=9$와

$f(3)=-27+3\times9+27+a=41$

상수 k의 합은 50이다.

채점기준	
① $f'(x)=-3x^2+6x+9=-3(x-3)(x+1)$	3
② $a=14$	3
③ $k=9$, $k=41$	3
④ 50	1

연습 42

함수 $f(x)=3x^4-4x^3-12x^2+a$가 닫힌구간 $[-2,2]$에서 최댓값 40을 갖는다. 곡선 $y=f(x)$와 직선 $y=k$가 만나는 점의 개수가 3이 되도록 하는 모든 상수 k의 값의 합을 구하는 과정을 서술하시오. (단, a는 상수)

기출 43 (23학년도)

실수 전체의 집합에서 정의된 함수 $f(x)=x^3-mx^2+\left(m+\frac{4}{3}\right)x+5$가 일대일 대응이 되도록 하는 모든 정수 m의 값을 구하는 과정을 서술하시오.

[답안]

$f'(x)=3x^2-2mx+\left(m+\frac{4}{3}\right)$

함수 $f(x)$가 일대일대응이 되려면 이차방정식 $f'(x)=0$이 중근 또는 허근을 가져야 한다. 이차방정식 $3x^2-2mx+\left(m+\frac{4}{3}\right)=0$의 판별식을 D라 하면

$\frac{D}{4}=m^2-3m-4$이므로

$m^2-3m-4\le 0$에서 $(m+1)(m-4)\le 0$

$-1\le m\le 4$

따라서 정수 m의 값은 -1, 0, 1, 2, 3, 4

채점기준	
① $f'(x)=3x^2-2mx+\left(m+\frac{4}{3}\right)$	4
② $\frac{D}{4}=m^2-3m-4\le 0$	4
③ 정수 m의 값은 -1, 0, 1, 2, 3, 4	2

연습 43

실수 전체의 집합에서 정의된 삼차함수 $f(x)=(m-1)x^3+(m-1)x^2-x+1$이 일대일 대응이 되도록 하는 모든 정수 m의 값을 구하는 과정을 서술하시오.

기출 44 (24학년도)

점 $(-2, a)$에서 곡선 $y=x^3-3x^2-9x+2$에 그을 수 있는 접선의 개수가 3이 되도록 하는 정수 a의 개수를 구하는 과정을 서술하시오.

[답안]

$y=x^3-3x^2-9x+2$에서 $y'=3x^2-6x-9$. 곡선 위의 점(t, t^3-3t^2-9t+2)에서의 접선의 방정식은

$y-(t^3-3t^2-9t+2)=(3t^2-6t-9)(x-t)$. 이 직선이 점$(-2, a)$를 지나므로

$a-(t^3-3t^2-9t+2)=(3t^2-6t-9)(-2-t)$

$2t^3+3t^2-12t-20+a=0$이 서로 다른 세 실근을 가지면 그을 수 있는 접선의 개수가 3이 된다.

$f(t)=2t^3+3t^2-12t-20+a$라 하면

$f'(t)=6t^2+6t-12=6(t-1)(t+2)$

$f'(t)=0$에서 $t=-2$ 또는 $t=1$

서로 다른 세 실근을 가지려면

$f(-2)=-16+12+24-20+a>0$

$f(1)=2+3-12-20+a<0$, 즉 $0<a<27$

접선의 개수가 3이 되도록 하는 정수 a의 개수는 26

채점기준	
① $y-(t^3-3t^2-9t+2)=(3t^2-6t-9)(x-t)$	3
② $2t^3+3t^2-12t-20+a=0$	2
③ $0<a<27$	4
④ 정수 a의 개수는 26	1

연습 44

점 $(2, a)$에서 곡선 $y=x^3+3x^2+2x+1$에 그을 수 있는 접선의 개수가 3이 되도록 하는 정수 a의 개수를 구하는 과정을 서술하시오.

기출 45 (24학년도)

실수 m에 대하여 수직선 위를 움직이는 점 P의 시각 t $(t \geq 0)$에서의 위치 $x(t)$가

$x(t) = \frac{6}{5}t^5 - 5t^4 + 4t^3 + (6-m)t$ 이다. 점 P가 시각 $t=0$일 때 원점을 출발한 후, 운동 방향이 두 번만 바뀌도록 하는 m의 범위를 구하는 다음의 풀이 과정을 완성하시오. (단, $t=0$일 때, 점 P의 속도는 $6-m$이다.)

> 점 P의 시작 t $(t>0)$에서의 속도를 $v(t)$라 하면 $v(t) =$ (①) 이다. $v(t)$는 $t=$ (②) 에서 극댓값을 갖고, $t=$ (③) 에서 최솟값을 갖는다. $t>0$에서 운동 방향이 두 번만 바뀌도록 하는 m의 범위는 (④) 이다.

[답안]

점 P의 시작 t $(t>0)$에서의 속도를 $v(t)$라 하면 $v(t) = 6t^4 - 20t^3 + 12t^2 + (6-m)$이다. 점 P가 출발한 후 운동 방향이 두 번 바뀌려면 $t>0$에서 $v(t)=0$이 중근이 아닌 서로 다른 두 실근을 가져야 한다.

$v'(t) = 24t^3 - 60t^2 + 24t = 12t(t-2)(2t-1) = 0$에서 $t=0$ 또는 $t=\frac{1}{2}$ 또는 $t=2$,

$v(0) = 6-m$, $v\left(\frac{1}{2}\right) = \frac{55}{8} - m$, $v(2) = -10-m$,

$v(0) > v(2)$이므로 $v(t)$는 $t=\frac{1}{2}$에서 극댓값을 가지고 $t=2$에서 최솟값을 가진다. $v(t)=0$이 $t>0$에서 중근이 아닌 서로 다른 두 실근을 가지려면

$v(0) = 6-m \geq 0$이고 $v(2) = -10-m < 0$이어야 한다.

그러므로 $-10 < m \leq 6$ 즉 $(-10, 6]$

채점기준	
① $6t^4 - 20t^3 + 12t^2 + (6-m)$	2
② $\frac{1}{2}$	2
③ 2	2
④ $-10 < m \leq 6$ 또는 $(-10, 6]$	4

연습 45

실수 m에 대하여 수직선 위를 움직이는 점 P의 시각 t $(t \geq 0)$에서의 위치 $x(t)$가

$x(t) = \frac{3}{5}t^5 - \frac{7}{2}t^4 + 7t^3 - 6t^2 + (6-m)t$ 이다. 점 P가 시각 $t=0$일 때 원점을 출발한 후, 운동 방향이 두 번만 바뀌도록 하는 m의 범위를 구하는 다음의 풀이 과정을 완성하시오. (단, $t=0$일 때, 점 P의 속도는 $6-m$이다.)

> 점 P의 시작 t $(t>0)$에서의 속도를 $v(t)$라 하면 $v(t) =$ (①) 이다. $v(t)$는 $t=$ (②) 에서 극댓값을 갖고, $t=$ (③) 에서 최솟값을 갖는다. $t>0$에서 운동 방향이 두 번만 바뀌도록 하는 m의 범위는 (④) 이다.

[적분]

[65] 부정적분의 성질

n이 실수일 때

(1) $\int x^n dx = \frac{1}{n+1}x^{n+1} + C$ (단, C는 적분상수)

(2) $\int (ax+b)^n dx = \frac{1}{n+1} \cdot \frac{1}{a}(ax+b)^{n+1} + C$

[66] 부정적분과 도함수

(1) $\int \{\frac{d}{dx}f(x)\} = f(x) + C$ (단, C는 적분상수)

(2) $\frac{d}{dx}\int f(x)dx = f(x)$

[67] 정적분의 성질

(1) $\int_a^b f(x)dx = \int_a^c f(x)dx + \int_c^b f(x)dx$

(2) $\int_{-a}^{a} f(x)dx = \begin{cases} 2\int_0^a f(x)dx & (\text{우함수}) \\ 0 & (\text{기함수}) \end{cases}$ ==> [58]번 공식

[68] 정적분과 도함수

(1) $\frac{d}{dx}\int_a^x f(t)dt = f(x)$ (a는 상수)

(2) $\frac{d}{dx}\int_x^{x+a} f(t)dt = f(x+a) - f(x)$

(3) $\frac{d}{dx}\int_a^x (x-t)f(t)dt = \int_a^x f(t)dt$

[69] 정적분과 극한

(1) $\lim_{x\to a}\frac{1}{x-a}\int_a^x f(t)dt = f(a)$

(2) $\lim_{h\to 0}\frac{1}{h}\int_a^{a+h} f(t)dt = f(a)$

[70] 넓이

(1) $y = f(x)$와 x축으로 둘러싸인 부분의 넓이 $S = \int_a^b |f(x)| dx$

(2) $y = f(x)$와 $y = g(x)$로 둘러싸인 부분의 넓이

$S = \int_a^b |f(x) - g(x)| dx$

[71] 넓이 공식

(1) $y = a(x-\alpha)(x-\beta)$와 x축으로 둘러싸인 부분의 넓이

$S = \frac{|a|(\beta-\alpha)^3}{6}$ (α, β는 x절편, $\alpha < \beta$)

(2) $y = ax^2 + bx + c$와 $y = mx + n$으로 둘러싸인 부분의 넓이

$S = \frac{|a|(\beta-\alpha)^3}{6}$ (α, β는 교점의 x좌표, $\alpha < \beta$)

(3) $y = ax^2 + bx + c$와 $y = a'x^2 + b'x + c'$로 둘러싸인 부분의 넓이

$S = \frac{|a-a'|(\beta-\alpha)^3}{6}$ (α, β는 교점의 x좌표, $\alpha < \beta$)

[72] 속도와 거리

수직선 위를 움직이는 점 P의

시각 t에서의 속도를 $v(t)$, 위치를 $x(t)$라 하면

(1) $t = a$에서 $t = b$까지 점 P의 위치의 변화량 $\int_a^b v(t)dt$

(2) $t = a$에서 $t = b$까지 점 P가 움직인 거리 $\int_a^b |v(t)| dt$

(3) $t = a$에서 점 P의 위치 $x(a) = x(0) + \int_0^a v(t)dt$

기출 46 (22학년도)

정의역이 $\{x \mid x \geq 0\}$인 인 함수 $f(x)=ax^2$ $(0<a<1)$의 역함수를 $g(x)$라 하자. 두 곡선 $y=f(x)$, $y=g(x)$로 둘러싸인 부분의 넓이가 $S=\frac{3}{4}$일 때, 상수 a의 값을 구하는 다음의 풀이 과정을 완성하시오.

> 두 곡선 $y=f(x)$, $y=g(x)$의 교점의 x좌표는 $x=0$과 $x=$ ① 이다. 따라서 넓이를 정적분으로 나타내면 $S=$ ② 이고, 이 적분의 값을 a에 대한 식으로 쓰면 $S=$ ③ 이다. $S=\frac{3}{4}$이므로 상수 $a=$ ④ 이다.

[답안]

두 곡선 $y=f(x)$, $y=g(x)$은 역함수 관계이므로 직선 $y=x$에 대하여 대칭이고

두 곡선의 교점은 $ax^2=x$를 만족하므로 x좌표는 $x=0$과 $x=\frac{1}{a}$이다.

따라서 적분을 활용한 넓이를 구하는 식은

$S=2\int_0^{\frac{1}{a}}(x-ax^2)dx$이고, 계산하면

$S=2\int_0^{\frac{1}{a}}(x-ax^2)dx=2\left[\frac{1}{2}x^2-\frac{a}{3}x^3\right]_0^{\frac{1}{a}}=\frac{1}{3a^2}$이다.

따라서 $S=\frac{3}{4}$이므로 $a=\frac{2}{3}$이다.

채점기준	
① $x=\frac{1}{a}$ 또는 $\frac{3}{2}$	2
② $S=2\int_0^{\frac{1}{a}}(x-ax^2)dx$ 또는 $S=\int_0^{\frac{1}{a}}(\sqrt{\frac{x}{a}}-ax^2)dx$ 또는 $S=\frac{1}{a^2}-2\int_0^{\frac{1}{a}}ax^2$	4
③ $S=\frac{1}{3a^2}$	2
④ $a=\frac{2}{3}$	2

연습 46

정의역이 $\{x \mid x \geq 0\}$인 인 함수 $f(x)=3ax^2$ $(0<a<1)$의 역함수를 $g(x)$라 하자. 두 곡선 $y=f(x)$, $y=g(x)$로 둘러싸인 부분의 넓이가 $S=3$일 때, 상수 a의 값을 구하는 다음의 풀이 과정을 완성하시오.

> 두 곡선 $y=f(x)$, $y=g(x)$의 교점의 x좌표는 $x=0$과 $x=$ ① 이다. 따라서 넓이를 정적분으로 나타내면 $S=$ ② 이고, 이 적분의 값을 a에 대한 식으로 쓰면 $S=$ ③ 이다. $S=3$이므로 상수 $a=$ ④ 이다.

기출 47 (22학년도)

다항함수 $f(x)$가 모든 실수 x에 대하여 $xf(x)=\frac{3}{8}x^4-\frac{1}{3}x^3\int_0^2 f'(t)dt+\int_2^x f(t)dt$를 만족시킬 때, $f(x)$를 구하는 과정을 서술하시오.

[답안]

$k=\int_0^2 f'(t)dt$라고 놓고 주어진 식의 양변을 미분하면

$\frac{d}{dx}\int_2^x f(t)dt=f(x)$이므로

$f(x)+xf'(x)=\frac{3}{2}x^3-kx^2+f(x)$이다. 즉

$f'(x)=\frac{3}{2}x^2-kx$이다.

따라서, $k=\int_0^2(\frac{3}{2}t^2-kt)dt=\left[\frac{1}{2}t^3-\frac{k}{2}t^2\right]_0^2=4-2k$

이므로 $k=\frac{4}{3}$이고,

$f(x)=\int f'(t)dt=\int(\frac{3}{2}t^2-\frac{4}{3}t)dt=\frac{1}{2}x^3-\frac{2}{3}x^2+C$이다.

주어진 식에 $x=2$를 대입하면

$2f(2)=6-\frac{8}{3}\times\frac{4}{3}+0=\frac{22}{9}$이고 $f(2)=\frac{11}{9}$이다.

따라서 $f(2)=4-\frac{8}{3}+C=\frac{11}{9}$이고 $C=-\frac{1}{9}$이다.

따라서 $f(x)=\frac{1}{2}x^3-\frac{2}{3}x^2-\frac{1}{9}$ 이다.

채점기준	
① $f'(x)=\frac{3}{2}x^2-x\int_0^2 f'(t)dt$ 또는 $k=\int_0^2 f'(t)dt$라고 놓고 $f'(x)=\frac{3}{2}x^2-kx$	3
② $\int_0^2 f'(t)dt=\frac{4}{3}$ 또는 $k=\frac{4}{3}$	3
③ $f(2)=\frac{11}{9}$	2
④ $f(x)=\frac{1}{2}x^3-\frac{2}{3}x^2-\frac{1}{9}$	2

연습 47

다항함수 $f(x)$가 모든 실수 x에 대하여 $xf(x)=\frac{3}{4}x^4+\frac{4}{3}x^3\int_0^1 f'(t)dt+\int_1^x f(t)dt$를 만족시킬 때, $f(x)$를 구하는 과정을 서술하시오.

기출 48 (22학년도)

두 함수 $f(x)=\frac{1}{2}x^2-2x+1$, $g(x)=5-2|x-2|$의 그래프로 둘러싸인 부분의 넓이 S를 구하는 다음의 풀이 과정을 완성하시오.

> $x<2$일 때 , 두 그래프의 교점은 $f(x)=g(x)$에서
> $x=$ ① 이다.
> $x\ge 2$일 때 , 두 그래프의 교점은 $f(x)=g(x)$에서
> $x=$ ② 이다.
> 따라서 넓이를 정적분의 식으로 나타내면 $S=$ ③
> 이고, 이 정적분의 값을 구하면 $S=$ ④ 이다.

[답안]

$x<2$일 때, $g(x)=2x+1$이므로

$\frac{1}{2}x^2-2x+1=2x+1$에서 교점은 $x=0$이다.

$x\ge 2$일 때 $g(x)=-2x+9$이므로

$\frac{1}{2}x^2-2x+1=-2x+9$에서 교점은 $x=4$이다.

따라서 넓이는

$$\int_0^2\left((2x+1)-\left(\frac{1}{2}x^2-2x+1\right)\right)dx$$

$$+\int_2^4\left((-2x+9)-\left(\frac{1}{2}x^2-2x+1\right)\right)dx$$

$$=\left[2x^2-\frac{1}{6}x^3\right]_0^2+\left[-\frac{1}{6}x^3+8x\right]_2^4=\frac{40}{3}$$ 이다.

채점기준	
① $x<2$일 때 , 두 그래프의 교점은 $x=0$	2
② $x\ge 2$일 때 , 두 그래프의 교점은 $x=4$	2
③ $S=\int_0^2\left((2x+1)-\left(\frac{1}{2}x^2-2x+1\right)\right)dx+\int_2^4\left((-2x+9)-\left(\frac{1}{2}x^2-2x+1\right)\right)dx$ 또는 $S=\int_0^2\left(4x-\frac{1}{2}x^2\right)dx+\int_2^4\left(8-\frac{1}{2}x^2\right)dx$ 또는 $S=2\int_0^2\left((2x+1)-\left(\frac{1}{2}x^2-2x+1\right)\right)dx$ 또는 $S=2\int_0^2\left(4x-\frac{1}{2}x^2\right)dx$	3
④ 넓이 $S=\frac{40}{3}$	3

연습 48

두 함수 $f(x)=-3x^2+12x$, $g(x)=9|x-3|-9$의 그래프로 둘러싸인 부분의 넓이 S를 구하는 다음의 풀이 과정을 완성하시오.

> $x<3$일 때 , 두 그래프의 교점은 $f(x)=g(x)$에서
> $x=$ ① 이다.
> $x\ge 3$일 때 , 두 그래프의 교점은 $f(x)=g(x)$에서
> $x=$ ② 이다.
> 따라서 넓이를 정적분의 식으로 나타내면 $S=$ ③
> 이고, 이 정적분의 값을 구하면 $S=$ ④ 이다.

기출 49 (23학년도)

두 다항함수 $f(x)$, $g(x)$에 대하여

$f(x)=3x^2+2x\int_0^1 tg(t)dt$, $g(x)=-6x+\int_0^1 f(t)dt$ 일 때, 방정식 $f(x)+g(x)=0$의 모든 실근의 합을 구하는 과정을 서술하시오.

[답안]

$g(x)=-6x+\int_0^1 f(t)dt$에서 $\int_0^1 f(t)dt=a$라 하면,

$g(x)=-6x+a$이다.

$f(x)=3x^2+2x\int_0^1 tg(t)dt=3x^2+2x\int_0^1 t(-6t+a)dt$

$=3x^2+2x\left(-2+\frac{1}{2}a\right)$

$\int_0^1 f(t)dt=\int_0^1\left(3t^2+2t\left(-2+\frac{1}{2}a\right)\right)dt=-1+\frac{1}{2}a$

따라서, $-1+\frac{1}{2}a=a$, $a=-2$

$f(x)=3x^2-6x$, $g(x)=-6x-2$

따라서 $f(x)+g(x)=3x^2-12x-2=0$

판별식 $D>0$이므로, 두 실근의 합은 4이다.

채점기준	
① $f(x)=3x^2-6x$	4
② $g(x)=-6x-2$	4
③ 두 실근의 합은 4	2

연습 49

두 다항함수 $f(x)$, $g(x)$에 대하여

$f(x)=3x^2+4x+2\int_0^1 g(t)dt$, $g(x)=2x+\frac{1}{2}\int_{-2}^0 f(t)dt$

일 때, 방정식 $f(x)=g(x)$의 모든 실근을 구하는 과정을 서술하시오.

기출 50 (23학년도)

다항함수 $f(x)$의 한 부정적분 $F(x)$가 모든 실수 x에 대하여 $F(x)=f(x)+2x^3-5x^2-5x$를 만족시킨다.
방정식 $f(x)=4x^2+3$의 두 근을 α, β라 할 때, $\alpha^2+\beta^2$의 값을 구하는 과정을 서술하시오.

[답안]
$F'(x)=f(x)$이고,
$F(x)=f(x)+2x^3-5x^2-5x$의 양변을 미분하면
$f(x)=f'(x)+6x^2-10x-5$ (이하 (1)식) 이다.
$f(x)=6x^2+ax+b$로 정의하면, $f'(x)=12x+a$이므로,
(1)식에 이를 대입하면, $6x^2+ax+b=6x^2+2x+a-5$ 즉
$a=2$, $b=-3$이다.
방정식 $f(x)=4x^2+3$에 계산한 $f(x)$를 대입하면, 즉
$x^2+x-3=0$ 방정식의 두 근을 α, β라 할 때,
$\alpha^2+\beta^2=(\alpha+\beta)^2-2\alpha\beta=1+6=7$

채점기준	
① $F'(x)=f(x)$ 또는 $f(x)=f'(x)+6x^2-10x-5$	2
② $f(x)=6x^2+2x-3$	4
③ $\alpha+\beta=-1$, $\alpha\beta=-3$	2
④ $\alpha^2+\beta^2=7$	2

연습 50

다항함수 $f(x)$의 한 부정적분 $F(x)$가 모든 실수 x에 대하여 $F(x)=f(x)+x^4-2x^3-4x^2-4x+2$를 만족시킨다. 방정식 $f(x)=4x^3+5x^2+6x+7$의 두 근을 α, β라 할 때, $\alpha^2+\beta^2$의 값을 구하는 과정을 서술하시오.

기출 51 (24학년도)

다음 조건을 만족시키는 최고차항의 계수가 1인 모든 삼차함수 $f(x)$에 대하여 $\int_{-1}^{3} f(x)dx$의 최댓값과 최솟값의 합을 구하는 과정을 서술하시오.

(가) $|f(1)|+|f(-1)|=0$

(나) $-1 \le \int_{0}^{1} f(x)dx \le 1$

[답안]

최고차항의 계수가 1인 모든 삼차함수 $f(x)$가

$|f(1)|+|f(-1)|=0$를 만족하므로,

$f(x)=(x-a)(x+1)(x-1)$라 할 수 있다. 따라서,

$-1 \le \int_{0}^{1} f(x)dx \le 1$를 만족하려면,

$\int_{0}^{1}(x-a)(x+1)(x-1)dx = \frac{2}{3}a - \frac{1}{4}$ 이므로,

$-1 \le \frac{2}{3}a - \frac{1}{4} \le 1$, $\therefore -\frac{9}{8} \le a \le \frac{15}{8}$

$\int_{-1}^{3} f(x)dx = 16 - \frac{16}{3}a$

$6 \le 16 - \frac{16}{3}a \le 22$이다.

최댓값과 최솟값의 합은 28

채점기준

채점기준	
① $f(x)=(x-a)(x+1)(x-1)$ 또는 $f(x)=(x+a)(x+1)(x-1)$	2
② $-1 \le \frac{2}{3}a - \frac{1}{4} \le 1$ 또는 $-\frac{9}{8} \le a \le \frac{15}{8}$ 또는 $-\frac{15}{8} \le a \le \frac{9}{8}$	3
③ $\int_{-1}^{3} f(x)dx = 16 - \frac{16}{3}a$ 또는 $\int_{-1}^{3} f(x)dx = 16 + \frac{16}{3}a$	3
④ 28	2

연습 51

다음 조건을 만족시키는 최고차항의 계수가 1인 모든 사차함수 $f(x)$에 대하여 $\int_{-2}^{2} f(x)dx$의 최댓값과 최솟값의 합을 구하는 과정을 서술하시오.

(가) $f'(0)=0$

(나) $|f(0)|+|f(1)|=0$

(다) $-1 \le \int_{0}^{1} f(x)dx \le 1$

기출 52 (24학년도)

삼차함수 $f(x)=x^3+ax^2+bx$가

$\lim_{x\to 2}\frac{1}{x-2}\int_1^x tf'(t)dt=20$을 만족시킬 때, $f(4)$의 값을 구하는 과정을 서술하시오. (단, a, b는 상수이다.)

[답안]

$G(t)=\int tf'(t)dt=\int t(3t^2+2at+b)dt$

$=\frac{3}{4}t^4+\frac{2}{3}at^3+\frac{b}{2}t^2+C$ (단, C는 적분 상수)

$\lim_{x\to 2}\frac{1}{x-2}\int_1^x tf'(t)dt=\lim_{x\to 2}\frac{G(x)-G(1)}{x-2}=20$

$G(x)$는 다항함수이므로, $\lim_{x\to 2}G(x)=G(2)=G(1)$

따라서 $G(2)=\frac{3}{4}\times 16+\frac{2}{3}a\times 8+\frac{b}{2}\times 4+C$

$G(1)=\frac{3}{4}+\frac{2}{3}a+\frac{b}{2}+C$

$\frac{3}{4}\times 16+\frac{2}{3}a\times 8+\frac{b}{2}\times 4+C=\frac{3}{4}+\frac{2}{3}a+\frac{b}{2}+C$

$\frac{14}{3}a+\frac{3}{2}b=-\frac{45}{4}$

$\lim_{x\to 2}\frac{G(x)-G(1)}{x-2}=\lim_{x\to 2}\frac{G(x)-G(2)}{x-2}=G'(2)=20$

$G'(2)=2(12+4a+b)=20$

$4a+b=-2$

$\frac{14}{3}a+\frac{3}{2}b=-\frac{45}{4}$과 $4a+b=-2$에서

$a=\frac{99}{16}$, $b=-\frac{107}{4}$

따라서 $f(4)=64+\frac{99}{16}\times 16-\frac{107}{4}\times 4=56$

채점기준	
① $\frac{14}{3}a+\frac{3}{2}b=-\frac{45}{4}$	3
② $4a+b=-2$	3
③ $a=\frac{99}{16}$, $b=-\frac{107}{4}$	2
④ 56	2

연습 52

삼차함수 $f(x)=x^3+ax^2+bx+c$가

$\lim_{x\to 1}\frac{1}{x-1}\int_2^x 12tf'(t)dt=6$을 만족시킬 때, $f(2)-f(1)$의 값을 구하는 과정을 서술하시오. (단, a, b, c는 상수이다.)

정답 및 해설

1. 국어, 화법과 작문 영역

[문제 1] 해제

***출제 의도**

고등학교 1학년 말하기·듣기 영역에서 면접자의 질문의 의도를 파악하여 효과적으로 답변할 수 있는지를 평가하기 위해 출제하였다.

면접에서는 면접자의 의도를 파악하는 것이 중요하다. 면접자가 요구하는 답변이 사실에 관한 것일 때에는 구체적이고 객관적인 정보를 바탕으로 답하고, 의견에 관한 것일 때에는 자신의 주관적인 견해를 논리적으로 밝혀야 한다. 또한 답변할 내용이 복잡할 때에는 원인이나 결과, 과정 등이 잘 드러나도록 조리 있게 말해야 한다. 이와 같은 면접에서의 답변전략에 관한 종합적인 이해를 측정하고자 하였다.

고교 교육과정을 착실히 이행한 응시자라면 충분히 이해할 수 있는 내용과 형식의 지문들로 제시문을 구성하였다. 고등학생이라면 공감할 수 있는 마을 청소년 기자단 면접을 소재로 하여 제시문을 구성하였다.

***문항 해설**

<보기>의 ①에서 언급한 사항은 제시문의 '교지에 실을 기사를 작성하기 위해 학교 주변을 취재하고 주민들을 인터뷰하면서 남들에게 알려지지 않은 우리 마을만의 매력이 참 많다는 것을 느꼈습니다.'의 문장에서 잘 드러나고 있다. 이에 따라 이 문장의 첫 어절인 '교지에'와 마지막 어절인 '느꼈습니다'가 ①의 정답에 해당한다.

<보기>의 ②에서 언급한 사항은 제시문의 '특히 저는 마을 어르신들과 좋은 관계를 유지하고 있어 어르신들의 지혜가 담긴 이야기와 마을과 관련된 재미있는 이야기들을 인터뷰하여 기사로 작성할 계획입니다.'의 문장에서 잘 드러나고 있다. 이에 따라 이 문장의 첫 어절인 '특히'와 마지막 어절인 '계획입니다'가 ②의 정답에 해당한다.

***채점 기준**

- ①, ② 각각 첫 어절과 마지막 어절을 순서대로 정확하게 쓴 경우만 정답으로 인정함.

답안	배점
① 교지에, 느꼈습니다.	**5점**
② 특히, 계획입니다.	**5점**

[문제 2] 해제

***출제 의도**

화법의 다양한 맥락을 고려하여 대화 참여자들의 대화 내용을 정확히 이해하고 있는지를 평가하고자 하였다. 또한 화법을 통해 타인과 원만한 인간관계를 맺고 더 나아가 건강한 삶과 공동체의 발전을 추구하는 활동으로 발전시킬 수 있는지를 평가하고자 하였다. 개인과 개인 차원의 의사소통은 언어의 주고받음을 통해 화자와 청자 간에 의미, 가치, 태도, 믿음 등을 공유하는 과정임을 이해하고 더 나아가 사회적 문제에까지 이러한 의미와 가치의 공유를 확장시키는 것이 중요함을 인식하고 이를 화법의 장면에서 파악할 수 있는지를 평가하고자 하였다.

그리고 이러한 화법의 목적을 달성하기 위해서 예상 청자를 분석하고 이를 바탕으로 적절한 화법전략을 세울 수 있는지를 평가하고자 하였다.

***문항 해설**

대화 참여자들은 저작권 침해에 해당하는 구체적 행위를 문제 삼아 이와 관련한 영상물을 제작하려 한다. 저작권 침해에 해당하는 구체적 행위는 "그런데 각종 자료를 사용하면서 인용 표시를 하거나 원문의 출처를 밝히지 않았네."에 나타나 있다.

또한 저작권 문제와 관련한 영상물 제작을 위해 여러 가지 사항을 고려한 발화를 하고 있다. 발화의 내용에는 영상물의 제작 목적, 영상물 예상 수용자, 영상물 수용자의 관심 분야, 영상물 제작의 기대 효과 등이 나타난다. 이중, 영상물 예상 수용자에 대한 내용은 "영상물을 볼 사람은 우리 학교 학생으로 정하자."에서 확인할 수 있다.

***채점 기준**

- ①, ② 각각 첫 어절과 마지막 어절을 순서대로 정확하게 쓴 경우만 정답으로 인정함.

답안	배점
① 그런데, 않았네	**5점**
② 영상물을, 정하자	**5점**

[문제 3] 해제

***출제 의도**

효과적인 주제 전달을 위한 다양한 글쓰기 계획의 방법을 이해하고, 이를 실제 사례에서 찾아낼 수 있는지 평가하고자 하였고, 주제와 독자에 대한 분석을 바탕으로 타당한 논거를 들어 설득하는 글을 쓸 수 있는지를 평가하고자 하였다.

***문항 해설**

① 둘째 문단의 문장 '개선 방안이나 계획은 없는지 시청에 문의해 보니, 문화·체육 담당 부서에서는 ○○동에 새로운 공공 체육 시설이 필요하다는 것을 수년 전부터 인지하고 있었다는 답변을 들을 수 있었다.'에서 시청의 관련 부서에서도 생활 체육 시설의 필요성을 인지하고 있다는 사실을 확인할 수 있으며, 이는 서명 운동의 생활 체육관 건립의 가능성을 강조하는 내용으로 쓰일 수 있다.

② 다섯째 문단의 문장 '각종 스포츠 활동의 장을 제공함으로써 주민들은 사회적 교류를 할 수 있고, 실내 놀이터를 설치함으로써 아동과 양육자는 외부 환경의 제약 없이 체육 활동을 할 수 있다.'에서 생활 체육관이 지역 사회에 주는 효용을 구체적으로 언급하고 있음을 확인할 수 있으며, 이는 생활 체육관 건립의 필요성을 강조하는 내용으로 쓰일 수 있다.

***채점 기준**

- ①, ② 각각 첫 어절과 마지막 어절을 순서대로 정확하게 쓴 경우만 정답으로 인정함.

답안	배점

① 개선, 있었다	5점
② 각종, 있다	5점

[문제 4] 해제

*출제 의도

효과적인 주제 전달을 위한 다양한 글쓰기 계획의 방법을 이해하고, 이를 실제 사례에서 찾아낼 수 있는지 평가하고자 하였다. 쓰기 맥락을 고려하여 청소년 정책 제안 제도에 참여하여 지역의 문제를 해결할 수 있는 정책을 제안하는 작문 목적을 잘 달성하고 있는지를 평가하고자 하였다.

*문항 해설

① 첫째 문단의 문장 '수요 응답형 대중교통은 대중교통의 노선을 미리 정하지 않고 승객의 요청에 따라 운행 구간을 설정하고, 승객은 자신이 지정한 정류장에서 선택한 시간에 대중 교통을 이용하는 제도입니다.'에서 정의의 방법을 사용하여, 제안하는 교통 체제가 어떤 체제인지 명확히 설명하고 있음을 확인할 수 있다.

② 둘째 문단의 문장 '더구나 출퇴근 시간이 아니면 버스 이용 고객이 많지 않아 운임만으로는 버스 운행 비용을 충당하기 어려워 버스 회사에 ○○시가 매년 상당한 지원금을 제공하고 있습니다.'에서 현재 제도의 문제점으로 ○○시가 현재의 교통 체제를 유지하는 데 드는 경제적 부담을 제시하고 있음을 확인할 수 있다.

*채점 기준

- ①, ② 각각 첫 어절과 마지막 어절을 순서대로 정확하게 쓴 경우만 정답으로 인정함.

답안	배점
① 수요, 제도입니다.	5점
② 더구나, 있습니다.	5점

[문제 5] 해제

*출제 의도

설득력 있는 연설문을 작성하기 위해서 세운 다양한 글쓰기 전략의 내용을 구성할 수 있는지를 평가하고자 하였다. 주제와 청중에 대한 분석을 바탕으로 타당한 논거를 수집하고 적절한 설득전략을 활용하여 글을 쓸 수 있는지를 평가하고자 하였다.

*문항 해설

① MBTI 검사가 활용되는 구체적인 사례들은 제시문-연설문 초안의 첫문단에 있다. 최근의 MBTI가 활용되는 열풍을 소개하면서 청중의 관심을 유도하고자 한다.

② 사람의 성격을 규정하기 어려움을 강조하기 위해 인용된 관련 분야 권위자의 견해는 두 번째 문단의 두 번째 문장에 있다. 칼 구스타프 융의 성격론이 소개되었다. (분석 심리학자 융은 인간의 성격을 씨앗으로 보고 성격은 생애 발달 주기, 환경 등과 상호 작용하며 변화해 가는 과정이지 처음부터 완전체가 아니라고 하였습니다.)

*채점 기준

- ①, ② 각각 첫 어절과 마지막 어절을 순서대로 정확하게 쓴 경우만 정답으로 인정함.

답안	배점
① 최근, 있습니다	5점
② 분석, 하였습니다	5점

[문제 6] 해제

*출제 의도

토의에서의 말하기 방식을 이해하고 이를 실제 사례에 적용할 수 있는 능력을 평가하고자 하였다. 토의란 화법 활동이 자아 성장과 공동체 발전에 어떻게 기여할 수 있는지 이해하고 말하기와 듣기에서 대화의 맥락을 고려하는 일이 왜 중요한지 이해하며 토의에서의 말하기를 수행할 수 있는지를 평가하고자 하였다.

*문항 해설

추가 설명이 필요하다고 생각한 부분을 언급하고, 그 의미가 무엇인지 질문하는 부분은 '유준'의 두 번째 대화이고, 대화 참여자 사이의 의견 차이가 있는 부분에 대해 둘의 의견을 모두 수렴한 새로운 대안을 제안하고 있는 부분은 '유준'의 네 번째 대화이다.

*채점 기준

- ①, ② 각각 첫 어절과 마지막 어절을 순서대로 정확하게 쓴 경우만 정답으로 인정함.

답안	배점
① 현재, 있니(?)	5점
② 만약, 어때(?)	5점

[문제 7] 해제

*출제 의도

작문 계획에 따라 글을 쓸 때 수집한 글쓰기 자료와 매체를 논리적으로 활용할 수 있는 능력을 평가하고자 하였다. 수집한 글쓰기 자료들 중에서 가치 있는 정보를 선별하고 조직할 수 있는지 그리고 시사적인 현안에 대해 자신의 관점을 수립하여 비평하는 글을 쓸 수 있는지를 평가하고자 하였다.

*문항 해설

① 한국의 GDP 대비 혁신 기술 연구 개발 투자 비율이 세계 1, 2위를 다투는 수준임을 보여주는 자료는 우리 나라가 다른 나라에 비해 혁신 기술의 개발을 위해 높은 비율의 국가 예산을 투자하고 있음을 강조하기에 적절한 자료이다.

② 연도별 한국의 혁신 기술 수입액과 수출액을 보여주는 자료는 매년 혁신 기술 수출액이 혁신 기술 도입액보다 적음을 뒷받침하기에 적절한 자료이다.

*채점 기준

- ①, ②를 정확하게 쓴 경우에만 정답으로 인정함.
- '1, (1), (2), ㉯' 등과 같은 기호를 완전히 정확하게 쓰지

않으면 오답으로 처리함.

답안	배점
① 중간-1-(1)	**5점**
② 중간-1-(2)-㉯	**5점**

[문제 8] 해제

***출제 의도**

작문의 목적에 따라 글쓰기 계획을 세우고 이에 따라 내용을 조직하여 글을 쓸 수 있는지를 평가하고자 하였다. 독자가 장애인 의무 고용에 대해 이해하고 장애인 고용에 대한 문제의식을 가질 수 있도록 글의 표현과 형식 그리고 보조 자료들을 잘 활용할 수 있는지를 평가하고자 하였다.

***문항 해설**

제시문을 읽고 제시문에서 글쓴이의 글쓰기 전략이 드러난 부분을 찾는 문제이다. 보기에는 ① 장애인 고용 의무 제도의 도입 시기와 장애인 의무 고용의 내용이 첫 문단에 나타나 있다. 첫 문단의 두 번째 문장, "1991년에 처음 시행되었으며 현재는 국가·지방 자치 단체 및 50명 이상 공공 기관과 민간 기업을 대상으로, 근로자 총수의 5/100 범위 안에서 대통령령으로 정하는 비율 이상의 장애인 근로자를 의무적으로 고용할 것을 규정하고 있다."에 도입시기 1991년과 의무고용의 범위내용이 나타난다.

② 현재의 장애인 고용 현황을 구체적인 수치는 두 번째 문단 시작에 나온다. "하지만 한국 장애인 고용 공단의 조사 결과를 보면, 2022년 국가 및 지방 자치 단체, 공공 기관의 장애인 고용률은 3.6%, 민간 기업의 장애인 고용률은 3.1% 수준인 것으로 나타났는데, 이는 법에서 정한 장애인 의무 고용률을 겨우 충족한 수준이다."에 현재의 장애인 고용률이 나온다.

***채점 기준**

- ①, ② 각각 첫 어절과 마지막 어절을 순서대로 정확하게 쓴 경우만 정답으로 인정함.

답안	배점
① 1991년에, 있다	**5점**
② 하지만, 수준이다	**5점**

[문제 9] 해제

***출제 의도**

토론 과정을 통해 각각의 입론을 이해하고 대응하는 전략적 방법을 이해하는 능력을 평가하고자 하였다. 반대 신문에서 상대측의 입론을 주장과 근거로 나누어 정확하게 파악하고 이를 토대로 적절한 심문을 할 수 있는지를 측정하고자 하였다. 이를 통해 반대신문식 토론의 형식을 이해하고 공동체의 다양한 문제들에 대해 적절하게 토론활동을 할 수 있는지를 평가하고자 하였다.

***문항 해설**

① '찬성 측이 제시한 해결 방안을 채택해도 문제를 해결할 수 없는 경우가 있다.'에 해당하는 것은 "공소 시효가 적용되지 않는다고 하더라도 증거가 끝내 발견되지 않을 경우에는 범죄자가 처벌을 피할 수 있다는 문제가 여전히 있습니다."이다.

② '찬성 측이 제시한 질문에 내포된 전제가 객관적 근거에 의해 뒷받침되지 않으므로 타당하지 않다.'에 해당하는 것은 "저희는 공소 시효를 적용하지 않는 것이 해당 범죄의 발생을 억제할 수 있다는 주장을 뒷받침하는 과학적 근거가 있는지를 찾아보았으나 끝내 관련 자료를 확인하지 못했습니다."에 나타난다.

***채점 기준**

- ①, ② 각각 첫 어절과 마지막 어절을 순서대로 정확하게 쓴 경우만 정답으로 인정함.

답안	배점
① 공소, 있습니다	**5점**
② 저희는, 못했습니다	**5점**

[문제 10] 해제

***문항 해설**

<보기>에서는 의사소통 과정에서 정보 전달의 효과를 높이기 위해 화자가 일방적으로 정보를 전달하기보다는, 고정관념에서 벗어날 수 있도록 생각할 기회를 주는 질문을 하거나, 청자의 경험을 환기함으로써, 배경지식을 활성화하거나 좀 더 공감하게 할 수 있다고 설명하고 있다. 음악 교사는 학생에게 '이때 주의할 점은 음악을 귀로만 듣는다고 생각하지 않아야 한다는 것입니다.'와 같이 말함으로써 학생이 '음악은 귀로만 듣는 거 아닌가요?'라고 평소 고정관념을 가지고 있던 지점을 한번 더 생각하게 했다. 또한 '혹시 음악 수업 시간에 감상했던 영화 「서편제」의 장면이 기억나나요?'라고 물음으로써 청자인 학생이 수업 중에 배운 내용을 떠올려보게 하고 있다.

***채점 기준**

- ①, ② 각각 첫 어절과 마지막 어절을 순서대로 정확하게 쓴 경우만 정답으로 인정함.

답안	배점
① 이때, 것입니다	**5점**
② 혹시, 기억나나요	**5점**

[문제 11] 해제

***문항 해설**

대화를 할 때는 상대방이 소통하고자 하는 내용이 무엇인지 주제나 소재를 확실하게 파악하는 것이 일차적으로 중요하다. 그러므로 학생 1의 '학급 건의 사항 중, 사물함 문제'에 대해 논의해보자는 말에 대해 학생 2가 '내가 올린 '사물함 활용'에 대한 거 말이지?'라고 확인한 발화가 이에 해당한다.

두 번째로는 '상대방의 의도를 자신이 제대로 파악했는지 확인하는 것'이 중요하다. 그래서 대화 과정에서는 상대방에게 '상대방의 의도를 자신이 제대로 파악했는지 확인하는 발화'를 통해 의도 전달 과정에서 왜곡이 없는지 확인해야 한다. 학생들의 대화 가운데 학생 2의 건의 사항에 대하여 학생 1은 '그러니까 주인 없는 사물함도 관리자를 지정하자는 말인 거지?'라고 상대방의 의도를 다시 한번 확인하고 있다.

*채점 기준
- ①, ② 각각 첫 어절과 마지막 어절을 순서대로 정확하게 쓴 경우만 정답으로 인정함.

답안	배점
① 내가, 말이지	**5점**
② 그러니까, 거지	**5점**

[문제 12] 해제

*문항 해설
면담 과정에서 반드시 질문해야 할 사항 가운데 ①의 학생들이 오해하고 있거나 잘 모르고 있는 부분에 대해 질문해야겠다는 의도를 가지고 접근한 문장은 '그래서 국어 교사와 한국어 교사가 결국 같은 직업이라고 잘못 알고 있는 경우도 있는데요, 두 직업의 차이를 설명해 주시겠어요?'에서 찾을 수 있다. 이 문장에서 '두 직업의 차이를 설명해 주시겠어요?'가 한국어 교사에 대해 모르고 있는 부분을 확인하고자 국어 교사와의 차이를 묻는 부분에 해당되므로 첫 어절 '두', 마지막 어절 '주시겠어요?'를 쓰면 적절하다.
②의 한국어 교사로서 자신의 직업이 가지고 있는 사회적 가치가 무엇이라 생각하시는지를 확인할 때는, 학생들에게 한국어 교사의 전망에 대한 설명 뒤에 이어진 교사의 마지막 당부를 확인해야 한다. '무엇보다 한국어 교사는 한국어뿐만 아니라 한국 문화를 세계에 알리는 일을 수행할 수 있는 중요한 직업이라는 걸 알아주시면 좋겠어요.'라는 문장에서 한국어 교사의 사명을 확인할 수 있다.

*채점 기준
- ①, ② 각각 첫 어절과 마지막 어절을 순서대로 정확하게 쓴 경우만 정답으로 인정함.

답안	배점
① 두, 주시겠어요	**5점**
② 무엇보다, 좋겠어요	**5점**

[문제 13] 해제

*문항 해설
이 문제는 작문 과제를 수행하기 위해 자료를 수집하여 보강하는 과정에서 사실 논거를 수집하였을 때, 이를 활용하여 어떤 문장을 뒷받침할 수 있는지 찾아 서술하기를 요구한다. 제시문에서는 '우리가 살고 있는 사회뿐만 아니라 작은 공동체인 학교에서조차 혐오 표현이 곳곳에 존재합니다.'라는 현상을 설명하기 위한 근거로서 <보기> 내용이 쓰이고 있음을 파악하면 적절하다.

*채점 기준
- ①은 숫자만 써도 정답으로 인정함.
- ②는 첫 어절과 마지막 어절을 순서대로 정확하게 쓴 경우만 정답으로 인정함.

답안	배점
① (3)문단	**5점**
② 우리가, 존재합니다.	**5점**

[문제 14] 해제

*문항 해설
이 문제는 ① '격대 교육이 생겨난 사회적 배경을 소개'하겠다는 목표가 드러난 부분을 찾아야 하므로, '대가족이 흔했던 농경 시대에는 부모는 더 어린 갓난아기를 돌보고 그보다 조금 큰 아이들은 조부모가 돌보는 방식의 격대 교육이 흔히 이루어졌다.'는 문장을 찾아 서술해야 한다. 또한 ② '격대 교육의 현대적인 의의'를 밝히고자 했으니, '이렇듯 격대 교육은 조부모의 한없는 사랑을 전달할 수 있는 방법이라는 점에서 이 시대에도 의미를 갖는다.'라는 마지막 문장을 찾아 서술해야 한다.

*채점 기준
- ①, ② 각각 첫 어절과 마지막 어절을 순서대로 정확하게 쓴 경우만 정답으로 인정함.

답안	배점
① 대가족이, 이루어졌다.	**5점**
② 이렇듯, 갖는다.	**5점**

[문제 15] 해제

*문항 해설
이 토론에서 찬성 측은 의무 투표제의 도입이 투표율을 높이고, 대표들의 대표성을 높여 결국 대의 민주주의의 기능을 실현하게 할 것이라고 주장한다. 한편 반대 측은 단순히 투표율을 높이는 것만으로 대의 민주주의의 기능이 실현된다고 보기는 어렵다고 주장한다. 그러므로 이 토론의 쟁점은 '의무 투표제가 대의 민주주의를 제대로 기능하게 하는가'라고 볼 수 있다. 문제를 해결하기 위해서는 토론 과정을 읽고 '의무 투표제'가 토론의 중심 소재임을 정확하게 파악해야 하고, 대의 민주주의의 기능 실현이 핵심 쟁점이 된다는 것을 이해해야 한다. 그러므로 ①에 들어갈 가장 적절한 표현은 '의무 투표제'이고, ②에는 '대의 민주주의'가 가장 적절한 표현이다.

*채점 기준
- ①, ② 각각 정확하게 쓴 경우만 정답으로 인정함.

답안	배점
① 의무 투표제	**5점**
② 대의 민주주의	**5점**

[문제 16] 해제

*문항 해설
청중에게 발표 내용이 유용한 이유를 언급하고 있는 문장은 초반에 발표에 대한 집중을 유도할 때 주로 나올 것이며, 청중에게 실제로 구체적으로 가치가 있는 발표 내용이 이어질 것이다. 그러므로 청중에게 발표 내용이 유용한 이유가 언급된 문장은 '여러분도 앞으로 합리적인 소비자가

되기를 원할 것이므로 오늘 제가 발표할 내용이 많은 도움이 될 것으로 생각합니다.'이고, 실제로 유용한 내용이 무엇인지는 '그러므로 소비자는 손실 회피 성향이나 현상 유지 성향과 같은 심리적 특성으로 인해 비합리적인 소비를 하고 있지는 않은지 늘 되돌아보아야 하겠죠.'에 드러나 있다.

***채점 기준**

- ①, ② 각각 첫 어절과 마지막 어절을 순서대로 정확하게 쓴 경우만 정답으로 인정함.

답안	배점
① 여러분도, 생각합니다.	**5점**
② 그러므로, 하겠죠.	**5점**

[문제 17] 해제

***문항 해설**

<보기>에서는 개인이나 단체가 어떤 문제 상황에 직면했으나 스스로 해결할 힘을 가지고 있지 못한 경우에 문제를 해결할 수 있는 당사자에게 문제를 해결해줄 것을 요청하는 건의문을 작성할 때의 설득전략을 제시한다. 건의를 통해 해결되기를 바라는 문제 상황을 독자에게 자세히 설명하고 자신이 제시하는 해결 방안의 실현 가능성을 충분히 밝히는 과정에서 구체적인 해결 방안을 제시하는 것이 하나의 전략이 될 수 있음을 밝힌다. 그러므로 승강기 설치를 위한 비용의 문제가 발생한다면, 교육청의 지원을 받을 수 있는 방법이 있다며 구체적인 해결 방안을 제시하는 부분인 '교육청에서는 승강기 미설치 학교를 대상으로 승강기 설치 비용을 지원하기로 했는데, 이 조건에는 우리 학교도 해당됩니다.'를 찾아 제시해야 한다. 즉, ①은 '교육청에서는, 해당됩니다'를 찾아 써야 한다.

나아가 문제가 해결되면 교장 선생님이 평소에 강조하시던 배려하는 삶의 실천이며 동시에 장애 학생들에 대한 관심을 향상할 수 있다는 점이 가치가 있다고 강조하고 있다. 그러므로 '더불어 교내 승강기 설치는 의자 선생님께서 항상 강조하시던 배려하는 삶의 실천인 동시에 장애 학생들에 대한 관심을 재고하는 일이라 생각합니다.'라는 문장을 찾고, ②에는 '더불어, 생각합니다'를 순서대로 서술해야 한다.

***채점 기준**

- ①, ② 각각 첫 어절과 마지막 어절을 순서대로 정확하게 쓴 경우만 정답으로 인정함.

답안	배점
① 교육청에서는, 해당됩니다	**5점**
② 더불어, 생각합니다	**5점**

[문제 18] 해제

***문항 해설**

학생 자치회장은 건의문에서 구체적인 사례를 제시하여 문제 상황의 심각성을 부각하기 위해, 지난 교과 설명회에서 질의응답을 충분히 하지 못해 아쉬움이 컸던 학생의 후기를 다루고 있다. 그러므로 ①의 문제 상황을 구체적인 사례를 통해 보여주는 문장은 '한 예로 '세계사'에 관심이 많은 학 학생은 자신이 궁금한 것을 하나도 질문하지 못했다면서 많이 아쉬워했습니다.'이다. ②의 조사 결과 등 수치를 제시하여 객관적인 근거를 추가하는 부분은 '전체 872명 중에서 812명이 참여하고 그중 790명이 찬성의 의사를 밝혔으며, 전교생의 약 93% 학생이 참여하고 이 중 약 97%가 찬성의 의견을 나타냈으니 꽤 높은 지지를 얻었다고 생각합니다.'이다. 그러므로 '전교생의, 생각합니다'를 순서대로 서술하면 적절할 것이다.

***채점 기준**

- ①, ② 각각 첫 어절과 마지막 어절을 순서대로 정확하게 쓴 경우만 정답으로 인정함.

답안	배점
① 한, 아쉬워했습니다	**5점**
② 전체, 생각합니다	**5점**

2. 독서 영역

[문제 1] 해제

*출제 의도

제시문의 핵심 개념과 내용을 정확하게 이해하여, 이를 실제 사례에 적용할 수 있는지 평가하고자 하였다. 전자저울의 원리를 글에 드러난 다양한 정보들을 통해서 파악하고 이를 실제 상황에 적용할 수 있는지를 평가하여 글을 정확하게 읽는 능력이 있는지를 측정하고자 하였다.

*문항 해설

① 제시문에서 '물체의 무게'×'받침점과 물체 사이의 거리' = '추의 무게'×'받침점과 추 사이의 거리'라고 했다. <보기1>의 첫 번째 실험결과에서 왼쪽으로 30㎝ 떨어진 위치에 10㎏의 추를 걸어 두고, 받침점에서 오른쪽으로 20㎝ 떨어진 위치에 물체 ㉮를 걸었을 때, 대저울의 지렛대가 평형을 이루었다고 했다. 제시문에서 '물체의 무게'×'받침점과 물체 사이의 거리' = '추의 무게'×'받침점과 추 사이의 거리'라고 했으므로, 물체 ㉮의 무게는 15㎏이 된다.

② 제시문에 의하면 전자저울의 금속탄성체에는 가해지는 압력, 즉 무게에 비례하여 인장 변형이 일어난다. <보기2>의 두 번째 실험 결과에서 아무런 물체도 올려놓지 않은 전자저울 A의 금속 탄성체의 길이는 10㎝이고. 전자저울 A에 10㎏의 상자를 올렸을 때, 금속 탄성체의 길이는 2㎝가 늘어났다고 했으므로, 전자저울 A의 금속탄성체는 5㎏의 무게가 가해질 때마다 1㎝씩 길이가 늘어남을 알 수 있다. 따라서 무게가 15㎏인 물체 ㉮를 전자저울 A 위에 올려 놓으면 전자저울 A의 금속탄성체의 길이는 3cm가 늘어날 것이다. 아무것도 올려놓지 않은 금속탄성체의 길이가 10㎝이므로, 전자저울 A에 물체 ㉮를 올려 놓았을 때, 전자저울 A의 금속탄성체의 전체 길이는 13㎝가 된다.

*채점 기준

- ①, ② 각각 정확하게 쓴 경우만 정답으로 인정함.

답안	배점
① 15 (㎏)	**5점**
② 13 (㎝)	**5점**

[문제 2] 해제

*출제 의도

제시문의 내용을 명확하게 이해하고, 문항에서 요구하는 사항을 분석적으로 판단한 후에 그 결과를 정확하게 기술할 수 있는지 평가하고자 하였다. 고등학교 교육과정에서 읽기의 목적을 고려하여 자신의 읽기 방법을 점검하고 조정하며 읽을 수 있는지를 평가하기 위해 출제하였다. 독서의 맥락과 글의 특성을 바탕으로 하여 적절하고 전략적인 방법으로 글을 읽을 수 있는지를 제시문에서 설명하고 있는 개념들을 정확히 파악하여 문장의 맥락 속에서 적절하게 적용할 수 있는지를 살핌으로서 글의 사실적 독해능력을 평가하고자 하였다. 고교 교육과정을 착실히 이행한 응시자라면 충분히 이해할 수 있는 국제정치분야의 제재로 구성하였다.

*문항 해설

문제와 관련한 사항은 제시문의 마지막 문단에서 잘 드러나고 있다. '국력의 전환적 성장 단계'에 있는 '강대국'이 '힘의 성숙 단계'에 있는 '지배국'에 대해 불만을 가지게 되면 세력 전이가 발생할 수 있다.

*채점 기준

- ㉠~㉣을 정확하게 쓴 경우만 정답으로 인정함.

답안	배점
㉠ 국력의 전환적 성장 (단계)	**3점**
㉡ 강대국	**2점**
㉢ 힘의 성숙 (단계)	**3점**
㉣ 지배국	**2점**

[문제 3] 해제

*출제 의도

제시문의 내용을 명확하게 이해하고, 문항에서 요구하는 사항을 분석적으로 판단한 후에 그 결과를 명확하게 기술할 수 있는지 평가하고자 하였다.

고등학교 교육과정에서 읽기의 목적을 고려하여 자신의 읽기 방법을 점검하고 조정하며 읽을 수 있는지를 평가하기 위해 출제하였다. 독서의 맥락과 글의 특성을 바탕으로 하여 적절하고 전략적인 방법으로 글을 읽을 수 있는지를 제시문에서 설명하고 있는 개념들을 정확히 파악하여 문장의 맥락 속에서 적절하게 적용할 수 있는지를 살핌으로서 글의 사실적 독해능력을 평가하고자 하였다.

고교 교육과정을 착실히 이행한 응시자라면 충분히 이해할 수 있는 국제정치 분야의 제재로 구성하였다.

*문항 해설

이 문제와 관련한 사항은 제시문의 3번째 문단과 4번째 문단에서 잘 드러나고 있다. 피라미드 구조에서 지배국인 A의 주도로 국제 질서가 만들어지며, 그중 B인 강대국은 상대적으로 A인 지배국의 혜택을 받으며 현재 질서에 만족하게 된다. 이때 비교적 불만족 상태에 있는 D와 E는 강대국 중 일부가 A에 도전하게 되면 자국의 이익을 위해 B의 강대국을 지원하는 경향이 있다.

*채점 기준

- ①, ② 각각 정확하게 쓴 경우만 정답으로 인정함.

답안	배점
① A	**5점**
② B	**5점**

[문제 4] 해제

*출제 의도

제시문의 내용을 명확하게 이해하고 있는지를 평가하고자 하였다. 고등학교 교육과정에서 읽기의 특성을 이해하고 비판적인 사고를 바탕으로 자신의 읽기 과정을 점검하고 조정하며 읽을 수 있는지를 평가하기 위해 출제하였다. 독서의 맥락과 글의 특성을 바탕으로 하여 적절하고 전략적인 방법으로 글을 읽을 수 있는지를 평가하고, 나아가 제시문에서 설명하고 있는 개념들을 정확히 파악하여 문장의 맥락 속에서 적절하게 적용할 수 있는지를 살핌으로서 글의 사실적 독해능력을 평가하고자 하였다. 특히 글을 읽고 '상대설'과 '절대설'을 정확히 이해한 후 이를 적용하여 금액을 정확히 도출할 수 있는지를 평가하고자 하였다. 고교 교육과정을 착실히 이행한 응시자라면 충분히 이해할 수 있는 경제 분야의 제재로 구성하였다.

***문항 해설**

㉠: '절대설'을 적용하면 보험자는 제3자로부터 우선적으로 5천만 원을 받고, 나머지 1천만 원은 피보험자가 받게 된다.

㉡: '상대설'을 적용하면 부보 비율이 1/2이므로, 보험자가 1/2인 3천만 원을, 피보험자가 나머지 3천만 원을 나누어 가지게 된다.

㉢: '차액설'을 적용하면 피보험자는 보험 금액 청구로 보험자로부터 5천만 원을 받고 손해 배상 청구를 통해 제3자로부터 5천만 원을 받아, 총 1억 원을 받을 수 있다.

***채점 기준**

- ㉠~㉢을 정확하게 쓴 경우에만 정답으로 인정함.

답안	배점
㉠ 5천만 (원)	**3점**
㉡ 3천만 (원)	**3점**
㉢ 1억 (원)	**4점**

[문제 5] 해제

***출제 의도**

제시문의 핵심 개념과 내용을 정확하게 이해하고, 이를 실제 사례에 적용하여 분석할 수 있는지를 평가하고자 하였다. 고등학교 교육과정에서 읽기의 특성을 이해하고 비판적인 사고를 바탕으로 자신의 읽기 과정을 점검하고 조정하며 읽을 수 있는지를 평가하기 위해 출제하였다. 독서의 맥락과 글의 특성을 바탕으로 하여 적절하고 전략적인 방법으로 글을 읽을 수 있는지를 평가하고, 제시문에서 설명하고 있는 개념들을 정확히 파악하여 <보기>의 사례에서 제시한 상황에 적절하게 적용할 수 있는지를 살핌으로서 독해능력을 평가하고자 하였다. 특히 글을 읽고 '청구권'과 '손해배상'의 개념을 정확히 이해하고 있는지를 평가하고자 하였다. 고교 교육과정을 착실히 이행한 응시자라면 충분히 이해할 수 있는 경제 분야의 제재로 구성하였다.

***문항 해설**

①: 청구권 (대위)

<보기 1>의 보험 사고에서는 자동차의 전부가 멸실된 것이 아니므로 잔존물 대위는 성립하지 않고, 청구권 대위가 성립한다.

②: 손해 배상 (청구권)

청구권 대위에 의해 'A 보험 회사'는 '갑'에게 보험금을 지급한 이후 '을'에게 손해 배상 청구권을 행사할 수 있다.

***채점 기준**

- ①, ② 각각 정확하게 쓴 경우만 정답으로 인정함.

답안	배점
① 청구권 (대위)	**5점**
② 손해 배상 (청구권)	**5점**

[문제 6] 해제

***출제 의도**

지문의 세부 내용 정보와 <보기>의 내용과의 일치 여부를 묻는 문제 유형이다. 제시문의 내용을 재진술한 정보를 정확하게 이해할 수 있는지 평가하고자 하였다. 고등학교 교육과정에서 읽기의 특성을 이해하고 비판적인 사고를 바탕으로 자신의 읽기 과정을 점검하고 조정하며 읽을 수 있는지를 평가하기 위해 출제하였다. 제시문의 핵심개념인 '자유주의'와 그 하위 개념인 '경제적 자유주의'와 '정치적 자유주의'를 독해를 통해 정확하게 파악할 수 있는지를 확인하고자 하였다. 사실적 읽기 능력을 평가하기 위해 오정보를 주었을 때 이를 정확하게 수정할 수 있는지를 통해 학생들의 사실적 독해 능력을 평가하고자 하였다.

***문항 해설**

제시문은 자유주의라는 사상이 서로 다른 성격의 혁명을 토대로 성립하여 상호 이질적인 내용과 그로 인한 긴장을 담고 있음을 설명하고 있다.

경제적 자유주의는 산업 혁명과 자발적 교환 영역인 시장을 토대로 발전된 사상으로, 침해되거나 간섭받지 않을 개인적 권리의 개념으로 자유를 이해한다. 반면, 정치적 자유주의는 자유, 평등, 박애의 실현을 추구하는 시민 혁명에 의해 출현한 사상으로, 타인에 의한 자의적 지배의 가능성에서 벗어나 자신에게 적용될 법과 제도를 스스로 결정하는 과정으로서의 자유를 이해한다. 이러한 경제적 자유주의를 대표하는 사람이 '밀턴 프리드먼'이고, 정치적 자유주의를 대표하는 사람이 '마이클 샌델'이다.

<보기>의 내용 중, 경제적 자유주의는 경제적 부자유가 정치적 부자유로 이어지고, 정치적 자유주의는 시민혁명에 의해 출현하였다는 내용으로 수정하는 것이 바람직하다.

***채점 기준**

- ①, ② 각각 정확하게 쓴 경우만 정답으로 인정함.

답안	배점
① 부자유	**5점**
② 시민	**5점**

[문제 7] 해제

***출제 의도**

제시문의 핵심 개념과 내용을 정확하게 이해하고, 이를 정리할 수 있는 능력을 평가하고자 하였다.

고등학교 교육과정에서 읽기의 특성을 이해하고 비판적인 사고를 바탕으로 자신의 읽기 과정을 점검하고 조정하며 읽을 수 있는지를 평가하면서 특히 제시문에서 설명하고 있는 반도체에 대해 정확하게 이해하고 있는지를 확인하고자 하였다. 과학적 지식이나 정보를 담고 있는 글은 사실적 읽기 능력이 매우 중요하므로 학생들의 사실적 독해 능력을 평가하고 전체적인 내용을 요약하고 정리할 수 있는 능력 역시 평가하고자 하였다.

***문항 해설**

① 제시문의 셋째 문단에서 외인성 반도체에 수용체를 첨가하면 원자가띠의 전자가 일부 부족하게 되고, 그 결과 원자가띠에는 정공이 생기게 되어 양전하를 옮길 수 있게 된다고 했다. 즉 수용체의 양이 늘어나게 되면 반도체 내의 정공도 늘어나게 된다고 할 수 있다.

② 제시문의 둘째 문단에서 원자가띠와 전도띠의 간격은 '도체-반도체-부도체'의 순서로 작아진다는 것을 알 수 있다. 따라서 도체, 부도체, 반도체 중 원자가띠와 전도띠의 간격이 가장 큰 것은 부도체이다.

***채점 기준**

- ①, ② 각각 정확하게 쓴 경우만 정답으로 인정함.

답안	배점
① 수용체	**5점**
② 부도체	**5점**

[문제 8] 해제

***출제 의도**

제시문의 핵심 개념과 내용을 정확하게 이해하고, 이를 정리할 수 있는 능력을 평가하고자 하였다.

고등학교 교육과정에서 읽기의 특성을 이해하고 비판적인 사고를 바탕으로 자신의 읽기 과정을 점검하고 조정하며 읽을 수 있는지를 평가하면서 특히 제시문에서 설명하고 있는 반도체에 대해 정확하게 이해하고 있는지를 확인하고자 하였다. 과학적 지식이나 정보를 담고 있는 글은 사실적 읽기 능력이 매우 중요하므로 학생들의 사실적 독해 능력을 평가하고 전체적인 내용을 요약하고 정리할 수 있는 능력 역시 평가하고자 하였다.

***문항 해설**

① 제시문의 마지막 문단에서는 npn형 트랜지스터에서 일어나는 ㉠을 설명하고 있다.

②, ③ 제시문의 마지막 문단에서 npn형 트랜지스터에서 E에서 B로 움직이던 전자들은 손쉽게 C로 건너갈 수 있음을 알 수 있다. 이는 npn형 트랜지스터에서 p형 반도체의 폭이 양쪽에 접합된 n형 반도체보다 좁기 때문이다.

***채점 기준**

- ①, ② 각각 정확하게 쓴 경우만 정답으로 인정함.

답안	배점
① npn(형)	**3점**
② C ('콜렉터, 콜렉터(C), C(콜렉터)'도 정답으로 인정함)	**4점**
③ 폭	**3점**

[문제 9] 해제

***출제 의도**

제시문의 핵심 개념과 내용을 정확하게 이해할 수 있는 능력을 평가하고자 하였다. 제시문의 핵심 개념과 내용을 정확하게 파악하기 위해서 자신의 읽기 방법을 점검하고 조정하며 읽는지 그리고 글에 드러난 정보를 바탕으로 핵심 개념과 내용을 파악할 수 있는지를 평가하고자 하였다.

***문항 해설**

상상계의 아이는 거울 이미지를 통해 자아를 형성하며, 인간이 언어를 통해 욕망하고 언어에 종속되는 것은 상징계에서다.

***채점 기준**

- ①, ② 각각 정확하게 쓴 경우만 정답으로 인정함.

답안	배점
① 거울	**5점**
② 상징계	**5점**

[문제 10] 해제

***출제 의도**

제시문의 내용을 다른 자료와 주제 통합적으로 읽을 수 있는지를 평가하고자 하였다. 동일한 화제라도 서로 다른 관점과 형식으로 표현될 수 있음을 이해하고 각 관점과 형식을 비교하며 읽을 수 있는지, 그리고 인문학 제재의 글을 읽으며 인문학적 성찰을 할 수 있는지도 평가하고자 하였다

***문항 해설**

제시문의 하단에 라캉의 이론을 예술가의 예술 작업에 적용하는 원리가 있다. 이에 따른다면 제임스 조이스의 예술 작업은 주이상스의 추구로, 그의 애매폭력적 언어는 생톰으로 해석될 수 있다.

***채점 기준**

- ①, ② 각각 정확하게 쓴 경우만 정답으로 인정함.

답안	배점
① 주이상스	**5점**
② 생톰	**5점**

[문제 11] 해제

***출제 의도**

제시문의 핵심 개념과 내용을 정확하게 이해하여, 주요 개념을 정리하여 설명할 수 있는지 평가하고자 하였다. 제시문에 드러난 정보들을 바탕으로 채권 발행시장에서의 채권발행방식에 대해 정확하게 사실적으로 이해하고 있는지 그리고 사회분야의 글을 읽으며 경제사회적 현상을 분석적으로 파악할 수 있는지를 평가하고자 하였다.

***문항 해설**

① 제시문의 둘째 문단에 의하면, 매수인의 특성 및 자금의 규모에 따른 채권 발행 시장의 거래 방식은 사모 발행과 공모 발행으로 나뉜다. 공모 발행은 불특정 다수의 투자자를 대상으로 거액의 자금을 조달하기 위해 채권을 발행하는 것으로, 발행자가 당초 의도한 발행 규모에 비해 시장

에서 소화되어 매출되는 규모가 적어 자금 조달이 원활히 이루어지지 않을 위험이 존재한다.
② 제시문의 셋째 문단에 의하면, 간접 발행은 중개 회사가 발행 위험을 부담하는 정도에 따라 총액 인수와 잔액 인수 방식으로 구분된다. 이중 총액 인수의 경우, 중개 회사는 채권 발행 전액을 자기 명의로 구입해야 하므로 많은 자금이 필요할 뿐만 아니라 투자자들에게 판매하기까지 채권을 보유하여야 하므로, 총액 인수 방식이 잔액 인수 방식보다 더 높은 시장 위험을 부담한다.
③ ②에서 확인한 바와 같이 총액 인수 방식에서 중개 회사는 더 높은 시장 위험을 부담하므로 중개 회사는 총액 인수 방식으로 채권을 인수할 때, 더 높은 수수료를 받는다.

***채점 기준**
- ①, ② 각각 정확하게 쓴 경우만 정답으로 인정함.

답안	배점
① 공모 발행	**4점**
② 총액 인수 (방식)	**4점**
③ (중개) 수수료	**2점**

[문제 12] 해제

***출제 의도**
제시문의 내용을 이해한 후, 이를 구체적인 사례에 적용하여 사고할 수 있는 능력을 평가하고자 하였다. 글에 드러난 정보들을 바탕으로 핵심 내용과 글의 주제를 정확하게 파악할 수 있는지, 그리고 과학기술과 관련된 글을 읽고 정보의 객관성과 과학적 원리와 기술을 객관적으로 파악할 수 있는지를 평가하고자 하였다.

***문항 해설**
①: 각각의 가상 머신은 자체 운영 체제를 실행하며 독립적인 컴퓨터인 것처럼 작동한다고 하였다.
②: 하이퍼바이저는 물리적 하드웨어의 일부를 활용함에도 불구하고 독립적인 컴퓨터인 것처럼 가상 머신을 작동하여 컴퓨터 시스템의 물리적 자원인 하드웨어의 효율적인 활용을 가능하게 한다고 하였다.

***채점 기준**
- ①, ②를 정확하게 쓴 경우만 정답으로 인정함. ('한글(영문)'의 형식으로 답안을 작성했을 때, 한글은 맞고 영문 표기가 틀린 경우 정답으로 인정. 단, '영문'만으로 답안을 작성했을 때, 영문이 틀렸을 경우 오답으로 처리)

답안	배점
① 운영 체제 ('운영 체제(Operating System)'도 정답)	5점
② 하이퍼바이저 ('하이퍼바이저(Hypervisor)'도 정답)	5점

[문제 13] 해제

***출제 의도**
제시문의 개념과 내용을 파악하여, 중요 개념을 비교하여 사고할 수 있는 능력을 평가하고자 하였다. 글에 드러난 정보들을 바탕으로 클라우드 컴퓨팅과 클라우드 컴퓨팅 서비스 모델의 주요 개념들을 정확하게 파악할 수 있는지, 그리고 과학기술과 관련된 글을 읽고 정보의 객관성과 과학적 원리와 기술을 객관적으로 파악할 수 있는지를 평가하고자 하였다.

***문항 해설**
①: 제시문에 따르면 IaaS (모델)은 사용자가 소프트웨어 개발을 위해 컴퓨터 시스템 자원을 직접 구성하고 관리해야 하는 번거로움은 있지만 사용자에 따라 다른 방법과 목적으로 컴퓨터 시스템 자원을 활용할 수 있다고 하였다.
②: 제시문에 따르면 SaaS (모델)은 클로우드 서비스 사업자가 네트워크를 통해 별도의 설치 없이 곧바로 소프트웨어를 제공해 주거나, 사용자가 원격으로 소프트웨어를 활용할 수 있는 모델로 사용자가 자신이 필요한 소프트웨어를 별도의 설치 없이 바로 사용할 수 있다고 하였다.
③: 제시문에 따르면 PaaS (모델)은 사용자가 소프트웨어를 개발하는 데 기반이 되는 컴퓨터 시스템의 물리적 자원을 제공해준다고 하였다.

***채점 기준**
- ①, ② 각각 정확하게 쓴 경우만 정답으로 인정함.

답안	배점
① IaaS (모델)	**4점**
② SaaS (모델)	**3점**
③ PaaS (모델)	**3점**

[문제 14] 해제

***출제 의도**
제시문의 핵심 개념과 내용을 정확하게 이해하는 능력을 평가하고자 하였다. 글에 드러난 정보들을 바탕으로 타르스키의 고전 논리학과 언어 위계론의 주요 개념들을 정확하게 파악할 수 있는지, 그리고 인문학 분야의 글을 읽고 인문학적 세계관과 인간의 언어에 대한 성찰을 비판적으로 이해하며 읽을 수 있는지를 평가하고자 하였다.

***문항 해설**
㉠의 문장이 역설로 나타나는 이유는 자기 지시성 때문이며, 메타언어는 대상 언어를 언급하는 언어이며, 크립키는 참도 거짓도 아닌 진리치를 갖는 문장을 허용함으로써 배중률을 포기한 것과 같다.

***채점 기준**
- ①, ② 각각 정확하게 쓴 경우만 정답으로 인정함.

답안	배점
① 자기 지시성	**3점**
② 대상 언어	**3점**
③ 배중률 (참고: '배중율'은 오답으로 처리)	**4점**

[문제 15] 해제

***출제 의도**

제시문에 나타난 현대 사회의 위험 정보의 수용과정과 이 과정에서 미디어와 대중이 전달과 수용에 미치는 영향력에 대해 분석적으로 이해하는 능력을 평가하고자 하였다. 글에 드러난 정보들을 사실적으로 독해하여 중심내용과 핵심 개념들을 정확하게 파악할 수 있는지 평가하고자 하였다. 아울러 사회 분야의 글을 읽으며 사회적 현상이나 특징을 비판적으로 이해하며 독해하는지를 평가하고자 하였다.

***문항 해설**

<보기1>에 나타난 사례에서 제시문에서 언급된 '미디어'에 의한 1차 전달과정에서 위험 정보의 확산이 높아지는 원인 세 가지 중에서 적용되는 사례를 연결할 수 있으면 된다. 제시문에서는 논쟁의 정도나 정보량, 선정적 표현의 정도가 미디어에 의한 위험정보의 전달과정에서 위험 상황에 대한 인식을 키우게 된다고 말하고 있다.

㉠: 지역주민들과 전문가 집단의 지속적인 이의제기는 정부의 발표에 대해 논쟁에 불을 붙여서 위험성을 증폭시켰다.

㉡: 사건의 최초보도부터 추가 보도에 이르기까지 집중된 보도는 각각 4천건과 5천여건으로 압도적으로 많은 정복의 량이 위험성에 대한 인식을 고조시켰다.

㉢: 미디어에 의한 전달과정에서 주택가의 방사선 보도는 그 방사선량이 인체에 백혈병이나 암과 같은 중대질병을 유발할 수 있다는 공포감을 심어주어 위험상황을 고조시켰다.

***채점 기준**

- ①, ② 각각 정확하게 쓴 경우만 정답으로 인정함.

답안	배점
① 논쟁의 정도	**4점**
② 정보량	**3점**
③ 선정적 표현의 정도	**3점**

[문제 16] 해제

***출제 의도**

제시문에 나타난 현대 사회의 위험 정보의 수용과정과 이 과정에서 미디어와 대중이 전달과 수용에 미치는 영향력에 대해 분석적으로 이해하는 능력을 평가하고자 하였다. 수용과 해석단계가 어떻게 다른지를 그리고 서로 어떤 연관성을 통해 이어져 있는지를 글에 드러난 정보들을 바탕으로 이해할 수 있는지를 평가하고자 하였다.

***문항 해설**

제시문에 대한 종합적 이해가 필요하다. 제시문은 미디어에 의한 위험 상황 관련 정보의 전달이 2단계에 걸쳐서 진행된다고 말하고 전달 단계에서 어떻게 위험 상황에 대한 인식이 고조되며, 다음 단계인 해석과 반응 단계에서 어떻게 정보에 대한 왜곡이 나타나는지를 분석하였다. 첫 번째 문항은 미디어에 의해서 이루어지는 정보 전달에 대해서 '정보 전달 시스템' 의 역할을 떠맡게 되는 대중들이 정보를 전달받는다는 것이 우선은 정보 수용의 주체가 된다는 사실을 이해하는지 물었다. 두 번째 단계에서는 수용자들에 의해 정보에 대한 왜곡과 편견이 이루어지게 되는데, 그 과정에 개입하는 '단순화' '비합리적이고 비체계적인' 수용과정이 나타나는 것을 설명하고 있다. 이러한 과정은 정보 전달의 두 번째 단계인 해석과 반응의 단계에서 일어난다.

***채점 기준**

- ①, ② 각각 정확하게 쓴 경우만 정답으로 인정함.

답안	배점
① 수용	**4점**
② (전달된 정보에 대한) 해석 및 반응 (단계)	**6점**

[문제 17] 해제

***출제 의도**

제시문의 핵심 개념과 내용을 정확하게 이해하고, 두 개념 사이의 차이를 분석할 수 있는 능력을 평가하고자 하였다. 핵 재처리 공정과 순도의 개념이 갖는 차이를 글에 드러난 정보들을 바탕으로 비교하고 구분할 수 있는지를 평가하고자 하였다. 또한 과학.기술 분야의 글을 읽으며 과학적 원리에 대해 정확하게 이해하고 비판적으로 평가하며 읽을 수 있는지를 평가하고자 하였다.

***문항 해설**

두 공법 모두 핵 재처리 공정이지만, 퓨렉스 공법은 플류토늄-239이 다른 핵물질과 분리되어 추출되는 반면, 파이로프로세싱에서는 다른 핵물질과 섞어 추출되기 때문이 두 공정에서 추출되는 플류토늄-239의 순도가 다르다고 할 수 있다. 또한 이러한 이유로 플루토늄-239가 순도가 높게 추출되는 퓨렉스 공법에서 생기는 문제, 즉 플류토늄-239가 핵무기로 사용될 수 있다는 문제를 방지할 수 있다.

***채점 기준**

- ①, ② 각각 정확하게 쓴 경우만 정답으로 인정함.

답안	배점
① 핵 재처리 (공정)	**4점**
② 순도	**6점**

[문제 18] 해제

***출제 의도**

제시문의 핵심 개념과 내용을 정확하게 이해할 수 있는 능력을 평가하고자 하였다. 글에 드러난 정보를 바탕으로 글의 중심내용과 핵심 개념을 파악할 수 있는지 그리고 17세기 조선의 화폐에 관련된 역사적 사실에서 경제학의 주요 개념들을 적용하여 이해할 수 있는지를 평가하고자 하였다.

***문항 해설**

상평통보 가운데 초주단자전과 대형전의 발행 당시의 명목 가치를 비교하면 대형전이 더 크기 때문에 상승했다고 할 수 있다. 중형전과 대형전의 발행 당시 필요한 구리의 양은 대형전이 더 많았다고 할 수 있다.

***채점 기준**

- ①, ② 각각 정확하게 쓴 경우만 정답으로 인정함.

답안	배점
① '명목 (가치)' 또는 '액면 (가치)'	**5점**
② 대형전	**5점**

[문제 19] 해제

***출제 의도**

제시문의 핵심 개념과 내용을 정확하게 이해하고, 이를 실제 사례에 적용하여 분석할 수 있는 능력을 평가하고자 하였다. 글에 드러난 정보를 바탕으로 글의 중심내용과 핵심 개념을 파악할 수 있는지 그리고 17세기 조선의 화폐에 관련된 역사적 사실에서 파악한 경제학의 주요 개념들을 실제 사례에 정확하게 적용할 수 있는지 평가하고자 하였다.

***문항 해설**

그래프상 주화의 실질 가치를 높이면 구리와 쌀의 가격이 낮아지므로 (나)로 옮겨 간다. 하지만 세종의 정책은 쌀의 가격만 낮추는 결과를 낳았기 때문에 실제로는 (가)로 옮겨가게 된다.

***채점 기준**

- ①, ②를 정확하게 쓴 경우에만 정답으로 인정함.
- (가), (나)를 표기할 때, '()' 표시를 하지 않아도 정답으로 인정.

답안	배점
① (나)	**5점**
② (가)	**5점**

[문제 20] 해제

***출제 의도**

제시문의 핵심 개념과 내용을 정확하게 이해하고, 이를 실제 사례에 적용하여 분석할 수 있는 능력을 평가하고자 하였다. 글에 드러난 정보를 바탕으로 글의 중심내용과 핵심 개념을 파악할 수 있는지 그리고 경제학적 관점에서 공공재의 특성을 배제성과 경합성 개념을 통해 이해하고 이 개념들을 실제 사례에 정확하게 적용할 수 있는지 평가하고자 하였다.

***문항 해설**

㉠ '한산한 고속도로'는 이용을 하기 위해 비용을 지불해야 하지만 개인의 고속도로 이용이 다른 사람의 고속도로 이용의 기회를 감소시키지는 않는다. 따라서 '한산한 고속도로'는 배제성은 있으나 경합성은 없는 클럽재의 성격을 가진다.

㉡ '꽉 막힌 고속도로'는 이용을 하기 위해 비용을 지불해야 하고, 개인의 고속도로 이용이 다른 사람의 고속도로 이용의 기회를 감소시킨다. 따라서 '한산한 고속도로'는 배제성도 있고 경합성도 있는 사적재화의 성격을 가진다.

㉢ '출퇴근 시간의 일반도로'는 이용을 하기 위해 비용을 지불하지는 않지만, 개인의 일반도로 이용이 다른 사람의 일반도로 이용의 기회를 감소시킨다. 따라서 '출퇴근 시간의 일반도로'는 배제성은 없지만 경합성은 있는 공유자원의 성격을 가진다.

㉣ '심야의 일반도로'는 이용을 하기 위해 비용을 지불하지 않고, 개인의 일반도로 이용이 다른 사람의 일반도로 이용의 기회를 감소시키지도 않는다. 따라서 '심야의 일반도로'는 배제성도 없고 경합성도 없는 공공재의 성격을 가진다.

***채점 기준**

- ㉠~㉣을 정확하게 쓴 경우에만 정답으로 인정함.

답안	배점
㉠ 클럽재	**2점**
㉡ 사적재화	**3점**
㉢ 공유자원	**2점**
㉣ 공공재	**3점**

[문제 21] 해제

***출제 의도**

제시문의 핵심 개념과 내용을 정확하게 이해하고, 행위자 연결망 이론의 이해를 기반으로 행위자, 번역 주체, 번역 과정 등 기본적인 개념을 활용한 응용, 이해 능력을 평가하고자 하였다. 글에 드러난 정보들을 바탕으로 제시문의 정보들을 정확하게 이해하고 이를 바탕으로 글의 개념들을 활용하여 응용할 수 있는지를 평가하고자 하였다. 또한 과학.기술 분야의 글을 읽으며 과학적 원리에 대해 정확하게 이해하고 비판적으로 평가하며 읽을 수 있는지를 평가하고자 하였다.

***문항 해설**

과학 지식에 대한 구성주의의 입장은 인간 대 비인간이라는 근대주의의 이분법적 사고에 근거한다. 라투르의 관점에서 구성주의는 과학 지식의 형성 과정에 참여하는 번역의 주체를 '인간' 또는 '사람'으로 한정한 것이다. 반면 이질적 구성주의는 근대주의를 벗어나 행위자에 인간 및 비인간 실체를 모두 포함시키고 있다. 이런 점에서 라투르의 관점은 이질적 구성주의와 일맥상통하는 바가 있다. 유명한 파스퇴르의 사례를 통해 생각해 보기로 하자. 파스퇴르는 발효를 촉진하는 미생물 발효균을 발견하여 '젖산 발효 효모'라 명명하고 발효의 과정을 과학적으로 규명한 바 있다. 이 과정에서 파스퇴르는 미생물 발효균이 그 기질과 존재를 드러내는 것을 돕고, 발효균은 파스퇴르가 명성을 획득하는 것을 도운 셈으로 볼 수 있다. 따라서 라투르의 관점에서 파스퇴르의 사례를 살펴보면, 이 사례에서 번역의 주체에 해당하는 것은 '파스퇴르'와 '(미생물) 발효균' 또는 '젖산 발효 효모' 또는 '미생물'이라고 할 수 있다.

***채점 기준**

- ①~③을 정확하게 쓴 경우만 정답으로 인정함.
- ②와 ③의 제시 순서는 바뀌어 제시되어도 상관 없음.

답안	배점
① '인간' 또는 '사람'	**2점**

② 파스퇴르	4점
③ '(미생물) 발효균' 또는 '젖산 발효 효모' 또는 '미생물'	4점

[문제 22] 해제

***출제 의도**

제시문의 핵심 개념과 내용을 글에 드러난 정보들을 바탕으로 정확하게 이해하고 이를 바탕으로 행위자-연결망 이론의 입장은 인간 대 비인간, 자연 대 사회의 이분법에 기반한 근대주의에 반대하는 것이자 그 대안으로서 인간과 비인간 모두에 대등한 가치를 부여하는 것임을 이해하면서 이러한 이론을 적용할 수 있는 능력을 평가하고자 하였다. 과학·기술 분야의 글을 읽으며 과학적 원리에 대해 정확하게 이해하고 비판적으로 평가하며 읽을 수 있는지를 평가하고자 하였다.

***문항 해설**

행위자-연결망 이론에서 <보기1>의 '총'과 '범인'은 모두 행위 능력을 지닌 행위자로서 이들은 '번역'의 과정을 통해 '총기 사고'라는 하나의 '연결망'으로 포섭된다. '번역'의 과정은 행위자가 서로의 목표를 조율함으로써, 즉 상대방에 맞추어 자신을 변화시킴으로써 이루어지는 것이다. '총기 사고'에 대한 기술 결정론의 입장과 사회 문화 결정론의 입장 모두 행위자-연결망 이론의 입장에서는 범인과 총이 서로에게 변화를 일으킨다는 점을 간과하고 있다는 문제가 있다.

***채점 기준**

- ①, ② 각각 정확하게 쓴 경우만 정답으로 인정함.

답안	배점
① 번역	4점
② 연결망	6점

[문제 23] 해제

***출제 의도**

제시문의 핵심 개념과 내용을 정확하게 이해하고, 이를 정리하여 적용할 수 있는지 평가하고자 하였다. 제시문에 나타난 '취송 기한'과 '정소 기한'이 각각 어떤 목적을 위해 만들어진 제도인지를 분석적으로 이해하고 이것을 오늘날의 민사 소송법과 비교하며 파악할 수 있는지를 평가하고자 하였다.

***문항 해설**

①, ② 조선 시대의 '취송 기한'과 '정소 기한'은 모두 재판이 신속하고 효율적으로 진행될 수 있도록 하기 위한 제도라 할 수 있다. 현대의 민사 소송 재판이 실현하고자 하는 이상 중, 이와 관련이 있는 것은 '신속성'과 '경제성'이라 할 수 있다.

③ 조선 시대의 '정소 기한'은 사적인 권리를 침해당하였을 때 소장(訴狀)을 제출할 수 있는 법정 기한을 제한해 두는 제도이다. 현대의 민사 소송법 중, 정소 기한과 유사한 성격을 가지는 것은 시효는 일정한 사실 상태가 오래 계속된 경우에 그 상태가 진실한 권리관계와 합치하느냐 여부를 묻지 않고 사실 상태를 그대로 존중하여 그 권리관계로 인정하는 제도인 '시효 제도'이다.

***채점 기준**

- ①, ② 각각 정확하게 쓴 경우만 정답으로 인정함.

답안	배점
① 신속성	3점
② 경제성	3점
③ 시효 (제도)	4점

[문제 24] 해제

***출제 의도**

제시문의 핵심 개념과 내용을 정확하게 이해하고, 이를 실제 사례에 적용할 수 있는지 평가하고자 하였다. 스케줄링의 선점 방식과 비선점 방식에 대하여 글에 드러난 정보를 바탕으로 정확하게 파악하고 이를 CPU 작업 시간축에 따른 작업 내용으로 적용할 수 있는지를 평가하고자 하였다.

***문항 해설**

① RR 방식은 프로그램마다 균일하게 최대 할당 시간을 부여하고, 최대 할당 시간 내에 작업을 완료하지 못하면 해당 프로그램은 종료되지 않은 상태로 대기열의 마지막 순서에 재등록되며, 동시에 대기열의 다음 순서인 프로그램에 CPU를 할당한다. 따라서 RR 방식은 현재 CPU에 할당된 프로그램을 잠시 멈추고 다른 프로그램으로 바꿀 수 있다면 선점 방식에 해당한다.

② <보기2>에서 CPU 작동 5초 후, Y가 실행된다. Y의 실행 시간은 5초이므로 CPU 작동 10초 후에 Y는 종료되고, 대기열에 있던 Z가 실행된다.

③ <보기2>에서 CPU 작동 10초 후 Z가 실행되는데, Z의 실행 시간은 8초이다. 이 CPU는 최대 할당 시간이 5초인 RR 방식을 사용하고 있으므로, CPU 작동 15초 후에는 Y가 종료되지 않은 상태로 대기열의 마지막 순서에 재등록되며, 대기열에 있던 X가 다시 실행된다. 이때 X는 CPU 작동과 함께 실행되었으나, 실행시간이 10초였기 때문에, CPU 작동 5초 후에 종료되지 않은 상태로 대기열에서 Z의 다음에 재등록된 상태였다.

***채점 기준**

- ①, ② 각각 정확하게 쓴 경우만 정답으로 인정함.

답안	배점
① 선점 (방식)	3점
② Y	3점
③ X	4점

[문제 25] 해제

***출제 의도**

제시문의 핵심 개념과 내용을 글에 드러난 정보를 바탕으로 정확하게 이해하고, 이를 실제 사례에 적용할 수 있는지 평가하고자 하였다. 상황에 따라 FCFS 방식과 SJF 방식을 사용할 때 대기 시간을 계산해낼 수 있는지를 제시문의 내용을 바탕으로 파악하여 정확하게 적용할 수 있는지를 평가하고자 하였다.

***문항 해설**

<보기1>에 의하면 프로그램 A, B, C, D의 실행 시간은 각각 10초, 15초, 30초, 40초이다.
① [상황1]에서 FCFS 방식을 사용하면 프로그램의 실행 순서는 'D, C, B, A'가 된다. 이때 B의 대기시간은 D의 실행시간인 40초와 C의 실행시간인 30초를 합한 70초가 된다.
② [상황1]에서 SJF 방식을 사용하면 프로그램의 실행 순서는 'A, B, C, D'가 된다. 이때 B의 대기시간은 A의 실행시간인 10초가 된다.
③ [상황2]에서 CPU1과 CPU2에 모두 SJF 방식을 이용할 경우, CPU1의 프로그램 실행 순서는 'A, B'가 되고, CPU2의 프로그램 실행순서는 'C, D'가 된다. A의 실행시간은 10초이고, B의 실행시간은 15초 이므로, 프로그램 실행 시작 후 25초가 되면 CPU1에서는 모든 작업이 종료된다. 한편 C의 실행시간은 30초 이므로 프로그램 실행 시작 후 25초가 되었을 때, CPU2에서는 C가 실행되고 있는 중이고, D는 대기열에 있는 상태이다. [상황2]의 컴퓨터에는 이주 기술이 적용되고 있으므로, 프로그램 실행 시작 25초 후에 CPU2의 대기열에 있던 D는 CPU1의 대기열로 옮겨지는 이주가 일어난다.

***채점 기준**

- ①~③을 정확하게 쓴 경우만 정답으로 인정함.

답안	배점
① 70(초)	3점
② 10(초)	3점
③ 25(초	4점

[문제 26] 해제

***출제 의도**

제시문의 핵심 개념과 내용을 정확하게 이해하고, 개념들 사이의 공통점과 차이점을 분석할 수 있는 능력을 평가하고자 하였다. 글에 드러난 정보를 바탕으로 연역법과 귀납법 그리고 가추법의 추론방식을 이해하고 각각을 서로 비교할 수 있는지를 평가하고자 하였다. 아울로 인문분야의 글을 읽고 인간의 사고 방식과 논리적 추론 방식의 연관성을 이해할 수 있는지를 평가하고자 하였다.

***문항 해설**

가추법의 '사례'는 '결과'에 포함되지 않은 새로운 사실이면서 동시에 가설적인 규칙인 '규칙'을 매개로 추론된다.

***채점 기준**

- ①~③을 정확하게 쓴 경우만 정답으로 인정함.

답안	배점
① B	3점
② B	3점
③ A	4점

[문제 27] 해제

***출제 의도**

제시문의 핵심 개념과 내용을 정확하게 이해하고, 구체적인 사례에 적용하여 분석할 수 있는 능력을 평가하고자 하였다. 탄소원자간의 공유결합에서 단일결합과 이중결합이 어떤 공통점과 차이점을 갖는지를 글에 드러난 정보들을 바탕으로 비교하고 구분할 수 있는지를 평가하고자 하였다. 또한 과학.기술 분야의 글을 읽으며 과학적 원리에 대해 정확하게 이해하고 비판적으로 평가하며 읽을 수 있는지를 평가하고자 하였다.

***문항 해설**

다이아몬드는 4개의 공유 결합 모두가 단일 결합인데 반해, 흑연은 하나의 공유 결합이 파이 결합을 포함하고 있다고 했으니, 이중 결합을 포함하고 있다고 볼 수 있다.

***채점 기준**

- ①, ②를 정확하게 쓴 경우만 정답으로 인정함.

답안	배점
① 단일 (결합)	5점
② 이중 (결합)	5점

[문제 28] 해제

***출제 의도**

브라크의 <바이올린과 물병이 있는 정물>이란 그림을 음악으로 치환하여 글에서 제시한 개념을 정확하게 적용할 수 있는지를 평가하고자 하였다. 그림에서 바이올린은 음악의 '소리'와 '리듬'에 해당하고, 석고, 유리, 나무, 종이 등은 음악의 '침묵' 또는 '휴지'에 해당하는 것으로 볼 수 있는데 이를 정확하게 이해할 수 있는지 평가하고자 하였다.

***문항 해설**

문제의 그림은 브라크의 <바이올린과 물병이 있는 정물>이다. 이 그림의 주요 제재는 바이올린이고 석고, 유리, 나무, 종이 등은 공간을 이루고 있다. 만약 브라크의 이 그림을 음악으로 치환해 본다면, 이 그림의 바이올린은 음악의 '소리'와 '리듬'에 해당하고, 석고, 유리, 나무, 종이 등은 음악의 '침묵' 또는 '휴지'에 해당하는 것으로 볼 수 있다. 그런데 이 그림에서 특징적인 것은 바이올린의 목 부분은 나름대로 윤곽이 남아 있지만 몸통은 여러 부분들로 조각나 대상만큼이나 강조되고 있는 공간과 섞여 있다는 점이다. 석고, 유리, 나무, 종이, 공간이 유사한 형태의 흐름 속에 표현되어 있기 때문에 바이올린과 확실히 구별하기가 어려운 것이다.

***채점 기준**

- ①, ②를 정확하게 쓴 경우만 정답으로 인정함.

답안	배점
① '소리' 또는 '리듬' 또는 '소리와 리듬'	5점

② '침묵' 또는 '휴지'	5점

[문제 29] 해제

*출제 의도

제시문의 핵심 개념과 내용을 이해한 후, 이를 구체적인 사례에 적용하여 사고할 수 있는 능력을 평가하고자 하였다. 글에 드러난 정보를 바탕으로 누진세 제도를 정확하게 이해하고 이를 그래프를 보고 정확하게 적용할 수 있는지를 평가하고자 하였다.

*문항 해설

①: <보기1> 상황에서 소득이 0원인 보조금 대상자 A의 처분 가능 소득은 30만 원이다.

②: A의 소득이 20만 원이 되면 처분 가능 소득은 36만 원이 되므로, 이때 A가 받는 보조금은 30에서 26을 뺀 16만 원이다.

③: 따라서 A의 소득이 20만 원일 때 지급받는 보조금은 0원일 때 받는 보조금보다 14만 원이 줄어든 것이다.

*채점 기준

- ①~③을 정확하게 쓴 경우만 정답으로 인정함.
- 제시된 답안 이외에는 모두 오답으로 처리함.

답안	배점
① 30('30만 (원)', '300,000 (원)'도 정답)	2점
② 16('16만 (원)', '160,000 (원)'도 정답)	5점
③ 14('14만 (원)', '140,000 (원)'도 정답)	3점

[문제 30] 해제

*출제 의도

글에 드러난 정보를 바탕으로 제시문에서 설명하고 있는 다양한 개념을 파악하고 응용할 수 있는지를 선거방송 보도에 따른 유형과 그것의 실제 적용 사례를 정확하게 이해하고 있는지를 통해 평가하고자 하였다. 아울러 사회 분야의 글을 읽으며 제재에 담긴 사회적 현상의 특성을 비판적으로 이해하고 있는지를 평가하고자 하였다.

*문항 해설

① 경마식 보도: 후보들의 지지율 양상, 선거 토론회 방송에서 표출된 후보자 간의 갈등 등과 같이 흥미적인 요소를 집중적으로 보도하는데 초점을 둔다.

② 개인화 보도: 정치인의 공적 영역뿐 아니라 사적 영역에 대해서도 보도하는 것을 말하는데, 이 보도에서는 정치인 개인에 대한 것은 강조하는 반면에 정당, 조직, 제도에 대한 초점은 감소한다. 개인화 보도에서는 지도적인 위치에 있는 정치인이나 정당 지도자들에 대해 초점을 둔다.

③ 부정식 보도: 특정 후보의 비리에 대한 경쟁 후보자 또는 상대측 정당의 입장을 보도하면서 비리 내용을 분석하는 내용을 추가하여 보도한다.

*채점 기준

- ①~③을 정확하게 쓴 경우만 정답으로 인정함.

답안	배점
① 경마식 (보도)	3점
② 개인화 (보도)	4점
③ 부정식 (보도)	3점

[문제 31] 해제

*문항 해설

이 문제는 현대 사회에 새롭게 등장한 온라인 매체의 특성에 대한 정확한 이해와 그것이 의사소통에 미치는 영향을 파악하도록 한다. 전통적인 매체에서 음성 언어와 문자 언어의 구별은 상대적으로 엄격하였으나 온라인 매체의 등장과 더불어 형식적으로는 문자 언어에 가까우나 음성 언어의 영향을 받는 통신 언어가 등장하게 되었다. 이렇게 일상생활에서 사용하는 통신 언어가 온라인 매체라는 외적 환경의 결과물임을 정확히 이해함으로써 목적에 맞는 정확한 언어 사용이 가능할 것이다.

①은 '비언어적 표현'이나 '비언어적 방식'과 같은 표현이 들어가면 온전히 정답으로 인정되고, 비언어적 표현은 ②언어적 표현의 의미를 ③'보완'하거나 강화한다는 내용을 찾아서 서술하면 된다.

*채점 기준

- ①~③을 정확하게 쓴 경우만 정답으로 인정함.
- 제시된 답안 이외에는 모두 오답으로 처리함.

답안	배점
① 비언어적 표현(비언어적 방식)	4점
② 언어적 표현	3점
③ 보완	3점

[문제 32] 해제

*문항 해설

이 문제에서는 온라인 매체의 '쌍방향 의사소통, 실시간 의사소통'의 가능성을 서술해야 한다. 답안에 언급할 때 순서는 뒤바뀌어도 무관하다.

*채점 기준

- ①, ②를 정확하게 쓴 경우만 정답으로 인정함.
- 제시된 답안 이외에는 모두 오답으로 처리함.

답안	배점
① 쌍방향 의사소통	5점
② 실시간 의사소통	5점

[문제 33] 해제

*문항 해설

이 제시문은 과학자의 연구 과정에서 과학의 객관성과 가치중립성에 근거하여 과학자에게 연구 결과의 사용 과정에서 발생하는 문제에 대한 책임이 없다는 주장을 펴고 있다. 문제는 <보기>와 같이 요약할 때 핵심어를 찾아서 요약하는 글을 완성하도록 요구했기 때문에 ㉠, ㉡에서 '객관적, 가치중립적'이라는 표현을 사용하여야 적절하다. 첫 문단에서 그 근거를 찾을 수 있다.

그러나 이어서 과학자가 연구 결과의 오용에 따른 결과의 책임을 질 필요가 없다는 의견의 문제점이 무엇인지를 서술해야 한다. 물론, 과학자는 연구 과정에서 사실의 기술에 충실해야지 과학이 낳는 사회적 영향과 같은 윤리적 문제에 대해서는 고민할 필요가 없다. 윤리적 문제는 윤리학자, 사회, 정치인, 시민의 몫이기 때문이다. 그러나 이러한 태도는 무책임한 결과를 낳을 수 있다. 제시문에서 오펜하이머처럼 과학자에게 연구의 책임만 있다고 생각한다면, 제2차 세계 대전에서 원자 폭탄이 대량 학살의 결과를 낳았던 것과 같은 문제를 일으킬 수 있기 때문이다. 이는 결국 과학자 자신이 속한 사회에도 문제를 일으킬 수 있으므로 과학자의 책임 범위를 협소하게 보는 것은 타당하지 못하다.

특히 두 번째 문단부터는 한스 요나스의 견해인데, 교과서에서도 많이 배우는 내용이므로 가독성이 높은 편이라 생각된다. ©에서는 과학기술에 과학자들이 무책임하다면, 결과의 모호성으로 인해 장기적 혹은 지속적으로 사회적 위험을 낳을 수 있으므로, 과학자는 윤리적 가치판단과 더불어 자신의 연구 결과가 어떻게 사용될 가능성이 있는지를 고려해야 할 필요성이 있음이 논의되어야 한다. 그러므로 제시문에서 '인간중심적'이라는 표현이 사용될 수 있다.

***채점 기준**

- ㉠~㉢을 모두 정확하게 쓴 경우만 정답으로 인정함
- 제시된 답안 이외에는 모두 오답으로 처리함.

답안	배점
㉠ 객관적	**3점**
㉡ 가치중립적	**4점**
㉢ 인간중심적	**3점**

[문제 34] 해제

***문항 해설**

제시문을 참고할 때, 진리나 참을 판단하는 이론적 입장에는 '대응설, 정합설, 실용설'이 있다. 대응설은 감각을 통해 확인하여, 사실과 일치하면 진리로 판단한다. 즉 관찰이나 경험을 통해 사실을 확인하는 것을 중요하게 여긴다는 2문단의 마지막 문장을 근거로, ①은 '대응설'에 해당한다. 한편, 정합설은 기존의 지식 체계에 부합할 때 그 판단을 진리라고 여기기 때문에, 새로운 주장이 등장했을 때 기존의 이론에 부합하는지를 따진다. 따라서 후대에는 대륙이동설이 정설로 인정됐지만, 적어도 당대에는 기존 이론에 부합하지 않는다는 이유로 베게너의 이론은 인정되지 않았다. '통설을 근거로'라는 표현에서 근거를 찾을 수 있으므로 ②는 '정합설'에 해당한다.

***채점 기준**

- ①, ②를 정확하게 쓴 경우만 정답으로 인정함.
- 제시된 답안 이외에는 모두 오답으로 처리함.

답안	배점
① 대응설	**5점**
② 정합설	**5점**

[문제 35] 해제

***문항 해설**

이 문제는 해외 원조에 대한 제시문 (가), (나)의 공통점과 차이점을 제대로 이해하고 있는지를 평가하고자 한다. 제시문 (가)는 정치 체제의 개선을 위하여 가난한 국가에 지원을 해야 한다는 주장을 드러내지만, 제시문 (나)는 인류의 고통을 감소시키고 모두가 동등하게 이익을 증진해야 하기 때문에 국가의 경계선을 넘어 모두에게 똑같이 지원이 필요하다는 주장이다. 다만 제시문 (가)와 (나) 모두 해외 원조의 의무를 주장한다는 점은 동일하지만, 해외 원조의 의무를 수행해야 하는 목적이나 대상을 보는 시각에는 차이가 있다.

그러므로 ①과 ②은 뒤에 이어지는 문장의 논의를 고려한다면, ①에는 '대상'을 찾아 서술해야 하고, ②에는 '인류 전체의 행복을 증진하고 고통을 감소시키는 것'이라는 내용이 언급된 부분을 찾아 서술하면 적절하다. 이어지는 문장 표현을 고려하여 '행복을 증진하고 고통을 감소시키'까지 써야 정답으로 처리한다.

***채점 기준**

- ①, ②를 정확하게 쓴 경우만 정답으로 인정함.
- 제시된 답안 이외에는 모두 오답으로 처리함.

답안	배점
① 대상	**4점**
② 행복을 증진하고 고통을 감소시키	**6점**

[문제 36] 해제

***문항 해설**

'구상 회화'와 '포토리얼리즘'은 추상적 회화나 모더니즘에 비하여, 모두 현실에 존재하는 것을 정교하게 묘사하는 것을 중요시했다. 그래서 1문단에서 대상을 사실적으로 표현하고자 하는 예술 경향인 포토리얼리즘이 구상 회화에 대한 지향을 보여준다고 설명하고 있다. 이러한 기법을 <보기 1>의 플라톤에 따르면 실재를 모방하여 똑같이 그렸다 하더라도 구상 회화는 이데아를 모방한 사물을 또 모방한 것에 그치므로 의미없는 것이라 여길 것이다. 그러나 보드리야르에 따르면 '포토리얼리즘'은 대상을 사실적으로 재현함으로써 '파생 실재'로서 새로운 가치를 지닌다. 이를 '하이퍼리얼리즘'이 존재한다고 설명하고 있다. 현대에는 시뮬라크르가 독립된 정체성을 갖춘 또 다른 실재로서 인정되고 있다는 마지막 문장에서 확인할 수 있는 내용이다. 그리고 <보기 1> 초반에 시뮬라크르를 '파생 실재'로 부른다고도 하였으니 둘 중 하나만 써도 정답이다.

***채점 기준**

- ①, ②를 정확하게 쓴 경우만 정답으로 인정함.
- 제시된 답안 이외에는 모두 오답으로 처리함.

답안	배점
① 복제	**5점**
② 파생 실재(시뮬라크르)	**5점**

[문제 37] 해제

***문항 해설**

마지막 문단에서 포토 리얼리스트들은 문명화된 도시에서 살아가는 평범한 사람들의 일상을 정치적 목적이나 사회적 목적을 배제하고 표현하려는 의도가 있었음을 밝히고 있다. 평범한 사람들의 일상적인 삶을 사실적이지만 비현실적 방법으로 드러내기 위해 포토 리얼리스트들은 카메라나 프로젝터와 같은 기술 장비를 회화에 도입하였다. 이러한 현대적 장비들을 도입하는 것이 현대 문명에 대한 예찬이나 비판의 의도가 아니었다는 내용을 통해서 답을 확인할 수 있다.

***채점 기준**

- ①, ②를 정확하게 쓴 경우만 정답으로 인정함.
- 제시된 답안 이외에는 모두 오답으로 처리함.

답안	배점
① 카메라	**5점**
② 프로젝트	**5점**

[문제 38] 해제

***문항 해설**

<보기>에서는 채권과 관련된 다양한 요인을 고려하여, 투자자 A의 경우, 지급 불능 위험이 큰 채권이라 하더라도 이를 좀 더 저렴하게 매입하여 채권 가격을 낮게 책정함으로써 '높은 순수익'을 얻기를 기대할 것이고, 같은 의도로, 투자자 B 역시 만기가 긴 채권을 매입하여 '높은 순수익'을 얻기를 기대할 것이다. 서로 다른 의사결정을 했지만, 경제적으로 채권을 통해 수익을 극대화하려는 결정은 동일했다.

***채점 기준**

- ①, ②를 정확하게 쓴 경우만 정답으로 인정함.
- 제시된 답안 이외에는 모두 오답으로 처리함.

답안	배점
㉠ 높은 순수익	**5점**
㉡ 높은 순수익	**5점**

[문제 39] 해제

***문항 해설**

㉠의 '만기일이 다가올수록 채권 가격은 금리 변화에 덜 민감해진다.'는 내용에 비추었을 때 A 그래프는 ⓑ로 변화할 것이다. 채권 가격이 금리 변화에 둔감해진다는 것은 그래프의 기울기 변화가 크지 않을 것이라는 의미이기 때문이다. 한편 ㉡의 '주식 투자를 통한 수익이 커지면 상대적으로 채권에 대한 수요가 줄어 채권 가격이 하락할 수도 있다.'는 내용에 비추었을 때, A 그래프는 ⓒ로 변할 것이다. 채권의 가격이 전반적으로 하락한다면, A 그래프보다 하향한 그래프를 찾아야 하기 때문이다.

***채점 기준**

- ㉠, ㉡을 정확하게 쓴 경우만 정답으로 인정함.
- 제시된 답안 이외에는 모두 오답으로 처리함.

답안	배점
㉠ ⓑ	**5점**
㉡ ⓒ	**5점**

[문제 40] 해제

***문항 해설**

이 제시문은 화학적 방제의 피해를 구체적 사례를 통해 드러내고 있다. 레이철 카슨은 『침묵의 봄』에서 화학적 방제의 폐해를 고발하였는데, 화학적 방제의 대표적 사례로는 미국 불개미 방제를 들 수 있다. DDT보다 몇 배나 독성이 강한 디엘드린과 헵타클로르가 개발되자 미국 농무부는 갑자기 불개미 항공 방제를 대대적으로 계획하여 시행하였고, 그 결과 많은 야생 동물과 가축을 죽이거나 그들의 몸에 화학적 잔류물을 남겼다.

이 문제는 제시문의 종반부에서 '1959년에 이루어진 살충제 살포로 해당 지역에 서식하는 새의 절반이 죽었다'는 구절을 통해 『침묵의 봄』이라는 제목의 의미를 추론할 수 있음을 파악해야 한다. '침묵의 봄'에는 살충제로 인해 자연의 생명체들이 생존할 수 없게 된 상황에 대한 문제의식이 반영되어 있다. 그러므로 살충제로 인해 새들이 죽어서 조용한 상황, 즉, 활기를 띠고 생명력을 지닌 봄을 만들어 가야 할 지저귀는 새들이 사라져 새들의 소리를 포함한 생명의 소리가 살충제로 인해 사라진 생태계를 만든 이들에 대한 비판을 담고 있음을 추론하면 적절하다.

***채점 기준**

- '해당 지역에 서식하는 새의 절반이 죽었다'는 내용이 포함된 문장이면 정답으로 인정함.
- 제시된 답안 이외에는 모두 오답으로 처리함.

답안	배점
(추가적으로 1959년에 이루어진 살충제 살포로) 해당 지역에 서식하는 새의 절반이 죽었다.	**10점**

[문제 41] 해제

***문항 해설**

<보기>는 생물학적 방제에 성공한 니플링의 사례를 소개하고 있다. 살충제의 피해를 고려할 때 그에 대한 대안으로 생물학적 방제가 효과적인데, 대표적인 방법으로 불임 곤충 기법(SIT)이 있다. SIT 방제의 첫 사례는 니플링 연구 팀의 검정파리방제이다. 니플링의 연구를 바탕으로 미국에서 시행된 이 방제는 불임 수컷을 대량으로 살포하여 정상적인 수컷의 짝짓기를 방해함으로써 곤충의 수를 줄이는 방식이다. 이를 통해 니플링팀은 축산업에 큰 피해를 입히는 검정파리를 다른 생물종에게는 피해를 주지 않으면서 성공적으로 박멸할 수 있었다. 그러므로 불특정 다수의 생명체에 유해한 화학적 방제의 살충제 살포 방식보다는 SIT와 같은 생물학적 방제는 특정 단일 종에 대한 방제효과가 뛰어날 뿐만 아니라 환경 유해성도 매우 작기 때문에 바람직한 방식으로 평가될 수 있다. '환경 파괴의 최소화'나 '환경친화적'이라는 표현과 같이 화학적 방제가 가지고 있는 광범위

한 환경 파괴 문제를 최소화할 수 있는 방법임을 설명할 수 있어야 한다. 그러나 문제에서 1단어를 찾아 서술하도록 하였으니, '환경친화적'이라는 표현을 찾아 서술해야 한다.

***채점 기준**

- 제시된 답안 이외에는 모두 오답으로 처리함.

답안	배점
환경친화적	**10점**

[문제 42] 해제

***문항 해설**

이 글은 '식별력'을 중심으로 하여 상표법 제6조 '상표 등록의 요건'과 제7조 '상표 등록을 받을 수 없는 상표'에 대해 설명하고 있는 글이다. 이 글에는 출원한 상표의 식별력을 인정받는 절차에 대한 설명이 없다. 따라서 ④와 ⑥은 윗글을 통해 답할 수 있는 질문이 아니다. ①은 1문단, ②는 2문단, ③은 2, 5문단에서 설명하고 있으며, ⑤는 3문단에서 설명하고 있다. 그리고 ⑥은 6문단에서 설명하고 있는데, 공공 표장은 특정인의 전유물로 상표 등록을 할 수 없다고 하였으므로, 어떤 절차를 거쳐야 한다고 응답할 수 없다.

***채점 기준**

- ④, ⑥을 정확하게 쓴 경우만 정답으로 인정함.
- 제시된 답안 이외에는 모두 오답으로 처리함.

답안	배점
④	**5점**
⑥	**5점**

[문제 43] 해제

***문항 해설**

이 문제의 정답은 ㉡의 '경진'을 골라야 한다. 넷째 문단에서, 현저한 지리적 명칭과 산지는 그 지리적 표시를 사용할 수 있는 상품을 생산·제조·가공하는 자만으로 구성된 법인이 직접 사용할 경우 단체 표장으로 상표 등록을 받을 수 있다고 했기 때문이다. 독서 지문은 꼼꼼하게 분석해야 하기 때문에 시간이 확보되는 것과 더불어 신중한 태도를 지니며 문제를 푸는 연습을 하는 것이 중요하다.

***채점 기준**

- ㉡ 혹은 '경진'을 정확하게 쓴 경우만 정답으로 인정함.
- 제시된 답안 이외에는 모두 오답으로 처리함.

답안	배점
㉡ 경진 ('㉡'이나 '경진'만 써도 정답으로 인정함)	10점

[문제 44] 해제

***문항 해설**

이 문제는 하나의 흐름을 지닌 글에서 각 문단의 핵심 내용을 파악할 수 있는 능력을 갖추었는지 확인하기 위해 출제되었다. (d) 문단은 정부가 금융 시장에서 '최고 금리를 법으로 규정하여 제한하는 이유'를 논하고 있으며, (e) 문단에서는 가격 통제를 시행하는 이유와 더불어, 최고 가격제의 의미를 다루고 있다. 특히 (d)에서는 사회의 경제적 안정성을 위협할 수 있기 때문에 '경제 상황에 따라 자금에 대한 지속적인 수요로 인해 금리가 지나치게 높아지는 경우에는 최고 금리를 법으로 규정하여 이를 제한할 필요가 있다.'고 선명하게 설명한 문장이 있으니 이를 참고하면 적절하다. (e)에서는 정부가 시장의 가격 통제를 하는 이유와 더불어 '최고 가격제의 의미, 정의'를 설명하고 있으니 이를 서술하면 적절하다.

***채점 기준**

- ①, ②를 정확하게 쓴 경우만 정답으로 인정함.
- 제시된 답안 이외에는 모두 오답으로 처리함.

답안	배점
㉠ 최고 금리를 법으로	**5점**
㉡ 최고 가격제	**5점**

[문제 45] 해제

***문항 해설**

이 문제는 제시문의 초반부에서 '무지한 상태, 부분 지식, 오류 지식, 비판 지식, 바른 지식' 등의 개념을 파악한 후, 구체적 사례에 그 개념을 적용할 수 있는지를 확인하기 위해 출제되었다. ㉠은 사람들이 코끼리가 어떻게 생겼는지도 모르는 상태이므로, '무지(한 상태)'라고 볼 수 있으며, ㉡은 각자가 코끼리의 일정 부분을 만진 후에 자기가 아는 것만 말했으므로 '부분 지식'이 된다. ㉢은 자신이 옳고 남은 그르다고 싸우는 상황이므로, '오류 지식' 혹은 '오류'에 빠졌다고 볼 수 있으며, 이들의 행동에서 청자나 독자는 ㉣의 '바른 지식'에 이르지 못하는 것을 경계하고 있다는 교훈을 얻을 수 있다. 이 문제는 ㉠, ㉡, ㉢, ㉣이 순서대로 나오다 ㉢과 ㉣ 사이에 ㉡이 등장하므로 개념을 파악하고 답안을 작성할 때 실수를 하지 않도록 신중해야 한다.

***채점 기준**

- ㉠~㉣를 정확하게 쓴 경우만 정답으로 인정함.
- 제시된 답안 이외에는 모두 오답으로 처리함.

답안	배점
㉠ 무지 ('무지한 상태'도 정답으로 인정함)	2점
㉡ 부분 지식	3점
㉢ 오류 지식 ('오류'도 정답으로 인정함)	2점
㉣ 바른 지식	3점

[문제 46] 해제

***문항 해설**

이 제시문에서는 두 번째 문단에서 주로 <보기>에 들어갈 핵심 내용을 서술하고 있으므로, 수험생도 마지막 문단을 집중적으로 읽는 전략을 취하는 것이 적절하다. 프로이트의 정신 분석 이론은 무의식을 주로 성욕과 같이 미숙하고 비합리적인 것으로 보았다면, 융의 무의식은 오히려 개인에게 삶의 방향을 제시해주는 미래지향적이고 지혜로운 것으로 보았다. 그러므로 인간이 과거의 경험에 의해 수동적으로 밀려가는 존재라기보다는 미래를 향해 능동적으로 나아가는 존재로 보았다는 점에서 융의 견해는 프로이트의 이론과 다르다.

이 문제의 경우 ㉠은 '성욕'이 핵심어이고, '성욕과 같이 미숙하고 비합리적인 것'과 같은 표현으로 보강할 수는 있으나 '성욕'이란 개념어가 누락되면 안 된다. 그리고 ㉡은 '무의식의 의식화'라는 핵심 어구를 찾아 써야 한다.

***채점 기준**

- ㉠, ㉡을 정확하게 쓴 경우만 정답으로 인정함.
- 제시된 답안 이외에는 모두 오답으로 처리함.

답안	배점
㉠ 성욕(과 같이 미숙하고 비합리적인 것)	**5점**
㉡ 무의식의 의식화	**5점**

[문제 47] 해제

***문항 해설**

플라톤보다 아리스토텔레스가 예술을 더욱 가치있는 것으로 여겼기 때문에 ①은 플라톤, ②는 아리스토텔레스를 서술해야 한다. 그리고 플라톤은 현상계의 사물을 모방한 예술은 형상보다도 더 저급하거나 열등한 것으로 해석된다. 그러나 아리스토텔레스는 형상과 질료는 분리될 수 없다고 보았다. 게다가 플라톤에게 있어 현상계의 사물을 모방한 예술은 형상보다 더 저급한 것으로, 그저 모방에 불과한 것이기 때문에 가치가 크게 여겨지지 않았다.

***채점 기준**

- ①, ②, ③의 각 항목이 정확하게 기술된 경우에만 정답으로 처리함.
- ③은 '열등한/저급한' 둘 다 정답으로 인정함.
- 정답 외에 다른 답안을 추가로 기술한 경우는 오답으로 처리함.

답안	배점
① 플라톤	**3점**
② 아리스토텔레스	**3점**
③ 열등한/저급한	**4점**

[문제 48] 해제

***문항 해설**

이 글은 제2차 세계 대전 이후 자본주의 황금시대를 가능케 한 원동력으로서 포드주의적 생산 방식에 대해 설명하고 있다. 과학적 관리법인 테일러주의의 완성으로서 포드주의는 노동을 구상과 실행으로 구분했을 뿐 아니라 노동의 전 과정을 기계 시스템에 통합하여 일관 생산 체제를 구성했다. 이는 엄청난 생산성의 향상을 불러왔으나, 공급과 수요 사이의 간극을 넓혀 세계 대공황 및 제2차 세계 대전이라는 파국을 일으키는 원인으로 작용했다. 종전 이후 선진 자본주의 국가들은 계급 타협을 통해 노동권의 보호와 수요의 상승을 도모했고, 결과적으로 포드주의가 자본주의 황금시대의 원동력이 될 수 있었다.

이 글의 주제는 '제2차 세계 대전과 자본주의 황금시대의 원인이 된 포드주의'로 볼 수 있으며, 1문단은 포드주의적 생산 방식의 특징, 2문단은 포드주의적 생산 방식의 부작용, 3문단은 자본주의 황금시대의 원동력이 된 포드주의와 냉전 체제, 4문단은 복지 국가 모델의 도입을 통한 자본주의의 번영을 논하고 있다고 볼 수 있다.

마지막 문단에서는 포드주의적 생산 방식이 테일러주의의 한계를 극복하고 새로운 대안으로서 자본주의의 원동력으로 작용하는 효과를 내게 되었음을 설명하며, 이를 파국의 원인에 대한 반성에서 나왔음을 밝히고 있다. 이때 '반(反)자본주의적 요소들이 자본주의에 삽입된 복지 국가 모델'이나 '국가가 자본의 이윤을 제한하고 시장에 개입해야 한다는 생각'을 주요하게 파악함으로서, '국가의 시장 개입'이라는 표현을 찾아낼 수 있다.

***채점 기준**

- ①, ②를 정확하게 쓴 경우만 정답으로 인정함.
- 제시된 답안 이외에는 모두 오답으로 처리함.

답안	배점
① 시장	**5점**
② 개입	**5점**

[문제 49] 해제

***문항 해설**

1문단에서 전자의 세계에서 중력은 전자의 운동에 영향을 거의 미치지 못한다고 설명하고 있으며, 그래서 과학자들은 전자를 제어하기 위한 수단으로 자기장에 관심을 갖고 관련 연구들을 수행해 왔다고 밝히고 있다. 그리고 이후 에드윈 홀의 1879년 연구, 1980년에 클리칭의 연구, 이후 로플린 등의 연구를 통해 더욱 정교한 실험이 행해지며 '전자의 운동'에 관해 발견된 사실들에 대해 설명하고 있다. 그러므로 자기장이 '전자의 운동(움직임)'에 미치는 영향이라고 서술해야 한다.

***채점 기준**

- ①, ②를 정확하게 쓴 경우만 정답으로 인정함.
- 제시된 답안 이외에는 모두 오답으로 처리함.

답안	배점
① 자기장	**5점**
② 운동	**5점**

[문제 50] 해제

***문항 해설**

이 글은 검색 엔진에 사용되는 매칭 알고리즘에 대해 설명하고 있다. 웹 페이지들을 검색하기 위한 프로그램을 검색 엔진이라 한다. 검색 엔진에서는 검색어에 부합하는 웹 페이지를 찾아내는 매칭 알고리즘과, 찾아낸 웹 페이지에 순위를 매겨 보여 주는 랭킹 알고리즘이 순서대로 작동한다. 매칭 알고리즘은 검색어에 부합하는 웹 페이지를 전체 웹상에서 찾지 않고 인덱스를 통해 찾기 때문에 검색에 소요되는 시간을 줄일 수 있다. 인덱스를 구성하는 방식에는 웹 페이지 번호를 부여하는 방식, 단어 위치 방식, 태그를 이용하는 방식이 있다. 웹 페이지 번호를 부여하는 방식과 달리 단어 위치 방식은 큰따옴표를 사용하여 복수의 단어를 입력했을 때 정확하게 일치한 웹 페이지만 찾아낼 수 있다는 장점이 있다. 또한 단어 위치 방식과 달리 태그를 이용하는 방식은 특정 서식에 사용된 단어를 포함한 웹 페이지만을 찾아낼 수 있다는 장점이 있다. 이처럼 매칭 알고리즘의 개발자들은 사용자가 원하는 검색어를 포함하면서도 동시에 적은 개수의 웹페이지만 찾는 방법을 고민해 온 것이다. 이러한 검색 엔진에서의 매칭 알고리즘과 인덱스의 구성 방식과 관련된 글을 읽어낸 후 실제 사례에 적용할 수 있는지를 확인하고자 한다.

***채점 기준**
- ①, ②를 정확하게 쓴 경우만 정답으로 인정함.
- ②는 (1-9), (2-2), (3-8)를 모두 쓰면 6점, 일부 오류가 있다면 각 2점의 부분 점수를 배점함.
- 제시된 답안 이외에는 모두 오답으로 처리함.

답안	배점
① 웹 페이지 3	**4점**
② (1-9), (2-2), (3-8)	**6점 (각 2점)**

[문제 51] 해제

***문항 해설**

제시문에서 갈레노스는 간에서 생성된 정맥피의 일부가 우심실에서 좌심실로 이동한 후, 폐정맥에서 유입된 공기와 만나 동맥피가 되어 몸의 각 기관을 지난다고 설명한다. 이때 동맥피는 온몸에 생기를 전해 주면서 '소모'된다고 말했다. 그러나 하비는 좌심실에서 나와 각 기관을 '순환'한 피가 우심방, 우심실을 거쳐 폐를 지나 좌심방에서 다시 좌심실로 순환된다는 것을 증명함으로써 '피의 순환 이론'을 널리 받아들이게 하였다.

***채점 기준**
- ①~③의 각 항목을 정확하게 기술한 경우에만 정답으로 인정함.
- 제시된 답안 이외에는 모두 오답으로 처리함.

답안	배점
① 공기	**3점**
② 소모	**3점**
③ 순환	**4점**

[문제 52] 해제

***문항 해설**

하비의 의견에 반대하는 사람들은 자신의 팔을 묶어 동맥과 정맥이 연결되어 있으며 피가 순환된다는 것을 증명하고자 했던 행위에 대해 동맥과 정맥의 말단이 연결된 통로를 찾을 수 없으니 타당하지 않다고 지적했다. 그러나 제시문 마지막 문단의 밑줄친 부분에 이어 나오는 내용에서 '말피기가 새로 발명된 현미경으로 모세혈관을 발견'하면서 '피의 순환 이론'이 널리 받아들여질 수 있었음을 설명하고 있다. 따라서 '새로운 관찰 도구'인 '현미경'의 '발명'으로, 동맥과 정맥의 말단을 연결하는 통로인 '모세혈관'을 '발견'함으로써 하비의 이론이 널리 받아들여지기 시작했다고 볼 수 있다.

***채점 기준**
- ①, ②를 정확하게 쓴 경우만 정답으로 인정함.
- 제시된 답안 이외에는 모두 오답으로 처리함.

답안	배점
① 현미경	**5점**
② 모세혈관	**5점**

[문제 53] 해제

***문항 해설**

(가)는 식민통치·위안부·독도 문제 등에 일본 집권층의 역사인식에 심각한 문제가 있으니 비판을 강화하자는 주장으로, 피해자인 한국의 특수한 입장이 우선 고려되어 가해자의 진심어린 반성이 우선되어야 한다는 시각으로 "민족주의"적 관점이 강하다. 그러므로 ㉠ 단일민족주의를 골라야 한다.

한편, (나)는 한국과 일본이 모두 자국 중심적인 관점에서 상반된 주장을 하고 있기 때문에 화해가 불가능하니, 논쟁 구조를 벗어나야 한다는 시각이다. 한국이 피해자의 특수성을 내세워 양쪽의 차이를 강조할수록 일본도 더욱 방어적으로 반응하는 악순환에 빠질 것이다. 그러므로 양쪽이 자국중심적 관점에서 한 걸음 물러나 성찰적으로 접근해야만, 서로를 방어적으로 만들지 않는 신뢰를 형성해야 한다는 시각이다. 그러므로 ㉡ 탈민족주의를 골라야 한다.

***채점 기준**
- ①, ②를 정확하게 쓴 경우만 정답으로 인정함.
- 제시된 답안 이외에는 모두 오답으로 처리함.

답안	배점
① ㉠ 단일민족주의	**5점**
② ㉡ 탈민족주의	**5점**

[문제 54] 해제

***문항 해설**

도표에 따르면, 작업실 종사원이 가장 많은 임금을 받으려면 69.30파운드를 선택하는 것이 바람직할 것이나, 연구개발실 종사원보다 상대적으로 임금이 1파운드 낮기 때문에 만족스럽지 못할 것이다. 그래서 임금은 최고 금액을 받을 수 있는 선택지와 비교했을 때 2파운드 적지만, 작업실 종사원이 연구 개발실 종사원보다 1파운드 더 많이 받는 선택지를 골랐을 것으로 판단할 수 있다.

그러므로 '자신이 속한 사회적 집단이 정체감의 중요한 부분을 제공하며 내집단이 다른 집단에 비해서 상대적으로 우월하다는 인식에서 자기 정체감에 대한 자긍심을 느낀다는 것이다.'와 같은 내용을 통해 내집단이 외집단보다 우월한 위치를 점하는 데서 비롯되는 사회 정체감에 대한 자긍심을 느끼려는 사람들의 경향을 설명할 수 있음을 이해하면 답을 적을 수 있을 것이다.

*채점 기준
- ①, ②를 정확하게 쓴 경우만 정답으로 인정함.
- 제시된 답안 이외에는 모두 오답으로 처리함.

답안	배점
① 자신이	**5점**
② 것이다	**5점**

[문제 55] 해제

*문항 해설
이 글은 다양성과 차별성, 불확실성, 모순성을 지닌 사회 현상을 분석하기 위한 새로운 방법으로 공간의 개념에 주목할 것을 강조한 푸코의 주장을 소개하고 있다. 근대 이후 서구에서는 시간적 연속성을 바탕으로 한 인과 관계와 역사의 선형적 흐름에 초점을 두면서 인간 존재와 사회 현상의 시간적 변천에 주목하였다. 이는 현실에서 발생하는 복잡하고 다양한 문제 상황들을 제대로 해결할 수 없다는 한계를 드러내게 되었는데, 푸코는 이를 극복하기 위한 방안으로 공간의 개념을 강조하였으며, 관계에 따른 '배치'로 공간을 설명하고자 하였다. 공간들의 관계망에 의해 형성되는 다양한 배치들 가운데 푸코가 관심을 가진 것은 유토피아와 헤테로토피아이다. 유토피아는 실제 공간이 없는 배치로서, 완전히 질서 잡힌 사회 자체이거나 사회에 완전히 대립하는 공간이라고 생각했다. 반면 헤테로토피아는 모든 문화에 존재하는 실질적인 공간으로, 지금의 구성된 현실에 어울리지 않는, 일반적인 배치와 어긋나고 규율과 질서의 범위를 넘어서는 반(反)-배치의 공간이라고 규정하였다. 공간에 대한 새로운 인식 전환을 제안하며 푸코의 언급한 헤테로토피아는 사회 및 우리가 살아가는 공간에 대한 이의 제기를 통해 현실의 환상성을 고발하고 현실을 성찰하게 한다는 점에서 그 의의를 찾을 수 있다.
답은 ㉣, ㉤, ㉥이고, 3가지를 모두 골라야 한다.
㉣의 '유토피아적 공간은 사회의 일상성에 균열을 내어 우리가 살아가는 현실을 통찰하도록 하는 기능을 수행한다.'는 설명은 '헤테로토피아적 공간'에 대한 설명이지 유토피아적 공간에 대한 설명은 아니다. 5문단에서 헤테로토피아는 공간과 관련된 한 사회의 정상적 기능에 균열을 내는 이의 제기의 공간으로 규율과 질서에 대한 저항성을 내포하고 있다고 하였다. 또한 6문단에서도 헤테로토피아가 만들어 내는 비일상적 균열은 우리가 살아가는 사회 현실을 다시 바라보게 하고 그에 대한 통찰을 제시한다고 하였기 때문에 설명 자체는 옳지만, 유토피아적 공간이 아니라, '헤테로토피아적 공간'에 대한 것임을 파악할 수 있다.
㉤의 '반(反)-배치의 공간으로서 헤테로토피아는 현실의 무질서함이 반영되어 있으므로, 이상적 유토피아적 공간과는 반대되는 반(反)이상향적 공간이다.'라는 설명은 5문단의 내용을 통해 틀렸음을 확인할 수 있다. 헤테로토피아는 현실의 환상성을 고발하는 새로운 환상을 보여주는 공간을 만들어 지금의 현실이 환상에 불과함을 폭로하거나, 현실의 무질서를 보여주는 완벽하게 정돈된 공간을 만들어 일상의 공간에 이의를 제기하고 현실을 성찰하게 한다고 설명한다. 그리고 그 대표적인 예로 정원을 제시하는데, 정원은 자연성의 환상을 창출하면서도 자연의 완전한 세계의 상징으로서 두 가지 양상이 모두 반영되어 있기 때문이다. 그러므로 헤테로토피아가 현재의 현실에 어울리지 않는 정상성을 벗어난 이질적 공간으로 규정되었기는 하지만, 반(反)이상향적 공간이라고 단정할 수는 없다.
㉥의 '푸코가 제안한 공간에 대한 인식 전환은 근대 이후 서구의 많은 사상가들이 시간적 연속성을 바탕으로 한 인과 관계를 불확실하거나 우연적인 것으로 인식하게 하는 데 영향을 주었다.'는 내용은 제시문에서 확인할 수도 없을 뿐만 아니라, 서구 사상가들이 시간적 연속성을 바탕으로 한 인과 관계와 역사의 선형적 흐름에 초점을 두면서 인간 존재와 사회 현상의 시간적 변천에 주목했다고 한 1문단의 내용을 토대로 적절하지 않음을 알 수 있다.

*채점 기준
- ①~③을 정확하게 쓴 경우만 정답으로 인정함.
- ①~③의 순서가 바뀌어도 정답으로 인정함.

답안	배점
① ㉣	**3점**
② ㉤	**3점**
③ ㉥	**4점**

[문제 56] 해제

*문항 해설
자원이 한정되어 있는 상황에서는 서로 다른 개체 간에는 자원을 차지하기 위한 '경쟁'이 불가피하다. 그러므로 ⓐ에는 기생충과 숙주 사이에 일어나는 '경쟁 관계'를 서술해야 한다. 한편 곤충과 꽃이 서로 도우며 더불어 사는 데 성공함으로써 제시문에서 말하는 '공생'에 성공했음을 보여준다. 그러므로 ⓑ에는 '상리 공생 관계'나 '협력 관계'와 같은 표현이 적합하다.

*채점 기준
- ①, ②를 정확하게 쓴 경우만 정답으로 인정함.
- 제시된 답안 이외에는 모두 오답으로 처리함.

답안	배점
① 경쟁 관계 ('경쟁'만 써도 정답으로 인정함)	5점
② 상리 공생 관계 ('공생'이나 '공생 관계', '협력 관계'도 정답으로 인정함)	5점

3. 문학 영역

[문제 1] 해제

*출제 의도
작품의 심층적 이해를 묻는 문항이다. 작품에 대한 역사적 이해를 전제로, 작품의 구체적인 맥락을 따라가면서 제시된 시행의 의미를 이해하고 이를 쓸 수 있다.

*문항 해설
윤동주의 「또 다른 고향」은 1인칭의 고백적인 발화가 주로 이루어지는 작품이다. 제목에서부터 화자가 안주할 수 없는 심리적 기반이 엿보인다. 작품의 서술적 얼개를 살펴보면 화자가 고향에 돌아왔지만 거기엔 죽음의 그림자가 드리워져 있는 암울한 상황이다. 고향과 우주로 확대된 공간의 인식은 3연에 이르면 '풍화작용하는 백골을 들여다 보며' 우는 화자가 제시된다. 화자는 이를 의문의 방식으로 "내가 우는 것이냐/백골이 우는 것이냐/아름다운 혼이 우는 것이냐"고 묻고 있는데, 이 질문이 철저하게 내면에서 이루어지는 것이라는 점에서 화자의 내적 괴로움을 추측할 수 있고, 일반적인 자아가 백골과 아름다운 혼으로 분열되어 있다는 점도 파악할 수 있다. 문제는 분열된 작가가 드러난 연을 찾으라고 했으므로 3연을, 분열된 자아를 표상하는 두 개의 시어를 찾으라고 했으므로 "백골"과 "혼"을 찾을 수 있다.

*채점 기준
- ①, ②의 각 항목이 정확하게 기술된 경우에만 정답으로 처리함.
- ①에 대해서는 표현 방법이 다르더라도 3연 전체를 지시하면 정답으로 처리함.(단, 3연의 일부분에 대한 지시는 오답으로 처리함.)
- ②에 대해서는 '백골', '혼'이 모두 정확하게 기술되어야 정답으로 처리함. 단 배열 순서는 상관 없음.
- 정답 외에 다른 답안을 추가로 기술한 경우는 오답으로 처리함.

답안	배점
①: 3연 또는 '어둠~것이냐' 또는 '어둠 속에 곱게 풍화작용하는 백골을 들여다보며 눈물짓는 것이 내가 우는 것이냐 백골이 우는 것이냐 아름다운 혼이 우는 것이냐'	**4점**
② 백골, 혼	**6점**

[문제 2] 해제

*출제 의도
이 문항을 통해서 개별 문학 작품을 그 작품이 속한 사조와의 관련성 속에서 이해하여 작품의 구체적인 시어와 시행이 갖는 의미를 파악할 수 있는지를 평가하고자 하였다. 또한 문학 작품의 내용과 형식의 유기적 연관성을 이해하고 작품 자체를 하나의 언어 예술로서 감상할 수 있는 능력을 평가하고자 한다. 아울러 작품의 내용은 인간의 삶과 관련된 주제 의식으로 구현되며 이러한 주제 의식은 문화적, 관습적으로 형성된 문학 고유의 언어 형식으로 표현됨을 이해할 수 있는지 확인하고자 한다. 나아가 이러한 문학적 표현이 사조라는 문학공동체와 어떤 연관성 속에 놓여 있는지를 음미하면서 작품을 감상할 수 있는지를 평가하고자 하였다.

*문항 해설
이 시는 현대문명의 폭력성 비판 및 극복의지를 나타내고 있다. 1연에서는 극한적인 상황에서 방향을 잃은 흰나비의 모습이 나타나고, 2연에서는 작열한 심장과 투명한 광선에 의해 차단당한 나비의 안막이 나타나고, 3연에서는 억압적인 상황에 억눌려서 말없이 날개를 파닥거리는 흰나비가 나타난다. 4~5연에서는 절망적인 상황을 벗어나고자 하는 흰나비의 의지와 염원이 나타나는데, 구체적으로 "또 한번 스스로의 신화와 더불어 대결하여본다"에서는 적극적인 태도를 통해 현실 극복 의지를 드러내고 있다.

*채점 기준
- ①, ②를 각각 정확하게 쓴 경우만 정답으로 인정함.

답안	배점
① 또	**5점**
② 대결하여본다	**5점**

[문제 3] 해제

*출제 의도
설화의 세계관과 구조 등에 대한 이해를 바탕으로, 구체적 소재가 작품 안에서 갖는 의미와 기능을 파악할 수 있는지를 평가하고자 하였다. 「흥부전」이라는 고전소설이 설화라는 서사갈래와 어떤 연관성을 갖고 있는지를 작품에 대한 분석적인 이해와 문학사적 맥락에 대한 지식을 근거로 파악할 수 있는지를 평가하고자 하였다. 이를 통해 학생이 한국 문학의 다양성과 전개 양상을 알고 있는지 그리고 이를 토대로 한국 문학에 대한 입체적이고 포괄적인 이해를 갖추고 있는지를 살피고자 하였다.

*문항 해설
놀부는 흥부의 행동을 모방하여 '박씨'를 받지만, 그 '박씨'가 초래하는 결과는 다르다. 흥부가 받는 박씨에는 '보은표(報恩瓢)'라 새겨있고, 놀부가 받는 박씨에는 '보수표(報讐瓢)'가 새겨져있었다. '보은표(報恩瓢)'는 '은혜를 갚는 박'이란 뜻으로, 제비가 그 박을 통해 흥부가 베푼 은혜에 보답한다는 것을 알 수 있다. 반면, '보수표(報讐瓢)'는 '원수를 갚는 박'이란 뜻으로, 제비가 그 박을 통해 놀부의 악행을 되갚으려 한다는 것을 알 수 있다.

*채점 기준
- ①, ②를 정확하게 쓴 경우만 정답으로 인정함.
- ①, ②의 순서는 상관 없음.
- '한글(한자)'의 형식으로 답안을 작성했을 때, 한글은 맞고 한자 표기가 틀린 경우 정답으로 인정함. 단, '한자'만으로 답안을 작성했을 때, 한자가 틀렸을 경우 오답으로 처리함.

답안	배점
① 보은표	**5점**

('보은표(報恩瓢)', '報恩瓢'도 정답으로 인정함.)	
② 보수표 ('보수표(報讐瓢)', '報讐瓢'도 정답으로 인정함.)	5점

[문제 4] 해제

***출제 의도**

고등학교 교육과정에서 문학 작품의 내용과 형식의 유기적 연관성을 이해하고 작품 자체를 하나의 언어 예술로서 감상할 수 있는지를 평가하기 위해 출제하였다. 소설에서 배경묘사는 작품의 주제를 구현하는 데 중요한 기여를 한다. 특히 「달밤」은 작품의 배경이 주제 전달에 구체적인 기여를 한다. 비유법을 통해 서정적 분위기를 조성하는 구체적인 양상을 파악할 수 있는지를 평가하고자 했다. 고교 교육과정을 착실히 이행한 응시자라면 충분히 이해할 수 있는 소설인 이태준의 「달밤」을 제재로 문항을 구성하였다.

***문항 해설**

이태준의 「달밤」에서 배경묘사는 작품의 주제를 구현하는 데 중요한 기여를 한다. 특히 "문안에 들어갔다 늦어서 나오는데 불빛 없는 성북동 길 위에는 밝은 달빛이 깁을 깐 듯하였다."는 문장에서 '밝은 달빛'은 '밤'이라는 시간적 배경을 나타내는 동시에 그것이 '깁'을 깐듯하다는 비유법을 통해 서정적인 분위기를 조성한다.

***채점 기준**

- ①, ②를 각각 정확하게 쓴 경우만 정답으로 인정함.

답안	배점
① 밝은 달빛 ('달빛'도 정답으로 인정함.)	5점
② 깁	5점

[문제 5] 해제

***출제 의도**

문학에서 소재는 작품의 주제 및 분위기 형성에 있어 다양한 기능을 한다. (가)의 '존재의 테이블'과 (나)의 '구부러진 길'은 둘 다 삶의 의미나 가치를 발견하게 하는 역할을 한다. 이 문제에서는 '존재의 테이블'과 '구부러진 길'과 관련된 소재들을 통해 전달하는 의미, 분위기 조성, 시상의 전개 등을 파악할 수 있는지를 묻고자 하였다. 또한 시와 수필이라는 서로 다른 문학의 갈래를 함께 엮어 읽음으로써 작품이 갖고 있는 상호텍스트성을 파악하고 더 깊은 의미를 깨닫는 문학적 체험을 할 수 있는지를 평가하고자 하였다. 고교 교육과정을 착실히 이행한 응시자라면 충분히 이해할 수 있는 시와 수필을 제재로 문항을 구성하였다.

***문항 해설**

시행 "나비의 밥그릇 같은 민들레를 만날 수 있고"에서 '나비의 밥그릇 같은 민들레'는 '밥 먹으라고 부르는'과 연결되어 다른 누군가를 먹여 살리는 이미지를 전달한다. 그리고 '꽃문양'은 '존재의 테이블'에 새겨진 문양으로 그것의 구체적 외양을 설명해준다. 아울러 "새겨진 꽃문양 사이사이로 먼지가 끼어 가는 걸 보면서 내 마음이 그 모습 같거니 생각할 때도 많았다. 그토록 애착을 느꼈으면서도 어느 순간 잡동사니 속에 함부로 굴러다니며 삐걱거리게 된 그 테이블을 볼 때마다 나는 새삼 씁쓸해지고는 한다."에서는 '작은 꽃문양'에 먼지가 낀 모습을 통해 글쓴이가 겪은 바쁜 일상의 영향을 보여주고 있다.

***채점 기준**

- ①, ②를 각각 정확하게 쓴 경우만 정답으로 인정함.

답안	배점
① 나비의 밥그릇 같은 민들레를 만날 수 있고	5점
② 꽃문양 ('작은 꽃문양', '새겨진 꽃문양'은 오답으로 처리함.)	5점

[문제 6] 해제

***출제 의도**

작품의 구절이 갖는 의미를 전체적인 맥락에서 파악할 수 있는지를 묻고자 하였다. 이 작품은 '나'가 자신의 삶을 돌아볼 수 있는 여유를 찾고자 마련했던 '존재의 테이블'이 실제 자신의 생활 속에서 그 기능을 온전히 수행하기까지 겪었던 어려움을 돌아보고, '존재의 테이블'을 통해 자신을 돌아보면서 깨닫게 된 삶의 의미를 다루고 있다. 여기에서는 그러한 삶의 의미 찾기가 구체적으로 나타나는 과정을 파악할 수 있는지를 묻고자 하였다. 또한 시와 수필이라는 서로 다른 문학의 갈래를 함께 엮어 읽음으로써 작품이 갖고 있는 상호텍스트성을 파악하고 더 깊은 의미를 깨닫는 문학적 체험을 할 수 있는지를 평가하고자 하였다. 고교 교육과정을 착실히 이행한 응시자라면 충분히 이해할 수 있는 시와 수필을 제재로 문항을 구성하였다.

***문항 해설**

글쓴이는 학교 일, 집안일, 육아 등을 하느라 힘든 삶 속에서도 자신의 존재만을 위한 시간을 마련하는 과정에서 존재의 테이블을 잘 만져서 바로잡고 아주 공들여서 먼지를 닦는다. 이러한 행동에서 '존재의 자리'를 마련하려는 정성스러운 '나'의 마음가짐을 확인할 수 있다.

***채점 기준**

- ①, ②를 각각 정확하게 쓴 경우만 정답으로 인정함.

답안	배점
① 그러다가도	5점
② 있다	5점

[문제 7] 해제

***출제 의도**

문학의 개념을 준거로 하여 작품을 이루는 다양한 요소를 분석하고 감상할 수 있는 능력을 평가하고자 하였다. 역설이 상호배타적 관계에서 발생하는 것을 시의 언어들이 표현되는 방식 속에서 파악하고 이를 통해 어떤 미적 효과가 나타나는지를 이해하고 있는지를 평가하고자 하였다.

***문항 해설**

①: '희망'은 어떤 일을 이루거나 하기를 바라는 상태이므로 '절망이 없'고 희망만 있는 상태는 있을 수 있다. 하지만 '희망이 없는' 상태와 '희망'을 가진 상태는 동시에 성립할 수 없다는 점에서 '희망이 없는 희망'은 역설에 해당하며, 이를 통해 '절망'과 연계되어 생겨난 '희망'이 진정한 희망이 될 수 있다는 깨달음을 전달하고 있다.

②: "'하다'를 선택하는 것"과 "'그만두다'를 선택하는 것"은 동시에 일어날 수 없기 때문에 상호배타적인 관계이다.

***채점 기준**

- ①, ②를 각각 정확하게 쓴 경우만 정답으로 인정함.

답안	배점
① 역설	**4점**
② 상호배타적 (관계)	**6점**

[문제 8] 해제

***출제 의도**

문학 갈래의 특징과 성격을 바탕으로 작품을 분석하고 감상할 수 있는 능력을 평가하고자 하였다. 대상을 관찰하고 기록하여 영구히 기억하고자 하는 것을 목적으로 하는 '기'라는 한문 양식이 갖는 특징을 한국문학을 대표하는 고전 작품을 통해 파악하고 이해하고 있는지를 평가하고자 하였다.

***문항 해설**

①: '관직에 있으면서 공금을 농간하여 그 남은 것을 훔치겠는가.'에서 글쓴이는 관직자로서 공금을 농간하면 안 된다는 관직자가 마땅히 가져야 할 삶의 자세를 의문형 문장으로 전달하고 있다.

②: '초천(苕川)에 돌아와서야 문미(門楣)*에 써서 붙이고, 아울러 이름 붙인 까닭을 적어서 어린아이들에게 보인다.'에는 초천에 돌아와 살게 된 정약용이 자신의 깨달음을 전하기 위해 집의 이름을 짓고 글을 썼음이 분명히 드러난다.

***채점 기준**

- ①, ② 각각 첫 어절과 마지막 어절을 순서대로 정확하게 쓴 경우만 정답으로 인정함.
- ②에서 '한글(한자)'의 형식으로 답안을 작성했을 때, 한글은 맞고 한자 표기가 틀린 경우 정답으로 인정함. 단, '한자'만으로 답안을 작성했을 때, 한자가 틀렸을 경우 오답으로 처리함.

답안	배점
① 관직에, 훔치겠는가	**5점**
② 초천에, 보인다('초천(苕川)에'도 정답)	**5점**

[문제 9] 해제

***출제 의도**

문학 작품에서 활용되는 다양한 표현상의 특징을 이해하고, 구체적 작품에서 그것이 가지는 효과를 파악할 수 있는지를 평가하고자 하였다. 문학 작품은 하나의 언어 예술로서 작품의 내용과 형식의 유기적 연관성을 이해하고 감상할 수 있는 능력이 중요하다. 그러므로 작품의 형식적 요소가 작품의 내용을 드러내는 데 어떻게 기여하는지를 살펴보고 작품의 내용이 작품의 형식적 요소와 어떻게 어울리는지를 이해하며 감상할 수 있는 능력을 평가하고자 하였다. 정극인의 「상춘곡」이란 고전시가의 대표적인 문학 작품을 통해 한국 문학의 전통과 특질을 파악하고 감상할 수 있는지도 평가하고자 하였다.

***문항 해설**

'답청(踏靑)일랑 오늘 하고 욕기(浴沂)일랑 내일 하세/아침에 채산(採山)하고 저녁에 조수(釣水)하세'

여기에서 '오늘'과 '내일'이 대등한 위상을 가진 채 시간적 순서를 기준으로 병렬되어 있고, 두 번째 행에서는 '아침'과 '저녁'이 시간적 순서를 기준으로 계기적 병렬을 이룬다. 이를 통해 분주하게 봄날을 즐기는 화자의 일상을 파악할 수 있다.

***채점 기준**

-①, ②를 정확하게 쓴 경우만 정답으로 인정함.
-①, ②의 순서는 상관 없음.

답안	배점
① 오늘(과) 내일 ('내일, 오늘' 순서로 작성된 답안은 오답으로 처리함)	**5점**
② 아침(과) 저녁 ('저녁, 아침'의 순서로 작성된 답안은 오답으로 처리함)	**5점**

[문제 10] 해제

***출제 의도**

전쟁을 배경으로 한 작품을 통해 한국문학사에서 전쟁 소재 문학의 중요성을 알고, 이를 작품 분석의 실제에 적용함으로써 소재와 주제를 기반으로 한 문학 작품 이해 능력을 평가하고자 하였다. 한국 전쟁을 다룬 시와 소설을 감상하고 같은 소재를 갈래별로 어떻게 형상화했는지를 비교하며 감상하고 이 과정을 통해 문학 작품에 반영된 시대 현실을 잘 읽어낼 수 있는지를 평가하고자 하였다.

***문항 해설**

(가)와 (나)는 공통적으로 6.25 전쟁을 배경으로 한 문학 작품이다. (가)와 (나)에는 전쟁이라는 극한 상황에 대한 서로 다른 인식이 작품의 주요 소재를 통해 드러난다. 가령 작품 안에서 '눈'은 시각적 이미지나 촉각적 이미지를 나타내는 표현과 결합하여 겨울이라는 계절적 배경을 나타낼 뿐만 아니라, 비극적이고 냉혹한 전쟁의 속성을 강조하는 데에 사용된다. 한편 (나)에서는 '개나리' 폐허가 된 삶의 터전과 대비를 이루면서 전쟁으로 인한 부정적 상황에서 화자의 의식이 긍정적인 방향으로 전환되게 하는 소재로서 기능을 하고 있다.

***채점 기준**

- ①, ②를 각각 정확하게 쓴 경우만 정답으로 인정함.

답안	배점
① 눈	**5점**
② 개나리	**5점**

[문제 11] 해제

***출제 의도**

시적 대상이란 개념을 정확하게 파악하고 이를 기반으로 시를 분석할 줄 하는 능력을 평가하고자 하였다. 문학 작품의 내용과 형식이 어떻게 긴밀하게 연관되어 있는지를 구체적인 작품을 통해 이해하고 한국문학의 대표적인 작품을 감상하며 갈래별 특징을 파악하며 감상할 수 있는지를 평가하고자 하였다.

***문항 해설**

시적 대상이란 시인이 주제를 형상화하기 위해 제시하는 모든 소재를 지칭한다. 이러한 시적 대상에는 특정한 인물이나 자연물, 사물과 같이 구체적 형태를 지닌 것도 있지만, 특정한 관념이나 상황, 정서와 같은 무형의 것도 있다. (가)에서 대상을 의인화한 시어는 '고기'다. '고기'는 자연을 즐기는 시적 화자의 감정이 이입된 시적 대상이다. 그리고 (나)에서 색채 이미지가 활용된 시어 '새하얀 새'는 캄캄한 어둠과 대비되어 새로운 세상이 열리기를 바라는 시적 화자의 소망을 형상화한 시적 대상이다.

***채점 기준**

- ①, ②를 각각 정확하게 쓴 경우만 정답으로 인정함.

답안	배점
① 고기	**5점**
② 새하얀 새(여)	**5점**

[문제 12] 해제

***출제 의도**

고전 시가의 분석을 통해 고전 시가의 특성을 파악하고, 시어의 활용이 작품의 분위기나 화자의 정서 중요한 관련성이 있음을 이해하는 능력을 평가하고자 하였다. 한국문학을 대표하는 고전 시가 작품을 감상하면서 한국문학의 전통과 특질을 이해하며 비평할 수 있는지를 평가하고자 하였다.

***문항 해설**

(가)에는 학문을 깨우치는 즐거움과 자연을 즐기는 자세가 형상화되어 있는데, (가)의 '제6수'에서는 세상 사람들에게 강학을 하고자 하는 태도 외에도 자연에서 유유자적하고자 하는 삶의 태도가 나타나고 있다. (나)에는 암울한 시대적 상황에도 불구하고 부정적인 현실을 극복하고자 하는 의지가 형상화되어 있다. (나)의 초반부에는 부정적인 현실이 묘사되고 있으나, 시행 '저 남산 꽃산에'서부터 동경하는 세계를 형상화하는 비유적인 시어가 처음으로 등장한다. 이 부분부터 부정적인 현실을 개선하고자 하는 화자의 바람이 나타나기 시작한다.

***채점 기준**

- ①, ②를 각각 정확하게 쓴 경우만 정답으로 인정함.

답안	배점
① (제)6(수)	**5점**
② 저 남산 꽃산에 ('저 남산 꽃산에' 대신에 '9행'으로 쓴 답안도 정답으로 인정)	5점

[문제 13] 해제

***출제 의도**

제시문 이식의 「왜송설」을 읽고 종합적인 이해와 감상을 위하여 작품의 소재가 가지고 있는 의미를 이해하고 있는지 이해능력을 평가하고자 하였다. 설이란 갈래가 가진 형식적 특징과 그 내용이 어떻게 긴밀하게 연결되어 있는지, 그리고 한국 문학의 대표적인 작품을 통해 한국 문학의 전통과 특질을 이해하며 감상할 수 있는지를 평가하고자 하였다.

***문항 해설**

제시문에서 이식은 왜송을 교언영색하고 곡학아세하는 사람으로, 송죽은 호연지기를 지닌 군자의 모습으로 비유하고 있다.

***채점 기준**

- ①, ②를 정확하게 쓴 경우에만 정답으로 인정함.
- 단, '한글(한자)'의 형식으로 답안을 작성했을 때, 한글은 맞고 한자 표기가 틀린 경우 정답으로 인정함. 단, '한자'만으로 답안을 작성했을 때, 한자가 틀렸을 경우 오답으로 처리함.

답안	배점
① 왜송('왜송(矮松)')	**5점**
② 송백('송백(松柏)')	**5점**

[문제 14] 해제

***출제 의도**

문학 작품에서 사용되는 시간 또는 공간과 관련된 소재는 작품의 주제를 형상화하는 데 중요한 역할을 한다. 이를 기반으로 한 작품 분석과 이해 능력을 평가하고자 하였다. 현대시와 고전설화가 갖는 형식적 특징과 내용적 특징을 비교하면서 한국 문학의 전통과 특질을 이해하며 작품을 감상할 수 있는지를 평가하고자 하였다.

***문항 해설**

문학 작품에서 사용되는 시간 또는 공간과 관련된 소재는 작품의 주제를 형상화하는 데 중요한 역할을 하는 구성요소이다. (가)에서 '해현'은 주인공이 인생무상이라는 깨달음을 얻게 되는 공간이다. (가)에서 주인공은 '해현'에서 발견된 돌미륵을 통해 꿈과 현실이 연결되어 있음을 확인하고, 비현실적 공간에서의 경험을 현실적 공간으로 확장하게 된다. (나)에는 죽은 '누이동생'에 대한 그리움과 슬픔이 다양한 소재를 통해 형상화되고 있다. 이러한 소재에는 시간 및 공간과 관련된 것도 있는데, '묘지', '무덤' 등은 화자가 누이에 대한 그리움을 심화시키는 공간적 배경으로 기능한다. 뿐만 아니라 (나)에는 시간을 나타내는 시어도 등장하는데, 그중에서도 화자의 감정이 투영된 수식어와 결합한 시어 '적막한 황혼'은 화자의 그리움과 슬픔을 효과적으로 전달하는 기능을 한다.

***채점 기준**
- ①, ②를 각각 정확하게 쓴 경우만 정답으로 인정함.

답안	배점
① 돌미륵	**4점**
② 적막한 황혼	**6점**

[문제 15] 해제

***출제 의도**
시적 표현의 개념과 시의 형식의 개념과 특성을 바탕으로 구체적인 작품을 분석할 수 있는 능력을 평가하고자 하였다.

***문항 해설**
① '여인은 나어린 딸아이를 때리며 가을밤같이 차게 울었다'에서 '울었다'라는 청각적 이미지를 '차게'라는 촉각적 이미지를 통해 표현한 감각의 전이를 통해 '여인'의 마음속에 가득했을 서러움을 인상적으로 드러내고 있다.
② '산(山)꿩도 섧게 울은 슬픈 날이 있었다'는 여인이 출가하면서 느꼈을 고통을 '산꿩'에 이입하여 드러내고 있다.

***채점 기준**
- ①, ② 각각 첫 어절과 마지막 어절을 순서대로 정확하게 쓴 경우만 정답으로 인정함.

답안	배점
① 여인은, 울었다	**5점**
② 산꿩도, 있었다	**5점**

[문제 16] 해제

***출제 의도**
시에서 드러난 시어와 형식적 특징들을 통해 시적 화자의 태도와 정서를 읽고 더 나아가 시의 주제를 파악할 수 있는지를 평가하고자 하였다. 윤동주의 시 '참회록'에서 거울을 들여다보는 행위, 거울을 닦는 행위 등이 갖는 의미를 이해하고 이를 통해 시의 화자가 고통스러운 현실을 어떠한 삶의 태도로 대하고 있는지를 감상하고 비평할 수 있는지를 평가하고자 하였다.

***문항 해설**
윤동주의 「참회록」은 처음부터 끝까지 부끄러움이라는 감정을 중심으로 자기성찰을 밀고나간 작품이다. 이 작품의 특이점은 그 성찰이 시의 화자에 의해서 통시간적으로 이루어짐으로써 생애 전체에 대한 자기 이해를 이루고, 이로써 암울하고 부정적인 현실을 견디고자하는 자기 각성에 이른다는 점이다. <보기2>의 ㉠ 현재의 부끄러운 고백을 다시 부끄럽게 떠올릴 미래에 대한 성찰은 작품의 3연에, ㉡ 화자는 고통스러운 현실을 회피하지 않고 담담하게 고독과 비애를 끌어 안고 걸어나가겠다는 삶의 태도는 이 작품의 5연에 잘 나타나고 있다.

***채점 기준**
- ①, ②를 정확하게 쓴 경우에만 정답으로 인정함.

답안	배점
① 내일이나, 했던가	**5점**
② 그러면, 온다	**5점**

[문제 17] 해제

***출제 의도**
극의 특성과 극 문학의 구성 요소를 파악하여, 작품의 구조와 내용을 이해할 수 있는 능력을 평가하고자 하였다. 희곡의 구성 요소인 해설, 지문, 대사를 분석하며 작품의 구조와 내용을 이해하고 이를 통해 작품의 주제를 파악하고 연행의 과정에서 독자에게 주는 효과를 이해하고 있는지를 평가하고자 하였다

***문항 해설**
①: 도식화된 표는 홍 기자가 기사의 소재가 될 때만 김창호에게 관심을 갖고 인터뷰를 하며, 기사의 소재가 되지 않을 때는 관심을 갖지 않음을 정리한 것이다.
②: '그러나 우리는 그 무한한 기능으로 인해 인간 부재의 매스컴에 이르지 않는가를 부단히 경계하고 자각해야 할 것이다.'에는 대중매체를 비판적으로 수용해야할 필요가 있다는 작품의 메시지가 드러나 있다.

***채점 기준**
- ①, ②를 정확하게 쓴 경우에만 정답으로 인정함.

답안	배점
① 김창호	**4점**
② 그러나, 것이다	**6점**

[문제 18] 해제

***출제 의도**
고전소설에 나타난 인물의 성격화 제시 방법을 이해하고, 주제와 관련하여 인물의 성격을 이해할 수 있는지를 평가하고자 하였다. 한국 문학의 대표적인 작품을 감상하면서 한국 문학의 전통과 특질을 파악하고 고전 소설의 갈래적 특징을 파악하면서 작품을 분석할 수 있는지를 평가하고자 하였다.

***문항 해설**
제시문 「상사동기」에 나타난 인물 김생의 성격화의 근거를 찾아 제시하면 된다.
㉠: '김생은 옛 연인이 있을 것으로 추측되는 집으로 들어가기 위해 의도적으로 꾸며낸 행동을 하여 상황을 조성 하는 장면은 김생이 유가행차 중 취기가 오른 장면, 제시문의 두 번째 문단에 나온다. "김생은 문득 옛날 일이 생각나 마음속으로 은근히 기뻐하며 짐짓 취한 듯 말에서 떨어져 땅에 눕고는 일어나지 않았다."는 장면은 김생이 술에 취해 말에서 떨어진 것처럼 연기하는 장면이다.

㉡: 다섯 번째 문단에서는 김생이 이미 깨어 있었으면서도 시치미를 떼고 주변 사람들에게 여기가 어디이고, 어떻게 여기에 오게 되었느냐고 묻는 장면이 나온다. 김생의 말은 "이곳이 어디입니까?", "내가 어떻게 해서 이곳에 왔습니까?" 이 두 대화이며, 이 대화의 첫 어절과 마지막 어절을 각각 쓰면 된다. 순서는 상관없다.

***채점 기준**

- ①~③ 각각 첫 어절과 마지막 어절을 순서대로 정확하게 쓴 경우만 정답으로 인정함.
- ②와 ③의 제시 순서는 바뀌어도 상관 없음

답안	배점
① 김생은, 않았다.	6점
② 이곳이, 어디입니까(?)	2점
③ 내가, 왔습니까(?)	2점

[문제 19] 해제

***출제 의도**

예술가의 삶과 작품에서 모티프를 얻어서 작성된 현대시 작품을 감상하고, 주제를 전달하기 위해서 시에서 활용된 압축된 이미지의 기능을 이해하면서 작품을 수용할 수 있는지를 평가하고자 하였다. 문학 작품이 내용과 형식이 긴밀하게 연관되어 있는지 그리고 작품이 하나의 완전한 구조물로서 어떻게 조직화되어 있는지를 이해하면서 작품을 감상할 수 있는지를 평가하고자 하였다.

***문항 해설**

① '손(등)' 또는 '손길': 이 작품은 기본적으로 화가 박수근의 작품과 인간 됨됨이를 보여주는 에피소드를 통해 작품의 주제화를 시도하고 있다. 작품의 전체에서 화가 박수근의 면모를 가장 압축적으로 보여주는 이미지는 손이다. 손은 화가에게 그림을 그리는 중요한 신체부분이면서, 작중에는 외출하기 전에 빨래를 개우는 소탈하고 다정한 모습을 비출 때에도 부각되는 이미지이다. 시의 화자는 이런 손의 이미지를 강조하기 위해서 장엄함, 멋쟁이 등의 형용사 사용하고 있다.

② (다) 슬픈 일(들): 작품 전체의 주도적이고 핵심적인 대상-이미지로 '손'을 들 수 있으며, 그러한 대상에 대한 화자의 감정은 '애상감'으로 그 애상감을 가장 압축적으로 보여주는 시어는 "슬픈 일들"이다.

***채점 기준**

- ①, ② 각각 정확하게 쓴 경우만 정답으로 인정함.

답안	배점
① '손(등)' 또는 '손길'	5점
② (다) 슬픈 일(들)	5점

[문제 20] 해제

***출제 의도**

제시된 현대시 작품을 분석적으로 이해하고, 작품에서 나타난 화자의 능동적 행위가 가지는 의미를 찾아서 제시할 수 있는지 평가하고자 하였다. 가장으로서 깊은 시름에 빠져 있는 화자가 느끼는 비애감이 어떤 비유와 표현방식을 통해 형상화되고 있는지를 평가하며 시를 감상할 수 있는지 평가하고자 하였다.

***문항 해설**

문제의 <보기>에 나오는 ㉠잠든 가족을 바라보며 화자가 느끼는 가족에 대한 연민과 애정의 이미지는 작품의 8행(바로 눕고 이불을 다독여 준다)과 15행(웅크리고 잠든 아내의 등에 얼굴을 대본다)에 나타난다. 다른 행들에는 가족을 향한 애틋한 시선을 있지만 문제에서 묻고 있는 화자의 행동은 두 행뿐이다.

***채점 기준**

- ①, ② 각각 첫 어절과 마지막 어절을 순서대로 정확하게 쓴 경우만 정답으로 인정함.
- ①과 ②의 제시 순서는 바뀌어도 상관 없음.

답안	배점
① 바로, 준다	5점
② 웅크리고, 대본다	5점

[문제 21] 해제

***출제 의도**

시의 형상화 방식과 표현 방식을 이해하며 시를 감상할 수 있는지를 평가하고자 하였다. 아이러니는 대립과 긴장이 발생하는 지점에 따라 '상황 기반 아이러니'와 '모순 형용 아이러니'로 나누어 생각해 볼 수 있다. 상황 기반 아이러니는 작품에 나타난 진술이 그 진술의 배경이 되는 상황과의 관계에서 대립과 긴장이 발생하는 것을 말한다. 그리고 '모순 형용 아이러니'는 작품에 나타나는 진술 자체에서 대립과 긴장이 발생하는 것을 말한다. 이러한 아이러니 이론을 실제 문학 작품에 적용하여 해석하는 능력을 평가하고자 한다.

***문항 해설**

(가)는 일상에서 수없이 접하는 '문'에 대한 인식을 새로운 시각으로 제시하고 있다. (가)에서는 '문'에 대한 새로운 인식을 전하는 표현 기법으로 (나)에서 설명하고 있는 두 종류의 아이러니가 활용됨을 확인할 수 있다. 먼저 (가)의 4연과 5연에서 '문'과 '담, 벽'이 의미적으로 연결될 때, 열림과 닫힘 또는 연결과 단절이라는 이항 대립에 의해 발생하는 '모순 형용 아이러니'를 확인할 수 있다. 그리고 2연에서는 '문'이 '열려 있다고 해서 / 언제나 열려 있지 않'에서는 '문'이 지닌 일반적인 속성과 어긋나는 상황을 제시한 것에서 '상황 기반 (아이러니)'가 나타나는 것으로 볼 수 있다. (가)에서는 이와 같은 두 종류의 아이러니를 통해 '문'에 대한 새로운 시각을 보여 준다.

***채점 기준**

- ①, ②를 정확하게 쓴 경우에만 정답으로 인정함.

답안	배점
① 모순 형용 (아이러니)	5점
② 상황 기반 (아이러니)	5점

[문제 22] 해제

***출제 의도**

작품에 대한 비평문을 읽고 이를 바탕으로 작품의 구조와 세부적인 내용을 분석하고 감상할 수 있는지를 평가하고자 하였다. 이를 통해 문학 작품이 내용과 형식이 긴밀하게 연관되어 이루어져 있으며 작품을 공감적, 비판적으로 수용하면서 감상할 수 있는지를 평가하고자 하였다.

***문항 해설**

①: 제시문의 두 번째 단락에는 할아버지의 가족들이 할아버지의 규칙제일주의에 의해 자유를 박탈당해 살아가는 모습이 나타나며, 여기에는 규칙을 강요하는 할아버지와 그 할아버지의 규칙에 순응하며 살아가는 가족들에 대한 비판적 태도가 드러난다.

②: '역사, 서 씨는 역사다, 하고 내가 별수 없이 인정하며 감탄이라기보다는 차라리 그 귀기(鬼氣)에 찬 광경을 본 무서움에 떨고 있는 동안에 그는 어느새 돌아왔는지 유령처럼 내 앞에서 자랑스러운 웃음을 소리 없이 웃고 있었다.'에서 '서 씨'는 자신의 행동을 보고 놀라는 '나' 앞에서 자랑스럽게 웃고 있다. 이를 통해 '서 씨'가 자기 삶의 방식에 대한 자긍심을 '나'에게 드러내고 있음을 확인할 수 있다.

***채점 기준**

- ①, ② 각각 첫 어절과 마지막 어절을 순서대로 정확하게 쓴 경우만 정답으로 인정함.

답안	배점
① 아침, 생활	**3점**
② 역사, 있었다	**7점**

[문제 23] 해제

***출제 의도**

고전 소설의 장르에 대한 설명을 바탕으로 작품 속 소재의 의미와 기능을 파악할 수 있는 능력을 평가하고자 하였다. 남녀 간의 결연의 증거를 나타내는 징표와 이 징표가 지닌 신이한 능력을 작품을 감상하며 파악하고 이것이 갖는 의미와 역할을 정확하게 이해하고 있는지 평가하고자 하였다.

***문항 해설**

①: 작품에서 징표를 주고받는 사람들의 인연을 매개하고, 서로의 정체를 확인하게 하는 기능을 가진 소재는 백학선(부채)이다.

②: '대원수가 말에서 내려 하늘에 절하고 주문을 외워 백학선을 사면으로 부치니 천지 아득하고 뇌성벽력이 진동하며, 무수한 신장(神將)이 내려와 돕는지라.'에서 인물은 백학선의 신이한 능력으로 위기를 극복할 수 있었다.

***채점 기준**

- ①을 정확하게 쓴 경우에만 정답으로 처리함
- ②의 첫 어절과 마지막 어절을 순서대로 정확하게 쓴 경우만 정답으로 인정함.

답안	배점
① '백학선' 또는 '부채'	**5점**
② 대원수가, 돕는지라	**5점**

[문제 24] 해제

***문항 해설**

이 문제는 작품에 그려진 '구름'이나 '안개'와 같은 상징적 소재의 의미를 파악해야 한다. '구름, 안개'는 표면적으로는 임이 계신 곳을 바라보고자 하는 화자의 시야를 가로막는 장애물을 의미하며, 이면적으로는 당시 조정을 어지럽히던 간신들을 상징한다. 그러므로 '구롬은 ᄏᆞ니와 안개ᄂᆞᆫ 므ᄉᆞ 일고'를 찾아 써야 한다. 또한 산에서 볼 수 없는 임을 보려고 강으로 갔더니 바람이 불고 물결이 쳐서 시야를 가로막는 장애물이 또한 '바람, 물결'로 등장한다. 그러므로 'ᄇᆞ람이야 믈결이야 어둥졍 된뎌이고'를 찾아 써야 한다. '찾아 쓰시오'라는 문제의 요구 사항을 고려하여 원문 그대로 서술해야 정답으로 처리한다. 다만 ㉠과 ㉡은 순서를 바꾸어 쓰더라도 정답으로 인정한다.

그리고 ㉢은 '매개체'라는 설명을 참고하여 '꿈'의 시적 기능을 이해하고 'ᄭᅮᆷ'을 찾아 쓰면 적절하다. 당시에 화자는 현실에서 임금을 만날 수 없었기 때문에 꿈에서만 그를 볼 수 있었다. 그러므로 '꿈'은 임과 화자의 만남을 가능하게 하는 매개체로서 기능한다고 설명할 수 있다.

***채점 기준**

- ㉠~㉢ 모두 '찾아 쓰시오'라는 문제 요구 사항을 고려하여 원문 그대로 서술해야 정답으로 인정함.

답안	배점
㉠ 구롬은 ᄏᆞ니와 안개ᄂᆞᆫ 므ᄉᆞ 일고	**3점**
㉡ ᄇᆞ람이야 믈결이야 어둥졍 된뎌이고	**3점**
㉢ ᄭᅮᆷ	**4점**

[문제 25] 해제

***문항 해설**

이 작품은 인간을 나무에 비유하여, 산업화와 근대화 과정에서 점점 황폐해져 가는 현대사회의 모습과 그 속에서 우리가 잊고 살아가는 뿌리의 의미를 생각하게 하는 김숨 작가의 소설 "뿌리 이야기"이다. 어릴 적에 친부모에게 버림받은 입양아 출신인 '그'와 위안부 피해자였던 '고모할머니'가 '뿌리'를 매개로 이어지는 모습은 사회적으로 상처받은 이들을 상징한다. 특히 현대 사회를 살아가는 이들이 삶의 터전을 잃고 인간성을 상실한 문제와 더불어 느끼는 불안감이나 방황의 문제를 인식하게 한다.

고모할머니는 위안부로 등록을 하지 않고 평생 친척집을 떠돌다가 일흔두 살의 나이로 요양원에서 죽게 된다. '나'가 어릴 때 '나'의 집에 서너 해를 같이 살았고, 방이 부족해서 '나'와 한방을 쓰며 지냈다. 고모할머니를 잊고 지내던 '나'는 '뿌리'를 오브제로 작품 활동을 하는 '그'가 포도나무 뿌리로 만든 조형 작품을 보고 어린 시절 고모할머니가 자신의 손을 잡았던 것을 이해하게 된다. ㉡은 '자신의 존재를 받아 줄 흙(한 줌의 흙)'이 가장 적절하지만, '흙'이라고만 써도 정답으로 인정한다.

*채점 기준
- ㉠~㉢을 정확하게 쓴 경우만 정답으로 인정함.

답안	배점
㉠ 포도나무 뿌리	3점
㉡ 자신의 존재를 받아 줄 흙 ('한 줌의 흙, 흙'도 정답으로 인정함)	4점
㉢ 위안부	3점

[문제 26] 해제

*문항 해설

소설은 작품의 서술자가 요약식으로 사건 전개 과정을 설명할 수 있는데 반해, 희곡이나 시나리오는 작품 속 등장인물들의 행동이나 대사를 통해 사건을 전개하는 경향이 강하다. <보기>에서는 (가)의 소설 속 사건 전개 과정이 (나)와 같이 각색되었을 때 시·청각적으로 좀 더 생생하게 전달될 수 있음을 보여준다. 특히 동만이가 맥고모자 호주머니를 뒤져 초콜릿을 내밀며 삼촌에 대해 묻는 낯모르는 사람의 꼬임에 넘어가 삼촌이 다녀갔다는 사실을 말하는 장면을 긴장감 있고 생생하게 보여준다. 그러므로 ㉠에는 (가)에서는 '낯모르는 사람'으로 표현된 남자가 (나)에서는 '형사'라는 구체적인 직업으로 등장하고 있음을 알 수 있다.

한편 삼촌이 다녀갔음을 형사에게 말함으로써 결국 아버지를 끌려가게 한 '나'는 할머니의 미움을 사게 되는데, 이때 할머니는 분노를 표현하는 과정에서 '부지깽이를 들고 와 사정없이 동만의 등줄기를 후려친다'와 같은 행동을 하게 된다. 그래서 외할머니는 어린 것이 무엇을 안다고 그렇게 하느냐며 동만을 싸안고 사랑채로 간다. 이러한 일련의 과정에서 할머니와 외할머니의 관계가 틀어지고 말았다는 사실을 사건의 전개로 보여준다.

*채점 기준
- ①, ②를 각각 정확하게 쓴 경우만 정답으로 인정함.

답안	배점
① 낯모르는 사람	5점
② 부지깽이를 들고 와 사정없이 동만의 등줄기를 후려친다	5점

[문제 27] 해제

*문항 해설

주어진 부분에서 '나'가 깐쭈와 싸부딘의 사연을 듣고 이들의 노래를 따라 부르는 것은 그들의 모욕감과 슬픔을 느끼게 하는 삶의 처지에 공감하고 연대 의식을 느꼈기 때문일 것이다. 깐쭈는 사장에게서 욕설과 폭언을 듣고 슬퍼하며, 싸부딘은 형과 여동생의 가정 문제로 슬퍼하다가, 그러한 슬픈 마음을 노래를 부름으로써 달래고 있다. '나' 역시 실연의 아픔을 겪으며 힘들어하던 중이었는데, 깐쭈와 싸부딘의 노래를 듣다가 결국에는 그 노래를 따라 부름으로써 위로를 받고 어둠에서 나갈 수 있게 되었다. 외국인 노동자들의 노래를 따라 부른 후 '나'는 어두운 방앗간에서 나와 비록 빗속이지만 '달'을 향해 힘차게 나아갈 수 있게 되었기 때문에, 이러한 행위의 의미를 연대와 공감의 가치를 담아 해석해보아야 한다. 물론 네팔의 설산에 떠오른 달을 보는 것은 현실적으로 불가능한 일일 것이므로, 깐쭈가 말한 네팔의 달을 직접 보지는 못했지만 간접적으로나마 공감하는 마음으로 보았을 것이라 해석할 수 있다. 그리고 이내 '천천히, 뚜벅뚜벅, 명랑하게' 어두웠던 길을 걸어가며 악을 쓰고 노래를 부르는 '나'의 모습은, 그들이 노래를 부르고 암울한 상황에서도 어둠 속에 '달'이 뜬 것을 보고 나아가는 것처럼 자신의 삶의 처지에 좌절하거나 무너지지 않고 살아갈 힘을 얻은 것으로 볼 수도 있다.

*채점 기준
- ①, ②를 각각 정확하게 쓴 경우만 정답으로 인정함.

답안	배점
① 노래	5점
② 달	5점

[문제 28] 해제

*문항 해설

이육사의 「황혼」은 '골방'에서 '황혼'을 맞이하는 것처럼 의인화하여, 화자의 관심이 자신에게서 외부 세계로 확장되는 과정과 타자 지향적인 삶의 태도를 추구하는 모습을 보여주는 작품이다. '황혼'을 맞이하며 인간이 외로운 존재라는 사실을 인식한 화자는 '황혼'의 품 안에 안긴 소외된 모든 존재에 대한 애정을 표현하고 있다. 이 작품은 '소외된 이들에 대한 애정'이라는 주제를 담고 있기 때문에 작가가 생존했던 시대적 배경과 굳이 연관짓지 않고 해석할 수 있는 작품 가운데 하나이다. 3연과 4연에서 '별들, 수녀들, 수인들, 행상대, 토인들'은 의지할 곳 없이 소외된, 연민의 대상이라 할 수 있다. <보기>의 ㉠에 이어 나오는 설명에서 '나열'한다는 표현이 있기 때문에 시에서 나열된 요소들을 찾아가면 시어들을 찾기가 용이할 것이다.

*채점 기준
- ①~⑤의 각 항목이 정확하게 기술된 경우에만 정답으로 인정함.
- ①~⑤의 배열 순서는 상관 없음.
- 답 외에 다른 답안을 추가로 기술한 경우는 오답으로 처리함.

답안	배점
① 별들	2점
② 수녀들	2점
③ 수인들	2점
④ 행상대	2점
⑤ 토인들	2점

[문제 29] 해제

*문항 해설

윤동주의 「쉽게 씌어진 시」에서는 어둡고 고립된 방을 암울한 시대 현실을 견뎌내야 하는 자신의 처지를 인식하는 공간으로 묘사한다. 시상의 전개에 따라 밤비가 내리는 어두운 밤, 남의 나라의 좁은 방에 있던 시적 화자는 자아를 성찰하며 어두운 현실을 극복하겠다는 결심을 하게 된다. 그래서 '등불을 밝혀' 방의 어둠을 조금이라도 내몰고 아침을 기다리겠다는 의지를 다짐하며 자기 스스로에게 눈물과 위안으로 최초의 악수를 행한다. 여기에서 악수는 무기력한 현재의 삶에서 벗어나 밝은 미래를 위해 살겠다는 의지를 표출하는 것으로 볼 수 있다. 그러므로 그 의지를 다지기에 앞서, '등불'을 밝혀 '어둠'을 내몰고 '시대처럼 올 아침을 기다리는' 희망을 품은 것을 통해, '타자 지향적인 삶'을 추구하던 이육사의 시에서처럼 윤동주의 시에서도 역시 어두운 방에서 벗어나 불을 밝혀 어둠을 내몰기 위해 힘을 낼 것임을 다짐하는 구절을 찾을 수 있다. 그러므로 9연을 찾고, '등불'을 서술해야 한다.

***채점 기준**

- ①, ② 각각 정확하게 쓴 경우만 정답으로 인정함.

답안	배점
① 9연	**5점**
② 등불	**5점**

[문제 30] 해제

***문항 해설**

(가)는 김수영의 시 「사령」이다. 이 작품은 부정적인 현실에 적극적으로 대항하지 못하는 자신의 영혼을 죽어 있다고 토로하며, 무기력한 자신을 성찰하는 시이다. 이 시의 화자는 자유가 활자로만 존재한다는 표현을 통해 자유가 억압된 부정적인 현실을 드러내고 있으며, 자유를 말하는 벗 앞에서 고개 숙이고 있는 자신의 비겁함을 고백하며 자괴감을 느낀다. 자유를 얻기 위해서는 필연적으로 희생을 감수해야 함을 알면서도 이를 실천하지 못하는 자신의 영혼을 죽은 것으로 여기며 부끄러워하고 있다. 작품의 주제는 '불의에 대항하지 못하는 삶에 대한 성찰과 자괴감'으로 이해할 수 있다.

(나)는 정호승의 시 「윤동주 시집이 든 가방을 들고」이다. 이 작품은 일상적인 삶 속에서 발견한 자신의 위선적인 모습을 고백하고 자신의 옹졸함을 반성하는 시이다. 출근길에 구두에 오줌을 싼 강아지에게 화를 내는 자신의 모습을 되돌아보며, 타인에게는 생명의 가치 평등을 주장하고, 가방에는 윤동주 시인의 시집을 들고 다니는 자신의 위선적인 태도를 반성하고 있다. 구체적인 상황을 제시하여 주제를 명확히 드러내고 있으며, 끊임없이 자기 성찰과 반성을 보여 준 윤동주 시인의 시집을 언급함으로써 자신이 지향하는 삶의 가치를 보여 주고 있다. 주제는 '위선적인 자신의 행동에 대한 성찰과 고백'이다.

두 작품에서는 의문형의 반복을 통해 '자아 성찰'을 하고 있다는 문제의 표현을 참고하여, (가)에서는 '나의 영은 죽어 있는 것이 아니냐'라는 의문형 표현의 반복을 통해, (나)에서는 '용서하지 못하는가', '견디지 못하는가' 혹은 '얻을 수 있을까'나 '될 수 있을까' 등의 의문형 표현을 통해 성찰적 태도를 드러내고 있다.

한편 (나)에서는 삶의 진리를 찾아다니는 진실한 영혼인 '인생의 순례자'가 되어야 한다는 성찰에 이르는 과정에서 강아지의 작은 실수를 용서하지 못했던 자신을 성찰한다. '강아지도 한 마리 용서하지 못하는가/이 개새끼라고 소리치지 않고는 견디지 못하는가/왜 강아지를 향해 구두를 내던지지 않고는 견디지 못하는가'나 '어떻게 사람의 마음을 얻을 수 있을까/어떻게 인생의 순례자가 될 수 있을까' 등의 구절이 <보기>의 설명에 해당하지만, 궁극적으로 시적 화자가 지니고자 하는 삶의 태도는 종결 지점의 '어떻게 인생의 순례자가 될 수 있을까'에 있는 것으로 보인다.

***채점 기준**

- 정답이 정확하게 기술된 경우에만 정답으로 인정함.
- ②, ③은 제시된 항목 중 하나만 서술해도 정답으로 인정함.

답안	배점
① (우스워라) 나의 영은 죽어 있는 것이 아니냐	**5점**
② 어떻게 인생의 순례자가 될 수 있을까	**5점**

[문제 31] 해제

***문항 해설**

이 문제는 시에서 반복되는 어휘만 정확하게 찾아도 쉽게 접근할 수 있는 문항이었다. 반복은 보통 강조의 목적을 띠고 있는 경우가 많기 때문이다. ㉠은 화자가 '나의 영은 죽어 있는 것이 아니냐'라고 성찰하게 하면서 양심에 거리낌이 있고 떳떳하지 못한 자신의 모습을 느끼게 한다고 볼 수 있고, ㉡은 화자가 자신을 '용서하지 못하'는 옹졸한 사람임을 자각하게 하고 스스로를 못마땅하게 느끼게 하는 계기를 제공한다고 볼 수 있다. 그러므로 ⓐ는 '용서'이다. 한편 강아지가 구두를 내던지는 화자를 피해 의자 밑으로 도망쳐서 들어가 보이지 않는데, 자신의 옹졸함을 깨닫고 반성하고 있는 구절은 맨 마지막 행이다. 강아지는 주인이 아무리 혼내고 구박해도, 결국 다시 꼬리를 흔들며 주인을 찾아온다. 화를 내며 구두를 던진 화자에게 강아지가 먼저 꼬리를 흔들고 올 장면을 '강아지가 자신을 먼저 용서한다'고 표현하고 있다. 그러므로 '오늘도 강아지가 먼저 나를 용서할까 봐 두려워라'에서 첫 어절 '오늘도'와 마지막 어절 '두려워라'를 찾아 쓰면 적절하다.

***채점 기준**

- ①, ②를 각각 정확하게 쓴 경우만 정답으로 인정함.

답안	배점
① 용서	**4점**
② 오늘도, 두려워라	**6점**

[문제 32] 해제

***문항 해설**

박태원의 「소설가 구보 씨의 일일」은 제목에서 알 수 있듯, 하루 동안의 여로 형식을 취하며 소설가 구보 씨가 공간을 이동하는 외출, 산책의 과정에서 보고 느낀 바를 서술하고 있다. 무기력한 지식인의 일상을 묘사함으로써 등장인물이 보는 장면마다의 심리 묘사와 관찰한 내용이 의식의 흐름대로 서술되어 있는데, 처음부터 끝까지 서술자는 장면의 밖에서 1인칭 주인공 시점과 비슷하게 구보 씨의 내면 묘사를 모두 해내고 있다.

***채점 기준**

- ①, ②, ③의 각 항목이 정확하게 기술된 경우만 정답으로 처리함.
- ①에 대해서는 '서술자가 한 명이다'라는 의미가 드러나면 정답으로 처리함.
- ②에 대해서는 '공간의 이동에 따라 인물의 내면을 묘사한다'는 내용과 연관된 기술만 정답으로 처리함.
- ③에서 '전지적 시점'의 표현이 포함된 서술만 정답으로 처리함.
- ①, ②, ③에서 정답 외에 정답과 관련이 없는 내용이 추가로 언급되면 오답으로 처리함.

답안	배점
① 하나의 서술자	**4점**
② 공간의 이동에 따라 인물의 내면을 묘사	**3점**
③ 전지적 시점	**3점**

[문제 33] 해제

***문항 해설**

풍자의 방법 가운데 '반어'의 특징이 드러난 문장을 찾도록 했으니, 쇠뚝이의 말에 '고래담 같은 기와집이로구나'라고 대답하는 말뚝이의 말을 찾아 쓰면 적절하다. 앞서 쇠뚝이는 양반의 거처로 삼은 볼품없고 초라한 의막을 '고래담 같은 기와집'이라 칭하는데, 이는 일종의 반어적인 서술이라 할 수 있으며, 이를 통해 양반에 대한 은근한 풍자를 드러내고 있다. 또한 '해학'의 경우, 양반들이 머무를 거처를 '돼지우리'에 비유하여 웃음을 유발하고 있기 때문에 '돼지우리'를 찾아 쓰면 적절하다. 참고로 후반부에 쇠뚝이와 말뚝이가 양반들이 경제적으로 무능하다고 비꼬며 말하는 부분도 풍자의 일종으로 볼 수 있다.

***채점 기준**

- ①, ② 각각 정확하게 쓴 경우만 정답으로 인정함.

답안	배점
① 고래담 같은 기와집이구나	**6점**
② 돼지우리	**4점**

[문제 34] 해제

***문항 해설**

작품에 대한 해설은 <보기>에 있으므로, 생소한 고전 작품이라 하더라도 수험생이 어렵지 않게 이해할 수 있을 것이다. 각 수의 내용을 해석해보면, 제1수에서는 꿈엔지 생시엔지 올라간 백옥경에서 옥황은 자신을 반겨주나 뭇 신선은 꺼린다고 하며, 그렇다면 다 그만두고 다시 오호연월(五湖烟月: 고향의 경치가 빼어남을 말한 것)로 돌아가겠노라고 하였다. 뭇 신선의 꺼림 속에 있느니 차라리 강호 속에 묻혀 시비를 잊고 지내는 것이 훨씬 낫겠다는 것이다. 제2수는 제1수의 부연·확장이며 은거지로 물러난 현재의 처지를 더욱 안타까운 심정으로 노래하였다. 제1수의 옥황의 반김이 웃음으로, 군선의 꺼림이 꾸짖음으로 바뀌어 태도의 강화가 드러난다. 끝 구에서는 백만 억 창생에 대한 근심을 말하여 결국 옥황은 임금이고, 군선은 조정의 신하들임을 구체적으로 드러내었다. 제3수에는 신선은 보이지 않고 옥황만 나타난다. 역시 우의적 표현으로 현실에 커다란 환란이 닥치거나 나라가 누란의 위기에 처하였을 때 어떻게 하겠느냐고 임금에게 물어보려 하였으나 채 묻지도 못하고 그냥 돌아왔다는 것이다. 그러므로 ①의 옥황은 '임금', ②의 신선은 다른 '신하'를 의미한다. 윤선도를 시기한 다른 신하들이 임금에게 탄핵 상소를 올렸다는 내용과 결국에 윤선도가 면직되고 마는 결과가 생겼다는 역사적 배경을 통해 추론할 수 있을 것이다. 그리고 ㉠에서는 이루고자 하는 바를 끝내 이루지 못한 '안타까움'의 정서를 찾아내야 한다. '좌절감'과 유사한 뉘앙스의 표현도 적절하다.

***채점 기준**

- ①, ② 각각 정확하게 쓴 경우만 정답으로 인정함.
- ③의 경우 '안타까움, 좌절감'과 같은 감정이 드러난 표현이면 정답으로 인정함.

답안	배점
① 임금	**3점**
② 신하 ('신하들'도 정답으로 인정함)	**3점**
③ 안타까움, 좌절감 등	**4점**

[문제 35] 해제

***문항 해설**

<보기>는 모더니즘 시가 현실을 객관화하는 경향성을 지니며 모더니즘시에 담긴 객관화된 현실의 의미를 파악하기 위해서는 시에서 현실을 대하는 태도와 현실을 형상화하는 방법, 그리고 그 안에 전제된 가치를 인식하는 것이 중요함을 설명하고 있는 글이다. 모더니즘 시가 현실을 객관화하기 위한 방법 중 정서를 배제한 거리 두기를 소개하고 있는데, 거리 두기는 현대 문명에 대한 비판적인 인식이 전제된 형상화 방법이며 거리 두기에 사용되는 특정 대상들의 태도를 통해 주제 의식을 강화하는 효과가 있음을 밝히고 있다.

(가)는 김기림의 「금붕어」로, 이 작품은 어항 속에 갇힌 금붕어라는 특정 대상을 소재로 하여 고향을 잃고 좁은 공간에 갇혀 길들여지고 있는 존재를 형상화하고 있다. 생명력과 자유를 상실하고 본성마저 어항 속의 삶에 맞춰진 채 살아가는 금붕어에게 회복해야 할 본성과 생명력은 그저 전설, 혹은 꿈과 같은 일로 치부되고 있다. 그리고 시인은 꿈꾸는 것조차 쉽게 허락되지 않는 금붕어의 현실에 대해 비판적 태도를 보이며, 이는 현대 문명에 길들여져 가는 현대인을 동정하고 현대 문명을 비판적으로 인식하는 과정과 연결되어 주제 의식을 드러낸다. 특히 6연에서 '꿈을 잃고 하염없이 시간만을 보내는 금붕어'의 모습을 통해 현실의 폭압성에 순응하고 무기력한 금붕어 같은 현대인들의 모습을 비판적으로 제시한다. 그러나 오히려 이러한 모습은 반어적으로 읽어낼 수도 있다. 특히 현대 문명의 폭압성에서 벗어나야 하는 당위성을 강조하는 반어적 의도를 읽어낸다면, ㉡은 '금붕어는 그러나 작은 입으로 하늘보다도 더 큰 꿈을 오므려 / 죽여버려야 한다.'는 구절을 찾아 서술해야 한다.

(나)는 김규동의 「나비와 광장」으로, 이 작품은 흰나비를 관찰하면서 흰나비가 처한 현실을 전달하는데, 이는 현대인이 현대 문명 사회를 살면서 경험하게 되는 현실을 노래한 것이다. 이 현실은 현대 문명에 의해 개발된 무기들이나 공간들이 가진 폭력적인 이미지를 드러내고, 그 폭력성 때문에 희생되고 있는 존재들을 보여 준다. 하지만 흰나비를 통해 이러한 폭력적인 현실을 극복해 보고자 하는 의지를 보여 주기도 한다. 그러므로 적극적으로 현실 극복 의지를 보여주는 구절을 찾는다면, 마지막 연의 '그 어느 마지막 종점을 향하여 흰나비는 또 한번 스스로의 신화와 더불어 대결하여본다'를 찾아 서술하면 된다. <보기>의 ㉠을 찾을 때는 '그 어느 마지막 종점을 향하여 흰나비는'을 쓰지 않고, '또 한번 스스로의 신화와 더불어 대결하여본다'만 서술해도 정답으로 인정한다.

***채점 기준**
- ㉠, ㉡을 각각 정확하게 쓴 경우만 정답으로 인정함.

답안	배점
㉠ (그 어느 마지막 종점을 향하여 흰나비는) 또 한번 스스로의 신화와 더불어 대결하여본다	5점
㉡ 금붕어는 그러나 작은 입으로 하늘보다도 더 큰 꿈을 오므려 / 죽여버려야 한다.	5점

[문제 36] 해제

***문항 해설**

<보기>에서는 판소리계 소설의 특징들 가운데, 사건 전개의 속도를 빠르게 하기 위해 이미 등장한 사건의 내용을 말로 옮길 때 '여차여차하여' 혹은 '여차저차하여'와 같이 과거 사건을 요약적으로 제시하는 부분이 있다는 것과 음성상징어가 다양하게 사용된다는 점을 논의하고 있다. 음성상징어는 '의태어'와 '의성어'를 모두 아우르는 개념으로 이해하면 적절하다.

답안을 작성할 때, '발발, 찬찬, 펄쩍' 등의 서술 순서는 바꾸어 써도 무방하다.

***채점 기준**
- ①, ②, ③ 각각 정확하게 쓴 경우만 정답으로 인정함.
- ②, ③은 순서를 바꾸어 써도 정답으로 인정함.

답안	배점
① 여차여차하여	**4점**
② 발발	**3점**
③ 찬찬 ('펄쩍'도 정답으로 인정함)	3점

[문제 37] 해제

***문항 해설**

이 작품은 판소리 「흥보가」를 기반으로 한 조선 후기 판소리계 소설로, 가난하고 마음씨 착한 흥부와 부자이면서 욕심이 많은 놀부를 대비하여 표면적으로는 형제간의 우애를 말하고 있으며, 이면적으로는 조선 후기 빈부 격차에 의한 경제적 갈등을 다루고 있다. 그리고 「흥부전」에 영향을 끼친 설화로는 착하고 나쁜 형제가 각각 등장하는 선악 형제담, 동물이 사람에게 은혜를 갚는다는 동물 보은담, 어떤 물건에서 재물이 한없이 쏟아져 나온다는 무한 재보담 등이 있다. 또한 가난한 현실이나 갈등 상황을 비극적으로 그리기보다는 웃음을 유발하는 해학적 상황으로 형상화함으로써 '웃음으로 눈물 닦기'라는 한국 문학의 전통을 잘 보여 주고 있다. ㉠과 ㉡의 박씨는 각각 ㉠ 보은표(報恩瓢)와 ㉡ 보수표(報讐瓢)의 의미를 내포하고 있다. 제비 황제가 박씨를 내어주며 제비에게 한 말에서도 은혜 갚을 필요성의 의미를 읽어낼 수 있고, 흥부에게 주어진 박씨는 '보은표'라는 금자가 새겨져 있었다. 한편, 놀부에게 줄 박씨에는 '보수표'를 새겨줌으로서 원수를 갚아 주리라는 의도를 드러냈다. 답을 작성할 때는 한자를 옮겨 적지 않아도 되지만, 옮겨 적으려 했다면 틀리지 않도록 주의하기 바란다.

***채점 기준**
- ㉠, ㉡을 각각 정확하게 쓴 경우만 정답으로 인정함.

답안	배점
㉠ 보은표	**5점**
㉡ 보수표	**5점**

[문제 38] 해제

***문항 해설**

(가)와 (나)의 시는 '거지'를 소재로 한 작품이다. (가)의 화자는 걸인에게 물건은 아니지만 눈에 보이는 선물인 손을 내밀었고, 걸인은 시인의 대변자인 화자에게 눈에 전혀 보이지 않는 무형의 정신적인 산물을 주었다. 어쩌면 유형의 산물보다 무형의 선물이 더 값진 것일 수 있다.

(나)의 화자는 거지를 동정하고 그들이 원하지도 않는 행동을 하려고 망설이고 있다. 윤동주 시인은 거지 아이들에게 동정심은 일지만 선뜻 자신의 물건을 적선할 만한 용기는 없다. 이러한 상황에서라면 침묵을 지키는 데 차라리 더 바람직하겠지만 '나'는 다정스레 이야기나 하리라 생각하고 아이들을 부른다. 그러나 아이들은 모두 피곤한 눈으로 돌아볼 뿐 아무 대꾸도 하지 않고 상관 없다는 듯이 자기네끼리 소곤소곤 이야기하며 고개로 넘어간다.

㉠의 거지의 손을 '덥석 움켜잡은 행위'는 아무 것도 줄 것이 없음을 미안해하고 베풀고자 하는 마음에서 행한 것이라면, (나)에서는 거지 소년들에게 베풀고 싶었지만 무턱대고 내줄 용기가 없어 주머니 속의 물건을 '만지작만지작' 거릴 뿐이다. 망설이고 있는 장면의 내면 상태를 드러내는 말로 '만지작만지작'을 포함하여 구절을 서술하면 적절하다. 그러므로 ①에는 '(손으로) 만지작만지작(거릴 뿐이었다)'를 서술하고, ②에는 '망설임(주저함, 고민)'과 같은 표현을 서술하면 적절하다.

***채점 기준**
- ①, ②를 각각 정확하게 쓴 경우만 정답으로 인정함.
- 단, ②의 경우, '망설임'과 유사한 의미라면 정답으로 인정함.

답안	배점

① 만지작만지작 ('손으로 만지작만지작 거릴 뿐이었다'도 정답으로 인정함)	5점
② 망설임 ('주저함, 고민함'도 정답으로 인정함)	5점

[문제 39] 해제

***문항 해설**

주어진 두 시조에서는 시적 화자의 간절한 기다림과 심적 고통을 드러내기 위하여 '착각 모티프'를 활용하고 있다는 공통점이 드러난다. 제시문 (가)에 등장한 시조에서는 창가에 아른거리는 오동나무 잎 '그림자'를 기다리던 임으로 착각하고 나갔던 시적 화자가 밤이어서 망정이지 남들이 봤으면 우스울 뻔했다며 안도하고 있다.

이와 유사하게 <보기>에서도 임이 온다 하여 저녁밥을 일찍 먹고 이마에 손을 짚어가며 멀리 임이 오시는지 목을 빼고 기다리는데, 건너편 산에 마치 임처럼 생긴 이가 오고 있고 부지런히 마중을 나갔다. 그러나 가서 보니 말리려고 윗부분을 묶어 둔 껍질 벗긴 삼의 대, 즉, '주추리 삼대'가 살뜰하게도 자신을 속였다며 역시 (가)의 시조에서처럼 기다리던 임을 만나지 못한 심리적 고통을 남의 비웃음을 피했다는 유치한 안도감으로 전환하고 있는 것이다. 그러므로 '주추리 삼대 술드리도 날 소겨다'라는 구절을 찾아 쓰면 적절하다. 문제에서 '찾아 쓰라'고 하였으니 원문 그대로 베껴 적어야 한다. 그리고 그 구절에 쓰인 표현법은 '반어법'으로, 본래 '살뜰하게'는 '정성스럽다'는 긍정적인 의미를 내포하는데, 시적 화자를 속여서 임을 만나지 못한 마음의 좌절을 더 크게 한 상황에서 사용했으므로 표면적 의미가 본래 의미와는 반대로 사용되었으니 '반어법'이 쓰인 것이다.

'반어법'의 대표적인 예로는 시험을 잘 치르지 못했을 때 '잘~ 한다~잘~ 했어.'라는 표현을 사용하거나, 제시간에 오지 못하고 늦은 학생에게 '빨리도 왔다.'와 같이 표현하는 것이 있다. 대표적인 작품으로는 김소월의 <진달래꽃>, 작품의 마지막 구절에서 '나보기가 역겨워 가실 때에는 죽어도 아니 눈물 흘리오리다.'가 있다. 실제로는 헤어지기 싫어 울고 있겠지만, 문장으로는 '죽어도 아니 눈물 흘리오리다'라면서 반대로 표현하고 있기 때문이다.

***채점 기준**

- ①, ②를 각각 정확하게 쓴 경우만 정답으로 인정함.

답안	배점
① (날 골가 벅긴) 주추리 삼대 술드리도 날 소겨다	5점
② 반어법	5점

[문제 40] 해제

***문항 해설**

(가)의 '그리운 그 사람'은 해가 저물어 가는데도 찾을 수 없는 '그 사람'에 대한 화자의 그리움과 안타까움을 형상화한 시이다. '그 사람'은 화자의 어둡고 칙칙한 현재 상황을 찢고 꽃으로 피어날 대상으로, 간절히 찾아다니고 있다. 그러나 아직 '그 사람'은 보이지 않고, 그의 부재는 곧 화자가 현재 슬퍼하는 이유가 된다. 다만 언젠가는 다시 만날 그 사람에 대한 그리움과 그를 찾으려는 노력은 시적 화자에게 더욱 간절히 '그 사람'이 희망처럼 찾아오길 바라는 마음을 강화할 것이다. 이때 그를 찾을 수 없는 상황이 '산이 어둡게 일어나 돌아앉아 어깨 들먹이며 울고'라는 표현을 통해 묘사되어 있다.

(나)의 '즐거운 편지'라는 시의 제목은 '그대'에게 자신의 사랑이 받아들여지지 않은 채 기약없이 기다려야 하는 고통스러운 상황에서 쓰는 것이므로 어쩌면 '즐겁지 않은 편지'여야 한다. 그러나 화자는 기다림의 고통까지도 사랑하는 '그대'를 위하여 하는 것이므로 기다림조차도 기쁨으로 인식한다. 그리고 그대를 위한 기다림, 영원한 사랑을 다짐하기 때문에 '즐거운 편지'가 될 수 있었다. '밤이 들면서 골짜기엔 눈이 퍼붓기 시작했다. 내 사랑도 어디쯤에선 반드시 그칠 것을 믿는다. 다만 그때 내 기다림의 자세를 생각하는 것뿐이다. 그 동안에 눈이 그치고 꽃이 피어나고 낙엽이 떨어지고 또 눈이 퍼붓고 할 것을 믿는다.'라는 부분에서는 눈이 언젠가 그치듯 임에 대한 화자의 사랑도 끝날 것이라 말하고 있지만, 이는 사랑의 끝을 이야기하는 게 아니라, 자연이 계속 순환한다는 불변의 진리처럼 그대에 대한 사랑도 영원할 것임을 반어적으로 표현한 것이라고 볼 수 있다.

***채점 기준**

- ①, ② 각각 정확하게 쓴 경우만 정답으로 인정함.

답안	배점
㉠ (저기) 저 산만 어둡게 일어나 돌아앉아 어깨 들먹이며 울고	5점
㉡ (그 동안에) 눈이 그치고 꽃이 피어나고 낙엽이 떨어지고 또 눈이 퍼붓고 할 것을 믿는다.	5점

[문제 41] 해제

***문항 해설**

이 문제는 「도도한 생활」의 이해를 통해 소설의 주제의식을 찾아낼 수 있는지를 묻는 문제로, 제목에서는 등장인물 '나'가 힘겨운 삶을 살아가고 있지만, 피아노로 대표되는 윤택한 삶을 즐기며 '도도한' 삶을 살아가고 싶은 소망을 드러내고 있다. 사실 작가의 분신과도 같은 피아노는 작가와 같은 1980년대 생에게 풍요와 부의 상징 중 하나이다. 부모에게는 자식에게 좋은 교육을 시키고 싶다는 욕구를 드러내는 것과 더불어 집안의 성공을 과시하는 물건이었기 때문이다. 그러나 작품 속 '나'는 아버지의 빚보증으로 인해 집안이 가난해지는 상황에 처하게 된다. 그래서 아르바이트를 하며 힘겹게 서울 생활을 버티고 있지만 반지하 셋방으로 표현되는 공간에서 형편은 쉽게 나아지지 않았다. 어느 날은 '도' 한 음만을 쳤을 뿐인데 집주인은 피아노를 쳤냐며 따지고 소음을 발생시키지 말라고 쫓아온다. 그러던 중 폭우가 내려 반지하방에 물이 차오르게 됨으로써 피아노를 치지 말라는 집주인의 당부에도, '나'는 피아노를 치기 시작한다. 지독한 가난이라는 '열악한 상황'에서도 소음을 발생시키지 말라는 집주인의 '사회적 억압'에 '저항하는 용기를 실천하고 자존을 지키기 위해 노력하는 행위'로서 '피아노 치는 행위'를 찾을 수 있을 것이다. 문제에서는 2문장을 찾아 서술하도록 했으므로, '피아노 뚜껑을 연 행위'와 '손가락에 힘을 주어 피아노를 치는 행위'를 모두 서술해야 한다. 뚜껑을 열고, 손가락에 힘을 주어야, 피아노를 치는 행위를 할 수 있기 때문이다.

***채점 기준**

- ①, ②를 각각 정확하게 쓴 경우만 정답으로 인정함.

답안	배점
① 나는 피아노 뚜껑을 열었다.	**5점**
② 나는 나도 모르게 손가락에 힘을 주었다	**5점**

[문제 42] 해제

***문항 해설**

이 문제는 두 작품에서 '죽음'을 상징하는 소재를 각각 찾아 쓰기를 요구한다. (가)에서 화자가 사랑하는 임은 '강'에 빠져 죽음에 이른다. '강'은 삶과 죽음의 경계를 상징하는데, 이 작품에서는 화자와 임 사이의 완전한 단절을 의미한다. 또, (나)에서는 의자에 할아버지가 앉아 있는 모습에서 빈 의자만 남아 있도록 디졸브 방식으로 편집하여 할아버지의 죽음을 드러냈다. 할아버지의 임종을 직접 보여 주지 않고 편집을 통해 비유적으로 할아버지의 죽음을 암시하고 있는 장면이다.

***채점 기준**

- (가), (나)를 각각 정확하게 쓴 경우만 정답으로 인정함.

답안	배점
(가) 강	**5점**
(나) 빈 의자	**5점**

[문제 43] 해제

***문항 해설**

(가)는 물에 빠져 죽으려는 임을 만류하다가 결국 비극적인 체념에 이르는 아내의 마음을 독백으로 표현한 고전 시가이고, (나)는 평생을 함께 사랑하며 살아온 노부부가 할아버지의 죽음으로 인해 어쩔 수 없이 헤어지게 되는 내용의 다큐멘터리 영화이다. (가)가 천 년이 넘게 지난 지금 시점에서도 사람들의 공감을 얻고, (나)가 독립 영화임에도 불구하고 480만 명 이상의 관객의 호응을 얻은 이유는 두 작품 모두 '사랑', '죽음으로 인한 이별' 등 인간의 보편 정서를 담아내고 있기 때문이다. 그러므로 '보편적 공감'이나 '인간의 보편적 감정'을 관통하기 때문에 두 작품이 지금까지도 많은 사람들에게 사랑을 받는 것이라 할 수 있다.

그러므로 ①에는 인간이라면 누구나 희망하는 보편적인 정서인 '사랑'과 이별을 다루고 있는 작품이라 감동을 준다는 점을 이해해야 하고, ②에는 사랑이란 감정이 시대를 초월하여 누구에게나 보편적인 '공감'을 얻을 수 있다고 생각한다는 설명이 들어가야 한다.

***채점 기준**

- ①, ②을 각각 정확하게 쓴 경우만 정답으로 인정함.

답안	배점
① 사랑 ('애정'도 정답으로 인정함)	**5점**
② 공감	**5점**

[문제 44] 해제

***문항 해설**

발췌된 부분은 작품 속에 등장한 무지하고 어수룩한 인물인 '나'가 점순이와의 성례를 성취하기 위해 장인님과 몸싸움을 벌이는 장면이다. 등장인물 '나'가 자신이 예상한 바와 다르게 전개되는 상황을 중심으로 구성된 사건들 가운데, 자신의 경험에 대한 판단을 제대로 하지 못했을 뿐만 아니라, 과거의 사건을 진술하고 있음을 확인하게 하는 문장을 찾아 쓰기를 요구한다. '나'는 점순이가 장인을 미워한다고 믿었기 때문에 몸싸움 당시에는 장인님의 '바지가랭이'를 잡아채며 싸우고 있다. 그러나 점순이가 달려들어 귀를 잡아당기자 당황하며 상황을 제대로 파악하지 못하고, 지금까지도 영문을 모른다고 말하고 있다. 몸싸움 후에는, '나'의 터진 머리를 불솜으로 지져 주고 히연 한 봉을 호주머니에 넣어준 장인에게 오히려 감사하는 마음을 가지고 다시금 밭을 갈러 간다. 그러나 '그러나 이때는 그걸 모르고 장인님을 원수로만 여겨서 잔뜩 잡아다렸다.'라며, 당시에는 점순이에게 보라고 장인의 바지가랭이를 잡아당긴 장면을 묘사하고 있다. 본문에 있는 그대로를 찾아 쓰도록 하였으니, '그러나, 잡아다렸다'를 정확하게 써야 한다.

***채점 기준**

- ①, ②를 각각 정확하게 쓴 경우만 정답으로 인정함.

답안	배점
① 그러나	**5점**
② 잡아다렸다	**5점**

[문제 45] 해제

***문항 해설**

등장인물 '나'는 무던하지만 자신의 바보같은 처지를 제대로 인식하지도 못하는 인물이고, 그저 점순이와의 성례에만 관심이 있어 순박하지만 무지한 인물이라 할 수 있다. 이 때문에 잠시나마 저항을 했다가도 결국 모순된 상황을 벗어나지 못하는 무지한 인물의 현실적 한계가 드러난다. 그런데 이러한 인물의 입을 통해 당대의 현실이 은연중에 노출되는데, 무지한 인물이 자신과 동떨어진 문제라고 언급했지만, 사실은 당대 농촌의 실상이 직접적으로 드러나고 있다.

애초 소작인들이 읍의 배 참봉 댁 마름이던 봉필이에게 굽실거려야 했던 모습이나 그래서 마을 사람들이 손버릇이 못된 봉필이에게 욕필이라고 욕을 하면서도 한편으로는 소작농으로서 어쩔 수 없이 굽신굽신할 수밖에 없던 현실이 초반에 묘사되어 있다. 그러면서도 '나'는 어리석게 '그러나 내겐 장인님이 감히 큰소리할 계제가 못 된다.'며 상황을 제대로 인식하지 못하고 있다. 실제로는 '나' 역시 장인인 봉필이에게 노동력을 착취당하고 있기 때문이다.

***채점 기준**
- ①, ② 각각 정확하게 쓴 경우만 정답으로 인정함.

답안	배점
마름 ('읍의 배 참봉 댁 마름'도 정답으로 인정함)	**10점**

[문제 46] 해제

***문항 해설**

<보기>에 설명되어 있듯, 「자도사」는 조우인이 광해군에 의해 유폐된 인목 대비를 안타까워 하는 마음을 표출한 작품이다. 그래서 이 작품은 조우인의 반대편에서 임금에게 불경한 마음을 품었다고 모함하는 빌미가 되어 결국 그는 옥고를 치르게 된다. 작품에서는 임금이 천상계의 옥황상제에 비유되고, 자신은 지상으로 적강한 선녀에 비유되어 임금에 대한 변치 않는 충정을 드러내고 있다. 또한 임금에 대한 마음을 남녀 관계에 빗대어 표현하거나 자신을 모함한 이들을 비난하고 있으며, 충을 알아주지 못하는 인금에 대한 원망도 드러낸다. 그러므로 ㉠은 '옥돌 위 쉬파리가 온갖 허물 지어내니'를 찾아, 옥돌 위의 '쉬파리'가 '허물을 지어내니'라는 말을 통해 모함당했음을 찾아내면 적절하다. 그리고 ㉡은 '은침(銀鍼)을 빼내어 오색(五色)실 꿰어 놓고 임의 터진 옷을 깁고자 하건마는'과 같은 구절을 통해 당시 여성 화자가 사랑하는 남성 화자를 위해 하고자 하는 행위를 찾아내면 남녀 관계에 빗대어 표현한 구절을 찾아 서술할 수 있을 것이다.

***채점 기준**
- ㉠, ㉡을 각각 정확하게 쓴 경우만 정답으로 인정함.

답안	배점
㉠ 옥돌 위 쉬파리가 온갖 허물 지어내니	**5점**
㉡ 은침(銀鍼)을 빼내어 오색(五色)실 꿰어 놓고 /임의 터진 옷을 깁고자 하건마는	**5점**

4. 언어와 매체(문법) 영역

[문제 1] 해제

＊출제 의도

자료의 내용을 파악하면서 동시에 언어의 특성을 이해하고 있는지를 평가하고자 출제하였다. 언어의 특성 중에서 특히 관찰되는 다양한 음운의 변동을 이해하고, 실제 자료에서 관찰되는 이들 현상을 분석적으로 파악할 수 있는지 평가하고자 하였다.

특히 음운 변동을 음운 체계와 관련지어 이해하고 있는지를 평가하고자 하였다. 비음화와 유음화의 경우 앞 자음과 뒤 자음의 영향 관계에 따라 표준 발음이 달라지는데, 영향을 주는 음운과 영향을 받는 음운이 무엇인지를 정확하게 이해하고 있는지를 평가하고자 하였다.

＊문항 해설

'권력[궐력]', '국물[궁물]'의 경우는 음운 변동의 결과 앞 자음이 뒤 자음의 영향을 받아 조음방법이 같아지는 예시어이다.

'강릉[강능]'의 경우는 음운 변동의 결과 뒤 자음이 앞 자음의 영향을 받아 조음 방법이 같아지는 예시어이다.

'입학[이팍]'은 거센소리 현상으로 ①, ②의 어디에도 해당되지 않는 예시어이다.

＊채점 기준

- ①, ②를 정확하게 쓴 경우만 정답으로 인정함.

답안	배점
① 권력, 국물 ('권력', '국물'의 순서는 상관 없음)	5점
② 강릉	5점

[문제 2] 해제

＊출제 의도

고등학교 교육과정 중 음운의 체계와 변동과 관련지어 출제하였다. 자료의 내용을 파악하면서 동시에 언어의 특성을 이해하고 있는지를 평가하고자 출제하였다. 언어의 특성 중에서 특히 관찰되는 다양한 음운의 변동을 이해하고, 실제 자료에서 관찰되는 이들 현상을 분석적으로 파악할 수 있는지 평가하고자 하였다.

＊문항 해설

'복잡하고'는 [복짜파고]로 발음되므로, '된소리되기, 거센소리되기'를 모두 확인할 수 있다. '직면한'은 [징면한]으로 발음되므로, '비음화'를 확인할 수 있다. '않고'는 [안코]로 발음되므로, '거센소리되기'를 확인할 수 있다.

＊채점 기준

- ⓐ, ⓑ, ⓒ의 각 항목이 정확하게 기술된 경우에만 정답으로 처리함.
- ⓐ는 순서에 상관없이 2개 모두 기술된 경우에만 정답으로 처리함.
- 정답 이외에 다른 답안을 추가로 기술한 경우는 오답으로 처리함.

답안	배점
ⓐ: 된소리되기, 거센소리되기	**4점**
ⓑ: 비음화	**3점**
ⓒ: 거센소리되기	**3점**

[문제 3] 해제

＊출제 의도

고등학교 교육과정 중 음운의 체계와 변동과 관련지어 출제하였다. 자료의 내용을 파악하면서 동시에 언어의 특성을 이해하고 있는지를 평가하고자 출제하였다. 언어의 특성 중에서 특히 관찰되는 다양한 음운의 변동을 이해하고 실제 자료에서 관찰되는 이들 현상을 분석적으로 파악할 수 있는지 평가하고자 하였다.

＊문항 해설

① '단련'은 [달련]으로 발음되는데, 이때 일어난 음운 변동은 유음화이다.
② '옳다'는 [올타]로 발음되는데, 이때 일어난 음운 변동은 거센소리되기이다.
③ '해돋이'는 [해도지]로 발음되는데, 이때 일어난 음운 변동은 구개음화이다.

＊채점 기준

- ①, ②, ③의 각 항목이 정확하게 기술된 경우에만 정답으로 처리함.
- 정답 외에 다른 답안을 추가로 기술한 경우는 오답으로 처리함.

답안	배점
① 유음화	**4점**
② 거센소리되기	**3점**
③ 구개음화	**3점**

[문제 4] 해제

＊출제 의도

고등학교 교육과정 중 음운의 변동과 관련지어 출제하였다. 자료의 내용을 파악하면서 동시에 언어의 특성을 이해하고 있는지를 평가하고자 하였다.

언어의 특성 중 음운론에서 된소리되기, 비음화, 유음화, 구개음화, 모음탈락, 반모음 첨가, 거센소리되기가 어떻게 일어나는지, 그 원리를 정확하게 이해하고 이를 가상의 수업상황에서 적용하여 음운변동 현상을 파악하고 잇는지를 물으면서 다양한 음운의 개념과 유형을 이해하고 있는지를 평가하고자 하였다.

고등학교 교육과정에서 음운론은 반복적으로 다루고 있는 분야이며 <보기>에서의 상황도 고등학생들이 수업시간에 겪을 수 있는 익숙한 상황으로 구성하였다.

＊문항 해설

정답은 '① 유음화, ② 거센소리되기, ③ 구개음화, ④ 된소리되기'이다.
① '논리'는 [놀리]로 발음되는데, 이때 일어난 음운 변동은 유음화이다.

② '맏형'은 [마텽]으로 발음되는데, 이때 일어난 음운 변동은 거센소리되기이다.
③ '붙임'은 [부침]으로 발음되는데, 이때 일어난 음운 변동은 구개음화이다.
④ '국밥'은 [국빱]으로 발음되는데, 이때 일어난 음운 변동은 된소리되기이다.

***채점 기준**
- ①~④를 정확하게 쓴 경우만 정답으로 인정함.

답안	배점
① 유음화 (현상)	**2점**
② 거센소리되기 (현상)	**3점**
③ 구개음화 (현상)	**3점**
④ 된소리되기 (현상)	**2점**

[문제 5] 해제

***출제 의도**
다양한 음운 변동의 개념과 종류를 이해하고, 이를 실제 사례에 적용하여 분석할 수 있는지 평가하고자 하였다. 된소리되기, 비음화, 거센소리되기 등의 음운 변동이 어떤 조건 속에서 발생하는지를 파악할 수 있고 이를 토대로 음운 체계와 변동에 대해 탐구하며 국어 생활을 할 수 있는지를 파악하고자 하였다.

***문항 해설**
ⓐ '특정'은 [특쩡]으로 발음되는데, 이때 'ㅈ'이 선행 음절의 말음 'ㄱ' 뒤에서 'ㅉ' 으로 바뀌는 된소리되기가 일어난다.
ⓑ '받는다'는 [반는다]로 발음되는데, 이때 'ㄷ'이 'ㄴ' 앞에서 'ㄴ'으로 바뀌는 비음화가 일어난다.
ⓒ '지급하더라도'는 [지그파더라도]로 발음되는데, 이때 'ㅂ'과 'ㅎ'이 만나 'ㅍ'으로 바뀌는 거센소리되기가 일어난다.

***채점 기준**
- ⓐ~ⓒ를 정확하게 쓴 경우에만 정답으로 인정함.

답안	배점
ⓐ 된소리되기	**3점**
ⓑ 비음화	**3점**
ⓒ 거센소리되기	**4점**

[문제 6] 해제

***출제 의도**
다양한 음운 변동의 개념과 종류를 이해하고, 이를 실제 사례에 적용하여 분석할 수 있는지 평가하고자 하였다. 유음화, 비음화, 구개음화 등의 음운 변동이 어떤 조건 속에서 발생하는지를 파악할 수 있고 이를 토대로 음운 체계와 변동에 대해 탐구하며 국어 생활을 할 수 있는지를 파악하고자 하였다.

***문항 해설**
① 칼날'은 [칼랄]로 발음되는데, 이때 'ㄴ'이 선행 음절의 말음 'ㄹ' 뒤에서 'ㄹ'로 바뀌는 유음화가 일어난다.
② '국물'은 [궁물]로 발음되는데, 이때 'ㄱ'이 'ㅁ' 앞에서 'ㅇ'으로 바뀌는 비음화가 일어난다.
③ '닫히다'는 [다치다]로 발음되는데, 이때에는 먼저 'ㄷ'과 'ㅎ'이 만나 'ㅌ'으로 바뀌는 거센소리되기가 일어난 후, 'ㅌ'이 'ㅣ' 앞에서 'ㅊ'으로 바뀌는 구개음화가 일어난다.

***채점 기준**
- ①~③을 정확하게 쓴 경우에만 정답으로 인정함.

답안	배점
① 칼날	**3점**
② 국물	**3점**
③ 닫히다	**4점**

[문제 7] 해제

***문항 해설**
이 문제에서는 주어진 두 자료인 모음 체계와 자음 체계를 활용하여, 실제 발음에 적용하거나 음운 변동을 설명할 수 있는지를 평가하고자 한다. ㉠에서는 '크게'와 ㉡에서는 낮추어야' 혹은 '낮게 해야'와 같은 표현 외에 다른 표현은 답으로 인정되기 어렵지만, ㉢에서는 '비음이 유음의 영향을 받아 변화한다'는 내용이 들어가 주어진 답과 유사한 표현으로 이해될 수 있다면 답으로 인정한다.

***채점 기준**
- ㉠과 ㉡은 주어진 표현만 정답으로 인정함.
- ㉢은 '비음이 유음의 영향을 받아 변한다'는 내용이 포함되어 있으면 정답으로 인정함.

답안	배점
㉠ 크게	**3점**
㉡ 낮추어야/낮게 해야	**3점**
㉢ 비음 'ㄴ'이 앞뒤의 유음 'ㄹ'의 영향을 받아 유음 [ㄹ]로 바뀌기	**4점**

[문제 8] 해제

***문항 해설**
㉠ '대관령'은 [대괄령]으로 발음되는데, 이때 일어난 음운 변동은 유음화이다.
㉡ '파랗다'는 [파라타]로 발음되는데, 이때 일어난 음운 변동은 거센소리되기이다.
㉢ '미닫이'는 [미다지]로 발음되는데, 이때 일어난 음운 변동은 구개음화이다.

***채점 기준**
- ①, ②를 정확하게 쓴 경우만 정답으로 인정함.

답안	배점
㉠ 유음화	**4점**
㉡ 거센소리되기	**3점**
㉢ 구개음화	**3점**

[문제 9] 해제

*문항 해설

문제의 <조건>에 따라 '역행 동화, 완전 동화'가 일어나는 단어를 찾아야 한다. 각 단어의 발음은 다음과 같다.

'달님[달림], 국물[궁물], 설날[설랄], 잡무[잠무], 진리[질리], 칼날[칼랄], 광한루[광할루]'

이 가운데 '잡무[잠무]'는 동화음 'ㅁ'이 피동화음 'ㅂ'보다 뒤에 있으므로 '역행 동화'이고, 피동화음 'ㅂ'이 동화음 'ㅁ'과 같아지게 되었으므로 '완전 동화'이다. 또한 '진리[질리]' 역시 동화음 'ㄹ'이 피동화음 'ㄴ'보다 뒤에 있으니 '역행 동화'이고, 피동화음 'ㄴ'이 동화음 'ㄹ'과 같아지게 되어 '완전 동화'라 할 수 있다. 마지막으로 '광한루[광할루]' 역시 동화음 'ㄹ'이 피동화음 'ㄴ'보다 뒤에 있으니 '역행 동화'이고, 피동화음 'ㄴ'이 동화음 'ㄹ'과 같아지게 되었으므로 '완전 동화'이다.

나머지가 정답이 아닌 이유는 다음과 같다.

'달님[달림]'은 순행 동화, 완전 동화

'국물[궁물]'은 역행 동화, 부분 동화

'설날[설랄]'은 순행 동화, 완전 동화

'칼날[칼랄]'은 순행 동화, 완전 동화

*채점 기준

- 정답으로 언급한 순서는 무관함.
- 3개를 모두 찾아 쓰면 10점, 2개를 쓰면 5점으로 부분점수를 주되, 이외에는 모두 0점

답안	배점
잡무, 진리, 광한루 (2개만 쓰면 부분점수 5점)	10점

[문제 10] 해제

*문항 해설

'피어[피여]'는 반모음 'ㅣ'모음이 첨가되었으며, '한여름[한녀름]'은 'ㄴ' 첨가 현상에 해당한다. 참고로, '피어'의 경우 [피어]로 발음하는 것이 원칙이나, [피여]로 발음하는 것도 허용된다. 그리고 주어진 나머지 보기 중 ㉠, ㉤, ㉥은 '교체'에 해당하며, ㉡은 축약 현상에 해당한다. 그러므로 정답은 ㉢, ㉣이고 부분 점수는 없다.

*채점 기준

- 정답 외에 다른 답안을 추가로 기술한 경우는 오답으로 처리함.

답안	배점
㉢ 피어 ('㉢'만 써도 정답으로 인정함)	5점
㉣ 한여름 ('㉣'만 써도 정답으로 인정함)	5점

[문제 11] 해제

*문항 해설

이 문제는 주어진 사례에서, '㉠ 잡는→[잠는], 믿는→[민는]'이 [ㄷ]의 [ㄴ]으로의 변화이며, '㉡ 칼날→[칼랄], 물놀이→[물로리]'는 [ㄴ]이 [ㄹ]로 변화한 것임을 어렵지 않게 파악할 수 있다. 그러므로 각 사례에서 '음운 변동'의 공통점을 찾아내면 '조음 위치, 조음 방법' 가운데 '조음 위치'는 같고, '조음 방법'만 바뀌는 사례임을 알 수 있다. ㉠의 '잡는→[잠는], 믿는→[민는]'은 비음화, '㉡ 칼날→[칼랄], 물놀이→[물로리]'는 유음화의 대표적인 사례이며, 비음화와 유음화는 대표적인 자음동화의 사례이다. 자음동화는 조음 위치는 변하지 않고, 발음하기 쉽도록 조음 방법만 변하는 음운 변동이다. 그러므로 '조음 방법만 바뀐다'는 개념이 포함되어야 한다.

*채점 기준

- 정답을 정확하게 쓴 경우만 정답으로 인정함. 단, '조음 방법만 바뀌는'을 써도 정답으로 인정함

답안	배점
조음 방법만 바뀌 ('조음 위치는 변하지 않고 조음 방법만 바뀌'도 정답으로 인정함)	10점

[문제 12] 해제

*문항 해설

<보기>에는 문장 구조를 이해하기 위해 알아야 할 기준이 제시되어 있다. '이어진 문장'은 두 개의 절이 이어진 문장이고, '안은문장'은 한 절이 다른 절을 문장 성분의 일부로서 안고 있다는 설명을 바탕으로 각각의 문장이 이어진 문장인지 안은문장인지 설명해야 한다.

㉠은 대등하게 연결된 '이어진 문장'으로 앞 절과 뒤 절에 '대조'의 의미가 있다.

㉡은 '그가 옳았다'는 문장을 '우리는 깨달았다'가 안고 있는 형식으로 명사절을 '안은문장'이다.

㉢은 '사람들이 지나가도록'을 안고 있는 문장 형식으로 부사절을 '안은문장'이다.

*채점 기준

- 정답 외에 다른 답안을 추가로 기술한 경우는 오답으로 처리함.

답안	배점
㉠ 이어진 문장	**3점**
㉡ 안은문장	**3점**
㉢ 안은문장	**4점**

[문제 13] 해제

*문항 해설

간접 높임이란 높임 대상의 신체의 일부분이나 소유물, 가족 등을 높이는 형식을 통해 주체를 간접적으로 높이는 것이다. 그러나 '커피'는 높임 대상인 '손님'의 신체 일부분이나 소유물에 해당하지 않으므로, '커피 나오셨습니다'는 '커피'인 주어를 높이는 것으로 불필요하게 높임의 선어말어미 '-시-'를 사용하고 있는 문장으로 볼 수 있다. 그러므로 높임의 대상인 '커피'가 '손님'의 신체 일부나 소유물, 가족이 아닌데도 불필요하게 '-시-'를 사용하였기 때문에, '높임의 선어말 어미 -시-'를 사용했다는 내용이 서술되어야 한다.

*채점 기준

- ①, ②를 정확하게 쓴 경우만 정답으로 인정함.

답안	배점
① 높임의 선어말 어미 -시- ('-시-'만 써도 정답으로 인정함)	5점
② '손님, 주문하신 커피 나왔습니다.' ('손님, 손님께서 주문하신 커피 나왔습니다.'도 정답으로 인정함)	5점

[문제 14] 해제

*문항 해설

(가)는 자음을 발음할 때 공기를 막았다 일시에 터뜨려서 소리를 내므로 '파열음', 모음은 혀의 최고점이 입 뒤쪽에 놓이므로 '후설 모음', 입술이 둥글게 모아지므로 '원순 모음'이다. 그러면 'ㅂ, ㄷ, ㄱ' 계열과 'ㅜ, ㅗ'의 조합을 찾아야 한다. 그러므로 '구, 코'이다.

(나)는 자음을 발음할 때는 코로 공기를 내보내므로 '비음'이고, 모음을 발음할 때 혀의 최고점이 입 뒤쪽 높은 지점에 위치하므로 '후설 모음'과 '고모음'을 찾아야 한다. 그러면 'ㅁ, ㄴ, ㅇ'와 'ㅡ, ㅜ'의 조합을 찾아야 한다. 그러므로 '느, 무'이다.

*채점 기준

- ①, ②를 정확하게 쓴 경우만 정답으로 인정함.

답안	배점
① 구, 코	5점
② 느, 무	5점

연습 01

1이 아닌 서로 다른 두 양수 a, b에 대하여 두 집합 A, B를 $A=\{1, \log_a b\}$, $B=\{2, 3, 2\log_3 a-\log_3 b\}$라 하자. $A \subset B$일 때, ab의 값을 구하는 과정을 서술하시오.

[답안]

$A \subset B$이므로 $2\log_3 a-\log_3 b=1$이다.

따라서, $\log_3 \frac{a^2}{b}=1$, $a^2=3b$,

$\log_a b=2$ 또는 $\log_a b=3$

$\log_a b=2$ => $b=a^2$ 따라서, $a^2=3b$과 연립하면

$a^2=3a^2$ 즉 $a=0$이 되어 조건을 만족하지 않음

$\log_a b=3$ => $b=a^3$, $a^2=3b$과 연립하면 $a^2=3a^3$, $a \neq 0$

이므로 $a=\frac{1}{3}$, $ab=a\times\frac{a^2}{3}=\frac{a^3}{3}=\frac{1}{81}$

*풀이2

$\log_a 3+\log_a b=2$를 계산하고, $\log_a b=2$, 또는

$\log_a b=3$의 경우를 고려해도 됨.

채점기준	
① $\log_3 \frac{a^2}{b}=1$, 또는 $a^2=3b$	2
② $\log_a b=2$일 경우는 $a=0$이 되어 조건을 만족하지 않음	3
③ $\log_a b=3$이면 $a=\frac{1}{3}$, $b=\frac{1}{27}$	3
④ $ab=\frac{1}{81}$	2

연습 02

닫힌구간 $[0, 1]$에서 함수 $y=27^x-4\times 9^x+4\times 3^x+1$의 최댓값과 최솟값을 구하는 다음의 풀이 과정을 완성하시오.

> 주어진 식에서 $3^x=t$로 치환하여
> $f(t)=t^3-4t^2+4t+1$로 놓는다. 그러면 함수 $f(t)$는
> 닫힌구간 [①]에서 감소하고 닫힌구간 [②]
> 에서는 증가한다. 따라서 최댓값은 [③]이고
> 최솟값은 [④]이다.

[답안]

주어진 식에서 $3^x=t$로 치환하여

$f(t)=t^3-4t^2+4t+1$로 놓는다.

그렇다면 구하는 값들은 닫힌구간 $[1, 3]$에서 함수 $f(t)$의 최댓값과 최솟값이다.

$f'(t)=(3t-2)(t-2)$이므로 주어진 닫힌구간에서 함수 $f(t)$의 증가와 감소를 살피면,

$f(t)$는 닫힌구간 $[1, 2]$에서 감소하고 닫힌구간 $[2, 3]$에서는 증가한다.

따라서 최솟값은 극솟값인 $f(2)=1$이다.

한편 $f(1)=2$, $f(3)=4$이므로 최댓값은 4이다.

채점기준	
① $[1, 2]$ 또는 $1 \leq t \leq 2$	2
② $[2, 3]$ 또는 $2 \leq t \leq 3$	2
③ $f(3)=4$	3
④ $f(2)=1$	3

연습 03

함수 $f(x)=5^{x+4}-25$의 그래프가 x축, y축과 만나는 점을 각각 A, B라 하자. 삼각형 AOB의 넓이를 구하는 과정을 서술하시오. (단, O는 원점)

[답안]

$f(x)=5^{x+4}-25$가 x축과 만나는 점은 A$(-2,0)$이다.

$f(x)=5^{x+4}-25$가 y축과 만나는 점은 B$(0,600)$이다.

따라서, 삼각형 AOB의 넓이는 $\frac{1}{2}\times|-2|\times600=600$

채점기준	
① x절편은 -2 또는 $x=-2$ 또는 A$(-2,0)$	4
② y절편은 600 또는 $y=600$ 또는 B$(0,600)$	4
③ 삼각형 AOB의 넓이는 600	2

연습 04

두 함수 $y=2^x+a$, $y=\log_2(x+4)$의 그래프가 제 2사분면에서 만나도록 하는 모든 실수 a의 값의 범위를 구하는 다음의 풀이 과정을 완성하시오.

> $y=\log_2(x+4)$은 두 점 (0, ①)과 (② ,0)을 지나는 함수이다. 따라서 $y=2^x+a$의 그래프가 제 2사분면에서 만나도록 하는 실수 a의 값은
>
> ③ 보다 작아야 하고 , ④ 보다 커야 한다.

[답안]

$y=\log_2(x+4)$는 $(0,2)$과 $(-3,0)$을 지나는 증가함수 형태이다.

따라서 $y=2^x+a$의 그래프가 제 2사분면에서 만나도록 하는 a의 값은 $y=2^x+a$의 그래프가 점 $(0,2)$을 지나도록 하는 a의 값보다 작아야 하고, $y=2^x+a$의 그래프가 점 $(-3,0)$을 지나도록 하는 a의 값보다 커야 한다.

즉, $2=2^0+a\quad\therefore a=1$, $0=2^{-3}+a\quad\therefore a=-\frac{1}{8}$

a값의 범위는 $-\frac{1}{8}<a<1$이다.

채점기준	
① $(0,2)$ 또는 2	2
② $(-3,0)$ 또는 -3	2
③ $a=1$	3
④ $a=-\frac{1}{8}$	3

연습 05

1이 아닌 세 양수 a, b, c에 대하여 $a^2=b^4=c^8$일 때, $\log_{\sqrt{a}}bc+\log_b\frac{a^{\frac{1}{2}}}{c}+\log_{c^2}\sqrt{ab^2}=m$ 이다. m의 값을 구하는 다음의 풀이 과정을 완성하시오.

> $a^2=b^4=c^8=k$라 하면, $a=k^{\frac{1}{2}}$, $b=k^{\frac{1}{4}}$, $c=k^{\frac{1}{8}}$
>
> 이므로 $\log_{\sqrt{a}}bc=$ ① , $\log_b\frac{a^{\frac{1}{2}}}{c}=$ ② ,
>
> $\log_{c^2}\sqrt{ab^2}=$ ③ 이다.
>
> 따라서 m의 값은 ④ 이다.

[답안]

$a^2=b^4=c^8=k$라 하면, $a=k^{\frac{1}{2}}$, $b=k^{\frac{1}{4}}$, $c=k^{\frac{1}{8}}$
이므로

$\log_{\sqrt{a}}bc=2\log_{k^{\frac{1}{2}}}k^{\frac{1}{4}}k^{\frac{1}{8}}=2\times\frac{3}{4}=\frac{3}{2}$

$\log_b\frac{a^{\frac{1}{2}}}{c}=\log_b a^{\frac{1}{2}}-\log_b c=\frac{1}{2}log_{k^{\frac{1}{4}}}k^{\frac{1}{2}}-\log_{k^{\frac{1}{4}}}k^{\frac{1}{8}}$

$=\frac{1}{2}\times 2-\frac{1}{2}=\frac{1}{2}$

$\log_{c^2}\sqrt{ab^2}=\frac{1}{4}log_c ab^2=\frac{1}{4}(\log_c a+2\log_c b)$

$=\frac{1}{4}(\log_{k^{\frac{1}{8}}}k^{\frac{1}{2}}+2\log_{k^{\frac{1}{8}}}k^{\frac{1}{4}})=\frac{1}{4}\times(4+2\times 2)=2$

$\log_{\sqrt{a}}bc+\log_b\frac{a^{\frac{1}{2}}}{c}+\log_{c^2}\sqrt{ab^2}=4$

채점기준	
① $\log_{\sqrt{a}}bc=\frac{3}{2}$	3
② $\log_b\frac{a^{\frac{1}{2}}}{c}=\frac{1}{2}$	3
③ $\log_{c^2}\sqrt{ab^2}=2$	3
④ $\log_{\sqrt{a}}bc+\log_b\frac{a^{\frac{1}{2}}}{c}+\log_{c^2}\sqrt{ab^2}=4$	1

연습 06

두 양수 a, b에 대하여 $\log_3 ab=6$, $\log_a b+\log_b a=2$ 일 때, $\log_3 a\times\log_3 b$의 값을 구하는 과정을 서술하시오.

[답안]
주어진 식에서 $\log_3 ab=\log_3 a+\log_3 b=6$이고,

$\log_a b+\log_b a=\frac{\log_3 b}{\log_3 a}+\frac{\log_3 a}{\log_3 b}=\frac{(\log_3 a)^2+(\log_3 b)^2}{\log_3 a\times\log_3 b}=2$

이고

$(\log_3 a)^2+(\log_3 b)^2=(\log_3 a+\log_3 b)^2-2\log_3 a\times\log_3 b$

$=36-2\log_3 a\times\log_3 b$ 이므로

$\frac{36-2\log_3 a\times\log_3 b}{\log_3 a\times\log_3 b}=2$

$\log_3 a\times\log_3 b=9$이다.

채점기준	
① $\log_3 ab=\log_3 a+\log_3 b=6$	2
② $\log_a b+\log_b a=\frac{\log_3 b}{\log_3 a}+\frac{\log_3 a}{\log_3 b}=\frac{(\log_3 a)^2+(\log_3}{\log_3 a\times\log_3}$	3
③ $\frac{36-2\log_3 a\times\log_3 b}{\log_3 a\times\log_3 b}=2$	3
④ $\log_3 a\times\log_3 b=9$	2

연습 07

곡선 $y=x^4$과 곡선 $y=\sqrt{-2x}$가 만나는 원점이 아닌 점을 A라 할 때, 점 A에서 y축에 내린 수선의 발을 H라 하자. 삼각형 AOH의 넓이가 $2^{-\frac{a}{b}}$일 때, a^2+b^2의 값을 구하는 과정을 서술하시오. (단, O는 원점, a와 b는 서로소인 자연수)

[답안]

$y=x^4$과 $y=\sqrt{-2x}$의 교점의 x좌표는 다음을 만족한다.

$x^4=\sqrt{-2x}$

따라서 A점의 x좌표는 $-2^{\frac{1}{7}}$이고, y좌표는 $2^{\frac{4}{7}}$이다.

삼각형 AOH의 넓이는

$\frac{1}{2}\times\overline{OH}\times\overline{AH}=\frac{1}{2}\times 2^{\frac{4}{7}}\times 2^{\frac{1}{7}}=2^{-\frac{2}{7}}$

따라서 $a^2+b^2=4+49=53$

채점기준

① A점의 x좌표 $-2^{\frac{1}{7}}$	3
② A점의 y좌표 $2^{\frac{4}{7}}$	3
③ 삼각형 AOH의 넓이 $2^{-\frac{2}{7}}$	2
④ $a^2+b^2=53$	2

연습 08

0이 아닌 두 실수 a, b에 대하여

$3\log_3 a-\frac{1}{3}log_3 a^6 b^{-3}=-1$, $a^{-1}+b^{-1}=3$일 때, a^3+b^3의 값을 구하는 과정을 서술하시오.

[답안]

$3\log_3 a-\frac{1}{3}log_3 a^6 b^{-3}=-1$에서

$\log_3 a^3+\log_3 a^{-2}b=\log_3 3^{-1}$

$ab=3^{-1}=\frac{1}{3}$

$a^{-1}+b^{-1}=3$에서 $\frac{1}{a}+\frac{1}{b}=3$

$\frac{a+b}{ab}=3$에 $ab=\frac{1}{3}$을 대입하면 $a+b=1$

$a^3+b^3=(a+b)^3+3ab(a+b)=1^3+3\times\left(\frac{1}{3}\right)\times 1=2$

채점기준

① $ab=\frac{1}{3}$	3
② $a+b=1$	3
③ $a^3+b^3=2$	4

연습 09

x에 대한 부등식 $x^2-\frac{\log_n 4+1}{\log_n 2}x+\log_{\sqrt[4]{2}}\sqrt{n}<0$을 만족시키는 정수 x의 개수가 1이 되도록 하는 자연수 n의 개수를 구하는 과정을 서술하시오.

[답안]

$x^2-\frac{\log_n 4+1}{\log_n 2}x+\log_{\sqrt[4]{2}}\sqrt{n}<0$

$\frac{\log_n 4+1}{\log_n 2}=\frac{\log_n 4n}{\log_n 2}=\log_2 4n=2+\log_2 n$

$\log_{\sqrt[4]{2}}\sqrt{n}=\frac{\frac{1}{2}}{\frac{1}{4}}log_2 n=2\log_2 n$

$x^2-(2+\log_2 n)x+2\log_2 n<0$

$(x-2)(x-\log_2 n)<0$

i) $2<x<\log_2 n$인 경우

정수 x가 1개이려면, $x=3$이므로

$n=9,10,11,12,13,14,15,16$

ii) $\log_2 n<x<2$인 경우

정수 x가 1개이려면, $x=1$이므로 $n=1$

따라서, 이를 만족시키는

$n=1,9,10,11,12,13,14,15,16$이므로 9개

채점기준

① $(x-2)(x-\log_2 n)<0$	3
② $n=9,10,11,12,13,14,15,16$ (또는 $8<n\leq 16$)	3
③ $n=1$ (또는 $1\leq n<2$)	3
④ 9개	1

연습 10

1이 아닌 세 양수 a, b에 대하여 $\log_a b=\frac{4}{5}$일 때,

$A=\frac{\log_8 a}{\log_8 b}$, $B=\frac{3}{4\log_b a}$, $C=32^{\frac{\log_9 b}{\log_{\sqrt{3}} a}}$ 값의 크기를 비교하는 과정을 서술하시오.

[답안]

$\log_a b=\frac{4}{5}$이므로 $\frac{\log_c b}{\log_c a}=\frac{1}{\frac{\log_c a}{\log_c b}}=\frac{1}{\log_b a}=\frac{4}{5}$이다.

따라서

$A=\frac{\log_8 a}{\log_8 b}=\log_b a=\frac{5}{4}$

$B=\frac{3}{4\log_b a}=\frac{3}{4}\times\frac{4}{5}=\frac{3}{5}$

$C=32^{\frac{\log_9 b}{\log_{\sqrt{3}} a}}=32^{\frac{\frac{1}{2}log_3 b}{2\log_3 a}}=(2^5)^{\frac{1}{4}log_a b}=2^{5\times\frac{1}{4}\times\frac{4}{5}}=2$ 이다.

따라서 $B<A<C$

채점기준

① $A=\frac{5}{4}$	3
② $B=\frac{3}{5}$	3
③ $C=2$	3
④ $B<A<C$	1

연습 11

x에 대한 이차방정식 $2kx^2+(k-1)x-(2k-1)=0$의 두 근이 $\sin\theta$와 $\cos\theta$일 때, θ의 값을 구하는 과정을 서술하시오. (단, k는 상수이고 $0 \le \theta \le \pi$)

[답안]

$(\sin\theta+\cos\theta)^2=1+2\sin\theta\cos\theta$이고 근과 계수와의 관계로부터

$\sin\theta+\cos\theta=-\dfrac{k-1}{2k}$, $\sin\theta\cos\theta=-\dfrac{2k-1}{2k}$ 이므로

$(-\dfrac{k-1}{2k})^2=1+2(-\dfrac{2k-1}{2k})$,

정리하여 풀면 $k=\dfrac{1}{5}$, $k=1$.

이 때 $k=\dfrac{1}{5}$이면 $\sin\theta\cos\theta=\dfrac{3}{2}>1$이므로 부적합하다.

따라서 $\sin\theta+\cos\theta=0$이고 $\sin\theta\cos\theta=-\dfrac{1}{2}$,

$0\le\theta\le\pi$에서 이를 만족하는 $\theta=\dfrac{3}{4}\pi$

채점기준	
① $\sin\theta+\cos\theta=-\dfrac{k-1}{2k}$, $\sin\theta\cos\theta=-\dfrac{2k-1}{2k}$ 또는 $(-\dfrac{k-1}{2k})^2=1+2(-\dfrac{2k-1}{2k})$	4
② $k=\dfrac{1}{5}$, $k=1$	2
③ $k=\dfrac{1}{5}$는 부적합	2
④ $k=1$이면 $\theta=\dfrac{3}{4}\pi$	2

연습 12

두 함수 $f(x)=\cos^2x-4\sin x+9$, $g(x)=\log_a x\,(0<a<1)$가 있다. 합성함수 $(g\circ f)(x)$의 최댓값이 -1일 때, 최솟값을 구하는 과정을 서술하시오.

[답안]

$f(x)=\cos^2x-4\sin x+9=-(\sin x+2)^2+14$이고

$-1\le\sin x\le1$이므로 $5\le f(x)\le13$이다.

$g(x)=\log_a x\,(0<a<1)$은 $f(x)=5$에서 최댓값을 갖는다. 따라서 $\log_a 5=-1$이다. 즉 $a=\dfrac{1}{5}$이다. 최솟값 M은 $-\log_5 13$이다.

채점기준	
① $f(x)=-(\sin x+2)^2+14$ 또는 $f(x)=-\sin^2x-4\sin x+10$	2
② $5\le f(x)\le13$ 또는 $f(x)$의 최솟값은 5	3
③ $a=\dfrac{1}{5}$	3
④ 최솟값은 $-\log_5 13$	2

연습 13

사각형 ABCD가 원에 내접하며 $\overline{AB}=\overline{AD}=4$이다. $\overline{BC}=1$, $\angle ADC=60°$일 때, 사각형 ABCD의 넓이의 값을 구하는 과정을 서술하시오.

[답안]
원에 내접하므로
$\angle ADC=60°$에서 $\angle ABC=180°-60°=120°$이다.
$x=\overline{AC}$라 하면 삼각형 ABC에서 코사인법칙에 의하여
$x^2=4^2+1^2-2\times4\times1\times\cos120°$
즉, $x>0$이므로 $x=\sqrt{21}$이다.
$y=\overline{CD}$라 하면
삼각형 ACD에서 코사인법칙에 의하여
$(\sqrt{21})^2=16+y^2-2\times4\times y\times\cos60°$,
혹은 $y^2-4y-5=0$이다.
즉, $y>0$이어야 하므로 $y=5$이다.
삼각형 ABC의 넓이는 $\frac{1}{2}\times4\times1\times\sin120°=\sqrt{3}$
삼각형 ACD의 넓이는 $\frac{1}{2}\times4\times5\times\sin60°=5\sqrt{3}$
이므로 사각형의 넓이는 $6\sqrt{3}$

채점기준

① $x=\overline{AC}$라 하면 코사인법칙에 의하여 $x=\sqrt{21}$	3
② $y=\overline{CD}$라 하면 코사인법칙에 의하여 $y=5$	3
③ 삼각형 ABC의 넓이는 $\sqrt{3}$	1
④ 삼각형 ACD의 넓이는 $5\sqrt{3}$ 사각형의 넓이는 $6\sqrt{3}$	3

연습 14

$\pi<\theta<\frac{3}{2}\pi$인 θ에 대하여 $4\cos\theta-\frac{1}{2\cos\theta}=1$일 때, $\sin\theta\cos\theta$의 값을 구하는 과정을 서술하시오.

[답안]
$4\cos\theta-\frac{1}{2\cos\theta}=1$로부터 $8\cos^2\theta-2\cos\theta-1=0$
따라서 $\cos\theta=\frac{1}{2}, -\frac{1}{4}$
주어진 범위를 만족하는 것은 $\cos\theta=-\frac{1}{4}$이다.
따라서 $\sin\theta=-\frac{\sqrt{15}}{4}$이므로,
$\sin\theta\cos\theta=\frac{\sqrt{15}}{16}$

채점기준

① $8\cos^2\theta-2\cos\theta-1=0$	3
② 주어진 범위를 만족하는 것 $\cos\theta=-\frac{1}{4}$	3
③ $\sin\theta=-\frac{\sqrt{15}}{4}$	2
④ $\sin\theta\cos\theta=\frac{\sqrt{15}}{16}$	2

연습 15

넓이가 72인 사각형 ABCD가 다음 조건을 만족시킨다.

(가) 두 대각선 AC, BD에 대하여 $\overline{AC}+\overline{BD}=27$
(나) 두 대각선 AC, BD가 이루는 각의 크기를 θ라 할 때, $\cos\theta=-\frac{3}{5}$이다.

$\overline{AC}<\overline{BD}$일 때 $\frac{\overline{BD}}{\overline{AC}}$의 값(기약분수)을 구하는 과정을 서술하시오.

[답안]
$\overline{AC}=x$, $\overline{BD}=y$라 하자.
조건 (가)에서 $x+y=27$,
조건 (나)에서
$\sin\theta=\sqrt{1-\cos^2\theta}=\frac{4}{5}$, $\frac{1}{2}xy\sin\theta=72$으로부터
$xy=180$
따라서 x, y는 방정식 $t^2-27t+180=0$의 두 근이다.
$x<y$이므로 $x=12$, $y=15$
따라서 $\frac{y}{x}=\frac{15}{12}=\frac{5}{4}$

채점기준	
① $\overline{AC}=x$, $\overline{BD}=y$, $x+y=27$	2
② $\sin\theta=\sqrt{1-\cos^2\theta}=\frac{4}{5}$	3
③ $xy=180$	3
④ $x=12$, $y=15$, $\frac{\overline{BD}}{\overline{AC}}=\frac{5}{4}$	2

연습 16

$\frac{\cos\theta}{\tan\theta}=-\frac{3}{2}$일 때, $\cos\left(\frac{\pi}{2}-\theta\right)\cdot\sin(3\pi+\theta)$의 값을 구하는 과정을 서술하시오.

[답안]
$\frac{\cos\theta}{\tan\theta}=\frac{\cos^2\theta}{\sin\theta}=\frac{1}{\sin\theta}-\sin\theta=-\frac{3}{2}$로부터
$2\sin^2x-3\sin x-2=0$
$(2\sin\theta+1)(\sin\theta-2)=0$로부터 $\sin\theta=-\frac{1}{2}$
$\cos\left(\frac{\pi}{2}-\theta\right)\cdot\sin(3\pi+\theta)=\sin\theta\cdot(-\sin\theta)$
$=-\sin^2\theta=-\frac{1}{4}$

채점기준	
① $\frac{\cos\theta}{\tan\theta}=\frac{1}{\sin\theta}-\sin\theta$	3
② $\sin\theta=-\frac{1}{2}$	3
③ $\cos\left(\frac{\pi}{2}-\theta\right)\cdot\sin(3\pi+\theta)=-\sin^2\theta$	3
④ $-\frac{1}{4}$	1

연습 17

자연수 a에 대하여 함수 $f(x)=\frac{1}{2}log_3(2x-5)$의 그래프의 점근선과 함수 $g(x)=\tan\frac{\pi(2x-1)}{a}$의 그래프는 만나지 않는다. 정의역이 $\{x|4\le x\le 16\}$인 합성함수 $(g\circ f)(x)$의 최댓값과 최솟값을 구하는 다음의 풀이 과정을 완성하시오. (단, a는 상수이다.)

> 직선 [①]가 f의 점근선이므로
> $a=$[②]. 따라서 $(g\circ f)(x)$의 최솟값은
> [③]이고, 최댓값은 [④]이다.

[답안]

직선 $x=\frac{5}{2}$가 f의 점근선이므로

$\left(\frac{2n-1}{2}\right)\times\frac{a}{2}+\frac{1}{2}=\frac{5}{2}$, $a=\frac{8}{2n-1}$이 자연수가 되는 경우는 $n=1$일 때인 $a=8$이다. 또한,

$f(4)=\frac{1}{2}log_3(2\times4-5)=\frac{1}{2}$,

$f(16)=\frac{1}{2}log_3(2\times16-5)=\frac{3}{2}$

$(g\circ f)(x)$가 증가함수이므로 최솟값 m과 최댓값 M은 각각

$m=(g\circ f)(4)=g\left(\frac{1}{2}\right)=\tan0=0$

$M=(g\circ f)(16)=g\left(\frac{3}{2}\right)=\tan\left(\frac{\pi}{4}\right)=1$

채점기준

① $x=\frac{5}{2}$	2
② 8	2
③ 0	3
④ 1	3

연습 18

$\sin\left(\frac{3\pi}{2}-\theta\right)+\cos(\pi+\theta)=\frac{8}{5}$일 때,

$\cos\left(\frac{\pi}{2}-\theta\right)\times\tan\left(\frac{\pi}{2}+\theta\right)+\frac{\sin\left(\frac{\pi}{2}+\theta\right)}{1+\sin\theta}+\tan(\pi+\theta)$의 값을 구하는 과정을 서술하시오.

[답안]

$\sin\left(\frac{3\pi}{2}-\theta\right)+\cos(\pi+\theta)=-\cos\theta-\cos\theta=-2\cos\theta=\frac{8}{5}$

$\cos\theta=-\frac{4}{5}$

따라서

$\cos\left(\frac{\pi}{2}-\theta\right)\times\tan\left(\frac{\pi}{2}+\theta\right)+\frac{\sin\left(\frac{\pi}{2}+\theta\right)}{1+\sin\theta}+\tan(\pi+\theta)$

$=\sin\theta\times\left(-\frac{1}{\tan\theta}\right)+\frac{\cos\theta}{1+\sin\theta}+\tan\theta$

$=\sin\theta\times\left(-\frac{\cos\theta}{\sin\theta}\right)+\frac{\cos\theta}{1+\sin\theta}+\frac{\sin\theta}{\cos\theta}$

$=-\cos\theta+\frac{\cos^2\theta+\sin\theta(1+\sin\theta)}{(1+\sin\theta)\cos\theta}$

$=-\cos\theta+\frac{\cos^2\theta+\sin\theta+\sin^2\theta}{(1+\sin\theta)\cos\theta}$

$=-\cos\theta+\frac{1+\sin\theta}{(1+\sin\theta)\cos\theta}$

$=-\cos\theta+\frac{1}{\cos\theta}=\frac{4}{5}-\frac{5}{4}=\frac{16-25}{20}=-\frac{9}{20}$

채점기준

① $\sin\left(\frac{3\pi}{2}-\theta\right)+\cos(\pi+\theta)=-\cos\theta-\cos\theta=-2co$	3
② $\cos\theta=-\frac{4}{5}$	3
③ $-\frac{9}{20}$	4

연습 19

수열 $\{a_n\}$은 $a_1>0$, $a_2+a_3=0$이고, 모든 자연수 n에 대하여 $a_n+a_{n+2}=a_{n+1}$을 만족시킨다. 수열 $\{a_n\}$의 첫째항부터 n항까지의 합을 S_n이라 할 때, $S_n=0$을 만족시키는 400이하의 자연수 n의 개수를 구하는 과정을 서술하시오.

[답안]

수열 $\{a_n\}$의 $a_2=\alpha$, $a_3=-\alpha$라 할 경우

$a_1=a_2-a_3=\alpha-(-\alpha)=2\alpha$,

$a_4=a_3-a_2=-\alpha-\alpha=-2\alpha$,

$a_5=a_4-a_3=-2\alpha-(-\alpha)=-\alpha$,

$a_6=a_5-a_4=-\alpha-(-2\alpha)=\alpha$,

$a_7=a_6-a_5=\alpha-(-\alpha)=2\alpha$, 결국 $a_n=a_{n+6}$

$\sum_{k=1}^{6}a_k=a_1+a_2+a_3+a_4+a_5+a_6=$

$2\alpha+\alpha-\alpha-2\alpha-\alpha+\alpha=0$

$S_1>0$, $S_2>0$, $S_3>0$, $S_4=0$, $S_5<0$, $S_6=0$ 이므로

$S_n=0$을 만족시키는 400이하의 n은 $2\times66+1=133$

채점기준	
① $a_n=a_{n+6}$ 또는 $\{2\alpha,\alpha,-\alpha,-2\alpha,-\alpha,\alpha\}$ 규칙적으로 반복된다.	3
② $S_6=0$ 또는 $a_1+a_2+a_3+a_4+a_5+a_6=0$ 또는 $2\alpha+\alpha-\alpha-2\alpha-\alpha+\alpha=0$	2
③ $S_1>0$, $S_2>0$, $S_3>0$, $S_4=0$, $S_5<0$, $S_6=0$ 또는 S_4, S_6 2개가 0이다.	3
④ 133	2

연습 20

삼차방정식 $x^3-x^2+2=0$의 세 근 중 허근인 것을 α, β라 할 때, $(\alpha^2-3)(\beta^2-3)+(\alpha^2-6)(\beta^2-6)+(\alpha^2-9)(\beta^2-9)+\cdots+(\alpha^2-30)(\beta^2-30)$의 값을 구하는 과정을 서술하시오.

[답안]

$x^3-x^2+2=(x+1)(x^2-2x+2)$

$(\alpha^2-3)(\beta^2-3)+(\alpha^2-6)(\beta^2-6)$

$+(\alpha^2-9)(\beta^2-9)+\cdots+(\alpha^2-30)(\beta^2-30)=$

$(\alpha\beta)^2-3(\alpha^2+\beta^2)+3^2+(\alpha\beta)^2-6(\alpha^2+\beta^2)+6^2+$

$\cdots+(\alpha\beta)^2-30(\alpha^2+\beta^2)+30^2$ 에서

$\alpha\beta=2$, $(\alpha\beta)^2=4$

$\alpha+\beta=2$ 이므로 $(\alpha+\beta)^2-2\alpha\beta=4-2\times2=0$

$(\alpha\beta)^2-3(\alpha^2+\beta^2)+3^2+(\alpha\beta)^2-6(\alpha^2+\beta^2)+6^2+$

$\cdots+(\alpha\beta)^2-30(\alpha^2+\beta^2)+30^2$

$=10(\alpha\beta)^2-(\alpha^2+\beta^2)\sum_{k=1}^{10}(3k)+\sum_{k=1}^{10}(3k)^2$

$=10\times4-0\times\sum_{k=1}^{10}k+9\sum_{k=1}^{10}k^2$

$=40+9\times\frac{10\times11\times21}{6}=3505$

채점기준	
① $\alpha+\beta=2$, $\alpha\beta=2$	2
② $(\alpha^2-3)(\beta^2-3)+(\alpha^2-6)(\beta^2-6)+(\alpha^2-9)(\beta^2-9)+\cdots+(\alpha^2-30)(\beta^2-30)=(\alpha\beta)^2-3(\alpha^2+\beta^2)+3^2+(\alpha\beta)^2-6(\alpha^2+\beta^2)+6^2+\cdots+(\alpha\beta)^2-30(\alpha^2+\beta^2)+30^2$	3
③ $\alpha^2+\beta^2=0$ 또는 $(\alpha+\beta)^2-2\alpha\beta=0$	1
④ 3505	4

연습 21

두 수 $\frac{1}{4}$ 과 8 사이에 9개의 수 $a_1, a_2, a_3, \cdots, a_9$를 넣어 만든 11개의 수가 등비수열을 이룰 때 , $\log a_1 + \log a_2 + \cdots + \log a_7$ 의 값을 구하는 다음의 풀이 과정을 완성하시오.

> $\frac{1}{4} + r^{10} = 8$ 에서 공비 $r =$ ① 이다.
>
> 수열 $\{\log a_n\}$은 첫째항이 ②, 공차가 ③ 인 등차수열이므로 $\log a_1 + \log a_2 + \cdots + \log a_7$의 값은
>
> ④ 이다.

[답안]

$\frac{1}{4} + r^{10} = 8$ 에서 공비 $r = \sqrt{2}$ 이고,

$a_1 = \frac{\sqrt{2}}{4}$, $a_2 = \frac{1}{2}$, $\cdots$, $a_9 = 4\sqrt{2}$

수열 $\{\log a_n\}$은

첫째항이 $-\frac{3}{2}log2$, 공차가 $\frac{1}{2}log2$인 등차수열이므로

$\log a_1 + \log a_2 + \cdots + \log a_7$의 값은

$\left\{(-\frac{3}{2}) + (-1) + \cdots + 1 + \frac{3}{2}\right\}\log 2 = 0$이다.

채점기준

항목	점수
① $\sqrt{2}$	3
② $-\frac{3}{2}log2$	2
③ $\frac{1}{2}log2$	2
④ 0	3

연습 22

공비가 양수인 등비수열 $\{a_n\}$의 첫째항부터 제 n항까지의 합을 S_n이라고 하자. $S_3 = 3$, $S_9 = 39$일 때, $\log_3\left(1 + \frac{2S_{21}}{3}\right)$의 값을 구하는 과정을 서술하시오.

[답안]

첫째항이 a이고 공비가 r인 등비수열 a_n의 제 n항까지의 합 $S_n = \frac{a(r^n - 1)}{r - 1}$ 이므로,

$\frac{S_9}{S_3} = \frac{a(r^9 - 1)}{r - 1} \times \frac{r - 1}{a(r^3 - 1)} = \frac{(r^3 - 1)(r^6 + r^3 + 1)}{r^3 - 1} = 13$,

따라서 $r^3 = 3$ $(r > 0)$ 이고

$S_3 = \frac{a(r^3 - 1)}{r - 1} = \frac{2a}{r - 1} = 3$, $\frac{a}{r - 1} = \frac{3}{2}$ 이다.

$S_{21} = \frac{a}{r - 1}((r^3)^7 - 1) = \frac{3}{2}((r^3)^7 - 1)$이므로

$\log_3\left(1 + \frac{2S_{21}}{3}\right) = \log_3\left(1 + \frac{2}{3} \times \frac{3}{2}(3^7 - 1)\right) = \log_3(3^7)$이므로 답은 7이다.

채점기준

항목	점수
① $S_n = \frac{a(r^n - 1)}{r - 1}$	2
② $r^3 = 3$ $(r > 0)$	4
③ $\log_3\left(1 + \frac{2S_{21}}{3}\right) = 7$	4

연습 23

모든 항이 자연수인 수열 $\{a_n\}$이 모든 자연수 n에 대하여

$$a_{n+1}=\begin{cases}2a_n+2 & (a_n\text{이 홀수인 경우})\\ \dfrac{a_n}{2} & (a_n\text{이 짝수인 경우})\end{cases}$$

를 만족시킨다. $a_7=4$일 때, S_{20}의 최솟값을 구하는 다음의 풀이 과정을 완성하시오. (단, 수열 $\{a_n\}$의 첫째항부터 제 n항까지의 합을 S_n이라 한다.)

> $a_7=4$이므로 a_6이 홀수이면 $a_6=1$이고, 짝수이면 $a_6=8$이다.
>
> $a_6=1$일 때, S_6의 최솟값은 [①] 이다.
> $a_6=8$일 때, a_5이 홀수이면 $a_5=3$이고, 짝수이면 $a_5=16$이다.
>
> $a_5=3$이면 $a_4+a_5+a_6=$ [②] > [①] 이고,
>
> $a_5=16$이면 $a_5+a_6=24>$ [①] 이므로,
> $a_6=1$일 때의 S_6이 최솟값을 갖는다. S_6이 최솟값을 갖는 수열 $\{a_n\}$에서 반복되는 세 수는 [③]
>
> 이다. 따라서 S_{20}의 최솟값은 [④] 이다.

[답안]
$a_7=4$이므로 홀수, 짝수에 따라 $a_6=1, 8$이다.

[1] $a_6=1$의 경우, 짝수만 가능하므로 $a_5=2$이다.
$a_5=2$의 경우, $a_4=4$인 짝수 경우만 존재
$a_4=4$는 $a_3=1, 8$ 홀수, 짝수 2가지 경우 존재
1) $a_3=1$일 때, $a_2=2$ 짝수 경우만 존재 $a_1=4$
$4+2+1+4+2+1=14$, $S_6=14$
2) $a_3=8$일 때,
$a_3=8$은 $a_3=1$일 때의 $a_1+a_2+a_3=7$보다 크므로 최솟값이 될 수 없다.
따라서, S_6의 최솟값은 [① 14] 이다.

[2] $a_6=8$의 경우, $a_5=3, 16$ 홀수, 짝수 2가지 경우 존재
1) $a_5=3$일 때, $a_4=6$

$a_4+a_5+a_6=$ [② 17] > [① 14]
2) $a_5=16$일 때,

$a_5+a_6=24>$ [① 14]

따라서, $a_6=1$일 때의 S_6이 최솟값을 갖는다.
S_6이 최솟값을 갖는 수열 $\{a_n\}$은 4, 2, 1, 4, 2, 1 ⋯
이므로 [③ 4, 2, 1] 이다.
따라서 S_{20}의 최솟값은
$(4+2+1)\times 6+(4+2)=$ [④ 48] 이다.

채점기준	
① 14	3
② 17	2
③ 4, 2, 1	3
④ 48	2

연습 24

등차수열 $\{a_n\}$이 $a_{26}+a_{27}+a_{28}=6$, $a_{11}+a_{31}=-20$을 만족시킨다. 수열 $\{a_n\}$의 첫째항부터 제 100항까지의 합을 구하는 과정을 서술하시오.

[답안]
등차수열 $\{a_n\}$의 첫째항을 a, 공차를 d라 하면
$a_{26}+a_{27}+a_{28}=6$에서
$(a+25d)+(a+26d)+(a+27d)=3a+78d=6$이고,
$a_{11}+a_{31}=-20$에서
$(a+10d)+(a+30d)=2a+40d=-20$이다.
위 연립일차방정식을 풀이하면 $a=-50$, $d=2$
따라서
$S_{100}=\frac{100\times(2a+99\times d)}{2}=\frac{100\times((-100)+99\times 2)}{2}$
$=4900$

채점기준	
① $a=-50$	3
② $d=2$	3
③ $S_{100}=4900$	4

연습 25

등차수열 $\{a_n\}$에 대하여 $a_3-2=2-a_5$이고 $|6+a_2|=|6-a_6|$일 때, a_7의 값을 구하는 과정을 서술하시오.

[답안]
첫째항이 a이고 공차가 d라고 할 때,
$a_3+a_5=2a+6d=4$
$a+3d=2$이다.
$|6+a_2|=|6-a_6|$에서 부호가 같으면
$6+a+d=6-(a+5d)$
$2a+6d=0$
$a+3d=0$이다. $a+3d=2$과 동시에 만족하는 a, d값은 존재하지 않는다.
부호가 다르면
$6+a+d=-6+(a+5d)$
$4d=12$
$d=3$
$a+3d=2$에 대입하면
$a=-7$ 이다.
따라서 $a_7=-7+6\times3=11$

채점기준	
① $d=3$	4
② $a=-7$	4
③ $a_7=11$	2

연습 26

등비수열 $\{a_n\}$의 첫째항부터 제n항까지의 합을 S_n이라 하자. $\frac{S_9-S_6}{S_6-S_3}=4$, $a_7+a_4=5$일 때, $a_{10}\times\frac{S_{12}}{S_6}=n(n+1)$을 만족하는 자연수 n의 값을 구하는 과정을 서술하시오.

[답안]

$$\frac{S_9-S_6}{S_6-S_3}=\frac{\frac{a_1(r^9-1)}{r-1}-\frac{a_1(r^6-1)}{r-1}}{\frac{a_1(r^6-1)}{r-1}-\frac{a_1(r^3-1)}{r-1}}=\frac{r^9-r^6}{r^6-r^3}=r^3=4$$

$a_7+a_4=a_1r^6+a_1r^3=a_1r^3(r^3+1)=20a_1=5$

따라서 $a_1=\frac{1}{4}$이다.

$a_{10}\times\frac{S_{12}}{S_6}=ar^9(r^6+1)=\frac{1}{4}\times 4^3\times(4^2+1)=16\times 17$

$n(n+1)=16\times 17$

$n=16$

채점기준	
① $r^3=4$	3
② $a_1=\frac{1}{4}$	3
③ $n=16$	4

연습 27

함수 $f(x)=\begin{cases}\frac{\sqrt{x+1}-a}{x-2} & (x>2)\\ \frac{x+b}{\sqrt{x+1}-\sqrt{x-2}} & (x\le 2)\end{cases}$가 $x=2$에서 연속일 때, 상수 a와 b의 값을 구하는 과정을 서술하시오.

[답안]

$x=2$에서 함수f가 연속이 되기 이해서는

$\lim_{x\to 2+}\frac{\sqrt{x+1}-a}{x-2}=f(2)=\frac{2+b}{\sqrt{3}}$가 성립해야 하고, 극한

$\lim_{x\to 2+}\frac{\sqrt{x+1}-a}{x-2}$가 존재하므로 $a=\sqrt{3}$이다. 따라서,

$\lim_{x\to 2+}\frac{\sqrt{x+1}-a}{x-2}=\lim_{x\to 2+}\frac{\sqrt{x+1}-\sqrt{3}}{x-2}$

$=\lim_{x\to 2+}\frac{1}{\sqrt{x+1}+\sqrt{3}}=\frac{1}{2\sqrt{3}}$ 이므로 $\frac{2+b}{\sqrt{3}}=\frac{1}{2\sqrt{3}}$,

결국 $b=-\frac{3}{2}$

채점기준	
① $a=\sqrt{3}$	2
② $\lim_{x\to 2+}\frac{\sqrt{x+1}-a}{x-2}=\frac{1}{2\sqrt{3}}$	3
③ $\lim_{x\to 2-}\frac{x+b}{\sqrt{x+1}-\sqrt{x-2}}=\frac{2+b}{\sqrt{3}}$ 또는 $f(2)=\frac{2+b}{\sqrt{3}}$	3
④ $b=-\frac{3}{2}$	2

연습 28

$\lim_{x\to\infty}\sqrt{x}(\sqrt{2x+k}+\sqrt{2x+2k}-\sqrt{8x})=3\sqrt{2}$ 일 때, 양수 k의 값을 구하는 과정을 서술하시오.

[답안]

$\lim_{x\to\infty}\sqrt{x}(\sqrt{2x+k}+\sqrt{2x+2k}-\sqrt{8x})$

$=\lim_{x\to\infty}\sqrt{x}(\sqrt{2x+k}+\sqrt{2x+2k}-2\sqrt{2x})$

$=\lim_{x\to\infty}\sqrt{x}(\sqrt{2x+k}-\sqrt{2x}+\sqrt{2x+2k}-\sqrt{2x})$

$=\lim_{x\to\infty}\sqrt{x}(\sqrt{2x+k}-\sqrt{2x})$

$+\lim_{x\to\infty}\sqrt{x}(\sqrt{2x+2k}-\sqrt{2x})$ 이고

$\lim_{x\to\infty}\sqrt{x}(\sqrt{2x+k}-\sqrt{2x})$

$=\lim_{x\to\infty}\frac{\sqrt{x}\times k}{\sqrt{2x+k}+\sqrt{2x}}=\frac{k}{2\sqrt{2}}=\frac{k\sqrt{2}}{4}$

$\lim_{x\to\infty}\sqrt{x}(\sqrt{2x+2k}-\sqrt{2x})$

$=\lim_{x\to\infty}\frac{\sqrt{x}\times 2k}{\sqrt{2x+2k}+\sqrt{2x}}=\frac{2k}{2\sqrt{2}}=\frac{k\sqrt{2}}{2}$

$\frac{k\sqrt{2}}{4}+\frac{k\sqrt{2}}{2}=\frac{3k\sqrt{2}}{4}=3\sqrt{2}$ 이므로

$k=4$

채점기준	
① $\lim_{x\to\infty}\sqrt{x}(\sqrt{2x+k}-\sqrt{2x})$ $+\lim_{x\to\infty}\sqrt{x}(\sqrt{2x+2k}-\sqrt{2x})$	3
② $\lim_{x\to\infty}\sqrt{x}(\sqrt{2x+k}-\sqrt{2x})$ $=\lim_{x\to\infty}\frac{\sqrt{x}\times k}{\sqrt{2x+k}+\sqrt{2x}}=\frac{k}{2\sqrt{2}}=\frac{k\sqrt{2}}{4}$	3
③ $\lim_{x\to\infty}\sqrt{x}(\sqrt{2x+2k}-\sqrt{2x})$ $=\lim_{x\to\infty}\frac{\sqrt{x}\times 2k}{\sqrt{2x+2k}+\sqrt{2x}}=\frac{2k}{2\sqrt{2}}=\frac{k\sqrt{2}}{2}$	3
④ $k=4$	1

연습 29

함수 $g(x)$를 x와 2중에서 작지 않은 수로 정의하자.
구간 $(0,\infty)$에서 정의된
함수 $f(x)=g(x)+\frac{x-1}{2x}$에 대하여 $\lim_{x\to 2-}\frac{f(x)-f(2)}{x-2}$와 $\lim_{x\to 2+}\frac{f(x)-f(2)}{x-2}$의 값을 구하는 다음의 풀이 과정을 완성하시오.

> $x<2$일 때 $f(x)=$ [①],
>
> $x>2$일 때 $f(x)=$ [②]
>
> $f(2)=\frac{9}{4}$이므로 $\lim_{x\to 2-}\frac{f(x)-f(2)}{x-2}=$ [③],
>
> $\lim_{x\to 2+}\frac{f(x)-f(2)}{x-2}=$ [④] 이다.

[답안]

$x<2$일 때 $f(x)=2+\frac{x-1}{2x}=\frac{5x-1}{2x}$,

$x>2$일 때 $f(x)=x+\frac{x-1}{2x}=\frac{2x^2+x-1}{2x}$

$f(2)=\frac{9}{4}$이므로

$\lim_{x\to 2-}\frac{f(x)-f(2)}{x-2}=\lim_{x\to 2-}\frac{\frac{5x-1}{2x}-\frac{9}{4}}{x-2}$

$=\lim_{x\to 2-}\frac{(x-2)}{4x(x-2)}=\frac{1}{8}$

$\lim_{x\to 2+}\frac{f(x)-f(2)}{x-2}=\lim_{x\to 2+}\frac{\frac{2x^2+x-1}{2x}-\frac{9}{4}}{x-2}$

$=\lim_{x\to 2+}\frac{(4x+1)(x-2)}{4x(x-2)}=\frac{9}{8}$

채점기준	
① $f(x)=\frac{5x-1}{2x}$ 또는 $f(x)=2+\frac{x-1}{2x}$	2
② $f(x)=\frac{2x^2+x-1}{2x}$ 또는 $f(x)=x+\frac{x-1}{2x}$	2
③ $\lim_{x\to 2-}\frac{f(x)-f(2)}{x-2}=\frac{1}{8}$	3
④ $\lim_{x\to 2+}\frac{f(x)-f(2)}{x-2}=\frac{9}{8}$	3

연습 30

두 함수 $f(x)$와 $g(x)$가 $\lim_{x\to a}f(x)=\infty$ 와 $\lim_{x\to a}(5f(x)-6g(x))=2023$를 만족한다.

$\lim_{x\to a}\frac{2f(x)-3g(x)}{7f(x)-kg(x)}=-\frac{1}{4}$를 만족시키는 상수 k의 값을 구하는 다음의 풀이 과정을 완성하시오.

> $\lim_{x\to a}f(x)=\infty$이고 $\lim_{x\to a}(5f(x)-6g(x))=2023$이므로
>
> $\lim_{x\to a}g(x)=$ ① .
>
> 또한 $\lim_{x\to a}\frac{5f(x)-6g(x)}{f(x)}=$ ② 이므로
>
> $\lim_{x\to a}\frac{g(x)}{f(x)}=$ ③ 이다.
>
> 따라서 $\lim_{x\to a}\frac{2f(x)-3g(x)}{7f(x)-kg(x)}=-\frac{1}{4}$이므로
>
> $k=$ ④ 이다.

[답안]

조건에서 $\lim_{x\to a}f(x)=\infty$인데

$\lim_{x\to a}(5f(x)-6g(x))=2023$이므로 $\lim_{x\to a}g(x)=\infty$.

또한 $\lim_{x\to a}(5f(x)-6g(x))=2023$로부터

$\lim_{x\to a}\frac{5f(x)-6g(x)}{f(x)}=\lim_{x\to a}\left(5-\frac{6g(x)}{f(x)}\right)=0$가 성립하게

되므로 $\lim_{x\to a}\frac{g(x)}{f(x)}=\frac{5}{6}$이다.

결국 ,

$$\lim_{x\to a}\frac{2f(x)-3g(x)}{7f(x)-kg(x)}=\lim_{x\to a}\frac{2-\frac{3g(x)}{f(x)}}{7-\frac{kg(x)}{f(x)}}=\frac{12-15}{42-5k}=-\frac{1}{4}$$

이므로 $k=6$이다.

채점기준	
① $\lim_{x\to a}g(x)=\infty$	2
② $\lim_{x\to a}\frac{5f(x)-6g(x)}{f(x)}=0$	2
③ $\lim_{x\to a}\frac{g(x)}{f(x)}=\frac{5}{6}$	2
④ $k=6$	4

연습 31

두 함수 $f(x)=\begin{cases}x^3-3x+a^2 & (x<2)\\ 2x^2+ax+9 & (x\ge 2)\end{cases}$, $g(x)=x^2+(a+1)x+a$에 대하여 함수 $f(x)g(x)$가 $x=2$에서 연속이 되도록 하는 상수 a의 값을 모두 구하는 과정을 서술하시오.

[답안]

함수 $f(x)g(x)$가 $x=2$에서 연속이 되려면

$\lim_{x\to 2+}f(x)g(x)=\lim_{x\to 2-}f(x)g(x)=f(2)g(2)$ 이어야 한다.

$\lim_{x\to 2-}f(x)g(x)$

$=\lim_{x\to 2-}(x^3-3x+a^2)(x^2+(a+1)x+a)=(2+a^2)(6+3a)$

$\lim_{x\to 2+}f(x)g(x)$

$=\lim_{x\to 2+}(2x^2+ax+9)(x^2+(a+1)x+a)=(17+2a)(6+3a)$

$f(2)g(2)=(17+2a)(6+3a)$이므로

$(2+a^2)(6+3a)=(17+2a)(6+3a)$

$(a^2-2a-15)(6+3a)=0$

$3(a-5)(a+3)(a+2)=0$

따라서 $a=-3$, $a=-2$, $a=5$

채점기준	
① $\lim_{x\to 2-}f(x)g(x)=(2+a^2)(6+3a)$	3
② $\lim_{x\to 2+}f(x)g(x)=(17+2a)(6+3a)$ 또는 $f(2)g(2)=(17+2a)(6+3a)$	3
③ $(2+a^2)(6+3a)=(17+2a)(6+3a)$	2
④ $a=-3$, $a=-2$, $a=5$	2

연습 32

최고차항의 계수가 1인 삼차함수 $f(x)$에 대하여 $y=f(x)$의 그래프를 x축의 방향으로 -3만큼 평행이동한 그래프를 나타내는 함수를 $y=g(x)$라 하자. $\lim_{x\to0}\frac{f(x)}{xg(x)}=-\frac{1}{15}$, $\lim_{x\to-2}\frac{f(x)}{xg(x-1)}=k$일 때, 상수 k의 값을 구하는 과정을 서술하시오.

채점기준	
① $f(0)=0$ $f(x)=x(x^2+ax+b)$ $g(x)=(x+3)((x+3)^2+a(x+3)+b)$	3
② $a+2b=-3$ 또는 $f(x)=x(x+2)(x+d)$ $g(x)=(x+3)(x+5)(x+3+d)$	2
③ $2a-b=4$, $a=1$, $b=-2$ 또는 $d=-1$	2
④ $k=\frac{3}{2}$	3

[답안]

극한 $\lim_{x\to0}\frac{f(x)}{xg(x)}$가 존재하므로 $f(0)=0$

최고차항의 계수가 1인 삼차함수 $f(x)$를

$f(x)=x(x^2+ax+b)$로 놓을 수 있다.

따라서 $g(x)=(x+3)((x+3)^2+a(x+3)+b)$이므로

$\lim_{x\to0}\frac{x(x^2+ax+b)}{xg(x)}=-\frac{1}{15}$이고

이로부터 $\frac{0+0+b}{g(0)}=\frac{b}{3(9+3a+b)}=-\frac{1}{15}$

따라서 $a+2b=-3$

극한 $k=\lim_{x\to-2}\frac{x(x^2+ax+b)}{x(x+2)((x+2)^2+a(x+2)+b)}$가

존재하므로 $4-2a+b=0$ 즉, $2a-b=4$

$a+2b=-3$와 $2a-b=4$를 연립하면

$a=1$, $b=-2$

따라서 $k=\lim_{x\to-2}\frac{x-1}{((x+2)^2+(x+2)-2)}=\frac{3}{2}$

[다른풀이]

극한 $\lim_{x\to0}\frac{f(x)}{xg(x)}$가 존재하므로 $f(0)=0$

최고차항의 계수가 1인 삼차함수 $f(x)$를

$f(x)=x(x^2+ax+b)$라 놓으면

$g(x)=(x+3)((x+3)^2+a(x+3)+b)$인데.

극한 $\lim_{x\to-2}\frac{f(x)}{xg(x-1)}$가 존재하므로

$f(x)=x(x+2)(x+d)$로

$g(x)=(x+3)(x+5)(x+3+d)$로 놓을 수 있다.

$-\frac{1}{15}=\lim_{x\to0}\frac{x(x+2)(x+d)}{x(x+3)(x+5)(x+3+d)}=\frac{2d}{3\times5(3+d)}$

로부터 $d=-1$

따라서 $k=\lim_{x\to-2}\frac{x(x+2)(x-1)}{x(x+2)(x+4)(x+1)}=\frac{-3}{2\times(-1)}=\frac{3}{2}$

연습 33

다음 조건을 만족시키는 모든 다항함수 $f(x)$에 대하여 $f(1)$의 최솟값을 구하는 과정을 서술하시오.

(가) 함수 $f(x)$의 모든 항의 계수가 정수이고, $f(-1)=8$이다.
(나) $\lim_{x\to\infty}\frac{f(x)+4x^3}{2x^2}=\lim_{x\to 1}f(x)$
(다) $f(x)$가 실수 전체의 집합에서 감소한다.

[답안]
다항함수는 연속이므로 $\lim_{x\to 1}f(x)=f(1)$. 이때 $f(1)=a$라 하면,

(나)로부터
$f(x)=-4x^3+2ax^2+bx+c$ (단, a, b, c는 상수)

(가)로부터
$f(-1)=4+2a-b+c=8$
$c=b-2a+4$ ··· ①

$f(1)=a$이므로
$a=f(1)=-4+2a+b+c$
①을 대입하면
$2b=a$

(다)로부터 $f'(x)=-12x^2+4ax+b\le 0$이므로 판별식을 구하면 $D/4=4a^2+12b=4a^2+6a\le 0$

따라서 $-\frac{3}{2}\le a\le 0$이고 a는 x^2항의 계수이므로 정수이다. 따라서 $-1\le a\le 0$이므로 $a=f\left(\frac{1}{2}\right)$의 최솟값은 -1이다.

채점기준	
① $f(x)=-4x^3+2ax^2+bx+c$ (계수 a, b, c는 다른 문자 가능)	2
② $c=b-2a+4$ 또는 $2b=a$ 또는 $a=f\left(\frac{1}{2}\right)$	3
③ $4a^2+6a\le 0$	3
④ 최솟값 -1	2

연습 34

실수 t에 대하여 직선 $y=t$가 $0\le x<2\pi$에서 함수 $f(x)=|-6\sin x-3|$의 그래프와 만나는 점의 개수를 $g(t)$라 하자. 함수 $g(t)$가 $t=a$에서 불연속인 실수 a의 값을 작은 것부터 순서대로 나열한 것이 a_1, a_2, a_3이다. a_1, a_2, a_3의 값과 $f(x)=a_2$를 만족시키는 x의 값을 각각 구하는 과정을 서술하시오.

[답안]

$$g(t)=\begin{cases}0\ (t<0)\\4\ (t=0)\\8\ (0<t<3)\\6\ (t=3)\\4\ (3<t<9)\\2\ (t=9)\\0\ (t>9)\end{cases}$$

함수 $g(t)$는 0, 3, 9에서 불연속이므로 $a_1=0$, $a_2=3$, $a_3=9$이다.
따라서 $f(x)=|-6\sin x-3|=3$인 x는
$x=0$ 또는 $x=\frac{\pi}{2}$ 또는 $x=\frac{3\pi}{4}$ 또는 $x=\pi$ 또는 $x=\frac{3\pi}{2}$ 또는 $x=\frac{7\pi}{4}$

채점기준	
① $a_1=0$	2
② $a_2=3$	2
③ $a_3=9$	2
④ $x=0$ 또는 $x=\frac{\pi}{2}$ 또는 $x=\frac{3\pi}{4}$ 또는 $x=\pi$ 또는 $x=\frac{3\pi}{2}$ 또는 $x=\frac{7\pi}{4}$	4

연습 35

수직선 위를 움직이는 두 점 P, Q의 시각 $t(t \ge 0)$에서의 위치 x_1, x_2가 $x_1 = 4t^3 - 5t^2 + 9t$, $x_2 = 3t^3 - 3t^2 + 8t$이다. 두 점 P, Q가 동시에 원점을 출발한 후 처음으로 속도가 같아지는 순간 t_a와 처음으로 만나는 순간 t_b의 값을 구하는 과정을 서술하시오.

[답안]

$x_1 - x_2 = t^3 - 2t^2 + t = t(t-1)^2$이므로 $t_b = 1$이다.
한편 두 점의 속도는 각각
$v_1 = \dfrac{dx_1}{dt} = 12t^2 - 10t + 9$, $v_2 = \dfrac{dx_2}{dt} = 9t^2 - 6t + 8$이다.
$v_1 - v_2 = 3t^2 - 4t + 1 = (3t-1)(t-1) = 0$이므로
$t_a = \dfrac{1}{3}$이다.

채점기준

채점기준	배점
① $v_1 = x'_1 = 12t^2 - 10t + 9$	2
② $v_2 = x'_2 = 9t^2 - 6t + 8$	2
③ $t_a = \dfrac{1}{3}$	3
④ $t_b = 1$	3

연습 36

곡선 $y = ax^2 - 2ax + a$위의 원점이 아닌 점$(k, ak^2 - 2ak + a)$에서의 접선이 점$(\dfrac{a+1}{a}, 0)$을 지날 때, 이 접선의 기울기를 구하는 과정을 서술하시오. (단, a, k는 상수이고 $a \ne 0$)

[답안]

접선의 기울기를 m이라 하면 점$(\dfrac{a+1}{a}, 0)$을 지나는 접선의 방정식은 $y = m(x - \dfrac{a+1}{a})$이다. 또한 $x = k$에서 접하므로 $m = 2ak - 2a$이다. 한편 접선이 점$(k, ak^2 - 2ak + a)$을 지나므로
$ak^2 - 2ak + a = (2ak - 2a)(k - \dfrac{a+1}{a})$이다. 따라서
$k = \dfrac{a+2}{a}$이다. 결론적으로 접선의 기울기는 $m = 4$이다.

채점기준

채점기준	배점
① 접선의 방정식은 $y - (ak^2 - 2ak + a) = (2ak - 2a)(x - k)$ 또는 $ak^2 - 2ak + a = (2ak - 2a)(k - \dfrac{a+1}{a})$	4
② $k = \dfrac{a+2}{a}$	4
③ 접선의 기울기는 4	2

연습 37

함수 $f(x)=\begin{cases} ax^2+bx+c & (x<-1) \\ (b-1)x^2+cx+a & (x\geq -1) \end{cases}$가 $x=-1$에서 미분가능할 때, $a-b$의 값을 구하는 과정을 서술하시오. (단, a, b, c는 상수)

[답안]
함수 $f(x)$가 $x=-1$에서 연속이어야 하므로
$\lim_{x\to -1-} f(x)=\lim_{x\to -1+} f(x)$이다.
따라서 $a-b+c=b-1-c+a$, $2b-2c=1$이다.
또한 함수 $f(x)$가 $x=-1$에서 미분가능해야 하므로,
$\lim_{x\to -1-}\frac{f(x)-f(-1)}{x-(-1)}=\lim_{x\to -1+}\frac{f(x)-f(-1)}{x-(-1)}$ 이다.
따라서 $\lim_{x\to -1-}\frac{\{a(x-1)+b\}(x+1)}{x+1}$
$=\lim_{x\to -1+}\frac{\{(b-1)(x-1)+c\}(x+1)}{x+1}$
$-2a+b=-2(b-1)+c$
$c=b-\frac{1}{2}$을 대입하여 정리하면
$a-b=-\frac{3}{4}$ 이다.

채점기준	
① $a-b+c=b-1-c+a$ 또는 $2b-2c=1$ 또는 $c=b-\frac{1}{2}$	4
② $-2a+b=-2(b-1)+c$	4
③ $a-b=-\frac{3}{4}$	2

연습 38

함수 $f(x)=x^2-6x+9$의 그래프 위의 점 $(a, f(a))$에서의 접선이 x축 및 y축과 만나는 점을 각각 P, Q라 할 때, 삼각형 OPQ의 넓이가 최대가 될 때의 a의 값을 구하는 과정을 서술하시오. (단, O는 원점이고, $0<a<3$이다.)

[답안]
$f(x)=x^2-6x+9$에서 $f'(x)=2x-6$.
점 $(a, f(a))$에서의 접선의 방정식은
$y-(a^2-6a+9)=(2a-6)(x-a)$
$y=(2a-6)x-a^2+9$
이 때 $\mathrm{P}(\frac{a+3}{2}, 0)$, $\mathrm{Q}(0, -a^2+9)$이므로
삼각형 OPQ의 넓이를 $S(a)$라 하면
$S(a)=\frac{1}{4}(a+3)(9-a^2)=-\frac{1}{4}(a+3)^2(a-3)$
$S'(a)=-\frac{3}{4}(a+3)(a-1)$
$0<a<3$이므로 $S'(a)=0$에서 $a=1$

채점기준	
① $y=(2a-6)x-a^2+9$	2
② $\mathrm{P}(\frac{a+3}{2}, 0)$, $\mathrm{Q}(0, -a^2+9)$	2
③ $S(a)=\frac{1}{4}(a+3)(9-a^2)=-\frac{1}{4}(a+3)^2(a-3)$	3
④ $0<a<3$이므로 $S'(a)=0$에서 $a=1$	3

연습 39

두 다항함수 $f(x)$와 $g(x)$에 대하여
$f'(x)=x^3+x^2+5$, $g'(x)=5x^3-11x^2-16x+5$
이다. 두 함수 $y=f(x)$와 $y=g(x)$의 그래프가 오직 한 점에서 만날 때, $h(x)=f(x)-g(x)$의 음수인 극댓값과 극솟값을 구하는 다음의 풀이 과정을 완성하시오.

> $h'(x)=0$을 만족하는 x의 값은 모두 [①]이다. 두 함수의 그래프가 오직 한 점에서 만나기 위해서, 교점의 x좌표는 [②]이다. 따라서 $h(x)$의 음수인 극댓값은 [③]이고, 음수인 극솟값은 [④]이다.

[답안]
$h'(x)=-4x^3+12x^2+16x=0$을 만족하는 x의 값은 모두 [① -1, 0, 4] 이다.
$h(x)=-x^4+4x^3+8x^2+C$
따라서, $x=-1$, $x=4$에서 극댓값, $x=0$에서 극솟값을 갖는다.
$h(-1)=3+C$, $h(0)=C$, $h(4)=128+C$
즉 $h(-1)<h(4)$이므로, 두 함수의 그래프가 오직 한 점에서 만나기 위해서는 $x=$ [② 4] 에서 $h(x)$의 값이 0이다. 즉, $C=-128$이다.
따라서 $h(x)$의 극댓값은 [③ -125] 이고, 극솟값은 [④ -128] 이다.

채점기준	
① -1, 0, 4	2
② 4	4
③ -125	2
④ -128	2

연습 40

수직선 위를 움직이는 두 점 P, Q의 시각 t $(t\ge 0)$에서의 위치 x_1, x_2가 $x_1=16t^3-18t^2-3t$, $x_2=8t^3+6t^2-21t-d$ 이다. 실수 t에 대하여 구간 $[\frac{1}{4},3]$에서 두 점 P, Q 사이 거리의 최솟값이 6이다. 거리의 최댓값과 이때, 점 Q의 속도를 구하는 다음의 풀이 과정을 완성하시오. (단, $d\le 0$)

> 두 점 P, Q 사이 거리가 최소가 되는 시각은 $t=$ [①]이다. 한편, 두 점 P, Q 사이 거리는 $t=$ [②]에서 최댓값 [③]를 가지며, 이때 점 Q의 속도는 [④]이다.

[답안]
$f(t)=x_1-x_2=8t^3-24t^2+18t+d$라 하면
$f'(t)=24t^2-48t+18=6(2t-1)(2t-3)$이므로
$t=\frac{1}{2}$, $\frac{3}{2}$에서 극값을 가진다.
$f(\frac{1}{4})=\frac{25}{8}+d$, $f(\frac{1}{2})=4+d$, $f(\frac{3}{2})=d$, $f(3)=54+d$
$d\le 0$이고 $|f(t)|$의 최솟값이 0이 아니므로 닫힌구간 $[\frac{1}{4},3]$에서 $f(t)<0$이다.
그러므로 $|f(t)|$은 $t=3$에서 최솟값을 갖고 $t=\frac{3}{2}$에서 최댓값을 갖는다.
$54+d=-6$에서 $d=-60$이므로
최댓값은 $|d|=60$이다.
이때 Q의 속도는 $24t^2+12t-21$이므로
$24\times\left(\frac{3}{2}\right)^2+12\times\frac{3}{2}-21=51$

채점기준	
① 3	3
② $\frac{3}{2}$	2
③ 60	3
④ 51	2

연습 41

함수 $f(x)=x^4+4x^3-8x^2+k$는 $x=a$, $x=b$ $(a<b)$에서 극소이고, $x=c$에서 극대이다.
$y=f(x)$의 그래프가 최소일 때 x축과 접한다. 실수 a, b, c, k의 값을 구하는 과정을 서술하시오.

[답안]

$f(x)=x^4+4x^3-8x^2+k$에서

$f'(x)=4x^3+12x^2-16x=4x(x+4)(x-1)$

$f'(x)=0$에서 $x=-4$ 또는 $x=0$ 또는 $x=1$에서 극값을 갖는다.

함수 $f(x)$의 증가와 감소를 표로 나타내면 다음과 같다.

x	$\cdots$	-4	$\cdots$	0	$\cdots$	1	$\cdots$
$f'(x)$	-	0	+	0	-	0	+
$f(x)$	↘	$k-128$	↗	k	↘	$k-3$	↗

그러므로 $a=-4$, $b=1$, $c=0$이며 $x=-4$일 때 최소이고, 이때 x축과 접하려면 극솟값이 0이어야 하므로

$f(-4)=256-256-128+k=k-128=0$에서

$k=128$이다.

채점기준

① $a=-4$	2
② $b=1$	2
③ $c=0$	2
④ $k=128$	4

연습 42

함수 $f(x)=3x^4-4x^3-12x^2+a$가 닫힌구간 $[-2, 2]$에서 최댓값 40을 갖는다. 곡선 $y=f(x)$와 직선 $y=k$가 만나는 점의 개수가 3이 되도록 하는 모든 상수 k의 값의 합을 구하는 과정을 서술하시오. (단, a는 상수)

[답안]

$f(x)=3x^4-4x^3-12x^2+a$에서

$f'(x)=12x^3-12x^2-24x=12x(x-2)(x+1)$이며,

닫힌 구간 $[-2, 2]$에서 최댓값은

$f(-2)=48+32-48+a=32+a$와 $f(0)=a$ 중에

$f(-2)=32+a=40$이므로 $a=8$이다.

곡선 $y=f(x)$와 직선 $y=k$가 만나는 점의 개수가 3이 되는 지점은

$f(-1)=3+4-12+a=-5+a=3$과 $f(0)=a=8$

상수 k의 합은 11이다.

채점기준

① $f'(x)=12x^3-12x^2-24x=12x(x-2)(x+1)$	3
② $a=8$	3
③ $k=3$, $k=8$	3
④ 11	1

연습 43

실수 전체의 집합에서 정의된 삼차함수 $f(x)=(m-1)x^3+(m-1)x^2-x+1$이 일대일 대응이 되도록 하는 모든 정수 m의 값을 구하는 과정을 서술하시오.

[답안]

$f'(x)=3(m-1)x^2+2(m-1)x-1$

함수 $f(x)$가 일대일대응이 되려면 이차방정식 $f'(x)=0$이 중근 또는 허근을 가져야 한다. 이차방정식 $3(m-1)x^2+2(m-1)x-1=0$의 판별식을 D라 하면

$\frac{D}{4}=(m-1)^2+3(m-1)\le 0$이므로

$(m-1)(m+2)\le 0$

$-2\le m\le 1$

이때, 최고차항의 계수 $m-1\ne 0$이므로

정수 m의 값은 -2, -1, 0

채점기준	
① $f'(x)=3(m-1)x^2+2(m-1)x-1$	2
② $\frac{D}{4}=(m-1)^2+3(m-1)\le 0$	3
③ 최고차항의 계수 $m-1\ne 0$	3
④ 정수 m의 값은 -2, -1, 0	2

연습 44

점 $(2,a)$에서 곡선 $y=x^3+3x^2+2x+1$에 그을 수 있는 접선의 개수가 3이 되도록 하는 정수 a의 개수를 구하는 과정을 서술하시오.

[답안]

$y=x^3+3x^2+2x+1$에서 $y'=3x^2+6x+2$.

곡선 위의 점(t, t^3+3t^2+2t+1)에서의 접선의 방정식은 $y-(t^3+3t^2+2t+1)=(3t^2+6t+2)(x-t)$. 이 직선이 점$(2,a)$를 지나므로

$a-(t^3+3t^2+2t+1)=(3t^2+6t+2)(2-t)$

$2t^3-3t^2-12t-5+a=0$이 서로 다른 세 실근을 가지면 그을 수 있는 접선의 개수가 3이 된다.

$f(t)=2t^3-3t^2-12t-5+a$라 하면

$f'(t)=6t^2-6t-12=6(t-2)(t+1)$

$f'(t)=0$에서 $t=2$ 또는 $t=-1$

서로 다른 세 실근을 가지려면

$f(-1)=-2-3+12-5+a>0$

$f(2)=16-12-24-5+a<0$, 즉 $-2<a<25$

접선의 개수가 3이 되도록 하는 정수 a의 개수는 26

채점기준	
① $y-(t^3+3t^2+2t+1)=(3t^2+6t+2)(x-t)$	3
② $2t^3-3t^2-12t-5+a=0$	2
③ $-2<a<25$	4
④ 정수 a의 개수는 26	1

연습 45

실수 m에 대하여 수직선 위를 움직이는 점 P의 시각 t $(t \geq 0)$에서의 위치 $x(t)$가

$x(t) = \frac{3}{5}t^5 - \frac{7}{2}t^4 + 7t^3 - 6t^2 + (6-m)t$ 이다. 점 P가 시각 $t=0$일 때 원점을 출발한 후, 운동 방향이 두 번만 바뀌도록 하는 m의 범위를 구하는 다음의 풀이 과정을 완성하시오. (단, $t=0$일 때, 점 P의 속도는 $6-m$이다.)

> 점 P의 시작 t $(t>0)$에서의 속도를 $v(t)$라 하면 $v(t) =$ ① 이다. $v(t)$는 $t=$ ② 에서 극댓값을 갖고, $t=$ ③ 에서 최솟값을 갖는다. $t>0$에서 운동 방향이 두 번만 바뀌도록 하는 m의 범위는 ④ 이다.

[답안]
점 P의 시작 t $(t>0)$에서의 속도를 $v(t)$라 하면 $v(t) = 3t^4 - 14t^3 + 21t^2 - 12t + (6-m)$이다. 점 P가 출발한 후 운동 방향이 두 번 바뀌려면 $t>0$에서 $v(t)=0$이 중근이 아닌 서로 다른 두 실근을 가져야 한다.

$v'(t) = 12t^3 - 42t^2 + 42t - 12 = 6(2t-1)(t-1)(t-2) = 0$

에서 $t = \frac{1}{2}$ 또는 $t=1$ 또는 $t=2$,

$v\left(\frac{1}{2}\right) = \frac{59}{16} - m$, $v(1) = 4-m$, $v(2) = 2-m$,

$v\left(\frac{1}{2}\right) > v(2)$이므로 $v(t)$는 $t=1$에서 극댓값을 가지고 $t=2$에서 최솟값을 가진다. $v(t)=0$이 $t>0$에서 중근이 아닌 서로 다른 두 실근을 가지려면

$v\left(\frac{1}{2}\right) = \frac{59}{16} - m \geq 0$이고 $v(2) = 2-m < 0$이어야 한다.

그러므로 $2 < m \leq \frac{59}{16}$ 즉 $(2, \frac{59}{16}]$

채점기준	
① $6t^4 - 20t^3 + 12t^2 + (6-m)$	2
② $\frac{1}{2}$	2
③ 2	2
④ $-10 < m \leq 6$ 또는 $(-10, 6]$	4

연습 46

정의역이 $\{x \mid x \geq 0\}$인 인 함수 $f(x) = 3ax^2$ $(0 < a < 1)$의 역함수를 $g(x)$라 하자. 두 곡선 $y=f(x)$, $y=g(x)$로 둘러싸인 부분의 넓이가 $S=3$일 때, 상수 a의 값을 구하는 다음의 풀이 과정을 완성하시오.

> 두 곡선 $y=f(x)$, $y=g(x)$의 교점의 x좌표는 $x=0$과 $x=$ ① 이다. 따라서 넓이를 정적분으로 나타내면 $S=$ ② 이고, 이 적분의 값을 a에 대한 식으로 쓰면 $S=$ ③ 이다. $S=3$이므로 상수 $a=$ ④ 이다.

[답안]
두 곡선 $y=f(x)$, $y=g(x)$은 역함수 관계이므로 직선 $y=x$에 대하여 대칭이고
두 곡선의 교점은 $3ax^2 = x$를 만족하므로 x좌표는

$x=0$과 $x = \frac{1}{3a}$이다.

따라서 적분을 활용한 넓이를 구하는 식은

$S = 2\int_0^{\frac{1}{3a}} (x - 3ax^2)dx$이고, 계산하면

$S = 2\int_0^{\frac{1}{3a}} (x - 3ax^2)dx = 2\left[\frac{1}{2}x^2 - ax^3\right]_0^{\frac{1}{3a}} = \frac{1}{27a^2}$ 이다.

따라서 $S=3$이므로 $a = \frac{1}{9}$이다.

채점기준	
① $x = \frac{1}{3a}$ 또는 3	2
② $S = 2\int_0^{\frac{1}{3a}} (x - 3ax^2)dx$ 또는 $S = \int_0^{\frac{1}{3a}} (\sqrt{\frac{x}{3a}} - 3ax^2)dx$ 또는 $S = \frac{1}{9a^2} - 2\int_0^{\frac{1}{3a}} 3ax^2$	4
③ $S = \frac{1}{27a^2}$	2
④ $a = \frac{1}{9}$	2

연습 47

다항함수 $f(x)$가 모든 실수 x에 대하여
$xf(x)=\frac{3}{4}x^4+\frac{4}{3}x^3\int_0^1 f'(t)dt+\int_1^x f(t)dt$를 만족시킬 때, $f(x)$를 구하는 과정을 서술하시오.

[답안]
$k=\int_0^1 f'(t)dt$라고 놓고 주어진 식의 양변을 미분하면
$\frac{d}{dx}\int_1^x f(t)dt=f(x)$이므로
$f(x)+xf'(x)=3x^3+4kx^2+f(x)$이다.
즉 $f'(x)=3x^2+4kx$이다.
따라서, $k=\int_0^1(3t^2+4kt)dt=\left[t^3+2kt^2\right]_0^1=1+2k$
이므로 $k=-1$이고,
$f(x)=\int f'(t)dt=\int(3t^2-4t)dt=x^3-2x^2+C$이다.
주어진 식에 $x=1$를 대입하면
$1\times f(1)=\frac{3}{4}+\frac{4}{3}\times(-1)+0=-\frac{7}{12}$이고
$f(1)=-\frac{7}{12}$이다.
따라서 $f(1)=1-2+C=-\frac{7}{12}$이고 $C=\frac{5}{12}$이다.
따라서 $f(x)=x^3-2x^2+\frac{5}{12}$ 이다.

채점기준	
① $f'(x)=3x^2+4x\int_0^1 f'(t)dt$ 또는 $k=\int_0^1 f'(t)dt$라고 놓고 $f'(x)=3x^2+4kx$	3
② $\int_0^1 f'(t)dt=-1$ 또는 $k=-1$	3
③ $f(1)=-\frac{7}{12}$	2
④ $f(x)=x^3-2x^2+\frac{5}{12}$	2

연습 48

두 함수 $f(x)=-3x^2+12x$, $g(x)=9|x-3|-9$의 그래프로 둘러싸인 부분의 넓이 S를 구하는 다음의 풀이 과정을 완성하시오.

> $x<3$일 때 , 두 그래프의 교점은 $f(x)=g(x)$에서
> $x=$ ① 이다.
> $x\geq 3$일 때 , 두 그래프의 교점은 $f(x)=g(x)$에서
> $x=$ ② 이다.
> 따라서 넓이를 정적분의 식으로 나타내면 $S=$ ③
> 이고, 이 정적분의 값을 구하면 $S=$ ④ 이다.

[답안]
$x<3$일 때, $g(x)=-9x+18$이므로
$-3x^2+12x=-9x+18$에서 교점은 $x=1$이다.
$x\geq 3$일 때 $g(x)=9x-36$이므로
$-3x^2+12x=9x-36$에서 교점은 $x=4$이다.
따라서 넓이는
$\int_1^3((-3x^2+12x)-(-9x+18))dx$
$+\int_3^4((-3x^2+12x)-(9x-36))dx$
$=\left[-x^3+\frac{21}{2}x^2-18x\right]_1^3+\left[-x^3+\frac{3}{2}x^2+36x\right]_3^4=\frac{63}{2}$이다.

채점기준	
① $x<3$일 때 , 두 그래프의 교점은 $x=1$	2
② $x\geq 3$일 때 , 두 그래프의 교점은 $x=4$	2
③ $S=\int_1^3((-3x^2+12x)-(-9x+18))dx$ $+\int_3^4((-3x^2+12x)-(9x-36))dx$ 또는 $\int_1^3(-3x^2+21x-18))dx$ $+\int_3^4(-3x^2+3x+36))dx$	3
④ 넓이 $S=\frac{63}{2}$	3

연습 49

두 다항함수 $f(x)$, $g(x)$에 대하여

$f(x)=3x^2+4x+2\int_0^1 g(t)dt$, $g(x)=2x+\frac{1}{2}\int_{-2}^0 f(t)dt$

일 때, 방정식 $f(x)=g(x)$의 모든 실근을 구하는 과정을 서술하시오.

[답안]

$g(x)=2x+\frac{1}{2}\int_{-2}^0 f(t)dt$에서 $\int_{-2}^0 f(t)dt=a$라 하면,

$g(x)=2x+\frac{1}{2}a$이다.

$f(x)=3x^2+4x+2\int_0^1 g(t)dt$

$=3x^2+4x+2\int_0^1\left(2t+\frac{1}{2}a\right)dt=3x^2+4x+\left[2t^2+at\right]_0^1$

$=3x^2+4x+2+a$

$\int_{-2}^0 f(t)dt=\int_{-2}^0(3t^2+4t+2+a)dt=4+2a$

따라서, $4+2a=a$, $a=-4$

$f(x)=3x^2+4x-2$, $g(x)=2x-2$

따라서 $3x^2+4x-2=2x-2$

$x=0$, $x=-\frac{2}{3}$이다.

채점기준	
① $f(x)=3x^2+4x-2$	4
② $g(x)=2x-2$	4
③ $x=0$, $x=-\frac{2}{3}$	2

연습 50

다항함수 $f(x)$의 한 부정적분 $F(x)$가 모든 실수 x에 대하여 $F(x)=f(x)+x^4-2x^3-4x^2-4x+2$를 만족시킨다. 방정식 $f(x)=4x^3+5x^2+6x+7$의 두 근을 α, β라 할 때, $\alpha^2+\beta^2$의 값을 구하는 과정을 서술하시오.

[답안]

$F'(x)=f(x)$이고,

$F(x)=f(x)+x^4-2x^3-4x^2-4x+2$의 양변을 미분하면

$f(x)=f'(x)+4x^3-6x^2-8x-4$ (이하 (1)식) 이다.

$f(x)=4x^3+ax^2+bx+c$로 정의하면,

$f'(x)=12x^2+2ax+b$이므로, (1)식에 이를 대입하면,

$4x^3+ax^2+bx+c=12x^2+2ax+b+4x^3-6x^2-8x-4$ 즉

$a=6$, $b=4$, $c=0$이다.

방정식 $f(x)=4x^3+5x^2+6x+7$에 계산한 $f(x)$를 대입하면, 즉 $x^2-2x-7=0$ 방정식의 두 근을 α, β라 할 때,

$\alpha+\beta=2$, $\alpha\beta=-7$

$\alpha^2+\beta^2=(\alpha+\beta)^2-2\alpha\beta=4+14=18$

채점기준	
① $F'(x)=f(x)$ 또는 $f(x)=f'(x)+4x^3-6x^2-8x-4$	2
② $f(x)=4x^3+6x^2+4x$	4
③ $\alpha+\beta=2$, $\alpha\beta=-7$	2
④ $\alpha^2+\beta^2=18$	2

연습 51

다음 조건을 만족시키는 최고차항의 계수가 1인 모든 사차함수 $f(x)$에 대하여 $\int_{-2}^{2} f(x)dx$의 최댓값과 최솟값의 합을 구하는 과정을 서술하시오.

(가) $f'(0)=0$
(나) $|f(0)|+|f(1)|=0$
(다) $-1 \le \int_{0}^{1} f(x)dx \le 1$

[답안]
최고차항의 계수가 1인 모든 사차함수 $f(x)$가
$|f(0)|+|f(1)|=0$을 만족하므로,
$f(0)=0$, $f(1)=0$
$f'(0)=0$ 이므로
$f(x)=x^2(x-a)(x-1)$라 할 수 있다. 따라서,
$-1 \le \int_{0}^{1} f(x)dx \le 1$를 만족하려면,
$\int_{0}^{1} x^2(x-a)(x-1)dx = \frac{5a-3}{60}$ 이므로,
$-1 \le \frac{5a-3}{60} \le 1$, $\therefore -\frac{57}{5} \le a \le \frac{63}{5}$
$\int_{-2}^{2} f(x)dx = \frac{80a+192}{15}$
$-48 \le \frac{80a+192}{15} \le 80$이다.
최댓값과 최솟값의 합은 32

채점기준

① $f(x)=x^2(x-a)(x-1)$ 또는 $f(x)=x^2(x+a)(x-1)$	2
② $-1 \le \frac{5a-3}{60} \le 1$ 또는 $-\frac{57}{5} \le a \le \frac{63}{5}$ 또는 $-\frac{63}{5} \le a \le \frac{57}{5}$	3
③ $\int_{-2}^{2} f(x)dx = \frac{80a+192}{15}$ 또는 $\int_{-2}^{2} f(x)dx = \frac{-80a+192}{15}$	3
④ 32	2

연습 52

삼차함수 $f(x)=x^3+ax^2+bx+c$가
$\lim_{x \to 1} \frac{1}{x-1} \int_{2}^{x} 12tf'(t)dt = 6$을 만족시킬 때, $f(2)-f(1)$의 값을 구하는 과정을 서술하시오. (단, a, b, c는 상수이다.)

[답안]
$G(t) = \int 12tf'(t)dt = \int 12t(3t^2+2at+b)dt$
$=9t^4+8at^3+6bt^2+C$ (단, C는 적분 상수)

$\lim_{x \to 1} \frac{1}{x-1} \int_{2}^{x} 12tf'(t)dt = \lim_{x \to 1} \frac{G(x)-G(2)}{x-1} = 6$

$G(x)$는 다항함수이므로, $\lim_{x \to 1} G(x) = G(1) = G(2)$
따라서 $G(1)=9+8a+6b+C$
$G(2)=9\times 16+8a\times 8+6b\times 4+C$
$9+8a+6b+C=9\times 16+8a\times 8+6b\times 4+C$
$56a+18b=-135$

$\lim_{x \to 1} \frac{G(x)-G(2)}{x-1} = \lim_{x \to 1} \frac{G(x)-G(1)}{x-1} = G'(1)=6$
$G'(1)=12(3+2a+b)=6$
$4a+2b=-5$
$56a+18b=-135$와 $4a+2b=-5$에서
$a=-\frac{9}{2}$, $b=\frac{13}{2}$

$f(2)=8+\left(-\frac{9}{2}\right)\times 4+\frac{13}{2}\times 2+c=3+c$
$f(1)=1+\left(-\frac{9}{2}\right)\times 1+\frac{13}{2}\times 1+c=3+c$
따라서
$f(2)-f(1)=0$

채점기준

① $56a+18b=-135$	3
② $4a+2b=-5$	3
③ $a=-\frac{9}{2}$, $b=\frac{13}{2}$	2
④ 0	2

실전 모의고사

● 모의고사 1회(인문계용)

【국어 영역】

* 다음 글은 학생이 쓴 발표문의 초고이다. 물음에 답하시오.

학생들 중에는 한번 책상에 앉으면 일어나지 않고 몇 시간씩 공부하는 것이 학습에 효과적이라고 생각하는 경우가 많다. 그런데 시험 전날 밤을 새우며 몇 시간씩 꼼짝도 않고 머릿속에 넣은 것들 중에 기억나는 것이 얼마나 있을까 의문이다. 아마도 대부분의 내용이 머릿속에 남아 있지 않고 사라졌던 경험을 우리와 같은 학생들이라면 갖고 있을 것이다. 쉬지도 않고 열심히 집중해서 학습을 해도 결국 기억에 남는 것은 얼마 되지 않는다. 그렇다면 학습한 내용을 오랫동안 기억에 남게 할 방법은 없는지 궁금증이 생길 것이다.

1900년 독일의 심리학자 뮐러와 필체커는 휴식이 기억력에 미치는 영향을 연구하였다. 실험 참가자들을 두 그룹으로 나눈 후 아무 뜻도 없는 음절을 외우게 하였다. 일정 시간이 지난 후에 한 그룹에는 바로 다음 암기 목록을 주었고, 다른 그룹에는 학습 전 6분의 휴식 시간을 주었다. 한 시간 반이 지난 후 두 그룹은 전혀 다른 학습 결과를 보였다. 6분의 휴식을 취한 그룹은 학습 목록의 50%를 기억했지만, 휴식 시간 없이 계속 학습을 진행한 그룹은 학습 내용의 28%만을 기억하였다.

이것은 우리 뇌의 특성 때문이다. 우리의 뇌가 새로운 것을 학습하기 위해서는 뇌 속 뉴런을 활성화하여 새로운 연결을 만들어 내는 과정을 거쳐야 한다. 그리고 우리의 뇌가 학습한 것들을 다시 기억하기 위해서는 앞서 만들어 놓은 뉴런의 연결을 다시 활성화해야 한다. 그런데 뇌는 단기간에 많은 정보를 입력하는 것보다 간헐적인 휴식을 취하면서 반복적으로 학습한 것을 더 오래 기억한다. 이를 '간격 효과(spacing effect)'라 부르는데, 이것은 우리 뇌의 학습과 기억에 중요한 역할을 한다.

최근까지 간격 효과가 학습과 기억에 어떻게 영향을 주는지 잘 알려져 있지 않았다. 그런데 막스플랑크 연구소가 생쥐를 이용한 연구를 통해, 학습하는 동안 휴식을 취하는 것이 학습 효과와 기억 유지에 더 도움을 준다는 사실을 발표하였다. 연구진은 생쥐가 연속적으로 학습을 하는 경우 뇌는 새로운 뉴런을 계속 활성화하는 반면에, 생쥐가 휴식을 취할 경우 1차 학습 단계에서 활성화된 뉴런을 나중에 다시 사용하는 것을 발견하였다. 이처럼 동일한 뉴런을 다시 활성화하게 되면 뇌가 각 학습 단계에서 뉴런 간의 연결을 강화할 수 있다. 즉 간격 효과는 특정 학습에 대한 뉴런 연결을 강화함으로써 기억력을 좋게 하는 것이다.

이 지점에서 우리는 한 가지 궁금한 점이 생길 것이다. 그렇다면 도대체 어떤 방식으로 휴식을 취해야 할까? 여기서의 휴식이란 아무것도 하지 않는 것을 말한다. 일반적으로 잠을 자는 것을 생각할 수도 있지만 그보다는 깨어 있는 상태에서 휴식을 취하는 것이 훨씬 더 효과적이다. 이때 휴대 전화와 같은 방해 요소가 없는 상황에서 조명을 낮추고 편안한 자세로 명상을 취하는 방식처럼 아무것도 하지 않는 상태이어야 한다. 우리의 인생을 길게 본다면 벼락치기 학습을 하는 것보다는 적당한 휴식을 취해 가며 지식을 쌓을 필요가 있다. 그리고 간격 효과는 단순히 학생들의 학습에만 사용되는 것이 아니고 우리 삶의 많은 부분에 활용될 수 있다.

[문제 1] <보기>의 독자 고려 전략 가운데 밑줄 친 ①, ②의 전략이 반영된 문장을 찾아 첫 어절과 마지막 어절을 순서대로 찾아 쓰시오.

<보기>

글쓰기는 필자와 독자의 의사소통을 위한 것이다. 글쓰기에서 필자가 전달하려는 내용이 독자에게 의미 있는 것으로 받아들여지기 위해서는 독자의 공감을 유도하는 것이 중요한데, 이때 사용할 수 있는 전략은 다양하다. 대표적으로 **①1인칭 대명사를 사용하여 필자와 독자가 동일한 상황임을 나타내어 독자와의 거리감을 좁히는 전략**, 독자의 반응을 예측하여 글 속에서 미리 대응하는 전략, 글의 내용이 독자의 상황과 관련되어 있음을 밝히는 전략, **②물음이나 독창적 표현 등을 사용하여 독자의 주의를 환기하는 전략**, 독자에게 의미가 있을 만한 정보나 문제 해결 방법 등을 제시하는 전략 등이 있다.

① 첫 어절: ____________, 마지막 어절: ____________

② 첫 어절: ____________, 마지막 어절: ____________

＊ 다음 글을 읽고 물음에 답하시오.

가정에서 수입과 지출을 관리하기 위해 가계부를 쓰듯, 국가도 외국과의 교역에 따른 수입과 지출을 관리하기 위해 통계를 작성한다. 통상 1년으로 설정된 기간 동안 한 국가의 거주자와 비거주자 간의 상품, 서비스 및 자본 등 모든 경제적 거래를 종합하여 기록한 통계가 국제 수지표이다. 현행 국제 수지표는 상품 및 서비스 등을 수출한 금액에서 수입한 금액을 차감한 경상 수지와 자본 이전 등을 기록하는 자본 수지, 그리고 거주자와 비거주자 간 금융 거래를 기록하는 금융 계정으로 분류된다. 금융 계정에서는 거주자가 해외의 주식, 채권 등에 투자한 금액을 자산으로, 비거주자가 국내의 주식, 채권 등에 투자한 금액을 부채로 기록한다. 금융 계정의 자산 항목에는 자산의 증가액에서 감소액을 차감한 순자산 증감액을, 부채 항목에는 부채의 증가액에서 감소액을 차감한 순부채 증감액을 각각 기록하며, 금융 계정의 자산에서 부채를 차감한 금액을 금융 계정 순자산으로 인식한다. 국제 수지표에는 기초 통계의 오류나 통계 작성상의 실수 등에 따른 약간의 오차와 누락을 무시한다면, 경상 수지와 자본 수지의 합에서 금융 계정 순자산을 차감하면 '0'이 되도록 국제 수지표가 작성된다.

국제 수지표에 기록되는 대외 거래는 국내 거주자와 비거주자를 기준으로 경제적 거래를 기록하므로 거주성과 소유권의 변동 여부가 중요하다. 여기서의 거주성은 국적보다는 거래 당사자의 주된 경제적 이익의 중심이 되는 나라가 어디냐에 따라 정해진다. 통상적으로 개인이 1년 이상 어떤 나라에서 경제 활동 및 거래를 수행하는 경우에 주된 경제적 이익의 중심이 그 나라에 있다고 본다. 즉 개인이 1년 미만의 기간 동안 본국을 떠나 해외에서 경제 활동에 종사하는 경우에는 본국의 거주자로 보는 반면, 해외에서 1년 이상 계속하여 경제 활동에 종사하는 경우에는 비거주자로 분류된다. 기업의 경우에는 어떤 국가에서 설립되고 법적으로 등기되어 법인격을 획득한 경우에는 해당 국가의 거주자로 간주한다. A국에 본사를 둔 기업이 B국에 설립 등기한 현지 법인은 비록 실질적인 경영권은 A국의 본사에 있다고 하더라도 A국의 입장에서는 비거주자로 분류된다. 또한 거주자가 해외의 비거주자로부터 상품을 구입하고 이 상품을 국내에 반입하지 않고 타국에 판매하는 경우라도 거주자와 비거주자 간에 상품의 소유권 변동이 발생하는 경우이므로 이는 상품 수출입에 해당하게 된다.

한 국가가 1년 동안 비거주자와 거래를 하고 나면 국내 거주자들이 보유하고 있는 외환 규모에 변동이 있기 마련이고, 이 변동은 나라 전체로 보면 대외 지급 능력의 변동을 가져온다. 1년 동안에 발생한 거래를 기록하는 국제 수지표와는 달리 연말 시점에서 국내 거주자가 해외에 보유한 대외 금융 자산(또는 대외 투자)과 비거주자에게 지불해야 하는 대외 금융 부채(또는 외국인 투자) 및 대외 금융 자산에서 대외 금융 부채를 차감한 순대외 금융 자산의 잔액을 보여 주는 것이 국제 투자 대조표이다. 일반적으로 순대외 금융 자산이 증가하는 경우에 그 나라의 대외 지급 능력이 개선되었다고 한다. 국제 투자 대조표에서는 대외 금융 자산 및 대외 금융 부채의 연초 잔액에 거래 요인과 비거래 요인에 따른 기간 중 증감을 조정하여 연말 잔액이 작성된다. 거래 요인은 매매, 차입 등 실제 경제적 거래를 통하여 자산이나 부채의 가치 변동이 발생하는 경우로 국가 간 자금의 이동이 수반된다. 비거래 요인은 경제적 거래는 없으나 자산이나 부채가 시장에서 평가되는 가치 변동이 발생하는 경우로 자금의 이동은 수반되지 않는다. 이 요인은 환율이나 가격 변동 그리고 이외의 기타 변동으로 세분된다. 국제 투자 대조표는 국제 수지표와 마찬가지로 특정 통화를 기준으로 작성되므로 기준 통화 이외의 통화로 표시된 자산과 부채에서는 기준 통화의 대외 가치인 환율 변동에 따라 자산 및 부채의 시장 가치에 대한 평가가 변동한다. 한편 비거래 요인 중 가격 변동은 환율 이외의 가격 변수가 움직임에 따라 발생한 자산이나 부채 가치의 평가 변동을 의미한다.

한 나라의 대외 지급 능력은 상품 및 서비스의 경쟁력에 기초한 경상 수지 흑자를 통한 외화 자산의 축적과 더불어 대외 금융 활동을 통한 투자 성과에 따라 결정된다. 경상 수지 흑자를 지속적으로 달성하였다고 하더라도 대외 금융 활동의 투자 실적이 다른 국가에 비해 상대적으로 부진할 경우 순대외 금융 자산이 감소하여 대외 지급 능력이 악화될 수 있다. 이 경우 자국의 대외 신인도가 하락함에 따라 비거주자들이 국내 투자 자금을 회수할 경우 환율이 상승하여 자국 통화의 대외 가치가 하락할 수 있다는 사실은 국제경쟁에서 산업 경쟁력과 더불어 금융 역량의 중요성을 절감하게 한다.

[문제 2] 윗글을 읽고, <보기>의 빈칸에 적절한 말을 추론하여 쓰시오.

<보기>

A국은 자국 통화인 달러화를 기준으로 국제 투자 대조표를 작성하고 있다. 순대외 금융 자산이 0을 유지해 오던 A국은 2023년에는 100억 달러의 경상 수지 흑자를 달성하였으며, B국 거주자는 향후 A국의 주식 시장이 호황을 맞을 것이라고 예상하여 자국 통화를 A국 통화로 환전한 50억 달러를 A국의 주식 시장에 투자하였다. A국은 경상 수지와 금융 계정을 통해 150억 달러가 유입되었는데, A국 거주자는 이를 C국 통화로 환전하여 C국의 주식 시장에 전액 투자하였다. 2023년에는 비거래 요인에 의해 시장에서 평가된 가치의 변동은 발생하지 않았다. 단, 각국의 주식 시장에서 거래되는 주식의 가격은 모두 자국 통화로 표시된다. 그러므로 2023년에 A국의 경우 경상 수지 흑자로 100억 달러, B국으로부터의 대외 투자로 50억 달러가 유입되었는데, C국에 대한 대외 투자로 150억 달러가 유출되었으므로 대외 금융 자산은 150억 달러, 대외 금융 부채로 (①) 달러가 국제 투자 대조표에 계상된다.

2024년에 A국의 경상 수지 및 금융 계정 순자산이 모두 0이라고 하자. A국의 주가는 예상대로 2배 상승한 반면 C국의 주가는 1/2배로 폭락하였다. 또한 A국 통화의 대외 가치는, B국 통화에 대해서는 1/2배로 하락한 반면 C국 통화에 대해서는 2배 상승하였다. 한편 이 해에는 국가 간 자금 이동은 없었으며 주가와 환율 이외의 변동은 발생하지 않았다. 그러므로 2024년에 B국 거주자가 보유하고 있는 A국의 주가가 2배로 상승함에 따라 대외 금융 부채는 100억 달러로 상승하게 되며, 2024년도 A국 국제 투자 대조표상의 대외 금융 자산은 (②) 달러로 기록되었을 것이다.

①: ________________, ②: ________________

*** 다음 글을 읽고 물음에 답하시오.**

경제적 이익 목적의 법적 권리인 재산권에는 물권(物權)과 채권(債權) 등이 있다. 물권은 특정한 물건을 직접 지배하여 이익을 얻을 수 있는 배타적 권리라는 점에서 채권과 구분된다. 물권은 특정인에게 어떤 행위를 청구할 수 있는 권리인 채권과 달리 그 권리를 실현하는 데 타인의 행위를 필요로 하지 않는다. 물건의 소유자는 소유권이라는 물권을 근거로 타인의 의사에 구애받지 않고 그 물건을 매도하거나 임대할 수 있다. 하나의 물건에 대해 누군가의 지배가 성립하면 동일 물건에 대해 다른 사람의 지배를 인정할 수 없게 되는데, 이를 물권의 배타성 또는 독점성이라고 한다. 또한 물권은 모든 사람에게 그 소유권을 주장할 수 있는 절대적 권리이다. 상대적 권리인 채권은 특정의 채권자와 채무자 사이의 채권 관계로부터 발생하는 것으로 제삼자에 대해서는 원칙적으로 아무 효력이 없다. 이와 달리 물권은 특정의 상대방이라는 것이 없고, 모든 사람에게 주장할 수 있는 권리이다.

물권의 발생, 변경, 소멸을 통틀어 물권 변동이라고 하며, 이러한 물권 변동을 목적으로 하는 법률 행위를 물권 행위라고 한다. (중략) 물권 변동의 효력에 대한 각국의 민법 규정은 차이를 보인다. 이와 관한 두 가지 관점으로는 당사자의 의사 표시만으로 물권 변동의 효력이 발생한다고 보는 의사주의 관점과 의사 표시만으로는 물권 변동의 효력이 발생하지 않고 일정한 공시 절차가 필요하다고 보는 형식주의 관점이 있다. 후자의 관점을 취할 경우 일반적으로 건물과 같은 부동산 물권에 대해서는 등기부에 기재하는 등기를 통해, 그리고 자동차와 같은 동산 물권에 대해서는 물건에 대한 점유를 이전하는 인도를 통해 물권 변동의 효력이 발생하게 된다.

프랑스 민법 규정에 의하면 물건의 소유권은 채권의 효력을 통해 이전한다고 하고, 물건을 인도하여야 할 채무는 당사자의 합의만으로 완성되어 채권자를 소유자로 만든다고 정하고 있다. 즉 물권 변동을 일으키는 의사 표시는 채권을 발생시키는 의사 표시와 구별되지 않으며, 물권 변동을 일으키는 법률 행위는 당사자의 의사 표시만으로 효력이 발생하여 별도의 공시 절차가 필요하지 않다. 따라서 매매, 교환, 증여와 같이 물건의 권리를 이전하여야 할 채권을 발생시키는 계약을 하면, 물건의 등기나 인도가 없더라도 소유권 이전의 효력이 발생한다. 그러나 이 과정에서 물권 변동의 당사자가 아닌 그 물권 변동 사실을 모르는 제삼자의 피해가 발생할 수 있으므로, 프랑스 민법에서는 부동산에 한해 일정한 공시 절차 이후 제삼자와의 관계에서 물권 변동의 효력이 발생하도록 하고 있다.

형식주의는 성립 요건주의라고도 하는데, 이 관점에서 물권 변동은 그것을 목적으로 하는 당사자의 의사 표시만으로 효력이 발생하지 않는다. 따라서 공시 절차를 거치지 않는 한 제삼자와의 관계에서는 물론이며, 당사자 사이에서도 물권 변동의 효력이 발생하지 않는다. 독일 민법 규정에 의하면 물권 행위는 그 원인 행위인 채권 행위와 언제나 분리되어 있다. 그리고 당사자의 의사 표시 외에 등기나 인도라는 공시 절차를 거쳐야 물권이 변동된다. 이러한 조건에서는 물권 행위가 공시 절차와 연결되어 있다. 따라서 물권 변동의 효력이 물권 변동의 당사자 사이에서와 제삼자와의 관계에서 달라지는 일이 발생하지는 않는다. 형식주의는 법률관계가 명확하고, 거래의 안전도 충분히 충족할 수 있는 장점이 있어 우리 민법 역시 이를 채택하고 있다.

[문제 3] 윗글에 따라 <보기>를 이해했을 때, 빈칸에 적절한 말을 찾아 쓰시오.

<보기>

1월 2일에 갑과 을은 갑이 소유한 토지를 을에게 2억 원에 팔기로 계약하였고, 을은 갑에게 계약금으로 2천만 원을 지급하였다. 그리고 소유권 이전 등기는 1개월 후 잔금 지급과 함께 진행하기로 약속하였다. 2월 2일에 을이 잔금을 지급하였고, 당일에 바로 갑과 을은 토지의 소유권 이전 등기를 하였다. 이와 같은 계약 상황에서 (①)에 따르면, 1월 2일 계약 이후에는 별도의 공시 절차가 없더라도 을이 토지 소유권을 갖게 되며, 2월 2일 등기를 하기 전까지는 제3자와의 관계에서 물권 변동의 효력이 발생하지 않으므로 을은 제3자에게 토지를 매각할 수 없다. 한편 (②)에 따르면, 1월 2일 계약 이후 물권 변동의 효력은 당사자 사이에서와 제삼자와의 관계에서 달라지지 않으며, 2월 2일 등기 전에는 갑에게 소유권이 있고, 등기 후에는 을에게 소유권이 변동된다.

①: ________________, ②: ________________

* 다음 글을 읽고 물음에 답하시오.

한 편의 글에는 글쓴이가 전달하려는 핵심적인 내용과 그것을 뒷받침하거나 독자들이 쉽게 이해할 수 있도록 하기 위한 내용들이 있다. 모든 문장이 같은 비중을 가지는 것은 아니므로 핵심 문장을 찾고 그것들을 연결하면서 글 전체의 흐름을 이해해야 한다. 즉, 요약하며 읽기는 독자가 텍스트를 읽고 의미를 재구성하는 데 중요한 전략이다.

킨츠와 반 다이크는 글의 의미를 거시 구조적으로 접근하여 핵심을 간추려 나가는 독자의 텍스트 처리에 중점을 두고 요약 규칙을 네 가지로 정리했다. 첫째, 삭제의 규칙으로 연속적인 명제들 중 후속 명제의 해석에 직접적이지 않은 부수적인 속성들을 지시하는 명제들은 삭제한다. 둘째, 일반화의 규칙으로 연속되는 세부 명제 또는 항목들은 그것들보다 상위의 개념을 나타내는 말이나 명제로 대치될 수 있다. 셋째, 선택의 규칙으로 연속되는 명제들 중 또 다른 명제들에 의해 지시되는 사실이나 통상적인 조건은 삭제될 수 있다. 넷째, 재구성의 규칙으로 연속되는 명제들은 요소 결과들을 지시하는 새로운 명제로 재구성될 수 있다.

브라운과 데이는 킨츠와 반 다이크의 방법을 발전시켜 <u>여섯 개의 규칙</u>으로 정리하였는데, 여섯 개의 규칙은 삭제, 상위어 대치, 주제문 선택, 주제문 창출의 과정으로 대별할 수 있다. 구체적으로 보면 예시와 같은 부수적인 내용이나 반복되는 내용은 삭제하고, 항목의 목록들이나 세부적인 행동들이 열거될 때는 포괄적인 말로 대치하라는 것이다. 그리고 핵심적인 정보가 담긴 주제문이 있을 때 이를 선택하고, 주제문이 명확하지 않을 때에는 스스로 창출하라는 것이다. 이러한 요약의 규칙을 익히면 기억해야 할 양의 부담을 줄일 수 있으면서도 글의 핵심 논지를 비교적 온전히 기억할 수 있다. 요약의 규칙이 제대로 적용되었는지를 확인하려면 자기 점검표를 이용하면 도움이 된다. 자기 점검표는 '부수적인 정보들은 삭제했는가?', '세부 명제들을 일반화했는가?'와 같이 규칙을 질문화하여 만들 수 있다.

[문제 4] 제시문의 '여섯 개의 규칙'에 따라 <보기>를 요약하며 읽을 때 사용해야 할 규칙을 ㉠과 같이 제시문에서 찾아 쓰시오.

<보기>

㉠<u>프랑스, 폴란드, 독일, 포르투갈, 스위스, 네덜란드, 이탈리아, 노르웨이, 덴마크, 벨기에, 러시아, 루마니아, 헝가리, 중국 등의 국가</u>에서는 형법전 속에 '착한 사마리아인 조항'을 설치하여 놓고, 자기가 위험에 빠지지 않으면서도 위험에 빠진 사람을 구조하지 않는 것에 대하여 법적 제재를 가하는 장치를 마련하고 있다. ㉡<u>예를 들면, 폴란드에서는 자기가 위험하지 않으면서 타인을 구조하지 않으면 3년 이하의 금고나 징역에 처하도록 하고 있다.</u> 이들 나라에서 착한 사마리아인 조항을 둔 이유는 타인의 위험을 외면하는 사람들의 문제를 윤리만으로는 해결할 수 없다는 생각 때문이다. 또 국민들 사이에 점점 더 각박해지는 세상을 법으로 바로잡고자 하는 공감대가 있었기 때문이다. ㉢<u>요컨대 착한 사마리아인 법은 이익 집단 간의 갈등의 문제를 법률로 바로잡아 보려는 새로운 노력이라고 할 수 있다.</u>

㉠	㉡	㉢
상위어 대치		

* 다음 글을 읽고 물음에 답하시오.

원체 예쁘장한 상판이기는 하면서도 쌀쌀한 편이지마는, 눈을 곤두세우고 대드는 품이 어려서부터 30년 동안을 보던 옥임이는 아니다. 전부터 "네 영감은 어째 점점 더 젊어가니? 거기다 대면 넌 어머니 같구나."하고 새룽새룽 놀리기도 하고, 60이 넘은 아버지 같은 영감 밑에 쓸쓸히 사는 옥임이는 은근히 부러워도 하는 눈치였지마는, 밑도 끝도 없이 길바닥에서 '젊은 서방'을 들추어내는 것을 보고 정례 어머니는 어이가 없었다.

"늙은 영감에 넌더리가 나거든 젊은 서방 하나 또 얻으려무나."하고, 정례 모친도 비꼬아 주고 싶었으나 열을 지어 섰는 사람들이 쳐다보며 픽픽 웃는 바람에, "이거 미쳐 나려나? 이건 무슨 객설야."하고, 달래며 나무라며 끌고 가려 하였다.

"그래 내 돈을 곱게 먹겠는가 생각을 해 보렴. 매달린 식솔은 많구 병들어 누운 늙은 영감의 약값이라두 뜯어 쓰려구, 이렇게 쩔쩔거리구 다니는, 이년의 돈을 먹겠다는 너 같은 의리가 없는 년은 욕을 좀 단단히 봬야 정신이 날 거다마는, 제 사정 보아서 싼 변리에 좋은 자국을 지시해 바친 밖에! 그것두 마다니, 남의 돈 생으루 먹자는 도둑년 같은 배짱 아니구 뭐냐?"

오고 가는 사람이 우중우중 서며 구경났다고 바라보는데, 원체 히스테리증이 있는 줄은 짐작하지마는, 창피한 줄도 모르고 기가 나서 대든다. 히스테리는 고사하고, 이것도 빚쟁이의 돈 받는 상투 수단인가 싶었다.

"누가 안 갚는대나? 돈두 중하지만 이게 무슨 꼬락서니냔 말이야."

정례 어머니는 그래도 달래서 뒷골목으로 끌고 들어가려 하였다.

"난 돈밖에 몰라. 내일모레면 거리에 나앉게 된 년이 체면은 뭐구, 우정은 다 뭐냐? 어쨌든 내 돈만 내놓으면 이러니저러니 너 같은 장래 대신 부인께 나 같은 년이야 감히 말이냐 붙여 보려 들겠다던!" 하고 허청 나오는 코웃음을 친다. 구경꾼은 자꾸 꾀어드는데, 정례 모친은 생전 처음 당하는 이런 봉욕에 눈앞이 아찔하여지고 가슴이 꽉 메어 올랐으나, 언제까지 이러고 섰다가는 예서 더 무슨 창피한 꼴을 볼까 무서워서 선뜻 몸을 빼쳐 옆의 골로 줄달음질을 쳐 들어갔다. 뒤에서 발소리가 없으니 옥임이는 저대로 간 모양이다. 정례 모친은 눈물이 핑 돌았다.

스물예닐곱까지 동경 바닥에서 신여성 운동이네, 연애네, 어쩌네 하고 멋대로 놀다가, 지금 영감의 후실로 들어앉아서, 세상 고생을 알까, 아이를 한번 낳아 보았을까, 40 전의 젊은 한때를 도지사 대감의 실내마님으로 떠받들려 제 멋대로 호강도 하여 본 옥임이다. 지금도 어디가 40이 훨씬 넘은 중늙은이로 보이랴. 머리를 곱게 지지고 옮은 얼굴 단장에, 번질거리는 미국제 핸드백을 착 끼고 나선 맵시가 어느 댁 유한마담이지, 설마 1할, 1할 5푼으로 아귀다툼을 하고 어려운 예전 동무를 쫓아다니며 울리는 고리대금업자로야 누가 짐작이나 할까. 해방이 되자, 고리대금이 전당국 대신으로 터놓고 하는 큰 생화가 되었지마는, 옥임이는 반민자(反民者)의 아내가 되리라는 것을 도리어 간판으로 내세우고 부라퀴같이 덤빈 것이다. 중경 도지사요, 전쟁 말기에는 무슨 군수품 회사의 취체역인가 감사역을 지냈으니 반민법*이 국회에서 통과되는 날이면, 중풍을 3년째나 누웠는 영감이, 어서 돌아가 주기나 하기 전에야 으레 걸리고 말 것이요, 걸리는 날이면 떠메어다가 징역은 시키지 않을지 모르되, 지니고 있는 집간이며 땅섬지기나마 몰수를 당할 것이니, 비록 자신은 없을망정 자기는 자기대로 살길을 차려야 하겠다고 나선 길이 이 길이었다. 상하 식솔을 혼자 떠맡고 영감의 약값을 제 손으로 벌어야 될 가련한 신세같이 우는소리를 하지마는 그래야 남의 욕을 덜 먹는 발뺌이 되는 것이다.

옥임이는 정례 모친이 혼쭐이 나서 달아나는 꼴을 그것 보라는 듯이 곁눈으로 흘겨보고 입귀를 샐룩하여 비웃으며, 버젓이 사람 틈을 헤치고 종로 편으로 내려갔다. 의기양양할 것도 없지마는, 가슴속이 후련하니 머릿속이고 가슴속이고 무언지 뭉치고 비비 꼬이고 하던 것이 확 풀어져 스러지고 회가 제대로 도는 것 같아서 기분이 시원하다. 그러나 그 뭉치고 비비 꼬인 것이라는 것이 반드시 정례 어머니에게 대한 악감정은 아니었다. 옥임이가 그 오랜 동무에게 이렇다 할 감정이 있을 까닭은 없었다. 다만 아무리 요새 돈이라도 20여만 원이라는 대금을 받아 내려면은 한번 혼을 단단히 내고 제독을 주어야 하겠다고 벼르기는 하였지마는, 얼떨결에 나온다는 말이 젊은 서방을 둔 떠세냐 무어냐고 한 것은 구석 없는 말이었고 지금 생각하니 우스웠다. 그러나 자기보다도 훨씬 늙어 보이고 살림에 찌든 정례 모친에게는 과분한 남편이라는 생각은 늘 하던 옥임이기는 하였다. 남의 남편을 보고 부럽다거나 샘이 나거나 하는 그런 몰상식한 옥임이도 아니지마는 자식도 없이 군식구들만 들썩거리는 집에 들어가서 몸도 제대로 가누지 못하는 늙은 영감의 방을 들여다보면 공연히 짜증이 나고, 정례 어머니가 자식들을 공부시키느라고 어려운 살림에 얽매고 고생하나, 자기보다 팔자가 좋다는 생각도 나는 것이었다. (중략)

"오늘은 아퀴*를 지어 주시렵니까? 언제 갚으나 갚고 말 것인데 그걸루 의 상할 거야 있나요?"

이튿날 교장이 슬쩍 들러서 매우 점잖은 수작을 하는 것이었다.

"이렇게 말씀드리면 교장 선생님부터가 어떻게 들으실지 모르지만 김옥임이가 그렇게 되다니 불쌍해 못견디겠어요. 예전에 셰익스피어의 원서를 끼구 다니고, 『인형의 집』에 신이 나구, 엘렌 케이*의 숭배자요 하던 그런 옥임이가 동냥자루 같은 돈 전대를 차구 나서면 세상이 모두 노랑 돈닢으로 보이는지, 어린애 코 묻은 돈푼이나 바라고 이런 구멍가게에 나와 앉았는 나두 불쌍한 신세지마는 난 옥임이가 가엾어서 어제 울었습니다. 난 살림이나 파산 지경이지 옥임이는 성격 파산인가 보더군요……."

정례 어머니는 분하다 할지 딱하다 할지 속에 맺히고 서린 불쾌한 감정을 스스로 풀어 버리려는 듯이 웃으며 하소연을 하는 것이었다.

"그런 말씀을 하시니 나두 듣기에 좀 괴란쩍습니다마는 다 어려운 세상에 살자니까 그런 거죠. 별수 있나요. 그래도 제 돈 내놓고 싸든 비싸든 이자라고 명토* 있는 돈을 어엿이 받아먹는 것은 아직도 양심이 있는 생활입니다. 입만 가지고 속여 먹고 등쳐 먹고 알로 먹고 꿩으로 먹는 허울 좋은 불한당 아니고는 밥알이 올곧게 들어가지 못하는 지금 세상 아닙니까…… 허허허."

하고, 교장은 자기변명인지 옥임이 역성인지를 하는 것이었다.

이날 정례 어머니는 딸이 옆에서 한사코 말리며,

"그따위 돈은 안 갚아도 좋으니 정장을 하든 어쩌든 마음대로 하라구 내버려 두세요."

하며 팔팔 뛰는 것을 모른 척하고 20만 원 표에 이만 원 현금을 얹어서 옥임이 갖다가 주라고 내놓았다.

- 염상섭, 「두 파산」

*반민법: 반민족 행위 처벌법. 일제 강점기 당시 일본에 협력한 친일파의 행위를 반민족 행위로 규정하고 처벌하기 위해 제정한 법률.
*아퀴: 일을 마무르는 끝매듭.
*엘렌 케이: 스웨덴의 여성 운동가.
*명토: 누구 또는 무엇이라고 구체적으로 하는 지적. 여기에서의 문맥적 의미는 어떠한 이유.

[문제 5] <보기>는 염상섭의 「두 파산」에 대한 설명의 일부이다. <보기>의 ①, ②에 들어갈 적절한 말을 위 소설에서 찾아 쓰시오.

<보기>

「두 파산」은 해방 후 여기저기에서 빌린 돈으로 (①)을/를 하게 된 정례 모친과 그곳을 중심으로 얽힌 인물들을 통해 돈을 보다 중요하게 생각하고 우선시하는 등 자본이 큰 영향력을 미치게 된 해방 이후의 혼란스러운 사회상을 잘 보여 주는 작품이다. 특히 정례 모친과 옥임이 두 사람의 갈등이 극에 달한 공간적 배경은 (②)(으)로, 이곳에서의 갈등은 둘의 서로 다른 경제적 상황에서 비롯된 것이다. 작품에는 과거와는 다르게 비윤리적인 돈벌이에 매달리며 오랜 친구를 경제적으로 이용하여 잇속을 차리는 옥임, 옥임과 정례 모친 사이의 금전 관계를 이용하여 교묘하게 경제적 이득을 취하는 전직 교장 등이 등장한다. 그들과의 관계 속에서 정례 모친의 삶은 그녀가 애초에 의도했던 생산적이고 능동적인 형태의 생활이 아니라, 감당할 수 없는 이자를 갚아 나가는 기계적인 과정으로 전락한다. 이를 통해 제목인 '두 파산'은 해방 직후 볼 수 있었던 두 가지 유형의 파산, 즉 경제적 파산과 정신적 파산을 맞게 된 인간 군상을 표상하는 것이라고 볼 수 있다.

①: ________________, ②: ________________

* **다음 글을 읽고 물음에 답하시오.**

(가)
잃어버렸습니다.
무얼 어디다 잃었는지 몰라
두 손이 주머니를 더듬어
길에 나아갑니다.
돌과 돌과 돌이 끝없이 연달아
길은 돌담을 끼고 갑니다.
담은 쇠문을 굳게 닫아
길 위에 긴 그림자를 드리우고
길은 아침에서 저녁으로
저녁에서 아침으로 통했습니다.
돌담을 더듬어 눈물짓다
쳐다보면 하늘은 부끄럽게 푸릅니다.
풀 한 포기 없는 이 길을 걷는 것은
담 저쪽에 내가 남아 있는 까닭이고,
내가 사는 것은 다만,
잃은 것을 찾는 까닭입니다.

- 윤동주, 「길」

(나) 오늘도 하루 잘 살았다
굽은 길은 굽게 가고
곧은 길은 곧게 가고

막판에는 나를 싣고
가기로 되어 있는 차가
제시간보다 일찍 떠나는 바람에
걷지 않아도 좋은 길을 두어 시간
땀 흘리며 걷기도 했다

그러나 그것도 나쁘지 아니했다
걷지 않아도 좋은 길을 걸었으므로
만나지 못했을 뻔했던 싱그러운
바람도 만나고 수풀 사이
빨갛게 익은 멍석딸기도 만나고
해 저문 개울가 고기비늘 찍으러 온 물총새
물총새, 쪽빛 날갯짓도 보았으므로

이제 날 저물려 한다
길바닥을 떠돌던 바람은 잠잠해지고
새들도 머리를 숲으로 돌렸다
오늘도 하루 나는 이렇게
잘 살았다.

- 나태주, 「사는 일」

[문제 6] (가)와 (나)를 감상하고 작성한 <보기>의 글을 읽고, ㉠에 알맞은 말을 쓰시오.

<보기>

문학에서 자기 고백은 타자화된 시선, 즉 타인이 자신을 바라보듯 스스로의 내면을 바라보는 것이다. 이는 현실적인 자아와 이상적인 자아를 교차시킴과 동시에 잊고 싶었거나 부끄러운 순간들을 시 속으로 다시 불러내 마주하게 하여 자기 정화를 이루도록 한다. 그리고 더 나아가 부조리한 현실에 대응할 수 있는 의지와 태도를 드러내거나 일상에서 얻은 깨달음을 드러낸다. 「길」이나 「사는 일」에서는 길을 걷는 행위를 인생사와 동일시하면서 그 속에서 얻은 깨달음을 화자의 목소리를 통해 드러내거나, 예상하지 못했던 순간들에서 얻은 깨달음들을 드러내는 방식으로 (㉠)적인 태도를 나타낸다. 그리고 이와 같은 시의 주제 의식은 시인이 구현해낸 작품을 통해 공동체 사회에 전달됨으로써 우리가 이어 가야 할 가치를 전승한다는 의의를 지닌다.

㉠: ________________

* **다음 글을 읽고 물음에 답하시오.**

[앞부분 줄거리] 꿈을 이루지 못하고 변두리에 음악 학원을 개업한 지수는 영업을 방해하는 경민을 만나게 되고, 경민의 유일한 혈육인 할머니와 다투면서 엉겁결에 경민을 돌보겠다는 약속을 하게 된다. 그러던 중 경민이 음악에 천부적인 재능을 가지고 있음을 발견한다. 지수는 경민을 통해 자신이 유명해질 수 있다는 기대를 품고 경민을 연습시킨 뒤 콩쿠르에 나가게 된다.

S#74. 콩쿠르장 / 낮

지수, 점점 더 거만한 포즈를 취한다. 그러나 무대로 나오지 않는 경민. 지수 순간 당황한다. 다시 한번 경민을 부르는 심사 위원.

심사 위원: 다음 129번 윤경민.

지수, 당황한다. 초조한 눈빛으로 무대의 커튼을 바라보는 지수. 그때, 커튼 안에서 경민이 쭈뼛거리며, 걸어 나온다. 지수, 잘하라는 듯, 경민에게 엄지손가락을 들어 보인다. 그때, 갑자기 경민을 비추고 있던 조명등이 꺼진다. 순식간에 컴컴해지는 공연장. 놀라는 지수의 얼굴. 객석에서 웅성거리는 소리가 들려온다.

관객들: 뭐야?

경민, 연주장 위에서 두리번거리며, 불안하게 서 있다. 이때, 다시 들어오는 조명. 경민, 눈이 부신 듯, 팔로 눈을 가리고, 불안한 듯, 서 있다. 지수의 불안한 얼굴과 교차 편집된다.

심사 위원: 윤경민 학생, 얼른 쳐요.

경민이 그저 무대 위의 환한 조명을 응시한다. 지수, 경민에게 계속 안달하며, 사인을 보낸다.

지수: (작은 소리로) 경민아 얼른 쳐!!

[INSERT] 경민의 회상 - 커다란 트럭이 라이트를 밝게 켜고 경민을 향해 달려온다. 경민을 밀치고 트럭에 치이는 경민의 엄마.
경민, 갑자기 소리를 지르며, 난동을 부리기 시작한다. 무대를 불안하게 이리저리 뛰어다니는 경민. 경민, 팔로 얼굴을 가리고, 주저앉아 고래고래 소리를 지른다.

경민: 악! 악!

지수, 두 손으로 얼굴을 가린다. 관객들 웅성거린다. 당황한 심사 위원석의 정은의 얼굴과 지수, 경민의 모습, 교차된다. 이때, 사회자, 마이크로 보호자를 부른다.

S#75. 복도 / 낮

넓은 유리창을 통해 복도로 햇빛이 쏟아진다. 콩쿠르장에서 흘러나오는 첼로 소리. 창가에 서로 떨어져서 앉아 있는 지수와 경민. 시무룩하게 있는 경민과 멍한 표정으로 앉아 있는 지수. 그들의 앞을 지나가는 밝은 표정의 사람들.

S#76. 지수의 학원 건물 앞 / 밤

지수와 경민이 택시에서 내린다. 경민, 지수의 뒤를 졸졸 쫓아간다.

지수: 그러면 그렇지. 이렇게 될 줄 알았어. (한숨을 내쉰다.)

건물 안으로 들어가려던 지수, 따라오는 경민을 향해

지수: (건조하게) 가. 내일부터 학원에 오지 마. 알았어?

경민, 계속 지수를 쳐다본다. 경민, 지수를 졸졸 쫓아간다. 경민, 지수의 옷을 꼭 붙잡는다. 지수, 경민의 손을 떼어 낸다. 떨어지지 않으려는 경민. 지수, 화가 나 소리 지른다.

지수: 나 너 포기했다구! 가란 말야, 가 버려 제발! 내 인생에서 없어져 줘! (중략)

S#98. 중환자실 / 낮

할머니의 침대로 다가가는 지수와 경민. 경민, 지수의 뒤로 숨으려고 한다. 경민을 침대가로 미는 지수. 할머니 쭈글쭈글한 손으로 경민을 더듬는다. 움찔하는 경민. 할머니와 눈을 마주치지 않으려고 고개를 푹 숙이는 경민.

할머니: 썩을 놈. 밥은 제때 처먹고 댕기는 거여? 피아논가 뭔가 배운다고?
경민: (고개를 끄덕인다.) ……
할머니: 이 햄미 없었으면 좋겠지? 햄미 없어도 정신 똑바로 차리고 살아야 혀, 이 썩을 놈아. (지수에게) 저놈 에미가 네 살 땐가 차에 받혀 죽었어. 새끼는 밀어 버리고 지가 대신 차에 받혀 뒈졌지.

할머니, 경민을 바라보다가 지수를 향해

할머니: 음력으로 칠월 열아흐렛날 니년이 저 썩을 놈 미역국 끓여 줘.

경민, 불안하게 할머니와 지수를 번갈아 바라본다. 지수, 눈시울이 붉어지는 것을 겨우 참으며 돌아선다. 경민, 지수를 따라가야 할지 할머니 곁에 남아야 할지 어찌할 줄 몰라 망설인다. 경민, 잠이 든 할머니에게 까치발을 들어 이불을 덮어 주고 지수를 쫓아간다. 할머니의 침대를 돌아보는 경민.

S#99. 화장터 / 낮

할머니의 시신이 화장되는 것을 지켜보는 지수와 광호. 경민, 복도 의자에 고개를 숙이고 앉아 있다. 그런 경민을 안타깝게 쳐다보는 지수. (중략)

S#106. 학원 / 밤

지수: 경민아…… 선생님이 치는 모차르트 들어 볼래?

경민, 지수를 바라보며 고개를 강하게 끄덕인다. 울 듯 찡그리다가 미소를 지어 보이는 지수. 경민을 위한 모차르트를 연주하는 지수. 연주가 끝나고 박수치며 좋아하는 경민.

지수: (피아노 건반을 하나 누르며) 너 지난번에 만났던 외국 아저씨하고 아줌마 생각나지?

경민, 아무 반응이 없다. 그저 지수의 눈을 뚫어져라 바라본다.

지수: 그 아저씨하고 아줌마가 경민이가 너무 똑똑하고 예뻐서 경민이랑 영원히 같이 살고 싶대! 어때? 근사하지? 그때 갔던 그 집보다 훨씬 더 좋은 집에서 살 거래! 기분 좋지?

경민, 이해가 안 간다는 듯, 지수를 빤히 쳐다본다. 경민, 심각한 표정으로

경민: 선생님은?
지수: 나? (목소리를 가다듬으며 장난스러운 목소리로) 난 여기 있어야지! 그래야 학생들 피아노 가르치지! 내가 없으면 누가 피아노 가르쳐?

경민, 고개를 단호하게 절레절레 흔들며, 갑자기 지수의 목을 꼭 끌어안으며,

경민: 나도 안 가!

지수의 뺨으로 참았던 눈물이 흐른다.

S#107. 지수의 집 / 낮

지수가 거실 테이블에 앉아, 종이에 뭔가를 쓰고 있다. 지수가 쓰는 글씨 클로즈업.

'윤경민, 무슨 일이 있어도 피아노 그만두면 안 돼! 많이많이 사랑해 경민아!'

지수, 종이를 접는다. 종이와 물건을 챙겨 경민이 잠들어 있는 건넌방으로 들어가는 지수. 경민 정신없이 자고 있다. 경민의 머리맡에 앉아 멀리 떠나는 아이를 챙기는 부모의 마음으로 경민의 작은 배낭에 물건을 집어넣는 지수. 경민이 옷장에서 찾아낸 호로비츠의 슈만 연주 음반과 편지도 함께 넣는다. 놀이공원에서 광호가 찍어준 사진도 함께 넣는다.

S#108. 지수의 집 / 밤

지수의 집 거실 테이블에 케이크와 먹을 것이 놓여 있다. 지수와 경민이 케이크 위에서 타고 있는 촛불을 바라본다. 지수, 애써 미소를 지으며, 경민에게

지수: 어서 불 꺼!

경민, 촛불을 후 불어 끈다. 경민, 침통한 지수의 눈치를 살피다 갑자기 피아노로 뛰어간다. 그러곤 피아노에 앉아 한 손으로 피아노를 치기 시작한다. 처음 들어보는 아름다운 곡조가 흘러나온다. 지수, 피아노로 다가가 경민의 옆에 앉는다.

지수: 아주 멋지다. 니가 만든 거야? 제목이 뭐야?
경민: 엄마!

지수, 따뜻한 미소를 지어 보이며 손을 건반 위에 올려놓는다. 경민의 피아노 연주에 맞춰 함께 곡을 연주하는 지수. 경민이 만든 '엄마'라는 곡의 연주가 끝나고, 경민, 지수의 목에 매달리며

경민: 안 갈래!

그러다 갑자기 방으로 뛰어 들어갔다가 지수의 앞에 S#1에서 가져갔던 메트로놈을 내놓는다.

경민: 이거 줄게! 안 갈래! 도둑질 안 할게.

지수, 메트로놈을 보며, 경민을 끌어안고 목이 메인다.

- 김민숙, 「호로비츠를 위하여」

[문제 7] <보기>는 윗글을 영화화한 작품에 대한 비평의 일부이다. <보기>를 읽고 ㉠에 알맞은 말을 찾아 쓰시오.

<보기>

지수는 자신의 꿈을 이루지 못한 데서 오는 열등감이 강하고, 모든 것을 자기중심적으로 생각하는 '자기 서사'에 매몰되어 타인을 도구로 삼아 자신의 이상적인 자아상을 구축하는 것에 빠져 있다. 그래서 지수는 S#74에서 거만한 포즈를 취하며 경민을 도구로 삼아 자신의 꿈을 이루지 못해 갖게 된 열등감을 없앨 수 있다는 기대감을 드러낸다. 그러나 트라우마로 인해 경민이 연주를 제대로 하지 못하고 자신의 꿈을 이루지 못하게 되자, 지수는 경민에게 앞으로는 피아노 학원에 오지 말라고 하며 화를 내는데 이는 '자기 서사'에 매몰되어 경민과의 관계를 단절하고자 하는 것과 다름없다.

이와 같던 지수가 경민과 관계 회복을 도모할 수 있었던 것은 '자기 서사'가 '(㉠) 서사'로 전환되면서부터이다. S#98에서 지수가 경민의 생일을 이야기하는 할머니의 이야기를 듣고 눈시울을 붉히는 것은, 지수와 경민의 이야기가 '(㉠) 서사'로 변모해 가는 과정임을 의미한다. 그리고 할머니가 돌아가신 후 홀로 된 경민에 대해 고민하는 과정에서 지수는 엄마와 같은 역할을 행한다. 지수는 부모된 심정으로 제자의 독립과 성공을 바라며 자신의 욕망을 내려놓는 것이 가치 있는 일이라는 것을 깨닫게 된 것이다. 그리고 S#108에서 지수가 헤어지기 싫어하는 경민을 잡지 않는 것은, 제자의 미래를 도모하기 위해 경민이와 함께하고픈 마음을 내려놓는 모습으로, 자신의 욕망과 더불어 아이와 함께하고 싶은 마음까지도 희생하며 아이의 미래를 도모하는 모습은 지수의 내적 성숙을 보여줌으로써 작품의 감동을 자아내는 요소가 된다.

㉠: ________________

＊ 다음 글을 읽고 물음에 답하시오.

과거에 기업들이 기후 변화로 인해 발생하는 부정적 영향을 고려하지 않고 생산 활동을 하였을 때는 지나치게 많은 온실가스가 배출되었다. 경제학에서는 환경 오염과 같은 부정적 영향을 부정적인 외부 효과라고 부르는데, 부정적인 외부 효과가 시장의 가격 기구에 반영되지 못해 효율적으로 자원이 배분되지 못하는 것을 시장 실패라고 한다. 탄소 가격제는 온실가스 배출을 줄이고 온실가스 배출의 주체가 비용을 지불하게 하여 시장 실패를 해결하기 위한 제도 중 하나이며, 대표적으로 온실가스 배출권 거래제가 있다. 온실가스 배출권 거래제는 온실가스를 배출하는 기업이 자신이 배출한 온실가스 양만큼의 배출권을 정부에 제출하도록 하는 제도이다. 배출권 거래제에 따라 정부는 대상 기업들이 배출할 수 있는 온실가스의 총량을 정하고, 그 양에 해당하는 수량만큼 온실가스 배출권을 발행한 후, 정책에 따라 기업에 판매하거나 무상으로 할당한다. 배출권 거래제를 적용받는 기업들은 자신들이 확보한 배출권만큼 온실가스를 배출할 수 있으므로, 결과적으로 사회 전체의 온실가스 배출량이 정부가 발행한 배출권에 해당하는 양만큼으로 제한된다. 배출권을 기업이 구매해야 한다면 기업에 경제적 부담이 생기므로, 생산 시 온실가스를 많이 배출하는 물품의 생산 비용과 가격이 상승한다. 소비자는 가격이 상승한 해당 물품의 소비를 줄이게 되므로 사회 전체적으로 온실가스 배출이 감소하게 된다. 기업은 할당받은 배출권을 시장을 통해 거래할 수 있다. 확보한 배출권보다 적게 온실가스를 배출한 기업이 배출권을 판매하여 얻는 경제적 보상은 기업이 온실가스를 자발적으로 감축할 유인이 되기도 한다. 기업들은 배출권 가격에 따라 감축 활동을 하는데, 배출권 가격보다 낮은 비용으로 온실가스를 감축할 수 있는 기업은 온실가스를 자체적으로 감축할 것이고 남은 배출권을 판매할 것이다. 반대로 온실가스 감축 비용이 배출권 가격보다 높은 기업은 최대한 배출권을 사용할 것이다. (중략) 배출권 수요는 배출권 거래제 대상인 기업들의 배출량이 결정한다. 경기가 나빠 공장 가동률이 낮아지거나 에너지 효율이 높아져서 에너지 사용량이 감소하면 배출권 수요가 감소하여 배출권 가격은 내려간다. 반면 경기가 좋거나 혹서나 혹한이 찾아오면 에너지를 많이 사용하게 되므로 배출권 수요가 많아져 가격이 오른다. 이렇게 수요와 공급의 법칙에 따라 배출권 가격이 조정되면서 감축 비용이 낮은 기업부터 온실가스 감축 활동을 하게 되고, 결국 가장 적은 사회적 비용으로 온실가스 감축을 할 수 있다.

[문제 8] 윗글을 바탕으로 <보기>의 상황을 해석할 때, 적절한 말을 쓰시오.

<보기>

기업 A, B, C만 존재하는 국가가 있다. 이 기업들은 매년 총 220톤의 온실가스를 배출하였고, 올해도 같은 양의 온실가스를 배출할 예정이었다. 그런데 정부는 온실가스 배출량의 25%를 감축하기 위해 배출권 거래제를 시행하였고, 165톤에 해당하는 배출권만을 발행하였다. 이후 A에게 90톤, B에게 45톤, C에게 30톤에 해당하는 배출권을 무상 할당하였다. 배출권을 초과하는 온실가스에 대해서는 기업에서 배출권을 구매하여 배출하거나 감축 기술을 이용하여 자체적으로 감축해야 한다. 기업별 온실가스 발생량과 톤당 감축 비용은 아래 표와 같으며, 배출권 거래 시장에서 배출권 가격은 톤당 4만 원이다. 단 온실가스 감축 비용과 배출권 가격 외 다른 요인은 고려하지 않으며, 기업은 경제적 이익을 따라 행동한다고 가정한다.

기업	온실가스 배출량(톤)	톤당 감축 비용(만 원)
A	120	5
B	60	4
C	40	3

자료에 따르면, B가 배출권을 구입하려면 (①)와 협상을 할 것이고 A, B, C가 각각 온실가스 배출량의 25%를 감축하는 비용의 총합은 (②)만 원이다. 그리고 배출권 거래제를 시행한 후 A, B, C가 부담하는 비용의 총합은 (③)만 원이다.

①: ____________, ②: ____________, ③: ____________

[문제 9] <보기>는 수업 시간의 대화 내용이다. <보기>의 ①~④에 들어갈 적절한 말을 찾아 쓰시오.

<보기>

선생님: 오늘 선생님이 설명한 것처럼 어떤 음운이 환경에 따라 다른 음운으로 바뀌어 발음되는 음운 변동에는 된소리되기, 비음화, 유음화, 구개음화, 모음탈락, 자음 첨가, 반모음 첨가, 거센소리되기 등이 있습니다. 지금부터는 다음의 단어들을 발음할 때 일어나는 음운 변동이 무엇에 해당하는지 발표해봅시다.

종로, 갈등, 미닫이, 문래동

학생 1: '종로'를 발음할 때는 (①)이/가 일어나요.
학생 2: '갈등'을 발음할 때는 (②)이/가 일어나요.
학생 3: '미닫이'를 발음할 때는 (③)이/가 일어나요.
학생 4: '문래동'을 발음할 때는 (④)이/가 일어나요.

①: ______________, ②: ______________

③: ______________, ④: ______________

【수학 영역】

[문제 1] 1이 아닌 세 양수 a, b, c에 대하여 $\frac{\log_a c}{\log_a b}=\frac{6}{7}$일 때, $\log_b c$, $64^{\log_c b}$, $C^{\log_b 128}$의 값을 각각 구하는 과정을 서술하시오.

[문제 2] $\cos\left(\frac{\pi}{2}+\theta\right)-\sin(\pi-\theta)=\frac{4}{5}$일 때, $\frac{\cos(-\theta)}{\sin\theta}-\frac{\sin(-\theta)}{1+\cos\theta}$의 값을 구하는 과정을 서술하시오.

[문제 3] 실수 t에 대하여 직선 $y=t$가 $0\leq x<2\pi$에서 함수 $f(x)=|4\cos x-2|$의 그래프와 만나는 점의 개수를 $g(t)$라 하자. 함수 $g(t)$가 $t=a$에서 불연속인 실수 a의 값을 작은 것부터 순서대로 나열한 것이 a_1, a_2, a_3이다. a_1, a_2, a_3의 값과 $f(x)=a_1$을 만족시키는 x의 값을 각각 구하는 과정을 서술하시오.

[문제 4] 첫째항이 양수인 등비수열 $\{a_n\}$의 첫째항부터 제n항까지의 합을 S_n이라 하자. $\frac{S_{10}-S_8}{S_6-S_4}=3$, $(S_3-S_2)^2=75$일 때, $a_2\times a_8$의 값을 구하는 과정을 서술하시오.

[문제 5] 실수 m에 대하여 수직선 위를 움직이는 점 P의 시각 t $(t\geq 0)$에서의 위치 $x(t)$가 $x(t)=\frac{6}{5}t^5-5t^4+4t^3+(6-m)t$ 이다. 점 P가 시각 $t=0$일 때 원점을 출발한 후, 운동 방향이 두 번만 바뀌도록 하는 m의 범위를 구하는 다음의 풀이 과정을 완성하시오. (단, $t=0$일 때, 점 P의 속도는 $6-m$이다.)

점 P의 시작 t $(t>0)$에서의 속도를 $v(t)$라 하면 $v(t)=$ [①] 이다. $v(t)$는 $t=$ [②] 에서 극댓값을 갖고, $t=$ [③] 에서 최솟값을 갖는다. $t>0$에서 운동 방향이 두 번만 바뀌도록 하는 m의 범위는 [④] 이다.

[문제 6] 삼차함수 $f(x)=x^3+ax^2+bx$가 $\lim_{x\to 2}\frac{1}{x-2}\int_1^x tf'(t)dt=20$을 만족시킬 때, $f(4)$의 값을 구하는 과정을 서술하시오. (단, a, b는 상수이다.)

● 모의고사 2회(자연계용)

【국어 영역】

*** 다음은 협상 당사자들의 협상 과정의 일부이다. 제시문을 읽고 물음에 답하시오.**

시청 담당자: 그동안 △△ 발전소 차량이 우리 ○○시의 중심을 관통하는 주요 도로인 도심 대로 북동쪽에서 진입하여 도심 대로를 따라 남서쪽으로 이동하는 과정에서 차량 분진, 교통마비 등의 문제가 발생해 민원이 지속적으로 제기되어 왔습니다. 특히 도심 대로 주변 학교들의 안전 문제, 소음 문제가 심각하다고 합니다. 이에 우리 시는 발전소 건설사인 □□사에 우회 도로 건설을 요청하면서 부지 확보를 위한 각종 보상 비용과 도로 설계 비용을 우리 시에서 부담할 것을 말씀드린 상황입니다. 이와 관련하여 □□사에 우회 도로의 경로와 시공 비용에 대한 제안서를 서면으로 보내드렸습니다. 오늘은 이 두 가지 사안과 관련해 □□사와 구체적으로 의견을 조율하고자 합니다.

□□사 대표: 우회 도로의 경로를 먼저 결정해야 시공 비용에 대한 의견 조율이 가능합니다. 그래서 경로에 대해 먼저 말씀드리면, 서면으로 제안하신 도심 대로의 북동쪽 진입로 직전에서 빠지는 경로에는 다소 문제가 있습니다.

시청 담당자: 그 경로는 발전소 차량과 시민 차량이 북동쪽 진입로를 함께 이용하게 될 때 예상되는 혼잡을 피하고자 설정된 것입니다. 시민들의 피해를 최소화하려면 이 경로가 가장 적합합니다.

□□사 대표: (지도를 제시하며) 요청대로 하려면 이곳 농경지를 매입하거나 농경지를 끼고 1km나 돌아가야 하는데, 두 경우 모두 시공 비용도 많이 들고 공사 기간도 오래 걸립니다. 하지만 북동쪽 진입로를 같이 이용해서 진입한 후에 유휴 부지, 즉 쓰지 않고 놀리는 땅을 지나도록 우회 도로를 건설한다면 발전소 앞까지 4km 정도의 우회 도로를 건설하게 되어 부지 마련도 수월해지고 시공 비용도 절감될 것입니다.

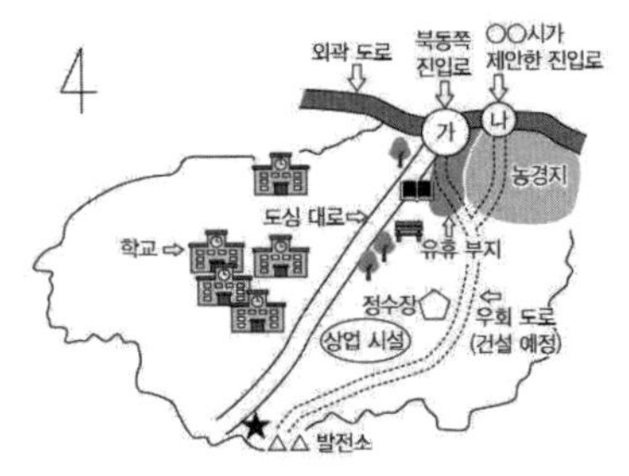

시청 담당자: 그 방안은 저희도 고려했던 안 중의 하나입니다. 진입로 혼잡을 완화할 과제는 남겠지만, 농경지 매입과 관련된 문제들을 피할 수 있으니 그 안이라면 동의하겠습니다.

□□사 대표: ○○시에서는 왕복 4차선 도로를 요청했지만 교통량을 측정해 보니 발전소 관련 차량은 왕복 2차선 도로로 수용 가능하다는 결론이 나왔습니다. 비용과 기간을 고려하여 왕복 2차선 도로로 건설하면 좋겠습니다.

시청 담당자: 자료를 바탕으로 왕복 2차선 도로를 건설한다고 해도 유휴 부지로 진입하는 구간과 정수장 부근의 상업 시설 구간은 지금도 혼잡한 구간이라 시민들의 편의와 발전소 측의 상황을 고려할 때 이 두 구간에는 반드시 왕복 4차선 도로가 필요합니다.

□□사 대표: 말씀하신 두 구간에는 왕복 4차선 도로가 적합하겠네요. 이제 비용에 대해 말씀드리겠습니다. 예산안을 보시면, 왕복 2차선 도로 시공 비용과 현재 저희 발전소 운영으로 확보 가능한 예산을 정리한 것입니다. 이를 토대로 저희가 현재 제안한 우회 도로 시공 비용의 4/5는 저희가 부담하고, 나머지 1/5은 ○○시가 협조해 주시면 공사 지연 등의 어려움 없이 공사가 원활히 추진될 수 있을 것입니다. 단, 이것은 왕복 4차선으로 확장하는 시공 비용을 제외하고 말씀드리는 것입니다.

시청 담당자: 보상 비용 및 설계 비용도 부담하기로 한 상황에서 그만한 비용을 부담하는 것은 재정상 어렵습니다.

□□사 대표: 이 보고서를 보시면, 저희 발전소 생산 전력량의 약 65%는 ○○시에 보급되어 시민들의 생활에 도움이 되고 있습니다. 처음에 이곳에 발전소를 지을 때 건설과 운영 허가를 받았을 뿐만 아니라 주민 공청회를 통해 동의를 얻어서 지은 만큼, 발전소나 도로 건설이 저희 회사만의 이득을 위한 것은 아니므로 시청 측에서도 적극 협조해 주셨으면 합니다. 만약 ○○시에서 저희가 현재 제안한 시공 비용의 1/5을 부담해 주신다면 왕복 4차선으로 일부 구간을 변경하여 추가되는 시공 비용은 저희가 부담하고, 새 도로는 시에 기부하고 도로 주변의 공원 조성에도 참여하겠습니다.

시청 담당자: 그런 조건이라면 우리 시민들의 생활에 도움이 되고 시의 발전을 위한 기반 시설이 마련되는 것이니 저희 시에서 왕복 2차선 우회 도로 시공 비용의 1/5을 부담해 달라는 □□사의 방안을 수용하겠습니다.

□□사 대표: 감사합니다. 부지 확보를 위한 설득과 보상을 서둘러 주십시오. 그 절차가 끝나는 대로 저희도 공사를 시작하도록 하겠습니다.

[문제 1] <보기>는 협상의 목표에 대한 설명이다. 밑줄 친 부분이 잘 반영된 문장을 찾아 첫 어절과 마지막 어절을 순서대로 쓰시오.

<보기>

협상의 가장 주된 목표는 상호 이익으로, 양측의 협의를 통해 이익의 일치점에 도달해야 한다. 협상은 내가 원하는 것과 상대방이 원하는 것의 가치를 교환하는 일로, 이때 상대방의 협상 가능 영역 내에 있는 제안을 해야 협상 내용을 조율할 수 있다. 협상할 때는 여러 가지 태도를 취하게 되는데, 자신의 방식을 확고하게 주장하는 강압, 상대방의 방식을 수용하고 맞춰 주는 양보, 문제에 대해 더 이상 거론하지 않는 회피, **㉠<u>서로 절충할 만한 해결책을 찾는 타협</u>**, **㉡<u>상호 만족하는 해결책을 찾는 문제 해결</u>**이 그것이다. 만약 더 이상의 대화가 불가능하다고 여겨지면 당사자들은 협상에 참여할 의지를 상실하게 되므로, 현실적으로 상호 간의 일정 부분에 대한 양보는 불가피하며, 우호적인 관계를 고려하는 것도 중요하다.

① 첫 어절: __________, 마지막 어절: __________

② 첫 어절: __________, 마지막 어절: __________

＊ 다음 글을 읽고 물음에 답하시오.

환율은 자국 통화와 외국 통화 간의 교환 비율로, 통상 자국 통화로 평가한 외국 통화의 가격으로 표시한다. 이 표시 방법에 따르면 환율 상승은 자국 통화의 대외 가치의 하락을 의미한다. 환율은 일상생활 중에서 흔히 접하지만 자주 혼동을 주는 대표적인 경제 개념이다. 일부 경제학자는 과열 성장이 수입 증가로 인해 국제 수지의 악화를 초래하여 자국 화폐 가치가 하락, 즉 환율을 상승시킨다고 하고, 다른 경제학자는 과열 성장이 오히려 화폐에 대한 수요를 유발하여 자국 화폐 가치가 상승, 즉 환율을 하락시킨다고 설명하기도 한다. 동일한 경제 충격에도 불구하고 환율의 움직임에 대한 서로 다른 해석과 예측은 이러한 현상을 유발하는 경제 상황에 대한 근본적인 인식의 차이도 있겠지만 경제학자가 상정하고 있는 환율 결정 모형이 상이하기 때문이기도 하다. 환율이 고정된 수준에서 유지되는 고정 환율제와 달리 변동 환율제하에서의 환율 결정 모형은 일정 기간 동안 거래되는 외국 화폐에 대한 수요와 공급만을 환율을 결정하는 요인으로 볼 것인지, 아니면 일정 시점에서 거래되는 외국 화폐 자산에 대한 수요와 공급을 그 결정 요인으로 볼 것인지에 따라 각각 유량 접근법과 자산 시장 접근법으로 대별된다.

유량 접근법에서 자주 이용되는 먼델-플레밍 모형에서는 국제 수지를 수출과 수입의 차인 경상 수지와 자본 유입과 유출의 차인 자본 수지의 합으로 보고 국제 수지가 영(0)이 되는 균형 수준에서 환율, 즉 적정 환율이 결정된다고 설명한다. 경상 수지 및 자본 수지는 양(+)의 값을 가지는 경우를 각각 경상수지 흑자 및 자본 수지 흑자라고 하고 반대의 경우는 각각 경상 수지 적자 및 자본 수지 적자라고 한다. 경상 수지 및 자본 수지가 모두 0인 상황에 있던 어떤 국가에서 재정 지출의 확대로 인해 소득이 증가하는 경우를 생각해 보자. 소득의 증가는 수입재에 대한 추가적인 수요를 유발하여 수입이 증가하면서 경상 수지 적자가 발생한다. 또한 소득의 증가는 화폐 수요의 증가를 통해 국내 이자율을 상승시키고 이자율 수익에 민감한 외국 자본이 국내에 유입되므로 자본 수지에서는 흑자가 발생한다.

이때 국제 수지의 흑자 또는 적자 여부는 자본 수지 흑자와 경상 수지 적자의 상대적 규모에 의해 결정된다. 이 국가가 높은 수준의 자본 이동성을 가지고 있다면 자본 수지 흑자 규모가 경상 수지 적자 규모를 상회하는 반면, 낮은 수준의 자본 이동성을 가지고 있다면 자본 수지 흑자 규모가 경상 수지 적자 규모를 하회하게 된다. 만약 낮은 수준의 자본 이동성을 가정한다면, 경상 수지 적자에 따른 외국 통화의 유출량이 자본 수지 흑자에 따른 유입량을 상회함에 따라 자국 통화 가치가 하락하고 이는 환율 상승으로 이어지게 된다. 환율 상승으로 외국 통화로 표시한 국내 생산 재화의 가격이 하락함에 따라 가격 경쟁력의 개선으로 수출이 증가하게 되고 이로 인해 경상 수지 적자가 점차 축소되면서 결국에는 국제 수지의 균형을 회복하게 된다. 한편 경상 수지 및 자본 수지가 모두 0인 상황에서 이 국가가 자국 통화의 공급량을 증가시키는 경우를 생각해 보자. 이 경우에는 국내 이자율 하락으로 해외 투자의 수익률이 상대적으로 높아짐에 따라 자본 유출이 발생하여 자본 수지는 적자를 보이나 이 과정에서 환율이 상승하면서 수출이 증가하여 경상 수지는 흑자를 기록함에 따라 결국 국제 수지는 균형을 이루게 된다. 재정 지출의 경우와는 달리, 통화량 변화가 환율 변화의 방향성에 미치는 효과는 자본 이동성 수준과는 무관 하나 변화의 크기는 이 수준과 관련되어 있다.

자산 시장 접근법은 사람들이 자신의 부(富)를 여러 형태의 자산으로 보유하고자 하는데 주식이나 채권과 마찬가지로 자국 및 외국 화폐도 자산의 일종이라는 전제에서 시작한다. 화폐는 주식이나 채권과는 달리 비록 배당금이나 이자를 지급하지는 않지만 교환 매개체로서 거래 편의를 제공하는 한편 미래로 구매력을 이전할 수 있다는 측면에서 자산의 속성을 가지고 있다. 외환 시장에서 외환의 수요와 공급은 투자자들이 외국 통화 표시 금융 자산을 얼마나 가치 있는 자산으로 보고 이를 보유하고자 하는가에 의해 결정된다. 자산 시장 접근법의 하나인 통화주의 모형에서는 가격이 항상 신축적으로 조정된다는 가정하에 자산으로서의 외환의 수요와 공급에 의해 환율이 결정된다고 설명한다. 통화주의 모형에 따를 경우 재정 지출 및 통화량 변동이 환율에 미치는 효과는 먼델-플레밍 모형에서의 예측과는 상이할 수 있다. 어떤 국가가 재정 지출 확대로 소득이 증가하는 경우를 생각해 보자. 이때 자국 통화 표시 자산에 대한 수요가 외국 통화 표시 자산에 비해 상대적으로 더 크다면 자국 통화의 상대적 가치가 상승함에 따라 환율은 하락하게 된다. 한편 이 국가가 자국 통화의 공급량을 증가시키는 경우라도 외국 역시 통화량을 증가시킴에 따라 외국 통화의 공급량이 상대적으로 더 크다면 환율은 오히려 하락한다고 설명한다.

환율 결정에 대한 이들 모형의 차이는 근본적으로는 환율 변동 요인인 생산성과 자산 구성의 신축적인 조정 가능성에 대한 상이한 시각에서 비롯되고 있다. 국내 소득 증가가 환율에 미치는 효과를 보면, 먼델-플레밍 모형에서는 가격이 경직적이라는 가정하에 한 경제의 총생산은 전적으로 수요 요인에 의해 결정된다고 본다. 이 경우 소득의 증가는 생산성 증가에 의한 것이 아니라 수요 증가에 의한 것이다.

이러한 수요를 충족하기 위해서는 외국으로부터의 수입이 필요하므로 결국 경상 수지가 적자를 보이고 환율은 상승하게 된다는 것이다. 반면 통화주의 모형에서는 소득의 증가는 기술 혁신 등 공급 요인의 개선에 기인한 것으로 본다. 여기서 소득의 증가는 생산성 향상에 따른 국가 경제력의 강화와 외국 통화 표시 자산에 비해 자국 통화 표시 자산에 대한 수요의 상대적 증가를 의미하므로 환율은 하락하게 되는 것이다. 한편 먼델-플레밍 모형에서는 거래 비용의 존재로 자산 구성의 즉각적인 조정이 불가능하다고 가정하고 있어 환율은 기본적으로 국제 수지의 변화를 반영하여 결정된다고 주장한다. 반면 통화주의 모형에서는 거래 비용이 거의 없어 자산 구성의 신속한 조정이 가능하고 수출입 등에 발생하는 외국 화폐의 증감보다는 자산 구성을 위한 거래 규모가 훨씬 크므로 환율은 외국 화폐를 포함한 자산 시장에서 결정되는 것이라고 주장한다.

[문제 2] 윗글을 바탕으로 <보기>의 ㉠~㉣에 들어갈 적절한 말을 찾아 쓰시오.

<보기>

환율이 국제 수지 균형을 달성하도록 조정된다는 먼델-

플레밍 모형은 경상 수지와는 독립적으로 움직이는 국제 자본 흐름을 적절히 반영하기 어렵다는 점에서 비판을 받아 왔다. 이러한 문제점을 인식하고 자산에 대한 수요를 강조한 통화주의 모형 역시 국내 금융 자산과 외국 금융 자산과 같은 자산 변수에 대한 수요와 공급의 상대적인 비중과 이들 자산 간 신축적인 조정만을 지나치게 강조함에 따라 수출이나 수입 등의 유량 변수가 환율에 미치는 효과가 적절히 반영되지 못한다는 문제점이 있다는 주장이 제기되었다.

포트폴리오 균형 모형에서는 자산 변수와 유량 변수의 시간에 따라 서로 간 영향을 주고받으며 움직이는 관계에 주목하여 유량 접근법과 자산 시장 접근법을 접목하고자 하였다. 동 모형에 따르면 경제 충격에 대해 단기에는 유량 접근법에 근거한 환율 변동에 따라 경상 수지와 외국 금융 자산 규모가 변하게 된다. 한편 장기적으로는 자산 시장 접근법에 따라 국내외 금융 자산의 크기와 구성을 조정하는 과정에서 환율이 변화하면서 새로운 균형에 도달하게 된다.

동 모형에 따라 환율이 어떻게 조정되는지 구체적으로 살펴보기 위해 자국 통화 공급이 증가한 경우를 상정해 보자. 자국 통화 공급의 증가에 따른 국내 이자율의 하락으로 단기적으로 환율은 (㉠)한다. 이로 인해 경상 수지 (㉡)이/가 발생하고 외국 금융 자산이 증가하면서 자국의 부(富)가 증가하게 된다. 장기적으로 부의 증가에 따라 국내 금융 자산에 대한 수요 역시 증가함에 따라 환율은 (㉢)하고 경상 수지는 (㉣)을/를 기록하면서 새로운 균형 상태로 이동하게 된다.

㉠: ________________, ㉡: ________________

㉢: ________________, ㉣: ________________

＊ 다음 글을 읽고 물음에 답하시오.

15세기 이전 유럽에서 만들어진 음악은 대부분 신에게 바치기 위한 종교적 목적을 가진 것이었다. 하지만 인간을 중시하는 경향이 두드러진 르네상스 예술이 전개되고 인쇄술의 발달로 악보가 보편화되어 대중이 음악에 손쉽게 접근할 수 있게 되면서 음악이 종교적 목적뿐만 아니라 미학적 기쁨과 즐거움을 얻는 데에도 다양하게 사용되기 시작하였다.

르네상스 시기에 음악은 다양한 측면에서 변화하기 시작하였는데, 우선 현대의 소프라노, 알토, 테너, 베이스 체계의 4성부 짜임새가 이 시대에 확립되었다. 르네상스 이전 중세의 유럽에서는 기본 성부로 대부분 3개가 사용되었는데, 르네상스 시기에 가장 낮은 음역인 베이스가 추가된 4성부의 음악이 유행하여 3성부 음악과 함께 사용되었다. 4개의 성부 중 가장 높은 성부인 소프라노가 선율*적 중요성을 가지고 나머지 성부들은 화음적 배경, 즉 반주만을 제공하는 4성부의 음악을 호모포니라고 하고, 각 성부가 대등한 비중을 갖고 각각의 역할을 하는 4성부 음악을 폴리포니라고 한다. 르네상스 초기에는 호모포니의 짜임새가, 15세기 말에는 폴리포니의 짜임새가 주를 이루었다. 이러한 변화는 여러 성부의 음이 동시에 울리는 화성에서 각 성부의 개별적인 선율로 당시 사람들의 관심이 옮겨 간 것과 관련이 있다. 주선율이 명확하여 일반인도 따라 부르기가 수월했던 호모포니 음악과 달리 폴리포니 음악은 각 성부들의 음악이 동시에 진행되어 상대적으로 부르기 어려웠으므로 전문 성가대가 주로 불렀다. 한편 폴리포니 음악이 유행하면서 한 성부가 선율을 시작하면 다른 성부가 일정한 간격을 두고 앞의 선율을 모방하여 연주하는 모방 기법이 발달하였는데, 이는 현대에도 돌림 노래에서 많이 사용되고 있다.

르네상스 음악에서는 각 성부의 음정 관계도 변화하였다. 높이가 다른 음과 음 사이의 간격을 음정이라 하는데, 음정의 도수는 두 음을 포함한 두 음사이의 음의 개수이다. 예를 들어 도와 솔은 두 음 사이에 도와 솔을 포함하여 총 다섯 개의 음이 있으므로 5도가 된다. 15세기 중엽 이전까지 유럽 대륙에서는 1, 5, 8도 음정만을 협화 음정*으로 여기고 이를 주로 사용하였다. 그런데 영국과 프랑스 간의 전쟁으로 인한 문화의 교류 속에서 영국의 음악이 대륙에 전파되면서 15세기 중엽 이후에는 유럽 대륙에서도 3도, 6도 음정을 협화 음정으로 인정하여 사용하기 시작하였다. 예를 들어 높은 성부가 미, 낮은 성부가 도이면 3도 음정이므로 15세기 중엽 이전의 대륙에서는 이를 불협화 음정으로 여기고 잘 사용하지 않았지만, 이후에는 이러한 음정을 자주 사용하게 되었다. 한편 15세기 중엽 영국에서는 파버든이라는 3성부 연주 방식이 유행하였는데, 파버든 악보는 가운데 성부만 기보되어 있고 나머지 성부는 기보되어 있지 않았다. 이처럼 기보되지 않은 것을 연주하기 때문에 파버든을 즉흥 연주라고 부른다. 파버든에서 기보되지 않은 성부는 가운데 성부와 일정한 음 간격을 두고 높거나 낮게 연주하였다. 높은 성부는 가운데 성부의 4도 위의 음으로 연주되었다. 예를 들어 가운데 성부의 음이 도, 레, 미라면, 높은 성부의 음은 파, 솔, 라로 연주하는 방식이다. 이러한 형식이 유럽 대륙에 전해져 포부르동이라는 연주 방식이 나타났다. 포부르동은 파버든과 달리 악보에 6도 또는 8도 음정인 두 성부만 적혀 있고 가운데 성부는 적혀 있지 않았는데, 가운데 성부는 높은 성부의 4도 아래의 음정으로 연주하였다. 각 성부는 이처럼 긴밀한 음정 관계를 이루며 연주되었기 때문에 세 성부는 함께 연주되는 부분에서 비슷한 음의 길이를 갖게 되었다. 가장 높은 성부가 8분음표로 연주되면 아래의 두 성부도 같은 길이로 연주하는 것이다.

또한 르네상스 시기에는 무지카 픽타라는 암묵적인 규칙이 존재하여 음들을 변형하여 연주하는 원칙을 지켰는데, 대표적인 것이 '증 4도의 예방'이다. 4도 사이에 온음*이 둘이고 반음이 하나인 경우를 완전 4도, 온음이 셋인 경우를 증 4도라고 하는데, <그림>에서 알 수 있듯이, 파와 시 사이는 온음이 셋이므로 증 4도이다. 르네상스 음악가들은 증 4도가 불안정한 느낌을 준다고 생각하여 파와 시를 함께 연주해야 할 때는, 시를 반음 낮춤으로써 완전 4도로 바꾸어 연주하였다. 르네상스 초기에는 가사의 효과적인 표현이 경시되었지만, 중기에 이르러서는 가사의 표현이 강조되면서 가사의 의미에 맞게 음이나 가락을 표현하는 가사 그리기 기법이 유행하였다. 예를 들어 '오르는'이라는 가사는 낮은 음에서 점차 높은 음으로 표현하였다. 이러한 방식들은 음악을 통해 미학적 아름다움을 추구했던 당시 사람들의 의식과 밀접한 관련이 있다.

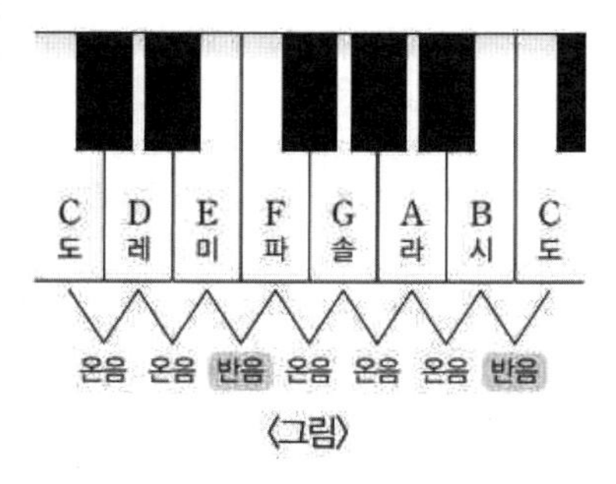

〈그림〉

*선율: 소리의 높낮이가 길이나 리듬과 어울려 나타나는 음의 흐름.
*협화 음정:두개의 음이 함께 울렸을 때 진동수의 비(比)가 단순하여 잘 어울리는 음 거리.
*온음: 장음계에서, '미·파', '시·도' 이외의 장2도 음정. 두 개의 반음을 가진 음의 간격.

[문제 3] <보기>는 윗글을 읽은 학생들이 나눈 대화이다. ①, ②에 들어갈 내용으로 적절한 말을 쓰시오.

<보기>

- 학생 1: 이 악보는 포부르동을 연주하기 위해 르네상스 시기에 만들어진 노래를 기록한 악보의 일부야. 위의 악보는 이 노래 중 높은 성부에 해당하는 부분이야. 당시에 통용되던 규칙을 정확히 지키며 연주해 보자.
- 학생 2: [A]의 가운데 성부는 (①) 음으로 연주하고, [B]를 가운데 성부와 함께 연주할 때는 높은 성부인 시는 (②) 연주해야겠네.

①: ______________, ②: ______________

＊ 다음 글을 읽고 물음에 답하시오.

지금껏 알려져 있는 지식과 관념에 의해서는 설명되지 않는 특이한 현상이 관찰되면, 사람들은 납득할 만한 원인을 제시할 수 있는 타당한 설명을 모색하게 된다. 가추법(假推法)은 관찰된 사실이 왜 일어나는가를 설명하기 위해 현재 상황과는 다른 상황에서 이미 통용되는 전제를 출발점으로 하여 그 전제 속에는 포함되어 있지 않은 결론을 도출하는 개연적 추론이다.

퍼스는 연역법 및 귀납법과의 비교를 통해 가추법의 특징을 구체화하였다. 연역법은 규칙을 특정한 사례에 적용하여 결과를 도출하는 분석 추리이자 추론의 결과가 규칙의 해설이 되는 해설적 추론으로, 이는 새로운 지식의 형성으로 이어지지는 않는다. 귀납법은 특정한 사례와 결과로부터 규칙을 도출하는 종합 추리이자 부분에서 전체, 특수 사례에서 일반으로 향하는 확장적 추론으로, 연역법과 달리 결과의 오류 가능성을 포함한다. 퍼스에 의하면 가추법은 한 유형의 사실들로부터 도약하여 전혀 새로운 유형의 사실들을 도출하는 추론 방식이라는 점에서 귀납법과 마찬가지로 확장적 추론에 해당하지만, 귀납법은 주어진 사실들의 집합으로부터 유사한 사실들의 집합을 추론해 낼 뿐임에 반해 가추법이야말로 오류 가능성에도 불구하고 지식의 진정한 확장에 기여하는 추론이라고 하였다.

가추법에서 가설의 형태로 제시되는 규칙은 추론의 과정에서 설정되는 것으로, 보편적이고 일반적 진리로서 주어지는 연역법의 규칙과는 성격을 달리한다. 퍼스는 '자연법칙', '일반적인 진리'와 함께 '경험' 등을 규칙의 자리에 둘 수 있다고 하여 가추법의 '규칙' 범주에는 경험적 근거, 직관, 특수한 상황에서만 인정될 수 있는 진리 등이 포함될 수 있음을 시사하였다. 그는 또한 관찰된 사실과 설정된 가설의 결합은 이 둘에서 다루는 대상들의 동일성이나 유사성에 기인하며 이는 논증이 다루는 대상들이 또 다른 측면에서도 강도 높은 유사성을 가지고 있을 것이라 추리하게 하는 근거가 된다고 하였다. 이로 인해 연역법이나 귀납법과 달리 가추법은 전제로부터 필연적으로 귀결되는 결과 이상의 것을 제안할 수 있으며, '실제로 그러함을 기술할 수 있는지'가 아니라 '어째서 그러한지를 설명할 수 있는지'에 의해 추론의 목적 달성 여부가 판단된다는 것이다.

이상의 비교를 바탕으로 퍼스는 탐구를 '의심의 자극에 의해 야기된 것이자 믿음의 상태를 획득하려는 투쟁 과정'으로 규정하고 가추법은 이 과정을 관통하는 논리라고 하였다. 가추법은 위대한 과학적 발견으로부터 탐정의 추리에까지 널리 활용되는 추론 방식으로, 이는 그간 직관이나 심리적 판단에 의존하는 것으로 간주되어 왔던 추측의 과정에 논리성을 부여하였다는 평가를 받는다.

[문제 4] 윗글을 바탕으로 <보기>를 이해하였을 때, ①에 적절한 문장을 쓰시오.

<보기>

가추법을 정립한 철학자 퍼스는 다음의 논증을 사례로 들어 가추법의 원리를 설명하였다. 책상 위에 한 움큼의 하얀 콩이 놓여 있다고 가정해 보자. 이를 특이하다고 생각하여 그 이유를 찾고자 하는 사람이 그 콩 옆에 놓인 자루를 보고 '이 콩들은 이 자루에서 나왔다.'라는 결론을 도출하

는 과정은 다음과 같다.

[결과] 이 콩들은 하얗다
[규칙] (　　　　　①　　　　　)
[사례] 이 콩들은 이 자루에서 나왔다

위 추론의 출발점인 '결과'는 관찰된 사실로서, 일반적 규칙에 해당하는 가설이 제시되고 이것이 참임이 전제될 때 수긍할 수 있는 사실이다. 관찰된 사실은 참임이 전제된 규칙과 결합됨으로써 규칙의 한 사례로 귀결된다. 책상 위에 놓인 콩을 보고 이상하게 여긴 사람이 그 이유를 찾는 과정에서 콩 옆의 자루를 보고 자루 안의 콩이 모두 하얀 것이라는 가설을 세우게 되며, 이것이 참임이 전제될 때 책상 위의 하얀 콩은 이 자루에 든 콩의 일부임을 알게 된다는 것이다.

①: ______________________________

*** 다음 글을 읽고 물음에 답하시오.**

(가)

인쇄한 박수근 화백 그림을 하나 사다가 걸어놓고는 물끄러미 그걸 치어다보면서 나는 그 그림의 제목을 여러 가지로 바꾸어보곤 하는데 원래 제목인 '강변'도 좋지마는 '할머니'라든가 '손주'라는 제목을 붙여보아도 가슴이 알알한 것이 여간 좋은 게 아닙니다. 그러다가는 나도 모르게 한 가지 장면이 떠오릅니다. 그가 술을 드시러 저녁 무렵 외출할 때에는 마당에 널린 빨래를 걷어다 개어놓곤 했다는 것입니다. 그 빨래를 개는 손이 참 커다랬다는 이야기는 참으로 장엄하기까지 한 것이어서 성자의 그것처럼 느껴지기도 합니다. 그는 멋쟁이이긴 멋쟁이였던 모양입니다.

그러나 또한 참으로 궁금한 것은 그 커다란 손등 위에서 같이 꼼지락거렸을 햇빛들이며는 그가 죽은 후에 그를 쫓아갔는가 아니면 이승에 아직 남아서 어느 그러한, 장엄한 손길 위에 다시 떠 있는가 하는 것입니다. 그가 마른 빨래를 개며 들었을지 모르는 뻐꾹새 소리 같은 것들은 다 어떻게 되었을까. 내가 궁금한 일들은 그러한 궁금한 일들입니다. 그가 가지고 갔을 가난이며 그리움 같은 것은 다 무엇이 되어 오는지…… 저녁이 되어 오는지…… 가을이 되어 오는지…… 궁금한 일들은 다 슬픈 일들입니다.

- 장석남, 「궁금한 일 - 박수근의 그림에서」

(나)

나를 쫓아온 눈발 어느새 여기서 그쳐
어둠 덮인 이쪽 능선들과 헤어지면 바다 끝까지
길게 걸쳐진 검은 구름 떼
헛디뎌 내 아득히 헤맨 날들 끝없이 퍼덕이던
바람은 다시 옷자락에 와 붙고
스치는 소매 끝마다 툭툭 수평선 끊어져 사라진다

사라진다 일념도 세상 흐린 웃음소리에 감추며
여기까지 끌고 왔던 사랑 헤진 발바닥의
무슨 감발에 번진 피얼룩도
저렇게 저문 바다의 파도로서 풀어지느냐
폐선된 목선 하나 덩그렇게 뜬 모래벌에는
무엇인가 줍고 있는
남루한 아이들 몇 명

굽은 갑*에 부딪혀 꺾어지는 목소리가 들린다
어둡고 외진 길목에 자식 두엇 던져 놓고도
평생의 마음 안팎으로 띄워 올린
별빛으로 환해지던 어느 밤도 있었다.
희미한 빛 속에서는 수없이 물살 흩어지면서
흩어 놓은 인광만큼이나 그리움 끝없고
마주 서면 아직도
등불을 켜고 어디론가 가고 있는 돛배 한 척이 보인다

- 김명인, 「김정호의 대동여지도」

*갑(岬): 바다 쪽으로, 부리 모양으로 뾰족하게 뻗은 육지.

[문제 5] (가)와 (나)에 대한 감상을 정리한 <보기>의 ①, ②에 알맞은 시구를 찾아 각각 첫 어절과 마지막 어절을 쓰시오.

<보기>

(가)와 (나)에서는 모두 의문형 종결 어미를 활용하여 화자의 정서를 강조하고 있다. (중략) 화자는 (가)에서 박수근 화백의 그림을 보고 이러저러한 제목을 붙이며 만족감을 드러내고 있는데, 이는 (①)에서 구체적으로 형상화되고 있다. 한편, (나)에서 김정호는 지도를 완성하겠다는 일념으로 바다 끝까지 홀로 걸으며 느꼈을 고단함과 외로움, 그리고 두고 온 가족에 대한 미안함과 그리움을 상상하여 노래한다. 그럼에도 자신이 해온 일에 대한 만족감을 드러내는 구절이 있는데, 이는 (②)에서 구체적으로 형상화되고 있다.

① 첫 어절: ____________, **마지막 어절:** ____________

② 첫 어절: ____________, **마지막 어절:** ____________

＊ 다음 글을 읽고 물음에 답하시오.

공방(孔方)*의 자는 관지(貫之)*다. 그의 선조는 옛날에 수양산에 은거하여 동굴에서 살았는데, 일찍 세상으로 나왔지만 쓰이지 못했다. 비로소 황제(黃帝) 때에 조금씩 쓰였으나, 성질이 강경하여 세상일에 매우 단련되지 못했다. 황제가 관상을 보는 사람을 불러 그를 살피게 하니, 관상 보는 사람이 자세히 보고 천천히 말하기를 "산야(山野)에서 이루어졌기 때문에 거칠어서 사용할 수 없지만, 만약 임금님의 쇠를 녹이는 용광로에서 갈고 닦으면 그 자질은 점점 드러나게 될 것입니다. 임금이란 사람을 사용할 수 있는 그릇이 되도록 만드는 자리이니, 임금님께서 완고한 구리와 함께 버리지 마십시오."라고 했다. 이로부터 세상에 나타나게 되었다.

공방의 아버지인 천(泉)은 주나라의 태재(太宰)*로, 나라의 세금을 담당했다. 공방의 사람됨은 겉은 둥그렇고 가운데는 네모나며, 세상의 변화에 잘 대응했다. 공방은 한나라에서 벼슬하여 홍려경(鴻臚卿)*이 되었다. 당시에 오나라 임금인 비(濞)가 교만하고 분수 넘침이 지나쳐 권력을 마음대로 행사했는데, 공방이 비를 도와 이익을 취했다. 호제(虎帝) 때에 나라가 텅 비고 창고가 텅 비게 되었는데, 호제가 이를 걱정하여 공방을 부민후(富民侯)로 임명했다. 그 무리인 염철승(鹽鐵丞)* 근(僅)과 함께 조정에 있었는데, 근이 항상 공방을 가형(家兄)이라고 부르고 이름을 부르지 않았다. 공방은 성질이 탐욕스럽고 염치가 없었는데, 이미 국가의 재산을 총괄하면서 자모(子母)*의 경중을 저울질하는 것을 좋아했다. 공방은 국가를 이롭게 하는 것에는 도자기와 철을 주조하는 것만 있는 것이 아니라면서, 백성들과 함께 조그만 이익을 다투고, 물가를 올리고 내리고, 곡식을 천대하고, 화폐를 귀중하게 여겼다. 그리하여 백성들이 근본을 버리고 끝을 좇도록 하고, 농사짓는 것을 방해했다. 당시에 간관들이 자주 상소를 올려 공방을 비판했지만, 호제가 이를 받아들이지 않았다. 공방은 교묘하게 권세 있는 귀족들을 섬겨, 그 집을 드나들면서 권세를 부리고 관직을 팔아 관직을 올리고 내리는 것이 그의 손바닥 안에 있었다. 공경들이 절개를 꺾고 공방을 섬기니, 곡식을 쌓고 뇌물을 거두어 문권(文券)*과 서류가 산과 같이 쌓여 가히 셀 수가 없었다. 공방은 사람을 대하고 물건을 대할 때 현인과 불초한 것을 가리지 않고, 비록 시장 사람이라고 하더라도 재산이 많으면 그와 사귀었으니, 소위 시장 바닥 사귐이란 이런 것을 말한다. 공방은 때로는 동네의 나쁜 소년들을 따라다니면서 바둑을 두고 격오(格五)*를 일삼았다. 그러나 승낙을 잘했기 때문에, 당시 사람들이 이를 두고 "공방의 말 한마디는 무게가 금 백 근과 같다."라고 했다.

제(元帝)가 즉위하자 공우(貢禹)가 글을 올려 "공방이 오랫동안 바쁜 업무에 매달려 농사의 중요한 근본에는 힘쓰지 않고 다만 전매의 이익에만 힘을 썼습니다. 그리하여 나라를 좀먹고 백성들에게 해를 입혀 공사가 모두 피곤하게 되었으며, 뇌물이 난무하고 공적인 일도 청탁이 있어야만 처리됩니다. '지도 또 탄다. 그러면 도둑이 온다.'라고 한 『주역(周易)』의 명확한 가르침도 있으니, 바라건대 공방의 관직을 파면해 탐욕과 비루함을 징계하십시오."라고 했다. 그때 마침 권력을 잡은 사람 중 곡량(穀梁)의 학(學)으로 관료가 된 사람이 있었는데, 변방에 대한 대비책을 세우는 데 군비가 부족했기 때문에 공방의 일을 미워하여 공우의 편을 들었다. 그러자 원제가 공우의 요청을 받아들였다. 그리하여 공방은 관직에서 쫓겨났다. 공방이 문하의 사람들에게 말하기를, "나는 전에 임금님을 만나, 임금님이 나라를 잘 다스리도록 교화하여 장차 나라의 경제가 넉넉해지고 백성들의 재산이 풍부해지도록 했다. 이제 조그마한 죄로 내쫓김을 당했다. 그러나 등용되고 쫓겨나는 것은 나에게는 이익도 손해도 없다. 다행스럽게도 남은 목숨이 끊어지지 않고 실오라기처럼 살았으니, 앞으로 입이 묶여 말을 하지 못해도 세상에 몸을 붙이고 살아갈 것이다. (중략)

사신(史臣)은 다음과 같이 논평한다.

"다른 사람의 신하가 된 사람이 두 마음을 품고 큰 이익을 좇는다면 이 사람은 과연 충신인가? 공방이 때를 잘 만나고 좋은 주인을 만나 정신을 모아서 정중한 약속을 맺었고, 생각지도 못한 많은 사랑을 받았다. 당연히 이로운 일을 생기게 하고 해로운 것을 제거하여 은덕을 갚아야 하지만, 비를 도와 권력을 마음대로 하고 마침내 자신의 무리들을 심었다. 공방의 이러한 행동은 충신은 경계 바깥의 사귐은 없다는 말에 위배되는 것이다. 공방이 죽고 그의 무리들이 다시 송나라에서 기용되어 권력자에게 아부하고 올바른 사람들을 모함했었다. 비록 길고 짧은 이치가 하늘에 있다고 해도 원제가 공우의 말을 받아들여 한꺼번에 공방의 무리들을 죽였다면, 뒷날의 근심을 모두 없앨 수 있었을 것이다. 다만 공방의 무리들을 억제하기만 하여 후세까지 그 폐단을 미치게 했으니, 어찌 일보다 말이 앞서는 사람은 항상 믿지 못할까를 근심하지 않겠는가?"

- 임춘, 「공방전」

*공방: '엽전'을 달리 이르는 말. 엽전의 가운데 네모난 구멍이 있으므로 이렇게 이름.
*관지: '꿴다'는 뜻. 돈을 꿰미로 만들기 때문에 '꿸 관' 자를 써서 '관지'라 함.
*태재: 중국 은나라·주나라 때에, 천자를 보좌하던 벼슬.
*홍려경: 외국에서 방문한 사신을 접대하는 관직.
*염철승: 소금과 쇠를 가리키는 의인화된 관직 이름.
*자모: 원금과 이자를 가리킴.
*문권: 땅이나 집 따위의 소유권이나 그 밖의 권리를 증명하는 문서.
*격오: 옛날 놀이로, 지금의 주사위 놀이와 비슷함.
*오정: 소, 양, 돼지, 물고기, 순록을 담아 제사 지내는 다섯 개의 솥을 의미하지만, 이 글에서는 맛있는 음식을 뜻함.

[문제 6] 위의 작품은 '임춘'의 「공방전」이라는 '가전(假傳)' 작품이다. 윗글을 읽고, <보기>의 빈칸 ①, ②에 적절한 말을 쓰시오.

<보기>

가전(假傳)은 사람들을 경계(警戒)하고 권선(勸善)하기 위해 사물을 의인화하여 그 일생을 전의 형식으로 서술한 문학 갈래로, 그 대상은 주로 술이나 돈, 대나무 등과 같이 인간 생활과 관련된 사물들이다. 이때, 가전의 작가들은 비유법 중 하나의 표현법인 (①)을/를 주로 사용한 사물에 대한 관점을 역사상의 인물이나 실제 지명 및 관직들을 활용하여 제시하는데, (②)을/를 (①)한 「공방전」에서도 이를 확인할 수 있다.

①: ________________, ②: ________________

【수학 영역】

[문제 1] x에 대한 부등식
$x^2 - x\log_3(\sqrt[3]{9}n) + \log_3\sqrt[3]{n^2} < 0$을 만족시키는 정수 x의 개수가 1이 되도록 하는 자연수 n의 개수를 구하는 과정을 서술하시오.

[문제 2] 공차가 0이 아닌 등차수열 $\{a_n\}$에 대하여 $a_2 - 1 = 1 - a_4$이고 $|a_4 + 5| = |-5 - a_6|$일 때, a_7의 값을 구하는 과정을 서술하시오.

[문제 3] 다음 조건을 만족시키는 모든 다항함수 $f(x)$에 대하여 $f\left(\frac{1}{2}\right)$의 최댓값을 구하는 과정을 서술하시오.

(가) 함수 $f(x)$의 모든 항의 계수가 정수이고, $f(0) = 0$이다.
(나) $\lim_{x \to \infty} \frac{f(x) - 2x^3}{x^2} = \lim_{x \to \frac{1}{2}} f(x)$
(다) $f(x)$가 실수 전체의 집합에서 증가한다.

[문제 4] 자연수 a에 대하여 함수 $f(x) = \frac{1}{3}log_2(x-2)$의 그래프의 점근선과 함수 $g(x) = \tan\frac{\pi x}{a}$의 그래프는 만나지 않는다. 정의역이 $\left\{x \middle| \frac{17}{8} \le x \le 6\right\}$인 합성함수 $(g \circ f)(x)$의 최댓값과 최솟값을 구하는 다음의 풀이 과정을 완성하시오. (단, a는 상수이다.)

직선 [①] 가 f의 점근선이므로 $a =$ [②].
따라서 $(g \circ f)(x)$의 최솟값은 [③] 이고,
최댓값은 [④] 이다.

[문제 5] 다음 조건을 만족시키는 최고차항의 계수가 1인 모든 삼차함수 $f(x)$에 대하여 $\int_{-1}^{3} f(x)dx$의 최댓값과 최솟값의 합을 구하는 과정을 서술하시오.

(가) $|f(1)| + |f(-1)| = 0$
(나) $-1 \le \int_0^1 f(x)dx \le 1$

[문제 6] 점 $(-2, a)$에서 곡선 $y = x^3 - 3x^2 - 9x + 2$에 그을 수 있는 접선의 개수가 3이 되도록 하는 정수 a의 개수를 구하는 과정을 서술하시오.

[문제 7] 미분가능한 함수 $f(x) = \int_a^x (|t| - 2)\,dt$에 대하여 방정식 $f(x) = 0$이 서로 다른 두 실근을 갖기 위한 모든 실수 a의 값을 구하는 과정을 서술하시오.

[문제 8] 모든 자연수 n에 대하여 기울기가 $-\frac{2}{3}$이고 원 $x^2 + y^2 = \frac{1}{9^n}$과 제 1사분면에서 접하는 직선을 l_n이라 하고, 직선 l_n과 x축 및 y축으로 둘러싸인 삼각형의 넓이를 a_n이라 하자. $\sum_{k=1}^{10} a_k$의 값을 구하는 다음의 풀이 과정을 완성하시오.

원 $x^2 + y^2 = \frac{1}{9^n}$의 반지름의 길이가 $\frac{1}{3^n}$이므로,
기울기가 $-\frac{2}{3}$이고 이 원에 접하는 직선 l_n의
방정식은 [①] 이다. 직선 l_n이 x축과 y축에
둘러싸인 부분의 넓이 $a_n =$ [②] 이므로, 수열
$\{a_n\}$의 첫째항 $a_1 =$ [③] 이다. 따라서
$\sum_{k=1}^{10} a_k =$ [④] 이다.

9) 수직선 위를 움직이는 점 P에서의 시각 t $(t \ge 0)$에서의 위치 x가 $x = t^3 - 9t^2 + 24t$이다.
점 P가 같은 위치를 세 번 지나가는 구간에서 점 P의 평균속력을 구하는 과정을 서술하시오. (단, 평균속력은 움직인 거리를 경과시간으로 나눈 값이다.)

실전 모의고사
정답 및 해설

● 모의고사 1회(인문계용) 해설

【국어 영역】 해제

[문제 1] 해제

***문항 해설**

㉠은 '아마도 대부분의 내용이 머릿속에 남아 있지 않고 사라졌던 경험을 우리와 같은 학생들이라면 갖고 있을 것이다.'라는 문장에서 '우리'와 같은 학생들이라는 표현을 통해 확인할 수 있다. 필자와 독자를 모두 포함하는 '우리'라는 표현을 사용함으로써 필자와 독자의 거리감이 좁아지기 때문이다.

㉡은 '그렇다면 도대체 어떤 방식으로 휴식을 취해야 할까?'와 같이 독자들에게 물음을 던지면서 주의를 환기하고, 기억력 강화의 효과를 얻기 위한 방법의 일환으로 휴식이란 방법을 제시하며 논의를 시작하는 데서 확인할 수 있다.

***채점 기준**

- ①, ②를 각각 정확하게 쓴 경우만 정답으로 인정함.

답안	배점
① 아마도, 것이다.	**5점**
② 그렇다면, 할까?	**5점**

[문제 2] 해제

***문항 해설**

이 글은 대외 거래의 유출입을 기록하는 국제 수지표와 잔액을 기록하는 국제 투자 대조표의 작성 원리를 비교함으로써 국제 수지와 대외 지급 능력 간의 연관성을 설명하고 있다. 국제 수지 관련 통계의 작성을 위해서는 거주자와 비거주자에 대한 구분이 명확해야 하는데 거주성 여부는 국적이 아니라 경제적 이익의 관점에서 정의된다. 거주자와 비거주자 간 거래로 인해 외환 규모의 변동이 발생하고 이러한 변동은 국제 수지표와 국제 투자 대조표에 기록된다. 국제 투자 대조표는 일정 시점에 한 국가가 보유하고 있는 대외 금융 자산과 대외 금융 부채 전체를 기록하고 있어 일국의 대외 지급 능력을 보여 주는 통계이다. 국제 투자 대조표는 거래 요인과 더불어 다양한 비거래 요인에 의해 시장에서 평가되는 가치가 변동하므로 대외 지급 능력의 향상을 위해서는 산업 경쟁력과 더불어 금융 역량 강화도 중요하다.

2023년에 A국의 경우 경상 수지 흑자로 100억 달러, B국으로부터의 대외 투자로 50억 달러가 유입되었는데, C국에 대한 대외 투자로 150억 달러가 유출되었으므로 대외 금융 자산은 150억 달러, 대외 금융 부채로 B국에게 투자받은 ① '50억' 달러가 국제 투자 대조표에 계상된다.

2024년에 A국 거주자가 보유하고 있는 C국 주가는 1/2배로 하락함에 따라 2023년의 환율로 평가한 대외 금융 자산은 75억 달러이나, 2024년도에는 C국 통화 가치가 1/2배로 하락함에 따라 A국 통화 가치로 환산한 대외 금융 자산의 가치는 75억 달러의 절반인 ② '37.5억' 달러이다.

***채점 기준**

- ①, ②를 각각 정확하게 쓴 경우만 정답으로 인정함.

답안	배점
① 50억	**5점**
② 37.5억	**5점**

[문제 3] 해제

***문항 해설**

이 글은 물권 변동을 일으키는 물권 행위에 대한 두 관점을 설명하고 있다. 물권은 특정한 물건을 직접 지배하여 이익을 얻을 수 있는 배타적 권리이다. 이러한 물권의 발생, 변경, 소멸을 통틀어 물권 변동이라고 하며, 물권 변동을 목적으로 하는 법률 행위를 물권 행위라고 한다. 물권 변동을 일으키는 물권 행위를 무엇으로 보느냐에 따라, 당사자의 의사 표시만으로 물권 변동의 효력이 발생한다고 보는 의사주의와 일정한 공시 절차가 필요하다고 보는 형식주의가 있다. 프랑스는 의사주의를, 독일과 우리나라는 형식주의를 따르고 있다. 의사주의인 프랑스 민법과 형식주의인 독일 민법을 순서대로 적용하면 <보기>와 같이 설명할 수 있다. <보기>의 글은 병렬적인 구성으로 서술되어 있으므로, 대등한 개념인 '프랑스 민법, 독일 민법'을 서술하거나, '의사주의, 형식주의'를 서술하는 것이 출제 의도에 부합한다.

***채점 기준**

- ①, ②를 각각 정확하게 쓴 경우만 정답으로 인정함.

답안	배점
① 프랑스 민법(의사주의)	**5점**
② 독일 민법(형식주의)	**5점**

[문제 4] 해제

***문항 해설**

이 글은 독서를 하면서 핵심적인 내용을 찾아 기억하는 방법인 요약하며 읽기에 대해 설명하고 있다. 요약하기에 대해 킨츠와 반 다이크는 삭제, 일반화, 선택, 재구성의 네 가지 규칙을 제시하였다. 브라운과 데이는 이를 발전시켜 여섯 개의 규칙으로 정리하였는데, 이 규칙들은 크게 삭제, 상위어 대치, 주제문 선택, 주제문 창출의 과정으로 볼 수 있다. 이러한 요약의 규칙을 익히면 기억해야 할 양의 부담을 줄일 수 있으면서도 글의 핵심 논지를 비교적 온전히 기억할 수 있다.

㉡은 예시에 해당하는 부분으로 부수적인 내용이라고 할 수 있다. 그러므로 예시와 같은 부수적인 내용은 삭제하라는 것이 여섯 개의 규칙에 있으므로 이에 따라 '삭제'를 찾아 쓰면 적절하다.

㉢은 전체 글을 포괄하는 주제문이 되기 어려운 문장이기 때문에 글을 읽으면서 새롭게 주제문을 창출해야 한다. ㉢의 앞에는 '각박한 세상을 법으로 바로잡기'를 희망하는 공감대가 형성되었다는 말이 있는데, 이는 '개인의 이기심이나 비인간적인 성향의 문제'를 바로잡고자 하는 공감대의 형성으로 볼 수 있다. 그러므로 '이익 집단의 갈등'이라는 문제 의식은 부적절하다. 예를 들어 주제문을 '요컨대 착한 사마리아인 법은 윤리적 문제를 법률로 바로잡아 보려는

새로운 노력이라고 할 수 있다.'와 같은 문장으로 바꾸는 것이 적절할 것이다.

***채점 기준**
- ①, ②를 각각 정확하게 쓴 경우만 정답으로 인정함.

답안	배점
㉡ 삭제	**5점**
㉢ 주제문 창출	**5점**

[문제 5] 해제

***문항 해설**
이 작품은 해방 직후의 물질적으로 파산해 가는 인간과, 정신적으로 파산해 가는 인간의 유형을 객관적이고 사실적으로 그려냄으로써 해방 이후의 사회상을 생생하게 보여 주는 소설이다. 정례 모친의 물질적 파산 과정이라든지 옥임의 정신적인 파산의 심리적 추이와 그 사이에서 교묘하게 중간이득을 획득하는 교장의 간악한 행위 등은 당대의 사회적 현실이며 실제적인 삶이라고 볼 수 있다. 이와 같이 이 작품은 해방 이후 우리 사회가 겪은 물질적, 정신적 가치의 파멸을 잘 보여 주고 있다.

전체줄거리는 다음과 같다. 학교 앞에서 문방구점을 꾸려나가는 정례 모친은 집 문서를 은행에 잡혀 얻은 30만 원으로 가게를 시작했으나 운영이 여의치 않자, 동창인 김옥임의 동업 조건으로 10만 원 밑천을 빌리게 된다. 게다가 정례 아버지가 물려받은 마지막 땅을 팔아서 부리던 택시가 가게의 돈을 솔솔 빼가다가 결국 거덜을 내자 경제적 상황은 더욱 옹색해진다. 일제 강점기 때에 고관으로 행세하다 광복과 함께 반민법(反民法)으로 몰락할 처지에 놓이고 중풍마저 앓게 된 남편을 둔 옥임은 고리대금업자로서 친구인 정례 모친에게까지 마수를 뻗친다. 옥임은 가게 보증금 영수증을 담보로 출자금을 1할 5푼의 이자 돈으로 돌려 제 살 궁리만 한다. 정례 모친은 옥임을 통해 알게 된 교장 선생이라는 영감에게서 5만 원을 더 빌려 가게의 형편을 수습하려 하지만, 옥임은 자신이 빌려준 돈을 교장 영감에게 일임하여 정례 모친이 이를 갚도록 만든다. 은행에 30만 원, 옥임에게 20만 원, 교장 영감에게 5만 원, 도합 55만 원의 빚을 걸머진 정례 모친은 어느 날 황토현 정류장에서 만난 옥임에게 망신을 당한다. 두 달에 걸쳐 억지로 얼마간의 빚은 갚았으나, 급기야 석 달째에는 보증금 8만 원마저 되찾지 못한 채 빚으로 메우고 구멍가게를 교장 영감의 딸 내외에게 넘기지 않을 수 없게 된다. 몸살감기에 울화로 누운 정례 모친을 위로한답시고 정례 아버지는 옥임을 골릴 궁리를 하며 껄껄 웃는다.

<보기>에서는 발췌된 부분을 통해 정례 모친이 '구멍가게'를 하기 위해 빚을 냈다는 것을 추론할 수 있고, '길바닥'에서 만난 정례 모친에게 거칠게 말하며 무례하게 구는 옥임과, 그런 그녀를 뒷골목으로 끌고 가며 상황을 모면하려 애쓰는 정례 모친의 모습 등은 인물 간의 갈등 양상을 보여 준다고 할 수 있다. 정례 모친이 길에서 옥임에게 수모를 당한 이유는 돈을 갚지 않아서인데, 정례 모친이 옥임에게 돈을 빌린 이유는 그녀가 구멍가게를 통해 '어린애 코 묻은 돈'이나마 벌어야 하는 상황 때문이다. 따라서 경제적인 이유로 인해 길바닥에서 옥임과 정례 모친의 갈등이 표출된 것으로 볼 수 있다.

***채점 기준**
- ①, ②를 각각 정확하게 쓴 경우만 정답으로 인정함.

답안	배점
① 구멍가게	**5점**
② 길바닥	**5점**

[문제 6] 해제

***문항 해설**
(가) 윤동주, 「길」은 식민지 시대를 살아가는 순수한 지식인의 성찰과 의지를 보여 준다. 화자는 자아 성찰을 통해 잃어버린 담 너머의 이상적 자아를 찾기 위해 노력한다. 돌담은 쇠문으로 굳게 닫혀 있는 단절의 상태이기에 절망을 느끼지만 하늘을 바라보며 이상적 자아를 찾기 위해 끊임없이 노력하겠다는 태도를 드러내며 부정적 현실에 절망하고 삶의 가치를 포기하지 않겠다는 의지를 보여 준다.

(나) 나태주, 「사는 일」은 삶을 길을 걷는 여정으로 형상화하고 있다. 길을 걷다 보면 굽은 길도, 곧은 길도 나오는 것과 같이 삶에는 시련이 있을 때도, 수월한 경우도 있을 수 있음을 노래하고 있다. 또한 예상치 못한 일이 있을 때에도 거기서 발견할 수 있는 삶의 다른 아름다움과 가치를 노래하며 긍정적인 삶의 태도를 강조하고 있다.

그러므로 두 작품에서는 모두 자신의 삶을 '성찰'하는 태도를 찾아볼 수 있다. (가)의 화자가 마지막 연을 통해 '내가 사는 것은 다만, / 잃은 것을 찾는 까닭입니다.'라고 노래한 것은 화자가 삶의 이유를 잃어버린 것을 찾기 위한 것이며, 잃어버린 것은 '담 저쪽에' 남아 있는 이상적인 자아임을 알 수 있으며, 잃어버린 자신을 회복하는 삶을 살아야 한다는 자세는 자기 정화를 통해 부조리한 현실에 대응할 수 있는 의지와 태도를 회복하고자 하는 자아 성찰의 결과로 볼 수 있다. 또한 (나)의 화자는 '굽은 길'은 굽은 대로 가고, '곧은 길'은 곧게 갔다고 하면서 '오늘도 하루 잘 살았다'라며 삶에서 예상하지 못했던 상황조차도 긍정적으로 받아들이는 태도를 지닐 수 있다는 깨달음을 제시한다. 그리고 이러한 두 시적 화자의 태도는 우리가 이어 가야 할 올바른 가치를 교훈으로 전달한다. 그러므로 정답은 '성찰'이다. '반성'과 같은 표현도 유사한 의미이므로 정답으로 인정한다.

***채점 기준**
- 주어진 표현을 정확하게 쓴 경우만 정답으로 인정함.

답안	배점
① 성찰('자아 성찰, 자기 성찰, 반성)	**10점**

[문제 7] 해제

***문항 해설**
김민숙의 「호로비츠를 위하여」는 '상처입은 사람들의 진실한 사랑'을 형상화한 작품으로, 피아노로 인해 열등감을 갖게 된 지수와 불우한 천재인 경민의 만남을 통한 성장 서사를 담아내고 있다. 처음에는 자신의 자존심을 회복하기

위해 경민을 이용하려던 지수는 경민의 사정을 알게 될수록 진정으로 경민의 상처를 이해하게 되고, 경민을 자식처럼 사랑하게 된다. 경민 또한 아무에게도 열지 않았던 마음을 지수에게만 열며 세상과 소통하게 된다. 아무도 관심 가져 주지 않던 이들의 인생은 이토록 우연한 만남으로 인해 아름답고 긍정적인 삶으로 변화하며 성장하게 된다.

전체적인 줄거리는 다음과 같다. 꿈을 이루지 못하고 변두리에 음악 학원을 개업한 지수는 영업을 방해하는 경민을 만나게 되고, 경민의 유일한 혈육인 할머니와 다투면서 엉겁결에 경민을 돌보겠다는 약속을 하게 된다. 그러던 중 경민이 음악에 천부적인 재능을 가지고 있음을 발견한다. 지수는 경민을 통해 자신이 유명해질 수 있다는 기대를 품고 경민을 연습시킨 뒤 콩쿠르에 나가지만 기대와 달리 경민은 무대에서 공포를 느낀 채 콩쿠르장을 도망치듯 나오게 되고 지수는 경민에게 학원에 오지 말라고 말한다. 경민의 할머니가 위독하다는 소식을 들은 지수는 경민의 할머니를 통해 경민의 트라우마를 알게 되고 그 상처를 이해하게 된다. 지수는 경민을 위해 해외 입양을 알아보고 자신과 헤어지지 않으려는 경민을 뒤에서 눈물지으며 보내게 된다. 훗날 유명한 피아니스트가 된 경민은 내한 공연을 하게 되고, 지수는 그 연주회에서 경민의 손가락에 자신이 준 반지를 보게 된다. 지수에게 경민이 '엄마'라는 연주곡을 들려주는 장면을 통해 ㉠에 들어갈 적절한 표현이 '부모'라는 것을 추론할 수 있을 것이다. 또한 할머니마저 돌아가신 후 홀로 된 경민을 외국인 부부에게 입양시켜주는 것은, 경민이 천재성을 발휘할 수 있도록 지원해줄 가족을 만들어주려는 모습으로 볼 수 있다. 이처럼 아이에게 진정으로 사랑을 행하는 모습을 '부모'처럼 실천하고 있으며, 이 과정에서 지수 역시 내적 성숙을 이루어 내고 있다.

***채점 기준**

- '부모'를 정확하게 쓴 경우만 정답으로 인정함.

답안	배점
㉠ 부모	10점

[문제 8] 해제

***문항 해설**

이 글은 온실가스 배출권 거래제의 개념과 적용 원리에 대해 설명하고 있다. 탄소 가격제는 시장 실패를 해결하기 위한 제도 중 하나이며 온실가스 배출권 거래제를 포함하고 있다. 온실가스 배출권 거래제는 기업이 정부에게 배출권을 할당받고, 자신이 배출한 온실가스 양만큼의 배출권을 정부에 다시 제출하도록 하는 제도이다. 기업은 할당받은 배출권을 시장을 통해 거래할 수도 있다. 정부가 발행하는 배출권의 수량을 줄이면 시장에서 배출권 가격이 상승하며, 정부가 발행하는 배출권의 수량을 늘리면 배출권의 가격이 하락한다. 수요와 공급의 법칙에 따라 배출권 가격이 조정되면서 감축 비용이 낮은 기업부터 온실가스 감축 활동을 하게 되고, 결국 가장 적은 사회적 비용으로 온실가스 감축을 할 수 있다.

B가 감축 기술을 이용하여 온실가스를 감축하는 비용은 톤당 4만 원이고, 배출권 거래 시장에서 구매할 수 있는 배출권 또한 톤당 4만 원이다. 즉 배출권을 구매하는 것이 자체적으로 온실가스를 감축하는 것보다 B에게 경제적으로 이익이 되는 것은 아니다. 그러므로 ① 톤당 감축 비용이 상대적으로 저렴한 'C'와 배출권 거래를 하게 될 것이다.

A, B, C가 각각 온실가스 배출량의 25%를 자체적으로 감축할 때 부담해야 하는 비용의 총합은 240만 원(A=30톤×5만 원=150만 원, B=15톤×4만 원=60만 원, C=10톤×3만 원=30만 원)이다. <보기>와 같이 배출권 거래제를 시행하고 기업이 경제적 이익을 따라 행동한다면, A는 배출권을 초과하는 온실가스 30톤을 자체적으로 감축하지 않고 시장에서 배출권을 구매하여 배출하려고 할 것이므로, 120만 원(30톤×4만 원)의 비용을 부담해야 한다. B는 배출권을 초과하는 15톤의 온실가스를 자체적으로 처리하든 배출권을 구매하여 배출하든, 부담해야 하는 비용이 60만 원(15톤×4만 원)으로 동일하다. C는 정부에게서 받은 모든 배출권을 판매하여 120만 원(30톤×4만 원)의 이익을 얻을 것이고, 배출하는 모든 온실가스를 자체적으로 처리하여 120만 원(40톤×3만 원)의 비용이 들 것이므로, 결국 부담해야 하는 비용이 없다. 즉 배출권 거래제를 시행한 후 A, B, C가 부담하는 비용의 총합은 180만 원이다.

***채점 기준**

- ①~③ 각각 정확하게 쓴 경우만 정답으로 인정함.

답안	배점
① C	2점
② 240(만 원)	4점
③ 180(만 원)	4점

[문제 9] 해제

***문항 해설**

'종로'는 [종노]로 발음되는데, 이때 일어난 음운 변동은 '비음화'이다.

'갈등'은 [갈뜽]으로 발음되는데, 이때 일어난 음운 변동은 '된소리되기'이다.

'미닫이'는 [미:다지]로 발음되는데, 이때 일어난 음운 변동은 '구개음화'이다.

'문래동'은 [물래동]으로 발음되는데, 이때 일어난 음운 변동은 '유음화'이다.

***채점 기준**

- ①~④를 각각 정확하게 쓴 경우만 정답으로 인정함.

답안	배점
① 비음화	3점
② 된소리되기	2점
③ 구개음화	3점
④ 유음화	2점

【수학 영역】 해제

[문제 1] 해제

$\frac{\log_a c}{\log_a b} = \frac{6}{7}$이므로 $\frac{\log_a b}{\log_a c} = \log_c b = \frac{7}{6}$이다.

따라서 $\log_b c = \frac{6}{7}$ 또한 $64^{\log_c b} = 128$

$C^{\log_b 128} = k$라고 하면

$\log_c c^{\log_b 128} = \log_b 128 = \frac{\log_c 2^7}{\log_c b} = \log_c k$이다.

$\log_c b = \frac{7}{6}$이므로 이를 대입하여 식을 정리하면

$\log_c 2^7 = \frac{7}{6} log_c k$

$\log_c k = 6\log_c 2 = \log_c 2^6 = \log_c 64$

따라서 $C^{\log_b 128} = k = 64$

채점기준	
① $\log_b c = \frac{6}{7}$	2
② $64^{\log_c b} = 128$	4
③ $C^{\log_b 128} = 64$	4

[문제 2] 해제

$$\cos\left(\frac{\pi}{2}+\theta\right) - \sin(\pi-\theta) = -\sin\theta - \sin\theta = -2\sin\theta = \frac{4}{5}$$

$\sin\theta = -\frac{2}{5}$

따라서

$\frac{\cos(-\theta)}{\sin\theta} - \frac{\sin(-\theta)}{1+\cos\theta}$

$= \frac{\cos\theta}{\sin\theta} + \frac{\sin\theta}{1+\cos\theta}$

$= \frac{\cos\theta(1+\cos\theta)+\sin^2\theta}{\sin\theta(1+\cos\theta)} = \frac{\cos\theta+\cos^2\theta+\sin^2\theta}{\sin\theta(1+\cos\theta)}$

$= \frac{1+\cos\theta}{\sin\theta(1+\cos\theta)} = \frac{1}{\sin\theta} = -\frac{5}{2}$

채점기준	
① $\cos\left(\frac{\pi}{2}+\theta\right) - \sin(\pi-\theta) = -\sin\theta - \sin\theta = -2\sin\theta$	3
② $\sin\theta = -\frac{2}{5}$	3
③ $-\frac{5}{2}$	4

[문제 3] 해제

$$g(t) = \begin{cases} 0\ (t<0) \\ 2\ (t=0) \\ 4\ (0<t<2) \\ 3\ (t=2) \\ 2\ (2<t<6) \\ 1\ (t=6) \\ 0\ (t>6) \end{cases}$$

함수 $g(t)$는 0, 2, 6에서 불연속이므로 $a_1 = 0$, $a_2 = 2$, $a_3 = 6$이다.

따라서 $f(x) = |4\cos x - 2| = 0$인 x는

$x = \frac{\pi}{3}$ 또는 $x = \frac{5\pi}{3}$

채점기준	
① $a_1 = 0$	2
② $a_2 = 2$	2
③ $a_3 = 6$	2
④ $x = \frac{\pi}{3}$ 또는 $x = \frac{5\pi}{3}$	4

[문제 4] 해제

$$\frac{S_{10}-S_8}{S_6-S_4} = \frac{\frac{a_1(r^{10}-1)}{r-1} - \frac{a_1(r^8-1)}{r-1}}{\frac{a_1(r^6-1)}{r-1} - \frac{a_1(r^4-1)}{r-1}} = \frac{r^{10}-r^8}{r^6-r^4} = r^4 = 3$$

$(S_3-S_2)^2 = a_3^2 = (a_1r^2)^2 = a_1^2r^4 = 75$

따라서 $a_1^2 = 25$, $a_1 = 5$이다.

$a_2 \times a_8 = a_1r \times a_1r^7 = a_1^2r^8 = 5^23^2 = 225$

채점기준	
① $r^4 = 3$	3
② $(S_3-S_2)^2 = a_3^2 = (a_1r^2)^2 = a_1^2r^4 = 75$	3
③ 225	4

[문제 5] 해제

점 P의 시작 t $(t>0)$에서의 속도를 $v(t)$라 하면 $v(t)=6t^4-20t^3+12t^2+(6-m)$이다. 점 P가 출발한 후 운동 방향이 두 번 바뀌려면 $t>0$에서 $v(t)=0$이 중근이 아닌 서로 다른 두 실근을 가져야 한다.

$v'(t)=24t^3-60t^2+24t=12t(t-2)(2t-1)=0$에서 $t=0$ 또는 $t=\frac{1}{2}$ 또는 $t=2$,

$v(0)=6-m$, $v\left(\frac{1}{2}\right)=\frac{55}{8}-m$, $v(2)=-10-m$,

$v(0)>v(2)$이므로 $v(t)$는 $t=\frac{1}{2}$에서 극댓값을 가지고 $t=2$에서 최솟값을 가진다. $v(t)=0$이 $t>0$에서 중근이 아닌 서로 다른 두 실근을 가지려면

$v(0)=6-m\geq 0$이고 $v(2)=-10-m<0$이어야 한다.

그러므로 $-10<m\leq 6$ 즉 $(-10, 6]$

채점기준	
① $6t^4-20t^3+12t^2+(6-m)$	2
② $\frac{1}{2}$	2
③ 2	2
④ $-10<m\leq 6$ 또는 $(-10, 6]$	4

[문제 6] 해제

$G(t)=\int tf'(t)dt=\int t(3t^2+2at+b)dt$

$=\frac{3}{4}t^4+\frac{2}{3}at^3+\frac{b}{2}t^2+C$ (단, C는 적분 상수)

$\lim_{x\to 2}\frac{1}{x-2}\int_1^x tf'(t)dt=\lim_{x\to 2}\frac{G(x)-G(1)}{x-2}=20$

$G(x)$는 다항함수이므로, $\lim_{x\to 2}G(x)=G(2)=G(1)$

따라서 $G(2)=\frac{3}{4}\times 16+\frac{2}{3}a\times 8+\frac{b}{2}\times 4+C$

$G(1)=\frac{3}{4}+\frac{2}{3}a+\frac{b}{2}+C$

$\frac{3}{4}\times 16+\frac{2}{3}a\times 8+\frac{b}{2}\times 4+C=\frac{3}{4}+\frac{2}{3}a+\frac{b}{2}+C$

$\frac{14}{3}a+\frac{3}{2}b=-\frac{45}{4}$

$\lim_{x\to 2}\frac{G(x)-G(1)}{x-2}=\lim_{x\to 2}\frac{G(x)-G(2)}{x-2}=G'(2)=20$

$G'(2)=2(12+4a+b)=20$

$4a+b=-2$

$\frac{14}{3}a+\frac{3}{2}b=-\frac{45}{4}$과 $4a+b=-2$에서

$a=\frac{99}{16}$, $b=-\frac{107}{4}$

따라서 $f(4)=64+\frac{99}{16}\times 16-\frac{107}{4}\times 4=56$

채점기준	
① $\frac{14}{3}a+\frac{3}{2}b=-\frac{45}{4}$	3
② $4a+b=-2$	3
③ $a=\frac{99}{16}$, $b=-\frac{107}{4}$	2
④ 56	2

● 모의고사 2회(자연계용) 해설

【국어 영역】

[문제 1] 해제

*문항 해설

초반에 시청 담당자의 '□□사에 우회 도로의 경로와 시공 비용에 대한 제안서를 서면으로 보냈다'는 말을 통해 기존에 우회 도로와 관련된 비용에 대한 갈등이 있었음을 추론할 수 있다.

㉠은 '진입로 혼잡을 완화할 과제는 남겠지만, 농경지 매입과 관련된 문제들을 피할 수 있으니 그 안이라면 동의하겠습니다.'에서 찾을 수 있다. □□사의 경우 농경지 매입 등을 고려하여 도로를 시공하는 경우 비용이 많이 들기 때문에 북동쪽 진입로를 이용해서 우회 도로를 건설하기면 부지 마련이 수월하고 시공 비용이 절감될 것으로 보고 제안하고 있다. 그리고 시청 담당자 역시 자신들도 이전에 고려했던 방안이라고 동의한다. 이는 서로 절충할 만한 해결책을 찾는 타협을 성공적으로 이루어낸 것으로 볼 수 있다. 이제 해야 할 일은 의견을 절충했으니 상호 만족할 수 있는 해결책을 찾는 것이다.

㉡은 중반부에 □□사의 대표가 예산안을 제시하며 '이를 토대로 저희가 현재 제안한 우회 도로 시공 비용의 4/5는 저희가 부담하고, 나머지 1/5은 ○○시가 협조해 주시면 공사 지연 등의 어려움 없이 공사가 원활히 추진될 수 있을 것입니다.'라고 말했을 때는 ○○시 시청 담당자가 재정상의 어려움이 있다고 거절했다. 그러나 이후 재차 '만약 ○○시에서 저희가 현재 제안한 시공 비용의 1/5을 부담해 주신다면 왕복 4차선으로 일부 구간을 변경하여 추가되는 시공 비용은 저희가 부담하고, 새 도로는 시에 기부하고 도로 주변의 공원 조성에도 참여하겠습니다.'와 같이 비용 부담과 더불어 새 도로를 시에 기부하고 공원 조성에 참여하는 등 □□사가 좀 더 양보하고 ○○시의 참여를 이끌어내는 타협에 이른다. 그러므로 '만약 ~ 참여하겠습니다.'를 찾아야 상호 절충할 만한 해결책을 찾는 타협에서 나아가 상호 만족하는 해결책을 찾아 문제 해결에 이른 것으로 볼 수 있다.

*채점 기준

- ㉠, ㉡을 각각 정확하게 쓴 경우만 정답으로 인정함.

답안	배점
㉠ 진입로, 동의하겠습니다.	**5점**
㉡ 만약, 참여하겠습니다.	**5점**

[문제 2] 해제

*문항 해설

이 글은 환율 결정 모형을 유량 접근법과 자산 시장 접근법으로 구분하고 각 모형의 환율에 대한 근본적인 시각과 원리, 그리고 결정 방식을 설명하고 있다. 유량 접근법에서는 가격 경직성을 전제하고 수요 요인이 국내 총생산을 결정한다는 시각하에 경상 수지와 자본 수지로 구성되는 국제 수지의 조정 과정에서 환율이 결정된다고 인식한다. 이에 반해 자산 시장 접근법은 가격 신축성을 전제하고 생산성과 같은 공급 요인이 국내 총 생산성을 결정한다는 시각하에 국내외 금융 자산의 비중을 구성하는 과정에서 환율이 결정된다고 인식한다. 경제 현실을 이해하고 예측함에 있어 어떤 환율 모형을 선택할 것인가는 내적 정합성과 외적 적합성을 모두 고려해야 하며 내적 정합성은 논리적 완결성을 의미하므로 모든 환율 모형의 기본 요소라고 볼 수 있다. 환율 모형의 발전은 경제 환경 변화에 따른 경험적인 현실을 설명하고 예측하는 과정에서 지속적으로 진화하는 과정이다.

제시문에서는 포트폴리오 균형 모형에서의 환율 결정 방식은 단기에서는 유량 접근법, 장기에서는 자산 시장 접근법에 따라 환율이 조정된다고 설명하고 있다. 그러므로 <보기>처럼 자국 통화 공급이 증가한 경우 국내 이자율이 하락함으로써 단기적으로는 환율이 상승(㉠)하게 되고, 환율 상승으로 인해 경상 수지는 흑자(㉡)를 기록하게 된다. 한편 장기적으로는 국내 금융 자산의 수요 증가로 환율은 하락(㉢)하게 되고, 이에 따라 경상 수지는 적자(㉣)를 기록하게 된다.

*채점 기준

- ㉠~㉣을 각각 정확하게 쓴 경우만 정답으로 인정함.

답안	배점
㉠ 상승	**2점**
㉡ 흑자	**3점**
㉢ 하락	**2점**
㉣ 적자	**3점**

[문제 3] 해제

*문항 해설

이 글은 르네상스 음악의 특징에 대해 설명하고 있다. 르네상스 시기에 현대의 소프라노, 알토, 테너, 베이스 체계의 4성부 짜임새가 확립되었다. 르네상스 초기에는 소프라노가 주선율을 담당한 호모포니의 짜임새가, 15세기 말에는 각 성부가 대등하게 진행된 폴리포니의 짜임새가 주를 이루었다. 또한 영국의 영향으로 유럽 대륙에서 더 다양하게 협화 음정을 인정하고 활용하게 되었고, 영국의 파버든에 영향을 받은 즉흥 연주 방식인 포부르동도 나타났다. 또한 르네상스 음악에는 무지카 픽타라는 암묵적인 규칙이 존재하여 음들을 특정 규칙에 맞추어 연주하였고, 중기에 이르러 가사의 중요성이 점차 강조되며 가사 그리기 기법이 유행하였다.

3문단에서 포부르동의 가운데 성부는 높은 성부의 4도 아래의 음정을 연주한다고 하였다. [A]의 높은 성부의 음은 '라'이므로 4도 아래의 가운데 성부의 음은 '미'이다. 4문단에서 '증 4도의 예방'에 따라, 파와 시를 함께 연주할 때는 시를 반음 낮춤으로써 완전 4도로 바꾸어 연주했다고 하였다. [B]의 높은 성부의 음은 '시'이고, 4도 아래의 가운데 성부의 음은 '파'이므로 증 4도를 예방하기 위해 시를 반음 낮게 연주해야 한다.

*채점 기준

- ①, ②를 각각 정확하게 쓴 경우만 정답으로 인정함.

답안	배점
① 미	**5점**
② 반음 낮게	**5점**

[문제 4] 해제

***문항 해설**

이 글은 미국의 철학자이자 기호학자인 퍼스가 정립한 가추법에 대해 설명하고 있다. 가추법은 관찰된 특정한 사실을 설명할 수 있는 가설을 설정함으로써 해당 사실이 일어난 이유를 결론으로 도출하는 개연적 추론이다. 퍼스는 가추법을 연역법 및 귀납법과 비교하여 그 특징을 구체화하였다. 가추법은 추론 과정에서 설정하는 가설이 연역법의 대전제와 달리 경험 및 특수성이 개입한다는 점에서 비약으로 보일 수 있지만 그만큼 새로운 지식을 생산할 가능성이 가장 높은 추론 방식이다.

<보기>의 결과와 규칙은 대상이 '하얗다'는 동일한 속성을 공유할 것이고, 규칙이 참임이 전제되면 결과를 수긍할 수 있다. 그리고 규칙과 결과가 결합되어 도출된 사례인 '이 콩들은 이 자루에서 나왔다'는 이유로 '이 콩들은 하얗다'를 증명한다면 이 추론의 목적은 달성된 것이라 할 수 있다. 그러므로 ①은 '이 자루에 들어 있는 콩은 모두 하얗다'이다.

***채점 기준**

- ①을 정확하게 쓴 경우만 정답으로 인정함.

답안	배점
① 이 자루에 들어 있는 콩은 모두 하얗다.	**10점**

[문제 5] 해제

***문항 해설**

(가)에서 시적 화자는 박수근 화백의 작품을 인쇄한 그림을 하나 사다 걸어놓고, 그 그림의 제목을 바꾸어보며 만족감을 느끼고 있다. 이는 '가슴이 알알한 것이 여간 좋은 게 아닙니다.'에서 드러난다.

(나) 작품은 조선 후기 대동여지도를 만든 고산자 김정호의 삶을 상상하여 쓴 시이다. 김정호는 이전에 편찬된 지도들을 집대성하여 조선의 국토 정보를 사람들이 실용적으로 이용할 수 있도록 평생에 걸쳐 노력을 기울인 인물로 알려져 있다. 시인은 김정호가 지도를 완성하겠다는 일념으로 바다 끝까지 홀로 걸으며 느꼈을 고단함과 외로움, 두고 온 가족에 대한 미안함과 그리움 등을 상상하여 노래하고 있다. 그러므로 (나)의 작가는 김정호의 '목표를 이루기 위해 노력하는 가운데 느끼는 고독감과 그리움'을 형상화하면서도, 한편 자신이 지도를 그리며 이루어낸 것에 만족하는 모습을 형상화하기도 한다. 이러한 만족감은 '평생의 마음 안팎으로 띄워 올린/별빛으로 환해지던 어느 밤도 있었다.'에서 느낄 수 있다.

***채점 기준**

- ①, ②를 각각 정확하게 쓴 경우만 정답으로 인정함.

답안	배점
① 가슴이, 아닙니다.	**5점**
② 평생의, 있었다.	**5점**

[문제 6] 해제

***문항 해설**

이 작품은 '돈의 폐해에 대한 경계와 비판'을 담고 있는 작품으로, 고려 무신 집권기 때의 문신인 임춘이 돈을 의인화하여 지은 가전이다. 참고로, '공방'은 엽전을 달리 이르는 말이다. 공방이 생겨난 유래와 공방의 생김새, 그리고 공방이 정계에 진출한 후 사회에 미친 악영향 등을 전의 형식을 차용하여 전달함으로써 재물에 대한 탐욕을 경계하고 있다. 작가인 임춘은 돈으로 인해 인간이 그릇된 길에 빠지게 되어 사회의 폐단이 생긴다는 점에서 공방을 없애 그 후환을 막았어야 했다고 주장하고 있는데, 이를 통해 돈에 대한 임춘의 비판 의식을 엿볼 수 있다.

전체 줄거리는 다음과 같다. 공방의 선조는 수양산 동굴에 은거하다 황제 때에 와서 조금씩 쓰이게 되었고, 공방의 아버지인 천은 주나라의 태재가 되어 나라의 세금을 담당하였다. 공방은 그 생김새가 밖은 둥글고 안은 네모나며, 세상의 변화에 잘 대응하였다. 공방은 한나라의 홍려경이 되었음에도 오나라 비를 도와 이익을 취하는 등 성질이 탐욕스러웠으며, 돈을 중하게 여기고 곡식을 천하게 여겨 백성들이 근본을 버리게 하였고, 농사짓는 것을 방해하였다. 공방은 원제 때 공우의 글로 관직에서 쫓겨났음에도 불구하고 반성하지 않았으며, 훗날 당나라와 남송 시절에 그의 제자들이 다시 쓰였으나 그 폐단이 드러나고 천하를 어지럽혔다고 하여 쫓겨난 후 그의 제자들 역시 다시 쓰이지 않게 되었다. 공방의 아들인 윤은 경박하여 세상의 욕을 먹었고, 수형령이 되었음에도 장물죄가 드러나 사형을 당했다. 이에 사신은 공방과 그의 무리들로 인해 세상이 어지러워졌다며, 뒷날의 근심을 막기 위해서라도 공방의 무리들을 모두 없앴어야 했다고 주장한다.

<보기>에서는 작가들이 자신이 인간 생활과 관련된 사물들을 '의인화'하여, 주제 의식을 드러내고 있다. 이 작품에서도 돈을 사람처럼 의인화하여 표현하고 있으므로, '① 의인화, ② 돈'이 정답이다. '의인법'은 두 번째 빈칸 ①의 뒤에 '~한'이라는 표현과 어울리지 않으므로 부분 점수를 배점한다.

***채점 기준**

- ①, ②를 각각 정확하게 쓴 경우만 정답으로 인정함.
- ②는 '돈'이나 '엽전' 중 하나만 써도 정답임.

답안	배점
① 의인화 ('의인법'은 3점)	**5점**
② 돈/엽전	**5점**

【수학 영역】 해제

[문제 1] 해제

$x^2 - x\log_3(\sqrt[3]{9}n) + \log_3\sqrt[3]{n^2} < 0$

$x^2 - x\left(\frac{2}{3} + \log_3 n\right) + \frac{2}{3}log_3 n < 0$

$\left(x - \frac{2}{3}\right)(x - \log_3 n) < 0$

ⅰ) $\frac{2}{3} < x < \log_3 n$인 경우

정수 x가 1개이려면, $x = 1$이므로 $n = 4, 5, 6, 7, 8, 9$

ⅱ) $\log_3 n < x < \frac{2}{3}$인 경우 정수 x가 존재하지 않음

따라서, 이를 만족시키는 $n = 4, 5, 6, 7, 8, 9$이므로 6개

채점기준	
① $\left(x - \frac{2}{3}\right)(x - \log_3 n) < 0$ (또는 $x = 1$)	5
② $n = 4, 5, 6, 7, 8, 9$ (또는 $3 < n \leq 9$)	4
③ 6개	1

[문제 2] 해제

첫째항이 a_1이고 공차가 d라고 할 때,

$a_2 + a_4 = 2a_1 + 4d = 2$

$a_1 + 2d = 1$이다.

$|a_4 + 5| = |-5 - a_6|$에서 부호가 같으면

$a_1 + 4d = -5$이다.

하지만 부호가 다르면 $a_4 = a_6$이므로 공차 $d = 0$이 되어야 한다.

상기 두 식을 연립하면 $d = -3$이고 $a_1 = 7$이다.

따라서 $a_7 = 7 - 6 \times 3 = -11$

채점기준	
① $a_1 = 7$ (또는 $a_3 = 1$)	4
② $d = -3$	4
③ $a_7 = -11$	2

[문제 3] 해제

다항함수는 연속이므로 $\lim_{x \to \frac{1}{2}} f(x) = f\left(\frac{1}{2}\right)$. 이때

$f\left(\frac{1}{2}\right) = a$라 하면, (가)와 (나)로부터

$f(x) = 2x^3 + ax^2 + bx$ (단, a, b는 상수)

$a = f\left(\frac{1}{2}\right) = \frac{1}{4} + \frac{a}{4} + \frac{b}{2}$이므로 $3a = 2b + 1$

(다)로부터 $f'(x) = 6x^2 + 2ax + b \geq 0$이므로 판별식을 구하면 $D/4 = a^2 - 6b = a^2 - 9a + 3 \leq 0$

따라서 $9 - \sqrt{69} \leq 2a \leq 9 + \sqrt{69}$이고 a는 x^2항의 계수이므로 정수이다. 따라서 $0 \leq a \leq 8$이므로

$a = f\left(\frac{1}{2}\right)$의 최댓값은 8이다.

채점기준	
① $f(x) = 2x^3 + ax^2 + bx$ (계수 a, b는 다른 문자 가능)	2
② (계수 a, b에 대해) $3a = 2b + 1$ 또는 $2b = 3a - 1$ 또는 $a = f\left(\frac{1}{2}\right)$	3
③ $a^2 - 9a + 3 \leq 0$	3
④ 최댓값 8	2

[문제 4] 해제

직선 $x = 2$가 f의 점근선이므로 $\left(\frac{2n-1}{2}\right)a = 2$,

$a = \frac{4}{2n-1}$가 자연수가 되는 경우는 $n = 1$일 때인 $a = 4$이다. 또한, $f\left(\frac{17}{8}\right) = \frac{1}{3}log_2\left(\frac{17}{8} - 2\right) = -1$,

$f(6) = \frac{1}{3}log_2(6-2) = \frac{2}{3}$

$(g \circ f)(x)$가 증가함수이므로 최솟값 m과 최댓값 M은 각각

$m = (g \circ f)\left(\frac{17}{8}\right) = g(-1) = \tan\left(-\frac{\pi}{4}\right) = -1$

$M = (g \circ f)(6) = g\left(\frac{2}{3}\right) = \tan\left(\frac{\pi}{6}\right) = \frac{1}{\sqrt{3}} = \frac{\sqrt{3}}{3}$

채점기준	
① $x = 2$	2
② 4	2
③ -1	3
④ $\frac{1}{\sqrt{3}}$ 또는 $\frac{\sqrt{3}}{3}$	3

[문제 5] 해제

최고차항의 계수가 1인 모든 삼차함수 $f(x)$가 $|f(1)|+|f(-1)|=0$를 만족하므로, $f(x)=(x-a)(x+1)(x-1)$라 할 수 있다. 따라서,

$-1 \le \int_0^1 f(x)dx \le 1$를 만족하려면,

$\int_0^1 (x-a)(x+1)(x-1)dx = \frac{2}{3}a-\frac{1}{4}$ 이므로,

$-1 \le \frac{2}{3}a-\frac{1}{4} \le 1, \ \therefore -\frac{9}{8} \le a \le \frac{15}{8}$

$\int_{-1}^3 f(x)dx = 16-\frac{16}{3}a$

$6 \le 16-\frac{16}{3}a \le 22$이다.

최댓값과 최솟값의 합은 28

채점기준	
① $f(x)=(x-a)(x+1)(x-1)$ 또는 $f(x)=(x+a)(x+1)(x-1)$	2
② $-1 \le \frac{2}{3}a-\frac{1}{4} \le 1$ 또는 $-\frac{9}{8} \le a \le \frac{15}{8}$ 또는 $-\frac{15}{8} \le a \le \frac{9}{8}$	3
③ $\int_{-1}^3 f(x)dx = 16-\frac{16}{3}a$ 또는 $\int_{-1}^3 f(x)dx = 16+\frac{16}{3}a$	3
④ 28	2

[문제 6] 해제

$y=x^3-3x^2-9x+2$에서 $y'=3x^2-6x-9$. 곡선 위의 점(t, t^3-3t^2-9t+2)에서의 접선의 방정식은

$y-(t^3-3t^2-9t+2)=(3t^2-6t-9)(x-t)$. 이 직선이 점$(-2, a)$를 지나므로

$a-(t^3-3t^2-9t+2)=(3t^2-6t-9)(-2-t)$

$2t^3+3t^2-12t-20+a=0$이 서로 다른 세 실근을 가지면 그을 수 있는 접선의 개수가 3이 된다.

$f(t)=2t^3+3t^2-12t-20+a$라 하면

$f'(t)=6t^2+6t-12=6(t-1)(t+2)$

$f'(t)=0$에서 $t=-2$ 또는 $t=1$

서로 다른 세 실근을 가지려면

$f(-2)=-16+12+24-20+a>0$

$f(1)=2+3-12-20+a<0$, 즉 $0<a<27$

접선의 개수가 3이 되도록 하는 정수 a의 개수는 26

채점기준	
① $y-(t^3-3t^2-9t+2)=(3t^2-6t-9)(x-t)$	3
② $2t^3+3t^2-12t-20+a=0$	2
③ $0<a<27$	4
④ 정수 a의 개수는 26	1

[문제 7] 해제

$a<0$일 때

(1) $x<0$인 경우

$f(x)=\int_a^x (-t-2)dt = \left[-\frac{1}{2}t^2-2t\right]_a^x$

$=-\frac{1}{2}(x+2)^2+\left(\frac{1}{2}a^2+2a+2\right)$이다.

(2) $x \ge 0$인 경우

$f(x)=\int_a^0 (-t-2)dt+\int_0^x (t-2)dt$

$=\left[-\frac{1}{2}t^2-2t\right]_a^0+\left[\frac{1}{2}t^2-2t\right]_0^x$

$=\frac{1}{2}(x-2)^2+\left(\frac{1}{2}a^2+2a-2\right)$이다.

함수 $y=f(x)$의 그래프에서 방정식 $f(x)=0$이 서로 다른 두 실근을 갖기 위해서는 극값이어야 한다. 따라서 $f(-2)=0$에서 $a=-2$이고 $f(2)=0$에서

$a=-2-2\sqrt{2}\ (a<0)$ 이다.

$a \ge 0$일 때

(1) $x \ge 0$인 경우

$f(x)=\int_a^x (t-2)dt = \left[\frac{1}{2}t^2-2t\right]_a^x$

$=\frac{1}{2}(x-2)^2+\left(-\frac{1}{2}a^2+2a-2\right)$이다.

(2) $x<0$인 경우

$f(x)=\int_a^0 (t-2)dt+\int_0^x (-t-2)dt$

$=\left[\frac{1}{2}t^2-2t\right]_a^0+\left[-\frac{1}{2}t^2-2t\right]_0^x$

$=-\frac{1}{2}(x+2)^2+\left(-\frac{1}{2}a^2+2a+2\right)$이다.

함수 $y=f(x)$의 그래프에서 방정식 $f(x)=0$이 서로 다른 두 실근을 갖기 위해서는 극값이어야 한다. 따라서 $f(2)=0$에서 $a=2$이고 $f(-2)=0$에서

$a=2+2\sqrt{2}\ (a \ge 0)$ 이다.

채점기준	
① $a=-2$	2
② $a=-2-2\sqrt{2}$	3
③ $a=2$	2
④ $a=2+2\sqrt{2}$	3

[문제 8] 해제

직선 l_n의 방정식은 $y=-\frac{2}{3}x+\frac{1}{3^n}\sqrt{1+\left(-\frac{2}{3}\right)^2}$ 이다.

직선 l_n이 x축 및 y축에 만나는 점은 $\left(0,\ \frac{1}{3^{n+1}}\sqrt{13}\right)$, $\left(\frac{1}{3^n\times 2}\sqrt{13},0\right)$이므로 삼각형의 넓이는

$a_n=\frac{1}{2}\times\frac{13}{2\times 3^{2n+1}}=\frac{13}{4\times 3}\left(\frac{1}{9}\right)^n=\frac{13}{12\times 9}\left(\frac{1}{9}\right)^{n-1}$ 이다.

따라서 등비수열의 합은

$\sum_{k=1}^{10}a_k=\frac{13}{12\times 9}\frac{1-\left(\frac{1}{9}\right)^{10}}{1-\frac{1}{9}}=\frac{13}{12\times 8}\left(1-\left(\frac{1}{3}\right)^{20}\right)$이다.

채점기준	
① $y=-\frac{2}{3}x+\frac{1}{3^n}\sqrt{1+\left(-\frac{2}{3}\right)^2}$	2
② $\frac{13}{12\times 9}\left(\frac{1}{9}\right)^{n-1}$	4
③ $\frac{13}{12\times 9}$	2
④ $\frac{13}{12\times 8}\left(1-\left(\frac{1}{3}\right)^{20}\right)$	2

[문제 9] 해제

속도는 $v=\frac{dx}{dt}=3t^2-18t+24=3(t-2)(t-4)$ 이므로

점 P는 $t=2$, $t=4$에서 방향을 바꾸며, 그때의 위치는 각각 $x(2)=20$, $x(4)=16$이다.

$x(t)-16=(t-4)^2(t-1)$이므로 $x(1)=16$이고,

$x(t)-20=(t-2)^2(t-5)$이므로 $x(5)=20$이다.

따라서 반복되는 구간은 $t=1$에서 $t=5$까지 이며, 그동안에 점 P는 $x=16$과 $x=20$인 위치 사이를 세 번 반복해서 움직인다.

결과적으로 평균속력은 $\frac{4\times 3}{5-1}=3$이다.

(풀이2)

마지막 단계에서 움직인 거리는 다음과 같이 구할 수도 있다.

$$\int_1^5|v(t)|dt=12$$

채점기준	
① $v=\frac{dx}{dt}=3t^2-18t+24=3(t-2)(t-4)$	2
② 되돌아가는 위치는 $x(2)=20$, $x(4)=16$	3
③ 반복되는 구간은 $x(1)=16$에서 $x(5)=20$ 까지이다.	3
④ 평균속력은 3	2

가천대 약술형 논술이 궁금해?!

1판 1쇄 발행 2024년 8월 16일

저자 조경미 · 이윤표

편집 김다인 **마케팅 · 지원** 김혜지

펴낸곳 (주)하움출판사 **펴낸이** 문현광

이메일 haum1000@naver.com **홈페이지** haum.kr
블로그 blog.naver.com/haum1000 **인스타그램** @haum1007

ISBN 979-11-6440-882-5(53410)

좋은 책을 만들겠습니다.
하움출판사는 독자 여러분의 의견에 항상 귀 기울이고 있습니다.
파본은 구입처에서 교환해 드립니다.